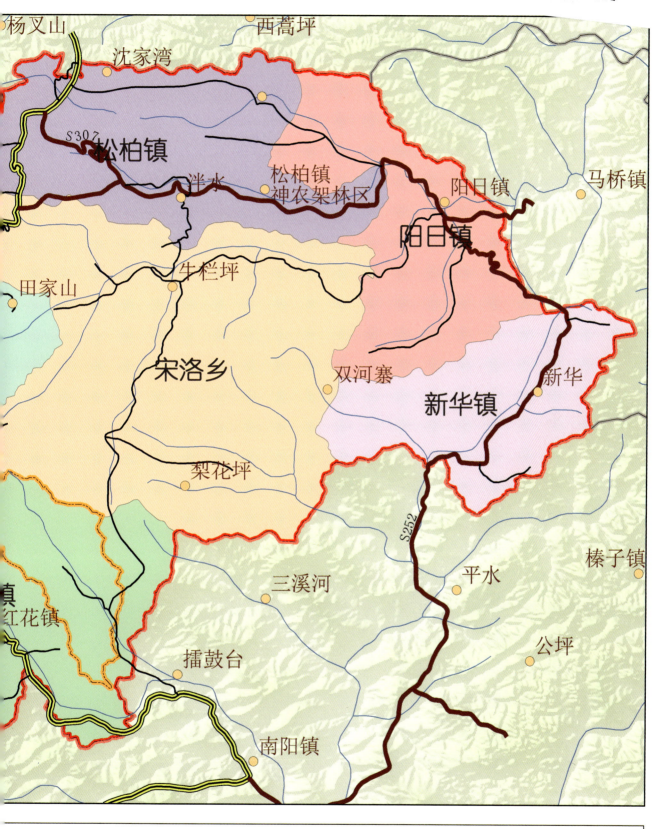

神农架植物志

第三卷

邓涛　张代贵　孙航　主编

中国林业出版社

内容简介

本志书较为全面和深入地反映了湖北神农架植物资源及其多样性、生态分布与分类地位。全书共分四卷，记载了神农架原生、归化及栽培的维管束植物208科1219属3767种（含种下等级）。其中，石松类2科4属27种，蕨类植物25科71属306种，裸子植物7科27属43种，被子植物174科1117属3391种。第一卷包括石松类、蕨类、裸子植物和被子植物睡莲至莎草科共919种，第二卷从禾本科至桑科共964种，第三卷自荨麻科到茜草科共976种，第四卷含龙胆科至伞形科共908种。本志书记载了新发表的产于神农架的新属1个和新种5个，湖北省新记录科1个、新记录属17个和新记录种52个，补充和订正了一些物种的形态描述。为方便广大读者使用，本志书采纳最新的分子系统学研究成果进行系统排列，除介绍了科、属、种的中文名和学名外，还对物种的形态特征、具体分布及生态环境进行了描述，并列出了科内属、种的检索表，此外，对大部分物种均附上了重要形态特征的彩色图片，引证了主要标本信息。

本志书可供从事植物学的工作者，生物系、地理系的师生，生物多样性与自然保护的科研人员，政府有关决策部门的工作者，以及对植物感兴趣的大众读者参考。

图书在版编目（CIP）数据

神农架植物志. 第三卷 / 邓涛, 张代贵, 孙航主编.
-- 北京：中国林业出版社, 2018.3
ISBN 978-7-5038-9460-2

Ⅰ.①神… Ⅱ.①邓… ②张… ③孙… Ⅲ.①神农架—植物志 Ⅳ.①Q948.526.3

中国版本图书馆CIP数据核字（2018）第046178号

中国林业出版社·生态保护出版中心

策划编辑：肖　静
责任编辑：肖　静

出版　中国林业出版社（100009　北京西城区德内大街刘海胡同7号）
　　　　http://lycb.forestry.gov.cn　电话：（010）83143577
发行　中国林业出版社
印刷　北京中科印刷有限公司
版次　2018年4月第1版
印次　2018年4月第1次
开本　889mm×1194mm　1/16
印张　40.75
字数　1200千字
定价　499.00元

《神农架植物志》编辑委员会

主　任：周森锋

副主任：李发平　刘启俊　廖明尧　王文华　王兴林　王大兴

委　员：李立炎　张福旺　张建斌　冯子兵　向　毅　李纯清
　　　　张守军　贾国华　郑成林　李　峰　薛　红　王　红
　　　　陈光文　谷定明　曾庆宝　龚善芝　王玉伟

主　编：邓　涛　张代贵　孙　航

副主编：廖明尧　王大兴　杨敬元

委　员：赵玉诚　邱昌红　杨林森　姜治国　赵本元　杨开华
　　　　徐海清　刘　强　王　敏　罗春梅　王晓菊　汤远军
　　　　谭志强　蒋　军　袁　莉　杨　兵　王　辽　陈晓光

摄　影：邓　涛　张代贵　杨敬元　储德付

序 一

  神农架位于湖北西部边陲，为大巴山系的东延余脉，是我国西南高山向华中低山的过渡区域。境内最高峰为神农顶（3105.2m），为华中最高峰，区内平均海拔1700m，有"华中屋脊"之称。神农架重峦叠嶂，沟壑纵横，河谷深切，山坡陡峻，最低海拔仅480m。独特的地理过渡带区位塑造了其丰富的植物多样性、高度特有性、多样性的地带性植被类型和生物进化进程，使其在全球具有独特性，素有"绿色宝库"之称。因此，近一个世纪以来神农架备受中外学者的青睐。

  神农架是中国北亚热带植被和物种保存较好的地区，孕育着丰富的植物区系成分，是川东—鄂西特有现象中心的核心区，也是中国—日本植物区系的一个关键地区和典型代表地区，一直以来深深地吸引着我。但是，直到1975年5月，我才第一次来到神农架，亲睹神农架植物，2004年再度拜访，使我对神农架植被和植物多样性有深刻的直观感受，得知邓涛博士、张代贵教授、孙航研究员等历时数年不辞辛苦、目标如一地坚持于神农架植物野外调查和标本采集，并在调查植物区系的同时开展了植物分类学、分子系统学和生物地理学等研究，获得了新信息，有了新收获。

  《神农架植物志》（共四卷）的问世，提供了该地区有客观依据的植物目录和相关的资料。越来越多的研究证明，植物物种中蕴藏着丰富的科学信息，而有些信息还未为我们所知。神农架由于海拔高差大，山体陡峭，形成了适合多种植物生存的环境，加之地理上处于横断山向东、秦岭向南的过渡地带，因而形成既有古老的、也有新近分化的植物，多样性特点突出，像类似荨麻科征镒麻属（*Zhengyia*）这样的新植物或许不是个例。希望年轻的科研工作者们，继续在该地区做些深入的扩展和追索。我相信只要持之以恒，定会获得新的丰硕成果。

《神农架植物志》记载的是一个具有特点的自然地理区的丰富植物。该志具有若干特色：①在多年艰苦野外调查、考察和采集标本，并鉴定标本的基础上完成，不仅内容丰富，而且具有权威性；②形态描述简明、扼要，并配有检索表；③大部分物种都有彩色照片，其中多数有形态细部插图，这提高了本志的科学性，也便于分类鉴定。对于这样一部既有丰富内容，又有表述特色的植物志，我欣然作序。

中国植物学会名誉理事长

中国科学院院士 洪德元

2017年8月11日

序 二

　　神农架是全球中纬度地区唯一保存较为完好的原始林区，是中国第四纪冰川时代的"诺亚方舟"，是三峡库区、南水北调中线工程的绿色屏障和水源涵养地，是全球生物多样性保护永久示范基地。近年来，林区党委、政府秉承"保护第一、科学规划、合理开发、永续利用"的方针，持续强化主动保护、系统保护、科学保护，使神农架成为中国首个获得联合国教科文组织人与生物圈保护区、世界地质公园、世界遗产三大保护制度共同录入的"三冠王"名录遗产地，以及全国10个国家公园体制试点区域之一，彰显了其独特魅力和生态价值。神农架人就像保护眼睛一样保护生态环境，像对待生命一样对待生态环境，精心呵护这片人类共有的家园，谱写了人与自然和谐共处的壮丽篇章。

　　《神农架植物志》是中国科学院昆明植物研究所、神农架国家级自然保护区管理局与吉首大学等科研院所和高校组成的数十位科研人员，历经近十年，对神农架进行了百余次野外考察、标本采集鉴定和植物分类学研究的成果，厘清了神农架植物物种家底，是反映神农架植物多样性的"户口簿"，为基础科学研究、生物多样性保护、生态文明建设和生物资源挖掘利用及可持续发展提供了必需的重要科学基础，是神农架国家公园体制试点的重要成果之一，集中展现了神农架地区自然资源综合考察的阶段性成果。《神农架植物志》的完成与出版，是神农架林区加强国家生物多样性保护领域的科研交流与合作，依靠科技创新支撑神农架地区生物多样性保护的重要典范，可喜可贺。

习近平总书记在党的十九大报告中指出，人与自然是生命共同体，人类必须尊重自然、顺应自然、保护自然……生态文明建设功在当代、利在千秋。我们要牢固树立社会主义生态文明观，推动形成人与自然和谐发展现代化建设新格局，为保护生态环境作出我们这代人的努力。《神农架植物志》必将进一步提升广大群众对植物尤其是保护植物和濒危植物的科学认知，自觉投身到植物保护和生态文明建设中，也将成为广大群众进一步了解神农架的重要窗口，提升神农架知名度、满意度和影响力的新品牌。神农架林区党委、政府将努力践行绿色发展理念，坚守保护第一责任，引领生态文明示范，探索生态文明建设新模式，培育绿色发展新动能，开辟绿色惠民新路径，将神农架打造成为生态文明建设的教育课堂、人与自然和谐共生的示范基地。

中共神农架林区党委书记 周森锋

2017年9月1日

前 言

神农架位于湖北省西部的巴东、兴山和房县3县交界处,地理范围介于31°15′~31°57′N、109°56′~110°58′E之间。神农架林区现辖6镇2乡,即松柏镇、阳日镇、木鱼镇、红坪镇、新华镇、九湖镇,以及宋洛乡和下谷坪乡。区内最高海拔3105.2m(神农顶),最低海拔398 m(下谷坪乡的石柱河),平均海拔1700m,84%的地区海拔在1200m以上,有"华中屋脊"之称,是湖北省境内长江与汉水之间的第一级分水岭。神农架处于亚热带气候向温带气候过渡区域,属于北亚热带季风气候区。随着海拔的升高,形成低山、中山、亚高山3个气候带,立体气候十分明显。该区年均气温12.2 ℃,无霜期220d左右,年降水量在800~2500mm。区域内土壤类型丰富,其中海拔1500m以下为黄棕壤带,1500~2200m为山地棕壤带,2200m以上为山地灰棕壤带。神农架属于大巴山脉,其地质构造属于新华夏构造体系第三隆起带,受中生代燕山运动和新生代喜马拉雅造山运动影响显著;境内重峦叠嶂,地势崎岖,地貌具有山高、坡陡、谷深等特点。

神农架是中国乃至全球生物多样性的热点地区之一,植物多样性丰富,广受国内外专家学者的高度关注和重视。早在1888年和1900年亨利(Henry)和威尔逊(Wilson)就分别考察过神农架,采集了大量植物标本,拍摄照片数百幅。我国许多植物学者先后在神农架开展了植物调查和标本采集工作，例如，陈焕镛、钱崇澍、秦仁昌、陈嵘、周鹤昌、胡启明、陈封怀、应俊生等，积累了大量的标本和资料，发现了多个新分类群，丰富了神农架植物资源本底资料。尤其是1976～1978年由中国科学院武汉植物研究所牵头开展的"神农架植物考察"及1980年8～9月由中美两国植物学家开展的"中美联合神农架植物考察"两次大型考察累计采集植物标本万余号，发表了《鄂西神农架地区的植被与植物区系》《神农架植物》《湖北西部植物考察报告》等重要论著，夯实了神农架植物区系和多样性研究的基础。但是，由于神农架幅员广阔，地形地貌复杂，生境类型多样，物种繁多，历次调查深度和广度、时间和线路以及调查对象等诸多因素差异，导致本底资源数量相差较大，调查仍不全面、不系统，尚有大量种类遗漏或分布点记载不全面，一定程度上制约了该区植物多样性保护和资源开发利用。

摸清植物资源家底，探明物种种类与分布是研究植物多样性保护和开发利用的源泉和基础。自2005年以来，在神农架国家级自然保护区管理局（现神农架国家公园管理局）的支持下，由张代贵老师带领的神农架植物调查项目组就开始了神农架植物调查。2006—2008年，项目组主要进行局部与短期考察。2011—2014年，项目组承担了神农架地区本底资源调查（高等植物专题）和全国第四次中药资源调查等项目，区域上采取"分层次、有侧重、点线面"三原则，多次深入无人区和以往采集薄弱地带采集植物标本。时间上，全年采集分为4个阶段，即早春、盛花期、盛果期、初冬期，特别注重以往采集非常容易忽视的早春和初冬两个时间段；技术上，结合现代GIS技术标记其分布和生态环境，对神农架地区高等植物的种类组成和空间分布进行了较为系统、全面的调查研究。共采集植物标本37163份（所有标本保存于吉首大学植物标本馆和中国科学院昆明植物研究所标本馆）；拍摄植物原色照片120000余张；采集和保存种质资源（包括种子和DNA）2000余种、16700份。同时，我们查阅了国内外植物标本馆以及CVH、NSII等数字标本平台上来自于神农架的标本，收集整理了涉及神农架植物区系和分类的志书和相关调研文献。在此基础上，通过大量的标本和照片鉴定、特征描述、DNA条形码等研究分析后编撰成书。

《神农架植物志》共分为四卷，记载了神农架（以神农架林区为主，辐射神农架山系范围内的房县、巴东、兴山、巫山、巫溪、竹溪等县）的维管束植物（蕨类植物、裸子植物和被子植物）共208科1219属3767种，包括原生、归化及栽培植物。其中，石松类2科4属27种，蕨类植物25科71属306种，裸子植物7科27属43种，被子植物174科1117属3391种。第一卷包括石松类、真蕨类、裸子植物和被子植物睡莲至莎草科共919种，第二卷从禾本科至桑科共964种，第三卷从荨麻科到茜草科共976种，第四卷从龙胆科至伞形科共908种。

神农架新发表的产于神农架的新属1个，即征镒麻属*Zhengyia*，是神农架迄今唯一的特有属，以及孙航通泉草*Mazus sunhangii*等5个新记录种，同时还对数个疑似新分类群的主要特征作了描述；收载了湖北省新记录科1个、新记录属17个和新记录种52个，丰富和补充了湖北乃至中国植物多样性基本数据；发现并补充描述了飞蛾藤属种（旋花科）具有极为发达的膨大块茎，订正了以往对狭叶通泉草（通泉草科）的茎干的错误描述并补充了其花、果的形态描述。为方便广大读者使用，我们尽量采纳最新的分子系统学研究成果进行系统排列。例如，石松和蕨类植物科的概念及排列参考张宪春（2015）系统排列，裸子植物和种子植物科的概念及排列分别参考克氏系统和APGⅣ系统，但部分类群略有改进。除列举科、属、种的中文名和学名外，我们还简要描述了种的形态特征和具体分布点，所有科下属、种都做了检索表，90%以上的种类附有一幅以上生境、植株及重要形态特征的彩色图片。此外，我们尽最大努力给每一个物种及其分布引证标本信息，但由于时间和资料积累有限，仍有少部分物种未能引证。

该项工作先后得到了国家十二五科技支撑计划"神农架金丝猴生境保护与恢复关键技术研究与示范课题"和"神农架金丝猴保育生物学湖北省重点实验室开放性基金""环境保护部南京环境科学研究所生物多样性保护专项""国家基本药物所需中药原料资源调查和检测项目"、湖北省财政专项"神农架本底资源综合调查项目"、国家自然科学基金重大项目"中国—喜马拉雅植物区系成分的复杂性及其形成机制"、国家重点研发计划重点专项项目"西南高山峡谷地区生物多样性保护与恢复技术"、国家自然科学基金项目"世界通泉草属（通泉草科）的分类修订"、中国科学院西部青年学者项目等的资助，以及中国科学院东亚植物多样性与生物地理学重点实验室、武陵山区植物多样性保护与利用湖南省高校重点实验室等单位的大力支持和帮助。

在本书的编撰过程中，得到美国哈佛大学标本馆David E. Boufford博士在标本采集和鉴定工作中给予的帮助，他还欣然执笔为本书作了后记。毛茛科（Ranunculaceae）和十字花科（Brassicaceae）植物的鉴定分别得到了中国科学院华南植物园杨亲二研究员和昆明植物研究所乐霁培博士的指导；中国科学院昆明植物研究所张良博士审校了石松类和真蕨类植物部分的书稿，还有其他一些类群也得到了相关专家、学者的指导和鉴定帮助。此外，神农架国家公园管理局彩旗、阴峪河、下谷、东溪、坪堑、九冲等管理站和神农架卫生与计划生育委员会陈庸新及吉首大学徐亮、刘云娇、周建军等同学在野外工作中给予了协助；中南林业科技大学喻勋林教授、中国科学院植物研究所刘冰博士、庐山植物园梁同军博士等在图片收集与鉴定工作中给予了极大的支持；中国科学院昆明植物研究所Sergey

Volis、孙露、张永增、张小霜、乐霁培、陈洪梁、李彦波、张建文、林楠等在文稿审校中提供了帮助；中国科学院武汉植物园李建强研究员和武汉大学汪小凡教授对此书的编写提供了宝贵的建议；中国科学院植物研究所、昆明植物研究所和武汉植物园等植物标本馆协助完成标本查阅和数据支撑工作。在本书出版之际，借此机会向所有为本项目实施提供支持、指导和帮助的单位和个人致以诚挚的感谢。

神农架不仅有着世界同类生境中最为丰富的植物多样性，还是很多特有、珍稀、濒危和孑遗植物的避难所，而且还有许多重要的经济植物或有巨大的挖掘前景的遗传资源。一方面，我们希望本书成为大家了解和研究神农架植物多样性保护和资源开发利用的基础资料；另一方面，我们对神农架植物多样性的研究仍然是初步的，即便我们开展了为期2个月的无人区调查，但仍有不少区域可能还是处女地，有待深入的调查和研究，因此，希望本书能起到抛砖引玉的作用。同时，由于本书编写时间较短，编著者的业务水平有限，疏漏和错误在所难免，欢迎批评指正。

邓 涛 张代贵 孙 航

2017年9月28日

目 录

序 一
序 二
前 言

74. 荨麻科 | Urticaceae

1. 荨麻属 **Urtica** Linnaeus / 2
2. 征镒麻属 **Zhengyia** T. Deng, D. G. Zhang et H. Sun / 3
3. 花点草属 **Nanocnide** Blume / 4
4. 艾麻属 **Laportea** Gaudichaud-Beaupré / 5
5. 蝎子草属 **Girardinia** Gaudichaud-Beaupré / 6
6. 冷水花属 **Pilea** Lindley / 7
7. 假楼梯草属 **Lecanthus** Weddell / 14
8. 赤车属 **Pellionia** Gaudichaud-Beaupré / 15
9. 楼梯草属 **Elatostema** J. R. Forster et G. Forster / 16
10. 苎麻属 **Boehmeria** Jacquin / 22
11. 微柱麻属 **Chamabainia** Wight / 25

12. 墙草属 Parietaria Linnaeus / 25
13. 雾水葛属 Pouzolzia Gaudichaud-Beaupré / 26
14. 糯米团属 Gonostegia Turczaninow / 27
15. 紫麻属 Oreocnide Mique / 27
16. 水麻属 Debregeasia Gaudichaud-Beaupré / 28

75. 壳斗科 | Fagaceae

1. 水青冈属 Fagus Linnaeus / 30
2. 柯属 Lithocarpus Blume / 32
3. 栗属 Castanea Miller / 34
4. 锥属 Castanopsis (D. Don) Spach / 36
5. 栎属 Quercus Linnaeus / 39
6. 青冈属 Cyclobalanopsis Oersted / 46

76. 胡桃科 | Juglandaceae

1. 枫杨属 Pterocarya Kunth / 50
2. 青钱柳属 Cyclocarya Iljinskaya / 52
3. 胡桃属 Juglans Linnaeus / 53
4. 黄杞属 Engelhardia Leschenault ex Blume / 54
5. 化香树属 Platycarya Siebold et Zuccarini / 55

77. 桦木科 | Betulaceae

1. 桤木属 Alnus Miller / 56
2. 桦木属 Betula Linnaeus / 57
3. 榛属 Corylus Linnaeus / 60
4. 鹅耳枥属 Carpinus Linnaeus / 63
5. 铁木属 Ostrya Scopoli / 68

78. 马桑科 | Coriariaceae

马桑属 Coriaria Linnaeus / 69

79. 葫芦科 | Cucurbitaceae

1. 绞股蓝属 Gynostemma Blume / 71
2. 佛手瓜属 Sechium P. Browne / 73

3. 赤瓟属 Thladiantha Bunge / 74

4. 假贝母属 Bolbostemma Franquet / 77

5. 雪胆属 Hemsleya Cogniaux ex F. B. Forbes et Hemsley / 78

6. 裂瓜属 Schizopepon Maximowicz / 79

7. 马㼎儿属 Zehneria Endlicher / 80

8. 南瓜属 Cucurbita Linnaeus / 82

9. 栝楼属 Trichosanthes Linnaeus / 83

10. 葫芦属 Lagenaria Seringe / 85

11. 苦瓜属 Momordica Linnaeus / 86

12. 丝瓜属 Luffa Miller / 86

13. 冬瓜属 Benincasa Savi / 88

14. 西瓜属 Citrullus Schrader ex Ecklon et Zeyher / 88

15. 黄瓜属 Cucumis Linnaeus / 89

80. 秋海棠科 | Begoniaceae

秋海棠属 Begonia Linnaeus / 91

81. 卫矛科 | Celastraceae

1. 卫矛属 Euonymus Linnaeus / 94

2. 假卫矛属 Microtropis Wallich ex Meisner / 105

3. 南蛇藤属 Celastrus Linnaeus / 106

4. 裸实属 Gymnosporia (Wight et Arnott) Bentham et J. D. Hooker / 111

5. 雷公藤属 Tripterygium J. D. Hooker / 112

6. 梅花草属 Parnassia Linnaeus / 112

82. 酢浆草科 | Oxalidaceae

酢浆草属 Oxalis Linnaeus / 114

83. 杜英科 | Elaeocarpaceae

1. 杜英属 Elaeocarpus Linnaeus / 116

2. 猴欢喜属 Sloanea Linnaeus / 117

84. 大戟科 | Euphorbiaceae

1. 油桐属 Vernicia Loureiro / 119

2．地构叶属 **Speranskia** Baillon ／ 120

3．巴豆属 **Croton** Linnaeus ／ 121

4．山靛属 **Mercurialis** Linnaeus ／ 121

5．蓖麻属 **Ricinus** Linnaeus ／ 122

6．铁苋菜属 **Acalypha** Linnaeus ／ 122

7．野桐属 **Mallotus** Loureiro ／ 125

8．乌桕属 **Triadica** Loureiro ／ 128

9．白木乌桕属 **Neoshirakia** Esser ／ 129

10．山麻杆属 **Alchornea** Swartz ／ 129

11．丹麻杆属 **Discocleidion** (Müller Argoviensis) Pax et K. Hoffmann ／ 130

12．大戟属 **Euphorbia** Linnaeus ／ 131

85．叶下珠科 ｜ Phyllanthaceae

1．雀舌木属 **Leptopus** Decaisne ／ 138

2．白饭树属 **Flueggea** Willdenow ／ 139

3．叶下珠属 **Phyllanthus** Linnaeus ／ 140

4．算盘子属 **Glochidion** J. R. Forster et G. Forster ／ 142

5．守宫木属 **Sauropus** Blume ／ 143

6．重阳木属 **Bischofia** Blume ／ 144

86．杨柳科 ｜ Salicaceae

1．杨属 **Populus** Linnaeus ／ 145

2．柳属 **Salix** Linnaeus ／ 148

3．山桐子属 **Idesia** Maximowicz ／ 158

4．柞木属 **Xylosma** G. Forster ／ 159

5．山羊角树属 **Carrierea** Franchet ／ 159

6．山拐枣属 **Poliothyrsis** Oliver ／ 160

87．堇菜科 ｜ Violaceae

堇菜属 **Viola** Linnaeus ／ 161

88．金丝桃科 ｜ Hypericaceae

1．金丝桃属 **Hypericum** Linnaeus ／ 174

2. 三腺金丝桃属 Triadenum Rafinesque / 181

89. 牻牛儿苗科 | Geraniaceae

1. 老鹳草属 Geranium Linnaeus / 182
2. 天竺葵属 Pelargonium L'Héritier / 186

90. 千屈菜科 | Lythraceae

1. 紫薇属 Lagerstroemia Linnaeus / 187
2. 石榴属 Punica Linnaeus / 188
3. 水苋菜属 Ammannia Linnaeus / 189
4. 节节菜属 Rotala Linnaeus / 189
5. 千屈菜属 Lythrum Linnaeus / 191

91. 柳叶菜科 | Onagraceae

1. 露珠草属 Circaea Linnaeus / 192
2. 柳兰属 Chamerion Seguier / 195
3. 柳叶菜属 Epilobium Linnaeus / 196
4. 倒挂金钟属 Fuchsia Linnaeus / 201
5. 丁香蓼属 Ludwigia Linnaeus / 202
6. 月见草属 Oenothera Linnaeus / 203

92. 桃金娘科 | Myrtaceae

1. 桉属 Eucalyptus L'Héritier / 204
2. 蒲桃属 Syzygium Gaertner / 205

93. 野牡丹科 | Melastomataceae

1. 异药花属 Fordiophyton Stapf / 207
2. 野海棠属 Bredia Blume / 208
3. 肉穗草属 Sarcopyramis Wallich / 208
4. 金锦香属 Osbeckia Linnaeus / 209

94. 省沽油科 | Staphyleaceae

1. 省沽油属 Staphylea Linnaeus / 210

2. 野鸦椿属 Euscaphis Siebold et Zuccarini / 212

3. 山香圆属 Turpinia Ventenat / 213

95. 旌节花科 | Stachyuraceae

旌节花属 Stachyurus Siebold et Zuccarini / 214

96. 漆树科 | Anacardiaceae

1. 南酸枣属 Choerospondias B. L. Burtt et A. W. Hill / 216

2. 黄连木属 Pistacia Linnaeus / 217

3. 漆树属 Toxicodendron Miller / 217

4. 盐肤木属 Rhus Linnaeus / 219

5. 黄栌属 Cotinus Miller / 221

97. 无患子科 | Sapindaceae

1. 无患子属 Sapindus Linnaeus / 223

2. 伞花木属 Eurycorymbus Handel-Mazzetti / 224

3. 栾树属 Koelreuteria Laxmann / 224

4. 七叶树属 Aesculus Linnaeus / 225

5. 金钱枫属 Dipteronia Oliver / 226

6. 槭属 Acer Linnaeus / 226

98. 芸香科 | Rutaceae

1. 四数花属 Tetradium Loureiro / 240

2. 黄檗属 Phellodendron Ruprecht / 242

3. 石椒草属 Boenninghausenia Reichenbach ex Meisner / 243

4. 裸芸香属 Psilopeganum Hemsley / 243

5. 飞龙掌血属 Toddalia A. Jussieu / 244

6. 花椒属 Zanthoxylum Linnaeus / 244

7. 臭常山属 Orixa Thunberg / 250

8. 茵芋属 Skimmia Thunberg / 251

9. 黄皮属 Clausena N. L. Burman / 252

10. 柑橘属 Citrus Linnaeus / 253

99. 苦木科 | Simaroubaceae

1. 臭椿属 Ailanthus Desfontaines / 257
2. 苦木属 Picrasma Blume / 259

100. 楝科 | Meliaceae

1. 楝属 Melia Linnaeus / 260
2. 香椿属 Toona Roemer / 261

101. 瘿椒树科 | Tapisciaceae

瘿椒树属 Tapiscia Oliver / 262

102. 十齿花科 | Dipentodontaceae

核子木属 Perrottetia Kunth / 263

103. 锦葵科 | Malvaceae

1. 椴树属 Tilia Linnaeus / 265
2. 扁担杆属 Grewia Linnaeus / 268
3. 黄麻属 Corchorus Linnaeus / 270
4. 刺蒴麻属 Triumfetta Linnaeus / 270
5. 锦葵属 Malva Linnaeus / 271
6. 蜀葵属 Althaea Linnaeus / 272
7. 苘麻属 Abutilon Miller / 273
8. 梵天花属 Urena Linnaeus / 274
9. 悬铃花属 Malvaviscus Fabricius / 275
10. 木槿属 Hibiscus Linnaeus / 275
11. 秋葵属 Abelmoschus Medikus / 277
12. 棉属 Gossypium Linnaeus / 278
13. 梧桐属 Firmiana Marsili / 278
14. 马松子属 Melochia Linnaeus / 279
15. 田麻属 Corchoropsis Siebold et Zuccarini / 280

104. 瑞香科 | Thymelaeaceae

1. 草瑞香属 Diarthron Turczaninow / 281

2. 荛花属 Wikstroemia Endlicher / 282

3. 结香属 Edgeworthia Meisner / 283

4. 瑞香属 Daphne Linnaeus / 284

105. 叠珠树科 | Akaniaceae

伯乐树属 Bretschneidera Hemsley / 289

106. 旱金莲科 | Tropaeolaceae

旱金莲属 Tropaeolum Linnaeus / 290

107. 白花菜科 | Cleomaceae

1. 醉蝶花属 Tarenaya Rafinesque / 291

2. 羊角菜属 Gynandropsis Candolle / 292

108. 十字花科 | Brassicaceae

1. 碎米荠属 Cardamine Linnaeus / 294

2. 臭荠属 Coronopus Zinn / 299

3. 独行菜属 Lepidium Linnaeus / 300

4. 荠属 Capsella Medikus / 300

5. 蔊菜属 Rorippa Scopoli / 301

6. 芸苔属 Brassica Linnaeus / 302

7. 萝卜属 Raphanus Linnaeus / 307

8. 诸葛菜属 Orychophragmus Bunge / 308

9. 菘蓝属 Isatis Linnaeus / 309

10. 菥蓂属 Thlaspi Linnaeus / 309

11. 葶苈属 Draba Linnaeus / 310

12. 南芥属 Arabis Linnaeus / 311

13. 糖芥属 Erysimum Linnaeus / 312

14. 阴山荠属 Yinshania Ma et Y. Z. Zhao / 313

15. 双果荠属 Megadenia Maximowicz / 315

16. 大蒜芥属 Sisymbrium Linnaeus / 315

17. 堇叶芥属 Neomartinella Pilger / 316

18. 念珠芥属 Neotorularia Hedge et J. Léonard / 317

19. 锥果芥属 Berteroella O. E. Schulz / 318

20．鼠耳芥属 **Arabidopsis** Heynhold ／ 318

21．播娘蒿属 **Descurainia** Webb et Berthelot ／ 319

22．山萮菜属 **Eutrema** R. Brown ／ 320

109．蛇菰科｜Balanophoraceae

蛇菰属 **Balanophora** J. R. Forster et G. Forster ／ 321

110．檀香科｜Santalaceae

1．栗寄生属 **Korthalsella** Tieghem ／ 324

2．槲寄生属 **Viscum** Linnaeus ／ 325

3．米面蓊属 **Buckleya** Torrey ／ 327

4．百蕊草属 **Thesium** Linnaeus ／ 328

111．桑寄生科｜Loranthaceae

1．桑寄生属 **Loranthus** Jacquin ／ 329

2．钝果寄生属 **Taxillus** Tieghem ／ 329

112．青皮木科｜Schoepfiaceae

青皮木属 **Schoepfia** Schreber ／ 333

113．柽柳科｜Tamaricaceae

1．水柏枝属 **Myricaria** Desvaux ／ 334

2．柽柳属 **Tamarix** Linnaeus ／ 334

114．白花丹科｜Plumbaginaceae

白花丹属 **Plumbago** Linnaeus ／ 336

115．蓼科｜Polygonaceae

1．酸模属 **Rumex** Linnaeus ／ 337

2．金线草属 **Antenoron** Rafinesque ／ 343

3．何首乌属 **Fallopia** Adanson ／ 345

4．虎杖属 **Reynoutria** Houttuyn ／ 348

5．荞麦属 **Fagopyrum** Miller ／ 348

6. 蓼属 Polygonum Linnaeus / 351

7. 大黄属 Rheum Linnaeus / 374

8. 红药子属 Pteroxygonum Dammer et Diels / 376

9. 竹节蓼属 Homalocladium (F. Muell.) Bailey / 376

116. 茅膏菜科 | Droseraceae

茅膏菜属 Drosera Linnaeus / 378

117. 石竹科 | Caryophyllaceae

1. 漆姑草属 Sagina Linnaeus / 379

2. 无心菜属 Arenaria Linnaeus / 380

3. 种阜草属 Moehringia Linnaeus / 381

4. 繁缕属 Stellaria Linnaeus / 382

5. 孩儿参属 Pseudostellaria Pax / 388

6. 鹅肠菜属 Myosoton Moench / 389

7. 卷耳属 Cerastium Linnaeus / 390

8. 蝇子草属 Silene Linnaeus / 392

9. 剪秋罗属 Lychnis Linnaeus / 397

10. 石竹属 Dianthus Linnaeus / 398

11. 麦蓝菜属 Vaccaria Wolf / 400

118. 苋科 | Amaranthaceae

1. 苋属 Amaranthus Linnaeus / 402

2. 青葙属 Celosia Linnaeus / 406

3. 杯苋属 Cyathula Blume / 407

4. 千日红属 Gomphrena Linnaeus / 408

5. 莲子草属 Alternanthera Forsskål / 408

6. 牛膝属 Achyranthes Linnaeus / 410

7. 甜菜属 Beta Linnaeus / 411

8. 菠菜属 Spinacia Linnaeus / 413

9. 地肤属 Kochia Roth / 413

10. 刺藜属 Dysphania R. Brown / 414

11. 藜属 Chenopodium Linnaeus / 414

12. 千针苋属 Acroglochin Schrader / 417

119. 商陆科 | Phytolaccaceae

商陆属 **Phytolacca** Linnaeus / 418

120. 紫茉莉科 | Nyctaginaceae

1. 紫茉莉属 **Mirabilis** Linnaeus / 420
2. 叶子花属 **Bougainvillea** Commerson ex Jussieu / 420

121. 粟米草科 | Molluginaceae

粟米草属 **Mollugo** Linnaeus / 422

122. 落葵科 | Basellaceae

1. 落葵属 **Basella** Linnaeus / 423
2. 落葵薯属 **Anredera** Jussieu / 424

123. 土人参科 | Talinaceae

土人参属 **Talinum** Adanson / 425

124. 马齿苋科 | Portulacaceae

马齿苋属 **Portulaca** Linnaeus / 426

125. 仙人掌科 | Cactaceae

1. 仙人掌属 **Opuntia** Miller / 428
2. 蟹爪属 **Schlunbergera** Lemarive / 430
3. 令箭荷花属 **Nopalxochia** Britton et Rose / 431
4. 昙花属 **Epiphyllum** Haworth / 431

126. 山茱萸科 | Cornaceae

1. 山茱萸属 **Cornus** Linnaeus / 432
2. 珙桐属 **Davidia** Baill / 438
3. 蓝果树属 **Nyssa** Linnaeus / 439
4. 喜树属 **Camptotheca** Decne / 439
5. 八角枫属 **Alangium** Lamarck / 440

127. 绣球科 | Hydrangeaceae

1. 叉叶蓝属 **Deinanthe** Maximowicz / 444
2. 草绣球属 **Cardiandra** Siebold et Zuccarini / 445
3. 冠盖藤属 **Pileostegia** J. D. Hooker et Thomson / 445
4. 钻地风属 **Schizophragma** Siebold et Zuccarini / 446
5. 常山属 **Dichroa** Loureiro / 447
6. 绣球属 **Hydrangea** Linnaeus / 447
7. 赤壁木属 **Decumaria** Linnaeus / 452
8. 山梅花属 **Philadelphus** Linnaeus / 452
9. 溲疏属 **Deutzia** Thunberg / 454

128. 凤仙花科 | Balsaminaceae

凤仙花属 **Impatiens** Linnaeus / 459

129. 花荵科 | Polemoniaceae

花荵属 **Polemonium** Linnaeus / 469

130. 五列木科 | Pentaphylacaceae

1. 柃木属 **Eurya** Thunberg / 470
2. 厚皮香属 **Ternstroemia** Mutis ex Linnaeus f. / 473

131. 柿树科 | Ebenaceae

柿树属 **Diospyros** Linnaeus / 474

132. 报春花科 | Primulaceae

1. 紫金牛属 **Ardisia** Swartz / 477
2. 酸藤子属 **Embelia** N. L. Burman / 479
3. 铁仔属 **Myrsine** Linnaeus / 480
4. 杜茎山属 **Maesa** Forsskål / 482
5. 仙客来属 **Cyclamen** Linnaeus / 483
6. 假报春属 **Cortusa** Linnaeus / 484
7. 报春花属 **Primula** Linnaeus / 485
8. 点地梅属 **Androsace** Linnaeus / 491
9. 珍珠菜属 **Lysimachia** Linnaeus / 493

133. 山茶科 | Theaceae

1. 山茶属 **Camellia** Linnaeus / 505
2. 木荷属 **Schima** Reinwardt / 509
3. 紫茎属 **Stewartia** Linnaeus / 510

134. 山矾科 | Symplocaceae

山矾属 **Symplocos** Jacquin / 511

135. 安息香科 | Styracaceae

1. 白辛树属 **Pterostyrax** Siebold et Zuccarini / 514
2. 秤锤树属 **Sinojackia** Hu / 515
3. 赤杨叶属 **Alniphyllum** Matsumura / 515
4. 安息香属 **Styrax** Linnaeus / 516

136. 猕猴桃科 | Actinidiaceae

1. 猕猴桃属 **Actinidia** Lindley / 519
2. 藤山柳属 **Clematoclethra** Maximowicz / 526

137. 桤叶树科 | Clethraceae

桤叶树属 **Clethra** Linnaeus / 528

138. 杜鹃花科 | Ericaceae

1. 越橘属 **Vaccinium** Linnaeus / 530
2. 白珠树属 **Gaultheria** Kalm ex Linnaeus / 533
3. 杜鹃属 **Rhododendron** Linnaeus / 534
4. 马醉木属 **Pieris** D. Don / 544
5. 吊钟花属 **Enkianthus** Loureiro / 545
6. 珍珠花属 **Lyonia** Nuttall / 546
7. 喜冬草属 **Chimaphila** Pursh / 548
8. 独丽花属 **Moneses** Salisbury ex S. F. Gray / 548
9. 鹿蹄草属 **Pyrola** Linnaeus / 549
10. 水晶兰属 **Monotropa** Linnaeus / 550
11. 沙晶兰属 **Monotropastrum** Andres / 552

139. 茶茱萸科 | Icacinaceae

1. 无须藤属 **Hosiea** Hemsley et E. H. Wilson / 553
2. 假柴龙树属 **Nothapodytes** Blume / 553

140. 杜仲科 | Eucommiaceae

杜仲属 **Eucommia** Oliver / 555

141. 丝缨花科 | Garryaceae

桃叶珊瑚属 **Aucuba** Thunberg / 556

142. 茜草科 | Rubiaceae

1. 假繁缕属 **Theligonum** Linnaeus / 560
2. 钩藤属 **Uncaria** Schreber / 560
3. 水团花属 **Adina** Salisbury / 561
4. 鸡仔木属 **Sinoadina** Ridsdale / 562
5. 玉叶金花属 **Mussaenda** Linnaeus / 562
6. 香果树属 **Emmenopterys** Oliver / 564
7. 蛇根草属 **Ophiorrhiza** Linnaeus / 564
8. 耳草属 **Hedyotis** Linnaeus / 566
9. 新耳草属 **Neanotis** W. H. Lewis / 567
10. 密脉木属 **Myrioneuron** R. Brown / 568
11. 栀子属 **Gardenia** J. Ellis / 569
12. 茜树属 **Aidia** Loureiro / 570
13. 巴戟天属 **Morinda** Linnaeus / 570
14. 粗叶木属 **Lasianthus** Jack / 571
15. 野丁香属 **Leptodermis** Wallich / 572
16. 虎刺属 **Damnacanthus** C. F. Gaertner / 573
17. 白马骨属 **Serissa** Commerson / 574
18. 鸡矢藤属 **Paederia** Linnaeus / 574
19. 拉拉藤属 **Galium** Linnaeus / 575
20. 茜草属 **Rubia** Linnaeus / 582

中文名称索引 / 585
拉丁学名索引 / 606

74. 荨麻科 | Urticaceae

草本，稀木本。茎常具坚韧纤维。单叶对生或互生，常左右不对称，常具托叶。花小，绿色，单生，雌雄同株或异株，稀两性，常腋生集成聚伞花序，稀单生。雄花被2～5裂，雄蕊与其裂片同数而对生。雌花被2～5裂，果时常增大，退化雄蕊鳞状或不存在，子房上位，1室，花柱单生。果实为瘦果或核果；胚直立，子叶肉质，卵形或近于圆形。

约47属1300种。我国有25属341种，湖北有16属64种，神农架有16属57种。

分属检索表

1. 植株有螫毛；雌花被片多为4片或4裂。
    2. 叶对生 ··· 1. 荨麻属Urtica
    2. 叶互生。
        3. 托叶抱茎 ··· 2. 征镒麻属Zhengyia
        3. 托叶不抱茎。
            4. 雌雄同株；瘦果直立，包在宿存花被内 ································· 3. 花点草属Nanocnide
            4. 雌雄同株或异株；瘦果倾斜，不包在花被内。
                5. 雌花被4片，外面2片通常较小，有时无花被片 ················· 4. 艾麻属Laportea
                5. 雌花管状，2裂，其中一裂片明显较大 ··························· 5. 蝎子草属Girardinia
1. 植株无螫毛；雄花被片大多数为3片或3裂，少数无花被。
    6. 子房无花柱，柱头有多数放射状的细毛，呈画笔状；自子房顶端生出。
        7. 叶对生，叶基两侧对称或近对称。
            8. 瘦果边缘无鸡冠状附属物 ··· 6. 冷水花属Pilea
            8. 瘦果顶端或上部边缘有马蹄形或鸡冠状凸起的附属物
                ··· 7. 假楼梯草属Lecanthus
        7. 叶互生，如对生，则相对叶大小极不相等。
            9. 雄花和雌花皆成聚伞花序 ··· 8. 赤车属Pellionia
            9. 雄花和雌花皆生在肉质盘状或杯状的花托上 ················ 9. 楼梯草属Elatostema
    6. 子房大多数有花柱，柱头多样，有毛，不呈笔画状。
        10. 草本、灌木或小乔木；雌花被管状，在果时干燥或膜质。
            11. 柱头宿存。
                12. 花成穗状或圆锥状花序 ·· 10. 苎麻属Boehmeria
                12. 花成腋生团集聚伞花序。
                    13. 叶对生，边缘有锯齿，有托叶 ··················· 11. 微柱麻属Chamabainia
                    13. 叶互生，全缘，无托叶 ······························ 12. 墙草属Parietaria
            11. 柱头脱落。

14. 叶基出脉侧面2脉在上部分枝，不达叶先端……………………13. 雾水葛属Pouzolzia
14. 叶基出脉侧面2脉上部不分枝，直达叶先端……………………14. 糯米团属Gonostegia
10. 灌木或小乔木；雌花被管状或杯状，或无，花被在果时稍呈肉质。
15. 雌雄异株；柱头盾状；瘦果出附着于宿存的肉质花被上………15. 紫麻属Oreocnide
15. 雌雄同株或异株，柱头画笔头状；瘦果包在肉质花被内……16. 水麻属Debregeasia

1. 荨麻属 Urtica Linnaeus

一年或多年生草本。具刺毛。茎常具4棱。叶对生，边缘有齿或分裂，基出脉3～5条，钟乳体点状或条形；托叶离生或合生。花单性，雌雄同株或异株；花序单性或雌雄同序，成对腋生，数花聚成团伞花簇，排成穗状、总状或圆锥状。雄花花被片4枚，雄蕊4枚，具退化雌蕊。雌花花被片4枚，不等大，花后紧包果实。瘦果直立，两侧压扁。

约30种。我国产14种，湖北产3种，神农架均产。

分种检索表

1. 托叶每节2枚，合生；花序常圆锥状……………………………………1. 荨麻U. fissa
1. 托叶每节4枚，彼此分生；花序穗状或圆锥状。
   2. 叶心形；雌雄同株……………………………………………2. 宽叶荨麻U. laetevirens
   2. 叶披针形至披针状条形；雌雄异株……………………………3. 狭叶荨麻U. angustifolia

1. 荨麻 | Urtica fissa E. Pritzel 图74-1

多年生草本。茎四棱形，密生螫毛和被微柔毛。叶对生，宽卵形或近五角形，先端渐尖，基部截形或心形，近掌状浅裂，裂片三角形，有不规则牙齿，下面生微柔毛，沿脉生螫毛；托叶在叶柄间合生。雌雄同株或异株；雄花序在雌雄同株时生于雌花序之下；雄花花被片4枚；雌花小，柱头画笔状。瘦果近圆形。花期8～10月，果期9～11月。

神农架广布，生于海拔200～1600m的沟边阴湿处。全草及根入药。

2. 宽叶荨麻 | Urtica laetevirens Maximowicz 图74-2

多年生草本。疏生螫毛和柔毛。叶对生，狭卵形至宽卵形，先端渐尖，基部圆形或宽楔形，边缘具锐牙齿，两面疏短毛，基出脉3条；托叶每节4枚，离生。雌雄同株；雄花序生于茎上部，长达8cm；雄花被片4枚，雄蕊4枚；雌花序生于下部叶腋，较短，花被片4枚，柱头画毛状。瘦果卵形，稍扁。花期6～8月，果期8～9月。

产于神农架低海拔地区（木鱼、阳日、新华，zdg 6883），生于海拔500～1000m的山坡林下或沟边。全草入药。

图74-1 荨麻

图74-2 宽叶荨麻

3. 狭叶荨麻 | Urtica angustifolia Fischer ex Hornemann 图74-3

多年生草本。茎四棱形，疏生刺毛。叶披针形至披针状条形，上面生细糙伏毛，具粗密缘毛，下面沿脉疏生细糙毛，疏生刺毛和糙毛。雌雄异株，花序圆锥状，有时分枝短而少近穗状；雄花近无梗；花被片4枚，在近中部合生，裂片卵形，外面上部疏生小刺毛和细糙毛；退化雌蕊碗状；雌花小，近无梗。瘦果卵形或宽卵形，双凸透镜状。花期6~8月，果期8~9月。

产于神农架高海拔地区（猴子石、金猴岭、徐家庄、板壁岩，zdg 7437），生于海拔1500~3000m的山坡林下。全草入药。

2. 征镒麻属 Zhengyia T. Deng, D. G. Zhang et H. Sun

多年生草本。高达2m。茎圆柱形，基稍木质化。叶互生，叶缘具牙齿或浅裂，基出脉3条；钟乳体细小点状；托叶叶片状，宿存。花单性，雌雄同株，成对腋生。雄花序圆锥状，生于下部叶腋，长15~25cm；雄花被片4枚，雄蕊4枚，退化雌蕊圆柱状；雌花近生于顶部叶腋，雌花被片4枚，不等大，基部合生，近无柄，花后紧包被着果实。瘦果直立，长圆球形或近球形，两侧不压扁。

本属为新近发现的新属，仅1种，神农架特有单型属，起源古老，为"活化石"植物。

征镒麻 | Zhengyia shennongensis T. Deng, D. G. Zhang et H. Sun
图74-4

特征同属的描述。花期7月，果期10月。

仅分布于神农架的阳日镇武山湖，生于海拔600m左右的路边。该种居群少，种群更新缓慢，易受人为干扰，为极度濒危植物，建议加强对该种的保护研究。民间用枝叶治疗风湿病。

图74-3　狭叶荨麻

图74-4　征镒麻

3. 花点草属 Nanocnide Blume

一年生或多年生草本，丛生状。茎具毛。叶互生，边缘具粗齿，基出脉不规则3~5出。花单性，雌雄同株；雄花聚伞花序，疏松，具梗，腋生；雌花序团伞状，无梗或具短梗，腋生；雄花花被5裂，稀4裂，雄蕊与花被裂片同数，退化雌蕊宽倒卵形；雌花花被不等4深裂，子房直立，椭圆形，花柱缺，柱头画笔头状。瘦果宽卵形，两侧压扁，有疣点状凸起。

2种。我国产2种，湖北产2种，神农架均产。

分种检索表

1. 茎上的细螫毛向上生长；花粉红色 ··· 1. 花点草 N. japonica
1. 茎上的细螫毛向下生长；花淡黄绿色 ··· 2. 毛花点草 N. lobata

1. 花点草 | Nanocnide japonica Blume　图74-5

多年生直立小草本，被向上倾斜的螫毛。叶互生，三角状卵形，长1.5~4cm，宽1.3~4cm，边缘有圆齿，两面疏生短柔毛和螫毛；叶柄长0.3~2cm；托叶膜质。雌雄同株或异株；花序于茎上部叶腋；雄花序具长梗，花被5枚，雄蕊5枚；雌花序近无梗，分枝短而密集，雌花花被片4枚，柱头画笔状。瘦果卵形，有疣点状凸起。花期4~5月，果期6~7月。

神农架广布，生于海拔1500m以下的山坡林下。全草入药。

2. 毛花点草 | Nanocnide lobata Weddell　图74-6

多年生小草本。茎丛生状，上部多分枝，茎上有向下生的螯毛；叶互生，有长柄，叶片三角状卵形或扇形，先端钝圆，基部宽楔形，边缘有粗钝圆齿，腹面有点状白色钟乳体，两面均具白色长柔毛，有3~5条主脉。花单性同株。瘦果卵形，有点状凸起。花期4月，果期6月。

神农架广布（长青，zdg 5677；阳日—马桥，zdg 4444和zdg 4449），生于海拔1000m以下的山坡林下。全草入药。

图74-5　花点草

图74-6　毛花点草

4. 艾麻属 Laportea Gaudichaud-Beaupré

草本或半灌木，稀灌木。有刺毛。叶互生，边缘有齿，基出3脉或具羽状脉，钟乳体点状或短杆状；托叶于叶柄处合生，后脱落。花单性，雌雄同株，稀雌雄异株；花序聚伞圆锥状，稀总状或穗状；雄花花被片4或5枚，雄蕊4或5枚，具退化雌蕊；雌花花被片4枚，极不等大，离生，稀下部合生，无退化雄蕊；子房直立，后偏斜。瘦果偏斜，两侧压扁；花柄常成翅状。

约28种。我国有7种，湖北产2种，神农架均产。

分种检索表

1. 雌花花梗果时在两侧膨大成明显的膜质翅·········1. 珠芽艾麻 L. bulbifera
1. 雌花花梗在果时只稍膨大，不成翅状·········2. 艾麻 L. cuspidata

1. 珠芽艾麻 | Laportea bulbifera (Siebold et Zuccarini) Weddell 图74-7

多年生草本。茎具柔毛和刺毛。珠芽1~3个生于不生花序的叶腋。叶互生，卵形至披针形，长6~16cm，宽3~8cm，先端渐尖，基部宽楔形，边缘具牙齿，两面疏生毛；基出脉3；叶柄长达10cm。花序圆锥状，雄花序长3~10cm，雌花序生于近顶部叶腋，长10~25cm；花梗果时膨大成膜质翅。瘦果圆状倒卵形或近半圆形，偏斜。花期6~8月，果期8~12月。

神农架广布，生于海拔1400~2200m的山坡林下、沟谷或潮湿的岩石上。块根及全草可入药。

2. 艾麻 | Laportea cuspidata (Weddell) Friis 图74-8

多年生草本。茎疏生刺毛和短柔毛。叶互生，宽卵形或近圆形，先端长尾状，基部心形或圆形，边缘具锐牙齿，两面疏生毛；基出脉3条。雌雄同株，雄花序生于雌花序之下；雄花花被片5枚，雄蕊5枚；雌花序生于茎稍叶腋；雌花花被片4枚。花梗在果期膨大，无翅。瘦果斜卵形。花期6~7月，果期8~9月。

神农架广布，生于海拔1400~2200m的山坡林下、沟谷或潮湿的岩石上。根可入药。

本种雌花梗在果期时无翅，瘦果双凸透镜状，雌花序长穗状，与艾麻属截然不同，笔者认为应恢复蛇麻属（新拟）Scepterocnide，使用蛇麻（新拟）Sceptrocnide macrostachya Maximowicz这一种名。

图74-7 珠芽艾麻

图74-8 艾麻

5. 蝎子草属 Girardinia Gaudichaud-Beaupré

一年生或多年生草本。具螫毛。叶互生，边缘有齿或分裂，通常具异形叶。花单性，雌雄同株或异株；花序成对生于叶腋，雄花序穗状；雌团伞花序密集或稀疏呈蝎尾状着生于序轴上，小团伞花序轴上密生刺毛；雄花花被片4~5枚，雄蕊4~5枚，具退化雌蕊；雌花花被片3~4枚，子房直立，花后渐变偏斜，柱头线形。果为瘦果，压扁，稍偏斜，宿存花被包被着增粗的雌蕊柄。

2种。我国有1种，神农架也有。

1. 大蝎子草 | Girardinia diversifolia (Link) Friis

分亚种检索表

1. 叶为阔卵形至扁圆形，通常5~7深裂；花序长达10~28cm···1a. 蝎子草 G. diversifolia subsp. suborbiculata
1. 叶倒卵形，常3浅裂；花序长4~8cm··············1b. 红火麻 G. diversifolia subsp. trilob

1a. 蝎子草（亚种）Girardinia diversifolia subsp. suborbiculata (C. J. Chen) C. J. Chen et Friis 图74-9

一年生草本。枝、叶均被粗毛和尖锐刺状螫毛，具5棱。叶互生，阔卵圆形至扁圆形，先端3~5(~7)深裂；裂片近三角形，两侧2裂片通常有粗大齿裂，裂片边缘均有牙齿或重牙齿，基部圆形或截形，腹面散生粗毛及密布点状钟乳体，背面被细长毛；托叶阔卵形。雌雄异株或同株。瘦果扁圆形，表面有粗枕点，顶端有宿存线状花柱。花期6~7月，果期8~9月。

产于神农架低海拔地区（木鱼、宋洛、阳日），生于海拔400~1500m的山坡林下或沟边。全草和根入药。

1b. 红火麻（亚种）Girardinia diversifolia subsp. triloba (C. J. Chen) C. J. Chen et Friis 图74-10

一年生草本。茎疏生螫毛。叶二型，宽卵形，但大多倒梯形，在中部3裂；裂片三角形，边缘具多数较整齐的牙齿，有时下部的为重牙齿，中下部的齿较大，基部截形或心形；茎、叶柄和下面的叶脉常带紫红色。雌花序轴密生伸展的粗毛。

产于神农架低海拔地区（木鱼、宋洛、阳日），生于海拔400~1500m的路边或沟边。全草入药。

图74-9 蝎子草

图74-10 红火麻

6. 冷水花属 Pilea Lindley

一年生或多年生草本，稀灌木。茎无螫毛。叶对生，常具柄，同对近等大或极不等大，边缘具齿或全缘，常具三出脉；托叶合生，早落。花单性，雌雄同株或异株，腋生团伞状或聚伞花序，稀圆锥状；雄花花被片4~5枚，雄蕊与花被片同数而对生，退化雌蕊小；雌花花被片3枚或5枚，子房直立，柱头呈画笔头状。瘦果卵形或近圆形，多少压扁，常稍偏斜。

400种。中国产80种，湖北产21种，神农架产15种。

分种检索表

1. 雌花花被片5枚，近等大，覆瓦状排列⋯⋯⋯⋯⋯⋯⋯⋯⋯⋯⋯⋯⋯⋯⋯⋯⋯⋯⋯ 1．山冷水花 P. japonica
1. 雌花花被片4、3或2枚，常不等大，常镊合状排列。
 2. 雌花花被片4枚，近等大⋯⋯⋯⋯⋯⋯⋯⋯⋯⋯⋯⋯⋯⋯⋯⋯⋯ 13．花叶冷水花 P. cadierei
 2. 雌花花被片3或2枚，不等大。
  3. 雌花序不具花序托，无总苞片。
   4. 雌花花被片2枚。
    5. 叶宽卵形、近正三角形或狭卵形，先端锐尖⋯⋯⋯⋯⋯⋯⋯⋯ 2．玻璃草 P. swinglei
    5. 叶菱状圆形，先端圆钝⋯⋯⋯⋯⋯⋯⋯⋯⋯⋯⋯⋯⋯⋯ 14．苔水花 P. peploides
   4. 雌花花被片3枚。
    6. 雄花花被片与雄蕊2枚，稀3或4枚；聚伞花序蝎尾状⋯ 4．透茎冷水花 P. pumila
    6. 雄花花被片与雄蕊4枚；花序各式，但不为蝎尾聚伞状。
     7. 雄花序为聚伞花序，常密集成近头状⋯⋯⋯⋯⋯⋯⋯⋯ 5．石油菜 P. cavaleriei
     7. 雄花序二歧聚伞状，但不为头状。
      8. 雄花序呈串珠状⋯⋯⋯⋯⋯⋯⋯⋯⋯⋯⋯⋯ 6．念珠冷水花 P. monilifera
      8. 雄花序为二歧聚伞状或聚伞圆锥状。
       9. 雌花花被片等大或近等大，多少合生，先端常钝圆。
        10. 托叶小，三角形⋯⋯⋯⋯⋯⋯ 7．粗齿冷水花 P. sinofasciata
        10. 托叶较大，长圆形。
         11. 叶草质或膜质⋯⋯⋯⋯⋯⋯⋯⋯⋯⋯⋯⋯⋯⋯⋯⋯⋯⋯⋯⋯⋯⋯⋯⋯⋯⋯⋯⋯⋯⋯⋯⋯⋯ 8．华中冷水花 P. angulata subsp. latiuscula
         11. 叶纸质⋯⋯⋯⋯⋯⋯⋯⋯⋯⋯⋯⋯⋯⋯⋯ 9．冷水花 P. notata
       9. 雌花花被片不等大，常离生，先端常锐尖。
        12. 雌花序二歧聚伞状⋯⋯⋯⋯⋯⋯⋯⋯ 10．翅茎冷水花 P. subcoriacea
        12. 雌花序聚伞圆锥状。
         13. 托叶长圆形或长圆状披针形⋯⋯ 11．大叶冷水花 P. martini
         13. 托叶小，三角形。
          14. 叶缘有齿⋯⋯⋯⋯⋯ 12．大果冷水花 P. macrocarpa
          14. 叶全缘或上部有少数不明显的小齿⋯⋯⋯⋯⋯⋯⋯⋯⋯⋯⋯⋯⋯⋯⋯⋯⋯⋯⋯⋯⋯⋯⋯⋯⋯⋯⋯⋯⋯ 3．石筋草 P. plataniflora
  3. 雌花序不具花序托，无总苞片⋯⋯⋯⋯⋯⋯ 15．序托冷水花 P. receptacularis

1．山冷水花 ｜ Pilea japonica (Maximovicz) Handel-Mazzetti   图74-11

草本。茎肉质，无毛。叶对生，常在茎顶部集生，同对叶不等大，菱状卵形或卵形，先端锐尖，基部楔形，稍不对称，基部以上具锯齿，基出脉3条，钟乳体细条形；叶柄纤细；托叶半宿存。花单性，雌雄同株或异株，雄聚伞花常紧缩成头状或近头状；雌聚伞花序具长梗，团伞花簇常紧缩成头状或近头状。瘦果卵形。花期7～9月，果期8～11月。

分布于神农架红坪、白沙园，生于海拔1500～1650m的山坡路边或沟谷边。全草入药。

2. 玻璃草 | Pilea swinglei Merrill　图74-12

草本。茎肉质。叶宽卵形、近正三角形或狭卵形，下部的叶显著变小，常密布细的紫色斑点，钟乳体条形。雌雄同株；团伞花簇呈头状；雌花序较短；雄花淡绿黄色；雌花有短梗，极不等大，背面上部有2条龙骨状隆起物，稍短于果，腹生的1枚（稀侧生的2枚）极小，卵形，比长的一枚短5倍以上；退化雄蕊很小。瘦果宽卵形，稍扁。花期6～8月，果期8～11月。

分布于神农架九冲、阳日、巫山（T. P. Wang 10373），生于海拔600m的沟边石壁上。全草入药。

图74-11　山冷水花

图74-12　玻璃草

3. 石筋草 | Pilea plataniflora C. H. Wright　图74-13

多年生草本。茎肉质。叶同对的不等大或近等大，卵形或椭圆状披针形，先端长渐尖，基部常偏斜，圆形至心形，稀楔形；全缘；钟乳体梭形；基出脉3（～5）条。雌雄同株或异株，有时雌雄同序；花序聚伞圆锥状或总状。瘦果卵形，顶端稍歪斜。花期（4～）6～9月，果期7～10月。

分布于神农架新华、老君山、松柏、阳日，生于海拔500～950m的林下岩石上。全草和根入药。

4. 透茎冷水花 | Pilea pumila (Linnaeus) A. Gray　图74-14

一年生草本。茎肉质，无毛。叶近膜质，同对的近等大，菱状卵形或宽卵形，先端渐尖、短渐尖或锐尖，基部常宽楔形，边缘在基部上具密生牙齿，两面疏生透明硬毛，钟乳体条形，基出脉3条。雌雄同株并常同序，雄花常生于花序的下部。瘦果三角状卵形，扁。花期6～8月，果期8～10月。

分布于神农架马湾、断江坪，生于海拔850～1300m的沟边阴湿片。全草和叶入药。

图74-13　石筋草　　　　　　　　　图74-14　透茎冷水花

5. 石油菜 | Pilea cavaleriei H. Léveillé　图74-15

无毛直立小草本。茎肉质。叶对生，集生于枝顶部，同对常不等大，宽卵形或菱状卵形，先端钝或近圆形，基部宽楔形，边缘全缘或稍呈波状，钟乳体密生，三出脉不明显；托叶小，三角形，宿存。雌雄同株，聚伞花序常密集成近头状，偶具少数分枝。瘦果卵形，稍扁，顶端稍歪斜。花期5～8月，果期8～10月。

分布于神农架大岩屋、盘龙，生于海拔900～1500m的阴湿岩石上。全草入药。

图74-15　石油菜

6. 念珠冷水花 | Pilea monilifera Handel-Mazzetti　图74-16

一年生无毛草本。叶同对不等大，椭圆形或卵状椭圆形，常不对称，先端长渐尖，基部圆形或浅心形，基部以上有粗锯齿；钟乳体条形；基出脉3条。雌雄异株或同株；团伞花序簇2～8个稀疏着生于花序轴上，呈串珠状排列。雌花序具团伞花簇数个，呈串珠状或成穗状。瘦果卵形，扁。花期6～8月，果期7～9月。

产于神农架各地，生于海拔900～1500m的阴湿岩石上。全草入药。

图74-16　念珠冷水花

7. 粗齿冷水花 ｜ Pilea sinofasciata C. J. Chen　图74-17

无毛草本。茎肉质。叶同对近等大，卵形、宽卵形或椭圆形，先端长渐尖，基部宽楔形或近圆形，边缘在基部以上密生粗牙；钟乳体疏生，狭条形；基出脉3条。雌雄异株或同株；花序聚伞圆锥状；雄花花被片4枚，先端钝圆，雄蕊4枚；雌花小，花被片3枚，近等大。瘦果圆卵形，顶端歪斜。花期6～7月，果期8～10月。

分布于神农架木鱼、红坪、关门山、老君山、阳日湾、大九湖，生于海拔580～1900m的山坡林下阴湿处。全草入药。

图74-17　粗齿冷水花

8. 华中冷水花（亚种） | Pilea angulata subsp. latiuscula C. J. Chen   图74–18

多年生草本。具匍匐地下茎。叶卵形或圆卵形，下部的常心形，先端渐尖，基部心形，稀圆形；托叶薄膜质，褐色，长圆形，近宿存。雌雄异株；雄花较小，红色，花被片外面近先端几乎无短角状凸起；宿存的雌花被片长仅及果的1/4。花期6～7月，果期10月。

产于神农架各地（板仓—坪堑，zdg 7256），生于海拔900～1500m的阴湿岩石上。全草入药。

9. 冷水花 | Pilea notata C. H. Wright   图74–19

多年生无毛草本。叶纸质，同对近等大，卵状披针形或卵形，先端长渐尖，基部圆形，边缘有浅锯齿，钟乳体条形，两面明显；基出脉3条；叶柄纤细；托叶长圆形，脱落。雌雄异株，雄花序聚伞总状，雌聚伞花序较短而密集。瘦果小，圆卵形，顶端歪斜，宿存花被片3深裂。花期6～9月，果期9～11月。

分布于神农架大九湖、九冲、宋洛，生于海拔800～1800m的林下。全草入药。

图74-18　华中冷水花

图74-19　冷水花

10. 翅茎冷水花 | Pilea subcoriacea (Handel-Mazzetti) C. J. Chen   图74–20

多年生草本。地下茎横走。叶同对的近等大，倒卵状长圆形，有时椭圆形。雌雄异株；雄花序聚伞圆锥状，具少数分枝，连同花序梗常长过叶；雌花序多回二歧聚伞状，具短总梗；雄花具梗；退化雌蕊小，圆锥状卵形，雌花小，具短梗或无；退化雄蕊长圆形，与花被片近等长。瘦果近圆形或圆卵形，凸透镜状，熟时表面有细疣点。花期4月，果期5～6月。

产于神农架低海拔地区（巴东），生于海拔200～500m的林下阴湿地。

图74-20　翅茎冷水花

11. 大叶冷水花 | Pilea martini (H. Léveillé) Handel-Mazzetti 图74-21

多年生草本。茎肉质。叶同对的常不等大，卵形或卵状披针形，两侧常不对称，先端长渐尖，基部圆形或浅心形，边缘具牙齿，钟乳体条形，基出脉3条。雌雄异株，有时雌雄同株；花序聚伞圆锥状，单生于叶腋，有时雌花序呈聚伞总状。瘦果狭卵形，顶端歪斜，两侧微扁。花期5~9月，果期8~10月。

产于神农架木鱼（官门山），生于海拔1400~2000m的林下阴湿地。全草入药。

图74-21　大叶冷水花

12. 大果冷水花 | Pilea macrocarpa C. J. Chen

多年生草本。无毛。茎下部木质化，上部稍肉质，叶在同对不等大，披针形，先端尾状渐尖，基部浅心形或圆形，钟乳体纺锤形；托叶三角形，宿存。雌雄异株；雌花序直立，从近顶部叶腋生出，圆锥状；雌花疏生于花枝上；花被片3枚，三角状卵形。瘦果大，几乎不歪斜，圆卵形，扁，熟时有紫色细斑点。花期8月，果期9月。

分布于神农架官门山、马家屋场、新华、宋洛，生于海拔800~2400m的山谷林下或沟边湿处。全草入药。

13. 花叶冷水花 | Pilea cadierei Gagnepain et Guillemin 图74-22

多年生草本或半灌木。具匍匐根茎。茎肉质，下部多少木质化。叶倒卵形，先端骤凸，基部楔形或钝圆，上面深绿色，中央有2条（有时在边缘也有2条）间断的白斑。雌雄异株；雄花序头状，常成对生于叶腋；雄花倒梨形；花被片合生至中部，近兜状，外面近先端处有长角状凸起；雄蕊4枚；退化雌蕊圆锥形，不明显。雌花花被片4枚，略短于子房。花期9~11月。

原产于越南，神农架有栽培。观叶植物。

图74-22　花叶冷水花

14. 苔水花 | Pilea peploides (Gaudichaud-Beaupré) W. J. Hooker et Arnott 图74-23

一年生小草本。茎肉质，带红色。叶膜质，常集生于茎和枝的顶部，同对的近等大，菱状圆形，稀扁圆状菱形或三角状卵形。雌雄同株，雌花序与雄花序常同生于叶腋，或分别单生于叶腋，有时雌雄花混生；聚伞花序密集成头状；雄花淡黄色，花被片4枚，卵形，外面近先端无短角状凸起；雌花淡绿色，花被片2枚，不等大。瘦果卵形，熟时黄褐色，光滑。花期4~7月，果期7~8月。

分布于神农架木鱼、新华，生于海拔400~1000m的阴湿岩石上。

图74-23 苔水花

15. 序托冷水花 | Pilea receptacularis C. J. Chen

草本。叶卵形或狭卵形，顶部的近卵状披针形，下部的较小，常有2条白斑带，疏生白色透明硬毛；托叶宿存。雌雄同株，雌雄花序成对生于上部的同一叶腋；雄花序常头状或近于头状，花序托近杯状或盘状；雌花序聚伞状。瘦果卵形，双凸透镜状，顶端歪斜。花期6~8月，果期7~9月。

产于神农架松柏（大岩屋土地垭，鄂神农架队21305），生于海拔1800m的山坡流水阴湿处。

7. 假楼梯草属 Lecanthus Weddell

草本。无螫毛。叶对生，具柄，边缘有锯齿，具基出3脉，钟乳体条形；托叶草落。花单性，花序盘状，花生于多少肉质的花序托上，稀雄花序不具花序托；总苞片呈1或2列生于花序托盘的边缘；雄花花被片4~5枚，雄蕊4~5枚，退化雌蕊小，不明显；雌花花被片常4枚，不等大，柱头画笔头状。瘦果椭圆状卵形，表面常有疣状凸起。

3种。我国3种均产，湖北产1种，神农架有分布。

假楼梯草 | Lecanthus peduncularis (Wallich ex Royle) Weddell 图74-24

草本。茎肉质，上部有短柔毛。叶同对的常不等大，卵形，先端渐尖，基部稍偏斜，宽

图74-24 假楼梯草

楔形，边缘有锯齿，上面疏生硬毛，下面脉上疏生短柔毛，具基出3脉。花序雌雄同株或异株，单生于叶腋，具盘状花序托。瘦果椭圆状卵形，表面散生疣点。花期7~8月，果期9~10月。

产于神农架木鱼（九冲），生于海拔1000m的山坡林下阴湿地。

8．赤车属 Pellionia Gaudichaud-Beaupré

草本或亚灌木。叶2列，互生，两侧不相等。花序雌雄同株或异株，排成腋生的聚伞花序，或雌花组成无或有总花梗的团伞花序，无膨大或肉质的花托；雄花花被片4枚或5枚，常不等大，雄蕊与花被片同数且对生；雌花花被片4枚或5枚，具退化雄蕊，子房椭圆形，柱头画笔头状。瘦果小，卵形或椭圆形，稍扁，常有小瘤状凸起。

约60种。我国约有20种，湖北产5种，神农架产3种。

分种检索表

1. 叶较小，0.5~3cm×0.4~4cm ·· 1．短叶赤车 P. brevifolia
1. 叶较大，长2.5~10cm×1.2~3.7cm。
　　2. 多年生草本，根状茎长，横走 ·· 2．赤车 P. radicans
　　2. 亚灌木，根状茎直立或斜上 ·· 3．蔓赤车 P. scabra

1．短叶赤车 ｜ Pellionia brevifolia Bentham 图74-25

平卧小草本。茎被长毛。叶斜倒卵形，顶端钝或圆形，基部在狭侧钝或楔形，在宽侧耳形，中部以上有稀疏浅钝齿，下面沿脉有短毛，叶柄短。花序雌雄异株或同株，雄花序有长梗，有开展的短毛；雌花序具短梗，有多数密集的花。瘦果狭卵球形，有小瘤状凸起。花期5~7月，果期6~8月。

产于神农架低海拔地区，生于海拔200~500m的林下阴湿地。全草入药。

2．赤车 ｜ Pellionia radicans (Siebold et Zuccarini) Weddell 图74-26

多年生草本。茎下部卧地，常无毛。叶片斜狭菱状卵形或披针形，顶端渐尖，基部在狭侧钝，在宽侧耳形，边缘有小牙齿，两面无毛或近无毛，半离基三出脉。花序通常雌雄异株；雄花序为稀疏的聚伞花序；雌花序通常有短梗，花密集多数。瘦果近椭圆球形，有小瘤状凸起。花期5~10月，果期8~11月。

产于神农架低海拔地区（长青，zdg 5910），生于海拔200~500m的林下阴湿地。全草入药。

图74-25　短叶赤车

3. 蔓赤车 | Pellionia scabra Bentham 图74-27

亚灌木。上部有开展的糙毛。叶片斜狭菱状倒披针形，顶端渐尖，基部在狭侧微钝，在宽侧宽楔形或耳形，上部有少数小牙齿，两面具短糙毛，半离基三出脉。花常雌雄异株；雄花为稀疏的聚伞花序；雌花序近无梗，有多数密集的花。瘦果近椭圆球形，有小瘤状凸起。花期春季至夏季，果期夏季。

产于神农架低海拔地区，生于海拔200～500m的林下阴湿地。全草入药。

图74-26 赤车　　　　　　　　　图74-27 蔓赤车

9. 楼梯草属 Elatostema J. R. Forster et G. Forster

灌木、亚灌木或草本。叶互生，2列，具短柄或无，两侧不对称；边缘具齿，具三出脉、半离基三出脉或羽状脉，常具钟乳体，托叶存在。花极小，单性，雌雄同株或异株；雌花和雄花均生于肉质盘状或杯状花序托上；雄花花被片3～5枚，雄蕊与花被片对生且同数；雌花花被片3～5枚，短于子房，子房椭圆形，柱头小，画笔头状，花柱不存在。瘦果狭卵球形或椭圆球形。

约300种。我国约有146种，湖北产17种，神农架产14种。

分种检索表

1. 雄花序分枝，无花序托···1. 长圆楼梯草 E. oblongifolium
1. 雄花序不分枝，形成不明显或明显的花序托。
　　2. 雄花序极小，不明显，不呈盘状或梨状。
　　　　3. 雌花序的花序托不明显，有花1～20朵·························2. 钝叶楼梯草 E. obtusum
　　　　3. 雌花序托有明显的花序托和多数密集雌花（30朵以上）和小苞片。
　　　　　　4. 叶具三出脉或半离基三出脉。
　　　　　　　　5. 雌花序有细长梗，长达12mm·······························3. 疣果楼梯草 E. trichocarpum
　　　　　　　　5. 雌花序无梗或具短梗。
　　　　　　　　　　6. 雄花序无梗或具短梗。
　　　　　　　　　　　　7. 退化叶不存在···4. 宜昌楼梯草 E. ichangense

　　　　　　7. 退化叶存在 ·· 5. 对叶楼梯草 E. sinense
　　　　　　6. 雄花序有超过花序本身的长花序梗 ························ 6. 托叶楼梯草 E. nasutum
　　　4. 叶具羽状脉。
　　　　　　8. 雄花序无梗或近无梗。
　　　　　　　　9. 叶纸质，边缘下部全缘 ·································· 7. 庐山楼梯草 E. stewardii
　　　　　　　　9. 叶草质，边缘有齿。
　　　　　　　　　　10. 植株干后多少变黑，茎有毛 ················· 8. 南川楼梯草 E. nanchuanense
　　　　　　　　　　10. 植株干后不变黑，茎无毛 ················ 14. 多脉楼梯草 E. pseudoficoides
　　　　　　8. 雄花序有长梗，其长度超过花序本身 ···················· 9. 楼梯草 E. involucratum
　2. 雄花序的花序托明显，呈盘状或梨状。
　　　11. 雄花序托呈梨形
　　　　　　12. 叶草质或薄纸质，干时变淡棕色；雌花序长方形或方形 ·······································
　　　　　　　　·· 10. 短齿楼梯草 E. brachyodontum
　　　　　　12. 叶草质，干时绿色或稍变黑色；雌花序圆形 ············ 11. 梨序楼梯草 E. ficoides
　　　11. 雄花序托平，通常盘状。
　　　　　　13. 托叶宽2～8mm，中脉明显 ························· 12. 骤尖楼梯草 E. cuspidatum
　　　　　　13. 托叶宽1mm以下，中脉不明显 ················· 13. 锐齿楼梯草 E. cyrtandrifolium

1. 长圆楼梯草 | Elatostema oblongifolium Fu ex W. T. Wang　图74-28

多年生草本。茎无毛。叶纸质，斜狭长圆形，顶端渐尖，基部在狭侧钝或楔形、在宽侧圆形或浅心形，下部全缘，上部有浅钝齿，叶面散生糙伏毛，钟乳体稍明显，叶脉羽状；叶柄长0.5～2mm。雌雄同株或异株；雄花序具极短梗，聚伞状；雌花成对腋生，长3～9mm。瘦果椭圆球形或卵球形，长0.8～1mm。花期4～5月，果期5～6月。

产于神农架各地，生于海拔600～1500m的山坡林下。全草入药。

图74-28　长圆楼梯草

2. 钝叶楼梯草 | Elatostema obtusum Weddell　图74-29

小草本。茎平卧或渐升，被短糙毛。叶片草质，斜倒卵形，顶端钝，基部在狭侧楔形，在宽侧心形或近耳形，中部以上部具钝齿，两面无毛或上面疏被短伏毛，钟乳体明显或不明显，基出脉3条；叶柄极短；托叶长约2mm。雌雄异株；雄花1至数花组成腋生头状花序；雌花序无梗，生于茎上部叶腋。瘦果狭卵球形。花期6～9月，果期8～11月。

产于神农架高海拔地区，生于海拔2500～3000m的山坡林下。全草入药。

3. 疣果楼梯草 | Elatostema trichocarpum Handel-Mazzetti 图74-30

多年生小草本。叶具短柄；叶片草质，斜卵状长圆形，先端微尖或钝，基部在狭侧钝，在宽侧近耳形，边缘下部全缘，上部具小牙齿，上面散生糙伏毛，下面无毛，钟乳体不明显；半离基三出脉；托叶钻形，早落。花序雌雄同株或异株，雌、雄花序头状，腋生。瘦果狭卵球形，表面有疣点。花期5～6月，果期6～7月。

产于神农架各地，生于海拔1400～2000m的山坡林下。全草入药。

图74-29　钝叶楼梯草

图74-30　疣果楼梯草

4. 宜昌楼梯草 | Elatostema ichangense H. Schroeter 图74-31

多年生小草本。茎无毛。叶片草质，斜倒卵状长圆形或斜长圆形，顶端尾状渐尖，基部在狭侧楔形或钝，在宽侧钝或圆形，中下全缘，上部有浅牙齿，钟乳体明显，三出脉；叶具短柄或无柄；托叶条形或长圆形。雌雄异株或同株，雄花序无梗或近无梗，雌花序有梗。瘦果椭圆球形，有纵肋。花果期8～9月。

产于神农架各地（龙门河—峡口，zdg 7903；长青，zdg 5594），生于海拔400～800m的山坡林下。全草入药。

图74-31　宜昌楼梯草

5. 对叶楼梯草 | Elatostema sinense H. Schroeter 图74-32

多年生草本。叶斜椭圆形至斜长圆形，顶端渐尖或尾状渐尖，上面散生少数短硬毛，下面或全部或只在脉上疏被短毛；退化叶小，椭圆形。花序雌雄异株；雄花序腋生，雄花无毛，花被片5枚，狭椭圆形，基部合生，外面无凸起，雄蕊5枚；雌花序有多数花，花序托小，近椭圆形，所有苞片在外面顶端之下均有短凸起。瘦果卵球形，约有5条不明显的纵肋。花果期6～9月。

产于神农架下谷，生于海拔500m的山坡林下。

6. 托叶楼梯草 | Elatostema nasutum J. D. Hooker   图74-33

多年生草本。叶片草质，斜椭圆形，顶端渐尖，基部在狭侧近楔形，在宽侧心形或近耳形，中部以上在宽侧有牙齿，钟乳体不太明显；叶脉三出；叶柄短；托叶狭卵形至条形，长9~18mm。雌雄异株，雌、雄花序头状，雄花序有长达3.6cm的梗，雌花序无梗或具极短梗。瘦果椭圆球形，长0.8~1mm，有10纵肋。花果期7~10月。

产于神农架低海拔地区，生于海拔200~800m的山坡林下。全草入药。

图74-32 对叶楼梯草

图74-33 托叶楼梯草

7. 庐山楼梯草 | Elatostema stewardii Merrill   图74-34

多年生草本。高24~40cm。常具球形珠芽。叶片草质，斜椭圆状倒卵形至或斜长圆形，长7~12.5cm，宽2.8~4.5cm，先端骤尖，基部在狭侧楔形，在宽侧耳形，下部全缘，上部有牙齿，钟乳体明显，羽状脉；叶柄长1~4mm；托叶狭三角形，长约4mm。雌雄异株，单生于叶腋；雄花序具短梗，雌花序无梗。瘦果卵球形，长约0.6mm，纵肋不明显。花果期7~9月。

神农架广布，生于海拔1000~1800m的山坡林下。全草入药。

图74-34 庐山楼梯草

8. 南川楼梯草 | Elatostema nanchuanense W. T. Wang   图74-35

多年生草本。叶斜长圆形或斜狭长圆形。花序雌雄同株或异株，成对腋生；雄花序具极短梗，花序托椭圆形，中部稍2浅裂；雄花具梗，花被片5枚，狭椭圆形，基部合生，退化雌蕊小；雌花序具短梗或无梗，有多数花，花序托近椭圆形或圆形。瘦果狭卵球形或椭圆球形，约有8条纵肋。花期6月，果期7月。

产于神农架低海拔地区，生于海拔200～800m的山坡林下。

9. 楼梯草 | Elatostema involucratum Franchet et Savatier   图74-36

多年生草本。茎肉质，常无毛。叶片草质，斜倒披针状长圆形，稍镰状弯曲，4.5～19cm，宽2.2～6cm，顶端骤尖，基部在狭侧楔形，在宽侧圆形或浅心形，边缘有较多牙齿，上面散生糙伏毛，下面沿脉有短毛，钟乳体明显，叶脉羽状；叶近无柄；托叶狭条形，长3～5mm。雌雄同株或异株；雄花序有长梗；雌花序具极短梗。瘦果卵球形，长约0.8mm。花果期5～10月。

分布于神农架阳日（麻湾），生于海拔900m的山坡草丛中。全草入药。

图74-35　南川楼梯草

图74-36　楼梯草

10. 短齿楼梯草 | Elatostema brachyodontum (Handel-Mazzetti) W. T. Wang   图74-37

多年生草本。高60～100cm，无毛。叶片草质，斜长圆形，稍镰状弯曲，长7～17cm，宽2.4～5.2cm，顶端突渐尖，基部在狭侧楔形或钝，在宽侧楔形，下部全缘，上部有浅钝牙齿，上面稀生短毛，钟乳体明显，叶脉羽状；叶柄极短或无；托叶钻形，早落。雌雄同株或异株，单生于叶腋；雄花序托呈梨形，具长梗；雌花序具极短梗，有多花。瘦果狭卵球形，长约1mm，纵肋不明显。花果期6～9月。

产于神农架低海拔地区，生于海拔500～1800m的山坡林下。全草入药。

11. 梨序楼梯草 | Elatostema ficoides Weddell

多年生草本。茎被短柔毛。叶斜倒披针状长圆形或狭椭圆形，先端渐尖，基部在狭侧狭楔形，宽侧圆形或耳形，边缘具密牙齿，背腹两面散生少数短糙毛和钟乳体；羽状叶脉，侧脉在狭侧5~7条，宽侧6~9条。雄花序有长梗，花序托梨形，后开裂；雌花序成对生于茎顶端叶腋，无梗。花期8~9月，果期9~10月。

产于神农架各地，生于海拔400~1000m山坡林下。

12. 骤尖楼梯草 | Elatostema cuspidatum Wight   图74-38

多年生草本。高25~90cm，无毛。叶片草质，斜椭圆形或斜长圆形，稍镰状弯曲，长4.5~13.5cm，宽1.8~5cm，顶端骤尖，基部在狭侧楔形或钝，在宽侧宽楔形或近耳形，边缘有尖牙齿，上面疏被短伏毛，钟乳体稍明显；半离基三出脉；叶柄极短或无柄；托叶条状披针形。雌雄同株或异株，单生于叶腋；雌、雄花序具短梗。瘦果狭椭圆球形，长约1mm，有纵肋。花期5~8月，果期8月。

产于神农架低海拔地区，生于海拔200~600m的山坡林下。全草入药。

图74-37 短齿楼梯草

图74-38 骤尖楼梯草

13. 锐齿楼梯草 | Elatostema cyrtandrifolium (Zollinger et Moritzi) Miquel   图74-39

多年生草本。高10~40cm，疏被短柔毛。叶片草质，斜椭圆形，长5~12cm，宽2.2~4.7cm，顶端渐尖，基部在狭侧楔形，在宽侧宽楔形或圆形，边缘有牙齿，上面散生短硬毛，下面沿中脉及侧脉有少数短毛，钟乳体稍明显；三出脉；叶柄极短；托叶狭披针形或钻形。雌雄异株；雄花序单生于叶腋，有梗；雌花序近无梗或有短梗。瘦果卵球形，长约0.8mm，有纵肋。花期4~9月。

产于神农架红坪、九湖、木鱼、新华，生于海拔600~1800m的山坡林下或沟边。全草入药。

14．多脉楼梯草 | Elatostema pseudoficoides W. T. Wang　图74-40

多年生草本。叶斜长圆形，顶端骤尖（尖头基部有1~2粗齿），基部在狭侧楔形。花序雌雄同株；雄花序单生于叶腋，位于雌花序之下；雄花花被片5枚，白色，狭椭圆形，下部合生，雄蕊5枚；雌花序单生于茎顶部叶腋；花序托近方形；小苞片多数，密集，条状匙形，上部边缘有睫毛；雌花花被不明显，子房椭圆形，柱头小。花期8~9月。

产于神农架木鱼老君山（老君山丘家坪，鄂神农架植考队 30524），生于海拔1400m的山坡林下。

图74-39　锐齿楼梯草

图74-40　多脉楼梯草

10．苎麻属 Boehmeria Jacquin

木本或多年生草本。叶互生或对生，边缘有牙齿，常不分裂，表面平滑或粗糙，基出脉3条。团伞花序生于叶腋，或成穗状花序或圆锥状花序；雄花花被片常4枚，下部常合生；雄蕊与花被片同数，具退化雌蕊；雌花花被管状，顶端缢缩，有2~4枚小齿，在果期稍增大，子房通常卵形，柱头丝形，密被柔毛，宿存。瘦果卵形，包于宿存花被之中。

约65种。我国约有25种，湖北产10种，神农架产6种。

分种检索表

1. 叶互生（序叶苎麻苗期时叶对生）。
　　2. 灌木或亚灌木 ··· 1．苎麻 B. nivea
　　2. 多年生草本或亚灌木 ··· 2．序叶苎麻 B. clidemioides var. diffusa
1. 叶对生。
　　3. 叶缘有较规则的锯齿，叶先端无3浅裂或3尖裂。
　　　　4. 叶缘上部有重锯齿 ··· 3．野线麻 B. japonica
　　　　4. 叶缘无重锯齿 ··· 4．小赤麻 B. spicata
　　3. 叶缘有较大不规则的锯齿，先端3浅裂或3尖裂。
　　　　5. 茎黄绿色；叶先端3浅裂 ··· 5．八角麻 B. tricuspis
　　　　5. 茎通常带红色；叶先端通常3尖裂 ··· 6．赤麻 B. silvestrii

1. 苎麻 | Boehmeria nivea (Linnaeus) Gaudichaud-Beaupré 图74-41

灌木或亚灌木。高可达1.5m。茎上部与叶柄密被长硬毛和短糙毛。叶互生，草质，通常宽卵形，长6～15cm，宽4～11cm，先端骤尖，基部近截形或宽楔形，边缘有牙齿，上面稍粗糙，下面密被毡毛；叶柄长2.5～9.5cm；托叶钻状披针形。雌雄同株，花序圆锥状，雄花序位于雌花序之下；雌花簇球形，萼管状。瘦果近球形，长约0.6mm，光滑。花果期8～10月。

产于神农架各地，生于海拔400～1500m的山沟或山坡林缘。纤维植物；根、叶入药。

2. 序叶苎麻（变种）| Boehmeria clidemioides var. diffusa (Weddell) Handel-Mazzetti 图74-42

多年生草本或亚灌木，常多分枝。叶互生，纸质，卵形或长圆形，先端长渐尖，基部圆形，稍偏斜，中部以上具锯齿，两面有短伏毛，上面常粗糙，基出脉3条；叶柄长0.7～6.8cm。穗状花序单生于叶腋，通常雌雄异株，长4～12.5cm，顶部有2～4叶；团伞花序直径2～3mm。瘦果卵圆形，有宿存花被。花期6～8月，果期9～10月。

产于神农架各地，生于海拔200～1500m的山沟或山坡林缘。根和茎入药及全草可入药。

图74-41　苎麻

图74-42　序叶苎麻

3. 野线麻 | Boehmeria japonica (Linnaeus f.) Miquel 图74-43

亚灌木或多年生草本。高可达1.5m，上部具糙毛。叶对生，纸质，圆卵形或卵形，先端渐尖或尾尖，基部宽楔形或截形，边缘有锯齿；上面有短糙伏毛，下面沿脉网有短柔毛，侧脉1～2对；叶柄长达6cm。团伞花序集成腋生穗状花序，单一或有分枝；雄花被4枚，雄蕊4枚；雌花序比叶长。瘦果倒卵球形，长约1mm，光滑。花果期6～9月。

产于神农架各地，生于海拔400～1800m的山沟林下。叶供药用。

4. 小赤麻 | Boehmeria spicata (Thunberg) Thunberg 图74-44

多年生草本或亚灌木。叶对生，草质，卵状菱形，先端长骤尖，基部宽楔形，边缘有3～8枚大锯齿，两面疏被短伏毛或近无毛，基脉三出；叶柄长1～3cm。团伞花伞聚成穗状，单生于叶腋，长达10cm；雌雄异株，或雌雄同株时雌花序位于雄花序之上；雄花被片4枚，雄蕊4枚；雌花被片管状。瘦果倒卵形，长约1.5mm，花被宿存。花果期6~8月。

产于神农架木鱼、九湖、松柏、宋洛、新华、阳日，生于海拔1200~2000m的山坡林下、沟边或草丛中。全草入药。

图74-43　野线麻

图74-44　小赤麻

5．八角麻 ｜ Boehmeria tricuspis (Hance) Makino　图74-45

亚灌木或多年生草木。茎中上部密被短毛。叶对生，扁五角形或扁圆卵形，茎上部叶为卵形，先端3骤尖，中央骤尖成三角形，基部截形至宽楔形，两面密生短糙伏毛。花序穗状或穗状圆锥花序，通常比叶长，绿色或带紫色；雌花簇球形，位于雄花簇上方。瘦果狭倒卵形，常数个聚集成球状。花期6~7月，果期8~10月。

产于神农架各地，生于海拔500~1850m的山坡、沟谷或沟边阴湿处。叶、根及全株入药。

6．赤麻 ｜ Boehmeria silvestrii (Pampanini) W. T. Wang　图74-46

多年生草本。茎高60~100cm，上部疏被短伏毛。叶对生，草质，近五角形或圆卵形，先端3或5骤尖，基部宽楔形，向上叶渐变小，常为卵形，边缘有牙齿，两面疏被短伏毛；叶柄长达4cm。团伞花序聚成穗状，单生于叶腋，雌雄异株，或雌雄同株时雌花序位于雄花序之上。瘦果近卵球形或椭圆球形，长约1mm，光滑，基部具短柄。花期6~8月，果期8月。

产于神农架各地，生于海拔500~1850m的山坡、沟谷林下。全草入药。

图74-45　八角麻

图74-46　赤麻

11. 微柱麻属 Chamabainia Wight

多年生草本。叶对生，边缘有牙齿，基出脉3条，钟乳体点状；托叶宿存。团伞花序单性，雌雄同株或异株，稀两性；雄花花被片3～4枚，镊合状排列，下部合生，雄蕊与花被片对生，退化雌蕊倒卵形；雌花花被管状，子房包于花被内，柱头近无柄，小，近卵形，有密毛。瘦果近椭圆球形，包于宿存花被内；果皮硬壳质，稍带光泽。

单种属，分布于东亚。神农架有产。

微柱麻 | Chamabainia cuspidata Wight　图74-47

特征同属的描述。花果期6～8月。

产于神农架低海拔地区，为路边及荒地常见杂草。全草入药。

图74-47　微柱麻

12. 墙草属 Parietaria Linnaeus

草本，稀亚灌木。叶互生，全缘，基出3脉或离基三出脉，钟乳体点状；托叶缺。聚伞花序腋生，常由少数几朵花组成；花杂性，两性花花被片4深裂，镊合状排列，雄蕊4枚；雄花花被片4枚，雄蕊4枚；雌花花被片4枚，合生成管状，4浅裂，子房直立，柱头画笔头状或匙形，退化雄蕊不存在。瘦果卵形，稍压扁，果皮壳质，有光泽，包藏于宿存的花被内。

约20种。我国1种，神农架也有。

墙草 | Parietaria micrantha Ledebour　图74-48

一年生铺散草本。茎被短柔毛。叶卵形或卵状心形，先端锐尖，基部圆形或浅心形，上面疏生短糙伏毛，下面疏生柔毛，基出脉3条。花杂性，聚伞花序数朵，近簇生状；两性花具梗，花被片4深裂，雄蕊4枚，柱头画笔头状；雌花花被片合生成钟状，4浅裂。果实坚果状，卵形，黑色，具宿存的花被片。花期6～7月，8～10月。

产于神农架南天门、老君山、猴子石—南天门（zdg 7380），生于海拔2800m的岩石基部阴湿地。全草药用。

图74-48　墙草

13. 雾水葛属 Pouzolzia Gaudichaud-Beaupré

灌木、亚灌木或多年生草本。叶常互生，边缘有牙齿或全缘，基出脉3条；托叶宿存。团伞花序通常两性，稀单性，生于叶腋，稀形成穗状花序；雄花花被片3～5枚，镊合状排列，基部合生，雄蕊与花被片对生，退化雌蕊倒卵形或棒状；雌花花被管状，顶端缢缩，有2～4枚小齿，果期多少增大，有时具纵翅。瘦果卵球形；果皮壳质，常有光泽。

约37种，分布于热带和亚热带地区。我国有4种，湖北产2种，神农架产1种。

雾水葛 │ Pouzolzia zeylanica (Linnaeus) Bennett　图74-49

多年生草本。枝具伏毛。叶对生，卵形或宽卵形，顶端短渐尖，基部圆形，全缘，两面有疏伏毛；叶柄长0.3～1.6cm。团伞花序通常两性，直径1～2.5mm；雄花有短梗，花被片4枚，雄蕊4枚，退化雌蕊狭倒卵形；雌花花被椭圆形或近菱形，顶端有2枚小齿，外面密被柔毛，果期呈菱状卵形，柱头长1.2～2mm。瘦果卵球形。花果期全年。

产于神农架低海拔地区，为荒地或田埂上常见杂草。全草入药。

图74-49　雾水葛

14. 糯米团属 Gonostegia Turczaninow

多年生草本或亚灌木。叶对生或上部互生，边缘全缘，基出脉3条，2侧生基脉不分枝。雌雄同株，簇生为团伞花序生于叶腋；雄花花片4~5枚，离生，雄蕊与花被同数并对生；雌花花被管状，有2~4枚小齿，在果期有数条至12条纵肋，有时有纵翅，子房卵形，柱头丝形，有密柔毛，脱落。瘦果卵球形，果皮硬壳质，常有光泽。

约3种。我国有3种，湖北有1种，神农架有分布。

糯米团 │ Gonostegia hirta (Blume ex Hasskarl) Miquel 图74-50

多年生草本。茎蔓生，茎略四棱形，有短柔毛。叶对生，宽披针形至狭披针形，长3~10cm，宽1.2~2.8cm，先端长渐尖，基部浅心形或圆形，全缘，上面稍粗糙，下面沿脉有疏毛，基出脉3~5条；叶柄长1~4mm。团伞花序腋生，通常两性，稀单性，雌雄异株，直径2~9mm。瘦果卵球形，长约1.5mm。花期5~9月，果期6~10月。

产于神农架各地，生于海拔400~1500m的山坡、沟边草丛中。幼苗可食；全草入药。

图74-50　糯米团

15. 紫麻属 Oreocnide Mique

灌木和乔木。叶互生，基出3脉或羽状脉，全缘或具波状齿，托叶早落。花单性，雌雄异株；小型头状花序，无梗或成束生于一总梗上；雄花花被片3~4枚，雄蕊与花被片同数而对生，花丝在蕾中内曲；雌花花被片合生成管状，与子房合生，先端具不明显3~4枚小齿，柱头盘状或盾状，四周具纤毛，无柄。瘦果小，附着于宿存的肉质花被上。种子具胚乳。

约18种。我国有10种，湖北产1种，神农架有分布。

紫麻 | Oreocnide frutescens (Thunberg) Miquel 图74-51

灌木。高1～3m。小枝常褐紫色。叶卵形或狭卵形，先端渐尖，基部圆形，边缘有锯齿或粗牙齿，上面疏生糙伏毛，下面常被灰白色毡毛，后脱落，基出脉3条；叶柄长1～7cm。花序生于上年生枝和老枝上，几无梗，呈簇生状，团伞花簇径3～5mm。瘦果卵球状，两侧稍压扁，长约1.2mm。花期3～5月，果期6～10月。

产于神农架低海拔地区（长青，zdg 5875），生于海拔400～1000m的沟谷灌木丛中或林缘。根、茎、叶能入药。

图74-51　紫麻

16. 水麻属 Debregeasia Gaudichaud-Beaupré

灌木。无刺毛。叶互生，边缘具细牙齿或细锯齿，基出3脉，下面被白色或灰白色毡毛；托叶早落。花单性，雌雄同株或异株；雄花序为团伞状，雌花序球形；雄花被片3～4枚，雄蕊3～4枚；雌花被合生成管状，顶端有3～4齿，包被着子房，柱头画笔头状。瘦果浆果状，常梨形或壶形，在下部常紧缩成柄，宿存花被贴生于果实而在柄处则离生。种子倒卵形，多压扁，胚乳常丰富。

6种。我国均产，湖北2种，神农架全有。

分种检索表

1. 花期春季，花序生于老枝和当年生枝上 ································· 1. 水麻 D. orientalis
1. 花期夏秋季，花序只生于老枝上 ································· 2. 长叶水麻 D. longifolia

1. 水麻 | Debregeasia orientalis C. J. Chen 图74-52

灌木。高达4m。小枝暗红色。叶长圆状狭披针形，先端渐尖，基部宽楔形，边缘具细牙齿，上面常有泡状隆起，背面被毡毛，基出脉3条；叶柄长3~10mm。雌雄异株，稀同株，生于上年生枝和老枝的叶腋，雄的团伞花簇直径4~6mm，雌的直径3~5mm。瘦果小浆果状，倒卵形，鲜时橙黄色，宿存花被肉质，紧贴生于果实。花期3~4月，果期5~7月。

产于神农架低海拔地区，生于海拔500~1700m的山坡沟边。茎、皮、叶能入药。

图74-52 水麻

2. 长叶水麻 | Debregeasia longifolia (N. L. Burman) Weddell

小乔木或灌木。叶长圆状或倒卵状披针形，有时近条形或长圆状椭圆形，稀狭卵形。花序雌雄异株，稀同株；团伞花簇径3~4mm；雄花在芽时微扁球形，具短梗，花被片4枚，在中部合生，三角状卵形，背面稀疏地贴生细毛；雌花几无梗，倒卵珠形，压扁。瘦果带红色或金黄色。花期7~9月，果期9月至翌年2月。

产于兴山县（东郊山沟里，付国勋、张志松 250），生于海拔600m的山沟中。

75. 壳斗科 | Fagaceae

常绿或落叶乔木，稀灌木。单叶互生，具叶柄，全缘或锯齿，或羽状裂；叶脉羽状；托叶早落。花单性同株，稀异株，单被，4～8裂，基部合生；雄花为细长柔荑花序，稀头状，苞片腋内有1朵雄花，雄蕊4～20枚，花丝纤细；雌花1～3（～5）朵聚生于总苞内，总苞单生或2～3枚集生，或在短轴上成穗状，子房下位，3～7室，每室有1～2枚胚珠，仅1枚发育，中轴胎座。坚果部分或全部包有刺或鳞状总苞内。

7属900余种。我国有7属约320种，湖北产6属49种，神农架有6属37种。

分属检索表

1. 雄花排列成下垂的头状花序……………………………………………………1. 水青冈属Fagus
1. 雄花排列成多花的直立或下垂的柔荑花序，雌花单生或成穗状花序。
  2. 雄花序直立。
    3. 雌花单生，总苞杯状，部分或全部包被坚果……………………………2. 柯属Lithocarpus
    3. 雌花序多花，总苞球形，外被以分枝的刺或疣状突起。
      4. 落叶；枝无顶芽………………………………………………………3. 栗属Castanea
      4. 常绿；枝有顶芽………………………………………………………4. 锥属Castanopsis
  2. 雄花序为下垂的柔荑花序。
    5. 常绿或落叶；壳斗的小苞片鳞片状、线形或钻性………………………5. 栎属Quercus
    5. 常绿乔木；壳斗的小苞片连生成圆环状…………………………………6. 青冈属Cyclobalanopsis

1. 水青冈属 Fagus Linnaeus

落叶乔木。芽具长而尖的鳞片；芽鳞多数，脱落后在枝的基部留有密集环状芽鳞痕。叶互生，2列，边缘有锯齿；侧脉直伸齿端。雄花序为下垂头状花序，有长梗，着花7～11朵，雄花萼5～7裂，雄蕊8～16枚；雌花常成对生于叶腋具梗的总苞内，雌花花萼5～6裂，子房3室，花柱3裂。壳斗3～4裂，具瘤状、鳞状、舌状、钻形的苞片，每壳斗内具1～2枚坚果。果卵状三棱形。

约10种。我国4种，湖北4种，神农架全产。

分种检索表

1. 叶缘锯齿不明显，壳斗苞片2型……………………………………………1. 米心水青冈F. engleriana
1. 叶缘锯齿明显。
  2. 壳斗的苞片钻形，竖直。

> 3. 叶背面密被贴伏绒毛，老叶近无毛·· 2. 水青冈 F. longipetiolata
> 3. 叶两面被绢质长柔毛，老叶背面脉腋有毛·· 3. 台湾水青冈 F. hayatae
> 2. 壳斗的苞片鳞形，紧贴总苞·· 4. 光叶水青冈 F. lucida

1. 米心水青冈 | Fagus engleriana Seemen　　图75-1

落叶乔木。高可达20m，常自基部分叉。叶互生，纸质，卵形至椭圆状卵形，长4~10cm，宽3~5cm，先端渐尖，基部楔形先端截形，边缘浅波状，下面灰绿色，除中脉外均被长柔毛。果柄长1.5~7cm。总苞直径1.5~2cm，被柔毛，有极多向外弯的钝刺，刺长约6mm。坚果有3棱，被黄褐色微柔毛。

产于神农架田家山、红坪、板仓、宋洛、大九湖、新华、松柏（大岩屋—燕天，zdg 4703），生于海拔1300~1600m的山坡林中。茎皮入药。

2. 水青冈 | Fagus longipetiolata Seemen　　图75-2

落叶乔木。高达25m。叶互生，厚纸质，卵形或卵状披针形，长6~15cm，宽3~6cm，先端渐尖，基部楔形，略偏斜，边缘具锯齿，下面苍白色；侧脉直达齿端。雄花序头状，下垂。壳斗4瓣裂，长1.8~3cm，密被褐色绒毛，有极多向外弯的锐刺，刺长约4~6mm，下弯或呈"S"形。果梗长3~6cm。坚果具3棱，有黄褐色的微柔毛，花柱宿存。

产于神农架各地，生于海拔1300~1600m的山坡林中。珍贵用材树种；种子可食；树皮和种子入药。

图75-1　米心水青冈

图75-2　水青冈

3. 台湾水青冈 | Fagus hayatae Palibin　　图75-3

落叶乔木。叶卵形，先端渐尖，基部宽楔形，叶缘具小齿；侧脉6~9对，直达齿端。壳斗4裂，小苞片钻状，总梗被毛，坚果伸出壳斗外。果棱具窄翅。花期4~5月，果期7~8月。

产布于神农架九湖（大界岭），生于海拔2000~2600m的山坡林中。珍贵用材树种；种子可食；树皮和种子入药。

4. 光叶水青冈 | Fagus lucida Rehder et E. H. Wilson 图75-4

落叶乔木。叶卵形至卵状披针形，先端渐尖至锐尖，基部楔形至近圆形，叶缘疏生小锯齿；侧脉7~11对，直达齿端。壳斗3~4裂，小苞片鳞片状，紧贴，总梗无毛，每壳斗有果1~2枚。坚果三棱形，被黄褐色柔毛。花期4~5月，果期8~9月。

产于神农架各地，生于海拔1200~2600m的山坡林中。珍贵用材树种。

图75-3　台湾水青冈

图75-4　光叶水青冈

2. 柯属 Lithocarpus Blume

常绿乔木。叶互生，背面常有鳞秕或鳞腺。穗状花序直立；雄花3~4朵簇生于花序轴上，花被杯状，4~6深裂，雄蕊10~12；雌花序生于雄花序之下或另成一花序，雌花1~5朵生于总苞内，花被4~6裂，子房3室，花柱3裂。壳斗单生或3枚集生，盘状、杯状或碗状，苞片鳞片状，覆瓦状排列或结合成同心环带，每壳斗有坚果1枚，全包或包着坚果一部分。

300余种。我国已知有123种，湖北产9种，神农架产5种。

分种检索表

1. 壳斗球形，包坚果大部至全部
　　2. 壳斗几全包坚果 ·· 1. 包果柯 L. cleistocarpus
　　2. 壳斗包坚果大部至全部 ·· 4. 圆锥柯 L. paniculatus
1. 壳斗杯状，包坚果一半以下。
　　3. 当年生枝、花序轴及叶背被毛 ································ 2. 枇杷叶柯 L. eriobotryoides
　　3. 当年生枝、花序轴及叶背被毛。
　　　　4. 叶侧脉在叶表面凹陷 ······································ 3. 灰柯 L. henryi
　　　　4. 叶侧脉在叶表面平坦 ······································ 5. 木姜叶柯 L. litseifolius

1. 包果柯 | Lithocarpus cleistocarpus (Seemen) Rehder et E. H. Wilson 图74-5

常绿乔木。幼枝被灰黄色蜡质鳞秕。叶厚革质，卵状椭圆形至长椭圆形，先端渐尖，基部楔形，全缘，叶背灰绿色，有细小鳞秕。果密集，壳斗近球形，几全包坚果，鳞片三角形，基部结合，近于环状排列。坚果球形至扁球形。花期6～8月，果期翌年8～9月。

产于神农架各地，生于海拔1000～2000m的山坡林中。

2. 枇杷叶柯 | Lithocarpus eriobotryoides C. C. Huang et Y. T. Chang 图74-6

常绿乔木。幼枝被毛，后脱落。叶革质，倒卵形至椭圆形，先端凸尖至渐尖，基部楔形，下延，全缘，两面同色，幼叶背面有疏毛，老时脱落。壳斗杯状至碟状，鳞片宽卵形，贴生。坚果椭球形至圆锥形。花期5～6月，果期翌年8～10月。

产于神农架下谷乡石柱河，生于海拔500m的山坡林中。

图75-5　包果柯

图75-6　枇杷叶柯

3. 灰柯 | Lithocarpus henryi (Seemen) Rehder et E. H. Wilson 图75-7

常绿无毛乔木。叶革质，狭长椭圆形，长12～22cm，宽3～6cm，先端渐尖，基部楔形，常偏斜，全缘，叶背有较厚的蜡鳞层；叶柄长1.5～3.5cm。雄穗状花序单穗腋生；雌花序长达20cm，其顶部常有少数雄花；雌花每3朵一簇。壳斗浅碗斗，包着坚果很少到一半，小苞片三角形，覆瓦状排列。坚果常椭圆形或卵形，直径10～15mm，果脐内陷。花期8～10月，果期翌年同期。

产于神农架各地（麻湾，zdg 5333），生于海拔600～2000m的山坡林中。果实可祛风除湿。

4. 圆锥柯 | Lithocarpus paniculatus Handel-Mazzetti 图75-8

常绿乔木。树皮不开裂，暗灰色，当年生枝、花序轴及嫩叶背面沿中脉均被毛。叶长椭圆形或兼有倒卵状长椭圆形。雄花序为穗状圆锥花序；雌花序顶部常着生雄花，雌花每3或5朵一簇。成熟壳斗包着坚果的大部分，或有个别全包坚果，壳斗扁圆或近圆球形，壳壁薄壳质。坚果宽圆锥形，或略扁圆形，顶部锥尖或圆。花期7～9月，果期翌年7～9月。

产于神农架新华（新华公社桂连坪竹园湾，鄂神农架队 70688），生于海拔1400m的山坡。

图75-7 灰柯

图75-8 圆锥柯

5. 木姜叶柯 | Lithocarpus litseifolius (Hance) Chun 图75-9

常绿乔木。叶椭圆形、倒卵状椭圆形或卵形，很少狭长椭圆形，两面同色或叶背带苍灰色。雄穗状花序多穗排成圆锥花序；雌花序有时和雄花序同序，通常2～6穗聚生于枝顶部，花序轴常被稀疏短毛；雌花每3～5朵一簇。壳斗浅碟状或上宽下窄的短漏斗状。坚果为顶端锥尖的宽圆锥形或近圆球形，很少为顶部平缓的扁圆形，栗褐色或红褐色，无毛，常有淡薄的白粉。花期5～9月，果期翌年6～10月。

产于神农架林区（中美联合鄂西植物考察队 1126），生于海拔1600m的山坡林中。

图75-9 木姜叶柯

3. 栗属 Castanea Miller

落叶乔木。小枝无顶芽。叶互生，通常2列，羽状脉，叶缘具锯齿，齿尖常呈刺毛状。穗状花序直立；雄花单生或2～3朵簇生于花序轴上；雌花单生或2～5朵生于壳斗中，壳斗数枚生于花序轴上或雄花序的基部；花被5～6裂，雄蕊10～20枚，子房6室，花柱6～9裂。壳斗球形，外被针状长刺，4瓣裂，有坚果1～3（～5）枚。坚果圆锥形或扁卵形，暗褐色，有光泽。

约10种。我国产4种，湖北产3种，神农架产3种。

分种检索表

1. 总苞内具1枚坚果；叶下面不被毛；雌花单独成花序··················1. 锥栗C. henryi
1. 总苞内具2～3枚坚果；叶下面密被绒毛或腺鳞；雌花常生于雄花序基部。
    2. 叶背密被绒毛或老后无毛··················2. 板栗C. mollissima
    2. 叶背有褐黄色或淡黄色的腺鳞··················3. 茅栗C. seguinii

1. 锥栗 | Castanea henryi (Skan) Rehder et E. H. Wilson 图75-10

落叶乔木。高达20m。小枝无毛，具皮孔。单叶互生，纸质，披针形或长圆状披针形，长7～19cm，宽3～6cm，先端长渐尖，基部圆形或楔形，边缘有疏锯齿，齿端有刺毛状尖头，叶背无毛。雄花序穗状，直立，生于小枝下部；雌花序常生于小枝上部。总苞直径2～4cm，有针刺，内有坚果1枚。坚果圆卵形，具尖头，直径1.5～2cm。花期4～6月，果期8～10月。

产于神农架各地（长青，zdg 5560），生于海拔2200m以下的山坡林中。果可食；果实、果壳及鲜叶能入药。

图75-10　锥栗

2. 板栗 | Castanea mollissima Blume 图75-11

落叶乔木。小枝被灰色绒毛。叶互生，纸质，椭圆形至长圆状披针形，长9～22cm，宽5～9cm，先端渐尖，基部宽楔形，边缘疏生锯齿，齿有短刺状尖头，下面被白色绒毛。花单性，雌雄同株；雄花序穗状，直立，花被6裂，雄蕊10～20枚；雌花生于枝条上部的雄花序基部，3朵聚生于有刺的总苞内，子房下位，柱头6～9裂。总苞直径6～8cm，常具2～3枚坚果，总苞外的刺常被柔毛。花期4～6月，果期8～10月。

产于神农架各地（燕天景区，zdg 6476），生于海拔2000m以下的山坡林中。果可食；果实、栗花、果壳、栗壳、栗树皮、栗树根、栗叶、栗荴（栗子的内果皮）可入药。

图75-11　板栗

3. 茅栗 | **Castanea seguinii** Dode　图75-12

小乔木。幼枝被微毛，皮孔显著。叶互生，纸质，椭圆状长圆形或倒卵状长圆形，长8～16cm，宽3～8cm，先端渐尖，基部圆形或楔形，边缘有疏锯齿，有小尖头，下面苍白色，密被褐黄色或淡黄色腺鳞。壳斗生于雄花序的基部，总苞直径3～4cm，有刺，刺上疏生毛或几无毛，内有坚果2～3枚。坚果直径1～1.5cm。花期4～6月，果期8～10月。

产于神农架低海拔地区，生于山坡林中。叶、果实、根可入药。

图75-12　茅栗

4. 锥属 Castanopsis (D. Don) Spach

常绿乔木。枝有顶芽。叶2列，互生或螺旋状排列，叶背被毛或鳞腺；托叶早落。雌雄异序或同序，花序直立，穗状或圆锥花序；花被裂片常5～6枚；雄花单生或3～7朵簇生，雄蕊8～12枚，退化雌蕊小；雌花单生或2～5朵聚生，子房3室，柱头3裂，稀具退化雄蕊。壳斗全包或包着坚果的一部分，外壁有疏或密的刺。坚果1~3枚，坚果翌年成熟，稀当年成熟。

约120种。我国约有58种，湖北产6种，神农架产5种。

分种检索表

1. 叶卵状椭圆形至长椭圆形，长15~30cm ··· 1. 钩锥 C. tibetana
1. 叶长15cm以下。
　　2. 总苞外面被以疣状鳞片，排列成环形 ······································· 2. 苦槠 C. sclerophylla
　　2. 总苞外面被刺。
　　　　3. 叶背红褐色或黄棕色 ··· 4. 栲树 C. fargesii
　　　　3. 叶背银灰色或灰黄色。
　　　　　　4. 叶背银灰色，叶基部偏斜 ··· 3. 甜槠 C. eyrei
　　　　　　4. 叶背灰黄色，叶基不偏斜 ··· 5. 湖北锥 C. hupehensis

1. 钩锥｜Castanopsis tibetana Hance　图75-13

常绿乔木。小枝无毛。叶厚革质，卵状椭圆形至长椭圆形，长15~30cm，宽5~10cm，先端渐尖，基部宽楔形，中部以上具锐齿，上面无毛，下面密被棕褐色鳞秕；叶柄长1.5~3cm。雄花序穗状或圆锥状，雄蕊常10枚；雌花序长5~25cm，花柱3枚。壳斗具1枚坚果，圆球形，连刺径6~8mm，苞片针刺形，常在基部合生成束。坚果扁圆锥形，径2~2.8cm。花期4~5月，果期翌年8~10月。

产于神农架低海拔地区（下谷），生于海拔800m以下的河谷林中。叶可作食品包装材料；果实入药。

图75-13　钩锥

2. 苦槠｜Castanopsis sclerophylla (Lindley et Paxton) Schottky　图75-14

常绿乔木。叶革质，2列，椭圆状披针形，长7~15cm，宽3~6cm，先端渐尖，基部宽楔形，常偏斜，中部以上具疏锯齿，老叶叶背淡银灰色；叶柄长1.5~2.5cm。雄穗状花序常单穗腋生，雄蕊12~10枚；雌花序长达15cm。果序长8~15cm，壳斗有坚果1枚，壳斗全包或半包坚果；小苞片鳞片状，大部分退化并横向连生成脊肋状圆环。坚果近圆球形。花期4～5月，果期10～11月。

产于神农架九冲，生于海拔700m的山坡林中。种子、树皮和叶可入药。

图75-14　苦槠

3. 甜槠｜Castanopsis eyrei (Champion ex Bentham) Tutcher　图75-15

常绿乔木。树皮块状剥落。枝叶无毛。叶革质，披针形或长椭圆形，长5～13cm，宽1.5～5.5cm，先端渐尖，常向一侧弯斜，基部偏斜，全缘或顶部有少数锯齿，二年生叶的叶背淡银灰色；侧脉每边8～11条；叶柄长7～10mm。雄花序穗状或圆锥花序。壳斗刺状，内有1枚坚果。坚果阔圆锥形，顶部锥尖，连刺径长20～30mm，成熟时2～4瓣裂。花期4～6月，果期翌年9～11月。

产于神农架低海拔地区（下谷），生于海拔800m以下的河谷林中。种子可食；根皮入药。

4. 栲树｜Castanopsis fargesii Franchet　图75-16

常绿乔木。树皮浅纵裂。叶长椭圆形或披针形，长7～15cm，宽2～5cm，先端渐尖，基部宽楔形，稍偏斜，全缘或先端具1～3对浅齿，下面密生锈褐色鳞秕；侧脉11～15对；叶柄长1～2cm。雄花序穗状或圆锥状，雄蕊10枚；雌花单生于花序轴上。壳斗近球形或宽卵形，连刺径25～30mm，成熟时不规则瓣裂，苞片刺形，鹿角状，每壳斗有1枚坚果。坚果球形。花期4～6月，果期8～10月。

产于神农架低海拔地区（兴山），生于海拔500m以下的河谷林中。种子可食；总苞入药。

图75-15　甜槠　　　　图75-16　栲树

5. 湖北锥 | Castanopsis hupehensis C. S. Chao 图75-17

常绿乔木。小枝无毛。叶薄革质，卵状披针形至椭圆状披针形，先端渐尖，基部楔形，叶缘中部以上有锯齿，稀全缘，叶背无毛，被灰黄色至淡褐色鳞秕。壳斗近球形，苞片针刺形，基部合生成束，疏生，被灰色毛。坚果单生，卵状球形，被淡黄色毛。花期4月，果期翌年。

产于神农架低海拔地区（兴山、巴东），生于海拔500m以下的河谷林中。总苞入药。

图75-17　湖北锥

5. 栎属 Quercus Linnaeus

常绿或落叶木本。冬芽具芽鳞。叶常聚生于枝顶，叶缘具锯齿或全缘或羽状缺裂。花单性同株；雄花序为下垂的柔荑花序，花被4~7裂，雄蕊常4~6枚；雌花单生或数个排成穗状花序，单生于总苞内，萼6裂，子房3~5室，每室有2枚胚珠。壳斗盘状、杯状、钟状，包着坚果一部分，稀全包坚果，小苞片鳞形、线形或钻形，紧贴或开展。每壳斗内具1坚果；果皮内壁无毛。

约300种。我国有35种，湖北产17种，神农架有13种。

分种检索表

1. 常绿乔木或灌木。
  2. 侧脉在叶表面强度下陷·······················1. 刺叶高山栎 Q. spinosa
  2. 侧脉在叶表面平。
    3. 壳斗小苞片线状披针形或钻形，弯或反曲。
      4. 叶片倒卵状匙形至倒卵形···············10. 匙叶栎 Q. dolicholepis
      4. 叶片卵状披针形或长椭圆形。
        5. 成长叶背面被星状毛···············11. 尖叶栎 Q. oxyphylla
        5. 成长叶背面无毛···················2. 橿子栎 Q. baronii
    3. 壳斗鳞片状，紧贴壳斗壁。
      6. 叶柄短于10mm。

7. 成长叶背面被灰黄色星状毛 ·· 12. 岩栎 Q. acrodonta
7. 成长叶背面几无毛 ··· 13. 乌冈栎 Q. phillyreoides
6. 叶柄10～30mm ·· 9. 巴东栎 Q. engleriana
1. 落叶乔木或灌木。
8. 叶缘有刺芒状锯齿；壳斗小苞片钻形、扁条形或线形，常反曲。
9. 成熟叶背面密被绒毛 ··· 3. 栓皮栎 Q. variabilis
9. 成长叶两面无毛或仅叶背脉上有柔毛 ······························· 4. 麻栎 Q. acutissima
8. 叶缘具粗锯齿或波状齿；壳斗小苞片窄披针形、三角形或瘤状。
10. 壳斗小苞片窄披针形，直立或反曲 ·································· 5. 槲树 Q. dentata
10. 壳斗小苞片三角形、长三角形、长卵形或卵状披针形。
11. 成长叶背被星状毛或兼有单毛 ····································· 6. 白栎 Q. fabri
11. 成长叶背无毛或有极少毛。
12. 叶缘有腺齿 ··· 7. 枹栎 Q. serrata
12. 叶缘无腺齿 ··· 8. 槲栎 Q. aliena

1. 刺叶高山栎 ｜ Quercus spinosa David ex Franchet 图75-18

常绿乔木或灌木。小枝初被星状毛，后脱落。叶面皱褶不平，叶片倒卵形、椭圆形，先端圆钝，基部圆形或心形，叶缘有刺状锯齿或全缘，老叶仅叶背中脉被星状毛；侧脉每边4～8条。雄花序长4～6cm；雌花序长1～3cm。壳斗杯形，包着坚果1/4～1/3，直径1～1.5cm；小苞片三角形，排列紧密。坚果卵形至椭圆形。花期5～6月，果期翌年9～10月。

产于神农架各地（麻湾，zdg 5333），生于海拔1500m以上的山坡。树皮和叶能入药。

图75-18　刺叶高山栎

2. 橿子栎 ｜ Quercus baronii Skan 图75-19

半常绿灌木或乔木。小枝初被柔毛，后脱落。叶片卵状披针形，长3～6cm，宽1.3～2cm，先端渐尖，基部宽楔形，叶缘1/3以上有锐锯齿，叶片幼时两面被柔毛，后脱落；侧脉每边6～7条；叶柄长3～7mm。雄花序长约2cm；雌花序长1～1.5cm，具1至数朵花。壳斗杯形，包着坚果1/2～2/3，直径1.2～1.8cm；小苞片钻形，反曲，被短柔毛。坚果卵形或椭圆形。花期4月，果期翌年9月。

产于神农架松柏、新华、阳日，生于海拔500m的山坡疏林中。根皮可和叶入药。

3. 栓皮栎 | Quercus variabilis Blume　图75-20

落叶乔木。树皮深纵裂，木栓层发达。小枝无毛。叶片卵状披针形或长椭圆形，先端渐尖，基部宽楔形，叶缘具刺芒状锯齿，叶背被绒毛；侧脉每边13～18条；叶柄长1～5cm。雄花序长达14cm；雌花序生于新枝上端叶腋，花柱3裂。壳斗杯形，包着坚果2/3，连小苞片直径2.5～4cm；小苞片钻形，反曲。坚果近球形或宽卵形。花期3～4月，果期翌年9～10月。

产于神农架各地（大九湖，zdg 6680），生于海拔600～1800m的山坡林中。树皮可供剥制栓皮；果壳及种子入药。

图75-19　槲子栎

图75-20　栓皮栎

4. 麻栎 | Quercus acutissima Carruthers　图75-21

落叶乔木。树皮深纵裂。幼枝被柔毛，后脱落。叶片长椭圆状披针形，先端渐尖，基部宽楔形，叶缘有芒状锯齿，幼时被柔毛，老时仅叶背脉上被毛；叶柄长1～3cm。穗状雄花序数个集生，下垂；雌花常1～3朵生于前年生枝叶腋。壳斗杯形，包着坚果约1/2，连小苞片直径2～4cm；小苞片钻形，反曲，被绒毛。坚果卵形。花期3～4月，果期翌年9～10月。

产于神农架低海拔地区（巴东），生于海拔800m以下的山坡林中。果实、树皮、壳斗可入药。

图75-21　麻栎

5. 槲树 | Quercus dentata Thunberg　图75-22

落叶乔木。树皮深纵裂，小枝被绒毛。叶片倒卵形；先端钝尖，基部耳形，叶缘波状裂片或粗锯齿；叶面幼时被毛，后脱落，叶背密被星状绒毛；叶柄长2～5mm。雄花序生于新枝叶腋，长4～10cm，花数朵簇生于花序轴上。雌花序生于新枝上部叶腋。壳斗杯形，包着坚果1/3～1/2，直径2～5cm；小苞片革质，窄披针形。坚果卵形。花期4～5月，果期9～10月。

产于神农架九湖，生于海拔2400m以下的山坡林中。种仁、树皮、叶可入药。

图75-22　槲树

6. 白栎 | Quercus fabri Hance　图75-23

落叶乔木或灌木状。小枝密被绒毛。叶片倒卵形或椭圆状倒卵形，长7～15cm，宽3～8cm，先端钝或短渐尖，基部楔形或圆形，叶缘具波状锯齿或粗锯齿，幼时两面被星状毛；侧脉每边8～12条；叶柄长3～5mm。雄花序长6～9cm；雌花序长1～4cm，生2～4朵花。壳斗杯形，包着坚果约1/3，直径约1cm；小苞片卵状披针形，排列紧密。坚果长椭圆形。花期4月，果期10月。

产于神农架低海拔地区，生于海拔800m以下的山坡灌丛地。带虫瘿的总苞可入药。

图75-23　白栎

7. 枹栎 | Quercus serrata Murray 图75-24

落叶乔木。幼枝被柔毛，后脱落。叶片薄革质，倒卵形或倒卵状椭圆形，先端渐尖，基部楔形或近圆形，叶缘有腺状锯齿，幼时被伏贴单毛，老时及叶背被平伏单毛或无毛；侧脉每边7~12条；叶柄长1~3cm。雄花序长8~12cm；雌花序长1.5~3cm。壳斗杯状，包着坚果1/4~1/3，直径约1cm；小苞片长三角形，贴生。坚果卵形至卵圆形。花期3~4月，果期9~10月。

产于神农架各地（阳日—新华，zdg 4499），生于海拔2400m以下的山坡。花果壳入药。

图75-24 枹栎

8. 槲栎 | Quercus aliena Blume

分变种检索表

1. 叶先端微钝或短渐尖 ······················· 8a. 槲栎 Q. aliena var. aliena
1. 叶先端微尖 ······························· 8b. 锐齿槲栎 Q. aliena var. acutiserrata

8a. 槲栎（原变种）Quercus aliena var. aliena 图75-25

落叶乔木。小枝近无毛。叶片长椭圆状倒卵形至倒卵形，先端微钝或短渐尖，基部楔形或圆形，叶缘具波状钝齿，叶背被细绒毛；侧脉每边10~15条；叶柄长1~1.3cm。雄花序长4~8cm。雌花序生于新枝叶腋，单生或2~3朵簇生。壳斗杯形，包着坚果约1/2，直径1.2~2cm；小苞片卵状披针形。坚果椭圆形至卵形，直径1.3~1.8cm。花期3~5月，果期9~10月。

产于神农架各地，生于海拔2500m以下的山坡林中。根、树皮、壳斗及叶可入药。

8b. 锐齿槲栎（变种）Quercus aliena var. acutiserrata Maximowicz ex Wenzig 图75-26

本变种与原变种的区别：叶缘具粗大锯齿，齿端尖锐，内弯，叶背密被灰色细绒毛，叶片形状变异较大。花期3~4月，果期10~11月。

产于神农架各地（阳日—新华，zdg 4500），生于海拔500~2100m的山坡。果壳入药。

图75-25　槲栎

图75-26　锐齿槲栎

9. 巴东栎 | **Quercus engleriana** Seemen　图75-27

常绿乔木。幼枝被毛，后渐脱落。叶厚革质，卵形至卵状披针形，先端渐尖，基部圆形至宽楔形，叶缘中部以上有锯齿或全缘，幼叶被毛，老叶无毛或仅叶背脉腋间有毛；侧脉9～13对。壳斗半球形；小苞片卵状披针形，被毛。坚果长卵球形。花期5～6月，果期10～11月。

产于神农架各地，生于海拔500～2100m的山坡或山顶常绿阔叶林中。

图75-27　巴东栎

10. 匙叶栎 | **Quercus dolicholepis** A. Camus　图75-28

常绿乔木。幼枝被星状毛，后渐脱落。叶革质，倒卵状匙形至倒卵形，先端圆至短钝尖，基部宽楔形，叶缘上部有锯齿，稀全缘，老叶背面有星状毛或脱落；侧脉7～8对。壳斗杯状；小苞片线状披针形，被毛，外曲。坚果卵球形至近球形。花期4～5月，果期翌年10月。

产于神农架低海拔地区，生于海拔500～1500m的山顶。

11. 尖叶栎 | **Quercus oxyphylla** (E. H. Wilson) Handel-Mazzetti　图75-29

常绿乔木。树皮黑褐色，纵裂。小枝密被苍黄色星状绒毛，常有细纵棱。叶片卵状披针形、长圆形或长椭圆形，顶端渐尖或短渐尖，叶缘上部有浅锯齿或全缘，幼叶两面被星状绒毛，老时仅叶背被毛。壳斗杯形，包着坚果约1/2。坚果长椭圆形或卵形，顶端被苍黄色短绒毛；果脐微凸起。花期5~6月，果期翌年9~10月。

产于神农架阳日、新华，生于海拔500~800m的山坡。

图75-28　匙叶栎

图75-29　尖叶栎

12. 岩栎 ｜ Quercus acrodonta Seemen　图75-30

常绿乔木。小枝密被灰黄色星状毛。叶革质，椭圆形至椭圆状披针形，先端短渐尖，基部圆形至近心形，叶缘中部以上疏生刺状锯齿，叶背密生灰黄色星状毛；侧脉7~11对。壳斗杯状；小苞片鳞片状，椭图形，被毛。坚果长椭球形，顶端被灰黄色毛。花期5月，果期10月。

产于神农架低海拔地区，生于海拔500~1800m的山顶。

图75-30　岩栎

13. 乌冈栎 | Quercus phillyreoides A. Gray 图75-31

绿乔木。幼枝被毛，后渐脱落。叶革质，倒卵状椭圆形至椭圆形，先端急尖或钝尖，基部圆形至浅心形，叶缘中部以上疏生锯齿，老叶叶背无毛或沿脉有疏毛；侧脉8~13对。壳斗杯状；小苞片三角形。坚果长椭球形。花期3~4月，果期9~10月。

产于神农架低海拔地区，生于海拔500~1800m的山顶。

图75-31　乌冈栎

6. 青冈属 Cyclobalanopsis Oersted

常绿乔木。树皮平滑。单叶互生，全缘或有锯齿，羽状脉。花单性同株；雄花序为下垂柔荑花序，雄花单生或数朵簇生于花序轴，花被5~6深裂，雄蕊与花被裂片同数，花药2室；雌花单生或排成穗状，花被具5~6枚裂片，子房3室，每室2枚胚珠。壳斗呈碟形、杯形、碗形、钟形，包着坚果一部分，稀全包，小苞片愈合成为同心环带，每一壳斗内通常只有1个坚果。

150种。我国有69种，湖北产9种，神农架产7种。

分种检索表

1. 叶缘中部以上有锯齿 ················· 1. 青冈 C. glauca
1. 叶全缘或基部以上有锯齿。
　　2. 叶全缘，叶背绿色 ················· 3. 云山青冈 C. sessilifolia
　　2. 叶基部以上有锯齿，叶背多少粉绿色。
　　　　3. 叶片宽3cm以下。
　　　　　　4. 成熟叶下面无毛 ················· 2. 小叶青冈 C. myrsinifolia
　　　　　　4. 成熟叶下面被灰黄色"丁"字毛 ················· 4. 细叶青冈 C. gracilis
　　　　3. 叶片宽3cm以上。
　　　　　　5. 叶片长14cm以上，宽5~10cm。
　　　　　　　　6. 叶背被平伏单毛和分叉毛 ················· 5. 曼青冈 C. oxyodon
　　　　　　　　6. 叶背被平伏单毛，易脱落 ················· 6. 多脉青冈 C. multinervis
　　　　　　5. 叶片长14cm以下，宽5cm以下，稀较宽 ················· 7. 黄毛青冈 C. delavayi

1. 青冈 | Cyclobalanopsis glauca (Thunberg) Oersted 图75-32

常绿乔木。叶片革质，长椭圆形，先端渐尖，基部宽楔形，中部以上有疏锯齿，叶面无毛，叶背多少被绢毛，常有白色鳞秕；侧脉每边9～13条；叶柄长1～3cm。雄花序长5～6cm，果序长1.5～3cm，着生果2～3个。壳斗碗形，包着坚果1/3～1/2；小苞片合生成5～6条同心环带。坚果卵形或椭圆形。花期4～5月，果期10月。

产于神农架各地，生海拔1800m以下的山坡林中。珍贵用材树种；种仁、树皮和叶可入药。

图75-32 青冈

2. 小叶青冈 | Cyclobalanopsis myrsinifolia (Blume) Oersted 图75-33

常绿乔木。叶卵状披针形或椭圆状披针形，先端渐尖，基部楔形或近圆形，叶缘中部以上有细锯齿，叶背粉白色；侧脉9～14对；叶柄长1～2.5cm。雄花序长4～6cm；雌花序长1.5～3cm。壳斗杯形，包着坚果1/3～1/2；小苞片合生成6～9条同心环带，环带全缘。坚果卵形或椭圆形，直径1～1.5cm，高1.4～2.5cm；果脐平坦。花期6月，果期10月。

产于神农架盘水、板桥，生于海拔1200m的山坡。珍贵用材树种；种仁、树皮和叶可入药。

图75-33 小叶青冈

3. 云山青冈 | Cyclobalanopsis sessilifolia (Blume) Schottk 图75-34

常绿乔木。幼枝被毛。叶革质，长椭圆形至椭圆状披针形，先端急尖至短渐尖，基部窄楔形，全缘或顶部有2～4细齿，叶背绿色。壳斗杯状，具5～8条近同心环带。坚果长椭圆状倒卵球形。花期4～5月，坚果10～11月。

产于神农架龙门河，生于海拔800m以下的山坡林中。

图75-34 云山青冈

4. 细叶青冈 | Cyclobalanopsis gracilis (Rehder et E. H. Wilson) W. C. Cheng et T. Hong　图75-35

常绿乔木。幼枝被毛，后渐脱落。叶革质，长卵形至卵状披针形，先端渐尖至尾尖，基部窄楔形至圆形，叶缘基部以上有芒状锯齿，叶背灰白色，被平伏毛。壳斗碗状，具6~9条常有裂齿的同心环带。坚果椭球形，顶端被毛。花期4~6月，果期9~10月。

产于神农架各地，生于海拔1800m以下的山坡林中。

5. 曼青冈 | Cyclobalanopsis oxyodon (Miquel) Oersted　图75-36

常绿乔木。幼枝被毛，后渐脱落。叶革质，长椭圆形至长椭圆状披针形，先端渐尖至尾尖，基部圆形至宽楔形，稍不对称，叶缘基部以上有锯齿，幼叶背面具白粉、平伏毛和分叉毛，后脱落无毛；侧脉16~24对。壳斗杯状，具6~8条同心环带。坚果卵球形至近球形。花期5~6月，果期9~10月。

产于神农架木鱼、宋洛，生于海拔1500m以下的山坡林中。

图75-35 细叶青冈　　　　　　　　　图75-36 曼青冈

6. 多脉青冈 | Cyclobalanopsis multinervis W. C. Cheng et T. Hong 图75-37

常绿乔木。芽被毛。叶革质，长椭圆形至椭圆状披针形，先端渐尖，基部窄楔形至近圆形，叶缘基部以上有芒状锯齿，叶背具白粉和平伏毛；侧脉11～16对。壳斗碗状，具7条近全缘的同心环带。坚果长卵球形。花期6～7月，坚果翌年9～10月成熟。

产于神农架各地，生于海拔1500m以下的山坡林中。

图75-37　多脉青冈

7. 黄毛青冈 | Cyclobalanopsis delavayi (Franchet) Schottky 图75-38

常绿乔木。小枝密被黄褐色绒毛。叶片革质，长椭圆形或卵状长椭圆形，8~12cm×2~4.5cm，顶端渐尖或短渐尖，基部宽楔形或近圆形，叶缘中部以上有锯齿，叶面无毛，叶背密被黄色星状绒毛；侧脉每边10～14条；叶柄密被灰黄色绒毛。壳斗浅碗形，密被黄色绒毛。花期4～5月，果期翌年9～10月。

产于神农架下谷乡石柱河，生于海拔500m以下的陡坡林中。

图75-38　黄毛青冈

76. 胡桃科 Juglandaceae

落叶（常绿少）乔木或灌木。叶为羽状复叶，常互生，无托叶。花单性，雌雄同株；雄花序成下垂的柔荑花序，具苞片及2枚小苞片及3~6枚花被片，有时花被片及小苞片均退化，雄蕊3至多枚，花丝短，花药2室，纵裂；雌花序穗状，顶生，常直立，或成下垂的柔荑花序，每花具1枚苞片和2枚小苞片，花被与子房贴生，顶端分离成4齿，雌蕊1枚，由2枚心皮合生，子房下位，胚珠直立，倒生。果为核果状坚果或具翅坚果。

9属约60种。我国产7属20种，湖北有6属10种，神农架产5属8种。

分属检索表

1. 小枝髓心层片状。
　　2. 果小，具翅坚果。
　　　　3. 果具2个向两侧伸展的翅 ······················ 1. 枫杨属 Pterocarya
　　　　3. 果周围具翅 ······················ 2. 青钱柳属 Cyclocarya
　　2. 果大，核果状，无翅 ······················ 3. 胡桃属 Juglans
1. 小枝髓心充实。
　　4. 常绿；果序为总状 ······················ 4. 黄杞属 Engelhardia
　　4. 落叶；坚果两侧具狭翅，果序为球状 ······················ 5. 化香树属 Platycarya

1. 枫杨属 Pterocarya Kunth

落叶乔木。枝具片状髓。冬芽具柄，裸露或具数个脱落的芽鳞。奇数羽状复叶，互生，无托叶。雌雄同株，柔荑花序下垂；雄花由1枚伸长的苞片及2枚小苞片与1~4枚花被片构成，雄蕊6~18枚；雌花具1枚线形苞片和2枚小苞片，花被片4片，子房下位，1室，花柱2枚。果为坚果，基部具1宿存的鳞状苞片及具2枚革质翅。

约6种。我国有5种，湖北产3种，神农架有产。

分种检索表

1. 雄花序由去年生枝条顶端的叶痕腋内发出。
　　2. 叶轴无翅；小坚果翅较宽，椭圆状卵形 ······················ 1. 湖北枫杨 P. hupehensis
　　2. 叶轴具翅；小坚果翅狭窄，条形或阔条形 ······················ 2. 枫杨 P. stenoptera
1. 雄花序生于当年生新枝的基部 ······················ 3. 甘肃枫杨 P. macroptera

1. 湖北枫杨 | Pterocarya hupehensis Skan 柳树，麻柳 图76-1

乔木。芽裸出，密被腺体。奇数羽状复叶，叶轴无翅；小叶5~11枚，长椭圆形至卵状椭圆形，叶缘具单锯齿，中脉具星芒状短毛，下面侧脉腋内具1束星芒状短毛。雄花序长8~12cm，雄花无柄，花被片仅2（~3）枚发育，雄蕊10~13枚；雌花序顶生，下垂，长约20~40cm。果序长达30~45cm；果翅椭圆状卵形，平展，长10~15mm。花期4~5月，果期8~9月。

产于神农架各地，生于海拔800~2000m的山坡或沟谷林中。速生用材树种；叶捣汁能治脚气。

2. 枫杨 | Pterocarya stenoptera C. de Candolle 柳树，麻柳 图76-2

乔木。树皮老时深纵裂。芽密被腺体。偶数羽状复叶，叶轴具狭翅；小叶10~25枚，长椭圆形至长椭圆状披针形，长约8~12cm，宽2~3cm，顶端常钝圆，基部歪斜，边缘有细锯齿。雄性柔荑花序长约6~10cm，雄花常具1枚发育的花被片，雄蕊5~12枚；雌花序顶生，长约10~15cm，具2枚不孕性苞片。果序长20~45cm；果实长椭圆形；果翅条形或阔条形。花期4~5月，果期8~9月。

产于神农架各地，生于海拔1300m以下的河谷。河道绿化树种；枝、叶入药。

图76-1 湖北枫杨

图76-2 枫杨

3. 甘肃枫杨 | Pterocarya macroptera Batalin

分变种检索表

1. 果序轴无毛；小坚果无毛或近无·················· **3a. 华西枫杨** P. macroptera var. insignis
1. 果序轴被短柔毛··································· **3b. 云南枫杨** P. macroptera var. delavayi

3a. 华西枫杨（变种）Pterocarya macroptera var. insignis (Rehder et E. H. Wilson) W. E. Manning 图76-3

乔木。奇数羽状复叶长约23~40cm；小叶7~13枚，椭圆形至长椭圆形，长9~18cm，宽3~6cm，基部歪斜，边缘具细锯齿，上面被星芒状毛及腺体；叶脉密生星芒状毛，侧脉腋内具星芒状丛毛。雄花序3～4条，长10～12cm；雌花序顶生，长约20cm。果序长约45～60cm，果序轴无毛；果实无梗，直径7～9mm，基部圆形，顶端阔锥形；果翅不整齐椭圆状菱形，无毛或近无毛。

产于神农架各地，生于海拔1100～2500m的沟谷。叶和树入药。

3b．云南枫杨（变种）Pterocarya macroptera var. delavayi (Franchet) W. E. Manning　麻柳
图76-4

乔木。奇数羽状复叶长约23～40cm；小叶7～13枚，椭圆形至长椭圆形，长9～18cm，宽3～6cm，基部歪斜，边缘具细锯齿，上面被星芒状毛及腺体；叶脉密生星芒状毛，侧脉腋内具星芒状丛毛。雄花序3～4条，长10～12cm；雌花序顶生，长约20cm。果序长约45～60cm，果序轴无毛；果实无梗，直径7～9mm，基部圆形，顶端阔锥形；果翅圆盘状卵形至椭圆形或不整齐椭圆状菱形。

产于神农架坪堑，生于海拔2000m的沟谷中。

图76-3　华西枫杨

图76-4　云南枫杨

2．青钱柳属Cyclocarya Iljinskaya

落叶乔木。冬芽裸露，具柄。枝条髓心片状分离。叶互生，奇数羽状复叶；小叶边缘有锯齿；叶轴无狭翅。雌雄同株，排成下垂的柔荑花序；雄花序2～4条成束，生于叶腋的花序总梗上，辐射对称，花被片4枚，雄蕊20～30枚；雌花序单生枝顶，花被片4枚，位于子房上端，花柱短，子房下位，1室，柱头2枚。果为坚果，周围具盘状的圆翅。

单种属。我国特有，神农架也有。

青钱柳 | Cyclocarya paliurus (Batalin) Iljinskaya　图76-5

特征同属的描述。

产于神农架各地（大界岭，zdg 7304），大界岭最多。果型奇特，称"摇钱树"，供观赏；树皮和叶入药，叶含降血糖药用成分。

图76-5　青钱柳

3. 胡桃属 Juglans Linnaeus

落叶乔木，稀灌木。枝具片状髓心。叶互生，奇数羽状复叶。雌雄同株。雄花成侧生下垂柔荑花序，具1枚苞片、2枚小苞片和1~4枚花被片，雄蕊8~40枚；雌花数朵集生成顶生总状花序，具1枚不明显的苞片、2枚小苞片和4枚的花被片，子房下位，1室，每室具1枚胚珠，花柱2枚。果实为不开裂的核果状坚果，外果皮肉质；内果皮骨质，具不规则槽纹；果核不完全2~4室。

约20种。我国产3种，湖北产2种，神农架均产。

分种检索表

1. 小叶通常5~11枚，全缘···1. 胡桃 J. regia
1. 小叶9~25枚，具明显锯齿···2. 胡桃楸 J. mandshurica

1. 胡桃 | Juglans regia Linnaeus 核桃 图76-6

落叶乔木。树皮灰白色而浅纵裂。幼枝具毛，后无毛；枝条髓部片状。奇数羽状复叶；小叶5~11枚，椭圆状卵形至长椭圆形，长6~15cm，宽3~6cm，基部歪斜，先端渐尖，全缘，除侧脉腋内具簇毛外，其余无毛。雄性柔荑花序长5~15cm，雄蕊6~30枚；雌性穗状花序通常具1~4朵花。果实近球形，直径4~6cm；果核直径2.8~3.7cm，具2条纵棱和不规则浅槽纹。花期4~5月，果期9~10月。

原产于中亚、西亚、南亚和欧洲，神农架广为栽培（长青，zdg 5841）。著名干果；种仁、嫩枝、内果皮、种隔、种仁油均可入药。

图76-6 胡桃

2. 胡桃楸 | Juglans mandshurica Maximowicz 图76-7

乔木。幼枝有毛；顶芽被毛。羽状复叶；小叶9～25枚，卵状或长圆状椭圆形，长6～18cm，宽2～7cm，先端渐尖，基部圆形或浅心脏形，边缘有细锯齿，上面仅中脉有毛，下面被毛，后变无毛。雄花序长9～20cm，每花雄蕊12枚；雌花序穗状，有4～10朵花，密被毛。果卵形或椭圆形，直径3～5cm；果核有8条纵棱，各棱间有不规则皱折及凹沉。花期4～5月，果期8～9月。

产于神农架各地（长青，zdg 5916），生于海拔600～2200m的山坡、沟谷林中及路边。种仁和叶可入药。

图76-7 胡桃楸

4. 黄杞属 Engelhardia Leschenault ex Blume

常绿乔木。芽无芽鳞，具柄；枝条髓部为实心。叶互生，常偶羽状复叶。雌性和雄性花序均为柔荑状，长而具多花，常为一条顶生的雌花序及数条雄花序排列成圆锥式花序束；雄花苞片常3裂，小苞片有或无，花被片4枚或退化，雄蕊3～15枚；雌花苞片3裂，小苞片2枚，花被片4枚，子房下位，2枚心皮合生。果实坚果状，有膜质翅，3裂。

约7种。我国产4种，湖北产1种，神农架有分布。

黄杞 | Engelhardia roxburghiana Wallich 图76-8

半常绿无毛乔木。偶数羽状复叶；小叶3～5对，近对生，叶长6～14cm，宽2～5cm，长椭圆形，全缘，顶端渐尖，基部歪斜。雌花序1条及雄花序数条长而俯垂，顶端为雌花序，下方为雄花序，或雌雄花序分开；花被片4枚，子房近球形，柱头4裂。果序长达15～25cm。果实坚果状，球形，果实基部具3裂的苞片，中间裂片长约为两侧裂片的2倍。花期5～6月，果期8～9月。

产于宋洛，生于海拔1200m的山坡。树皮和叶能入药；叶可煮水作茶饮，味甜。

图76-8 黄杞

5. 化香树属 Platycarya Siebold et Zuccarini

落叶乔木。枝髓部不实心。叶互生，奇数羽状复叶，边缘有锯齿。雌雄柔荑花序均直立，雄花序常排成总状；雌花序单生或2～3个簇生，有时雌花序位于雄花序的下部；雄花生于苞腋内，无花被，雄蕊8～10枚；雌花生于苞腋内，无花被；小苞片与子房合生，发育后变为坚果的翅。果序球果状，直立，有多数木质而有弹性的宿存苞片。坚果小，扁平，两侧具狭翅。

单种属，神农架有分布。

化香树 ｜ Platycarya strobilacea Siebold et Zuccarini 图76-9

特征同属的描述。

产于神农架各地（长青，zdg 5697），生于海拔1800m以下的山坡林中。叶和果序入药；还可作嫁接核桃的砧木。

图76-9　化香树

77. 桦木科 | Betulaceae

落叶乔木或灌木。单叶，互生，叶脉羽状，叶缘常有锯齿；托叶早落。花单性，雌雄常同株；雄花为下垂柔荑花序，顶生或侧生，常在叶前开放，每苞腋聚生雄花3～6朵，萼膜质，4裂，雄蕊2～4枚；雌花序为球果状、穗状、总状或头状，具多数苞鳞，雌花2～3朵生于苞鳞内，无花被或具花被并与子房贴生，子房2室，花柱2枚。果苞木质、革质、厚纸质或膜质，宿存或脱落；果为小坚果或坚果。胚直立，子叶扁平或肉质，无胚乳。

约6属150～200种。我国有6属89种，湖北产5属28种，神农架产5属25种。

分属检索表

1. 小坚果扁平，具翅，包藏于木质鳞片状的总苞内，组成球状或柔荑状果序。
 2. 果苞厚，木质，5裂，宿存··1. 桤木属 Alnus
 2. 果苞薄，3裂，常与果实同落···2. 桦木属 Betula
1. 小坚果卵形或球形，无翅，包藏于叶状或囊状的总苞内，组成簇生或穗状果序。
 3. 坚果簇生，果序呈头状···3. 榛属 Corylus
 3. 坚果聚生为穗状或总状，下垂。
  4. 果苞叶状···4. 鹅耳枥属 Carpinus
  4. 果苞囊状··5. 铁木属 Ostrya

1. 桤木属 Alnus Miller

落叶木本。芽具柄。单叶互生，边缘具锯齿，羽状脉；托叶早落。花单性，雌雄同株；雄柔荑花序夏季出现，每3朵生于1枚苞鳞内，花被片常4枚，雄蕊4枚；雌花序单生或聚成总状或圆锥状，秋季出现，苞鳞覆瓦状排列，每2朵花生于1枚苞鳞内，无花被，子房2室，每室具1枚胚珠。果序球果状；果苞与小苞片愈合，木质，鳞片状，每个果苞内具2枚两侧具狭翅的小坚果。

约40种。我国产10种，湖北产2种，神农架产1种。

桤木 | Alnus cremastogyne Burkill 图77-1

乔木。树皮平滑。幼枝被毛，后脱落，老时密生皮孔。叶倒卵形、倒卵状椭圆形，长4～14cm，宽2.5～8cm，先端锐尖，基部楔形，

图77-1 桤木

边缘具不规则锯齿，上面无毛，下面脉腋幼时被簇生柔毛，后脱落；叶柄长1～2cm。雄花序单生于叶腋，下垂，长3～5cm。果序矩圆形，长1～3.5cm，序梗细瘦，下垂；果苞木质，长4～5mm，顶端具5枚浅裂片；小坚果卵形，长约3mm，具膜质宽翅。

原产于我国西南部，神农架木鱼镇等地有栽培。树皮、嫩枝和叶能平肝、清火、利气。

2．桦木属 Betula Linnaeus

落叶木本。树皮块状剥裂。冬芽无柄，具数枚芽鳞。树干具横条状皮孔。单叶，互生，边缘具锯齿，羽状脉；托叶早落。花单性同株；雄花序2～4个簇生于小枝顶端或侧生，每苞鳞内具3朵花，雄蕊2枚，雌花序单一或2～5个排成总状，生于短枝的顶端，每苞鳞内有3朵雌花，无花被，子房扁平，2室，每室有1枚胚珠。果苞革质，鳞片状，脱落；坚果小，扁平，具膜质翅。

约50～60种。我国产32种，湖北有8种，神农架产7种。

分种检索表

1．果序下垂 ·· 1．亮叶桦 B. luminifera
1．果序直立。
    2．小坚果具明显膜质翅。
        3．果序单生，兼有2～4枚簇生或总状。
            4．小枝密生树脂状腺体及短柔毛 ··· 2．糙皮桦 B. utilis
            4．小枝几乎无树脂状腺体 ··· 3．红桦 B. albosinensis
        3．果序全部单生 ··· 7．华南桦 B. austro-sinensis
    2．小坚果之翅极狭或几乎无翅状。
        5．果序较粗状，直径可达1.5～2cm ·· 4．香桦 B. insignis
        5．果序较细瘦，直径不超过1.0cm。
            6．果苞的侧裂片长仅及中裂片的1/3～1/2 ·· 5．坚桦 B. chinensis
            6．果苞的侧裂片较中裂片稍短 ·· 6．狭翅桦 B. fargesii

1．亮叶桦 | Betula luminifera H. Winkler　图77-2

乔木。树皮具明显横条纹皮孔。叶矩圆形或矩圆披针形，先端渐尖，基部圆形至近心形，边缘具刺毛状重锯齿，幼叶两面被柔毛，下面沿脉疏生长柔毛；侧脉12～14对；叶柄长1～2cm。雄花序2～5枚簇生。果序常单生，长圆柱形，下垂；具翅小坚果倒卵形，膜质翅宽为果的1～2倍。花期2～3月，果期8月。

产于神农架低海拔地区（鸭子口—坪堑，

图77-2　亮叶桦

zdg 6382；长青，zdg 5903；阳日—新华，zdg 4558），生于海拔800~1400m的山坡林中。荒山造林的先锋树种；根、皮、叶可入药。

2. 糙皮桦 | Betula utilis D. Don 图77-3

乔木。树皮暗红褐色，呈层状剥落。叶卵形至长圆形，先端渐尖，基部圆形或近心形，边缘具锐尖重锯齿，上面幼时密被长柔毛，后无毛，下面密生腺点，沿脉密被白色长柔毛，脉腋间具密髯毛；侧脉8~14对。果序单生或2~4个成总状，圆柱形；小坚果倒卵形，上部疏被短柔毛，膜质翅与果近等宽。花期3~4月，果期8~9月。

产于神农架高海拔地区，生于海拔2000m以上的山坡林中。树皮入药。

图77-3　糙皮桦

3. 红桦 | Betula albosinensis Burkill 图77-4

乔木。树皮淡红褐色或紫红色，呈薄层状剥落。小枝无树脂状腺体或疏被腺体。叶卵形或卵状矩圆形，先端渐尖，基部圆形或微心形，边缘具重锯齿。雄花序圆柱形；苞鳞紫红色，仅边缘具纤毛。果序圆柱形，单生或2~4个排成总状；果苞长4~7cm；小坚果卵形，上部疏被短柔毛，膜质翅宽及果的1/2。花期3~4月，果期8~9月。

产于神农架高海拔地区，生于海拔2000m以上的山坡林中。树皮和芽入药，树皮红色，斑块状脱落，可栽培供观赏。

图77-4　红桦

4. 香桦 | Betula insignis Franchet 图77-5

乔木。树皮纵裂。小枝初被短柔毛，后无毛。叶椭圆形或卵状披针形，先端渐尖，基部圆形或近心形，边缘具细而密的尖锯齿，上面幼时疏被毛，下面密被腺点，沿脉密被长柔毛，脉腋疏生髯毛或无；侧脉12~15对；叶柄长8~20mm。果序单生，直立或下垂，长2.5~4cm，直径1.5~2cm；果苞长7~12mm，上部具3枚披针形裂片；小坚果狭矩圆形，膜质翅极狭。花期3~4月，果期8~9月。

产于神农架高海拔地区，生于海拔2500m的山坡或山顶林中。根入药。

5. 坚桦 | Betula chinensis Maximowicz 图77-6

灌木或小乔木。叶卵形、宽卵形，下面绿白色，沿脉被长柔毛，脉腋间疏生髯毛。果序单生，通常近球形，较少矩圆形；果苞背面疏被短柔毛，基部楔形，上部具3裂片，裂片通常反折，或仅中裂片顶端微反折，中裂片披针形至条状披针形，顶端尖，侧裂片卵形至披针形，斜展，通常长仅及中裂片的1/3~1/2，较少与中裂片近等长；小坚果宽倒卵形，疏被短柔毛，具极狭的翅。

产于神农架高海拔地区，生于海拔2500m的山坡或山顶林中。

图77-5　香桦

图77-6　坚桦

6. 狭翅桦 | Betula fargesii Franchet 图77-7

灌木或小乔木。叶卵形、宽卵形，顶端锐尖或钝圆，幼时密被长柔毛，下面沿脉被长柔毛。果序单生，直立或下垂，通常近球形；果苞背面疏被短柔毛，基部楔形，上部具3裂片，裂片通常反折，或仅中裂片顶端微反折，中裂片披针形至条状披针形，顶端尖，侧裂片卵形至披针形，斜展，通常长仅及中裂片的1/3~1/2，较少与中裂片近等长；小坚果宽倒卵形，疏被短柔毛，具极狭的翅。花期3~4月，果期8~9月。

产于神农架高海拔地区，生海拔2500m的山坡或山顶林中。

7. 华南桦 | Betula austro-sinensis Chun ex P. C. Li 图77-8

乔木。树皮褐色、暗褐色，成块状开裂。叶长卵形或矩圆状披针形，顶端渐尖至尾状渐尖，沿脉密被长柔毛，脉腋间具细髯毛。果序单生，直立，圆柱状，序梗短而粗，多少被短柔毛；果苞中裂片矩圆披针形，顶端常具1束长纤毛，钝或渐尖，侧裂片矩圆形，微开展，长及中裂片1/2；小坚果狭椭圆形或矩圆倒卵形，膜质翅宽为果的1/2。

产于巫山县（当阳乡自生桥，杨光辉59063），生于海拔2100m的山坡疏林中。

图77-7　狭翅桦

图77-8　华南桦

3. 榛属 Corylus Linnaeus

落叶木本。单叶，互生，边缘具重锯齿或浅裂，羽状脉；托叶早落。花单性，雌雄同株；雄柔荑花序2～3个生于上一年的侧枝顶端，每苞鳞内具2枚与苞鳞贴生的小苞片及1朵雄花，雄花无花被，雄蕊4～8枚；雌花序头状，每苞鳞内具2枚雌花，每朵雌花具1枚苞片和2枚小苞片，子房下位，2室，每室具1枚胚珠。坚果球形，大部或全部为钟状或管状的果苞所包。种子1枚。

约20种。我国有7种，湖北产8种，神农架产6种。

分种检索表

1. 果总苞外面被刺，刺分枝···1. 藏刺榛 C. ferox var. thibetica
1. 果苞不被刺，呈管状或钟状及杯状。
　　2. 果苞管状。
　　　　3. 乔木。
　　　　　　4. 果苞外面有多数明显的纵肋，密生刺状腺体··························2. 华榛 C. chinensis
　　　　　　4. 果苞外面无明显纵肋，无或少具刺状腺体··························3. 披针叶榛 C. fargesii
　　　　3. 丛生性灌木··4. 毛榛 C. mandshurica
　　2. 果苞杯状或钟状。
　　　　5. 叶顶端凸尖···5. 滇榛 C. yunnanensis
　　　　5. 叶顶端截形成凹缺···6. 榛 C. heterophylla

1. 藏刺榛（变种）| Corylus ferox var. thibetica (Batalin) Franchet

猴板栗　图77-9

小乔木。小枝疏被长柔毛。叶宽椭圆形，长5～15cm，宽3～9cm，先端尾状，基部近心形或近圆形，边缘具刺毛状重锯齿，上面幼时疏被长柔毛，后脱落，下面沿脉密被长柔毛，脉腋有时具簇髯毛；叶柄长1～3.5cm。雄花序1～5个排成总状；苞鳞背面密被长柔毛。果常3～6枚簇生；果总苞外有密集的分枝针刺；坚果扁球形，直径约1.5cm。花期3～4月，果期8～10月。

产于神农架各地，生于海拔1500m以上的山坡林中。果实食用，也可入药。

2. 华榛 | Corylus chinensis Franchet　图77-10

落叶乔木。小枝密被长柔毛和刺状腺体。叶椭圆形或宽卵形，长8～18cm，宽6～12cm，先端骤尖至短尾状，基部心形，两侧显著不对称，边缘具不规则的重锯齿，上面无毛，下面沿脉疏被长柔毛；侧脉7～11对；叶柄长1～2.5cm。雄花序2～8个排成总状。果2～6枚簇生成头状；果苞管状，上部缢缩，较果长2倍，外面疏被长柔毛及刺状腺体，上部具3～5枚裂片；坚果球形，无毛。花期3～4月，果期8～10月。

产于神农架木鱼（龙门河），生于海拔800m的山坡林中。种仁入药。

图77-9　藏刺榛

图77-10　华榛

3. 披针叶榛 | Corylus fargesii C. K. Schneider　图77-11

小乔木。高5～10m。树皮暗灰色，呈鳞片状剥裂。小枝密被短柔毛。叶厚纸质，矩圆披针形、披针形或长卵形，长6～9cm，宽3～5cm，顶端渐尖，基部斜心形，边缘具不规则的重锯齿，两面均疏被长柔毛，下面沿脉毛较密；侧脉9～10对；叶柄长1～1.5cm，密被短柔毛。果数枚簇生；果苞管状，在果的上部急骤缢缩，无纵肋或有不明显的纵肋，密被黄色绒毛，有时疏生刺状腺体，上部浅裂，裂片三角形或披针形，反折；坚果球形。花期3～4月，果期8～10月。

产于神农架红坪、九湖，生于海拔2200m的山坡林中。

4. 毛榛 | Corylus mandshurica Maximowicz　图77-12

灌木。小枝被长柔毛。叶宽卵形或矩圆形，长6～12cm，宽4～9cm，先端骤尖或尾状，基部心形，边缘具粗锯齿，中部以上浅裂，上面疏被毛或无，下面疏被短柔毛，沿脉的毛较密；侧脉约7对；叶柄长1～3cm。雄花序2～4个排成总状。果单生或2～6枚簇生，长3～6cm；果苞管状，上部缢缩，较果长2～3倍，外面密被黄色刚毛，上部浅裂；坚果近球形，外面密被白色绒毛。

产于神农架木鱼（千家坪），生于海拔2200m的疏林中。雄花序和果仁入药。

图77-11 披针叶榛

图77-12 毛榛

5. 滇榛 | Corylus yunnanensis (Franchet) A. Camus 图77-13

灌木或小乔木。小枝密被绒毛和刺状腺体。叶圆形或宽卵形，先端骤尖或尾状，基部几心形，边缘具不规则的锯齿，上面疏被短柔毛，幼时具刺状腺体，下面密被绒毛；叶柄长7~12mm。雄花序2~3个排成总状，下垂。果单生或2~3枚簇生成头状；果苞钟状，外面密被绒毛和刺状腺体，通常与果等长或较果短，上部浅裂；坚果球形，密被绒毛。花期3~4月，果期7~10月。

图77-13 滇榛

产于神农架大九湖（zdg 6588），生于海拔2300m的山坡林中。果实入药。

6. 榛 | Corylus heterophylla Fischer ex Trautvetter

分变种检索表

1. 果苞的裂片几全缘···6a. 榛 C. heterophylla var. heterophylla
1. 果苞的裂片常有粗齿，少全缘·······················6b. 川榛 C. heterophylla var. sutchuanensis

6a. 榛（原变种）Corylus heterophylla var. heterophylla 图77-14

灌木或小乔木。小枝密被短柔毛。叶为矩圆形或宽倒卵形，长4~13cm，宽2.5~10cm，先端凹缺或截形，基部心形，边缘具重锯齿，中部以上具浅裂，上面无毛，下面于幼时疏被短柔毛，以后仅沿脉疏被短柔毛；叶柄长1~2cm。雄花序单生，长约4cm。果单生或2~6个簇生成头状；果苞钟状，密被柔毛和刺状腺体，较果长但不超过1倍，上部浅裂，边缘全缘；坚果近球形。花期3~4月，果期7~10月。

产于神农架木鱼、九湖，生于海拔1100～1600m的山坡林中。种仁可食；雄花序和果实入药。

6b．川榛（变种）Corylus heterophylla var. sutchuanensis Franche　图77-15

本变种与原变种的区别：叶椭圆形、宽卵形或几圆形，顶端尾状；果苞裂片的边缘具疏齿，很少全缘；花药红色。

产于神农架红坪、九湖、木鱼、宋洛、新华、麻湾（zdg 4354），生于海拔1300～2100m的山坡林中。种仁入药。

图77-14　榛

图77-15　川榛

4．鹅耳枥属Carpinus Linnaeus

落叶乔木。冬芽具多数覆瓦状芽鳞。单叶互生，边缘具重锯齿或单齿，羽状脉；托叶常早落。花单性同株；雄柔荑花序生于上年生枝顶，每苞鳞内具1朵花，无花被，雄蕊3～13枚；雌花序生于上部的枝顶，单生，每苞鳞内具2朵，雌花基部具1枚苞片和2枚小苞片，三者愈合成叶状总苞，花被与子房贴生，顶端具不规则的浅裂。果实为小坚果，着生于果苞之基部。

约50种。我国有33种，湖北产11种，神农架产10种。

分种检索表

1．果苞紧密排列成覆瓦状，果苞的两侧近于对称 ················· **1．千金榆C. cordata**
1．果苞不紧密排列成覆瓦状，果苞中脉多偏于一侧。
  2．果苞内、外侧的基部均具裂片。
    3．幼枝和小坚果顶端被毛 ················· **5．大穗鹅耳枥C. fargesii**
    3．幼枝和小坚果顶端无毛 ················· **3．雷公鹅耳枥C. viminea**
  2．果苞外侧的基部无明显的裂片。
    4．果苞内侧的基部具明显的裂片 ················· **6．小叶鹅耳枥C. stipulata**
    4．果苞内侧的基部无明显的裂片，仅具耳突或微内折。
      5．叶缘有整齐或不整齐重锯齿。
        6．小坚果被柔毛 ················· **4．云贵鹅耳枥C. pubescens**

```
        6. 小坚果无毛或仅顶部有长柔毛。
            7. 叶背面和果苞通常无疣状突起················· 2. 川陕鹅耳枥 C. fargesiana
            7. 叶背面和果苞通常有疣状突起。
                8. 叶缘具单锯齿······························ 7. 川鄂鹅耳枥 C. henryana
                8. 叶缘具重锯齿······························ 8. 湖北鹅耳枥 C. hupeana
        5. 叶缘具刺毛状重锯齿或单锯齿。
            9. 果苞大，小坚果疏被长柔毛····················· 9. 昌化鹅耳枥 C. tschonoskii
            9. 果苞小，小坚果被短柔毛······················ 10. 多脉鹅耳枥 C. polyneura
```

1. 千金榆 | Carpinus cordata Blume

分变种检索表

```
1. 小枝初时疏被长柔毛，后脱落无毛················· 1a. 千金榆 C. cordata var. cordata
1. 小枝被长柔毛和密的短毛······················· 1b. 华千金榆 C. cordata var. chinensis
```

1a. 千金榆（原变种）Carpinus cordata var. cordata 图77-16

乔木。小枝疏长柔毛，后脱落。叶卵形，先端渐尖，基部浅心形，边缘具刺毛状重锯齿，上面疏被长柔毛或无毛，下面沿脉疏被短柔毛；侧脉15~20对。果序长5~12cm；果苞卵状矩圆形，有5条显著的纵脉，上部具不整齐的锯齿，外侧的基部无裂片，内侧基部具一矩圆形内折的裂片，全盖小坚果；小坚果矩圆形。

产于神农架九湖、红坪、木鱼坪、松柏、宋洛，生于海拔1300~1800m的山坡。根皮和果穗可入药。

1b. 华千金榆（变种）Carpinus cordata var. chinensis Franchet 图77-17

本变种与原变种的主要区别：本变种的小枝密被短柔毛及稀疏长柔毛。

分布和用途同原变种。

图77-16 千金榆

图77-17 华千金榆

2. 川陕鹅耳枥 | Carpinus fargesiana H. Winkler 图77-18

乔木。小枝疏被长柔毛。叶卵状披针形至卵状椭圆形，先端渐尖，基部近圆形，边缘具重锯齿，下面沿脉被长柔毛，脉腋间具髯毛。果苞半卵形，外侧基部无裂片，内侧基部具耳突或缘微内折，中裂片内侧边缘直立，全缘，外侧边缘具疏齿。小坚果宽卵圆形。花期4~5月，果期7~10月。

产于神农架各地，生于海拔1300~2400m的山坡。根和茎皮入药。

图77-18 川陕鹅耳枥

3. 雷公鹅耳枥 | Carpinus viminea Lindley 图77-19

落叶乔木。小枝棕褐色，密被显著隆起的白色皮孔，无毛。叶卵状椭圆形至长椭圆形，先端尾状渐尖，基部圆形至宽楔形，有时心形，叶缘具重锯齿，叶背沿中脉及侧脉疏生长柔毛。果序下垂；果苞内外侧基部均具裂片，中裂片长卵状披针形至矩圆形。小坚果宽卵球形，无毛，具少数细肋。花期4~5月，果期7~10月。

产于神农架各地，生于海拔2000m以下的山坡。

图77-19 雷公鹅耳枥

4. 云贵鹅耳枥 | Carpinus pubescens Burkill 图77-20

落叶乔木。幼枝被毛，后脱落。叶卵形或卵状披针形，先端渐尖，基部圆楔形，边缘具细密重锯齿，下面沿脉疏被长柔毛，脉腋具髯毛；侧脉12~14对。果苞半卵形，两面沿脉被长柔毛，外侧基部无裂片，内侧基部边缘微内折或具耳突，中裂片内侧边缘直或微内弯，外侧边缘具锯齿。小坚果宽卵圆形，密被短柔毛。

产于神农架各地，生于海拔1400~2400m的山坡。树皮入药。

图77-20 云贵鹅耳枥

5. 大穗鹅耳枥 | Carpinus fargesii Franchet 图77-21

落叶乔木。小枝棕褐色，密被显著隆起的白色皮孔，幼枝具毛。叶卵状椭圆形至长椭圆形，先端长尾状渐尖，基部圆形至宽楔形，有时心形，叶缘具重锯齿，叶背沿中脉及侧脉疏生长柔毛，脉腋间具髯毛。果序下垂，果苞内外侧基部均具裂片，中裂片长卵状披针形至矩圆形；小坚果宽卵球形，顶端具毛。花期4～5月，果期7～10月。

产于神农架各地，生于海拔2000m以下的山坡。

图77-21 大穗鹅耳枥

6. 小叶鹅耳枥 | Carpinus stipulata H. Winkler

乔木。树皮暗灰褐色，浅纵裂。叶卵形、宽卵形、卵状椭圆形或卵菱形，有时卵状披针形，顶端锐尖或渐尖，上面无毛或沿中脉疏生长柔毛，下面沿脉通常疏被长柔毛，脉腋间具髯毛。果序梗、序轴均被短柔毛；果苞变异较大，半卵形、半矩圆形至卵形，疏被短柔毛，内侧的基部具一个内折的卵形小裂片，外侧的基部无裂片，中裂片内侧边缘全缘或疏生不明显的小齿，外侧边缘具不规则的缺刻状粗锯齿或具2～3枚齿裂。小坚果宽卵形，无毛，有时顶端疏生长柔毛，无或有时上部疏生树脂腺体。花期3~4月，果期7~8月。

产于神农架各地，生于海拔2000m以上的山坡。

7. 川鄂鹅耳枥 ｜ Carpinus henryana (H. Winkler) H. Winkler
图77-22

叶狭披针形，长5~8cm，宽2~3cm，边缘具稍内弯的单锯齿。

产于神农架各地，生于海拔1400~2000m的山坡。

8. 湖北鹅耳枥 ｜ Carpinus hupeana Hu 图77-23

图77-22　川鄂鹅耳枥

乔木。树皮淡灰棕色。枝条灰黑色有小而凸起的皮孔。叶卵状披针形、卵状椭圆形、长椭圆形，顶端锐尖或渐尖，上面沿中脉被长柔毛，下面除沿中脉与侧脉被长柔外，脉腋间尚具髯毛，密生疣状凸起。果序梗、序轴均密被长柔毛；果苞半卵形，沿脉疏被长柔毛，外侧的基部无裂片，内侧的基部具耳突或边缘微内折，中裂片半宽卵形、半三角状矩圆形，内侧的边缘全缘或上部有疏生而不明显的细齿，外侧边缘具疏锯齿或具齿牙状粗锯齿。小坚果宽卵圆形。花期3~4月，果期7~8月。

产于神农架各地，生于海拔1400~2500m的山坡。

图77-23　湖北鹅耳枥

9. 昌化鹅耳枥 ｜ Carpinus tschonoskii Maximowicz 图77-24

落叶乔木。小枝疏被长柔毛，后脱落无毛。叶椭圆形至倒卵形，先端渐尖至尾状，基部圆楔形或近圆形，叶缘具刺毛状重锯齿，两面均疏被长柔毛，后脱落无毛。果苞外侧基部无裂片，内侧基部仅边缘微内折，很少具耳突，中裂片外侧边缘具疏锯齿。小坚果宽卵球形，顶端疏被长柔毛。花期3~4月，果期7~8月。

产于神农架各地，生于海拔1400~2000m的山坡。

10. 多脉鹅耳枥 | Carpinus polyneura Franchet 图77-25

乔木。小枝初被长柔毛，后脱落。叶长卵形或卵状披针形，长4~8cm，宽1.5~2.5cm，先端长渐尖，基部圆楔形，边缘具刺毛状重锯齿，上面幼时被长柔毛，后变无毛，下面脉腋具髯毛；侧脉16~20对；叶柄长5~10mm。果序长约3~6cm；果苞半卵形或半卵状披针形，外侧基部无裂片，内侧基部的边缘微内折，中裂片外侧边缘仅具1~2枚疏锯齿或近全缘，内侧边缘直，全缘。小坚果卵圆形。花期3~4月，果期7~8月。

产于神农架各地，生于海拔2000m以下的山坡。根皮入药。

图77-24　昌化鹅耳枥

图77-25　多脉鹅耳枥

5. 铁木属 Ostrya Scopoli

落叶乔木或小乔木。树皮粗糙，呈鳞片状剥裂。芽长，具多数覆瓦状排列之芽鳞。叶具柄，边缘具不规则的重锯齿，有时具浅裂；叶脉羽状，侧脉向叶缘直伸至齿端，第三次脉在侧脉间近于平行，两端均与侧脉近垂直；托叶早落。花单性，雌雄同株；雄花序呈柔荑花序状，着生于上一年的枝条的顶端，冬季裸露，苞鳞贝状，覆瓦状排列，每苞鳞内具1朵雄花，雄花无花被，具3~14枚雄蕊，雄蕊着生于被毛的花托上，花丝顶端分叉，花药2室，药室分离，顶端具毛，花粉粒与鹅耳枥属同型；雌花序呈总状，直立，每苞鳞内具2朵雌花，每朵雌花的基部具1枚苞片与2枚小苞片，具花被，花被与子房贴生，子房2室，每室具2枚倒生胚珠，花柱2枚。果序穗状；果苞呈囊状，膜质，具网纹，被毛。小坚果卵圆形，稍扁，具数肋，完全为囊状的果苞所包。种子1枚。

8种。我国产5种，湖北产1种，神农架也有。

铁木 | Ostrya japonica Sargent

乔木。树皮暗灰色，粗糙，纵裂。叶卵形至卵状披针形，顶端渐尖；沿中脉密被短柔毛，脉腋间具髯毛。雄花序单生于叶腋间或2~4枚聚生，下垂。果4至多枚聚生成直立或下垂的总状果序，生于小枝顶端；果序轴全长1.5~2.5cm；序梗细瘦，上部密被短柔毛，向下毛渐变疏；果苞膜质，膨胀，倒卵状矩圆形或椭圆形，顶端具短尖，基部圆形并被长硬毛，上部无毛或仅顶端疏被短柔毛，网脉显著。小坚果长卵圆形，淡褐色，有光泽，具数肋，无毛。花期3~4月，果期7~8月。

产于神农架木鱼（老君山，刘瑛487），生于海拔1800m的山坡林中。

78. 马桑科 | Coriariaceae

灌木或草本。小枝具棱角。单叶，对生或轮生，全缘；托叶早落。花两性或单性，单生或排列成总状花序；萼片5枚，覆瓦状排列；花瓣5枚，比萼片小，肉质，宿存，果期增大；雄蕊10枚，分离，或与花瓣对生的雄蕊贴生于龙骨状凸起上，花药大，纵裂；心皮5～10枚，分离，子房上位，各有1枚悬垂的倒生胚珠，花柱分离，线形。浆果状瘦果。

单属科，约15种。我国有3种，湖北有1种，神农架也产。

马桑属 Coriaria Linnaeus

形态特征、种数和分布同科。

马桑 | Coriaria nepalensis Wallich 图78-1

灌木。高约2m。小枝四棱形或成4窄翅。叶对生，椭圆形或宽椭圆形，长2.5～8cm，先端急尖，基出3脉。总状花序腋生；雄花序先于叶开放，长1.5～2.5cm，花瓣卵形，长约0.3mm，花丝线形，不育雌蕊存在；雌花序与叶同出，长4～6cm，花瓣肉质，龙骨状，心皮5枚，耳形。果球形。花期2～5月，果期5～8月。

产于神农架各地，生于海拔200～1300m的山坡灌丛中。种子供榨油；茎叶可供提栲胶；全株含马桑碱，可作土农药。

图78-1　马桑

79. 葫芦科 | Cucurbitaceae

藤本。茎通常具纵沟纹，匍匐或借助卷须攀援。叶互生，无托叶；叶片不分裂或掌裂，边缘具锯齿，具掌状脉。花单性（罕两性），总状花序、圆锥花序或近伞形花序，稀单生；雄花花萼5裂，花冠5裂，裂片全缘或边缘成流苏状，雄蕊5枚或3枚，花丝分离或合生成柱状；雌花子房下位或稀半下位，通常由3枚心皮合生而成，3室，稀1~2室或假4~6室，侧膜胎座，胚珠通常多数。果实常为肉质浆果状或果皮木质。种子扁压状。

约123属800余种。中国产35属151种，湖北省16属33种，神农架有15属30种。

分属检索表

1. 花丝多少贴合成柱状。
    2. 圆锥花序；果小型，球形 ································· 1．绞股蓝属 Gynostemma
    2. 雄花序总状，雌花单生；果大型，倒卵形 ················ 2．佛手瓜属 Sechium
1. 花丝分离或仅在基部联合，有时花药靠合。
    3. 雄蕊5枚，极稀3枚，若为3枚则药室"S"形折曲。
        4. 胚珠和种子水平生，果实不开裂 ······················ 3．赤瓟属 Thladiantha
        4. 胚珠和种子下垂生。
            5. 子房1室；胚珠和种子2~3枚 ···················· 4．假贝母属 Bolbostemma
            5. 子房具3胎座；胚珠多数 ··························· 5．雪胆属 Hemsleya
    3. 雄蕊3枚，极稀2枚或1枚。
        6. 花药之药室通直或稍弓曲；种子多数水平生。
            7. 胚珠和种子直立或下垂；果实3裂片纵裂 ············ 6．裂瓜属 Schizopepon
            7. 胚珠和种子水平生 ································· 7．马㼎儿属 Zehneria
        6. 花药的药室"S"形折曲或多回折曲。
            8. 花冠钟状，5裂片仅达花冠中部 ······················ 8．南瓜属 Cucurbita
            8. 花冠具5片分离的花瓣或深5裂。
                9. 花冠裂片流苏状 ··································· 9．栝楼属 Trichosanthes
                9. 花冠裂片全缘。
                    10. 雄花萼筒伸长，筒状或漏斗状，雄蕊不伸出 ······· 10．葫芦属 Lagenaria
                    10. 雄花萼筒短，钟状、杯状或短漏斗状，雄蕊常伸出。
                        11. 花梗上有盾状苞片；果实表面常有瘤状、刺伏突起 ································· 11．苦瓜属 Momordica
                        11. 花梗上无苞片；果实表面无瘤状突起。
                            12. 雄花组成总状花序 ························· 12．丝瓜属 Luffa
                            12. 雄花单生或簇生。

13. 花萼裂片披针形，有锯齿，反折···13. 冬瓜属Benincasa
13. 花萼裂片钻形，全缘，不反折。
　　14. 药隔不伸出；卷须2~3歧；叶羽状深裂·································14. 西瓜属Citrullus
　　14. 药隔伸出；卷须不分歧；叶3~7浅裂·····································15. 黄瓜属Cucumis

1. 绞股蓝属Gynostemma Blume

多年生攀援草本。卷须2歧。叶互生，鸟足状。雌雄异株，组成腋生或顶生圆锥花序；雄花花萼筒短，5裂，裂片狭卵形，花冠绿色或白色，辐状，5深裂，雄蕊5枚，着生于花被筒基部，花丝短，合生成柱，退化雌蕊无；雌花花萼与花冠同雄花，具退化雄蕊，子房球形，2~5室，胚珠每室2枚。浆果或蒴果，具2~3枚种子。种子阔卵形，压扁，无翅。

17种。我国产14种，湖北省4种，神农架均有分布。

分种检索表

1. 果为蒴果。
　　2. 果钟状，顶端略平截，具3枚冠状物················1. 心籽绞股蓝G. cardiospermum
　　2. 果球形，顶端无冠状物·····································4. 五柱绞股蓝G. pentagynum
1. 果为浆果，球形，顶端具3枚小的鳞脐状凸起，决不为长的冠状物，成熟后不开裂。
　　3. 叶具3枚小叶···2. 光叶绞股蓝G. laxum
　　3. 叶具5~9枚小叶··3. 绞股蓝G. pentaphyllum

1. 心籽绞股蓝 | Gynostemma cardiospermum Cogniaux ex Oliver
图79-1

草质攀援植物。叶片膜质，鸟足状；小叶片披针形或椭圆形，边缘具圆齿状重锯齿。雌雄异株；雄花排列成狭圆锥花序，花萼裂片长圆状披针形，花冠5深裂，裂片披针形，花丝合生成圆柱形；雌花排列成总状花序，花被同雄花，子房下位，球形，花柱3枚，柱头半月形。蒴果球形或近钟状，顶端平截，具3枚冠状物。花期6~8月，果期8~10月。

产于神农架红坪，生于海拔2500~2800m的山坡林下。根可入药。

图79-1　心籽绞股蓝

2. 光叶绞股蓝 | Gynostemma laxum (Wallich) Cogniaux 图79-2

攀援草本。叶纸质，鸟足状；中央小叶片长圆状披针形，侧生小叶卵形，边缘具阔钝齿，无毛。雌雄异株；雄花排成圆锥花序，花萼5裂，裂片狭三角状卵形，花冠黄绿色，5深裂，裂片狭卵状披针形，雄蕊5枚，花丝合生；雌花序同雄花，花冠裂片狭三角形，子房球形，花柱3枚，离生，顶端2裂。浆果球形。花期8月，果期8~9月。

产于神农架木鱼（官门山），生于海拔1400~1800m的沟谷密林。全草入药。

图79-2　光叶绞股蓝

3. 绞股蓝 | Gynostemma pentaphyllum (Thunberg) Makino 七叶胆，遍地生根 图79-3

草质攀援植物。叶膜质或纸质，鸟足状；小叶片卵状长圆形或披针形，边缘具波状齿。雌雄异株；雄花排成圆锥花序，花萼筒极短，5裂，裂片三角形，花冠淡绿色或白色，5深裂，裂片卵状披针形，雄蕊5枚，花丝短，联合成柱；雌花排成的圆锥花序远较雄花的短小，花萼及花冠似雄花的，子房球形，花柱3枚，柱头2裂。浆果球形，无毛。花期3~11月，果期4~12月。

产于神农架各地，生于海拔400~1800m的山谷密林、山坡疏林、阴湿坡地。全草入药；叶可作茶饮。

4. 五柱绞股蓝 | Gynostemma pentagynum Z. P. Wang 图79-4

草质攀援植物。全株被白色长柔毛。叶膜质或纸质，鸟足状；小叶片卵状长圆形或披针形，边缘具波状齿。雌雄同株；雄花生于植株上部，排成圆锥花序；雌花序生于植株下部，花冠淡绿色或白色，5深裂，裂片卵状披针形，先端丝状。蒴果球形，无毛。花期3~11月，果期4~12月。

产于神农架下谷石柱河，生于海拔450m的山谷密林阴湿地。

图79-3　绞股蓝

图79-4　五柱绞股蓝

2. 佛手瓜属 Sechium P. Browne

攀援草本。根块状。叶片膜质，心形，浅裂。雌雄同株；花白色；雄花生于总状花序上，花萼筒半球形，裂片5枚，花冠辐状，深5裂，雄蕊3枚，着生在花被筒下部，无退化雌蕊；雌花单生或双生，通常与雄花序在同一叶腋，花萼及花冠同雄花的，无退化雄蕊；子房纺锤状，1室，有刺毛，具1枚胚珠。果实肉质，倒卵形，上端具沟槽。种子卵圆形，扁状。

5种。我国1种，神农架也有。

佛手瓜 ｜ Sechium edule (Jacquin) Swartz　洋丝瓜　图79-5

草质藤本。叶片膜质，近圆形，边缘有小细齿。雌雄同株；雄花成总状花序，花萼筒短，裂片展开，花冠辐状，分裂到基部，裂片卵状披针形，雄蕊3枚，花丝合生；雌花单生，花冠与花萼同雄花，子房倒卵形，具5棱。果实淡绿色，倒卵形，上部有5条纵沟。花期7～9月，果期8～10月。

原产于南美洲，神农架各地有栽培。叶和果实能入药；幼嫩果实作蔬菜。

图79-5　佛手瓜

3. 赤瓟属 Thladiantha Bunge

多年生草质藤本。卷须单一或2歧。叶绝大多数为单叶，心形，边缘有锯齿。雌雄异株；雄花序总状或圆锥状；雄花花萼筒短，裂片5枚，花冠钟状，黄色，5深裂，雄蕊5枚，插生于花萼筒部，分离，通常4枚两两成对，第五枚分离，退化子房腺体状；雌花花萼和花冠同雄花，子房具3胎座，胚珠多数。果实浆质，不开裂。种子多数。

23种。中国全产，湖北省8种，神农架有6种。

分种检索表

1. 子房有瘤状凸起；果实亦有瘤状凸起或成皱褶状。
　　2. 卷须2歧；果皮不规则隆起成皱褶状···1. 皱果赤瓟 T. henryi
　　2. 卷须单一；果实有瘤状凸起但不成皱褶状·····························2. 长叶赤瓟 T. longifolia
1. 子房和果实绝无瘤状凸起。
　　3. 卷须不分叉。
　　　　4. 子房和果实纺锤形，顶端喙状···3. 斑赤瓟 T. maculata
　　　　4. 子房和果实顶端绝不成喙状···4. 长毛赤瓟 T. villosula
　　3. 卷须2歧。
　　　　5. 全体近无毛···5. 鄂赤瓟 T. oliveri
　　　　5. 全体被柔毛或柔毛状硬毛···6. 南赤瓟 T. nudiflora

1. 皱果赤瓟 | Thladiantha henryi Hemsley 图79-6

攀援藤本。根块状。叶片膜质，宽卵状心形，边缘具胼胝质小齿。雌雄异株；雄花排成总状花序或圆锥花序，花萼筒宽钟形，裂片披针形，花冠黄色，裂片长圆状椭圆形，雄蕊5枚，花丝的基部有3枚鳞片状附属物；雌花子房长卵形，多瘤状凸起成皱褶状，柱头极膨大，圆肾形，淡黄色，2深裂。果实椭圆形；果皮隆起呈皱褶状。花果期6~11月。

产于神农架各地，生于海拔900~1900m的山坡、沟谷或路旁。块根入药。

图79-6　皱果赤瓟

2. 长叶赤瓟 | Thladiantha longifolia Cogniaux ex Oliver 图79-7

攀援草本。叶片膜质，卵状披针形或长卵状三角形，边缘具胼胝质小齿。雌雄异株；雄花排成总状花序，花萼筒浅杯状，裂片三角状披针形，花冠黄色，裂片长圆形，雄蕊5枚，花药长圆形；雌花单生或2～3朵生于一短的总花梗上，花萼和花冠与雄花的同，子房长卵形，表面多皱褶，柱头膨大，圆肾形。果实阔卵形；果皮有瘤状凸起。花期4～7月，果期8～10月。

产于神农架阳日，生于海拔1000～2200m的山坡杂林、沟边或灌丛中。根与果实入药。

图79-7　长叶赤瓟

3. 斑赤瓟 | Thladiantha maculata Cogniaux 图79-8

草质藤本。叶宽卵状心形，先端短渐尖，弯缺张开，半圆形，基部叶脉沿叶基弯缺向外展开。卷须纤细。雌雄异株；雄花序总状，一般仅具3～6（～8）朵花，雄花萼筒宽钟形，花冠黄色；雌花单生。果实纺锤形，橘红色，果皮较平滑，近无毛或有不明显的微柔毛。种子窄卵形，两面明显隆起，凸透镜状，平滑。花期5～8月，果期10月。

产于神农架松柏，生于海拔700～1000m的山坡杂林、沟边或灌丛中。

4. 长毛赤瓟 | Thladiantha villosula Cogniaux 白斑王瓜 图79-9

草质攀援藤本。叶片膜质，卵状心形或近圆形，边缘有稀疏的胼胝质小齿或锯齿，下面被短柔毛。雌雄异株；雄花序为总状花序，花萼筒宽钟形，裂片狭披针形，黄绿色，花冠黄色，裂片卵形，雄蕊5枚，花药长圆形；雌花单生，花萼和花冠同雄花的，两面有稀疏的腺质茸毛，子房狭长圆形，柱头膨大，肾形，2裂。果实长圆形，干后红褐色，被柔毛。花果期夏季。

产于神农架木鱼、阳日，生于海拔2000～2900m的沟边林下或灌丛中。根可入药。

图79-8 斑赤瓟

图79-9 长毛赤瓟

5. 鄂赤瓟 | Thladiantha oliveri Cogniaux ex Mottet 苦瓜蒌 图79-10

攀援生或蔓生多年生草本。叶片宽卵状心形，膜质，边缘有胼胝质小齿。雌雄异株；雄花多数花聚生于花序总梗上端，花萼筒宽钟形，裂片线形，反折，花冠黄色，裂片卵状长圆形，外面生暗黄色腺点；雄蕊5枚，花药长圆形；雌花通常单生或双生，花萼和花冠同雄花的，子房卵形，平滑无毛，柱头膨大，肾形。果实卵形，有暗绿色纵条纹。花果期5～10月。

产于神农架九湖（坪阡），生于海拔1600～2100m的山坡、路旁、灌丛或山沟阴湿处。根与果实能入药。

图79-10 鄂赤瓟

6. 南赤瓟 | Thladiantha nudiflora Hemsley 赤瓟儿野丝瓜 图79-11

攀援草本。根块状。叶片质稍硬，卵状心形，边缘具胼胝状小尖头的细锯齿。雌雄异株；雄花排成总状花序，花萼筒部宽钟形，裂片卵状披针形，花冠黄色，裂片卵状长圆形，雄蕊5枚，花药卵状长圆形；雌花单生，花萼和花冠同雄花的，子房狭长圆形，柱头膨大，圆肾形，2浅裂。果实长圆形，成熟时红色或红褐色。花期5~8月，果期8~11月。

产于神农架各地，生于海拔900~1700m的沟边、林缘、山坡灌丛中或林下。根、果实入药。

图79-11　南赤瓟

4. 假贝母属 Bolbostemma Franquet

攀援草本。叶近圆形或心形，5裂，基部裂片顶端有2枚腺体。雌雄异株；花序为疏散的圆锥花序；雄花花萼辐状，裂片5枚，线状披针形，花冠辐状，裂片5枚，狭披针形，雄蕊5枚，花丝分离，或者两两成对在花丝中部以下联合；雌花花萼和花冠同雄花的，子房近球形，3室，柱头3，2裂。果实圆柱形，上部环状盖裂。种子近卵形，顶端有膜质的翅。

2种。中国特有，湖北省1种，神农架也有。

假贝母 | Bolbostemma paniculatum (Maximowicz) Franquet　土贝母地苦胆　图79-12

攀援草本。鳞茎肥厚，肉质，乳白色；茎草质，无毛，攀援状。叶片近圆形，掌状5深裂，每枚裂片再3~5浅裂，卷须丝状。雌、雄花序均为疏散的圆锥状；花黄绿色；花萼与花冠相似，裂片卵状披针形，顶端具长丝状尾；雄蕊5枚，离生；子房近球形，3室，每室2胚珠，花柱3，柱头2裂。果实圆柱状，果盖圆锥形。花期6~8月，果期8~9月。

产于神农架新华、阳日，生于海拔600~1000m的河谷岸边或灌丛中。鳞茎入药。

图79-12　假贝母

5. 雪胆属 Hemsleya Cogniaux ex F. B. Forbes et Hemsley

多年生攀援草本。根具膨大块茎。叶为趾状小叶组成。雌雄异株；聚伞总状花序至圆锥花序，腋生；萼筒短，裂片5枚；雄花花冠5裂，裂片草质或近肉质，基部具斑或具成对小腺体，雄蕊5枚，伸出；雌花通常与雄花同型或等大，子房近圆形至楔形。果实球形、圆锥形，具9~10条纵棱或细纹，花柱常宿存。种子轮廓椭圆形，通常外环生木栓质翅。

27种。我国产25种，湖北省3种，神农架有2种。

分种检索表

1. 花开放后花冠裂片向后反卷或反折···············1. 雪胆 H. chinensis
1. 花开放后花冠裂片平展···············2. 马铜铃 H. graciliflora

1. 雪胆 | Hemsleya chinensis Cogniaux ex F. B. Forbes et Hemsley

图79-13

多年生攀援草本。须线形。趾状复叶由5~9枚小叶组成；小叶片膜质，边缘圆锯齿状。雌雄异株；雄花疏散聚伞总状花序或圆锥花序，花萼裂片5枚，卵形，反折，花冠橙红色，由于花瓣反折围住花萼成灯笼状，裂片长圆形，无毛，雄蕊5枚；雌花稀疏总状花序，花萼、花冠同雄花的，花柱3枚，柱头2裂。果椭圆形，单生。花期7~9月，果期9~11月。

产于神农架木鱼，生于海拔1200~2200m的杂木林下和沟边。块根及全草入药。

图79-13 雪胆

2. 马铜铃 | Hemsleya graciliflora (Harms) Cogniaux 响铃子 图79-14

多年生攀援草本。卷须2歧。趾状复叶多为7小叶；小叶披针形，边缘圆锯齿状。雌雄异株；雄花腋生聚伞圆锥花序，花萼裂片三角形，平展，自花冠裂片间伸出，花冠淡黄色或淡黄绿色，平展，裂片倒卵形，薄膜质，雄蕊5枚，花丝短；雌花子房狭圆筒状，花柱3枚，柱头2裂。果实筒状倒圆锥形。花期6~9月，果期8~11月。

产于神农架各地，生于海拔1200~2400m的杂木林中、灌丛阴湿处及林缘。块根及果实入药。

图79-14 马铜铃

6. 裂瓜属 Schizopepon Maximowicz

攀援草质藤本。卷须2歧。叶片卵状心形，边缘有不规则锯齿。花小型，两性或单性；两性花或雄花生于伸长的或稀短缩的总状花序上；雌花单生或稀少数花生于缩短的总状花序上；花萼裂片5枚；花冠裂片5枚，白色；雄蕊3枚；子房卵形或圆锥形。果实小型，卵状或圆锥状，成熟后自顶端向下部3瓣裂或不开裂。种子卵形，扁压。

8种。我国全产，湖北省1种，神农架有分布。

1. 湖北裂瓜 | Schizopepon dioicus Cogniaux ex Oliver

分变种检索表

1. 子房表面无毛；果实表面无毛 ·················· 1a. 湖北裂瓜 S. dioicus var. dioicus
1. 子房被毛；果实被毛 ·················· 1b. 毛蕊裂瓜 S. dioicus var. trichogynus

1a. 湖北裂瓜（原变种）Schizopepon dioicus var. dioicus 毛瓜 图79-15

一年生攀援草本。叶片膜质，宽卵状心形或阔卵形，通常每边有2~3枚三角形裂片，边缘具锯齿。雌雄异株；雄花生于总状花序上，花萼裂片线状钻形或狭披针形，花冠辐状，白色，裂片披针形，雄蕊3枚，花丝合生；雌花在叶腋内单生或少数花聚生，子房卵形，无毛，3室，柱头稍膨大，2裂。果实阔卵形，表面常有疣状凸起。花果期6~10月。

产于神农架九湖、红坪、木鱼、宋洛、下谷、新华，生于海拔1000~2400m的山坡林下、山沟草丛中。根状茎入药。

图79-15　湖北裂瓜

1b．毛蕊裂瓜（变种）Schizopepon dioicus var. trichogynus Handel-Mazzetti　图79-16

本种与原变种的主要区别：子房密被毛。

产于神农架木鱼，生于海拔1500m左右的山坡灌丛中。根状茎入药。

图79-16　毛蕊裂瓜

7．马㼎儿属 Zehneria Endlicher

攀援或匍匐草本。卷须单一或稀2歧。叶片膜质或纸质，形状多变，全缘或3~5裂。雌雄同株或异株；雄花序总状或近伞房状，花萼钟状，裂片5，花冠钟状，黄色或黄白色，裂片5，雄蕊3枚，着生在筒的基部；雌花单生或几朵呈伞房状，花萼和花冠同雄花的；子房卵球形或纺锤形，3室，胚珠多数。果实球形或纺锤形，不开裂。种子卵形，扁平。

55种。我国产4种，湖北省2种，神农架均有分布。

分种检索表

1. 雄花序总状或同时有单生；果实具长梗；花丝极短 ················ 1. 马㼎儿 Z. japonica
1. 数朵雄花生于伸长的总梗顶端呈近头状或伞房状花序；花丝较长 ······ 2. 钮子瓜 Z. bodinieri

1. 马㼎儿 | Zehneria japonica (Thunberg) H. Y. Liu　野苦瓜　图79-17

攀援或平卧草本。叶片膜质，多型，边缘微波状或有疏齿；脉掌状。雌雄同株；雄花单生或稀2～3朵生于短的总状花序上，花萼宽钟形，花冠淡黄色，裂片长圆形，雄蕊3枚，花药长圆形；雌花在与雄花同一叶腋内单生或稀双生，子房狭卵形，有疣状凸起，柱头3裂。果实两端钝，外面无毛，成熟后橘红色或红色。花期4～7月，果期7～10月。

产于神农架木鱼、新华、阳日，生于海拔500～1600m的林中阴湿处、灌丛、林缘、路旁。根与叶及全草入药。

2. 钮子瓜 | Zehneria bodinieri (H. Léveillé) W. J. de Wilde et Duyfjes　土瓜野杜瓜　图79-18

草质藤本。卷须单一。叶片膜质，宽卵形或稀三角状卵形，边缘有小齿或深波状锯齿；脉掌状。雌雄同株；雄花常3～9朵生于总梗顶端呈近头状或伞房状花序，花萼筒宽钟状，裂片狭三角形，花冠白色，裂片卵形，雄蕊3枚，花药卵形；雌花单生，稀几朵生于总梗顶端，子房卵形。果实浆果状，光滑无毛。花期4～8月，果期8～11月。

产于神农架各地，生于海拔500～1000m的林缘、山坡路旁阴湿处。全草、果实入药。

图79-17　马㼎儿

图79-18　钮子瓜

8. 南瓜属 Cucurbita Linnaeus

一年生蔓生草本。卷须多歧。叶具浅裂,基部心形。雌雄同株;花单生,黄色;雄花花萼筒钟状,裂片5枚,花冠合瓣,钟状,5裂仅达中部,雄蕊3枚,花丝离生,花药靠合成头状,无退化雌蕊;雌花花萼和花冠同雄花的,退化雄蕊3枚;子房长圆状或球状,具3胎座,胚珠多数。果实通常大型,肉质,不开裂。种子多数,扁平,光滑。

15种。我国产3种,各地均有栽培,湖北省2种,神农架均有栽培。

分种检索表

1. 花萼裂片条形,上部扩大成叶状;果蒂明显扩大成喇叭状 ·················· 1. 南瓜 C. moschata
1. 花萼裂片不扩大成叶状;果蒂不扩大成喇叭状 ························· 2. 西葫芦 C. pepo

1. 南瓜 | Cucurbita moschata Duchesne   图79-19

一年生蔓生草本。叶片卵形,质稍柔软,有5角或5浅裂,边缘有小而密的细齿。雌雄同株;雄花单生,花萼筒钟形,裂片条形,上部扩大成叶状,花冠黄色,钟状,5中裂,裂片边缘反卷,具皱褶,雄蕊3枚,花丝腺体状;雌花单生,子房1室,花柱短,柱头3,膨大,顶端2裂。果梗粗壮,果蒂扩大成喇叭状;瓠果形状多样。花果期4~11月。

原产于墨西哥到中美洲一带,世界各地有普遍栽培,明代传入我国,现栽培于神农架各地。根、茎藤、叶、花、卷须、果实、瓜瓤、果柄、种子均可入药;叶、花、果实可作蔬菜;种子可炒食;一些品种供观赏。

图79-19 南瓜

2. 西葫芦 | Cucurbita pepo Linnaeus 图79-20

一年生蔓生草本。叶片质硬，挺立，三角形，边缘有不规则锐齿。雌雄同株；雄花单生，花萼筒有明显5角，花萼裂片线状披针形，花冠黄色，常向基部渐狭呈钟状，雄蕊3枚，花药靠合；雌花单生，子房卵形，1室。果梗粗壮，果蒂变粗但不成喇叭状；果实形状多样。花果期5～11月。

栽培于神农架各地。果实能用于咳喘。种子能驱虫。

图79-20 西葫芦

9. 栝楼属 Trichosanthes Linnaeus

攀援或匍匐藤本。卷须2～5歧。单叶互生，叶形多变。雌雄异株或同株；雄花通常排列成总状花序，花萼筒筒状，延长，5裂；花冠白色，5裂，先端具流苏，雄蕊3枚，着生于花被筒内，花丝短，分离；雌花单生，花萼与花冠同雄花的，子房下位，1室，具3个侧膜胎座，胚珠多数。果实肉质。种子褐色，压扁。

约100种。我国产33种，湖北省3种，神农架均有分布。

分种检索表

1. 种子3室；叶片通常有短茸毛 ··· 1. 王瓜 T. cucumeroides
1. 种子1室；叶片通常无茸毛。
  2. 叶片通常浅裂至中裂，裂片常再分裂；苞片大 ················· 2. 栝楼 T. kirilowii
  2. 叶片通常5深裂，几达基部；苞片小 ································· 3. 中华栝楼 T. rosthornii

1. 王瓜 | Trichosanthes cucumeroides (Seringe) Maximowicz 野西瓜，苦王瓜 图79-21

多年生攀援藤本。块根纺锤形。叶片纸质，轮廓阔卵形或圆形，常3～5裂，边缘具细齿或波状齿。雌雄异株；雄花组成总状花序，或单花与之并生，花萼筒喇叭形，裂片线状披针形，花冠白色，裂片长圆状卵形；雌花单生，子房长圆形。果实卵圆形或球形，成熟时橙红色，平滑，具喙。花期5～8月，果期8～11月。

产于神农架木鱼（老君山），生于海拔700～1700m的山谷密林或灌丛中。根及种子入药。

图79-21　王瓜

2．栝楼｜Trichosanthes kirilowii Maximowicz　瓜蒌药瓜　图79-22

攀援藤本。块根圆柱状。叶片纸质，轮廓近圆形，常3～5浅裂至中裂，边缘常再浅裂。雌雄异株；雄花成总状花序，或与一单花并生，或单生，花萼筒筒状，顶端扩大，裂片披针形，花冠白色，裂片倒卵形，花药靠合，花丝分离；雌花单生，子房椭圆形，绿色，柱头3枚。果实椭圆形，成熟时黄色。花期5～8月，果期8～10月。

产于神农架各地，生于海拔400～1400m的山坡林林缘。根、果实、果皮、种子均入药。

图79-22　栝楼

3．中华栝楼｜Trichosanthes rosthornii Harms　图79-23

攀援藤本。块根条状。叶片纸质，轮廓阔卵形至近圆形，通常5深裂，裂片披针形，边缘具短尖头状细齿。雌雄异株；雄花单生，或为总状花序，或两者并生，花萼筒狭喇叭形，裂片线形，花冠白色，裂片倒卵形；雌花单生，子房椭圆形。果实球形或椭圆形，光滑无毛，成熟时果皮及果瓤均橙黄色。花期6～8月，果期8～10月。

产于神农架各地，生于海拔400～850m的山谷林中。根、果实、果皮、种子均入药。

图79-23　中华栝楼

10. 葫芦属 Lagenaria Seringe

攀援草本。卷须2歧。叶片卵状心形或肾状圆形，柄顶端具1对腺体。雌雄同株，单生，白色；雄花花萼裂片5枚，花冠裂片5枚，微凹，雄蕊3枚，花丝离生，花药内藏，退化雌蕊腺体状；雌花萼筒盃状，花萼和花冠同雄花的，子房卵状，3胎座，胚珠多数。果实形状多型，不开裂，嫩时肉质，成熟后果皮木质，中空。种子多数，倒卵圆形。

6种。我国栽培1种，神农架也有栽培。

葫芦 ｜ Lagenaria siceraria (Molina) Standley　图79-24

一年生攀援草本。叶片不分裂或3～5裂，具掌状脉，边缘有不规则的齿。雌雄同株，雌、雄花均单生；雄花花萼筒漏斗状，裂片披针形，花冠黄色，裂片皱波状，雄蕊3枚，花药长圆形；雌花花萼和花冠似雄花的，子房中间缢细，密生柔毛，花柱粗短，柱头3，膨大，2裂。果实初为绿色，后变白色至带黄色。花期夏季，果期秋季。

原产于印度与非洲，神农架各地有栽培。果皮、种子、茎、花入药；果作蔬菜。

图79-24　葫芦

11. 苦瓜属 Momordica Linnaeus

攀援或匍匐草本。须不分歧或2歧。叶片近圆形或卵状心形，掌状3~7裂。雌雄异株或稀同株；雄花单生或成总状花序，萼筒短，花冠黄色或白色，5裂，雄蕊3枚，着生在花萼筒喉部，花丝离生；雌花单生，花萼和花冠同雄花的，子房椭圆形或纺锤形，三胎座，胚珠多数。果实多形，不开裂或3瓣裂，常具瘤状、刺状凸起。种子卵形或长圆形。

45种。我国产3种；湖北省2种，神农架有1种。

苦瓜 | Momordica charantia Linnaeus 图79-25

一年生攀援状柔弱草本。叶片膜质，轮廓卵状肾形，膜质，5~7深裂，裂片卵状长圆形，边缘具粗齿。雌雄同株；雄花单生于叶腋，花萼裂片卵状披针形，花冠黄色，裂片倒卵形，雄蕊3枚，离生；雌花单生，子房纺锤形，密生瘤状凸起，柱头3枚，膨大，2裂。果实纺锤形或圆柱形，多瘤皱，成熟后橙黄色。花果期5~10月。

原产于亚洲热带地区，神农架各地有栽培。根、藤、叶及果实入药；果作蔬菜。

图79-25 苦瓜

12. 丝瓜属 Luffa Miller

一年生攀援草本。须多歧。叶片通常5~7裂。雌雄异株；花黄色或白色；雄花萼筒倒锥形，裂片5枚，花冠裂片5枚，展开，雄蕊3或5枚，离生，退化雌蕊缺；雌花单生，花被与雄花的同，退化雄蕊3枚，子房圆柱形，柱头3枚，3胎座，胚珠多数。果实长圆形或圆柱状，未成熟时肉质，熟后变干燥，里面呈网状纤维。种子多数，长圆形，扁压。

6种。我国产2种，均为栽培，湖北省2种，神农架有均有栽培。

> **分种检索表**
>
> 1. 果实表面平滑，无棱·· 1. 丝瓜 L. aegyptiaca
> 1. 果实外面具8~10条纵向的棱··· 2. 广东丝瓜 L. acutangula

1. 丝瓜 | **Luffa aegyptiaca** Miller 图79-26

一年生攀援藤本。叶片三角形或近圆形，掌状5~7裂，裂片三角形，缘有锯齿。雌雄同株；雄花生于总状花序上部；花萼筒宽钟形，裂片卵状披针形或近三角形，上端向外反折，花冠黄色，辐状，裂片长圆形，雄蕊通常5枚；雌花单生，子房长圆柱状，有柔毛，柱头3枚，膨大。果实圆柱状，表面平滑，通常有深色纵条纹。花果期夏、秋季。

原产于印度尼西亚，神农架各地有栽培。根、藤、果实维管束、果柄、果皮、种子入药；果作蔬菜。

图79-26　丝瓜

2. 广东丝瓜 | **Luffa acutangula** (Linnaeus) Roxburgh 图79-27

一年生草质攀援藤本。叶片膜质，近圆形，常为5~7浅裂，边缘疏生锯齿。雌雄同株；雄花呈总状花序，花萼筒钟形，裂片披针形，花冠黄色，辐状，裂片倒心形，雄蕊3枚，离生；雌花单生，与雄花序生于同一叶腋，子房棍棒状，具10条纵棱，柱头3枚，膨大，2裂。果实圆柱状或棍棒状，具8~10条纵向的锐棱和沟，无毛。花果期夏、秋季。

原产于我国，神农架各地有栽培。根、藤、果实维管束、果柄、果皮、种子入药；果作蔬菜。

图79-27　广东丝瓜

13. 冬瓜属 Benincasa Savi

一年生蔓生草本。叶片肾状圆形,边缘有小齿。雌雄同株;花单生;花萼筒宽钟形,裂片披针形,有锯齿;花冠黄色,辐状,裂片宽倒卵形;雄蕊3枚,离生;子房卵形,柱头3枚,2裂。果实长圆柱状。花期6~6月,果期7~11月。

单种属,神农架有栽培。

冬瓜 | Benincasa hispida (Thunberg) Cogniaux　图79-28

特征同属的描述。

原产于东南亚、南洋群岛、南澳大利亚、印度等地,神农架各地有栽培。茎、叶、果实、外果皮、瓤、种子入药。

图79-28　冬瓜

14. 西瓜属 Citrullus Schrader ex Ecklon et Zeyher

蔓生草本。卷须2~3歧。叶片圆形或卵形,3~5深裂。雌雄同株;雌、雄花单生,黄色;雄花花萼筒宽钟形,裂片5枚,花冠辐状或宽钟状,深5裂,雄蕊3枚,生在花被筒基部,花丝短,离生;雌花花萼和花冠与雄花的同,子房卵球形,3胎座,胚珠多数。果实大,球形至椭圆形,果皮平滑,肉质,不开裂。种子多数,长圆形,压扁。

4种。我国栽培1种,神农架也有栽培。

西瓜 | Citrullus lanatus (Thunberg) Matsumura et Nakai　图79-29

一年生蔓生藤本。卷须较粗壮。叶片纸质,轮廓三角状卵形,边缘波状或有疏齿。雌雄同株;雌、雄花均单生于叶腋;雄花花萼筒宽钟形,花萼裂片狭披针形,花冠淡黄色,裂片卵状长圆形,被毛,雄蕊3枚,近离生;雌花花萼和花冠与雄花的同,子房卵形,柱头3枚,肾形。果皮光滑,色泽及纹饰各式。花果期4~10月。

原产于非洲，神农架各地有栽培。果皮、中果皮、西瓜霜、瓤、种皮能入药；果实为夏季重要水果。

图79-29　西瓜

15. 黄瓜属 Cucumis Linnaeus

一年生攀援或蔓生草本。卷须不分歧。叶片近圆形、肾形或心状卵形，不分裂或3~7浅裂，具锯齿。雌雄同株；雄花簇生，花萼5裂，花冠黄色，5裂，雄蕊3枚，离生，着生在花被筒上，退化雌蕊腺体状；雌花单生或稀簇生，花萼和花冠与雄花的相同，退化雄蕊缺，子房纺锤形或近圆筒形，具3~5胎座，胚珠多数。果实多形，不开裂。种子多数，扁压。

32种。我国产4种，湖北省2种，神农架均有栽培。

分种检索表

1. 果皮平滑，无瘤状凸起 ·· **1. 甜瓜 C. melo**
1. 果皮粗糙，通常具刺尖的瘤状凸起 ·································· **2. 黄瓜 C. sativus**

1. 甜瓜 ｜ Cucumis melo Linnaeus　香瓜，甘瓜　图79-30

一年生匍匐或攀援草本。叶片厚纸质，近圆形或肾形，具掌状脉。花单性，雌雄同株；雄花数朵簇生于叶腋，花萼筒狭钟形，裂片近钻形，花冠裂片卵状长圆形，雄蕊3枚，花丝极短；雌花单生，子房长椭圆形，柱头靠合。果实的形状、颜色多样，果皮平滑，有纵沟纹，果肉有香甜味。花果期5~9月。

原产于非洲和亚洲热带地区，神农架各地有栽培。根、全草、茎、叶、花、果柄、果实、果皮、种子入药；果实为夏季重要水果。

图79-30 甜瓜

2. 黄瓜 | Cucumis sativus Linnaeus　胡瓜，刺瓜　图79-31

一年生蔓生或攀援草本。叶片膜质，宽卵状心形，3～5个角或浅裂，裂片三角形，边缘有齿。雌雄同株；雄花常数朵在叶腋簇生，花萼筒狭钟状，花萼裂片钻形，展开，花冠黄白色，花冠裂片披针形，雄蕊3枚，花丝近无；雌花单生或稀簇生，子房纺锤形，粗糙，有具刺尖的瘤状凸起。果实长圆形，熟时黄绿色，表面粗糙，有凸起。花果期夏季。

原产于印度，神农架各地有栽培。根、茎藤、叶、幼苗、果实入药；果实为夏季重要水果和蔬菜。

图79-31 黄瓜

80. 秋海棠科 | Begoniaceae

肉质草本。单叶互生，边缘具齿或分裂，极稀全缘，通常基部偏斜，两侧不相等；托叶早落。花单性，雌雄同株，通常组成聚伞花序；花多辐射对称，花被片花瓣状；雄花被片2~4枚，离生极稀合生，雄蕊多数，花丝离生或基部合生；雌花被片2~5枚，离生，稀合生，雌蕊由2~5枚心皮形成，子房下位，中轴胎座，花柱离生或基部合生，柱头带刺状乳头。蒴果，有时呈浆果状。

约5属1400多种。我国有1属173种，湖北有1属18种，神农架有1属3种。

秋海棠属 Begonia Linnaeus

肉质草本。具根状茎。茎直立、匍匐、稀攀援状或常短缩而无地上茎。单叶，互生或全部基生；叶片常偏斜，基部两侧不相等；托叶早落。花单性，雌蕊同株，极稀异株，聚伞花序；花被片花冠状；雄花花被片2~4枚，雄蕊多数，花丝离生或仅基部合生，稀合成单体；雌花雌蕊由2~4枚心皮形成，子房下位，中轴胎座，柱头膨大，扭曲呈螺旋状或"U"字形，常有带刺状乳头。蒴果浆果状，有3~4条棱或角状凸起。

1400多种。中国约173种，湖北包括栽培共有18种，神农架有3种。

分种检索表

1. 植株具地上茎；叶不分裂···1. 秋海棠 B. evansiana
1. 植株无地上茎；叶深裂或浅裂
   2. 叶呈掌状深裂···2. 掌裂叶秋海棠 B. pedatifida
   2. 叶边缘浅裂···3. 长柄秋海棠 B. smithiana

1. 秋海棠 | Begonia evansiana Andrews

分亚种检索表

1. 植株分枝多；叶较大，下面带紫红色··············1a. 秋海棠 B. evansiana subsp. evansiana
1. 植株分枝少；叶较小，下面淡绿色················1b. 中华秋海棠 B. grandis subsp. sinensis

1a. 秋海棠（原亚种）Begonia evansiana subsp. evansiana Andrews 图80-1

草本。茎有纵棱。叶互生，叶两侧不相等，基部心形，偏斜，边缘具不等大的三角形浅齿。花葶有纵棱；二歧聚伞花序，花序梗基部常有1枚小叶；苞片长圆形，花粉红色，雄花花被片4枚，外面2枚宽卵形或近圆形，内面2枚倒卵形至倒卵长圆形，雄蕊多数，基部合生；雌花花被片3枚，外面2枚近圆形或扁圆形，内面1枚倒卵形，子房3室，中轴胎座。蒴果下垂，具不等3翅。花期7月开始，果期8月。

产于神农架各地（麻湾，zdg 7070），生于海拔500～1500m的沟谷林下阴湿地。花、茎叶、根茎入药；观赏植物。

图80-1　秋海棠

1b．中华秋海棠（亚种）Begonia grandis subsp. sinensis (A. Candolle) Irmscher　图80-2

草本。叶片宽卵形，薄纸质，先端渐尖，常呈尾状，基部心形，偏斜，边缘呈尖波状，有细尖锯齿；叶柄细长，长可达10cm。花单性，雌雄同株；聚伞花序腋生；花粉红色，雄花被片4枚，雄蕊多数，雄蕊柱短于2mm；雌花被片5枚。蒴果有3翅。花期7～8月，果期9～10月。

产于神农架红坪（阴峪河）、新华（zdg 7973），生于海拔700m的山谷阴湿滴水的岩上。

图80-2　中华秋海棠

2. 掌裂叶秋海棠 | Begonia pedatifida H. Léveillé 图80-3

草本。叶自根状茎抽出，偶在花莛中部有1枚小叶；叶扁圆形至宽卵形，基部截形至心形，5~6深裂，中间3裂片再中裂，裂片均披针形，两侧裂片再浅裂，边缘有三角形齿，上面散生短硬毛，下面沿脉有短硬毛，掌状6~7条脉；叶柄密被或疏被褐色卷曲长毛。花莛疏被或密被长毛；花白色或粉红，呈二歧聚伞状；花被片4枚，外面2枚宽卵形，有疏毛，内面2枚长圆形；雄蕊多数；子房2室。蒴果。花期6~7月，果期10月。

产于神农架木鱼（龙门河、九冲），生于海拔500~700m的林下潮湿处。根茎入药；观赏植物。

图80-3 掌裂叶秋海棠

3. 长柄秋海棠 | Begonia smithiana T. T. Yu 图80-4

多年生草本。无茎或具极短缩之茎。根状茎斜出或直立，呈念珠状。叶多基生，两侧极不相等，轮廓卵形至宽卵形，稀长圆卵形，基部极偏斜，呈斜心形。花粉红色，少数，呈二歧聚伞状；雄花花被片4枚，雄蕊多数；雌花花被片3（~4）枚，子房偏的倒卵球形。蒴果下垂，轮廓倒卵球形，被毛，具3枚不等的翅，大的近三角形，有纵棱，先端钝，其余2枚翅窄，均无毛。种子极多数，长圆形，浅褐色，平滑。花期8月，果期9月。

产于神农架竹山、竹溪等县，生于海拔900~1200m的林下潮湿处。

图80-4 长柄秋海棠

81. 卫矛科 | Celastraceae

乔木、灌木、藤本灌木或匍匐小灌木，常绿或落叶。单叶互生或对生，少为3叶轮生并类似互生；托叶较小，早落或宿存。花整齐，常两性或退化为功能性不育的单性花，杂性同株；聚伞花序顶生或腋生，少数单生；萼片宿存，覆瓦状排列；花瓣4~5枚，覆瓦状或镊合状排列；雄蕊4~5枚，稀10枚，花药2室纵裂；花盘平扁或稍隆起；子房上位，基部与花盘愈合或分离，2~5室，稀1室，每室具1~2枚倒生胚珠，花柱1枚，极短。果为蒴果，少数为浆果、翅果或核果。种子常具假种皮。

约60属920种以上。我国有13属261种，湖北6属48种，神农架有6属37种。

分属检索表

1. 木质藤本、灌木或乔木。
　2. 果为开裂的蒴果。
　　3. 叶对生。
　　　4. 花瓣离生；蒴果3~5室 ·············· 1. 卫矛属 Euonymus
　　　4. 花瓣基部合生；蒴果1室 ·············· 2. 假卫矛属 Microtropis
　　3. 叶互生。
　　　5. 藤状灌木；枝无刺 ·············· 3. 南蛇藤属 Celastrus
　　　5. 小乔木或直立灌木；枝通常有刺 ·············· 4. 裸实属 Gymnosporia
　2. 果为不开裂的翅果 ·············· 5. 雷公藤属 Tripterygium
1. 草本 ·············· 6. 梅花草属 Parnassia

1. 卫矛属 Euonymus Linnaeus

乔木或灌木，常绿或落叶，有时以气根攀援，有时匍匐。叶对生，少数轮生或互生；托叶早落。花两性，成腋生具柄的聚伞花序；萼4~5裂；花瓣4~5枚；雄蕊4~5枚，花丝着生于花盘上，极短，花药2室；花盘4~5裂，肉质；子房3~5室，上位，每室胚珠1~2枚，花柱无或短，柱头3~5裂。蒴果分裂3~5室，有棱或翅，每室1~2枚种子。种子黑色、红色或白色，外有苍白色或橙红色的假种皮。

约200种。我国约90种，湖北约有34种，神农架约有21种。

分种检索表

1. 蒴果无翅。
　2. 花药2室。

3. 蒴果分裂至果实基部，使果实成1～4枚相离的果瓣。
　　4. 落叶灌木。
　　　　5. 枝和小枝有木栓翅；花淡白绿色······················12. 卫矛 E. alatus
　　　　5. 枝和小枝无木栓翅；花紫色························19. 疣点卫矛 E. verrucosoides
　　4. 常绿灌木。
　　　　6. 叶柄长6mm····································11. 裂果卫矛 E. dielsianus
　　　　6. 近无柄或有短柄································13. 百齿卫矛 E. centidens
3. 蒴果不分裂或浅裂至果实的1/2。
　　7. 蒴果无刺。
　　　　8. 蒴果具棱。
　　　　　　9. 落叶灌木或小乔木。
　　　　　　　　10. 枝和小枝有木栓翅······················8. 栓翅卫矛 E. phellomanus
　　　　　　　　10. 枝和小枝无明显的木栓翅。
　　　　　　　　　　11. 叶卵状椭圆形至卵圆形··············7. 白杜 E. maackii
　　　　　　　　　　11. 长方椭圆形或椭圆披针形············9. 西南卫矛 E. hamiltonianus
　　　　　　9. 常绿灌木或小乔木。
　　　　　　　　12. 蒴果大，长1.5cm······················10. 大果卫矛 E. myrianthus
　　　　　　　　12. 蒴果小，长5～8mm····················4. 小果卫矛 E. microcarpus
　　　　8. 蒴果圆球形。
　　　　　　13. 灌木，栽培种····························2. 冬青卫矛 E. japonicus
　　　　　　13. 藤本，野生种。
　　　　　　　　14. 叶脉直伸······························1. 扶芳藤 E. fortunei
　　　　　　　　14. 叶脉在中部弯曲························20. 曲脉卫矛 E. venosus
　　7. 蒴果有刺。
　　　　15. 刺长4～7mm····································6. 小千金 E. aculeatus
　　　　15. 刺长1～2mm。
　　　　　　16. 叶柄长1～2cm····························5. 刺果卫矛 E. acanthocarpus
　　　　　　16. 叶柄极短或近无柄························3. 棘刺卫矛 E. echinatus
2. 花药1室··18. 垂丝卫矛 E. oxyphyllus
1. 蒴果各心皮背部薄而外展成翅状。
　　17. 叶披针形或条状披针形。
　　　　18. 叶常绿··16. 角翅卫矛 E. cornutus
　　　　18. 叶凋落··14. 陕西卫矛 E. schensianus
　　17. 叶狭卵形至长圆形。
　　　　19. 果翅宽三角形··································21. 石枣子 E. sanguineus
　　　　19. 果翅窄长。
　　　　　　20. 叶长方狭倒卵形或椭圆形····················17. 冷地卫矛 E. frigidus
　　　　　　20. 叶长圆状卵形或阔卵形······················15. 纤齿卫矛 E. giraldii`

1. 扶芳藤 | Euonymus fortunei (Turczaninow) Handel-Mazzetti 图81-1

常绿藤本灌木，匍匐或攀援。高1m至数米。叶对生，薄革质，椭圆卵状形或椭圆形，长2.5～9cm，宽1.5～4cm，先端急尖或或钝，基部阔楔形，边缘有不明显细锯齿。聚伞花序3～4个分枝，每枝有多花，组成球状小聚伞花序，有花4～7朵，分枝中央有单花；花白绿色。蒴果球形，粉红色。种子棕褐色，外有鲜红色假种皮。花期6～7月，果期10月。

产于神农架各地（麻湾，zdg 6538），生于海拔400～1400m的林缘或岩石上。茎叶入药；可栽作地被植物。

图81-1 扶芳藤

2. 冬青卫矛 | Euonymus japonicus Thunberg 图81-2

常绿灌木。高近3m。叶革质，对生，椭圆形或倒卵形，长3～6cm，宽2～3cm，先端圆阔或短尖，基部楔形，边缘有细锯齿。聚伞花序腋生；花白绿色，4数；花瓣近卵形；雄蕊花丝细长，花药内向，长圆状；花盘肥大；子房每室2枚胚珠。蒴果近球形，淡红色。种子棕色，椭圆状，假种皮橘红色，全包种子。花期5～6月，果期9～10月。

原产于日本，神农架各地有栽培（长青，zdg 5852）。庭院观赏树木；根可入药。

图81-2 冬青卫矛

3. 棘刺卫矛 | Euonymus echinatus Wallich 图81-3

小灌木，直立或稍藤状。叶纸质，卵形、窄长椭圆形或卵状披针形，长2.5～7cm，宽1～3.5cm，先端渐窄渐尖或急尖，基部楔形或阔楔形，边缘有波状圆齿或细锯齿；叶脉细，侧脉5～8对，稍横生，在边缘结网，在叶背不明显；叶柄长2～5mm。花序1～3次分枝；花序梗线状，长1～2.5cm，分枝长5～10mm；小花梗长约5mm，中央花小梗与两侧花等长或稍长；花淡绿色，直径5～7mm；花萼极浅4裂；花瓣扁圆或近卵圆形；花盘较薄，近圆形；雄蕊花丝短，基部扩大，着生于花盘凸起处。蒴果近球状，直径约1cm，密被棕色细刺；果序梗细，长1～2.5cm。

产于神农架各地（长青，zdg 5601），生于海拔200～700m的沟边或灌木丛中。全株入药；可栽作地被植物。

图81-3 棘刺卫矛

4. 小果卫矛 | Euonymus microcarpus (Oliver ex Loesener) Sprague 图81-4

常绿小乔木或灌木。高2～6m。叶薄革质，对生，卵状长圆形或卵形，长3～8cm，宽1.5～3cm，先端急尖或短渐尖，基部楔形或阔楔形。聚伞花序腋生；花黄绿色；雄蕊在花盘边缘处着生，子房具极短花柱。蒴果扁球形，较小，4浅裂，先端微凹入。种子棕红色，长圆状，外有橘红色假种皮。花期5～6月，果期8～10月。

产于神农架各地，生于海拔360～800m的河边或山坡密林中。根入药。

图81-4 小果卫矛

5. 刺果卫矛 | Euonymus acanthocarpus Franchet 巴名树，钻岩筋

图81-5

常绿藤状灌木。高2~4m。叶对生，革质，长椭圆形或卵状披针形，长5~12cm，宽3~5cm，先端短渐尖或急尖，基部宽楔形或稍近圆形，边缘有圆锯齿。聚伞花序较疏大，有5至多花；花黄绿色；萼片近圆形；花瓣近倒卵形；花盘近圆形；雄蕊有明显花丝。蒴果圆球形，红棕褐色，密生短刺。种子黑色，有橙黄色假种皮。花期6月，果期9~10月。

产于神农架各地（长青，zdg 5599），生于海拔400~1200m的沟边、丛林或山坡较潮湿处。叶、茎皮入药。

图81-5 刺果卫矛

6. 小千金 | Euonymus aculeatus Hemsley 图81-6

常绿灌木。小枝黄绿色，具4条棱，有瘤突。叶革质，长圆形，渐尖，边缘有锯齿，略下卷，两面无毛；侧脉每边5~6条，网脉均不明显；叶柄具沟。花序3~4次分歧；花淡黄绿色。果扁球形，密被扁尖的黄色软刺。

产于神农架各地（天门垭，晏晏590），生于海拔900~1400m的水沟边或山谷岩石上。根入药。

图81-6 小千金

7. 白杜 | Euonymus maackii Ruprecht 图81-7

小乔木。高近6m。叶对生，卵状椭圆形至卵圆形，长5~10cm，宽3~5cm，先端狭渐尖，基部阔楔形至近圆形，边缘有细锯齿。聚伞花序一至二回分枝，有3~7朵花；花黄绿色或淡白绿色；雄蕊花药紫红色，花丝细长。蒴果粉红色，倒圆心形，4浅裂。种子长椭圆状，种皮棕黄色，假种

皮橘红色，全包种子。花期5～6月，果期9月。

产于神农架九冲、新华，生于海拔600～900m的山坡林缘。根、树皮、果实或枝叶入药；庭院观赏树木。

图81-7　白杜

8. 栓翅卫矛 | Euonymus phellomanus Loesener　图81-8

落叶灌木。高2～5cm。枝条硬直，有木栓质宽翅2～4条。叶对生，长椭圆形或略呈椭圆倒披针形，长5～11cm，宽2～4cm，先端狭长渐尖，基部楔形，边缘具细密锯齿。聚伞花序一至二回分枝；花白绿色；雄蕊有细长花丝；柱头圆钝不膨大。蒴果具4条棱，粉红色，近倒心形。种脐、种皮棕色，假种皮橙红色，全包种子。花期6～7月，果期8～10月。

产于神农架各地（冲坪—老君山，zdg 7040），生于海拔1400～2800m的向阳山坡疏林中。枝皮入药。

图81-8　栓翅卫矛

9. 西南卫矛 | Euonymus hamiltonianus Wallich　图81-9

落叶小乔木。高5～10m。枝条无栓翅，小枝的棱上有时有4条极窄的木栓翅。叶对生，较大，长方椭圆形或椭圆披针形，长7～12cm，宽3～7cm，先端短渐尖或急尖，基部阔楔形。聚花伞序有5至多花；花淡绿色；花丝细长，花药紫色。蒴果倒三角形，粉红色，上部4浅裂。种子红棕色，假种皮橙红色。花期5～6月，果期8～10月。

产于神农架各地，生于海拔1300～2000m的山坡、沟边林下灌木丛中。枝叶、根、根皮、果实入药。

图81-9　西南卫矛

10. 大果卫矛 | Euonymus myrianthus Hemsley　图81-10

常绿灌木或小乔木。高5m。叶对生，革质，倒披针形至长圆形，长5～11cm，宽2.5～4cm，先端渐尖，基部楔形，边缘常呈波状或具明显钝锯齿。近顶生聚伞圆锥花序，2～4次分枝；花黄色；雄蕊在裂片中央小凸起上着生，具极短花丝；子房锥状，花柱短壮。蒴果倒卵形，有4条棱，成熟时金黄色。种子有橘黄色假种皮。花期4～5月，果期9～10月。

产于神农架新华（麻湾，zdg 4801），生于海拔600～1400m的山坡潮湿处。果实、根入药；庭院观赏树木。

图81-10　大果卫矛

11. 裂果卫矛 | Euonymus dielsianus Loesener ex Diels　图81-11

常绿灌木或小乔木。高达2～6m。叶对生，革质，狭长椭圆形或披针形，长5～12cm，宽2～4cm，先端渐尖或尾状渐尖，基部楔形。聚伞花序密生于叶腋内，有1～7花；花黄绿色；萼片齿端具黑色腺点；雄花花丝极短，花药近顶裂。蒴果扁球形，红色，4深裂。种子枣红色或黑褐色，假种皮橙黄色，盔状。花期5～6月，果期8～10月。

产于神农架木鱼、新华至兴山一带，生于海拔250～1000m的山坡灌木丛中或沟边石缝中。根、茎皮、果实入药。

图81-11　裂果卫矛

12. 卫矛 | Euonymus alatus (Thunberg) Siebold　八树，六月楼　图81-12

落叶灌木。高2～3m。枝坚硬，开张，有木栓质的宽翅2～4条。叶对生，椭圆形至倒卵形，长3～6cm，宽2～4cm，先端短渐尖，基部楔尖，边缘具细锯齿。聚伞花序1～3花腋生；花淡白绿色；雄蕊着生于花盘边缘。蒴果1～4深裂，每裂瓣有种子1～2枚。种子椭圆状或阔椭圆状，紫棕色，外有橙红色假种皮。花期5～6月，果期9～10月。

产于神农架各地，生于海拔200～1600m的山坡、溪边、林下。枝条、枝叶、木栓翅入药。

13. 百齿卫矛 | Euonymus centidens H. Leveille　图81-13

灌木。高近6m。叶近革质或纸质，狭长椭圆形或近长倒卵形，长3～10cm，宽1.5～4cm，先端长渐尖，边缘具密且深的尖锯齿，齿端有黑色腺点。聚伞花序稀1～3花；花序4棱状；花淡黄色；雄蕊无花丝。蒴果4深裂，成熟裂瓣1～4枚。种子长圆状，假种皮黄红色，覆盖于种子向轴面的一半，末端窄缩成脊状。花期6月，果期9～10月。

产于神农架木鱼，生于海拔400～1300m的山坡灌丛中。根、茎皮、果实入药。

图81-12　卫矛　　　　　　　　　　　　图81-13　百齿卫矛

14. 陕西卫矛 | Euonymus schensianus Maximowicz　八树，石枣子
图81-14

落叶藤本灌木或小乔木。高4m。叶对生，披针形至线状披针形，长3～5cm，宽1～3cm，先端短渐尖或急尖，基部楔形，边缘有纤毛状细齿。花序伞形，在小枝顶部集生，形成多花状；花白绿色，花瓣稍带红色。蒴果红色，方形或扁圆形，常有4枚近长方形的翅。种子棕褐色或黑色，全部包在橘黄色假种皮中。花期5～6月，果期8～10月。

产于神农架各地（板仓—坪堑，zdg 7250；大岩屋，zdg 7943），生于海拔800～1500m的山坡林中。树皮入药。

图81-14　陕西卫矛

15. 纤齿卫矛 | Euonymus giraldii Loesenner　图81-15

落叶匍匐灌木。高1～3m。叶对生，纸质，长圆状卵形或阔卵圆形，长3～7cm，宽2～4cm，先端稍钝或短尖，基部阔楔形至近圆形，边缘具细密纤毛状深锯齿，两面无毛。聚伞花序有细长梗，顶端有分枝3～5；花白绿色；雄花花丝极短；子房有短花柱。蒴果扁圆形，顶端钝，具4翅。种子棕褐色，有光泽。花期5～6月，果期8～11月。

产于神农架各地，生于海拔1000～2400m的山坡或路旁灌木丛中。根、果实入药。

图81-15　纤齿卫矛

16. 角翅卫矛 | Euonymus cornutus Hemsley　双叉子树，折株树
图81-16

落叶小灌木。高达1～3m。叶对生，薄革质或厚纸质，线状披针形或披针形，长6～13cm，宽

0.5～2.5cm，先端狭长渐尖，基部阔楔形或楔形，边缘有细密浅锯齿。聚伞花序常1次分枝，3花；花紫红色或暗紫带绿；雄蕊于花盘边缘着生，无花丝。蒴果紫红色，有4～5枚狭长翅，近球形。种子棕红色，包于橙色假种皮中。花期5～6月，果期9～10月。

产于神农架各地（新华，zdg 6902；长青，zdg 5600），生于海拔900～2600m的山坡灌木丛中。枝叶、根、根皮、果实入药；庭院观赏树木。

图81-16　角翅卫矛

17. 冷地卫矛 | Euonymus frigidus Wallich　图81-17

落叶灌木。高0.1～3.5m。叶厚纸质，长方狭倒卵形或椭圆形，长6～15cm，宽2～6cm，先端钝或急尖，稀有尾尖状，基部常楔形或阔楔形，边缘具较硬锯齿。聚伞花序较松散，花序顶端3～5分枝；花紫绿色，花瓣近圆形或宽卵形；雄蕊在裂片上着生，无花丝。蒴果具4枚翅，常微微下垂。种子稍扁，近圆盘状，全包于橘色的假种皮中。

产于神农架各地（冲坪—老君山，zdg 6986；神农谷，zdg 6762），生于海拔2500～2800m的山坡林下。枝入药。

图81-17　冷地卫矛

18. 垂丝卫矛 | Euonymus oxyphyllus Miquel　青丝莲　图81-18

落叶灌木。高达1～8m。枝条无毛。叶宽卵形或椭圆形，长4～7cm，宽3～5cm，先端渐尖，基部平截圆形或近圆形，边缘有细锯齿。聚伞花序具7～20朵花，顶端3～5分枝；花淡绿色；花瓣近圆形；雄蕊花丝很短。蒴果近球形，深红色，无翅，仅果皮背缝处常有凸起棱线，具4～5条纵棱。种子有红色假种皮。花期8~9月。

产于神农架红坪，生于海拔1500~1800m的沟边或林下。茎皮、根、果实入药。

图81-18　垂丝卫矛

19. 疣点卫矛 | Euonymus verrucosoides Loesener　图81-19

落叶灌木。叶倒卵形、长卵形或椭圆形，枝端叶往往呈阔披针形，先端渐尖或急尖，基部钝圆或渐窄。聚伞花序，2~5朵花；花序梗细线状；花紫色，4数，直径约1cm；萼片近半圆形；花瓣椭圆形；花盘近方形；雄蕊插生花盘内方，紧贴雌蕊。蒴果1~4全裂，裂瓣平展，窄长，长8~12mm，紫揭色，每室1~2枚种子。种子长椭圆状，近黑色，种脐一端紫红色，假种皮长约为种子的一半或稍长，一侧开裂。花期6~7月，果期8~9月。

产于神农架九湖、红坪、下谷，生于海拔1500~2400m的山坡林下。

图81-19　疣点卫矛

20. 曲脉卫矛 | Euonymus venosus Hemsley　图81-20

常绿藤本。小枝黄绿色，被细密瘤突。叶革质，平滑光亮，椭圆披针形或窄椭圆形，先端圆钝或急尖，边全缘或近全缘；侧脉明显，常折曲1~3次，小脉明显，并结成纵向的不规则菱形网脉。聚伞花序多为1~2次分枝；小花3~5（~7）朵，稀达9朵；花淡黄色，4数。蒴果球状，有4条浅沟；果皮极平滑，黄白色带粉红色。假种皮橘红色。花期5~7月，果期8~9月。

产神农架木鱼（官门山），生于海拔1400~2000m的山坡密林下，附生于石壁或大树上。

图81-20　曲脉卫矛

21. 石枣子 | **Euonymus sanguineus** Loesener　图81-21

落叶灌木。小枝紫红色，当年枝淡褐色，略具棱，芽长尖，紫褐色。叶纸质，卵形或卵状椭圆形，基部略圆，具细密齿，侧脉每边5~7条，在近叶缘处分叉网结。花序长而松散，一或二回分歧，花紫绿色。蒴果四棱球形，紫红色，具4条棱，棱延伸为扁平的翅。种子具红色假种皮。

产于神农架各地，生于海拔1500~2800m的山坡林下。

图81-21　石枣子

2. 假卫矛属 Microtropis Wallich ex Meisner

灌木或小乔木，常绿或落叶。小枝常多少四棱形。叶对生，无托叶，叶全缘，边缘常稍外卷。二歧聚伞花序；花小，两性，偶有败育性单性；花萼基部连合，果期宿存；花冠多为白色或黄白色；雌蕊通常2枚心皮，合生，完全或不完全分为2室，偶为3室，每室2枚胚珠，并列着生于室轴之基部。蒴果多为椭圆状，果皮光滑。种子通常1枚，直生于稍凸起增大的胎座上，无假种皮，种皮常稍肉质呈假种皮状，具胚乳。花期多在春季，可早至冬季12月开始；果熟于夏秋季或秋冬之间。

60种。我国有27种，湖北有1种，神农架也有。

三花假卫矛 | Microtropis triflora Merrill et F. L. Freeman 图81-22

灌木。叶长方披针形、窄椭圆形或阔倒披针形。聚伞花序腋生或侧生，有时顶生，一般只有3朵花，偶有5朵花或7朵花，花序梗细长，中央小花无小花梗，两侧小花梗细长；花5数；萼片极阔半圆形，边缘具棕褐色细齿状缘毛；花瓣倒卵椭圆形，长约3mm，盛开时外展；花盘杯状，稍肉质，裂片弧形；雄蕊长约2mm；子房略呈瓶状，柱头明显。蒴果倒卵椭圆状，长约1.5cm。种子亦倒卵椭圆状，红棕色。

产于巴东县，生于海拔200~500m的山坡密林下。

图81-22 三花假卫矛

3. 南蛇藤属 Celastrus Linnaeus

藤状灌木，落叶或常绿。芽有数枚覆瓦状鳞片，有时最外1对芽鳞宿存，并尖硬变成钩状物。叶互生。花小，杂性或异株，常单性，少数两性，聚伞状圆锥花序或总状花序顶生及腋生；萼5裂；花5数；雄蕊5枚，花盘的边缘着生，花丝短；花盘全膜质；子房上位，不藏于花盘内，通常3室，有时4或1室，每室1~2枚胚珠，花柱短，柱头3裂。蒴果近球形，黄色，室背3瓣裂开裂，果轴宿存，每瓣有种子1~2枚。假种皮肉质红色，全包种子。

约50种。我国有30种，湖北有11种，神农架10种。

分种检索表

1. 蒴果3室，种子3~6枚。
    2. 花序顶生，聚伞状圆锥形·············· 1. 苦皮藤 C. angulatus
    2. 花序聚伞状，腋生，或顶生与腋生并存。
        3. 叶下面被白粉，呈灰白色。
            4. 叶柄较长，长12~20mm·············· 3. 粉背南蛇藤 C. hypoleucus
            4. 叶柄短，长8~12mm·············· 4. 灰叶南蛇藤 C. glaucophyllus
        3. 叶下面不被白粉，通常呈浅绿色。
            5. 顶生花序长，长6~18cm。
                6. 叶背淡绿色·············· 5. 长序南蛇藤 C. vaniotii
                6. 叶背绿色·············· 2. 过山枫 C. aculeatus
            5. 顶生花序短，通常长1~6cm。
                7. 小脉显著凸起，形成长方状脉网，叶背脉上被毛··· 6. 皱叶南蛇藤 C. rugosus
                7. 小脉不成长方状脉网，叶背无毛或仅有时脉上具稀疏短毛。
                    8. 冬芽大，长卵形，长可达7~12mm·············· 7. 大芽南蛇藤 C. gemmatus

8. 冬芽小，长2～3mm。
　　9. 叶柄长通常在10mm以上 ·················· 8. 南蛇藤 C. orbiculatus
　　9. 叶柄长2～8mm ························ 9. 短梗南蛇藤 C. rosthornianus
1. 蒴果1室，种子1枚 ···························· 10. 青江藤 C. hindsii

1. 苦皮藤 | Celastrus angulatus Maximowicz　南蛇根　图81-23

落叶藤状灌木。高近10m。叶大，革质，长圆状卵形或近圆形，长7～15cm，宽6～12cm，基部圆或钝，边缘有圆锯齿，中央具尖头。聚伞状圆锥花序顶生；花小，黄绿色；雄蕊着生花盘之下；子房球状。蒴果球状黄色，裂开，裂瓣内面有紫色斑点，每室有2枚种子，为褐红色椭圆形，有条纹，外有橘红色假种皮。花期5～6月，果期8～10月。

产于神农架各地，生于海拔200～1200m的山坡灌木丛中或空旷处。根皮入药。

图81-23　苦皮藤

2. 过山枫 | Celastrus aculeatus Merrill　图81-24

落叶藤本。小枝密布白色圆形皮孔，有时被短柔毛。叶纸质，椭圆形至长圆形，具短尖头，基部宽圆，边缘有浅锯齿；侧脉每边4～5条，弯曲但不网结，网脉不明显。3花聚伞花序腋生；花梗密被黄灰色短柔毛；花绿色。果球形。

产于神农架木鱼、阳日（长青，zdg 5908）、龙门河—峡口（zdg 7916），生于海拔1400～1700m的山坡林缘空旷处。

图81-24　过山枫

3. 粉背南蛇藤 | Celastrus hypoleucus (Oliver) Warburg ex Loesener
绵藤　图81-25

落叶藤状灌木。高3～5m。叶长方椭圆形至椭圆形，长3～10cm，宽2～7cm，先端短渐尖，基部钝楔形至圆形，边缘有锯齿，叶背粉灰色。聚伞圆锥花序顶生，腋生者短小；花白绿色，单性；雄花有退化子房；雌花有短花丝的退化雄蕊。果序顶生，蒴果疏生，橙黄色，近球形，有长梗，果瓣内侧有棕褐色细点。花期5～6月，果期8～10月。

产于神农架各地（新华，zdg 6904；长青，zdg 5846），生于海拔1300～1600m的林下。根、叶入药。

图81-25　粉背南蛇藤

4. 灰叶南蛇藤 | Celastrus glaucophyllus Rehder et E. H. Wilson　图81-26

落叶藤状灌木。叶果期半革质，近倒卵椭圆形、长方椭圆形或椭圆形，长5～10cm，宽2～7cm，先端短渐尖，基部阔楔形或圆，边缘有稀疏细锯齿。顶生及腋生花序，顶生成总状圆锥花序，花序梗常很短；花盘稍肉质，浅杯状，裂片近半圆形；雄蕊比花冠稍短，花药阔椭圆形到近圆形。果实近球形，黑色。花期3～6月，果期9～10月。

产于神农架各地（长青，zdg 5563），生于海拔600～1900m的山坡灌丛中。根入药。

图81-26　灰叶南蛇藤

5. 长序南蛇藤 | Celastrus vaniotii (H. Leveille) Rehder　图81-27

落叶藤状灌木。小枝光滑，具星散圆形或椭圆形皮孔。叶长方椭圆形，长方卵形或卵形，长6～12cm，宽4～7cm，边缘具内弯锯齿，齿端具有腺状短尖。花序顶生，长6～18cm，单歧分枝，腋生花序较短，具腺状缘毛；子房近球状，花柱粗。蒴果球状，果皮内具棕色小斑点。种子椭圆状。花期5～7月，果期9月。

产于神农架各地，生于海拔1000～2000m的山坡林中、灌丛中。

6．皱叶南蛇藤 | Celastrus rugosus Rehder et E. H. Wilson 图81-28

藤状灌木。叶椭圆形、倒卵形或长方椭圆形。花序顶生及腋生；萼片卵形，先端钝，有细缘毛；花瓣稍倒卵长方形；花盘浅杯状稍肉质，裂片近半圆形或稍窄；花丝丝状，花药长方椭圆形，在雌花中雄蕊短小不育；雌蕊瓶状，子房球状，花柱细长，柱头3浅裂，在雄花中退化。蒴果球状。种子椭圆状，棕褐色。花期5～6月，果期8～10月。

产于神农架各地（巴东县、牛洞湾附近，付国勋、张志松 940），生于海拔400～2000m的山坡林中。根、茎、叶入药。

图81-27　长序南蛇藤　　　　　　　　　　　图81-28　皱叶南蛇藤

7．大芽南蛇藤 | Celastrus gemmatus Loesener　水梨树，兰蛇草　图81-29

落叶藤状灌木。叶卵状椭圆形、长方形或椭圆形，长6～12cm，宽4～7cm，先端渐尖，基部钝圆，边缘具浅锯齿。顶生或腋生聚伞花序，侧生花序花少且短；雄蕊与花冠近等长；雌蕊杯状，子房球状。蒴果球状，小果梗具明显凸起皮孔。种子长方椭圆状到阔椭圆状，红棕色，有光泽，两端钝。花期4～9月，果期8～10月。

产于神农架各地（红桦，zdg 7818；长青，zdg 5845），生于海拔400～2000m的山坡林中。根、茎、叶入药。

8．南蛇藤 | Celastrus orbiculatus Thunberg　图81-30

落叶藤状灌木。高近12m。叶常近圆形、宽椭圆形或倒卵形，长6～12cm，宽5～8cm，先端圆阔而具小尖或短渐尖，基部楔形，边缘具锯齿。聚伞花序腋生，间有顶生，偶有单花；花黄绿色；子房近球状，柱头3深裂。蒴果近球形，橙黄色。种子赤褐色，3～6枚，椭圆状稍扁，外有深红色假种皮。花期5～6月，果期8～9月。

产于神农架九湖（大界岭），生于海拔2200的山坡林缘。根、藤茎、叶入药。

图81-29　大芽南蛇藤

图81-30　南蛇藤

9. 短梗南蛇藤 | Celastrus rosthornianus Loesener　图81-31

落叶藤状灌木。高近7m。叶纸质，倒卵状长圆形或狭椭圆形，长4～11cm，宽3～6cm，先端急尖或短渐尖，基部阔楔形，边缘具疏浅锯齿。雄花序顶生者为总状聚伞花序，腋生花序仅1～3朵；雌花序为3～7花腋生的聚伞花序，花黄绿色；子房球状。蒴果橙黄色，近球形。种子紫褐色，阔卵圆状，外有橙红色假种皮。花期4～5月，果期9～10月。

产于神农架木鱼、新华（zdg 7972）、长青（zdg 5564），生于海拔500～800m的沟边杂木丛林中。根、根皮入药。

图81-31　短梗南蛇藤

10. 青江藤 | Celastrus hindsii Bentham　猫奶奶藤　图81-32

常绿藤状灌木。高5m。叶革质或纸质，椭圆披针形或长椭圆形，长7～14cm，宽3～4cm，先端急尖或渐尖，基部楔形或圆形，边缘有向内弯的锯齿。聚伞状圆锥花序狭长顶生，腋生花序为3花聚伞花序；花淡绿色；雄蕊着生于杯状花盘边缘；雌蕊瓶状，子房近球状。蒴果黄色，卵状。种子1枚，长圆形，外有橙黄色假种皮。花期5月，果期9~10月。

产于神农架各地，生于海拔200~800m的山坡或灌木丛中。根、根皮、叶入药。

图81-32　青江藤

4. 裸实属Gymnosporia (Wight et Arnott) Bentham et J. D. Hooker

小乔木或灌木，直立。枝常有刺。叶互生，无托叶。花小，淡黄色或绿色，两性，聚伞花序排成腋生二歧分枝；萼4~5裂；花瓣4~5枚；雄蕊4~5枚，在花盘下部着生；花盘浅波状或分裂；子房藏于花盘内，2~3室，每室有2枚胚珠，花柱短，柱头3枚。蒴果近球形或倒卵形，每室有1~2枚种子，完全或一部分为假种皮所包围。

约120种。我国有20种，湖北有1种，神农架有产。

刺茶裸实 ｜ Gymnosporia variabilis (Hemsley) Loesener　图81-33

灌木，直立。高近2m。小枝刺状，有短枝和长枝。叶互生，椭圆状披针形或狭椭圆形，长3~7cm，宽2~3cm，两端渐尖，边缘具细密锯齿，无毛；叶柄长3~5mm。腋生二歧聚伞花序，总花梗长约1cm；花黄白色，5数。蒴果近球形或倒卵形，紫棕色，直径1~1.5cm，3裂。种子紫棕色，基部有细小假种皮。花期8~9月，果期10~11月。

产于巴东县、兴山县等地，生于海拔100~400m的山坡阳处岩石上。

图81-33　刺茶裸实

5. 雷公藤属 Tripterygium J. D. Hooker

落叶藤状灌木。小枝常有4~6条锐棱，表皮被细点状且与表皮同色的皮孔，密被秀色毡毛状毛或光滑无毛。冬芽宽圆锥形，有鳞片2对。叶互生，有叶柄；托叶钻形，早落。花杂性，圆锥聚伞花序顶生，常单歧分枝；花萼5裂；花瓣5枚；花盘扁平；雄蕊5枚，着生于杯状花盘的外缘；子房上位，上部三角锥状，有不完全3室，每室2枚胚珠，花柱短。翅果细窄。种子1枚。

约3种，我国全有。湖北有2种，神农架1种。

雷公藤 | Tripterygium wilfordii J. D. Hooker 断肘草，烂肠草 图81-34

藤状灌木。高2~3m。叶互生，椭圆形至宽卵形，长3~12cm，宽2~7cm，先端急尖或突短渐尖，基部阔楔形至近圆形，边缘有细锯齿；叶柄密被锈色毛。聚伞圆锥花序顶生及腋生，较窄小，花白色；花萼浅5裂，先端急尖；花瓣5枚，长方卵形；雄蕊5枚。翅果有翅3枚，凹头，翅膜质。种子1枚，细锯齿状，黑色。花期5~6月，果期9~10月。

产于巴东县、兴山县等地，生于海拔100~400m的山坡灌丛中。根、叶、花、果实入药。

图81-34 雷公藤

6. 梅花草属 Parnassia Linnaeus

草本。具根状茎。茎单一，或分枝。基生叶具长柄，有托叶，全缘；茎生叶无柄，常半抱茎。花单生于茎顶；萼5枚，离生或下半部与子房合生；花瓣5枚，白色或淡黄色，边缘流苏状或啮蚀状，或下部全缘；雄蕊5枚；退化雄蕊5枚，形状多样；子房3~4室，上位或半下位。蒴果。种子多数，褐色。

70余种。我国约60种，湖北3种，神农架也有。

> **分种检索表**
>
> 1. 茎单一；雄蕊具伸长的药隔···1. 突隔梅花草 P. delavayi
> 1. 茎多条；雄蕊不具伸长的药隔。
>   2. 茎近中部或偏上具1枚茎生叶··2. 鸡肫梅花草 P. wightiana
>   2. 茎通常具4~8枚茎生叶···3. 白耳菜 P. foliosa

1. 突隔梅花草 | Parnassia delavayi Franchet 图81-35

草本。基生叶3~4(~7)枚，叶片肾形或近圆形，全缘；叶柄长达16cm，具窄膜质边缘；托叶膜质，边缘有褐色流苏状毛。茎单一；中部或以下具1枚茎生叶，与基生叶同形，半抱茎。花单生于茎顶；萼片有明显褐色小点；花瓣白色，基部渐窄成爪，上半部1/3有疏流苏状毛，通常有5条紫褐色脉，密被紫褐色斑点；雄蕊5枚，花丝不等长；退化雄蕊5枚；子房上位。蒴果。花期7~8月，果期9月。

产于神农架各地（长岩屋—茶园，zdg 6933），生于海拔1800~2300m的沟边疏林中或林下阴湿处。全草入药。

2. 鸡肫梅花草 | Parnassia wightiana Wallich ex Wight et Arnott 图81-36

草本。基生叶2~4枚，叶片宽心形，（4~6）cm×（4~7）cm；叶柄扁平，长10~20cm；托叶膜质，边有疏的流苏状毛。茎2~4（~7）条，近中部或偏上具单个茎生叶，与基生叶同形。花单生于茎顶；萼片密被紫褐色小点，基部常有2~3条铁锈色附属物；花瓣白色，基部具爪，具长流苏状毛；雄蕊5枚；退化雄蕊5枚；子房被褐色小点。蒴果。花期7~8月，果期9月。

产于神农架各地，生于海拔2100~2500m的山坡疏林下。全草入药；花可供观赏。

图81-35　突隔梅花草

图81-36　鸡肫梅花草

3. 白耳菜 | Parnassia foliosa J. D. Hooker f. et Thomson 图81-37

草本。基生叶3~6枚，叶片肾形；叶柄两侧有窄翼；托叶膜质。茎1~4条，具4~8枚茎生叶，肾形，稀卵状心形。花单生于茎顶；萼片有窄膜质边；花瓣白色，基部楔形，渐窄成长约1mm的爪，边缘除爪和楔形基部外被长流苏状毛，有明显紫色脉纹和小斑点；雄蕊5枚；退化雄蕊5，顶具球形腺体；子房有紫色小点。蒴果。花期8~9月，果期9月。

产于神农架各地，生海拔1100~2000m的山坡水沟边或路边潮湿处。全草入药。

图81-37　白耳菜

82. 酢浆草科 | Oxalidaceae

多为草本。叶互生，掌状复叶或羽状复叶，小叶倒心形。花序常为聚伞状或总状花序；花两性，辐射对称，5基数；花萼分离或基部合生；花瓣分离，有时基部合生；雄蕊10枚，有内外2轮，外轮与花瓣对生；花丝基部合生；子房上位，5室，中轴胎座，柱头头状。蒴果，少数为肉质浆果。

7属1000余种。我国有3属约13种，湖北有1属4种，神农架全有。

酢浆草属 Oxalis Linnaeus

草本，少数为灌木。复叶有3枚小叶，互生或基生，被柔毛。伞形花序；花呈白色、黄色、粉红色；萼片5枚；花瓣5枚，有时基部合生；雄蕊基部合生，长短间隔排列；子房5室，每室具多枚胚珠；花柱5枚，常分离。蒴果，胞背开裂。

约800种。我国有5种，湖北有4种，神农架全有。

分种检索表

1. 花白色或紫红色。
    2. 植株无白色小块茎，叶柄突破为根茎。
        3. 小叶倒心形 ··· 1. 白花酢浆草 O. acetosella
        3. 小叶倒三角形或宽倒三角形 ································ 2. 山酢浆草 O. griffithii
    2. 根部具白色小块茎 ·· 3. 红花酢浆草 O. corymbosa
1. 花黄色 ·· 4. 酢浆草 O. corniculata

1. 白花酢浆草 | Oxalis acetosella Linnaeus 三叶铜钱草 图82-1

草本。茎呈短缩状，被稀疏毛。叶基生；托叶阔卵形，与叶柄基部合生；复叶，小叶3枚，倒心形，先端凹陷，近基部具关节。花白色或带紫色脉纹；花梗被柔毛；苞片2枚；萼片5枚，宿存；花瓣白色，少见粉红色；子房5室，柱头头状。蒴果。花期7~8月，果期8~9月。

产于神农架各地（猴子石—南天门，zdg 7382；板壁岩，zdg 7119），生于海拔2500m以上的山坡林下。全草入药。

2. 山酢浆草 | Oxalis griffithii Edgeworth et J. D. Hooker 三块瓦，麦吊七 图82-2

草本。小叶3，复叶，基生，倒三角形或宽倒三角形，顶端凹缺，两面均被柔毛；叶柄密被长柔毛。花单生，白色或淡黄色；苞片1枚，被毛；萼片5裂；花瓣倒卵形；雄蕊10枚，5短5长，花丝的基部合生；子房5室，花柱5枚。蒴果。花期5~9月，果期1~10月。

产神农架各地（大九湖，zdg 6696；松柏—大岩屋—燕天，zdg 4683），生于海拔800~1500m的林下阴湿处。全草入药；亦栽培供观赏。

图82-1 白花酢浆草

图82-2 山酢浆草

3. 红花酢浆草 | Oxalis corymbosa Candolle 铜锤草，南天七 图82-3

草本。有数枚小鳞茎聚生，鳞片褐色。叶基生，掌状复叶；小叶3枚，扁圆状倒心形，通常两面有棕红色瘤状的小腺；托叶长圆形，与叶柄基部合生。花序近伞形，基生；萼片5枚，先端有2枚暗红色长圆形的小腺体；花瓣5枚，淡紫色至紫红；雄蕊10枚，5长5短；花丝上部被白色柔毛，下部合生成筒状；子房5室，柱头头状。蒴果，有毛。花期5月，果期6~7月。

原产于南美洲热带地区，神农架木鱼、松柏、新华有逸生。全草及鳞茎入药；亦成块栽培供观赏。

4. 酢浆草 | Oxalis corniculata Linnaeus 酸味草 图82-4

草本。根茎细长，被柔毛。叶基生或茎上互生；小叶3枚，宽倒心形，叶背疏生平伏毛，脉上毛较密，边缘具贴服缘毛；托叶明显。伞形花序，腋生，先端有小苞片2枚；花黄色；萼片被柔毛；花瓣黄色；雄蕊5长5短，花丝基部合生成筒状；子房5室，柱头头状。蒴果。种子具沟槽。花期5~8月，果期6~9月。

产于神农架各地（长青，zdg 5683），生于海拔500~1800m的路边田地旁。全草入药。

图82-3 红花酢浆草

图82-4 酢浆草

83. 杜英科 | Elaeocarpaceae

常绿或半落叶，乔木或灌木。单叶互生或对生，具柄，具托叶或缺。花单生或排成总状花序；花两性或杂性；萼片4~5枚；花瓣4~5枚，镊合状或覆瓦状排列，先端常撕裂，稀无花瓣；雄蕊多数，分离，生于花盘上或花盘外，花药2室，顶孔开裂或纵裂，药隔常芒状，或有毛丛；花盘环形或分裂为腺体；子房上位，2至多室，花柱连合或分离，每室2至多枚胚珠。核果或蒴果，有时果皮有针刺。种子椭圆形，胚乳丰富，胚扁平。

12属约400种。我国有2属51种，湖北有2属5种，神农架也有。

分属检索表

1. 花排成总状花序；核果 ··· 1. 杜英属Elaeocarpus
1. 花单生或数朵腋生；果为具刺蒴果 ·································· 2. 猴欢喜属Sloanea

1. 杜英属 Elaeocarpus Linnaeus

常绿乔木。叶互生，全缘或有锯齿，下面常有黑色腺点，具叶柄；托叶线形，稀叶状，或缺。总状花序腋生，花两性或杂性；萼片4~6枚；花瓣4~6枚，白色，先端常撕裂或有浅齿，稀全缘；雄蕊多数，花丝极短，花药2室，顶孔开裂，药隔凸出，常呈芒状，或为毛丛状；花盘常裂为5~10枚腺体，稀杯状；子房2~5室，每室2~6枚胚珠。核果1~5室，内果皮骨质，每室1枚种子。

约200种。我国有38种，湖北有3种，神农架全有。

分种检索表

1. 花瓣先端全缘或有数个浅齿 ··· 1. 薯豆E. japonicus
1. 花瓣先端撕裂成流苏状。
   2. 叶柄长4~7mm ·· 2. 秃瓣杜英E. glabripetalus
   2. 叶柄长10~15mm ·· 3. 山杜英E. sylvestris

1. 薯豆 | Elaeocarpus japonicus Siebold et Zuccarini 图83-1

常绿乔木。叶椭圆形或狭椭圆形，基部圆形或近圆形，边缘有浅锯齿，两面老时无毛；侧脉6~7对；叶柄长2.5~5.2cm，顶端稍膨大。总状花序腋生；花杂性，绿白色，下垂，有香味。核果椭圆形，熟时蓝绿色。

产于神农架阳日（麻湾、长青，zdg 5593），生于海拔600m的沟谷林中。庭院观赏树木。

2. 秃瓣杜英 | Elaeocarpus glabripetalus Merrill 图83-2

乔木。叶倒披针形，先端尖锐，尖头钝。总状花序常生于无叶的去年枝上，花序轴有微毛；萼片5枚，披针形，外面有微毛；花瓣5枚，白色；雄蕊20～30枚，长3.5mm，花丝极短，花药顶端无附属物但有毛丛；花盘5裂，被毛；子房2～3室，被毛，花柱长3～5mm，有微毛。核果椭圆形，长1～1.5cm；内果皮薄骨质，表面有浅沟纹。花期7月。

原产于我国华中至华东，神农架有栽培。庭院观赏树木。

图83-1 薯豆

图83-2 秃瓣杜英

3. 山杜英 | Elaeocarpus sylvestris (Loureiro) Poiret 图83-3

小乔木。高可达10m。叶纸质，倒卵形，长4～8cm，宽6cm，先端钝；叶柄长10～15mm。总状花序生于枝顶叶腋，长4～6cm。花梗长3～4mm；萼片5枚，披针形，长4mm；花瓣倒卵形，上部撕裂，裂片10～12条；雄蕊13～15枚，长3mm，花药有微毛；花盘5裂，分离，被白毛；子房2～3室，花柱长2mm。核果椭圆形，长1～1.2cm；内果皮薄骨质，有腹缝沟3条。花期4～5月，果期5～8月。

产于神农架各地，生于海拔600～2000m的山谷沟边林中。根皮供药用；庭院观赏树木。

图83-3 山杜英

2. 猴欢喜属 Sloanea Linnaeus

乔木。叶互生，具柄，羽状脉，无托叶。花单生或排成总状花序，花有梗，常两性；萼片4～5枚，镊合状或覆瓦状排列，基部稍连合；花瓣4～5枚，倒卵形，有时缺，全缘或齿裂；雄蕊多数，生于肥厚花盘上，花药顶孔开裂，或从顶部向下开裂，药隔常凸出成喙，花丝短；子房3～7室，有沟；胚珠每室数枚。蒴果球形，多刺，室背3～7片裂。种子1至数枚，垂生，常有假种皮包种子下半部。

约120种。我国有13种，湖北有2种，神农架全产。

分种检索表

1. 叶边缘从基部以上具锯齿 ·· 1. 仿栗 S. hemsleyana
1. 叶基部近全缘，中部以上具少数锯齿 ·· 2. 猴欢喜 S. sinensis

1. 仿栗 | Sloanea hemsleyana (Ito) Rehder et E. H. Wilson   图83-4

大乔木。高25m。叶常窄倒卵形或卵形，长10～15cm，宽3～5cm；侧脉7～9对，具波状钝齿；叶柄长1～2.5cm。总状花序生于枝顶，萼片4枚，卵形，长6～7mm；花瓣白色，与萼片等长，先端有撕裂状缺齿；雄蕊与花瓣等长，花药长3mm；花柱凸出雄蕊之上，长5～6mm。蒴果4～5瓣裂，针刺长1～2cm。种子黑褐色，长1.2～1.5cm，下半部有假种皮。花期7月，果期9～10月。

产于神农架木鱼、新华，生于海拔600m左右的溪边。根入药；种子可榨油供食用；园林观赏树木。

2. 猴欢喜 | Sloanea sinensis (Hance) Hemsley   图83-5

常绿乔木。叶边缘在中部以上有少数小齿或近全缘，无毛；侧脉5~6对，下面网脉明显；叶柄顶端变粗。花数朵生于小枝顶端或小枝上部叶腋，绿白色，下垂；萼片4枚，卵形，花瓣比萼片稍短，上部浅裂；雄蕊多数，子房密生短毛。蒴果木质，球形，裂成5~6瓣，刺毛密。种子有黄色假种皮。

产于兴山县，生于海拔300～600m左右的溪边。根入药；种子可榨油供食用；园林观赏树木。

图83-4 仿栗

图83-5 猴欢喜

84. 大戟科 | Euphorbiaceae

乔木、灌木或草本。叶常互生，单叶，具羽状脉或掌状脉；叶柄基部或顶端有时具腺体。雌雄同株或异株，单花或组成各式花序，多为聚伞或总状花序；萼片分离或在基部合生，花瓣有或无；花盘环状或分裂成为腺体状；雄蕊1枚至多数，花丝分离或合生成柱状；雄花常有退化雌蕊；子房上位，3室，胚珠1~2枚，中轴胎座，花柱顶端常2至多裂。蒴果，或为浆果状或核果状。

约180属3800种。我国有50属约370种，湖北有13属31种，神龙架有12属34种。

分属检索表

1. 花有花被，不包藏在总苞内，也不组成杯状聚伞花序。
    2. 有花瓣……………………………………………………………………………1. 油桐属 Vernicia
    2. 无花瓣或花瓣退化。
        3. 有花盘。
            4. 叶互生。
                5. 多年生草本，茎基部木质化………………………………………2. 地构叶属 Speranskia
                5. 灌木或乔木……………………………………………………………3. 巴豆属 Croton
            4. 叶对生……………………………………………………………………4. 山靛属 Mercurialis
        3. 无花盘。
            6. 叶盾状着生，掌状7~11深裂………………………………………………5. 蓖麻属 Ricinus
            6. 叶非盾状着生，极稀浅盾状，但叶不作掌状深裂。
                7. 多年生草本，稀为灌木或小乔木……………………………………6. 铁苋菜属 Acalypha
                7. 乔木或灌木。
                    8. 植株有星状毛………………………………………………………7. 野桐属 Mallotus
                    8. 植株无星状毛。
                        9. 植株有白色乳汁。
                            10. 种子被厚薄不等的蜡质层，无棕褐色斑纹………8. 乌桕属 Triadica
                            10. 种子有雅致的棕褐色斑纹，但无蜡质层……9. 白木乌桕属 Neoshirakia
                        9. 植株无白色乳汁。
                            11. 萼片3~8裂，通常为4裂，花柱不分裂……10. 山麻杆属 Alchornea
                            11. 萼片5裂，花柱2裂至中部或几达基部……11. 丹麻杆属 Discocleidion
1. 花无花被，组成杯状聚伞花序………………………………………………………12. 大戟属 Euphorbia

1. 油桐属 Vernicia Loureiro

乔木。嫩枝被短柔毛。叶互生，全缘；叶柄顶端有2枚腺体。雌雄同株或异株，聚伞花序；雄花花萼花蕾时卵状，开花时多少佛焰苞状，花瓣5枚，基部爪状，腺体5枚，雄蕊8～12枚，2轮，外轮花丝离生，内轮花丝较长且基部合生；雌花萼片、花瓣与雄花的同；子房密被柔毛，3（～8）室，胚珠1枚，花柱3～4枚，各2裂。果核果状，顶端有喙尖。

3种。我国2种，湖北2种，神农架1种。

油桐 | Vernicia fordii (Hemsley) Airy-Shaw　图84-1

落叶乔木。树皮灰色，具明显皮孔。叶卵圆形，全缘；具掌状脉；叶柄与叶片近等长，顶端有2枚扁平、无柄腺体。雌雄同株；花萼外面密被棕褐色微柔毛；花瓣白色，有淡红色脉纹，倒卵形；雄花雄蕊8～12枚，2轮，外轮离生，内轮花丝中部以下合生；雌花子房密被柔毛，3～5（～8）室，每室有1枚胚珠，花柱与子房室同数，2裂。蒴果近球状。花期3～4月，果期8～9月。

产于神农架各地（长青，zdg 5782和zdg 5783），生于海拔500～900m的山坡或沟谷中，也有栽培。种子、根、叶、花、未成熟果实、桐油均可入药；庭院观赏树木；油料树种。

图84-1　油桐

2. 地构叶属 Speranskia Baillon

草本。茎直立。叶互生，具粗齿。雌雄同株；总状花序，顶生，雄花常生于花序上部，雌花生于花序下部，有时雌雄花同聚生于苞腋内；通常雄花生于雌花两侧；雄花花蕾球形；花萼裂片5枚，膜质，镊合状排列；花瓣5枚，有时无花瓣；花盘5裂或为5枚离生的腺体；雄蕊8～10（～15）枚，2～3轮排列于花托上，花药纵裂；雌花花萼裂片5枚，花瓣5枚或缺，花盘盘状，子房3室，胚珠1枚，花柱3～2裂几达基部。蒴果具3枚分果片。

2种。我国特有，湖北有1种，神农架也有。

广东地构叶 | Speranskia cantonensis (Hance) Pax et Hoffmann　图84-2

草本。上部稍被柔毛。叶纸质，卵形，顶端急尖，基部圆形或阔楔形，边缘具齿，齿端有黄色腺体，两面被短柔毛；叶柄被疏长柔毛，顶端常有黄色腺体。通常上部有雄花5~15朵，下部有雌花4~10朵，位于花序中部的雌花两侧有时有雄花1~2朵；苞片卵形或卵状披针形，被疏毛；雄花1~2朵生于苞腋；花萼裂片卵形，顶端渐尖，外面被疏柔毛；花瓣倒心形或倒卵形；雄蕊10~12枚；花萼裂片卵状披针形，外面疏被柔毛；子房球形，具疣状凸起和疏柔毛。蒴果扁球形。花期2~5月，果期10~12月。

产于神农架木鱼、新华、阳日（长青，zdg 5915），生于500~800m的路边或沟旁灌木丛中。全草入药。

图84-2　广东地构叶

3. 巴豆属 Croton Linnaeus

乔木或灌木，稀亚灌木。通常被星状毛或鳞腺，稀近无毛。叶互生，稀对生或近轮生；具羽状脉或掌状脉；叶柄顶端或叶片近基部常有2枚腺体，有时叶缘齿端或齿间有腺体；托叶早落。雌雄同株（或异株），花序顶生或腋生，总状或穗状；雄花花萼通常具5裂片，覆瓦状或近镊合状排列，雄蕊10~20枚，花丝离生，在花蕾时内弯，开花时直立；雌花花萼具5裂片，宿存，花瓣细小或缺，花盘环状或腺体鳞片状。蒴果具3枚分果片。种子平滑，种皮脆壳质，种阜小，胚乳肉质，子叶阔，扁平。

约1300种。我国23种，湖北有1种，神农架也有。

巴豆 ｜ Croton tiglium Linnaeus　图84-3

灌木或小乔木。嫩枝被稀疏星状柔毛，枝条无毛。叶纸质，卵形，稀椭圆形，顶端短尖，稀渐尖，有时长渐尖，基部阔楔形至近圆形；托叶线形，长2~4mm，早落。总状花序，顶生，苞片钻状；雄花花蕾近球形，疏生星状毛或几无毛；雌花萼片长圆状披针形，几无毛，子房密被星状柔毛，花柱2深裂。蒴果椭圆状，被疏生短星状毛或近无毛。种子椭圆状。花期4~6月，果期5~9月。

产于神农架阳日，生于海拔700m的河谷灌木丛中。种子入药。

图84-3　巴豆

4. 山靛属 Mercurialis Linnaeus

一年生草本或多年生草本。具根状茎。叶对生，叶缘通常具锯齿；具羽状脉；托叶2枚。花雌雌雄异株，稀同株，无花瓣；雄花序穗状，腋生，雄花多朵在苞腋排成团伞花序，在花序轴上稀疏排列，花梗几无；雌花簇生于叶腋，或数朵排成穗状或总状花序，有时具雄花；雄花花萼花蕾时球形，开花时3深裂，膜质，镊合状排列；雌花萼片3枚，覆瓦状排列，腺体2枚，线状，子房2室，每室具胚珠1枚。蒴果具2枚分果片，双球形，内果皮壳质。种子卵圆形或球形，种皮平滑或具小孔穴，具种阜，胚乳肉质，子叶阔，扁平。

8种。我国1种，神农架也有。

山靛 ｜ Mercurialis leiocarpa Siebold et Zuccarini 图84-4

多年生草本。具根状茎。无毛。叶对生，羽状脉，叶缘通常具锯齿；托叶2枚。雌雄异株，稀同株，无花瓣；雄花序穗状，腋生，雄花多朵在苞腋排成团伞花序，在花序轴上稀疏排列，花梗几无；雌花簇生于叶腋，或数朵排成穗状或总状花序，有时具雄花。蒴果具2枚分果片，双球形。花期1月或2月至翌年4月，果期4～7月。

产于神农架阳日，生于海拔800m的河边灌木丛中。

图84-4　山靛

5. 蓖麻属 Ricinus Linnaeus

特征同属的描述。

草本。高达5m。小枝、叶和花序通常被白霜，茎多液汁。叶近圆形，掌状7～11裂，具锯齿；叶柄中空，顶端具2枚盘状腺体，基部具盘状腺体；托叶长三角形，长2～3cm，早落。总状花序或圆锥花序；苞片阔三角形，膜质，早落；雄花花萼裂片卵状三角形；雄蕊束众多；雌花萼片卵状披针形，长5～8mm，凋落，子房卵状，直径约5mm，花柱红色，长约4mm，顶部2裂，密生乳头状凸起。蒴果卵球形或近球形。花果期几全年或6～9月（栽培）。

单种属，神农架也有分布。

蓖麻 ｜ Ricinus communis Linnaeus 图84-5

原产地可能在非洲东北部的肯尼亚或索马里，神农架有栽培或逸生，生于海拔800m以下的路旁荒地。种子入药；种子亦可供榨油。

6. 铁苋菜属 Acalypha Linnaeus

草本、灌木或小乔木。叶互生，膜质或纸质，叶具齿或近全缘。雌雄同株，稀异株，花序腋生或顶生，雌雄花同序或异序；雄花序穗状，雄花多朵簇生于苞腋或在苞腋排成团伞花

图84-5　蓖麻

序；雌花序总状或穗状花序，通常每苞腋具雌花1～3朵，雌花的苞片具齿或裂片，花后增大；雌花和雄花同序（两性的），雌花1～3朵，位于花序下部；雄花花萼花蕾时闭合的，花萼裂片4枚，镊合状排列，雄蕊8枚，花丝离生，花药2室；雌花萼片3～5枚，覆瓦状排列，近基部合生，子房3或2室，每室具胚珠1枚，花柱离生或基部合生。蒴果。

450种。我国18种，湖北有4种，神农架全有。

分种检索表

1. 落叶灌木···1. 尾叶铁苋菜 A. acmophylla
1. 一年生草本。
   2. 全株被长柔毛··2. 铁苋菜属一种 A. sp.
   2. 全株无毛或被短柔毛。
      3. 雌花苞片5深裂··3. 裂苞铁苋菜 A. supera
      3. 雌花苞片具齿，不分裂···4. 铁苋菜 A. australis

1. 尾叶铁苋菜 | Acalypha acmophylla Hemsley 图84-6

落叶灌木。叶膜质，卵形、长卵形或菱状卵形，顶端渐尖或尾状渐尖，基部楔形至圆钝，上半部边缘具疏生长腺齿。雌雄同株，通常雌雄花同序，花序腋生；雌花1朵，生于花序基部，其余为雄花；雄花苞片近卵形，散生；雌花萼片3～4枚，外面具微毛及缘毛；子房球形，被毛。蒴果直径约3mm，具3枚分果片；果皮具短柔毛和散生的小瘤状毛。花期4～8月。

产于神农架新华、木鱼至兴山一带，生于海拔500m的沟谷边或路旁。

图84-6　尾叶铁苋菜

2. 铁苋菜属一种 | Acalypha sp.　图84-7

一年生草本。高达1m。全株密被白色长柔毛。叶纸质，长卵形至卵形披针形，顶端尾状长渐尖，基部宽楔形，边缘基部具锯齿，两面沿叶脉具长柔毛；基出脉3条，羽状排列；叶柄细长，具柔毛；托叶线形，长约10mm。雌雄花同序，花序1个腋生；雄花生于花序的上部，多数雄花排列呈短穗状；雌花3~6朵总状排列，苞片半圆形，边缘具粗大锯齿，缘毛稀疏，掌状脉明显，苞腋具雌花1朵。花期9月。

产于神农架巴东县，生于海拔150m的沟谷路旁。

图84-7　铁苋菜属一种

3. 裂苞铁苋菜 | Acalypha supera Forsskål　图84-8

一年生草本。叶膜质，卵形、阔卵形或菱状卵形，顶端急尖或短渐尖。雌雄花同序，花序1~3个腋生；苞腋具1朵雌花，雄花密生于花序上部，呈头状或短穗状；异形雌花萼片4枚，子房陀螺状，1室，被柔毛，顶部具1枚环齿裂，膜质，花柱1枚，位于子房基部，撕裂。蒴果具3枚分果片；果皮具疏生柔毛和毛基变厚的小瘤体。种子卵状，种皮稍粗糙，假种阜细小。花期5~12月。

产于神农架各地，生于海拔200~1000m的沟谷边或路旁。

4. 铁苋菜 | Acalypha australis Linnaeus　图84-9

草本。叶长卵形，边缘具圆锯，下面沿中脉具柔毛；叶柄具短柔毛；托叶披针形，具短柔毛。雌雄花同序，花序腋生，花序轴具短毛；雌花苞片1~2(~4)枚，卵状心形，花后增大，苞腋具雌花1~3朵；花梗无；雄花生于花序上部，雄花苞片卵形，苞腋具雄花5~7朵，簇生；雄花花蕾时近球形，无毛，花萼裂片4枚，卵形，雄蕊7~8枚；雌花萼片3枚，具疏毛，子房具疏毛。

产于神农架各地（松柏八角庙村，zdg 7136；长青，zdg 5922），生于海拔500~1700m的沟谷边或路旁。全草入药。

图84-8　裂苞铁苋菜

图84-9　铁苋菜

7. 野桐属 Mallotus Loureiro

乔木。通常被星状毛。叶互生或对生，全缘或有锯齿。雌雄异株或稀同株；花序顶生或腋生，总状花序、穗状花序或圆锥花序；雄花在每一苞片内有多朵，花萼在花蕾时球形或卵形，开花时3~4裂，裂片镊合状排列，雄蕊多数，花丝分离，花药2室，无不育雌蕊；雌花在每一苞片内1朵，花萼3~5裂或佛焰苞状，裂片镊合状排列，子房3室，稀2~4室，每室具胚珠1枚，花柱分离或基部合生。蒴果具分果片，常具软刺或颗粒状腺体。

150种。我国有28种，湖北有8种，神农架有5种。

分种检索表

```
1. 蒴果无软刺。
    2. 攀援状灌木；果实黄色或深褐色··················· 1. 杠香藤 M. repandus var. chrysocarpus
    2. 乔木；果实红色···························································· 2. 粗糠柴 M. philippensis
1. 蒴果有软刺。
    3. 叶柄盾状着生······························································ 3. 毛桐 M. barbatus
    3. 叶柄基着或略为浅盾状。
        4. 蒴果密生线形软刺···················································· 4. 白背叶 M. apelta
        4. 蒴果被稀疏而粗短的软刺············································ 5. 尼泊尔野桐 M. nepalensis
```

1. 杠香藤（变种） | Mallotus repandus var. chrysocarpus (Pampanini) S. M. Hwang　图84-10

攀援状灌木。嫩枝、叶柄、花序和花梗均密生黄色星状柔毛，老枝无毛，常有皮孔。叶卵形或椭圆状卵形，基部楔形或圆形，边全缘或波状，嫩叶两面均被星状柔毛，成长叶仅下面叶脉腋部被毛和散生黄色颗粒状腺体；基出脉3条，有时稍离基，侧脉4~5对。雌雄异株，总状花序或下部有分枝。

蒴果具2（～3）枚分果片，密生黄色粉末状毛和具颗粒状腺体。花期3～5月，果期8～9月。

产神农架各地，生于海拔500～1400m的山坡、路旁灌木丛中。

2．粗糠柴 | Mallotus philippensis (Lamarck) Müller Argoviensis　图84-11

常绿乔木。小枝、嫩叶和花序均密被黄褐色短星状柔毛。叶互生或有时小枝顶部的对生，长圆形，基部圆形或楔形，上面无毛，下面被灰黄色星状短绒毛，叶脉上具长柔毛，散生红色颗粒状腺体；基出脉3条，侧脉4～6对；近基部有褐色斑状腺体2～4枚。雌雄异株，花序总状。蒴果扁球形，具2（～3）枚分果片，密被红色颗粒状腺体和粉末状毛。花期4～5月，果期5～8月。

产于神农架木鱼、新华、阳日（长青，zdg 5665），生于海拔500～1000m的山坡林中。

图84-10　杠香藤

图84-11　粗糠柴

3．毛桐 | Mallotus barbatus Müller Argoviensis　图84-12

落叶小乔木。幼枝、叶及花序均密被黄褐色星状绒毛。叶互生，卵状三角形或卵状菱形，基部圆或平截，具锯齿或波状，上部有时具粗齿或2枚裂片，下面散生黄色腺体；掌状脉5～7条，侧脉4～6对；叶柄离叶基0.5～5cm盾状着生。雌雄异株，总状花序。蒴果球形，密被淡黄色星状毛及紫红色软刺。花期4～5月，果期9～10月。

产于神农架木鱼、下谷、新华，生于海拔500m的山坡、路旁灌木丛中或疏林中。

图84-12　毛桐

4. 白背叶 | Mallotus apelta (Loureiro) Müller Argoviensis　图84-13

落叶灌木或小乔木。叶互生，卵形或阔卵形，稀心形，基部截平或稍心形，边缘具疏齿，上面干后黄绿色或暗绿色，无毛或被毛，下面被灰白色星状绒毛，散生橙黄色颗粒状腺体；基部近叶柄处有褐色斑状腺体2枚。雌雄异株；雄花序为开展的圆锥花序或穗状，雌花序穗状。蒴果近球形，密生被灰白色星状毛的软刺，软刺线形，黄褐色或浅黄色。花期6~9月，果期8~11月。

产于神农架各地（长青，zdg 5664；老鸦崖—萝卜溪，zdg 6654），生于海拔300~1500m的山坡、路旁灌木丛中或疏林中。

图84-13　白背叶

5. 尼泊尔野桐 | Mallotus nepalensis Müller Argoviensis　图84-14

小乔木。嫩枝具纵棱，枝、叶柄和花序轴均密被褐色星状毛。叶互生，全缘；近叶柄具黑色圆形腺体2枚。雌雄异株，花序总状或下部常具3~5分枝；雄花在每苞片内3~5朵；花蕾球形，顶端急尖；花萼裂片3~4枚，卵形，外面密被星状毛和腺点；雌花序开展；苞片披针形；雌花在每苞片内1朵，子房近球形，花柱3~4枚，中部以下合生，具疣状凸起和密被星状毛。蒴果近扁球形。

产于神农架红坪、木鱼、松柏、新华、阳日，生于海拔500~1400m的山坡、路旁灌木丛中或疏林中。根和叶入药。

图84-14　尼泊尔野桐

8. 乌桕属 Triadica Loureiro

乔木或灌木。叶互生；托叶小。花单性，雌雄同株或有时异株；雄花小，黄色，或淡黄色，数朵聚生于苞腋内，无退化雌蕊；花萼膜质，杯状；雄蕊2～3枚，花丝离生，常短，花药2室，纵裂；雌花比雄花大，每一苞腋内仅1朵雌花；花萼杯状，3深裂或管状而具3齿，稀为2～3枚萼片；子房2～3室，每室具1胚珠，花柱通常3枚，分离或下部合生，柱头外卷。蒴果，稀浆果状，通常3室。

3种，我国全有。湖北有2种，神农架也有。

分种检索表

1. 叶菱形···1. 乌桕 T. sebifera
1. 叶椭圆形或长卵形··2. 山乌桕 T. cochinchinensis

1. 乌桕 | Triadica sebifera (Linnaeus) Small　图84-15

乔木。具乳状汁液。枝具皮孔。叶互生，纸质，菱形、菱状卵形或稀有菱状倒卵形，全缘。花单性，雌雄同株，聚集成顶生的总状花序。雄花苞片阔卵形，顶端略尖，基部两侧各具1枚近肾形的腺体，花萼杯状，3浅裂，雄蕊2枚，花丝分离；雌花苞片深3裂，裂片渐尖，每一苞片内仅1朵雌花，间有1雌花和数雄花同聚生于苞腋内，花萼3深裂，子房卵球形，平滑。蒴果梨状球形。

产于神农架木鱼、阳日（长青，zdg 5740）、新华，生于海拔500～700m的路旁、沟边。根皮或茎皮、叶、种子入药。

图84-15　乌桕

2. 山乌桕 | Triadica cochinchinensis Loureiro　图84-16

落叶乔木。小枝灰褐色，有皮孔。叶互生，嫩时呈红色，椭圆形或长卵形，顶端钝或渐尖，基部急尖，背面灰绿色；叶柄顶端具2枚毗连的腺体。花单性，雌雄同株，密集成顶生总状花序；雌花生于花序轴下部，雄花生于花序轴上部或有时整个花序全为雄花。蒴果黑色，球形，种子球形，外薄被蜡质的假种皮。花期4~6月，果期10~11月。

产于神农架木鱼、阳日、新华，生于海拔500~700m的路旁、沟边。根皮或茎皮、叶、种子入药。

9. 白木乌桕属 Neoshirakia Esser

乔木或灌木。乳汁白色。叶互生，全缘，背面近边缘的脉上具散生的腺体；托叶长且显著，易脱落。雌雄同株；长总状聚伞圆锥花序基生或腋生，无分枝，无花瓣，无花盘；苞片基部具2枚腺体；雄花黄色；雌花较雄花长；花萼杯形，3裂；子房3室，光滑；每室1枚胚珠。蒴果球状，具3枚分果片，室间开裂。种子近球形，无种阜，附于中轴上；外种皮坚硬，无蜡质的假种皮，胚乳肉质，子叶宽而平坦。

2种，我国全有。湖北有2种，神农架1种。

白木乌桕 | Neoshirakia japonica (Siebold et Zuccarini) Esser 图84-17

灌木或乔木。叶互生，卵形、卵状长方形或椭圆形，顶端短尖或凸尖，基部钝，两侧常不等。花单性，雌雄同株常同序，聚集成顶生纤细总状花序；雌花数朵生于花序轴基部，雄花数朵生于花序轴上部，有时整个花序全为雄花。分果片脱落后无宿存中轴。种子扁球形，无蜡质的假种皮，有雅致的棕褐色斑纹。花期5~6月，果期7~9月。

产于竹溪县（九龙岗 850；K. M. Liou 8509），生于海拔850m的山坡林缘。

图84-16 山乌桕

图84-17 白木乌桕

10. 山麻杆属 Alchornea Swartz

乔木或灌木。嫩枝无毛或被柔毛。叶互生，边缘具腺齿，基部具斑状腺体。雌雄同株或异株，花序穗状或总状或圆锥状；雄花多朵簇生于苞腋，雌花1朵生于苞腋，花无花瓣；雄花花萼花蕾时闭合的，开花时2~5裂，萼片镊合状排列，雄蕊4~8枚，花丝基部短的合生成盘状，花药长圆状，背着，2室，纵裂，无不育雌蕊；雌花萼片4~8枚，有时基部具腺体。蒴果具2~3枚分果片。

50种。我国有8种，湖北有3种，神农架有1种。

山麻杆 | Alchornea davidii Franchet 图84-18

灌木。叶阔卵形或近圆形，边缘具粗锯齿或具细齿，齿端具腺体，基部具斑状腺体2或4枚；小托叶线状，具短毛。雌雄异株，雄花序穗状，花序梗几无，呈柔黄花序状，苞片卵形，顶端近急尖，具柔毛；雌花序总状，顶生，具花4~7朵，各部均被短柔毛，苞片三角形，小苞片披针形；雄花花萼花蕾时球形；雌花萼片5枚，长三角形，具短柔毛，子房被绒毛，花柱线状。蒴果近球形。

产于神农架木鱼、新华、阳日（zdg 6174）、阳日—马桥（zdg 4393），生于海拔400~700m的山坡灌木丛中。茎皮及叶入药。

图84-18　山麻杆

11. 丹麻杆属 Discocleidion (Müller Argoviensis) Pax et K. Hoffmann 假爹包叶属

灌木或小乔木。叶互生，边缘有锯齿，基出脉3~5条；具小托叶2枚。总状花序或圆锥花序，顶生或腋生；雌雄异株，无花瓣；雄花3~5朵簇生于苞腋，花蕾球形，花萼裂片3~5枚，镊合状排列，花盘具腺体，腺体靠近雄蕊，小而呈棒状圆锥形，无不育雌蕊；雌花1~2朵生于苞腋，花萼裂片5枚，花盘环状，具小圆齿，子房3室，每室有胚珠1枚，花柱3枚，2裂至中部或几达基部。蒴果具3枚分果片。种子球形，稍具疣状凸起。

2种。我国有1种，神农架也有。

毛丹麻杆 | Discocleidion rufescens (Franchet) Pax et K. Hoffmann　图84-19

灌木或小乔木。叶卵形或卵状椭圆形，顶端渐尖，基部圆形或近截平，稀浅心形或阔楔形。总状花序或下部多分枝呈圆锥花序，苞片卵形；雄花3~5朵簇生于苞腋，花萼裂片3~5枚，卵形，腺体小，棒状圆锥形；雌花1~2朵生于苞腋，苞片披针形，疏生长柔毛，花萼裂片卵形，花盘具圆齿，被毛，子房被黄色糙伏毛，花柱外反，2深裂至近基部，密生羽毛状凸起。蒴果扁球形，被柔毛。花期4~8月，果期8~10月。

产于神农架木鱼、下谷、新华、阳日、大九湖（zdg 6675），生于海拔400~700m的河边灌木丛中。

图84-19　毛丹麻杆

12．大戟属 Euphorbia Linnaeus

草本、灌木或乔木。植物体具乳状液汁。叶常互生或对生，少轮生，常全缘；叶常无叶柄；托叶常无。杯状聚伞花序，单生或组成复花序，多生于枝顶或植株上部，少数腋生；每个杯状聚伞花序由1枚位于中间的雌花和多枚位于周围的雄花同生于1枚杯状总苞内而组成；雄花无花被，仅有1枚雄蕊，花丝与花梗间具不明显的关节；子房3室，每室1枚胚珠，花柱3枚，常分裂或基部合生，柱头2裂或不裂。蒴果。

约2000种。我国有77种，湖北有15种，神农架也有。

分种检索表

1. 匍匐状小草本。
    2. 茎无毛，叶上面无斑纹
        3. 果无毛 ·· 1．地锦 E. humifusa
        3. 果有柔毛 ·· 2．千根草 E. thymifolia
    2. 茎有柔毛，叶上面有紫色斑纹 ·· 3．斑地锦 E. maculata
1. 直立草本或多刺灌木。
    4. 蔓生灌木 ·· 4．铁海棠 E. milii
    4. 直立草本。
        5. 叶对生。
            6. 茎下部叶密生，无柄，上部叶交互对生 ···························· 5．续随子 E. lathyris
            6. 茎下部和上部叶皆互生 ··· 6．通奶草 E. hypericifolia
        5. 叶互生。
            7. 有粗大的根。
                8. 腺体半圆形，两端无角尖。
                    9. 茎上被白色卷曲的柔毛。
                        10. 子房和果实密被瘤状凸起 ··························· 7．大戟 E. pekinensis
                        10. 子房和果实疏被瘤状凸起 ······················· 15．甘青大戟 E. micractina
                    9. 茎无毛或仅上部稍有毛。
                        11. 苞片黄色。
                            12. 蒴果有疣状凸起和长柔毛 ···················· 8．大戟属一种 E. sp.1
                            12. 蒴果无疣状凸起及长柔毛 ················· 9．黄苞大戟 E. sikkimensis
                        11. 苞片绿色 ·· 10．湖北大戟 E. hylonoma
                8. 腺体钩状，两端有角尖 ······································ 11．钩腺大戟 E. sieboldiana
            7. 无粗大的根。
                13. 叶线形至卵形；苞片肾形，对生 ····························· 12．乳浆大戟 E. esula
                13. 叶倒卵形或匙形；苞片与下部叶相似但较大，轮生
                    14. 越年生草本；茎直立 ······································ 13．泽漆 E. helioscopia
                    14. 多年生草本；根状茎横走 ···························· 14．大戟属一种 E. sp.2

1. 地锦 | Euphorbia humifusa Willdenow 图84-20

一年生草本。茎匍匐，被柔毛或疏柔毛。叶对生，矩圆形或椭圆形，边缘中部以上具细锯齿，叶两面被疏柔毛；叶柄极短。花序单生于叶腋，基部具1~3mm的短柄；总苞陀螺状，边缘4裂；腺体4枚，矩圆形；雄花数枚，近与总苞边缘等长；雌花1枚，子房柄伸出至总苞边缘；子房三棱状卵形，花柱3枚，分离，柱头2裂。蒴果三棱状卵球形。花果期5~10月。

产于神农架各地（松柏八角庙村，zdg 7151），生于海拔200~800m的路边旷地。全草入药。

图84-20 地锦

2. 千根草 | Euphorbia thymifolia Linnaeus 图84-21

一年生草本。茎纤细，常呈匍匐状，被稀疏柔毛。叶对生，椭圆形，先端圆，基部偏斜，不对称，呈圆形或近心形，边缘有细锯齿，稀全缘，两面被稀疏柔毛，稀无毛；叶柄极短。花序单生或数个簇生于叶腋，具短柄；总苞狭钟状至陀螺状。蒴果卵状三棱形，被贴伏的短柔毛。花果期6~11月。

产于神农架松柏（八角庙村，zdg 7185）、阳日（大坪村，zdg 7891），生于海拔200~800m的路边旷地。

图84-21 千根草

3. 斑地锦 | Euphorbia maculata Linnaeus 图84-22

一年生草本。茎匍匐，被白色疏柔毛。叶对生，长椭圆形或肾状长圆形，基部偏斜，微圆，中上部常疏生细齿，上面中部常有长圆形紫色斑点，下面新鲜时可见紫斑，两面无毛。花序单生叶腋；总苞窄杯状。蒴果三角状卵形，疏被柔毛，熟时伸出总苞。花果期4~9月。

产于神农架松柏、阳日（长青，zdg 5603）、松柏—大岩屋—燕天（zdg 4693）、官门山（zdg 7572），生于海拔500～800m的路边荒地。

4．铁海棠 | **Euphorbia milii** Des Moulins　图84-23

蔓生灌木。茎褐色，具纵棱，密生锥状刺。叶互生，常集生于嫩枝上，倒卵形或长圆状匙形，先端圆，具小尖头，基部渐狭，全缘，无柄或近无柄。花序2、4或8个组成二歧状复花序，生于枝上部叶腋，基部具1枚膜质苞片；苞叶2枚，肾圆形，无柄，上面鲜红色，下面淡红色，总苞钟状；腺体5枚，肾圆形，黄红色。蒴果三棱状卵形。花果期全年。

原产于非洲（马达加斯加），神农架有栽培。观赏花卉。

图84-22　斑地锦　　　　　图84-23　铁海棠

5．续随子 | **Euphorbia lathyris** Linnaeus　图84-24

草本。根柱状。茎直立。叶交互对生，线状披针形，先端渐尖或尖，基部半抱茎，全缘；无叶柄；总苞叶和茎叶均为2枚，卵状长三角形，先端渐尖或急尖，基部近平截或半抱茎，全缘，无柄。花序单生，近钟状，边缘5裂；裂片三角状长圆形，边缘浅波状；腺体4枚，新月形，两端具短角，暗褐色；雄花多数，伸出总苞边缘；雌花1枚，子房柄几与总苞近等长，花柱细长，3枚，分离，柱头2裂。蒴果三棱状球形。

产于我国华北至西南诸地区，神农架仅有栽培。种子入药。

6．通奶草 | **Euphorbia hypericifolia** Linnaeus　图84-25

一年生草本。茎直立，无毛或被少许短柔毛。叶互生，狭长圆形或倒卵形，先端钝或圆，基部圆形，通常偏斜，不对称，边全缘或基部以上具细锯齿，下面有时略带紫红色，两面被稀疏的柔毛；叶柄极短，长1～2mm；苞叶2枚，与茎生叶同形。花序数个簇生于叶腋或枝顶，每个花序基部具纤细的柄。蒴果三棱状，无毛，成熟时分裂为3枚分果片。花果期8～12月。

产于神农架木鱼至兴山一带，生于海拔500～800m的路边荒地。

图84-24 续随子

图84-25 通奶草

7. 大戟 | Euphorbia pekinensis Ruprecht 图84-26

草本。根圆柱状。茎单生或多分枝。叶互生，常为椭圆形，变异较大，边缘全缘；总苞叶4~7枚，长椭圆形，先端尖，基部近平截；苞叶2枚，近圆形，先端具短尖头，基部平截或近平截。花序单生于二歧分枝顶端，无柄；总苞杯状，边缘4裂，裂片半圆形；腺体4枚，半圆形或肾状圆形，淡褐色；雄花多数，伸出总苞之外；雌花1枚，花柱3，分离，柱头2裂。蒴果球状。花期5~8月，果期6~9月。

产于神农架松柏（八角庙村，zdg 7175），生于海拔800m的山坡林缘或栽培于药园。全草入药。

图84-26 大戟

8. 大戟属一种 | Euphorbia sp.1 图84-27

多年生草本。根圆柱状。茎单生或多分枝。叶互生，椭圆形或倒卵状椭圆形，边缘全缘；总苞叶4~7枚，长椭圆形，先端尖，基部近平截，黄色。花序单生于二歧分枝顶端，无柄；总苞杯状，边缘4裂，裂片半圆形；腺体4枚，半圆形或肾状圆形，淡褐色；雌花1朵，花柱3枚，分离；柱头2裂。蒴果球状，被瘤状凸起，凸起的先端呈毛发状。花期8月，果期9月。

产于神农架九湖乡大九湖湿地，生于海拔1800m的湖边沼泽地。

图84-27　大戟属一种

9. 黄苞大戟 | Euphorbia sikkimensis Boissier　图84-28

多年生草本。叶互生，长椭圆形，全缘；总苞叶常为5枚，长椭圆形至卵状椭圆形，黄色；次级总苞叶常3枚，卵形，先端圆，基部近平截，黄色；苞叶2枚，卵形，先端圆，基部圆，黄色。花序单生于分枝顶端，基部具短柄；总苞钟状，裂片半圆形，内侧具白色柔毛；腺体4枚，半圆形，褐色；雄花多数，微伸出总苞外；雌花1枚，子房柄明显伸出总苞外，花柱3枚，分离，柱头2裂。蒴果球状。花期4～7月。

产于神农架红坪、木鱼、新华至兴山，生于海拔800m以下的山坡林缘或灌丛中。

10. 湖北大戟 | Euphorbia hylonoma Handel-Mazzetti　图84-29

多年生草本。全株光滑无毛。具指状块根。茎直立。叶互生，长圆形至椭圆形，变异较大，先端圆，基部渐狭，叶背有时淡紫色或紫色；总苞叶3～5枚，同茎生叶；苞叶2～3枚，常为卵形，无柄。花序单生于二歧分枝顶端，无柄；总苞钟状；腺体4枚，圆肾形。蒴果球状。花期4～7月，果期6～9月。

产于神农架各地，生于海拔1200m以上的山坡林下。根入药。

图84-28　黄苞大戟　　　　　　　图84-29　湖北大戟

11. 钩腺大戟 | Euphorbia sieboldiana Morren et Decaisne 图84-30

草本。叶互生，变异较大，全缘，椭圆形或卵状椭圆形，先端钝尖，基部近平截。花序单生于二歧分枝的顶端；总苞杯状，边缘4裂，内侧具短柔毛或具极少的短柔毛；腺体4枚，新月形；花多数，伸出总苞之外；雌花1朵，子房柄伸出总苞边缘，子房光滑无毛，花柱3枚，分离，柱头2裂。蒴果三棱状球状。花果期4～9月。

产于神农架木鱼至兴山、阳日（长青, zdg 5896），生于海拔200～700m的山坡林缘或山谷林下。根入药。

12. 乳浆大戟 | Euphorbia esula Linnaeus 图84-31

草本。根圆柱状，常曲折，褐色或黑褐色。茎单生或丛生。叶线形至卵形，先端尖或钝尖，基部楔形至平截；无叶柄；不育枝叶常为松针状，无柄；总苞叶3～5枚，与茎生叶同形；苞叶2枚，常为肾形，先端渐尖或近圆，基部近平截。花序单生于二歧分枝的顶端；总苞钟状，边缘5裂，裂片半圆形至三角形，边缘及内侧被毛；雄花多枚，苞片宽线形；雌花1朵，子房柄明显伸出总苞之外，花柱3枚，分离，柱头2裂。蒴果三棱状球形。

产于神农架九湖、木鱼、阳日，生于海拔800～1800m的山坡沟边、草丛中。根入药。

图84-30　钩腺大戟

图84-31　乳浆大戟

13. 泽漆 | Euphorbia helioscopia Linnaeus 图84-32

草本。根纤细，下部分枝。茎直立。叶互生，倒卵形或匙形，先端具牙齿；总苞叶5枚，倒卵状长圆形，先端具牙齿，无柄；苞叶2枚，卵圆形，先端具牙齿，基部呈圆形。花序单生；总苞钟状，边缘5裂，裂片半圆形，边缘和内侧具柔毛；腺体4枚，盘状中部内凹，基部具短柄，淡褐色；雄花数枚，明显伸出总苞外；雌花1朵，子房柄略伸出总苞边缘。蒴果三棱状阔圆形。花果期4～10月。

产于神农架各地，生于海拔200～900m的荒地或路边。全草入药。

14. 大戟属一种 | Euphorbia sp. 2　图84-33

多年生草本。叶互生，倒卵状椭圆形，全缘；总苞叶常为5枚，倒卵状椭圆形，绿色；次级总苞叶常3枚，肾状三角形，先端圆，基部近平截，绿色。花序单生于分枝顶端，基部具短柄；腺体4枚，半圆形，黄色，两端角状。花期2~3月，果期4月。

产于神农架木鱼（官门山）、下谷（板壁岩），生于海拔2000~2900m的冷杉林下。

图84-32　泽漆

图84-33　大戟属一种

15. 甘青大戟 | Euphorbia micractina Boissier　图84-34

多年生草本。根圆柱状。叶互生，长椭圆形至卵状长椭圆形，10~30mm×5~7mm，先端钝，中部以下略宽或渐狭，变异较大，基部楔形或近楔形，两面无毛；总苞叶5~8枚，与茎生叶同形；苞叶常3枚，卵圆形，先端圆，基部渐狭。腺体4枚，半圆形，淡黄褐色，子房被稀疏的刺状或瘤状凸起。蒴果球状，果脊上被稀疏的刺状或瘤状凸起。花果期6~7月。

产于神农架红坪（金丝燕垭），生于海拔2800~3000m的冷杉林下。

图84-34　甘青大戟

85. 叶下珠科 | Phyllanthaceae

乔木、灌木、草本，稀藤本。植物体无内生韧皮部，大多数无乳汁管组织。单叶，稀三出复叶，通常全缘，基部和叶柄均无腺体，稀具腺体；有托叶。花序各式；有花瓣及花盘，或只有花瓣，或花瓣及花盘均缺；萼片通常5枚，覆瓦状排列，稀镊合状排列；雄蕊少数至多数，通常分离；花粉粒双核；子房3～12室，每室有2枚胚珠。果实为蒴果、核果或浆果状，片裂或不开裂。种子无种阜，胚乳丰富，肉质，胚直立，子叶宽而扁。

8属1200余种。我国19属140种，湖北6属15种，神农架6属12种。

分属检索表

1. 叶为单叶。
  2. 有花瓣，花盘分裂为5枚腺体，腺体全缘或2裂⋯⋯⋯⋯⋯⋯⋯⋯⋯⋯ 1. 雀舌木属 Leptopus
  2. 无花瓣，有花盘或无花盘。
    3. 有花盘。
      4. 花盘通常分裂为离生⋯⋯⋯⋯⋯⋯⋯⋯⋯⋯⋯⋯⋯⋯⋯⋯⋯ 2. 白饭树属 Flueggea
      4. 花盘环状，几不分裂⋯⋯⋯⋯⋯⋯⋯⋯⋯⋯⋯⋯⋯⋯⋯⋯⋯ 3. 叶下珠属 Phyllanthus
    3. 无花盘。
      5. 花柱合生⋯⋯⋯⋯⋯⋯⋯⋯⋯⋯⋯⋯⋯⋯⋯⋯⋯⋯⋯⋯⋯⋯⋯ 4. 算盘子属 Glochidion
      5. 花柱分裂或基部合生⋯⋯⋯⋯⋯⋯⋯⋯⋯⋯⋯⋯⋯⋯⋯⋯⋯⋯ 5. 守宫木属 Sauropus
1. 复叶，有小叶3枚⋯⋯⋯⋯⋯⋯⋯⋯⋯⋯⋯⋯⋯⋯⋯⋯⋯⋯⋯⋯⋯⋯⋯⋯ 6. 重阳木属 Bischofia

1. 雀舌木属 Leptopus Decaisne

灌木。单叶互生，全缘，羽状脉；托叶2枚，着生于叶柄基部的两侧。雌雄同株，单生或簇生于叶腋；花5数，具花盘、腺体；花瓣比萼片短小，并与之互生；雄花萼片覆瓦状排列，离生或基部合生，花盘腺体扁平，离生或与花瓣贴生，退化雌蕊小或无；雌花萼片较雄花的大，花瓣小，有时不明显，花盘腺体与雄花的相同，子房3室，胚珠2枚，花柱3裂。蒴果，成熟时开裂为3枚2裂的分果片。种子表面光滑或有斑点。

21种。我国9种，湖北有1种，神龙架也有。

雀儿舌头 | Leptopus chinensis (Bunge) Pojarkova   图85-1

灌木。幼时被疏短柔毛。叶卵形、近圆形、椭圆形或披针形，顶端钝或急尖，基部圆或宽楔形，边缘被睫毛。花小，雌雄同株，单生或2～4朵簇生于叶腋；萼片、花瓣和雄蕊均为5枚；雄花萼片卵形或宽卵形，膜质，花瓣白色，匙形，膜质，雄蕊离生；雌花花瓣倒卵形，萼片与雄花的相同，子房3室，每室有胚珠2枚。蒴果，基部有宿存萼。

产于神农架九冲、松柏、下谷、新华、阳日（长青矿区，zdg 4472；阳日寨湾，zdg 7957），生于海拔800～1600m的河谷两岸灌丛中。枝条入药。

2. 白饭树属 Flueggea Willdenow

落叶灌木。单叶互生，2列；具羽状脉；叶柄短；具托叶。花小，雌雄异株，稀同株，单生、簇生或成密集聚伞花序，无花瓣；雄花花梗纤细；萼片4～7枚，雄蕊4～7枚，花丝分离；雌花子房（2～）3（～4）室，分离，每室胚珠2枚，花柱3枚，分离。蒴果，萼片宿存，果皮革质或肉质，3片裂或不裂而呈浆果状；中轴宿存。

13种。我国4种，湖北有2种，神农架也有。

图85-1　雀儿舌头

分种检索表

1. 蒴果三棱状扁球形，淡红褐色，果皮开裂……………………………1. 一叶萩 F. suffruticosa
1. 蒴果浆果状，近圆球形，淡白色，果皮不开裂……………………………2. 白饭树 F. virosa

1. 一叶萩 ｜ Flueggea suffruticosa (Palla) Rehder　图85-2

灌木。叶片纸质，椭圆形或长椭圆形，稀倒卵形，顶端急尖至钝，基部钝至楔形，全缘或间中有不整齐的波状齿或细锯齿。花小，雌雄异株，簇生于叶腋；雄花3～18朵簇生，萼片通常5枚；雌花萼片5枚，椭圆形至卵形，子房卵圆形，3（～2）室，花柱3枚。蒴果三棱状扁球形，成熟时淡红褐色，有网纹，3片裂，基部常有宿存的萼片。种子卵形，褐色而有小疣状凸起。花期3～8月，果期6～11月。

产于神农架木鱼（石漕河），生于海拔1400m的山坡灌木丛中。嫩枝叶及根入药。

图85-2　一叶萩

2. 白饭树 | Flueggea virosa (Roxburgh ex Willdenow) Voigt

灌木。叶椭圆形、长圆形、倒卵形或近圆形，顶端圆至急尖，有小尖头。花小，淡黄色，雌雄异株，多朵簇生于叶腋；雄花萼片5枚，卵形，雄蕊5枚；雌花3～10朵簇生，有时单生。蒴果浆果状，近圆球形，成熟时果皮淡白色，不开裂。种子栗褐色，具光泽，有小疣状凸起及网纹，种皮厚，种脐略圆形，腹部内陷。花期3～8月，果期7～12月。

产于神农架木鱼（石漕河），生于海拔1400m的山坡灌木丛中。嫩枝叶及根入药。

3. 叶下珠属 Phyllanthus Linnaeus

灌木或草本。无乳汁。单叶，互生，常在侧枝上排成2列，全缘；具羽状脉；具短柄；托叶2枚，着生于叶柄基部两侧。花单性，雌雄同株或异株，单生、簇生，花梗纤细；无花瓣；雄花萼片（2～）3～6枚，离生，1～2轮，覆瓦状排列，雄蕊2～6枚，花丝离生或合生成柱状，花药2室；雌花萼片与雄花同数或较多，子房3室，每室2枚胚珠。蒴果，常开裂为3枚2裂的分果片。

750～800种。我国32种，湖北有6种，神农架5种。

分种检索表

```
1. 灌木··················································· 1. 越南叶下珠 Ph. cochinchinensis
1. 一年生草本。
    2. 雄花萼片6枚，雄蕊3枚，雌花花柱2裂。
        3. 蒴果表面有小凸刺································ 2. 叶下珠 Ph. urinaria
        3. 蒴果表面有鳞片状凸起···························· 3. 黄珠子草 Ph. virgatus
    2. 雄花萼片4枚，雄蕊2枚，雌花花柱6裂················ 4. 蜜柑草 Ph. ussuriensis
```

1. 越南叶下珠 | Phyllanthus cochinchinensis (Loureiro) Sprengel 图85-3

常绿灌木。小枝具棱，先端刺状。叶互生或3~5枚着生于小枝极短的凸起处；叶片革质，倒卵形、长倒卵形或匙形，1~2cm×0.6~1.3cm，顶端圆钝，常凹缺，基部渐窄，边缘干后略背卷。雌雄异株；雄花通常单生，雄蕊3枚，花丝合生成柱；雌花单生或簇生，花盘近坛状，花柱3枚，顶端2裂。蒴果圆球形。花果期6~12月。

产于神农架新华至兴山一带，生于海拔200～500m的山坡灌木丛中。

2. 叶下珠 | Phyllanthus urinaria Linnaeus 图85-4

一年生草本。枝具翅状纵棱。叶长圆形或倒卵形，下面灰绿色；叶柄扭转而呈羽状排列。雌雄同株；雄花2～4朵簇生于叶腋，雄蕊3枚，花丝合生成柱状；雌花单生于叶腋，子房卵状，有鳞片状凸起，花柱分离，顶端2裂，裂片弯卷。蒴果圆球状，红色，表面具小凸刺，有宿存的花柱和萼片，开裂后轴柱宿存。花期4～6月，果期7～11月。

产于神农架各地，生于海拔1200m以下的荒地、路边。

图85-3 越南叶下珠

图85-4 叶下珠

3. 黄珠子草 | Phyllanthus virgatus G. Forster 图85-5

一年生草本。全株无毛。叶片线状披针形，几无叶柄；托叶膜质，褐红色。花通常2～4朵雄花和1朵雌花同簇生于叶腋；雄蕊3枚，花丝分离；雌花花萼紫红色，外折，子房圆球形，3室，具鳞片状凸起，花柱分离，2深裂几达基部，反卷。蒴果扁球形，紫红色，有鳞片状凸起；果梗丝状，长5～12mm；萼片宿存。花期4～5月，果期6～11月。

产于神农架各地，生于海拔1000m以下的荒地、路边。

4. 蜜柑草 | Phyllanthus ussuriensis Ruprecht et Maximowicz 图85-6

一年生草本。叶椭圆形至长圆形，顶端急尖至钝。雌雄同株，单生或数朵簇生于叶腋；花梗长约2mm，丝状，基部有数枚苞片；雄花萼片4枚，宽卵形，花盘腺体4枚，分离，与萼片互生，雄蕊2枚，花丝分离，药室纵裂；雌花萼片6枚，长椭圆形，果时反折，花盘腺体6枚，长圆形，子房卵圆形，3室，花柱3，顶端2裂。蒴果扁球状，平滑；果梗短；种子黄褐色，具有褐色疣点。花期4～7月，果期7～10月。

产于神农架各地，生于海拔1000m以下的荒地、路边。药用，全草有消食止泻作用。

图85-5 黄珠子草

图85-6 蜜柑草

4. 算盘子属 Glochidion J. R. Forster et G. Forster

乔木或灌木。单叶互生，2列，叶片全缘。雌雄同株，组成短小的聚伞花序或簇生成花束；雌花束常位于雄花束之上部或雌雄花束分生于不同的小枝叶腋内；无花瓣；常无花盘。雄花花梗纤细，萼片5～6枚；雄蕊3～8枚，合生呈圆柱状，药隔凸起呈圆锥状，无退化雌蕊；雌花花梗粗短或几无梗，萼片与雄花的相同但稍厚，子房3～15室，胚珠2枚，花柱合生，顶端具裂缝或小裂齿，稀3裂分离。蒴果，具多条明显或不明显的纵沟，花柱常宿存。

约200种。我国28种，湖北有3种，神农架2种。

分种检索表

1. 小枝及叶下面密被短柔毛 ··· 1. 算盘子 G. puberum
1. 全株无毛或仅叶柄被极短柔毛 ······································ 2. 湖北算盘子 G. wilsonii

1. 算盘子 | Glochidion puberum (Linnaeus) Hutchinson　图85-7

灌木。枝、叶、萼、子房和果实均密被短柔毛。叶长圆形或倒卵状长圆形，顶端急尖、短渐尖或圆，基部楔形至钝，中脉被疏短柔毛或几无毛；托叶三角形。雌雄同株或异株；2～5朵簇生于叶腋内，雄花束常着生于雌花束下部，或雌花和雄花同生于一叶腋内；雄花萼片6枚，雄蕊3枚，合生呈圆柱状；雌花萼片6枚，与雄花的相似，子房5～10室，花柱合生呈环状，与子房接连处缢缩。蒴果，成熟时带红色，顶端具有环状而稍伸长的宿存花柱。

产于神农架各地（松柏八角庙村，zdg 7173；长青，zdg 5822），生于海拔500～1000m的山坡或沟边灌木丛中。根、枝叶入药。

图85-7　算盘子

2. 湖北算盘子 | Glochidion wilsonii Hutchinson　图85-8

落叶灌木。除叶柄外，全株无毛。叶披针形，基部钝或宽楔形，上面绿色，下面带灰白色；侧脉5～6对，两面中脉凸起。花绿色，雌雄同株，簇生于叶腋；雌花生于小枝上部，雄花生于下部。蒴果扁球状，萼片宿存。花期4～7月，果期6～9月。

产于神农架各地，生于海拔1000～1500m的山坡疏林中。根、枝叶入药。

图85-8　湖北算盘子

5. 守宫木属 Sauropus Blume

落叶灌木。单叶互生，叶全缘，羽状脉，稀三出脉；具叶柄；托叶2枚。雌雄同株或异株，无花瓣；雄花簇生或单生，腋生或茎花，稀成总状或聚伞花序；雌花1～2朵腋生或与雄花混生。蒴果熟时裂为3枚2裂分果片。

56种。我国15种，湖北有1种，神农架也有。

苍叶守宫木 | Sauropus garrettii Craib　图85-9

灌木。叶卵状披针形，稀长圆形或卵形，顶端通常渐尖，稀急尖。雌雄同株；1～2朵腋生，或雌花和雄花同簇生于叶腋；雄花基部密被小苞片，花萼黄绿色，盘状，6浅裂，裂片卵形或近椭圆形，顶端急尖或渐尖，膜质，雄蕊3枚，花丝合生呈短柱状；雌花花萼6深裂，裂片卵形或近菱形，果时增大呈倒卵形，顶端急尖，子房倒卵形或陀螺状，顶端截形，花柱3枚。蒴果倒卵状或近卵状。种子黑色，三棱状。

产于神农架新华，生于海拔500m的沟边灌木丛中。

图85-9　苍叶守宫木

6. 重阳木属 Bischofia Blume

乔木。有红色或淡红色乳汁。叶互生，三出复叶，边缘具有细锯齿；托叶小，早落。雌雄异株，组成腋生圆锥花序或总状花序；花序通常下垂；无花瓣及花盘；萼片5枚；雄花萼片镊合状排列，雄蕊5枚，与萼片对生，退化雌蕊短而宽，有短柄；雌花萼片覆瓦状排列，形状和大小与雄花的相同，子房上位，3室，每室有胚珠2枚。果实小，浆果状，不分裂；外果皮肉质，内果皮坚纸质。2种。我国均有，神农架也有。

分种检索表

1. 落叶乔木；小叶片基部圆或浅心形 ································· 1. 重阳木 B. polycarpa
1. 常绿或半常绿大乔木；小叶片基部宽楔形或钝 ··················· 2. 秋枫 B. javanica

1. 重阳木 | Bischofia polycarpa (Léveillé) Airy-Shaw 图85-10

落叶乔木。皮孔明显。三出复叶；顶生小叶通常较两侧的大，小叶片纸质，卵形或椭圆状卵形，顶端凸尖或短渐尖，基部圆或浅心形；托叶早落。雌雄异株，春季与叶同时开放，总状花序；花序轴纤细而下垂；雄花萼片半圆形，膜质，花丝短，有明显的退化雌蕊；雌花萼片与雄花的相同，有白色膜质的边缘，子房3~4室，每室2枚胚珠。果实浆果状，成熟时褐红色。

产于神农架木鱼至兴山一带，生于海拔200~500m的河边疏林中。根、树皮和叶入药。

2. 秋枫 | Bischofia javanica Blume 图85-11

常绿或半常绿大乔木。砍伤树皮后流出汁液红色，干凝后变瘀血状；木材鲜时有酸味。三出复叶，稀5枚小叶；小叶卵形、椭圆形、倒卵形或椭圆状卵形。花小，雌雄异株，多朵组成腋生的圆锥花序；雌花序下垂；雄花萼片膜质，半圆形，内面凹成勺状，外面被疏微柔毛，退化雌蕊小，盾状，被短柔毛；雌花萼片长圆状卵形，内面凹成勺状，外面被疏微柔毛，边缘膜质。果实浆果状，圆球形或近圆球形，淡褐色。种子长圆形。花期4~5月，果期8~10月。

巴东、巫山、巫溪等县有栽培。根、叶可药用。

图85-10 重阳木

图85-11 秋枫

86. 杨柳科 | Salicaceae

落叶乔木或直立、垫状和匍匐灌木。单叶互生，不分裂或浅裂，全缘或具锯齿。花单性，雌雄异株，稀杂性；柔荑花序，直立或下垂，先于叶开放，或与叶同时开放；花着生于苞片与花序轴间；苞片脱落或宿存；基部有杯状花盘或腺体；雄蕊2枚至多枚，花药2室；雌花子房无柄或有柄，雌蕊由2～5枚心皮合成，子房1室，侧膜胎座，胚珠多数，柱头2～4裂。蒴果2～5瓣裂。种子微小，胚直立，无胚乳。

90属约1520种。我国有13属386种，湖北有6属40种，神农架产6属30种。

分属检索表

1. 种子具毛。
  2. 萌生枝髓心五角状，有顶芽，芽鳞多数············1. 杨属Populus
  2. 萌枝髓心近圆形，无顶芽，芽鳞1枚············2. 柳属Salix
1. 种子无毛。
  3. 果为浆果；种子无翅。
    4. 叶大型，掌状叶脉，叶柄有腺体············3. 山桐子属Idesia
    4. 叶小型，羽脉，叶柄无腺体············4. 柞木属Xylosma
  3. 果为蒴果；种子具翅。
    5. 蒴果大型，长2～6cm；种子一端具翅············5. 山羊角树属Carrierea
    5. 蒴果长不超过3cm；种子周边具翅············6. 山拐枣属Poliothyrsis

1. 杨属Populus Linnaeus

乔木。常有顶芽，芽鳞多数，常有黏脂。枝有长短枝之分，萌生枝髓心五角形。叶互生，多为卵圆形、卵圆状披针形或三角状卵形，齿状缘；叶柄长，侧扁或圆柱形，先端有或无腺点。柔荑花序下垂，常先于叶开放；雄花序较雌花序稍早开放；苞片膜质，早落，花盘斜杯状；雄花有雄蕊4至多枚，着生于花盘内；花柱短，柱头2～4裂。蒴果2～5裂。种子小，多数。

100多种。我国约71种，湖北产8种，神农架产6种。

分种检索表

1. 叶柄扁平。
  2. 叶下面密被白色或灰色绒毛层············1. 毛白杨P. tomentosa
  2. 叶下面无密被的绒层，叶缘具较整齐的钝锯齿············2. 响叶杨P. adenopoda

```
1. 叶柄圆形。
    3. 叶柄顶端至少部分有腺体。
        4. 叶缘具波状浅齿·············································5. 山杨 P. davidiana
        4. 叶缘具细密锯齿。
            5. 芽、叶柄与蒴果无毛或近无毛·······················3. 椅杨 P. wilsonii
            5. 芽、叶柄与蒴果被毛·····································4. 大叶杨 P. lasiocarpa
    3. 叶柄顶端绝无腺体·············································6. 小叶杨 P. simonii
```

1. 毛白杨 | Populus tomentosa Carrière 图86-1

落叶乔木。树干散生菱形皮孔。芽卵形，花芽卵圆形或近球形。长枝叶阔卵形或三角状卵形，长10~15cm，宽8~13cm，先端渐尖，基部常心形，边缘具牙齿，下面密生毡毛，后渐脱落；叶柄长3~7cm，顶端通常有2~4个腺点；短枝叶通常较小。雄花序长10~20cm，雄蕊6~12枚；雌花序长4~7cm，子房长椭圆形，柱头2裂。果序长达14cm，蒴果圆锥形或长卵形。花期3月，果期4~5月。

原产于我国华北，神农架有栽培。树皮和花序入药。

2. 响叶杨 | Populus adenopoda Maximowicz 图86-2

乔木。高达30m。树皮灰白色。芽圆锥形，有黏质。叶卵状圆形，长5~15cm，宽4~7cm，先端长渐尖，基部截形或心形，边缘有圆锯齿，齿端有腺点，上面无毛或沿脉有柔毛，下面灰绿色，幼时被密柔毛；叶柄侧扁，被毛，长2~12cm，顶端有2个显著腺点。雄花序长6~10cm，花序轴有毛。果序长12~30cm，蒴果卵状长椭圆形，长4~6mm。种子倒卵状椭圆形。花期3~4月，果期4~5月。

产于神农架宋洛、下谷、阳日—新华（zdg 4541）、兴山黄粮—峡口一线（zdg 4382）、猴子包—南阳（zdg 4227），生于海拔500m的山坡沟旁。树皮、根皮或叶入药。

图86-1 毛白杨　　　　　　　　　　图86-2 响叶杨

3. 椅杨 | Populus wilsonii C. K. Schneider 图86-3

落叶乔木。小枝粗壮，圆柱形，无毛，顶芽卵圆形，红褐色，微具黏质。叶宽卵形、近圆形至宽卵状长椭圆形，先端钝尖，基部心形，边缘有腺状圆齿牙，背面灰绿色，初被绒毛，后渐脱落；叶脉隆起；叶柄圆，紫色，先端有时具腺点。花期4～5月，果期5～6月。

产于神农架高海拔地区，生于海拔1800m的山坡。木材用于制椅；叶柄红色，叶色灰绿，可供观赏。

4. 大叶杨 | Populus lasiocarpa Olivier 图86-4

乔木。树皮暗灰色，纵裂。芽大，卵状圆锥形，具黏质。叶卵形，长15～30cm，宽10～15cm，先端渐尖，基部深心形，常具2个腺点，边缘具腺锯齿，上面无毛，下面具柔毛，沿脉尤为显著；叶柄圆，长8～15cm，通常与中脉同为红色。雄花序长9～12cm，花轴具柔毛。果序长15～24cm，轴具毛，蒴果卵形，密被绒毛。种子棒状。花期4～5月，果期5～6月。

产于神农架小龙潭、燕天景区（zdg 6474），生于海拔2200m的山坡。根皮入药；木材用于制椅；叶柄红色，叶色灰绿，可供观赏。

图86-3　椅杨　　　　　　　图86-4　大叶杨

5. 山杨 | Populus davidiana Dode 图86-5

乔木。树皮光滑。芽卵形或卵圆形，微有黏质。叶三角状卵圆形或近圆形，长3～6cm，先端渐尖，基部截形至浅心形，边缘有密波状浅齿；叶柄侧扁，长2～6cm。花序轴有疏毛或密毛；雄花序长5～9cm，雄蕊5～12枚；雌花序长4～7cm，子房圆锥形，柱头2深裂，带红色。果序长达12cm，蒴果卵状圆锥形。花期3～4月，果期4～5月。

产于神农架高海拔地区（松柏—大岩屋—燕天，zdg 4679），生于海拔1600～2400m的山坡。树皮、根皮、茎枝可入药；树叶为金丝猴喜食。

6. 小叶杨 | Populus simonii Carrière 图86-6

乔木。树皮暗灰色，沟裂。芽细长，先端长渐尖，有黏质。叶菱状卵形或菱状倒卵形，长3～12cm，宽2～8cm，中部以上较宽，先端渐尖，基部楔形或窄圆形，边缘具细锯齿，无毛，上面淡绿色，下面灰绿；叶柄圆筒形，长0.5～4cm，黄绿色或带红色。雄花序长2～7cm，花序轴无毛，雄蕊8~9枚；雌花序长2.5~6cm。果序长达15cm，蒴果小，2（~3）瓣裂，无毛。花期3~5月，果期4~6月。

原产于我国华北，神农架有栽培。树皮入药；树冠狭窄奇特，可供观赏。

图86-5　山杨

图86-6　小叶杨

2．柳属 Salix Linnaeus

乔木或灌木。枝圆柱形，髓心近圆形，无顶芽。叶互生，稀对生，通常狭而长，多为披针形，具羽状脉，有锯齿或全缘；叶柄短；具托叶，常早落。柔荑花序直立或斜展，先于叶开放，或与叶同时开放；苞片全缘，宿存；雄蕊2至多枚，花丝离生，或部分或全部合，腺体1~2枚；雌蕊由2枚心皮组成，子房无柄或有柄，花柱单一或分裂，柱头1~2裂。蒴果2瓣裂。种子小，多暗褐色。

约520种。我国275种，湖北有25种，神农架产20种。

分种检索表

```
1．垫状灌木（10．青藏柳组）··············································20．柳属一种 S. sp.
1．直立灌木或小乔木。
　2．叶长为宽的4倍以上，多呈披针形。
　　3．叶全缘或近于全缘。
　　　4．叶下面被绢毛或绒毛（13．裸柱头柳组）。
　　　　5．小枝光滑无毛··················································4．川鄂柳 S. fargesii
　　　　5．小枝密被灰色卷曲柔毛········································19．纤柳 S. phaidima
　　　4．叶下面散生绢毛或柔毛或无毛（9．繁柳组）。
　　　　6．叶柄长5mm以内。
　　　　　7．苞片有毛。
　　　　　　8．子房无柄··············································17．兴山柳 S. mictotricha
　　　　　　8．子房近无柄。
　　　　　　　9．缘毛与苞片近等长······································18．多枝柳 S. polyclona
```

```
            9. 缘毛长于苞片1~2倍·····················5. 丝毛柳 S. luctuosa
          7. 苞片无毛··············································14. 周至柳 S. tangii
       6. 叶柄长5mm以上。
          10. 小枝有毛············································9. 中华柳 S. cathayana
          10. 小枝无毛············································8. 小叶柳 S. hypoleuca
    3. 叶缘有锯齿。
       11. 叶先端钝形、急尖或短渐尖（35. 郝柳组）·············3. 红皮柳 S. sinopurpurea
       11. 叶先端长渐尖或渐尖。
          12. 叶柄上部两侧具腺体（3. 紫柳组）。
             13. 叶先端有腺点。
                14. 叶椭圆形、卵圆形至椭圆状披针形········15. 腺柳 S. chaenomeloides
                14. 叶披针形或大圆形·····················16. 南川柳 S. rosthornii
             13. 叶先端无腺点或有时具腺点·················1. 紫柳 S. wilsonii
          12. 叶柄上部两侧无腺体（6. 柳组）。
             15. 枝下垂·······································6. 垂柳 S. babylonica
             15. 枝直立或开展，不下垂。
                16. 叶长为宽的3倍左右·····················13. 碧口柳 S. bikouensis
                16. 叶长为宽的3倍以上·····················7. 旱柳 S. matsudana
 2. 叶长短于宽的4倍以下，多为椭圆形。
    17. 托叶半心形至近圆形（24. 黄花柳组）
       18. 叶上面皱折，嫩叶较明显····················11. 中国黄花柳 S. sinica
       18. 叶上面还平滑···································10. 皂柳 S. wallichiana
    17. 托叶不为上述形状或早落。
       19. 叶长一般不超过5cm（33. 秋华柳组）·············2. 秋华柳 S. variegata
       19. 叶长一般在5cm以上（30. 川柳组）·················12. 川柳 S. hylonoma
```

1. 紫柳 | Salix wilsonii Seemen ex Diels　图86-7

乔木。嫩枝有毛，后无毛。叶广椭圆形至长圆形，长4~6cm，宽2~3cm，先端渐尖，基部楔形至圆形，幼叶常发红色，上面绿色，下面苍白色，边缘有锯齿；叶柄长7~10mm，通常上端无腺点；托叶早落。花与叶同时开放；雄花序长2~6cm，疏花，轴密生白柔毛，雄蕊3~6枚；雌花序长2~4cm（果期达6~8cm），子房狭卵形或卵形，有长柄。蒴果卵状长圆形。花期3~4月，果期5月。

产于神农架各地，生于海拔1500m的山坡疏林地。根皮可入药。

2. 秋华柳 | Salix variegata Franchet　图86-8

灌木。高1m左右。幼枝粉紫色，有绒毛，后无毛。叶通常为长圆状倒披针形，长1.5cm，宽约4mm，先端急尖或钝，上面散生柔毛，下面有伏生绢毛，稀脱落，全缘或有锯齿；叶柄短。花于叶后开放；花序长1.5~2.5cm；雄蕊2枚，花丝合生；雌花序较粗，子房卵形，有密柔毛。果序长达

4cm，蒴果狭卵形，长达4mm。花期不定，通常在秋季开花。

产于神农架各地，生于海拔1500m的山坡疏林地。枝皮入药。

图86-7　紫柳

图86-8　秋华柳

3．红皮柳 ｜ Salix sinopurpurea C. Wang et Chang Y. Yang　图86-9

灌木。小枝无毛。芽长卵形或长圆形。叶对生或斜对生，披针形，长5~10cm，宽1~1.2cm，先端短渐尖，基部楔形，边缘有腺锯齿，上面淡绿色，下面苍白色，成叶两面无毛；叶柄长3~10mm；托叶几等于叶柄长。花先于叶开放；花序圆柱形，长2~3cm；无花序梗；雄蕊2枚，花丝合生；子房卵形，密被灰绒毛，柄短，柱头头状。花期4月，果期5月。

产于神农架松柏、宋洛，生于海拔1300m的河边。根、树皮和枝条入药。

图86-9　紫柳

4．川鄂柳 ｜ Salix fargesii Burkill

分变种检索表

1. 子房和果实具毛 ·· 4a．川鄂柳 S. fargesii var. fargesii
1. 子房和果实无毛 ·· 4b．甘肃柳 S. fargesii var. kansuensis

4a．川鄂柳（原变种）Salix fargesii var. fargesii　图86-10

乔木或灌木。芽顶端有疏毛。叶椭圆形或狭卵形，长达11cm，宽达6cm，先端急尖至圆形，基部圆形至楔形，边缘有细腺锯齿，上面暗绿色，下面淡绿色，脉上被长柔毛；叶柄长达1.5cm，通常有数枚腺体。花序长6~8cm；雄蕊2枚；子房有长毛，有短柄，花柱长约1mm，上部2裂，柱头2

裂。果序长12cm，蒴果长圆状卵形，有毛，有短柄。

产于神农架各地（燕天景区，zdg 6470），生于海拔1500m的山坡和路旁。根和叶均能入药；幼芽红色，小枝紫红色，可作观芽植物。

4b．甘肃柳（变种）Salix fargesii var. kansuensis (Hao) N. Chao　图86-11

本变种与原变种的主要区别：子房和果无毛。

产于神农架各地，生于海拔1500m的山坡和路旁。用途同原变种的。

图86-10　川鄂柳

图86-11　甘肃柳

5．丝毛柳 ｜ Salix luctuosa H. Léveillé

灌木。叶椭圆形或狭椭圆形。雄花序基部有3~4小叶，轴具疏长柔毛，花密生，雄蕊2枚，花丝中部以下有长柔毛，花药黄色，广椭圆形，苞片宽卵形，黄绿色或上部褐色，具长缘毛，或外面近无毛，腹腺1枚，背腺有或无，长椭圆形；雌花序基部有3小叶，子房卵形，无毛，无柄或近无柄，花柱先端2裂，柱头小，苞片卵形，有长柔毛，仅1枚腹腺。果序长可达5cm，蒴果。花期4月，果期4~5月。

产于神农架千家坪、巴东（神农架牛洞湾，付国勋、张志松 1026），生于海拔2100m的山坡稀树灌丛。

6．垂柳 ｜ Salix babylonica Linnaeus　图86-12

乔木。树皮不规则开裂。枝细，下垂。叶狭披针形或线状披针形，长9~16cm，宽0.5~1.5cm，先端长渐尖，基部楔形，两面无毛，上面绿色，下面色较淡，边缘具锯齿；叶柄长5~10mm，有短柔毛。花序先于叶开放，或与叶同时开放；雄花序长1.5~3cm，雄蕊2枚，腺体2枚；雌花序长达2~5cm，轴有毛，子房椭圆形，花柱短，柱头2~4深裂。蒴果长3~4mm。花期3~4月，果期4~5月。

图86-12　垂柳

原产于我国长江流域与黄河流域,神农架各地有栽培(阳日寨湾矿区,zdg 4357)。著名园林观赏植物;枝条入药。

7. 旱柳 | Salix matsudana Koidzumi　图86-13

乔木。树皮具裂沟。叶披针形,长5~10cm,宽1~1.5cm,先端长渐尖,基部宽楔形,上面绿色,无毛,下面苍白色或带白色,有细腺锯齿缘;叶柄短。花序与叶同时开放;雄花序圆柱形,长1.5~3cm,雄蕊2枚,花丝基部有长毛;雌花序较雄花序短,长达2cm,轴有长毛;子房长椭圆形,无毛,柱头卵形,近圆裂。果序长达2(~2.5)cm。花期4月,果期4~5月。

产于我国东北、华北平原、西北黄土高原,南至淮河流域,神农架有栽培(阳日寨湾矿区,zdg 4358)。园林观赏植物;根、皮、枝、种子入药。

8. 小叶柳 | Salix hypoleuca Seemen ex Diels　图86-14

灌木。枝无毛。叶披针形或椭圆状长圆形,长2~4cm,宽1.2~2.4cm,先端急尖,基部宽楔形,上面深绿色,下面苍白色,全缘;叶柄长3~9mm。花序梗在开花时长3~10mm。雄花序长2.5~4.5cm,雄蕊2枚,花丝中下部有长柔毛,花药球形,黄色;雌花序长2.5~5cm,密花,子房长卵圆形,花柱2裂,柱头短。蒴果卵圆形,长约2.5mm,近无柄。花期5月上旬,果期5月下旬至6月上旬。

产于神农架红坪(板仓、红河),木鱼(老君山),生于海拔1900~2500m的山坡。根、叶能入药。

图86-13 旱柳

图86-14 小叶柳

9. 中华柳 | Salix cathayana Diels　图86-15

灌木。当年生小枝具绒毛。叶长椭圆形或椭圆状披针形,长1.5~5.2cm,宽6~15mm,两端钝或急尖,上面深绿色,下面苍白色,无毛,全缘;叶柄长2~5mm。雄花序长2~3.5cm,密花,有长柔毛,雄蕊2枚,花丝下部有疏长柔毛,花药黄色;雌花序狭圆柱形,长2~5cm,密花,子房无柄,无毛,花柱短,顶端2裂。蒴果近球形,无柄或近无柄。花期5月,果期6~7月。

产于神农架高海拔地区,生于山坡疏林地或灌丛地。枝叶入药。

10. 皂柳 | Salix wallichiana Andersson 图86-16

灌木或小乔木。芽卵形，无毛。叶披针形，长4～10cm，宽1～3cm，先端渐尖，基部宽楔形，上面初有丝毛，下面有短柔毛或无，全缘；叶柄长约1cm；托叶小。花序先于叶开放或近同时开放；雄花序长1.5～2.5（3）cm，雄蕊2枚，花丝离生；雌花序圆柱形，长2.5～4cm，子房狭圆锥形，密被短柔毛，花柱短至明显，2～4裂。果序可伸长至12cm，蒴果开裂后果瓣反卷。花期4月中下旬至5月初，果期5月。

产于神农架各地（宋洛，zdg 4370和zdg 4372；长青，zdg 5861），生于海拔900～1900m的山坡林中。根入药。

图86-15　中华柳

图86-16　皂柳

11. 中国黄花柳 | Salix sinica (K. S. Hao ex C. F. Fang et A. K. Skvortsov) G. Zhu 图86-17

灌木或小乔木。叶形多变化，一般为椭圆形、椭圆状披针形、椭圆状菱形、倒卵状椭圆形、稀披针形或卵形、宽卵形。花先于叶开放；雄花序无梗，宽椭圆形至近球形，自上往下开放；雌花序短圆柱形，基部有2枚具绒毛的鳞片，子房狭圆锥形。蒴果线状圆锥形，果柄与苞片几等长。花期4月下旬，果期5月下旬。

产于神农架各地，生于海拔800～1900m的山坡林中。早春（雄株）黄花满树，可供观赏。

12. 川柳 | Salix hylonoma C. K. Schneider 图86-18

小乔木。叶芽三角状卵形，先端微内弯。叶椭圆形、长圆状披针形、卵状披针形或卵形。花叶同开，或稍先于叶开放；花序呈现金色光泽，几无花序梗；雄花雄蕊2枚，完全合生或仅花丝不同程度地合生，基部有柔毛，花药红紫色，广椭圆形，苞片椭圆形或倒卵形，两面常有金色长毛，腺体1枚，腹生，狭圆柱形，与苞片近等长；雌花子房卵形，发红色，花柱明显，2裂，柱头2裂，苞片、腺体同雄花的。蒴果有短柄，具疏柔毛。

产于神农架阳日，生于海拔700m的山坡林中。

图86-17　中国黄花柳

图86-18　川柳

13．碧口柳 | Salix bikouensis Y. L. Chou

分变种检索表

1. 子房无毛 ·· 13a．碧口柳 S. bikouensis var. bikouensis
1. 子房下部有柔毛 ·· 13b．毛碧口柳 S. bikouensis var. villosa

13a．碧口柳（原变种）Salix bikouensis var. bikouensis　图86-19

小乔木或灌木。叶披针形，先端短渐尖和渐尖。花序与叶同时开放；雄花序狭圆柱状，有2~3枚小叶，小叶倒披针形或披针形，轴有密柔毛，雄蕊2枚，花丝基部合生，下部有毛，苞片长卵形；雌花序有3~4枚倒卵状披针形叶，轴有密柔毛，子房长圆状卵形，花柱短而明显，柱头4裂；苞片卵形，先端圆，褐色，外面下部及两侧有黄色或黄白色长毛，内面有疏黄色或疏黄白色长毛，腺体1（~2）枚，腹生，较宽，先端尖裂或全缘，有时有背腺。蒴果无毛。花期4月初，果期4月。

产于神农架松柏、宋洛、阳日，生于海拔800m以下的山坡疏林中。

图86-19　碧口柳

13b．毛碧口柳（变种）Salix bikouensis var. villosa Y. L. Chou

本变种与原变种的主要区别：子房下部有柔毛，苞片两面有长毛；小枝略下垂。产地与原种的大致相同。

14. 周至柳 | Salix tangii K. S. Hao ex C. F. Fang et A. K. Skvortsov

直立灌木。小枝稍带红紫色，无毛，雄株小枝微被短柔毛。叶长圆形或椭圆状长圆形，先端急尖或钝，基部圆形或宽楔形，上面绿色，下面淡绿色，幼时被毛，后无毛，全缘。雄序圆柱形，轴被长柔毛，雄蕊2枚，花丝基部具柔毛，苞片倒卵形，无毛，比花丝短一半，腹腺圆柱形；雌花序圆柱形，子房卵球形，无柄，无毛，花柱2裂，柱头短，苞片宽卵圆形，无毛，腹腺圆柱形，长为苞片的一半。花期5月下旬至6月初，果期6月。

产于神农架木鱼（马家农场，赵士洞 2012），生于海拔2200～2500m的山坡疏林地或林缘。

15. 腺柳 | Salix chaenomeloides Kimura　图86-20

落叶乔木。枝暗褐色或红褐色，有光泽。叶椭圆形、卵圆形至椭圆状披针形，先端锐尖或急尖，基部楔形，稀为圆形，边缘具有腺锯齿，两面无毛；叶柄先端具腺点；托叶2枚，呈半圆形或长圆形，边缘具有腺锯齿。雄花有卵圆形小苞片，雄蕊5枚；雌花序下垂，圆柱形，子房有柄，无毛，背腹面各具1枚腺体，柱头2裂，每裂片又2分裂，无毛。花期4月，果期5月。

产于神农架低海拔地区，生于海拔700m以下的河边林中。

图86-20　腺柳

16. 南川柳 | Salix rosthornii Seemen　图86-21

落叶乔木或灌木。幼枝被毛，后无毛。叶披针形或长圆形，先端渐尖，基部楔形，上面亮绿色，下面浅绿色，两面无毛，边缘有整齐的腺锯齿；叶柄上端或有腺点；萌枝上的托叶发达，肾形或偏心形。花与叶同时开放，花序梗基部有3～6枚小叶；雄蕊3～6枚，基部被短柔毛；苞片卵形，基部有柔毛；子房无毛，有长柄，花柱短，2裂，腺体2枚。花期3～4月，果期5月。

产于神农架木鱼至兴山一带，生于海拔800m的山坡林中。

图86-21　南川柳

17. 兴山柳 | Salix mictotricha C. K. Schneider　图86-22

灌木。叶椭圆形或宽椭圆形，先端近急尖或近圆形，基部圆形，上面绿色，具疏柔毛，下面苍白色。雄花序近无梗，密花，轴有长柔毛，雄蕊2枚，花药黄色，宽椭圆形；雌花序圆柱形，花序梗短，其上着生2～3枚正常小叶，轴具疏柔毛，子房卵状椭圆形，无毛，无柄，花柱上端2裂，柱头各2裂，苞片长圆形，基部有疏柔毛，几与子房等长，黄褐色，腺体1枚，腹生。蒴果有短柄。花期5月，果期5月下旬至6月。

产于神农架高海拔地区，生于海拔2200m的山顶灌丛中。

图86-22　兴山柳

18. 多枝柳 | Salix polyclona C. K. Schneider　图86-23

灌木。小枝紫褐色，近无毛。叶椭圆形或椭圆状长圆形，先端钝或急尖，基部圆形，上面沿中脉具白绒毛，下面苍白色，有密柔毛，全缘；叶柄具白柔毛或绒毛。雄花雄蕊2枚，花丝基部具柔毛，花药球形，黄色，苞片倒卵形，内面被疏微毛，腹腺1枚，棒形；雌花子房卵状长圆形，近无柄，花柱先端近2裂，苞片褐色，两面有柔毛，边缘具长缘毛，腹腺1枚，长圆形。蒴果卵状圆锥形，有短柄。花期5月，果期6月。

产于神农架高海拔地区，生于海拔2200m的山顶灌丛中。

图86-23　多枝柳

19. 纤柳 ｜ *Salix phaidima* C. K. Schneider　图86-24

落叶乔木或灌木。小枝多少被灰色皱曲毛，芽被毛。叶线状披针形至卵状披针形，先端急尖，基部圆至楔形，背面初密被白色丝状绒毛，有光泽，中脉隆起，全缘，稀有不规则的细腺锯齿。花序纤细，序轴被丝状皱曲毛，苞片长圆形，先端钝，雄蕊2枚，花丝分离或下部连合，被长毛，具背腹腺体；雌花子房无柄。蒴果无柄，被丝状毛。花期5月，果期6月。

产于神农架阳日，生于海拔1700m的山坡林中。

图86-24　纤柳

20. 柳属一种 | Salix sp. 图86-25

落叶垫状灌木。小枝无毛，淡紫褐色。叶披针形，背面初密被白色丝状绒毛，后脱落无毛，绿色。花序粗短，雄蕊2枚，被长毛，具背腹腺体；雌花子房无柄。蒴果无柄，被丝状毛。花期7月，果期8月。

产于神农架南天门，生于海拔2400m的沼泽地中。

图86-25 柳属一种

3. 山桐子属 Idesia Maximowicz

落叶乔木。单叶互生；叶柄细长，有腺体；托叶小。雌雄异株或杂株，圆锥花序顶生；花瓣无；雄花花萼3~6枚，有柔毛；雄蕊多数，着生在花盘上，有软毛，花药纵裂，有退化子房；雌花淡紫色，花萼3~6枚，两面有密柔毛；子房1室，侧膜胎座，柱头膨大。浆果。种子红棕色，外种皮膜质。

单种属，神农架有分布。

1. 山桐子 | Idesia polycarpa Maximowicz

分变种检索表

1. 叶下面沿脉有疏柔毛，脉腋有丛毛················1a. 山桐子 I. polycarpa var. polycarpa
1. 叶下面有密柔毛，脉腋无丛毛····················1b. 毛叶山桐子 I. polycarpa var. vestita

1a. 山桐子（原变种）Idesia polycarpa var. polycarpa 图86-26

特征同属的描述。花期4~5月，果期10~11月。

产于神农架宋洛、新华、下谷、阳日，生于海拔1200~1500m的山坡林中。种子油供药用；园林观赏树木。

1b. 毛叶山桐子（变种）Idesia polycarpa var. vestita Diels 图86-27

本变种与原变种的区别：叶下面有密的柔毛，无白粉而为棕灰色，脉腋无丛毛；叶柄有短毛；花序梗及花梗有密毛。

产于神农架红坪、阳日（zdg 6148）、长青（zdg 5807），生长于海拔1500~2000m的山坡林中。种子油供药用；园林观赏树木。

图86-26 山桐子

图86-27 毛叶山桐子

4. 柞木属 Xylosma G. Forster

小乔木或灌木。树枝有刺。叶薄革质；托叶缺。花小，单性，雌雄异株，稀杂性；花序总状或圆锥状腋生；花萼小；花瓣缺；雄花花盘4~8裂，雄蕊多数，花丝丝状，顶端无附属物；雌花花盘环状，子房1室，侧膜胎座，花柱短或缺，柱头头状或2~6裂。浆果核果状，黑色。种皮骨质，光滑。

100种。我国3种，湖北有2种，神农架有1种。

柞木 | Xylosma congesta (Loureiro) Merrill 图86-28

常绿乔木。叶广卵形或卵状椭圆形，基部楔形或圆形，两面无毛或近基部中脉有污毛。总状花序腋生，有柔毛，花梗极短，花瓣无；雄花花丝细长，花盘由多数腺体组成；雌花花盘圆盘状，侧膜胎座，花柱短，柱头2裂。浆果。种子卵形，有黑色条纹。花期春季，果期冬季。

产于神农架木鱼、新华，生于海拔800m以下的林边、丘陵和平原或村边附近灌丛中。树皮、树枝、叶、根入药；园林观赏树木。

图86-28 柞木

5. 山羊角树属 Carrierea Franchet

乔木。单叶互生。圆锥花序顶生或腋生，有绒毛；花单性，雌雄异株；花梗基部有苞片；花萼5枚，反卷；花瓣缺；雄花大，雄蕊多数，着生于花托上，有退化雌蕊；雌花小，侧膜胎座，胚珠多数，柱头3裂，有退化雄蕊。蒴果，羊角状，有绒毛。种子有翅。

2种。我国均产，湖北有1种，神农架也有。

山羊角树 | Carrierea calycina Franchet　图86-29

乔木。小枝有皮孔。叶片边缘有疏锯齿，齿尖有腺体，沿脉有疏绒毛。花白色，圆锥花序顶生，有密绒毛，无花瓣；雄花雄蕊多数，花丝丝状，花药2室，有退化雌蕊；雌花比雄花小，有退化雄蕊，子房上位，有棕色绒毛。蒴果木质，羊角状，有喙，有棕色绒毛。种子四周有膜质翅。花期5～6月，果期7～10月。

产于神农架各地，生于海拔700～1600m的山坡林中和林缘。种子入药。

图86-29　山羊角树

6．山拐枣属 Poliothyrsis Oliver

落叶乔木。单叶互生，叶片卵形，两侧有腺体；有3～5条基出脉。花单性，圆锥花序顶生，花多数；雌花在花序顶端，雄花在花序的下部；萼片5枚；花瓣无；雄花雄蕊多数，退化子房小；雌花退化雄蕊多数，子房1室，胚珠多数，花柱3枚，柱头2裂。蒴果，有毛。种子有翅。

单种属，我国特产，神农架也有。

山拐枣 | Poliothyrsis sinensis Oliver　图86-30

特征同属的描述。花期夏初，果期5～9月。

产于神农架木鱼、新华，生于海拔400～1500m的山坡落叶阔叶混交林中。

图86-30　山拐枣

87. 堇菜科 | Violaceae

多年生草本、半灌木或小灌木。单叶互生，全缘、有锯齿或分裂，有叶柄；托叶小或叶状。花两性、单性或杂性，单生或花序腋生或顶生呈穗状、总状或圆锥状；萼片覆瓦状，同形或异形；花瓣覆瓦状或旋转状，异形，基部囊状或有距；雄蕊5枚，下位，花药直立，药隔至药室顶端延伸成膜质附属物，花丝很短或无，下方2枚雄蕊基部有距状蜜腺；子房上位，1室，具3~5侧膜胎座，花柱单一，稀分裂，柱头形状各异，胚珠倒生。果为蒴果或浆果。种子无柄或具极短的种柄。

约22属900~1000种。我国有3属101种，湖北有1属35种，神农架有1属29种。

堇菜属 Viola Linnaeus

草本。单叶互生或基生，全缘、具齿或分裂；托叶叶状。花两性，单生；萼片略同形，基部延伸成可见的附属物；花瓣异形，下方1瓣稍大且基部延伸成距；雄蕊花丝极短，花药药隔顶端延伸成膜质附属物，下方2枚雄蕊基部有距状蜜腺；子房1室，侧膜胎座，花柱棍棒状，前方有或无喙，柱头孔位于喙端或柱头上。蒴果。

550余种。我国有96种，湖北有35种，神农架有29种。

分种检索表

1. 花柱上部2深裂，花黄色。
    2. 叶片卵状心形、宽卵形 ·················· 1. 四川堇菜 V. szetschwanensis
    2. 叶片肾形或近圆形，有时为宽卵形 ·················· 2. 双花堇菜 V. biflora
1. 花柱上部不裂，形成明显柱头，花白色或紫色。
    3. 柱头成头状或球状，腹面无喙 ·················· 3. 三色堇 V. tricolor
    3. 柱头不成头状或球状，腹面具喙。
        4. 果梗弯曲 ·················· 4. 球果堇菜 V. collina
        4. 果梗直立。
            5. 柱头前方延伸成钩状喙。
                6. 柱头有乳头状凸起 ·················· 5. 鸡腿堇菜 V. acuminata
                6. 柱头无乳头状凸起。
                    7. 柱头蚕头状，具粗短之喙，柱头孔粗。
                        8. 基生叶莲座状，基部宽楔形，下延于叶柄 ·················· 6. 庐山堇菜 V. stewardiana
                        8. 基生叶卵形至心形，基部浅心形，不下延于叶柄 ·················· 7. 紫花堇菜 V. grypoceras
                    7. 柱头鸟嘴状，喙稍细而长，柱头孔细 ·················· 8. 奇异堇菜 V. mirabilis
            5. 柱头前方不延伸成钩状喙。

9．地上茎明显。

  10．叶卵形或卵状披针形，长远大于宽…………………………………………9．巫山堇菜 V. henryi

  10．叶三角状心形或卵状心形，长、宽近相等………………………………10．如意草 V. arcuata

9．具缩短的地上茎或无地上茎。

  11．托叶离生或仅基部与叶柄合生。

    12．花较大，匍匐茎缺乏或后期生出，叶大型。

      13．叶三角形或三角状卵形或长卵形……………………………11．犁头叶堇菜 V. magnifica

      13．叶心形或近肾形………………………………………………………12．萱 V. vaginata

    12．花较小，植株具发达的匍匐枝。

      14．匍匐枝枝顶端簇生莲座状叶……………………………………………13．七星莲 V. diffusa

      14．匍匐枝上具均匀散生的叶。

        15．植株常具柔毛。

          16．低矮小草本，根状茎稍细而短…………………………………14．亮毛堇菜 V. lucens

          16．植株较高，根状茎粗长……………………………………15．柔毛堇菜 V. fargesii

        15．植株通常无毛，稀散生短毛。

          17．柱头顶端向前方弯曲成钩状喙。

            18．托叶卵形至宽披针形，全缘………………………………………………

                …………………………………………16．阔萼堇菜 V. grandisepala

            18．托叶披针形，边缘具长流苏状齿……………………………………

                …………………………………………17．福建堇菜 V. kosanensis

          17．柱头前方的喙短，非钩状……………………………18．深圆齿堇菜 V. davidii

  11．托叶1/2～2/3与叶柄合生。

    19．叶掌状3全裂……………………………………………………19．南山堇菜 V. chaerophylloides

    19．叶不裂。

      20．花白色…………………………………………………………………20．蒙古堇菜 V. mongolica

      20．花紫色或淡紫色。

        21．叶较宽，卵形至三角状卵形。

          22．叶面沿叶脉有白色斑纹…………………………………21．斑叶堇菜 V. variegata

          22．叶面无白色斑纹。

            23．叶三角形至三角状卵形………………………………22．长萼堇菜 V. inconspicua

            23．叶卵形至长圆状卵形。

              24．果球形，无毛…………………………………23．圆果堇菜 V. sphaerocarpa

              24．果椭圆形或卵状椭圆形。

                25．花较大，长1.5～2cm。

                  26．叶柄被白色短柔毛……………………………………

                     ………………………24．深山堇菜 V. selkirkii

                  26．叶柄无毛………………………………………

                     ………………………25．心叶堇菜 V. yunnanfuensis

25. 花较小，长0.8~1.3cm ··· 26. 圆叶堇菜 V. striatella
21. 叶较狭长，舌形至披针形。
　27. 叶基部稍下延，叶柄较粗壮 ··· 27. 早开堇菜 V. prionantha
　27. 叶基部不下延，叶柄较长。
　　28. 托叶褐色；花白色或淡紫色 ···································· 28. 戟叶堇菜 V. betonicifolia
　　28. 托叶苍白色或淡绿色；花紫堇色或淡紫色 ·················· 29. 紫花地丁 V. philippica

1. 四川堇菜 | Viola szetschwanensis W. Becker et H. Boissieu　图87-1

多年生草本。茎直立，较健壮。基生叶具长柄，卵状心形、宽卵形，先端短尖，基部深心形或心形；茎生叶宽卵形、肾形或近圆形。花黄色，单生于上部叶的叶腋，远较叶为长，近上部具2枚线形小苞片；萼片线形，基部附属物极短，截形；上方花瓣长圆形，具细的爪，侧方花瓣及下方花瓣稍短；药隔顶部具附属物，下方雄蕊之距短；子房密布褐色斑点，花柱下部膝曲，上部增粗。蒴果长圆形，表面密布褐色小点并疏生短柔毛。种子卵状。花期6~8月，果期7~10月。

产于神农架红坪、太阳坪八里坪（太阳坪队 216）、猴子石—南天门（zdg 7346），生于海拔2100m的高山冷杉林下。

2. 双花堇菜 | Viola biflora Linnaeus　图87-2

多年生草本。具根状茎及地上茎，无毛或幼茎上被疏柔毛。基生叶具长柄及钝齿，两面被柔毛；茎生叶具短柄，叶柄无毛至被短毛；具托叶。花黄色；花瓣具紫色脉纹；距短筒状；下方雄蕊之距呈短角状；花柱棍棒状，基部微膝曲，上半部2深裂，具明显的柱头孔。蒴果。花果期5~9月。

产于神农架下谷（板壁岩），生于海拔2500m的高山冷杉林下。

图87-1　四川堇菜

图87-2　双花堇菜

3. 三色堇 | Viola tricolor Linnaeus 图87-3

一年生无毛草本。地上茎高达30 cm，多分枝。基生叶有长柄，叶近圆心形；茎生叶矩圆状卵形或宽披针形，边缘具圆钝锯齿；托叶大，基部羽状深裂成条形或狭条形的裂片。花大，两侧对称，侧向，通常每花有3色，蓝色、黄色、近白色；花梗长，从叶腋生出，每梗1朵花；萼片5枚，绿色，矩圆披针形，顶端尖，全缘，底部的大；花瓣5枚，近圆形，假面状，覆瓦状排列，距短而钝、直。果椭圆形，3瓣裂。花期4~7月，果期5~8月。

原产于欧洲北部，神农架各地有栽培。观花植物。

4. 球果堇菜 | Viola collina Besser 图87-4

草本。具根状茎。基生叶呈莲座状，叶具浅而钝的锯齿，两面密生白色短柔毛；叶柄具狭翅，被倒生短柔毛；托叶膜质。花淡紫色；花瓣基部微带白色；子房被毛，花柱基部膝曲，疏生乳头状凸起，顶部向下方弯曲成钩状喙，喙端具较细的柱头孔。蒴果，密被白色柔毛，成熟时果梗常向下弯曲。花果期5~8月。

产于神农架九湖、红坪、阳日（阳日寨湾矿区，zdg 4355），生于海拔1800~2280m的沟旁草丛中。全草入药。

图87-3　三色堇

图87-4　球果堇菜

5. 鸡腿堇菜 | Viola acuminata Ledebour 鸡腿菜，红铧头草 图87-5

草本。具根状茎。茎无毛或被白柔毛。无基生叶；茎生叶具短缘毛及褐色腺点，沿脉被疏柔毛；托叶大，具褐色腺点，边缘及沿脉有毛。花淡紫色或近白色；花瓣有褐色腺点和紫色脉纹；距直，呈囊状；雄蕊距短而钝；花柱基部膝曲，顶部具乳头状凸起，先端具短喙，喙端微向上撇，具较大的柱头孔。蒴果，有黄褐色腺点。花果期5~9月。

产于神农架各地（阳日—新华，zdg 4508；麻湾，zdg 4771），生于海拔800~1800m的溪边石缝中。全草入药。

6. 庐山堇菜 | Viola stewardiana W. Becker 图87-6

多年生草本。茎地下部分横卧。基生叶莲座状，三角状卵形；茎生叶长卵形、菱形或三角状卵形；托叶披针形。花淡紫色，生于茎上部叶的叶腋；花瓣先端具明显微缺；下方2枚雄蕊无距，子房卵球形，无毛，花柱基部稍向前膝曲，向上方逐渐增粗，顶部无附属物，具钩状短喙，喙稍向上撅，顶端具较大的柱头孔。蒴果近球形，散生褐色腺体，先端具短尖。花期4～7月，果期5～9月。

产于神农架松柏、新华、阳日，生于海拔500～800m的沟旁灌丛中。全草入药。

图87-5 鸡腿堇菜

图87-6 庐山堇菜

7. 紫花堇菜 | Viola grypoceras A. Gray 图87-7

多年生草本。具根状茎。基生叶具褐色腺点，叶柄长；茎生叶叶柄较短；托叶具流苏状长齿。花淡紫色；花瓣具褐色腺点，边缘呈波状；距通常向下弯；雄蕊具长距；花柱基部稍膝曲，呈棒状，柱头无乳头状凸起，向前弯曲成短喙，喙端具较宽柱头孔。蒴果，密生褐色腺点。花期4～5月，果期6～8月。

产于神农架九湖、松柏，生于海拔1000m的山坡草丛中。全草入药。

图87-7 紫花堇菜

8. 奇异堇菜 | Viola mirabilis Linnaeu

多年生草本。茎直立，上部叶片密生。叶宽心形或肾形，先端圆或短尖，基部心形，具浅圆齿，上面两侧及下面叶脉被柔毛；基生叶叶柄具窄翅；托叶大，卵形。花较大，淡紫或紫堇色；萼片长圆状披针形或披针形，先端锐尖，基部附属物末端钝圆；花瓣倒卵形，侧瓣内面近基部密生长须毛，下瓣连距长达2cm，距较粗，上弯；花柱顶端微弯具短喙，无乳头状凸起，柱头孔较小。蒴果椭圆形，无毛。花果期5～8月。

产于神农架木鱼、新华，生于海拔1600~1950m的山坡岩石边。全草入药。

9. 巫山堇菜 | Viola henryi H. Boissieu   图87-8

多年生草本。具根状茎。基部无叶；顶部叶密集，两面散生短柔毛或近无毛；茎中下部叶叶柄较长；托叶具流苏状齿。花淡紫堇色，花瓣长圆状倒卵形；距浅囊状；下方雄蕊之距短角状；子房无毛或有长柔毛，花柱棍棒状，基部膝曲，柱头具缘边及短喙，喙端具圆形的柱头孔。花期3~5月，果期7月。

产于神农架红坪、松柏，生于海拔1400~2000m的山坡林下。

10. 如意草 | Viola arcuata Blume   图87-9

多年生草本。根状茎横走，地上茎通常数条丛生。基生叶三角状心形或卵状心形；茎生叶与基生叶的叶片相似。花淡紫色或白色；萼片卵状披针形，先端尖，基部附属物极短，呈半圆形，具狭膜质边缘；花瓣狭倒卵形，侧方花瓣具暗紫色条纹；花柱基部稍膝曲，向上渐增粗，柱头两侧裂片肥厚，向上直立，中央部分隆起呈鸡冠状，在前方裂片间的基部具向上撅起的短喙，喙端具圆形的柱头孔。蒴果长圆形。种子卵状，淡黄色花期3~6月。

产于神农架红坪、下谷，生于海拔1800m的山坡林下沼泽地中。

图87-8 巫山堇菜

图87-9 如意草

11. 犁头叶堇菜 | Viola magnifica C. J. Wang ex X. D. Wang   图87-10

多年生草本。根状茎粗壮；叶均基生，三角形、三角状卵形或长卵形；托叶大型，1/2~2/3与叶柄合生，分离部分线形或狭披针形，边缘近全缘或疏生细齿。花未见。蒴果椭圆形，无毛；果梗长4~15cm，在近中部和中部以下有2枚小苞片；小苞片线形或线状披针形；宿存萼片狭卵形，基部附属物长3~5mm，末端齿裂。花期3~4月，果期7~9月。

产于神农架各地（断江坪，鄂植考队25515；长坊鱼儿沟，太阳坪队1300；长青，zdg 5920；麻湾，zdg 6529；官门山，zdg 7582），生于海拔1500~2200m的山坡林下。

12. 萱 | Viola vaginata Maximowicz　白三百棒，筋骨七，鸡心七　图87-11

一年生草本，具匍匐枝。基生叶具腺体的钝锯齿，两面无毛或沿脉被毛；叶柄有翅；托叶离生。花较大，淡紫色或白色，具紫色条纹；花瓣长圆状倒卵形；距囊状；下方2枚雄蕊距短，基部有密腺的附属物；花柱基部膝曲，柱头平截，具缘边及短喙。蒴果，有褐色腺点。花期4~6月，果期5~7月。

产于神农架各地，生于海拔1500~2200m的山坡林下阴湿地。全草入药。

图87-10　犁头叶堇菜

图87-11　萱

13. 七星莲 | Viola diffusa Gingins　茶匙黄　图87-12

一年生草本。全体被糙毛或白柔毛或近无毛。基生叶呈莲座状，叶片具钝齿及缘毛，两面具白柔毛；叶柄具翅，有毛；托叶基部与叶柄合生，具疏细齿或流苏状齿。花淡紫色或浅黄色；雄蕊背部的距短而宽，呈三角形；花柱棍棒状，基部稍膝曲，柱头具缘边及短喙。蒴果，顶端具宿存的花柱。花期3~5月，果期5~8月。

产于神农架各地（阳日—马桥，zdg 4404+1），生于海拔700~1400m的山坡、路边草丛中。全草入药。

图87-12　七星莲

14. 亮毛堇菜 | Viola lucens W. Becker　图87-13

低矮小草本。全体被白色长柔毛。根状茎垂直。匍匐枝细，顶端常形成新植株。叶基生，莲座状，叶长圆状卵形或长圆形，先端钝，基部心形或圆形，两面密生白色状长柔毛；托叶褐色，披针形，边缘具流苏状齿。花淡紫色；花梗细弱，远高于叶丛；萼片狭披针形，狭膜质缘，基部附属物短；花柱棍棒状，基部膝曲，顶部增粗，柱头两侧有狭缘边，先端具短喙。蒴果卵圆形，无毛。

产于神农架房县（兴夹山，Cheng et C. T. Hwa 1087），生于海拔2000m的山坡林下。

图87-13　亮毛堇菜

15. 柔毛堇菜 | Viola fargesii H. Boissieu　紫叶堇菜　图87-14

多年生草本。全体被白柔毛。具根状茎及匍匐枝。叶下面沿脉有毛；叶柄密被长柔毛；托叶大部分离生，有暗色条纹，具长流苏状齿。花白色；距短而粗，呈囊状；下方2枚雄蕊具角状距；子房圆锥状，花柱棍棒状，基部稍膝曲，顶端略平，具缘边及短喙，喙端具柱头孔。蒴果。花期3~6月，果期6~9月。

产于神农架各地（长青，zdg 5792；千家坪，zdg 6723；麻湾，zdg 6512），生于海拔400~1600m的山坡林下多石地。全草入药。

图87-14　柔毛堇菜

16. 阔萼堇菜 | Viola grandisepala W. Becker　图87-15

多年生草本。近无地上茎或有匍匐茎。基生叶边缘具浅锯齿，具棕色斑点，近叶缘部分散生白毛；托叶仅基部与叶柄合生。花白色；花瓣长圆状倒卵形，距短，稍超出于萼的附属物；下方雄蕊背部的距短而宽；子房宽卵形，柱头向前方弯曲成较粗之喙，喙端具较粗的柱头孔。

产于神农架各地，生长于海拔2000m的山坡阴湿处。

17. 福建堇菜 | Viola kosanensis Hayata 图87-16

多年生草本。无地上茎，根状茎垂直。叶基生或互生于匍匐枝上，长圆状卵形或卵形，先端急尖，基部心形或狭心形；托叶离生。花淡紫色；萼片披针形，基部附属物深2裂，边缘膜质，具3脉，无毛，距管状，稍下弯；下方2枚雄蕊的距短角状，长约2mm；花柱棍棒状，基部稍膝曲，柱头顶部有乳头状凸起，前方具极短的喙。蒴果近球形或长圆形。种子球形，乳黄色。花期春、夏两季，果期秋季。

产于神农架松柏（松柏镇黑沟，石世贵 S-GW-0379），生于海拔1500m的山坡阴湿处。

图87-15 阔萼堇菜

图87-16 福建堇菜

18. 深圆齿堇菜 | Viola davidii Franchet 图87-17

多年生草本。几无或无地上茎或具匍匐枝。基生叶边缘具较深圆齿；托叶离生或仅基部与叶柄合生。花白色或淡紫色；花瓣倒卵状长圆形，距囊状；下方雄蕊之距钝角状；子房有褐色腺点，花柱棍棒状，基部膝曲，柱头两侧及后方有狭缘边，前方具短喙。蒴果，具褐色腺点。花期3~6月，果期5~8月。

产于神农架各地（板仓—坪堑，zdg 7247），生于海拔1500m的山坡林下石上阴蔽处。

图87-7 深圆齿堇菜

19. 南山堇菜 | Viola chaerophylloides (Regel) W. Becker 图87-18

多年生草本。无地上茎，根状茎直立。叶片3全裂；托叶膜质，1/2以上与叶柄合生。花较大，白色、乳白色或淡紫色；萼片长圆状卵形或狭卵形，基部附属物发达；花瓣宽倒卵形；距长而粗；花柱基部稍膝曲，柱头两侧及后方有稍肥厚的缘边，中央部分微隆起，前方具明显的短喙，喙端具圆形柱头孔。蒴果大，长椭圆状，无毛，先端尖。种子多数，卵状。花果期4~9月。

产于神农架新华（新华公社龙口大队干沟，神农架植考队 20556），生于海拔900m的山坡林缘阴蔽处。

20．蒙古堇菜 ｜ Viola mongolica Franchet   图87-19

草本。根状茎稍粗壮。叶基生，叶边缘具钝锯齿，两面疏生短柔毛；叶柄具狭翅；托叶1/2与叶柄合生。花白色；侧方花瓣内具须毛，下方花瓣连距长1.5～2cm，中下部或具紫色条纹，距管状；花柱基部稍向前膝曲，柱头具较宽的缘边及短喙，喙端具微上向的柱头孔。蒴果。花果期5～8月。

产于神农架各地，海拔900～1500m的山坡林下多石处。

图87-18　南山堇菜

图87-19　蒙古堇菜

21．斑叶堇菜 ｜ Viola variegata Fischer ex Link   图87-20

草本。根状茎细短。基生叶莲座状，叶边缘具钝齿，上面有白色斑纹；叶柄具极狭翅或无翅；托叶2/3与叶柄合生，边缘疏生流苏状腺齿。花红紫色或暗紫色，距筒状；雄蕊的距细长；子房近球形，有粗短毛或近无毛，花柱棍棒状，基部稍膝曲，具缘边及短喙，具柱头孔。蒴果，无毛或疏生短毛。花期4～8月，果期6～9月。

产于神农架红坪、新华、八角庙—房县沿线（zdg 7517），生于海拔500～800m的山坡林下阴处。全草入药。

22．长萼堇菜 ｜ Viola inconspicua Blume   图87-21

草本。根状茎较粗壮。基生叶莲座状，叶边缘具圆锯齿，无毛或下面少有短毛，上面具乳头状小白点；托叶3/4与叶柄合生，边缘疏生流苏状短齿，有褐色锈点。花淡紫色，有暗色条纹；距管状；雄蕊背部的距呈角状；花柱棍棒状，顶端平，基部稍膝曲，具较宽的缘边及短喙，喙端具柱头孔。蒴果。花果期3～11月。

产于神农架木鱼（老君山、关门山），生于海拔1200～1900m的路边荒地中。

图87-20　斑叶堇菜

图87-21　长萼堇菜

23. 圆果堇菜 | Viola sphaerocarpa W. Becker

多年生草本。无地上茎，根状茎纤细。叶基生，多数，灰绿色，圆心形或卵圆形，长与宽为2.5～3（~4）cm，先端稍尖或近渐尖，基部深心形或宽心形，两面散生短柔毛，下面脉上毛较多；叶柄长，无毛；托叶基部与叶柄合生，离生部分钻状条形，边缘疏生具腺体的长流苏状齿。花梗无毛，中部以下有具缘毛的小苞片；萼片卵状披针形，背面沿脉被短毛，基部附属物长约3mm，末端扩展。蒴果球形，无毛。

产于神农架红坪、神农架林区（陈又生 6175），生于海拔2000m的山坡林下阴处。

24. 深山堇菜 | Viola selkirkii Pursh ex Goldie　图87-22

多年生草本。无地上茎，根状茎细。叶基生，呈莲座状，心形或卵状心形；叶柄有狭翅，疏生白色短毛；托叶1/2与叶柄合生。花淡紫色；萼片基部附属物长圆形，末端具不整齐的缺刻状浅裂并疏生缘毛；花瓣倒卵形；花柱棍棒状，基部稍向前膝曲，上部明显增粗，柱头顶部平坦，两侧具窄缘边，前方具明显短喙，喙端具向上柱头孔。蒴果较小，椭圆形。花果期5～7月。

产于神农架红坪、板壁岩（zdg 7427）、断江坪（鄂神农架植物考查队 25516），生于海拔2200m的山坡林下阴处。

25. 心叶堇菜 | Viola yunnanfuensis W. Becker　图87-23

多年生草本。根状茎粗短。基生叶边缘具圆钝齿，两面无毛或疏生短毛；叶柄具极狭翅；托叶下部与叶柄合生。花淡紫色；上方与侧方花瓣倒卵形，下方花瓣长倒心形，顶端微缺；距圆筒状；雄蕊的距细长；子房圆锥状，花柱棍棒状，基部稍膝曲，柱头顶部平坦，具缘边及短喙，柱头孔较粗。蒴果。花期2～4月，果期4～5月。

产于神农架各地，生于1400～1800m的山坡林缘、林下开阔草地间。全草入药。

图87-22 深山堇菜

图87-23 心叶堇菜

26. 圆叶堇菜 | Viola striatella H. Boissieu

多年生小草本。无地上茎及匍匐枝，根状茎垂直或稍斜生。叶均基生，圆形或心形，稀呈肾形；托叶基部与叶柄合生。花深紫色；萼片披针形，基部附属物较短，末端截形；花瓣倒卵状长圆形，具短距，末端钝或稍圆形；花柱长约2mm，基部稍膝曲，柱头扁平，两侧及后方具狭缘边，前方具明显的短喙，喙端具较细的柱头孔。花期5～7月，果期6～9月。

产于神农架红坪、断江坪（鄂神农架植物考查队 25516），生于海拔2200m的山坡林下阴处。

27. 早开堇菜 | Viola prionantha Bunge 图87-24

草本。无地上茎。基生叶边缘具细圆齿；叶柄上部有狭翅；托叶2/3与叶柄合生，边缘疏生细齿。花大，紫堇色或淡紫色，有紫色条纹；下方雄蕊之距短；子房长椭圆形；花柱棍棒状，基部膝曲，柱头顶部平或微凹，两侧及后方浑圆或具狭缘边，喙短不明显，喙端具较狭的柱头孔。蒴果。花果期4～9月。

产于神农架九湖、宋洛、新华，生于海拔800～1700m的山坡荒地中。花可供观赏。

图87-24 早开堇菜

28. 戟叶堇菜 | Viola betonicifolia J. E. Smith 图87-25

草本。无地上茎。基生叶莲座状，叶边缘具疏而浅的波状齿；叶柄上半部有狭翅，或下部有细毛；托叶约3/4与叶柄合生。花白色或淡紫色，有深色条纹；距管状；下方雄蕊距短；子房卵球形，无毛，花柱棍棒状，基部膝曲，柱头两侧及后方略增厚成狭缘边，具短喙，喙端具柱头孔。蒴果。花果期4~9月。

产于神农架各地（长青，zdg 5881；板仓—坪堑，zdg 7284），生于海拔400~1700m的田野、路边、山坡林缘等处。全草入药；花可供观赏。

图87-25　戟叶堇菜

29. 紫花地丁 | Viola philippica Cavanilles 图87-26

草本。根状茎短。基生叶莲座状，边缘具圆齿；叶柄具极狭翅；托叶2/3~4/5与叶柄合生，边缘疏生具腺体的细齿或近全缘。花紫堇色或淡紫色，具紫色条纹；雄蕊背部的距细管状；花柱棍棒状，基部稍膝曲，柱头三角形，具缘边及短喙。蒴果长圆形，无毛。花果期4月中下旬至9月。

产于神农架各地，生于海拔500~1700m的田野、路边。全草入药；花可供观赏。

图87-26　紫花地丁

88. 金丝桃科 Hypericaceae

乔木或灌木，稀为草本。单叶全缘，对生或有时轮生。花序各式，聚伞状，或伞状，或为单花；小苞片通常生于花萼之紧接下方，与花萼难以区分；花两性或单性；花瓣离生，覆瓦状排列或旋卷；雄蕊多数；子房上位，通常有5或3枚多少合生的心皮，1~12室，具中轴或侧生或基生的胎座，胚珠在各室中1至多数，横生或倒生，花柱1~5枚或不存在，柱头1~12枚，常呈放射状。果为蒴果、浆果或核果。种子1至多枚，完全被直伸的胚所充满，假种皮有或不存在。

约6属1200种。我国有4属95种，湖北有2属17种，神农架有2属16种。

分属检索表

1. 花瓣黄色，雄蕊多数，无腺体···1. 金丝桃属 Hypericum
1. 花瓣粉红色至紫红色或白色，雄蕊9枚，形成3束，腺体3枚······2. 三腺金丝桃属 Triadenum

1. 金丝桃属 Hypericum Linnaeus

灌木或草本。无毛或被柔毛，具腺体。单叶对生，全缘。花两性；花序聚伞状顶生或腋生；萼片（4~）5枚，覆瓦状排列；花瓣（4~）5枚，黄色，或脉上带红色；雄蕊联合成束或不成束；花药药隔上有腺体；无退化及不育雄蕊束；子房1（3~5）室，侧膜或中轴胎座；花柱（2~）3~5枚，离生或合生；柱头小或呈头状。蒴果。

约460种。我国64种，湖北有18种，湖北神农架有15种。

分种检索表

1. 花瓣及雄蕊在果期宿存；植株通常有黑色腺点。
  2. 花柱3枚，雄蕊束3或不规则排列。
    3. 雄蕊不规则排列，胎座为侧膜胎座···1. 地耳草 H. japonicum
    3. 雄蕊束3，胎座为中轴胎座。
      4. 萼片、苞片和小苞片边缘有小刺齿···2. 挺茎遍地金 H. elodeoides
      4. 萼片、苞片和小苞片边缘无小刺齿。
        5. 茎圆柱形。
          6. 叶基部合生；蒴果具囊状腺体···3. 元宝草 H. sampsonii
          6. 叶不合生；蒴果无囊状腺体。
            7. 萼片、花瓣全面有黑腺点。
              8. 叶无柄···4. 小连翘 H. erectum

　　　　　　8. 叶明显具柄⋯⋯⋯⋯⋯⋯⋯⋯⋯⋯⋯⋯⋯⋯⋯⋯⋯⋯⋯⋯⋯⋯ 5. 恩施金丝桃 H. enshiense
　　　　7. 萼片、花瓣仅边缘有黑腺点。
　　　　　　9. 萼片先端钝至近圆形⋯⋯⋯⋯⋯⋯⋯⋯⋯⋯⋯⋯⋯⋯⋯⋯⋯⋯⋯ 6. 扬子小连翘 H. faberi
　　　　　　9. 萼片先端锐尖。
　　　　　　　　10. 叶柄长1～10mm⋯⋯⋯⋯⋯⋯⋯⋯⋯⋯⋯⋯⋯⋯⋯⋯⋯⋯ 7. 短柄小连翘 H. petiolulatum
　　　　　　　　10. 叶无柄⋯⋯⋯⋯⋯⋯⋯⋯⋯⋯⋯⋯⋯⋯⋯⋯⋯⋯⋯⋯⋯ 8. 湖北金丝桃 H. hubeiense
　　　5. 茎具2或4条纵棱。
　　　　11. 萼片先端渐尖至锐尖⋯⋯⋯⋯⋯⋯⋯⋯⋯⋯⋯⋯⋯⋯⋯⋯⋯⋯⋯⋯ 9. 贯叶连翘 H. perforatum
　　　　11. 萼片先端钝形至锐尖⋯⋯⋯⋯⋯⋯⋯⋯⋯⋯⋯⋯⋯⋯⋯⋯⋯⋯⋯⋯ 10. 赶山鞭 H. attenuatum
　2. 花柱5，雄蕊束5。
　　　12. 花较大，花瓣十分弯曲⋯⋯⋯⋯⋯⋯⋯⋯⋯⋯⋯⋯⋯⋯⋯⋯⋯⋯⋯⋯ 11. 黄海棠 H. ascyron
　　　12. 花较小，花瓣稍弯曲；下面叶脉凸起⋯⋯⋯⋯⋯⋯⋯⋯⋯⋯⋯⋯⋯ 2. 突脉金丝桃 H. przewalskii
1. 花瓣及雄蕊在花后凋落；植株通常无黑色腺点。
　13. 花柱离生，长为子房的1.5倍以下⋯⋯⋯⋯⋯⋯⋯⋯⋯⋯⋯⋯⋯⋯⋯⋯⋯ 13. 金丝梅 H. patulum
　13. 花柱多少合生，长度至少为子房1.5倍。
　　　14. 花序1～30朵花，顶生于长枝上⋯⋯⋯⋯⋯⋯⋯⋯⋯⋯⋯⋯⋯⋯⋯ 14. 金丝桃 H. monogynum
　　　14. 花序常1朵花，顶生于长枝或侧枝上⋯⋯⋯⋯⋯⋯⋯⋯⋯⋯⋯⋯⋯ 15. 长柱金丝桃 H. longistylum

1. 地耳草 ｜ Hypericum japonicum Thunberg ex Murray　千重楼，犁头草，八金刚草　图88-1

草本。茎具4条纵线棱及淡色腺点。叶全缘，具透明腺点；无柄。两歧状或呈单歧状聚伞花序；萼片有透明腺点或腺条纹；花瓣白色、淡黄色至橙黄色宿存；雄蕊5～30枚，基部连合成3束，花丝基部合生；子房上位，1室，花柱基部离生。蒴果无腺条纹。花期5～6月，果期9～10月。

产于神农架各地（长青，zdg 5631），生于海拔600～1800m的田边、沟边及沼泽草地。全草入药。

图88-1　地耳草

2. 挺茎遍地金 ｜ Hypericum elodeoides Choisy　图88-2

多年生草本。叶全缘，具透明腺点及稀疏脉网；近无柄。二歧聚伞花序顶生；萼片、苞片及小苞片均具松脂状腺条，边缘有小刺齿，齿端有黑色腺体；花瓣上部边缘具黑色腺点或黑腺条；雄蕊3束，花药具黑色腺点，子房上位，花柱基部分离。蒴果褐色，密布腺纹。花期7～8月，果期9～10月。

产于神农架各地，生于海拔700～2600m的向阳山坡草丛、灌丛、林下及田埂上。全草入药。

3. 元宝草 | Hypericum sampsonii Hance 对叶草，黄叶连翘，散血丹 图88-3

草本。叶具透明或黑色腺点，脉网细而稀疏，边缘密生黑色腺点；无柄。二歧聚伞花序顶生或腋生；萼片具黑色腺点及腺斑，边缘疏生黑腺点；花瓣黄色，具淡色或黑色腺点和腺条纹，边缘有黑腺体；雄蕊3束，花药淡黄色，具黑腺点；子房3室，花柱自基部分离。蒴果，有黄褐色囊状腺体。花期6~7月，果期8~9月。

产于神农架各地（长青，zdg 5892；古水，zdg 7210），生于海拔500~800m的山坡、沟边草丛中。全草入药。

图88-2　挺茎遍地金

图88-3　元宝草

4. 小连翘 | Hypericum erectum Thunberg ex Murray 千金子，小金雀 图88-4

草本。茎具2条隆起线。叶全缘，具黑色腺点；无柄。伞房状聚伞花序顶生，具腋生花枝；萼片具黑腺点；花瓣黄色，上半部有黑色点线；雄蕊3束，花药具黑色腺点；子房上位，花柱基部离生。蒴果，具纵向条纹，具宿存萼。花期7~8月，果期8~9月。

产于神农架下谷，生于海拔800~1000m的山坡草丛中。全草入药。

图88-4　小连翘

5. 恩施金丝桃 | Hypericum enshiense L. H. Wu et D. P. Yang

多年生草本。小枝基部直立或匍匐。叶片椭圆形至倒卵形。花序基生，具3朵小花，在茎顶端直至以下的5~(7)节的侧枝具花。苞片和小苞片叶状，萼片分离，直立，狭卵形至披针形，不等长；花瓣椭圆形，长约为萼片的1.5倍；雄蕊50~60枚，3束，长约为花瓣的0.7倍；子房卵形，花柱

3枚，约为子房的1.2倍。蒴果卵形，与花瓣等长。种子棕黑色。花期6~8月，果期8~9月。

产于巴东县，生于海拔800~1000m的山坡草丛中。

6. 扬子小连翘 | Hypericum faberi R. Keller 图88-5

多年生草本。叶卵状长圆形或长圆形，基部宽楔形或圆形，侧脉2~3对，边缘具黑色腺体。蝎尾状二歧聚伞花序，具5~7花；萼片边缘疏生黑色腺体；花瓣黄色，先端具少数黑色腺点，宿存；雄蕊3束，每束具7~8雄蕊；花柱3枚，基部分离叉开。蒴果卵珠形，具纵腺条纹。花期6~7月，果期8~9月。

产于神农架各地，生于海拔700~1800m的山坡、沟边草丛中。

图88-5　扬子小连翘

7. 短柄小连翘 | Hypericum petiolulatum J. D. Hooker et Thomson ex Dyer

分亚种检索表

1. 花柱短于子房 ·················· 7a. 短柄小连翘 H. petiolulatum subsp. petiolulatum
1. 花柱长于子房 ·················· 7b. 云南小连翘 H. petiolulatum subsp. yunnanense

7a. 短柄小连翘（原亚种）Hypericum petiolulatum subsp. petiolulatum 图88-6

多年生草本。茎多分枝。叶片卵形至倒卵形，最宽处在叶片中部或中部以上，先端钝形，基部宽楔形或渐狭。花序顶生，聚伞状；萼片线形，先端锐尖；花瓣黄色，长圆形，无黑色腺点，宿存。蒴果宽卵珠形或近圆球形，成熟时紫红色，外有多数腺纹。种子淡黄褐色，圆柱形，两侧无龙骨状凸起，顶端无附属物，表面有不明显的细蜂窝纹。花期7~8月，果期9~10月。

产于兴山县（万朝山，王作宾 11895），生于海拔800~1000m的山坡草丛中。

图88-6　短柄小连翘

7b. 云南小连翘（亚种）Hypericum petiolulatum subsp. yunnanense (Franchet) N. Robson

本亚种与原亚种的区别：植株较高大，茎直立或下部匍匐生根，多分枝；叶片倒卵状长圆形，长1.5～3cm，宽达1cm，最宽处在中部或中部以下，基部大多圆形或近心形；顶生花序除顶生1花外呈二或三回二歧聚伞状；花柱长于子房。

产于巴东县（李洪钧 734），生于海拔1300m的山坡草丛中。

8．湖北金丝桃 ｜ Hypericum hubeiense L. H. Wu et D. P. Yang　图88-7

多年生草本。叶片椭圆状卵形，叶基心形而抱茎；无柄。花序具17多朵小花；花萼分离，狭卵形至披针形；雄蕊70～90枚，3束，子房卵形；花柱3枚，近直立，约为子房的2～3倍。蒴果卵形，与萼片近相等。种子棕黑色，种壳密被梯形横纹。花期7～8月，果期8～9月。

产于巴东县，生于海拔800～1000m的山坡草丛中。

9．贯叶连翘 ｜ Hypericum perforatum Linnaeus　图88-8

多年生草本。茎具1条纵棱。叶全缘，具淡色或黑色腺点。5～7朵花呈二歧聚伞状；萼片边缘有黑色腺点，全面有2行腺条和腺斑；花瓣黄色，边缘及上部有黑色腺点；雄蕊3束，花丝长短不一，花药具黑腺点；子房上位。蒴果，具背生腺条及侧生黄褐色囊状腺体。花期6～7月，果期8～9月。

产于神农架各地，生于海拔900～1900m的沟边或路边草丛中。全草或带根全草入药。

图88-7　湖北金丝桃

图88-8　贯叶连翘

10．赶山鞭 ｜ Hypericum attenuatum Choisy　小茶叶，小旱莲，二十四节草

多年生草本。茎具2纵棱及黑色腺点。叶全缘，下面散生黑腺点；无叶柄。花顶生呈近伞房状或圆锥状；萼片表面及边缘散生黑腺点；花瓣淡黄色，表面及边缘有稀疏的黑腺点。雄蕊3束，每束约30枚，花药具黑腺点；子房上位，花柱自基部离生。蒴果，具条状腺斑。花期7～8月，果期9～11月。

产于神农架九湖、红坪、木鱼、松柏，生于海拔1500～2200m的山坡草地、沟谷林中或路边。全草入药。

11. 黄海棠 | Hypericum ascyron Linnaeus　牛心菜，红旱莲，大金雀
图88-9

多年生草本。茎具4条纵棱。叶全缘，下面绿色且散布淡色腺点；无叶柄。聚伞花序顶生；花瓣金黄色，有或无腺斑；雄蕊5束，花药金黄色，具松脂状腺点；子房具中央空腔，自基部或至上部4/5处分离。蒴果棕色。花期7～8月，果期8～9月。

产于神农架各地（猴子石—下谷，zdg 7443），生于海拔900～2300m的山坡草丛中或路边。全草入药。

12. 突脉金丝桃 | Hypericum przewalskii Maximowicz　图88-10

多年生草本。叶脉网稀疏隐约可见，散布淡色腺点；无柄。单生或聚伞花序顶生；萼片不等大；花瓣黄色；雄蕊5束，每束雄蕊约15枚；子房上位，卵珠形，光滑，花柱自中部以上分离。蒴果，具纵线纹，成熟后先端5裂。花期6～7月，果期8～9月。

产于神农架红坪（神农谷、大神农架）、木鱼（大千家坪），生于海拔1800～3000m的山坡草丛中。全草入药。

图88-9　黄海棠

图88-10　突脉金丝桃

13. 金丝梅 | Hypericum patulum Thunberg　图88-11

灌木。茎具2或4条纵棱。叶先端钝形至圆形，脉网稀疏隐约可见，具短线形和点状腺体。花序聚伞状或单生；花呈盏状；花瓣金黄色；雄蕊5束，每束50～70枚，花药淡黄色；子房卵球形，花柱近先端向下弯曲，长约为子房4/5或与子房近等长。蒴果宽卵珠形。花期5～6月，果期7～8月。

产于神农架各地（长青，zdg 5632），生于海拔600～2000m的山坡疏林地或林缘。全株入药；花供观赏。

图88-11　金丝梅

14. 金丝桃 | Hypericum monogynum Linnaeus　金线蝴蝶，过路黄，金丝莲　图88-12

小灌木。茎红色，幼时具2～4条纵棱。叶全缘，脉网密集，无腹腺体，叶片腺体小点状。花单生或成聚伞花序顶生；萼片全缘；花瓣鲜黄色；雄蕊5束，花丝与花瓣几等长；子房上位，花柱纤细，柱头5裂。蒴果卵圆形，先端室间开裂，花柱和萼片宿存。花期6～7月，果期8～9月。

产于神农架各地（红花，zdg 6753），生于海拔400～1400m的山坡疏林地或林缘。全株及果实入药；花供观赏。

图88-12　金丝桃

15. 长柱金丝桃 | Hypericum longistylum Oliver　图88-13

灌木。茎红色，幼时具2～4条纵棱。叶近无柄或具短柄，第三级脉网无或稀有，无腹腺体，叶片腺体小点状。花单生；萼片离生或基部合生；花瓣金黄色至橙色，无腺体；雄蕊5束，每束15～25枚；子房略具柄，花柱合生几达顶端后开张。蒴果卵珠形。花期5～7月，果期8～9月。

产于神农架新华、阳日，生于海拔500～800m的路边石壁上。果实入药；花供观赏。

图88-13　长柱金丝桃

2. 三腺金丝桃属 Triadenum Rafinesque

草本。无毛。叶无柄或具短柄，具透明或暗黑色腺点。聚伞花序顶生或腋生，1～5朵花；萼片具透明腺条；花瓣粉红色至紫红色或白色；雄蕊1束与花瓣对生，2束与萼片对生，每束雄蕊3枚，花丝约1/2～2/3处合生，花药药隔上有腺体，下位腺体3枚；子房具中轴胎座，花柱3枚，分离，柱头呈头状。蒴果。种子两侧有龙骨状凸起。

约6种。我国2种，湖北1种，神农架也有。

红花金丝桃 ｜ *Triadenum japonicum* (Blume) Makino　图88-14

草本。茎红色。叶无柄，具透明腺点。聚伞花序小，顶生或腋生，1～3朵花；萼片具透明腺条；花瓣粉红色，仅顶端有少数透明腺点；雄蕊3束，花丝连合至1/2，花药顶端有1枚囊状透明腺体，下位腺体3枚，鳞片状，橙黄色；子房3室，花柱3枚，分离。蒴果。花期7～8月，果期8～9月。

产于神农架九湖，生于海拔1900m的大九湖湖边沼泽地。

图88-14　红花金丝桃

89. 牻牛儿苗科 | Geraniaceae

多草本。叶互生或对生，分裂或为复叶；具托叶。聚伞花序腋生或顶生；花两性，辐射对称或为两侧对称；花萼4~5枚，宿存；花瓣5枚或稀为4枚；雄蕊10~15枚，2轮，外轮与花瓣对生，花丝基部合生或分离；蜜腺通常5枚；子房上位，3~5室，每室具1~2枚倒生胚珠，花柱与心皮同数，上部分离。蒴果，室间开裂，开裂的果瓣常由基部向上反卷或成螺旋状卷曲。

11属约750种。我国有4属约67种，湖北有3属15种，神农架有2属10种。

分属检索表

1. 花对称，萼无距，具腺体，雄蕊10枚，全具花药..................................1．老鹳草属 Geranium
1. 花为明显不对称，具萼距，距着生于花柄，无腺体......................2．天竺葵属 Pelargonium

1. 老鹳草属 Geranium Linnaeus

草本，稀为亚灌木或灌木。通常被倒向毛。茎具明显的节。叶对生或互生，叶片掌状分裂，稀二回羽状；具托叶。花序聚伞状或单生，每总花梗通常具2朵花；总花梗具腺毛或无腺毛；花整齐，花萼和花瓣5枚，腺体5枚，每室具2枚胚珠。蒴果，具长喙，5枚果瓣，每果瓣具1枚种子，果瓣在喙顶部合生，成熟时沿主轴从基部向上端反卷开裂。

约400种。我国55种，湖北11种，神农架产9种。

分种检索表

1. 花小，直径10mm以下。
   2. 叶片二至三回三出羽状，植株有鱼腥味................................1．汉荭鱼腥草 G. robertianum
   2. 叶片掌状分裂，植株无鱼腥味。
      3. 茎生叶3裂。
         4. 顶生总花梗常数个集生，花序呈伞形状................2．野老鹳草 G. carolinianum
         4. 花序腋生和顶生..3．老鹳草 G. wifordii
      3. 茎生叶5裂，稀3裂。
         5. 叶裂片先端锐尖..4．鼠掌老鹳草 G. sibiricum
         5. 叶裂片先端卵圆形..5．尼泊尔老鹳草 G. nepalense
1. 花大，直径10mm以上。
   6. 花瓣向后反折..6．毛蕊老鹳草 G. platyanthum
   6. 花瓣开展或辐射状，绝不反折。

7. 基生叶近圆形或肾圆形，5~7裂达基部·············7. 萝卜根老鹳草G. napuligerum
7. 基生叶五角形，5~7裂不超过叶片的3/4。
　　8. 叶片裂至近中部或稍过之·············8. 灰岩紫地榆G. franchetii
　　8. 叶片裂至近基部或2/3处·············9. 湖北老鹳草G. rosthornii

1. 汉荭鱼腥草｜Geranium robertianum Linnaeus　图89-1

一年生草本。茎直立或基部仰卧。叶基生和茎上对生，叶片五角状，通常二至三回三出羽状。花序腋生和顶生，每梗具2朵花；苞片钻状披针形；萼片长卵形，先端具尖头；花瓣粉红或紫红色，倒卵形，先端圆形，基部楔形；雄蕊与萼片近等长，花药黄色，花丝白色，下部扩展；雌蕊与雄蕊近等长，被短糙毛，花柱分枝暗紫红色。蒴果被短柔毛。花期4~6月，果期5~8月。

产于巫山县、巫溪县，生于海拔1200m的山坡林下多石处。

2. 野老鹳草｜Geranium carolinianum Linnaeus　图89-2

一年生草本。茎直立或仰卧，密被倒向短柔毛。基生叶早枯；茎生叶互生或最上部对生，叶片圆肾形，基部心形，掌状5~7裂近基部，裂片上部羽状深裂，小裂片条状矩圆形。花序腋生和顶生，每总花梗具2朵花，花瓣淡紫红色。蒴果被短糙毛。花期4~7月，果期5~9月。

产于神农架宋洛、新华、长青（zdg 5615），生于海拔200~600m的田边荒地。

图89-1　汉荭鱼腥草

图89-2　野老鹳草

3. 老鹳草｜Geranium wilfordii Maximowicz　图89-3

多年生草本。茎具棱槽，假二叉状分枝。基生叶圆肾形，5深裂达2/3处，下部全缘；茎生叶3裂至3/5处，表面被短伏毛，背面沿脉被短糙毛；具托叶。花序腋生和顶生，总花梗被倒向短柔毛或腺毛；苞片钻形；萼片长卵形，背面沿脉和边缘被短柔毛，有时混生开展的腺毛；花瓣白色或淡红色，内面基部被疏柔毛；雄蕊花丝淡棕色，被缘毛；雌蕊被短糙状毛，花柱分枝紫红色。蒴果，被短柔毛和长糙毛。花期6~8月，果期8~9月。

产于神农架各地，生于海拔500~2600m的山坡林下草丛中。全草入药。

4. 鼠掌老鹳草 | Geranium sibiricum Linnaeus　图89-4

一年生或多年生草本。茎具棱槽，被倒向疏柔毛。叶对生；下部叶肾状五角形，掌状5深裂，两面被疏伏毛，背面沿脉被毛较密；上部叶片3~5裂；托叶披针形，基部抱茎。总花梗被倒向毛，具1（~2）朵花；苞片钻状；萼片背面沿脉被疏柔毛；花淡紫色或白色，花瓣先端微凹，基部具短爪。蒴果，被疏柔毛。花期6~7月，果期8~9月。

产于神农架各地（长青，zdg 5817），生于海拔500~1600m的山坡林下或沟边草丛中。全草入药。

图89-3　老鹳草

图89-4　鼠掌老鹳草

5. 尼泊尔老鹳草 | Geranium nepalense Sweet　图89-5

多年生草本。根为直根，多分枝，纤维状。茎仰卧，被倒向柔毛。叶对生或偶为互生，五角状肾形，基部心形，掌状5深裂，裂片菱形；上部叶具短柄，通常3裂，基生叶和茎下部叶具长柄。总花梗腋生，每花梗具2花，花瓣紫红色，等于或稍长于萼片，先端截平或圆形，雄蕊下部扩大成披针形，具缘毛。蒴果长。花期4~9月，果期5~10月。

产于神农架各地（长青，zdg 5616），生于海拔500~1600m的山坡林下或沟边草丛中。全草入药。

图89-5　尼泊尔老鹳草

6. 毛蕊老鹳草 | Geranium platyanthum Duthie　图89-6

多年生草本。茎单一，假二叉状分枝或不分枝，被开展的长糙毛和腺毛。叶密被糙毛，叶片五角状肾圆形，掌状5裂达叶片中部或稍过之；托叶三角状披针形，外被疏糙毛。伞形聚伞花序，顶生或腋生，被开展的糙毛和腺毛；总花梗具2～4朵花；苞片钻状；萼片外被糙毛和开展腺毛；花瓣淡紫红色，基部具短爪和白色糙毛。蒴果，被开展的短糙毛和腺毛。花期6～7月，果期8～9月。

产于神农架松柏碑垭等地，生于海拔1600m的湿润林缘、灌木丛中。全草入药。

7．萝卜根老鹳草 | Geranium napuligerum Franchet　图89-7

多年生草本。叶对生；基生叶具长柄，茎生叶叶柄较短；叶片近圆形或肾圆形，基部心形；托叶披针形。花序顶生，被短柔毛和疏腺毛，果期下折，总花梗具2朵花；花梗与总花梗相似，花期下垂；萼片条状矩圆形；花瓣紫红色，倒长卵形，基部渐狭成爪，被短糙毛；雄蕊与萼片近等长。蒴果被短柔毛和开展的腺毛。种子细小，具蜂巢状皱纹。花期7～8月，果期9～10月。

产于小神农架（小神农架，吕志松550），生于海拔2500m的山坡草丛中。

图89-6　毛蕊老鹳草　　　　　　　　　　　图89-7　萝卜根老鹳草

8．灰岩紫地榆 | Geranium franchetii R. Knuth　图89-8

多年生草本。根茎斜生。基生叶早枯，茎生叶对生；叶片五角形或五角状肾圆形，基部深心形，掌状5深裂达叶片的2/3处；托叶三角形或三角状披针形。总花梗腋生和顶生，长于叶，被倒向短柔毛，具2朵花；花梗与总花梗相似；苞片狭披针形；萼片卵状矩圆形，先端具短尖头，外面沿脉被糙柔毛；花瓣紫红色。蒴果被柔毛。种子肾圆形，黄褐色，具网纹。花期6～8月，果期9～10月。

产于神农架木鱼老君山，生于海拔2700m的山坡草丛中。

9．湖北老鹳草 | Geranium rosthornii R. Knuth　图89-9

多年生草本。假二叉状分枝，被疏散倒向短柔毛。叶对生，被短柔毛；叶片五角状圆形，掌状5深裂，裂片菱形，上部羽状深裂，小裂片条形，先端急尖，下部小裂片常具2～3枚齿，表面被短伏毛，背面仅沿脉被短柔毛；托叶三角形，被星散柔毛。花序腋生和顶生，被短柔毛，总花梗具2朵花；苞片狭披针形；萼片卵形或椭圆状卵形，外被短柔毛；花瓣紫红色，下部边缘具长糙毛。蒴果，被短柔毛。花期6～7月，果期8～9月。

产于神农架各地（神农谷，zdg 7090；长青，zdg 5617），生于海拔2000～3000m的林下草丛中。根茎入药。采自神农架林区新华公社光头山、采集号为鄂神农架队20835的标本曾被错误鉴定为灰背老鹳草。

图89-8　灰岩紫地榆

图89-9　湖北老鹳草

2. 天竺葵属 Pelargonium L'Héritier

草本、亚灌木或灌木。具浓裂香气。茎略呈肉质。叶对生或互生；叶片圆形、肾圆形或扇形，边缘波状；具托叶。伞形或聚伞花序，具苞片；花两侧对称；萼片5枚，基部合生，近轴1枚延伸成长距并与花梗合生；花瓣5枚，上方2枚较大而同形，下方3枚同形；雄蕊10枚，花丝基部常合生，其中1～3枚花药发育不全；子房上位，5枚心皮，5室。蒴果具喙，5裂，成熟时果瓣由基部向上卷曲，附于喙的顶端。

约250种。我国引种约5种，湖北栽培3种，神农架栽培1种。

天竺葵 | Pelargonium hortorum Bailey　图89-10

多年生草本。具浓裂鱼腥味。叶互生，圆形或肾形，边缘波状浅裂，两面被透明短柔毛，表面有暗红色马蹄形环纹；托叶宽三角形或卵形，被柔毛和腺毛；叶柄被细柔毛和腺毛。伞形花序腋生，被短柔毛；总苞片宽卵形；萼片狭披针形，外面密腺毛和长柔毛，花瓣红色、橙红、粉红或白色，基部具短爪，下面3枚通常较大。蒴果，被柔毛。花期5～7月，果期6～9月。

原产于非洲南部，神农架各地有栽培。观赏植物；花可入药。

图89-10　天竺葵

90. 千屈菜科 | Lythraceae

草本或木本。叶对生，稀轮生或互生，全缘。花两性，通常辐射对称，单生或簇生；花萼筒状或钟状；花瓣与萼裂片同数或无花瓣；子房上位，2~6室，胚珠多数，极少1~3枚，着生于中轴胎座上，其轴有时不到子房顶部，柱头头状，稀2裂。蒴果革质或膜质，2~6室，常横裂或瓣裂。种子多数，形状不一，有翅或无翅。

31属625~650种。我国10属43种，湖北5属12种，神龙架5属7种。

分属检索表

1. 乔木或灌木状。
   2. 花萼纸质，不形成萼管，与子房离生 ·················· 1. 紫薇属 Lagerstroemia
   2. 花萼革质，萼管与子房贴生 ······························· 2. 石榴属 Punica
1. 草本或亚灌木。
   3. 花瓣不显著或无花瓣，蒴果凸出于萼筒之外。
      4. 蒴果不规则开裂 ··· 3. 水苋菜属 Ammannia
      4. 蒴果2~4瓣裂 ··· 4. 节节菜属 Rotala
   3. 花有明显的花瓣，蒴果包藏于萼筒内 ················· 5. 千屈菜属 Lythrum

1. 紫薇属 Lagerstroemia Linnaeus

落叶乔木。叶近对生，全缘；托叶极小，圆锥状，脱落。花两性，顶生或腋生的圆锥花序；花萼常具棱或翅，5~9裂；花瓣通常6枚，具爪，边缘波状或有皱纹；花丝长短不一。蒴果基部被宿存的花萼包围，室背开裂为3~6枚果瓣。种子顶端有翅。

55种。我国15种，湖北4种，神农架2种。

分种检索表

1. 小枝圆形，无明显的翅 ···································· 1. 南紫薇 L. subcostata
1. 小枝略呈四棱形，棱上有明显的翅 ·················· 2. 紫薇 L. indica

1. 南紫薇 | Lagerstroemia subcostata Koehne 图90-1

木本。树皮薄，灰白色或茶褐色。叶矩圆形、矩圆状披针形，有时脉腋间有丛毛，中脉在上面略下陷，在下面凸起。花小，白色或玫瑰色，组成顶生圆锥花序，具灰褐色微柔毛，花密生；花萼有棱，5裂，裂片三角形；花瓣皱缩，有爪；雄蕊着生于萼片或花瓣上，花丝细长。蒴果椭圆形，

3~6瓣裂。种子有翅。花期6~8月，果期7~10月。

原产于我国华中及华南地区，神农架各地有栽培。花供观赏；也能入药。

2. 紫薇｜Lagerstroemia indica Linnaeus 图90-2

落叶灌木或小乔木。树皮平滑，灰色或灰褐色。小枝具4棱，略成翅状。叶互生或近对生，顶端短尖或钝形，有时微凹；无柄或叶柄很短。花红色至紫色；花萼外面平滑无棱，但鲜时萼筒有微凸起短棱，两面无毛；花瓣6枚，皱缩，具长爪；雄蕊36~42枚。蒴果成熟时呈紫黑色。种子有翅。花期6~9月，果期9~12月。

原产于我国华中及华东地区，神农架各地有栽培。花供观赏。

图90-1　南紫薇

图90-2　紫薇

2. 石榴属 Punica Linnaeus

落叶乔木或灌木。单叶，通常对生或簇生。花顶生或近顶生，单生或几朵簇生或组成聚伞花序，两性；萼革质，萼管与子房贴生，且高于子房，近钟形；裂片5~9枚，镊合状排列，宿存；花瓣5~9枚，多皱褶，覆瓦状排列；雄蕊生于萼筒内壁上部，多数；胚珠多数。浆果球形，顶端有宿存花萼裂片，果皮厚。种子多数，种皮外层肉质，内层骨质。

2种。我国栽培1种，神农架也有栽培。

石榴｜Punica granatum Linnaues 图90-3

叶灌木或乔木。高通常3~5m，稀达10m。枝顶常成尖锐长刺，幼枝具棱角，无毛，老枝近圆柱形。叶通常对生，纸质，矩圆状披针形，长2~9cm，顶端短尖、钝尖或微凹，基部短尖至稍钝形，上面光亮，侧脉稍细密；叶柄短。花大，1~5朵生于枝顶；萼筒长2~3cm，通常红色或淡黄色；裂片略外展，卵状三角形，长8~13mm，外面近顶端有1枚黄绿色

图90-3　石榴

腺体，边缘有小乳突；花瓣通常大，红色、黄色或白色，长1.5～3cm，宽1～2cm，顶端圆形；花丝无毛，长达13mm；花柱长超过雄蕊。浆果近球形，直径5～12cm，通常为淡黄褐色或淡黄绿色，有时白色，稀暗紫色。种子多数，钝角形，红色至乳白色，肉质的外种皮供食用。

原产于巴尔干半岛至伊朗及其邻近地区，神农架有栽培。花供观赏；果实可食；果皮入药；树皮、根皮和果皮均含可供提制栲胶。

3. 水苋菜属 Ammannia Linnaeus

一年生草本。枝通常具4棱。叶对生或互生，有时轮生；近无柄；无托叶。花小，单生或组成腋生的聚伞花序或稠密花束；萼筒钟形或管状钟形，花后常变为球形或半球形。蒴果球形或长椭圆形，下半部为宿存萼管包围。

5种。我国4种，湖北2种，神农架1种。

水苋菜 | Ammannia baccifera Linnaeus

一年生草本。茎直立，具狭翅。叶生于下部的对生，生于上部的或侧枝的有时略成互生，长椭圆形、圆形或披针形。花数朵组成腋生的聚伞花序或花束，结实时稍疏松，几无总花梗；花绿色或淡紫色；花萼蕾期钟形；子房球形，花柱极短或无花柱。蒴果球形，紫红色，中部以上不规则周裂。花期8～10月，果期9～12月。

产于神农架各地，生于海拔1200m以下的荒芜稻田中或田埂上。全草入药。

4. 节节菜属 Rotala Linnaeus

一年生草本。无毛。叶交互对生或轮生；无柄。花小，3～6基数，单生于叶腋，或组成顶生的穗状花序或总状花序；常无花梗。蒴果不完全为宿存的萼管包围。

46种。我国9种，湖北2种，神农架全产。

分种检索表

1. 叶近圆形、阔倒卵形或阔卵圆形，基部钝形或近心形 ············ 1. 圆叶节节菜 R. rotundifolia
1. 叶倒卵状椭圆形或矩圆状倒卵形，基部楔形或渐狭 ············ 2. 节节菜 R. indica

1. 圆叶节节菜 | Rotala rotundifolia (Buchanan-Hamilton ex Roxburgh) Koehne 图90-4

一年生草本。无毛。根茎细长，匍匐于地上。茎直立，丛生，带紫红色。叶对生，近圆形、阔倒卵形或阔椭圆形，基部钝形，或无柄时近心形。花单生于苞片内，组成顶生稠密的穗状花序；花瓣4枚，倒卵形，淡紫红色。蒴果椭圆形，3～4瓣裂。花果期12月至翌年6月。

产于神农架各地，生于海拔1200m以下的水塘、稻田中或田埂上。水生观赏植物；全草入药。

图90-4　圆叶节节菜

2．节节菜 | Rotala indica (Willdenow) Koehne　图90-5

一年生草本。茎略具4条棱，基部匍匐，上部直立或稍披散。叶对生，倒卵状椭圆形或矩圆状倒卵形，基部楔形或渐狭；无柄或近无柄。花小，组成腋生的穗状花序。蒴果椭圆形，常2瓣裂。花期9～10月，果期10月至翌年4月。

产于神农架各地，生于海拔1200m以下的稻田中或田埂上。水生观赏植物；全草入药。

图90-5　节节菜

5. 千屈菜属 Lythrum Linnaeus

一年生或多年生草本，稀灌木。叶交互对生或轮生，稀互生，全缘。花单生于叶腋或组成穗状花序、总状花序或歧伞花序；花辐射对称或稍左右对称，4~6基数；萼筒长圆筒形，稀阔钟形，有8~12条棱，裂片4~6枚，附属体明显，稀不明显；花瓣4~6枚，稀8枚或缺；雄蕊4~12枚，成1~2轮，长、短各半，或有长、中、短三型；子房2室，无柄或几无柄，花柱线形，亦有长、中、短三型，以适应同型雄蕊的花粉。蒴果完全包藏于宿存萼内，通常2瓣裂，每瓣或再2裂。种子8枚至多数，细小。

35种。我国2种，湖北1种，神农架也有。

千屈菜 | Lythrum salicaria Linnaeus 图90-6

多年生草本。根茎横卧于地下。叶对生或3叶轮生，披针形或阔披针形，顶端钝形或短尖，基部圆形或心形，有时略抱茎，全缘；无柄。花组成小聚伞花序，簇生，因花梗及总梗极短，因此花枝全形似一大型穗状花序；苞片阔披针形至三角状卵形；附属体针状，直立，红紫色或淡紫色，倒披针状长椭圆形，基部楔形，着生于萼筒上部，有短爪，稍皱缩。蒴果扁圆形。

产于神农架红坪、松柏（八角庙村，zdg 7143），生于海拔1200m的水沟边。水生花卉植物；全草入药。

图90-6　千屈菜

91. 柳叶菜科 | Onagraceae

多年生草本。单叶互生或对生。花两性，辐射对称或两侧对称，单生，或排成穗状或总状花序；花萼2~6枚，管状；花瓣4枚，稀2枚或缺，常旋转或覆瓦状排列；花管（由花萼、花冠、有时还有花丝之下部合生而成）存在或不存在；雄蕊与花瓣同数，或为花瓣的倍数；子房下位，2~6室，胚珠1至多数，中轴胎座。蒴果，稀为浆果或坚果。

17属约650种。我国有6属64种，湖北有6属26种，神农架有6属21种。

分属检索表

1. 萼片、花瓣、雄蕊各2枚，子房1~2室；果实坚果状 ··················· 1. 露珠草属 Circaea
1. 萼片4~6枚，花瓣4~6枚，雄蕊4枚以上，子房4~5室；果实为蒴果或浆果。
 2. 种子有种缨。
  3. 花丝基部有鳞片状附属物，子房每室有1枚胚珠 ················ 2. 柳兰属 Chamerion
  3. 花丝基部无附属物；子房每室有多数胚珠 ··················· 3. 柳叶菜属 Epilobium
 2. 种子无种缨。
  4. 灌木或半灌木，稀小乔木；花下垂；果为浆果 ················ 4. 倒挂金钟属 Fuchsia
  4. 草本；花不下垂；果为蒴果。
   5. 花萼片4或5枚，花后宿存 ······························ 5. 丁香蓼属 Ludwigia
   5. 花萼片4枚，花后脱落 ································· 6. 月见草属 Oenothera

1. 露珠草属 Circaea Linnaeus

多年生草本。叶对生，花序轴上的叶则互生并呈苞片状。单总状花序或具分枝；花白色或粉红色，2基数，具花管；子房1室或2室，每室1枚胚珠；蜜腺环生于花管内，或延伸而凸出于花管之外而形成1枚肉质柱状或环状花盘；花柱与雄蕊等长或长于雄蕊，柱头2裂。蒴果，外被硬钩毛。

8种。我国7种，湖北6种，神农架也有。

分种检索表

1. 子房与果实2室；根茎上不具块茎。
 2. 蜜腺藏于花管中，不伸出花管之外而呈柱状或环状花盘。
  3. 花序轴混生腺毛和柔毛 ·························· 1. 露珠草 C. cordata
  3. 花序轴无毛或仅具腺毛 ······················ 2. 秃梗露珠草 C. glabrescens
 2. 蜜腺伸出花管之外，形成1枚环状或柱状的肥厚花盘。

　　　　4. 花序轴与花梗无毛 ··· 3. 谷蓼 C. erubescens
　　　　4. 花序轴及花梗常被毛 ·· 4. 南方露珠草 C. mollis
　1. 子房与果实1室；根状茎顶端具块茎。
　　　　5. 花梗被腺毛 ··· 5. 葡匐露珠草 C. repens
　　　　5. 花梗无毛 ··· 6. 高原露珠草 C. alpina subsp. imaicola

1. 露珠草 | Circaea cordata Royle 图91-1

多年生草本。密被毛。叶卵形至宽卵形，基部常心形，先端短渐尖，边缘具锯齿至近全缘。总状花序顶生；花梗基部有1枚刚毛状小苞片；萼裂片2枚，开花时反曲；花瓣2枚，白色，短于萼裂片，先端倒心形；雄蕊2枚；蜜腺藏于花管内；子房下位，2室。果实斜倒卵形至透镜形。花期6～8月，果期7～10月。

产于神农架九湖、红坪、宋洛、新华，生于海拔1300～1700m的山坡荒地或路旁。全草入药。

图91-1　露珠草

2. 秃梗露珠草 | Circaea glabrescens (Pampanini) Handel-Mazzetti

图91-2

多年生草本。被镰状短柔毛。叶狭卵形至阔卵形，基部圆形，稀近心形，先端渐尖，边缘具锯齿。总状花序；基部有1枚刚毛状小苞片；萼片粉红或白色，开花时反曲；花瓣粉红色，先端倒心形，凹缺深至花瓣长度的约一半；雄蕊短于花柱；蜜腺藏于花管内。果实倒卵状至梨形，基部对称地渐狭向果梗，具1条浅槽。

产于神农架各地，生于海拔700～1700m的山坡沟谷林下。

图91-2　秃梗露珠草

3. 谷蓼 | Circaea erubescens Franchet et Savatier 图91-3

多年生草本。叶披针形至卵形，边缘具锯齿。总状花序；萼片矩圆状椭圆形至披针形，红色至紫红色，开花时反曲；花瓣狭倒卵状菱形至阔倒卵状菱形，粉红色，先端凹缺至花瓣长度的1/10~1/5；雄蕊短于花柱；蜜腺伸出花管之外。果实倒卵形至阔卵形，有1条狭槽至果梗之延伸部分。花期7~8月，果期8~9月。

产于神农架各地（官门山，zdg 7586），生于海拔800~1700m的山坡林下。全草入药。

4. 南方露珠草 | Circaea mollis Siebold et Zuccarini 图91-4

多年生草本。被镰状弯曲毛。叶狭披针形至狭卵形，边缘近全缘。总状花序；花梗与花序轴稀具1枚极小的刚毛状小苞片，花梗常被毛；花萼或略带白色；花瓣白色，先端下凹至花瓣长度的1/4~1/2；雄蕊短于花柱；蜜腺明显，凸出于花管外。果狭梨形或球形，纵沟极明显。花期7~8月，果期8~10月。

产于巴东、巫溪等县，生于海拔200~800m的山坡林下。全草入药。

图91-3　谷蓼

图91-4　南方露珠草

5. 匍匐露珠草 | Circaea repens Wallich ex Ascherson et Magnus 图91-5

多年生草本。被镰状毛。叶狭卵形至阔卵形，边缘具锯齿。总状花序单一或分枝；花梗被具柄的腺毛；萼片白色、绿色或淡红色；花瓣白色或粉红色，先端具"V"形凹缺，凹缺深达花瓣长度的3/4；雄蕊与花柱等长或短于花柱；蜜腺不明显。果实狭棒状至阔棒状，具1条浅槽。花期7~10月，果期7~11月。

产于神农架红坪，生于海拔2000~2800m的冷杉林下。

6. 高原露珠草（亚种）| Circaea alpina subsp. imaicola (Ascherson et Magnus) Kitamura 图91-6

多年生草本。茎被毛。叶卵形至阔卵形，先端急尖至短渐尖，基部多为截形或圆形，近全缘。花序被短腺毛，稀无毛；花集生于花序轴顶端；花梗基部具1枚刚毛状小苞片；子房具钩状毛；花管不存在或花管长仅长0.3mm；萼片矩圆状椭圆形至卵形；花瓣白色或粉红色，先端凹缺至花瓣长度的1/4~1/2，裂片圆形。果实上具钩状毛。

产于神农架红坪，生于海拔2300~2500m的冷杉林下。全草入药。

图91-5　匐匍露珠草

图91-6　高原露珠草

2. 柳兰属 Chamerion Seguier

多年生草本或亚灌木。叶多互生。总状花序，花两侧对称，花管不存在；花瓣4枚；雄蕊8枚，不等长，花丝基部有鳞片状附属物；花柱开花时反折，柱头深4裂，多少高出雄蕊，花柱枯萎时反卷。果实坚果状。种子具种缨。

8种。我国有4种，湖北有1种，神农架有分布。

1. 柳兰 │ Chamerion angustifolium (Linnaeus) Scopoli

分亚种检索表

1. 叶两面无毛，基部钝圆或宽楔形 ············ **1a．柳兰** Ch. angustifolium subsp. angustifolium
1. 叶背脉上有短柔毛，基部楔形 ············ **1b．毛脉柳兰** Ch. angustifolium subsp. circumvagum

1a．柳兰（原亚种）Chamerion angustifolium subsp. angustifolium　图91-7

多年草本。丛生，下部多少木质化。叶互生，披针形，边缘近全缘或有稀疏浅小齿。总状花序；苞片三角状披针形；萼片紫红色，被灰白柔毛；花瓣4枚，紫红色；雄蕊8枚，向一侧弯曲；子房被贴生灰白色柔毛，柱头4裂。蒴果，密被贴生的白灰色柔毛。种子具不规则的细网纹，具白色种缨。花期7~9月，果期8~10月。

产于神农架各地，生于海拔1700~2800m的山顶草丛中。花供观赏；根茎入药。

1b．毛脉柳兰（亚种）Chamerion angustifolium subsp. circumvagum (Mosquin) Hoch　图91-8

本亚种与原亚种的区别：茎中上部周围被曲柔毛；叶多少具短柄（长2~7mm），长9~23cm，宽1~3.5cm，下面脉上有短柔毛，基部楔形，边缘具浅牙齿；花粉粒常较大（平均直径85μm），有1/3具4或5孔；花瓣较大，长12~23mm，宽7~13mm；地理分布较南或与柳兰生长于同一山上海拔较低地带。花期6~9月，果期7~10月。

产于巫溪县（核桃坝—红池坝，李培元 3384），生于海拔1800m的山顶草丛中。花供观赏；根茎入药。

图91-7　柳兰

图91-8　毛脉柳兰

3. 柳叶菜属 Epilobium Linnaeus

草本或亚灌木。叶多对生。花辐射对称，单一，或成总状或穗状花序；花管存在；花瓣4枚，紫红色或白色；雄蕊8枚，排成不等的2轮，内轮4枚较短，外轮4枚较长；柱头棍棒状、头状或4裂；胚珠多数。蒴果或浆果，具不明显的4棱。种子多数，表面具乳突或网状，其上生1簇种缨。

约165种。我国33种，湖北15种，神农架产11种。

分种检索表

1. 柱头4裂。
    2. 叶基部半抱茎；柱头花时伸出高过花药·································1. 柳叶菜 E. hirsutum
    2. 叶基部抱茎；柱头花时围以外轮花药·································2. 小花柳叶菜 E. parviflorum
1. 柱头不裂。
    3. 茎周围被毛，无毛棱线或毛棱线不明显。
        4. 茎基部无宿存的芽鳞。
            5. 花序只被曲毛而无腺毛·································3. 阔柱柳叶菜 E. platystigmatosum
            5. 花序被曲毛和腺毛。
                6. 叶基部近心形·································4. 腺茎柳叶菜 E. brevifolium subsp. trichoneurum
                6. 叶基部狭楔形·································5. 短梗柳叶菜 E. royleanum
        4. 茎基部常有宿存的芽鳞。

7．叶线形或狭披针形 ··· 6．沼生柳叶菜 E. palustre
7．叶卵形至卵状披针形 ·· 7．长籽柳叶菜 E. pyrricholophum
3．茎近无毛，花序下只有2条或4条毛棱线。
8．花序不被腺毛。
9．叶密集，螺旋状互生，线状披针形 ······················· 8．中华柳叶菜 E. sinense
9．叶对生，狭披针形至线形 ······························· 9．圆柱柳叶菜 E. cylindricum
8．花序多少混生腺毛。
10．植株基部具匍匐枝，其顶端生肉质芽 ···················· 10．锐齿柳叶菜 E. kermodei
10．植株基部具根出条 ······································· 11．毛脉柳叶菜 E. amurense

1．柳叶菜 ｜ Epilobium hirsutum Linnaeus　图91-9

多年生草本。茎密被长柔毛与腺毛。叶对生，上部互生，披针状椭圆形至狭倒卵形或椭圆形，边缘具细锯齿，两面被长柔毛，基部抱茎。总状花序，花萼4枚，被毛；花瓣4枚，粉红或紫红色；雄蕊8枚，4长4短；子房下位，被柔毛或短腺毛。蒴果，被短腺毛。种子表面具粗乳突，顶端有种缨。花期8～9月，果期8～10月。

产于神农架木鱼、阳日、松柏八角庙村（zdg 7138），生于海拔500～1100m的地边潮湿处。根或带根全草入药。

2．小花柳叶菜 ｜ Epilobium parviflorum Schreber　图91-10

多年生草本。茎密被长柔毛与短腺毛。叶对生，上部的互生，狭披针形或长圆状披针形，边缘具细牙齿，两面被长柔毛。总状花序；萼片4枚，被毛；花瓣4枚，粉红色至玫瑰红色；雄蕊8枚，4长4短；雌蕊与外轮雄蕊等长，子房下位，柱头4深裂。蒴果，被毛。种子表面具粗乳突；种缨长5～9mm。花期7～8月，果期8～9月。

产于神农架木鱼、红坪、松柏，生于海拔1700m的山坡沟边。

图91-9　柳叶菜

图91-10　小花柳叶菜

3. 阔柱柳叶菜 | Epilobium platystigmatosum C. B. Robinson　图91-11

多年生草本。茎圆柱状，常紫红色。叶对生，茎上部的互生，狭披针形至近线形，先端锐尖或稍钝，基部渐狭至狭楔形。花序开花前稍下弯，花直立，花蕾椭圆形或长圆状椭圆形；花瓣白色、粉红色，稀玫瑰色，倒卵形。蒴果褐色，疏被曲柔毛或渐变无毛。种子长圆状倒卵形，顶端圆，具很短的喙，褐色，表明具粗乳突；种缨灰白色，易脱落。花期8~10月，果期9~11月。

产于神农架红坪（红坪林场西沟，鄂神农架植考队 32235），生于海拔800~1500m的山坡沟边。全草入药。

4. 腺茎柳叶菜（亚种）| Epilobium brevifolium subsp. trichoneurum (Hausneecht) P. H. Raven　图91-12

多年生草本。叶对生，花序上的互生，宽卵形或卵形，先端锐尖或近钝形，基部近心形。花序直立至稍下垂；花直立，或开花时稍下垂；萼片披针状长圆形，龙骨状，被曲柔毛和腺毛；花瓣粉红色至玫瑰紫色，倒心形。蒴果被曲柔毛，有时混生有腺毛。种子长圆状倒卵形，顶端具短喙，暗褐色，表面具乳突；种缨灰白色，易脱落。花期6~7月，果期8~9月。

产于神农架红坪、巴东（江明喜 222）、宋洛公社尼叉河回龙寺（鄂神农架队 22840），生于海拔800~1400m的山坡沟边。

图91-11　阔柱柳叶菜

图91-12　腺茎柳叶菜

5. 短梗柳叶菜 | Epilobium royleanum Hausknecht

多年生草本。叶对生，花序上的互生，基部稍抱茎，狭卵形至披针形，有时椭圆形或长圆状披针形。花序直立；萼片倒披针形；花瓣粉红色至玫瑰紫色；花药长圆状卵形。蒴果被曲柔毛与少量腺毛。种子长圆状倒卵形，顶端具短喙，淡褐色，表面具乳突；种缨灰白色，长5~6mm，易脱落。花期7~9月，果期8~10月。

产于神农架红坪、神农架林区（鄂神农架植考队 10582），生于海拔2400m的山坡沟边。

6. 沼生柳叶菜 | Epilobium palustre Linnaeus 图91-13

多年生草本。被曲柔毛，有时下部近无毛。叶对生，花序上的互生。花序花前直立或稍下垂，密被曲柔毛，有时混生腺毛；子房密被曲柔毛与稀疏的腺毛；花管喉部近无毛或有1环稀疏的毛；萼片密被曲柔毛与腺毛；花瓣白色至粉红色或玫瑰紫色。蒴果，被曲柔毛。种子顶端具长喙，表面具细小乳突；种缨灰白色或褐黄色。

产于神农架红坪、断江坪（鄂神农架植考队25568），生于海拔1500m的山坡沟边。全草入药。

图91-13　沼生柳叶菜

7. 长籽柳叶菜 | Epilobium pyrricholophum Franchet et Savatier 图91-14

多年生草本。茎密被曲柔毛与腺毛。叶对生，卵形至卵状披针形，边缘具锐锯齿，被曲柔毛或腺毛。花密被腺毛与曲柔毛；花萼4枚；花管喉部有1环白色长毛；花瓣4枚，粉红色至紫红色；雄蕊8枚，4长4短，呈轮排列；子房下位，密被腺毛，柱头棒状或近头状。蒴果，被腺毛。种子顶端具喙，表面具细乳突；种缨红褐色。花期6~8月，果期7~10月。

产于神农架各地，生于海拔700~2500m的山坡草地、林缘、湿地、沟边。全草入药。

图91-14　长籽柳叶菜

8. 中华柳叶菜 | Epilobium sinense H. Léveillé 图91-15

多年生草本。茎具明显棱线，其上有曲柔毛。基部叶对生，上部互生，线状披针形，边缘有不明显的齿凸，叶脉及边缘有毛。花单生或成总状花序；花萼4枚；花管喉部有1环长毛；花瓣4枚，粉红色或紫红色；雄蕊8枚，4长4短；子房下位，柱头头状。蒴果，疏被曲柔毛或变无毛。种子顶端具短喙，表面有细乳突；种缨淡黄色。花期6~9月，果期8~12月。

产于神农架木鱼、松柏八角庙村（zdg 7140），生于海拔1500m的溪边沼泽地。

9. 圆柱柳叶菜 ｜ Epilobium cylindricum D. Don　图91-16

多年生粗壮草本。叶对生，花序上的互生，绿色，花期变红色，狭披针形至线形。花序直立，密被曲柔毛，稀有少数腺毛；花近直立；花蕾卵状；花瓣粉红色至玫瑰紫色，稀白色，倒心形；花柱白色。蒴果长4~8.5cm，多少被曲柔毛。种子狭倒卵状，顶端圆形，具不明显的喙，褐色，表面具乳突；种缨灰白色，易脱落。花期6~9月，果期7~10月（~12月）。

产于神农架松柏（泮水公社，鄂神农架植考队 25377），生于海拔850m的沟边沼泽地。

图91-15　中华柳叶菜

图91-16　圆柱柳叶菜

10. 锐齿柳叶菜 ｜ Epilobium kermodei P. H. Raven

多年生粗壮草本。叶对生，花序上的互生，狭卵状形至披针形。花序直立，初时近伞房状，以后伸长，常密被腺毛；苞片叶状，与子房近等长；花直立；花蕾狭卵状；花瓣玫瑰色或紫红色。蒴果被曲柔毛与腺毛。种子倒卵状，顶端具短喙，深褐色，表面具粗乳突；种缨白色，易脱落。花期（2~）5~7月，果期（5~）7~9月。

产于神农架红坪、红河（鄂神农架植考队 10582），生于海拔1500m的山坡沟边。

11. 毛脉柳叶菜 ｜ Epilobium amurense Hausknecht

分亚种检索表

1. 叶卵形或披针形···································11a. 毛脉柳叶菜 E. amurense subsp. amurense
1. 叶长圆状披针形至狭卵形·······················11b. 光滑柳叶菜 E. amurense subsp. cephalostigma

11a. 毛脉柳叶菜（原亚种）Epilobium amurense subsp. amurense　图91-17

草本。茎上部有曲柔毛与腺毛，中下部有明显的毛棱线。叶对生，花序上的互生，卵形或披针形，具锐齿，脉上与边缘有曲柔毛。花序常被曲柔毛与腺毛；萼片4枚，疏被曲柔毛；花管喉部有1环长柔毛；花瓣白色、粉红色或玫瑰紫色；雄蕊8枚，4长4短，外轮较内轮长；柱头近头状。蒴果，疏被柔毛。种子具不明显短喙，表面具粗乳突；种缨污白色。花期5～8月，果期6～12月。

产于神农架各地，生于海拔1400～1800m的山地林缘、草地、沟边。全草入药。

11b. 光滑柳叶菜（亚种）Epilobium amurense subsp. cephalostigma (Hausskhecht) C. J. Chen et al.　图91-18

本亚种与原亚种的区别：茎常多分枝，上部周围只被曲柔毛，无腺毛，中下部具不明显的棱线，但不贯穿节间，棱线上近无毛；叶长圆状披针形至狭卵形，基部楔形，叶柄长1.5~6mm；花较小，长4.5~7mm，萼片均匀地被稀疏的曲柔毛。花期6~8月，果期8~9月。

产于神农架九湖、木鱼、红坪、新华，生于海拔1800～2000m的山坡沼泽地。全草入药。

图91-17　毛脉柳叶菜

图91-18　光滑柳叶菜

4. 倒挂金钟属 Fuchsia Linnaeus

灌木或半灌木，稀小乔木。叶单叶互生、对生或轮生。花两性或杂性同株或雌雄异株，辐射对称，单生于叶腋，或排成总状或圆锥状花序；花红色或淡紫红色，常下垂；萼片4枚，钟状或筒状；花瓣4枚，稀5枚，稀缺；雄蕊8枚，排成2轮，对萼的常较长；子房下位，4室，花柱细长，柱头4裂或近全缘，胚珠多数。浆果。种子具棱。

约100种。我国常见栽培1种，神农架也有栽培。

倒挂金钟｜Fuchsia hybrida Hort　图91-19

半灌木。幼枝带红色。叶对生，卵形或狭卵形，边缘具疏锯齿，脉常带红色，被短柔毛。花单生于叶腋，下垂；萼片4枚，红色，开放时反折；花瓣色多变（紫红色，红色等）；雄蕊8枚，排成2

轮，外轮较长；子房下位，疏被柔毛与腺毛，4室，柱头棒状，顶端4浅裂。浆果紫红色，倒卵状长圆形。花期7～8月，果期8～9月。

原产于中美洲，神农架有栽培。花供观赏；全草入药。

图91-19　倒挂金钟

5. 丁香蓼属 Ludwigia Linnaeus

湿生草本。叶互生或对生，常全缘。花单生于叶腋，或为顶生的穗状花序或总状花序；萼片3～5枚，宿存；花瓣与萼片同数，稀不存在，黄色；雄蕊与萼片同数；具下位花盘；子房下位，4～5室，柱头头状，常浅裂，中轴胎座。蒴果线形。种子无种缨。

约80种。我国有9种，湖北有4种，神农架产1种。

假柳叶菜 | Ludwigia epilobioides Maximowicz　图91-20

一年生草本。茎四棱形，带紫红色。叶狭椭圆形至狭披针形，脉上疏被微柔毛。萼片4～5枚，稀6枚，被微柔毛；花瓣黄色；雄蕊与萼片同数，柱头球状，顶端微凹；花盘无毛。蒴果，表面瘤状隆起。种子嵌埋于木栓质果皮内，狭卵球状，顶端具钝凸尖头，表面具红褐色条纹。

产于神农架各地，生于海拔600m以下的田边、沟边。根能入药。

图91-20　假柳叶菜

6. 月见草属 Oenothera Linnaeus

一年生草本。茎生叶互生，有柄或无柄，边缘全缘、有齿或羽状深裂。花单生或排成穗状或总状花序；花4数，辐射对称，萼片反折，淡红或紫红色；花瓣4枚，黄色，紫红色或白色，有时基部有深色斑；雄蕊8枚，近等长或对瓣的较短；子房下位，4室，胚珠多数；柱头深裂。蒴果，常具4棱或翅。种子每室排成2行。

119种。我国引用栽培作花卉园艺及药用植物，湖北有4种，神农架有1种。

待宵草 | Oenothera stricta Ledebour ex Link 图91-21

一年生或二年生草本。被曲柔毛与伸展长毛，上部还混生腺毛。基生叶狭椭圆形至倒线状披针形，边缘具远离浅齿，被曲柔毛与长柔毛；茎生叶无柄，边缘具疏齿，两面被曲柔毛。穗状花序；苞片叶状；花萼片4枚，黄绿色，开花时反折；花瓣4枚，黄色，基部具红斑；子房下位，花柱长于花管；柱头围以花药。蒴果，被曲柔毛与腺毛。种子表面具整齐洼点。花期7~8月，果期8~9月。

原产于南美洲，神农架各地有栽培（八角庙—房县沿线，zdg 7523）。花供观赏；根能入药。

图91-21 待宵草

92. 桃金娘科 | Myrtaceae

乔木或灌木。单叶对生或互生，全缘，常有腺点。花两性，单生或排成花序；萼片4～5枚，花瓣4～5枚，分离或连成帽状体；雄蕊多数，稀定数，插生于花盘边缘，在蕾中内弯或折曲，花丝分离或多少连成短管，或成束而与花瓣对生，花药2室，药隔末端常有1枚腺体；子房下位或半下位，心皮2至多枚，1室或多室，胚珠1至多枚，柱头1枚，有时2裂。蒴果、浆果、核果或坚果，顶端常有凸起的萼檐。

约130属4500～5000种。我国有10属121种，湖北有2属4种，神农架全有。

分属检索表

1. 萼片与花瓣合生成帽状体或各自合生成帽状体；蒴果·················1. 桉属 Eucalyptus
1. 萼片和花瓣均分离或花瓣合生成帽状体；浆果或核果·················2. 蒲桃属 Syzygium

1. 桉属 Eucalyptus L'Héritier

幼叶常对生，无柄或有短柄；成熟叶互生，有柄，叶片常革质，阔卵形或镰状狭披针形，具透明腺点。花排成伞形花序，或多枝再排成圆锥状花序，常白色，花托凹陷；萼片与花瓣合生成帽状体或各自合生成2层帽状体；雄蕊多列，常分离，生于花盘上；子房与花托合生，顶端多少隆起。蒴果全部或下半部藏于扩大的花托中。种子极多。

约700种，主要分布于澳大利亚及附近岛屿。我国引种110种，湖北栽培1种，神农架也有。

桉 | Eucalyptus robusta Smith 图92-1

高大乔木。树皮深褐色，具不规则纵沟；幼态叶对生，叶片厚革质，卵形；成熟叶卵状披针形，厚革质，不等侧，侧脉明显，两面有腺点，边脉离边缘1～1.5mm，柄长1.5～2.5cm；伞形花序，总梗压扁，花托半球形或倒圆锥形；帽状体约与花托同长，先端收缩成喙。蒴果卵状壶形，果瓣3～4枚，深藏花托内。花期4～9月，果期10～11月。

原产于澳大利亚，巴东、巫溪等县有栽培。用材树种；行道绿化树种；叶、果入药。

图92-1 桉

2. 蒲桃属 Syzygium Gaertner

乔木或灌木。叶对生稀轮生，叶片革质，有透明腺点；花常排成聚伞花序，或再集成圆锥状；萼片常4~5枚，多钝而短；花瓣常4~5片，分离或连合成帽状，早落；雄蕊多数，生于花盘外围，花药细小，顶端常有腺体；子房下位，花柱线形。浆果或核果，顶部有残存的萼檐；常含种子1~2颗，种皮多少与果皮粘合。

1200余种。我国约有80种，湖北有3种，神农架均产。

分种检索表

```
1. 叶柄长3~10mm；果实球形或椭圆状卵形。
  2. 叶片披针形或狭窄长圆形·················································1. 贵州蒲桃 S. handelii
  2. 叶片椭圆形·······························································2. 华南蒲桃 S. austrosinense
1. 叶柄长1~2mm；果实球形·························································3. 赤楠 S. buxifolium
```

1. 贵州蒲桃 | Syzygium handelii Merrill et Perry   图92-2

灌木。高2m。嫩枝有4棱，干后黄褐色。叶片革质，披针形或狭窄长圆形，长3~6.5cm，宽1~1.8cm，先端渐狭窄而有一钝头，基部楔形，上面干后褐绿色，略有光泽，下面黄褐色，有腺点；侧脉多而密，脉间相隔约1mm，以45°开角斜向上，在靠近边缘0.5mm处相结合成边脉，干后在上下两面均明显；叶柄长3~4mm。圆锥花序顶生，长2~4cm，花序轴有棱；苞片短小；花梗长1mm或无柄；花蕾长卵形，长3~4mm；萼管倒圆锥形，长3mm，平滑，上部截形，萼齿不明显；花瓣通常4枚，分离，阔倒卵形，长3mm；雄蕊长5~8mm；花柱长7mm。果实球形，宽6mm。花期5~6月。

产于巴东、巫山、巫溪等县，生于海拔100~300m沟谷的常绿阔林中。盆景良材。

图92-2　贵州蒲桃

2. 华南蒲桃 | Syzygium austrosinense (Merrill et Perry) Chang et Miau

图92-3

灌木至小乔木。叶片椭圆形，先端尖锐或稍钝，基部阔楔形，两面有腺点，下面的凸起；侧脉相隔1.6～2mm，以70°开角斜出，边脉离边缘不到1mm；叶柄长3～5mm。聚伞花序顶生或近顶生；萼片4枚，短三角形；花瓣分离，倒卵形；雄蕊和花柱均长3～4mm。果实球形。花期6～8月，果期9～11月。

产于巴东、巫山、巫溪等县，生于海拔100～500m的沟谷常绿阔林中。全株入药。

图92-3　华南蒲桃

3. 赤楠 | Syzygium buxifolium Hooker et Arnott　图92-4

灌木或小乔木。叶片阔椭圆形至椭圆形，有时阔卵形，先端圆或钝，稀具钝尖头，基部阔楔形或钝，下面有腺点；侧脉多而密，斜行向上，离边缘1～1.5mm处结成边脉；叶柄长2mm。聚伞花序顶生，长约1cm，花柄长1～2mm；花托倒圆锥形；萼片短而钝，花瓣4枚，分离；雄蕊长2.5mm；花柱与雄蕊等长。果球形。花期6～8月，果期9～11月。

产于巴东、巫山、巫溪等县，生于海拔100～700m的山坡林缘。根或根皮及叶入药；盆景良材。

图92-4　赤楠

93. 野牡丹科 Melastomataceae

草本或木本。单叶对生，稀轮生，全缘；基出脉有3～9条；无托叶。聚伞、伞形或伞房花序，或由上述某花序组成的圆锥花序，稀单生、簇生或成穗状花序；花两性，辐射对称，常4～5数；花托内凹，常具4棱；萼片有时无；雄蕊与花瓣同数或为其2倍，与萼片及花瓣两两对生，或仅与萼片对生，花丝内弯，花药孔裂，药隔常膨大，下延成长柄或短距；子房常下位。蒴果或浆果，蒴果常顶孔开裂。

约156～166属4500余种。我国有21属114种，湖北有4属5种，神农架有4属4种。

分属检索表

```
1. 种子不弯曲，呈长圆形、倒卵形、楔形或倒三角形；叶片被毛常较疏或无。
    2. 雄蕊异形，不等长。
        3. 长雄蕊花药基部伸长呈羊角状·················1. 异药花属 Fordiophyton
        3. 长雄蕊花药基部不伸长呈羊角状···············2. 野海棠属 Bredia
    2. 雄蕊同形，等长·······························3. 肉穗草属 Sarcopyramis
1. 种子马蹄形弯曲；叶片常密被紧贴的糙伏毛或刚毛········4. 金锦香属 Osbeckia
```

1. 异药花属 Fordiophyton Stapf

草本或亚灌木。茎四棱形。叶片薄，边缘常具细齿；基出脉5～7条，稀3或9条。伞形花序或由聚伞花序组成的圆锥花序，顶生；花4基数，萼片早落；花瓣粉红色、红色或紫色，上部偏斜；雄蕊4长4短，长者花药较花丝长，基部伸长呈羊角状，短者花药长约为花丝的1/3或1/2，基部常不呈羊角状；子房下位，近顶端具膜质冠。蒴果，具8条纵肋。种子长三棱形。

9种。我国全产，湖北有1种，只分布于神农架。

异药花 Fordiophyton faberi Stapf 图93-1

草本或亚灌木。茎单一。同节上的每对叶大小明显不同；叶片宽披针形至卵形，基部浅心形或近楔形，边缘具不明显细锯齿，叶上面被紧贴的微柔毛；基出脉5条；叶柄顶端具短刺毛。伞形花序或不明显的聚伞花序；花托具4棱，萼片被疏腺毛、白色腺点及腺状缘毛；花瓣顶端具腺毛状小尖头；雄蕊的长者花药线形弯曲，基部呈羊角状伸长。蒴果，4孔裂，宿存萼。花期8～9月，果期约6月。

产于神农架下谷（石柱河），生于海拔450m的沟边灌丛中，岩石上潮湿处。叶可入药。

图93-1 异药花

2. 野海棠属 Bredia Blume

草本或亚灌木。叶片具基出脉5~9（~11）条。聚伞花序或由其组成的圆锥花序，顶生；花常4基数；花托无明显肋；萼片明显；花瓣卵形或广卵形；雄蕊为花瓣的倍数，异形，常不等长，长和短的各半；长者花药基部不呈羊角状，药隔下延成短柄，短者花药基部常具小瘤，药隔下延呈短距；子房下位或半下位，顶端常具冠檐生缘毛的膜质冠。蒴果常具钝4棱。种子楔形。

约30种。我国14种，湖北有1种，神农架有分布。

叶底红 | Bredia fordii (Hance) Diels 图93-2

半灌木或近草本。茎上部与叶柄、花序、花柄及花托均密被柔毛及长腺毛。叶片心形、心状椭圆形至卵状心形，边缘具细重齿及短柔毛，两面被疏长柔毛及柔毛；基出脉7~9条。伞形或聚伞花序或由其组成的圆锥花序；萼片线状披针形或狭三角形；花瓣红色或紫红色；雄蕊8枚，等长；子房顶端具边缘，有呈啮蚀状细齿的膜质冠。花期6~8月，果期8~12月。

产于神农架木鱼（九冲），生于海拔400~500m的溪边林下。全株入药。

图93-2　叶底红

3. 肉穗草属 Sarcopyramis Wallich

多年生草本。四棱形。叶片边缘常具细锯齿；具3~5条基出脉。聚伞花序顶生，基部具2枚叶状苞片；花3~5朵；花柄四棱形，棱上常具狭翅；花托有4棱，棱上也常具狭翅；萼片4枚，顶端具刺状小尖头或具边缘呈流苏状长毛的膜质盘；花瓣4片；雄蕊8枚，同形，等长，花药倒心形或倒心状卵形；子房下位，顶端具冠檐不整齐的膜质冠。蒴果。

约6种，分布于尼泊尔至马来西亚及我国。我国有4种，湖北有1种，神农架有分布。

楮头红 | Sarcopyramis napalensis Wallich 图93-3

直立草本。茎肉质。叶广卵形或卵形，顶端渐尖，基部微下延，边缘具细锯齿；基出脉3~5条；叶柄具狭翅。聚伞花序，生于分枝顶端；苞片卵形；花1~3朵；花托四棱形，棱上有狭翅；萼片顶端平截，边缘呈流苏状长毛的膜质盘；花瓣粉红色。蒴果杯状，具4棱，膜质冠伸出花托1倍长，冠缘浅波状，萼宿存。花期8~10月，果期9~12月。

图93-3 楮头红

产于神农架木鱼（九冲）、新华（马鹿场），生于海拔400～800m的溪边林下。全草入药。

4. 金锦香属 Osbeckia Linnaeus

草本、亚灌木或灌木。茎四或六棱形，常被毛。叶对生或轮生，常被毛；基出脉3～7条。头状或总状花序，或再组成圆锥状；花4～5数；花托坛状或长坛状，常具刺毛突、篦状鳞片或分枝状毛；萼片具缘毛，花瓣也具或无；雄蕊为花瓣倍数，同形，等长，药隔向前或后下方伸延成小疣或短距；子房半下位，顶端常具1圈刚毛。蒴果先顶孔开裂后纵裂。种子马蹄形弯曲。

约100种，分布于东半球热带、亚热带至非洲热带。我国有12种，湖北2种，神农架1种。

假朝天罐 | Osbeckia crinita Benth ex C. B. Clarke 图93-4

灌木。茎四棱形，被平展的刺毛。叶长圆状披针形、卵状披针形至椭圆形，基部钝或近心形，全缘，具缘毛，上面被糙伏毛，下面仅脉上被毛；基出脉5条。总状花序或由聚伞花序再组成圆锥花序；花4数；花托坛状，外面被分枝状毛；萼片线状披针形或钻形，外面被毛；花瓣倒卵形，具缘毛；花药具长喙。蒴果中下部深紫色。花期8～11月，果期10～12月。

产于兴山县，生于海拔800～1300m的山坡向阳灌丛中。花供观赏；全株、根入药。

图93-4 假朝天罐

94. 省沽油科 | Staphyleaceae

乔木或灌木。叶对生或互生，奇数羽状复叶或稀为单叶，叶有锯齿；有托叶或稀无托叶。花整齐，两性或杂性，稀为雌雄异株，在圆锥花序上花少（但有时花极多）；萼片5枚，分离或连合，覆瓦状排列；花瓣5枚；子房上位，3室，稀2或4室，联合或分离，每室有1至几枚倒生胚珠，花柱各式分离到完全连合。果实为蒴果状，常为多少分离的蓇葖果或不裂的核果或浆果。种子数枚，肉质或角质。

8属约20种。我国有5属21种，湖北有3属4种，神农架也有。

分属检索表

1. 果为1膜质肿胀的蒴果⋯⋯⋯⋯⋯⋯⋯⋯⋯⋯⋯⋯⋯⋯⋯⋯⋯⋯⋯1. 省沽油属Staphylea
1. 果为蓇葖果或浆果状。
   2. 蓇葖果，熟时紫红色⋯⋯⋯⋯⋯⋯⋯⋯⋯⋯⋯⋯⋯⋯⋯⋯⋯⋯2. 野鸦椿属Euscaphis
   2. 浆果状，熟时黑色⋯⋯⋯⋯⋯⋯⋯⋯⋯⋯⋯⋯⋯⋯⋯⋯⋯⋯⋯⋯3. 山香圆属Turpinia

1. 省沽油属 Staphylea Linnaeus

落叶灌木或小乔木。高近4m。枝条光滑，有条纹。叶对生，小叶3~5枚或羽状分裂；有托叶。圆锥花序腋生或顶生；花白色，两性，整齐，花瓣5枚；子房由2或3枚心皮组成，分离或基部连合，花柱2~3枚，胚珠多数。蒴果膀胱状，果皮膜质，沿内面腹缝线开裂。种子每室1~4枚，近圆形，无假种皮，胚乳肉质。花期4~5月，果期8~9月。

约10种。我国有4种，湖北2种，神农架也有。

分种检索表

1. 果先端分裂；顶生小叶下延成翅⋯⋯⋯⋯⋯⋯⋯⋯⋯⋯⋯⋯⋯⋯1. 省沽油 S. bumalda
1. 果先端不分裂；顶生小叶有叶柄⋯⋯⋯⋯⋯⋯⋯⋯⋯⋯⋯⋯⋯⋯2. 膀胱果 S. holocarpa

1. 省沽油 | Staphylea bumalda Candolle

分变种检索表

1. 萼片浅黄白色，花瓣白色⋯⋯⋯⋯⋯⋯⋯⋯⋯⋯⋯⋯1a. 省沽油 S. bumalda var. bumalda
1. 花玫瑰粉红色⋯⋯⋯⋯⋯⋯⋯⋯⋯⋯⋯⋯⋯⋯⋯⋯1b. 玫红省沽油 S. holocarpa var. rosea

1a. 省沽油 Staphylea bumalda var. bumalda 图94-1

落叶灌木。高约2m，稀达5m。复叶对生，3小叶；小叶椭圆形或卵圆形，长3～7cm，宽2～4cm，先端锐尖，基部圆形或楔形，边缘有细锯齿，齿尖具尖头，上面绿色无毛，背面青白色。圆锥花序顶生，直立；萼片浅黄白色；花瓣5枚，白色，较萼片稍大。蒴果膀胱状，扁平，2室，先端分裂。种子黄色，有光泽。花期4～5月，果期8～9月。

产于神农架各地，生于海拔1000～1300m的山坡林中。根入药。

图94-1　省沽油

1b. 玫红省沽油 Staphylea holocarpa var. rosea Rehder et E. H. Wilson 图94-2

本变种与原变种的区别：花玫瑰粉红色。

产于神农架木鱼（官门山），生于海拔1400～1600m的山坡林中。花可观赏。

神农架产本变种的标本形态上与原变种有本质的区别，其花柱远长于雄蕊，果实先端不裂，小叶下面脉上被白色长柔毛，可能不是玫红省沽油而是一种未被描述的新种。

图94-2　玫红省沽油

2. 膀胱果 | Staphylea holocarpa Hemsley 鸡合子树 图94-3

落叶小乔木或灌木。高3～10m。复叶对生，3小叶，近革质，无毛；小叶椭圆形至长圆状披针

图94-3　膀胱果

形，长5~7cm，宽2.5~3.5cm，先端突渐尖，基部钝，边缘有硬细锯齿。圆锥花序生于叶腋间；花先于叶开放或叶与花同时开放，粉红色或白色。果为梨形膨大的蒴果，3裂，基部狭，顶平截。种子灰褐色，近椭圆形，有光泽。花期4~5月，果期8~9月。

产于神农架九湖、松柏，生于海拔1000~1600的山坡沟边树林中。根、果实入药。

2. 野鸦椿属 Euscaphis Siebold et Zuccarini

落叶灌木。枝无毛。奇数羽状复叶，对生，小叶2~5对；小叶革质，有细锯齿。圆锥花序顶生；花两性，整齐；花萼宿存，5裂；花瓣5枚；雄蕊5枚，着生于花盘基部外缘；子房上位，3室，心皮仅基部合生，裂片全裂成1室，花柱3枚，顶端合生。蓇葖果有1~3枚，革质心皮，基部有宿存的花萼，沿内面腹缝线开裂。种子1~2枚，有薄假种皮。

4种。我国有2种，湖北有1种，神农架有分布。

野鸦椿 ｜ Euscaphis japonica (Thunberg) Kanitz　鸡眼树，疝气果

图94-4

落叶灌木或小乔木。高3~8m。枝叶揉碎后有恶臭气味。叶对生，奇数羽状复叶；小叶厚纸质，狭卵形或卵圆形，长4~8cm，宽2~4cm，先端渐尖，基部圆形，边缘有疏短细锯齿，齿尖有腺体。顶生圆锥花序；花多，黄白色。蓇葖果有纵纹，紫红色，果皮软革质。种子近圆形，黑色，有光泽，假种皮肉质。花期5~6月，果期

图94-4　野鸦椿

8~9月。

产于神农架各地，生于海拔1300m以下的山坡灌木丛中。根、果实、种子入药；可栽培供观赏。

3. 山香圆属 Turpinia Ventenat

乔木或灌木。枝圆柱形。叶对生，无托叶，奇数羽状复叶或为单叶；叶柄在着叶处收缩，小叶革质，对生；有时有小托叶。圆锥花序开展，顶生或腋生，分枝对生；花小，白色，整齐，两性，稀为单性；萼片5枚；子房无柄，3裂，3室，花柱3枚，合生或分裂，柱头近头形，胚珠在子房室中数枚或更多，排为2列，上升，胚珠倒生。果实近圆球形，有疤痕，花柱分离，革质，不裂，3室，每室有几个或多数种子。种子下垂或平行附着，扁平，种皮硬膜质或骨质，子叶微隆起。

30种。我国有13种，湖北有2种，神农架有1种。

硬毛山香圆 | Turpinia affinis Merrill et L. M. Perry   图94-5

乔木。羽状复叶，叶片椭圆状长圆形。圆锥花序长分枝开展，被短柔毛；花在花轴上成假总状花序或伞形花序，大；花瓣倒卵状椭圆形，具缘毛，内面有绒毛；花丝向上渐狭，常有短缘毛，花药卵状长圆形；花盘有齿裂，长为子房的1/2；子房和花柱具长硬毛，胚珠6~8枚。浆果近圆形，有疤痕，花柱宿存，多数有硬毛。花期3~4月，果期8~11月。

产于神农架下谷（石柱河），生于海拔400m的山坡密林中。可栽培供观赏。

图94-5　硬毛山香圆

95. 旌节花科 | Stachyuraceae

木本。小枝明显具髓。单叶互生；托叶线状披针形，早落。总状或穗状花序腋生；花两性或雌雄异株；花梗基部具苞片1枚，花基部具小苞片2枚；萼片和花瓣各4枚；雄蕊8枚，2轮；子房上位，4室，胚珠多数，中轴胎座，柱头头状，4浅裂。浆果，外果皮革质。种子多数，具柔软的假种皮。

东亚特有科，仅1属8种。我国7种，湖北4种，神农架3种。

旌节花属 Stachyurus Siebold et Zuccarini

灌木或小乔木。小枝明显具髓。冬芽小，具2~6枚鳞片。单叶互生；托叶线状披针形，早落。花序腋生，总状或穗状；花两性或雌雄异株；花梗基部具苞片1枚，花基部具小苞片2枚；萼片和花瓣各4枚；雄蕊8枚，2轮；子房上位，4室，中轴胎座，柱头4浅裂。浆果，外果皮革质。种子具柔软的假种皮。

8种。我国有7种，湖北有4种，神农架3种。

分种检索表

1. 落叶；叶片纸质或膜质，边缘具粗齿或细齿。
　　2. 叶长圆状卵形或椭圆形，长、宽近相等·················· 1. 中国旌节花 S. chinensis
　　2. 叶披针形至长圆状披针形，长为宽的2倍以上·············· 2. 西域旌节花 S. himalaicus
1. 常绿；叶片革质，边缘具细而密的锐齿···················· 3. 云南旌节花 S. yunnanensis

1. 中国旌节花 | Stachyurus chinensis Franchet　图95-1

灌木或小乔木。叶互生，叶片纸质或膜质，长圆状卵形或椭圆形，基部钝圆至近心形，边缘具圆齿状锯齿，沿主脉和侧脉疏被短柔毛。穗状花序腋生；花黄色；苞片1枚，小苞片2枚；萼片4枚，黄绿色；花瓣4枚；雄蕊8枚，与花瓣等长；子房瓶状，被微柔毛。果实圆球形，近无梗，基部具残留物。花期3~4月，果期6~7月。

产于神农架各地（长青，zdg 5754；官门山，zdg 7563），生于海拔400~3000m的山坡林中或林缘。茎髓、嫩茎叶入药。

图95-1　中国旌节花

2. 西域旌节花 | Stachyurus himalaicus J. D. Hooker et Thomson ex Bentham　图95-2

灌木或小乔木。叶片坚纸质或薄革质，披针形至长圆状披针形，基部钝圆，边缘具细而密的锐锯齿。穗状花序腋生；花黄色；苞片1枚，小苞片2枚；萼片4枚，宽卵形；花瓣4枚；雄蕊8枚，常短于花瓣；子房卵状长圆形。浆果近球形，无梗或近无梗，花柱宿存。花期3~4月，果期5~8月。

产于神农架各地，生于海拔800~2500m的山坡林中或林缘。茎髓、嫩茎叶入药；花可供观赏。

图95-2　西域旌节花

3. 云南旌节花 | Stachyurus yunnanensis Franchet　图95-3

灌木。叶互生，叶片革质或薄革质，椭圆状长圆形至长圆状披针形，基部楔形或钝圆，几边缘具细尖锯齿，齿尖骨质。穗状花序腋生，花序轴"之"字形；苞片1枚，三角形，急尖，小苞片三角状卵形；萼片4枚；花瓣4枚，黄色至白色；雄蕊8枚；柱头头状。浆果球形，无梗，花柱宿存。花期3~4月，果期7~8月。

产于神农架下谷，生于海拔400~600m的山坡常绿阔叶林林缘灌丛中。

图95-3　云南旌节花

96. 漆树科 | Anacardiaceae

木本。树皮具树脂或白色乳汁。单叶互生，掌状三小叶或奇数羽状复叶；无托叶或托叶不明显。圆锥花序；花辐射对称，两性、单性或杂性；花萼多少合生，3～5裂；花瓣3～5枚，覆瓦状或镊合状排列；雄蕊与花瓣同数或为其倍数，着生于花盘基部或有时着生在花盘边缘，花丝线形或钻形，花盘环状或坛状或杯状；心皮1～5枚，子房上位，常1（2～5）室，胚珠1枚，倒生。核果。

约60属600余种。我国有16属59种，湖北有5属10种，神农架也有。

分属检索表

```
1. 复叶。
    2. 子房5室··············································1. 南酸枣属 Choerospondias
    2. 子房1室。
        3. 花只有花萼而无瓣··································2. 黄连木属 Pistacia
        3. 花有花萼及花瓣。
            4. 花序腋生······································3. 漆树属 Toxicodendron
            4. 花序顶生······································4. 盐肤木属 Rhus
1. 单叶··················································5. 黄栌属 Cotinus
```

1. 南酸枣属 Choerospondias B. L. Burtt et A. W. Hill

落叶大乔木。树皮片状剥落。幼枝被微柔毛。奇数羽状复叶；小叶7～13枚，小叶卵状披针形至长圆形，先端长渐尖，基部近圆形，不对称，全缘或波状；幼树之叶具粗锯齿，两面无毛。核果肉质，熟时黄色，果核骨质，顶部具5枚小孔。花期4～5月，果期8～9月。

单种属，主产于我国，神农架也有分布。

南酸枣 | Choerospondias axillaris (Roxburgh) B. L. Burtt et A. W. Hill

图96-1

特征同属的描述。

产于神农架各地，生于海拔400～1200m的山坡林中。树皮及果入药；用材树种。

图96-1　南酸枣

2. 黄连木属 Pistacia Linnaeus

乔木或灌木。树皮具树脂。叶互生，奇数或偶数羽状复叶，稀单叶或3小叶。总状花序或圆锥花序腋生；雌雄异株；雄花苞片1枚，花被片3～9枚，雄蕊3～5枚，花丝极短，与花盘连合或无花盘，花药药隔伸出；雌花苞片1枚，花被片4～10枚，花盘小或无，3枚心皮合生，子房上位，1室，1枚胚珠，柱头3裂，外弯。核果，无毛，外果皮薄，内果皮骨质。种子压扁。

约10种。我国有3种，湖北有1种，神农架有分布。

黄连木 | Pistacia chinenis Bunge 图96-2

乔木。树皮呈鳞片状剥落。幼枝疏被微柔毛或近无毛。奇数羽状复叶互生；小叶5～6对，披针形，全缘，两面沿中脉和侧脉被卷曲微柔毛或近无毛。花单性异株，圆锥花序；花序、花均被微柔毛；苞片外面被微柔毛，边缘具睫毛；雄花花被片2～4枚，大小不等，边缘具睫毛，雄蕊3～5枚；雌花花被片7～9枚，大小不等，外面被柔毛，边缘具睫毛，子房上位，柱头3枚。核果。

产于神农架各地，生于海拔650～800m的向阳山坡。叶芽入药，亦作茶饮。

图96-2 黄连木

3. 漆树属 Toxicodendron Miller

乔木或灌木。有乳状液汁或树脂状液汁。叶互生，常为奇数羽状复叶，有时单叶或3小叶，全缘或有锯齿。花杂性或单性异株，为腋生或顶生的圆锥花序；萼5裂；花瓣5枚，覆瓦状排列；雄蕊5枚，着生于一淡褐色的花盘下；子房1室，上位，有胚珠1枚，花柱3枚。核果小，平滑或被毛。

约20种。我国有16种，湖北有约10种，神农架有4种。

分种检索表

```
1. 乔木。
    2. 叶下面被毛，至少脉上有毛；小枝至少在幼时被毛。
        3. 小叶15×6cm，侧脉8～16对··············································· 1. 漆树 T. vernicifluum
        3. 小叶12×4cm，侧脉15～25对·············································· 2. 木蜡树 T. sylvestre
    2. 叶下无毛而稍呈灰绿色；小枝及叶柄无毛······································ 3. 野漆树 T. succedaneum
1. 藤本································································· 4. 刺果毒漆藤 T. radicans subsp. hispidum
```

1. 漆树 | Toxicodendron vernicifluum (Stokes) F. A. Barkley 图96-3

乔木。小枝被棕黄色柔毛，后无毛。奇数羽状复叶，互生；小叶9～11枚，卵形或长圆状卵形，全缘，幼时被柔毛，老时脉疏被柔毛；侧脉8～16对。圆锥花序，被灰黄色微柔毛；雌雄异株；花黄绿色；花萼先端钝；花瓣具细密的褐色羽状脉纹，花时外卷；花盘5浅裂。核果，略压扁。花期5～6月，果期7～10月。

产于神农架各地，生于海拔800～2800m的山坡疏林中。乳汁可作油漆；种子可榨油供食用；根入药。

2. 木蜡树 | Toxicodendron sylvestre (Siebold et Zuccarini) Kuntze 图96-4

乔木。幼枝和芽被黄褐色绒毛。奇数羽状复叶，互生；小叶9～13枚，全缘，卵形或卵状椭圆形或长圆形，密被黄褐色绒毛；侧脉15～25对，在两面凸起。圆锥花序，密被锈色绒毛；花黄色，被卷曲微柔毛；花萼裂片卵形；花瓣长圆形，具暗褐色脉纹，具花盘。核果，扁圆形，果核坚硬。

产于神农架木鱼、新华，生于海拔800m的山坡疏林中。乳汁可作油漆；叶入药。

图96-3 漆树

图96-4 木蜡树

3. 野漆树 | Toxicodendron succedaneum (Linnaeus) Kuntze 图96-5

乔木。顶芽大，紫褐色。奇数羽状复叶，互生，常集生于小枝顶端；小叶4～7对，长圆状椭圆形或卵状披针形，基部多少偏斜，全缘，叶背常具白粉；侧脉15～22对，在两面略凸。圆锥花序；花黄绿色；花萼裂片阔卵形；花瓣长圆形，花时外卷；花盘5裂。核果，偏斜，压扁，先端偏离中心。

产于神农架各地，生于海拔1300m的山坡林中。观赏树木；根或根皮入药。

4. 刺果毒漆藤（亚种）| Toxicodendron radicans (Linnaeus) Kuntze subsp. hispidum (Engler) Gillis 图96-6

落叶藤本。幼枝被锈色柔毛。三小叶复叶，被黄色柔毛；侧生小叶长圆形或椭圆形，基部圆，偏斜，全缘，下面脉腋有淡褐色毛，无柄；顶生小叶倒卵状椭圆形。花序短，被锈褐色微硬毛。果序密集似簇生状，核果稍偏斜；外果皮淡黄色，被刺毛。花期7月，果期8～9月。

产于神农架各地，生于海拔1400～2400m的山坡林中。

图96-5　野漆树

图96-6　刺果毒漆藤

4. 盐肤木属 Rhus Linnaeus

落叶灌木或乔木。叶互生，奇数羽状复叶、3小叶或单叶，叶轴具翅或无翅；小叶具柄或无柄，边缘具齿或全缘。花小，杂性或单性异株；多花，排列成顶生聚伞圆锥花序或复穗状花序；苞片宿存或脱落；花萼5裂，裂片覆瓦状排列，宿存；花瓣5枚，覆瓦状排列；雄蕊5枚，着生在花盘基部，在雄花中伸出，花药卵圆形，背着药，内向纵裂；花盘环状；子房无柄，1室，1枚胚珠，花柱3枚，基部多少合生。核果球形，略压扁，被腺毛和具节毛或单毛，成熟时红色；外果皮与中果皮连合，中果皮非蜡质。

约250种。我国有6种，湖北有3种，神农架也有。

分种检索表

1. 圆锥花序直立；叶轴有翅，叶边有锯齿···1. 盐肤木 Rh. chinensis
1. 圆锥花序下垂；叶轴无翅，或在上部有狭翅，叶边全缘。
   2. 小枝有微毛；小叶几无小叶柄···2. 红麸杨 Rh. punjabensis var. sinica
   2. 小枝无毛；小叶有小叶柄··3. 青麸杨 Rh. potaninii

1. 盐肤木 ｜ Rhus chinensis Miller　图96-7

小乔木。小枝被锈色柔毛。奇数羽状复叶，小叶（2～）3～6对，叶轴具宽的叶状翅，叶轴和叶柄密被锈色柔毛；小叶卵形或椭圆状卵形或长圆形，边缘具粗锯齿或圆齿，叶背被白粉，叶面沿中脉疏被柔毛或近无毛，叶背被锈色柔毛。圆锥花序，雌雄异株，被毛；花萼外面被微柔毛，边缘具细睫毛。核果，略压扁，被具节柔毛和腺毛。花期8~9月，果期10月。

产于神农架各地，生于海拔170~2700m以下的向阳沟谷、溪边疏林或灌木丛中。寄生在叶上的虫瘿入药；叶可作饲料。

图96-7 盐肤木

2．红麸杨（变种）| Rhus punjabensis var. sinica (Diels) Rehder et E. H. Wilson 图96-8

乔木。小枝被微柔毛。奇数羽状复叶，小叶3~6对，叶轴上部具狭翅；小叶卵状长圆形或长圆形，全缘，叶背疏被微柔毛或仅脉上被毛；侧脉较密，约20对。圆锥花序，密被微绒毛；苞片钻形；花白色；花萼、花瓣外面疏被微柔毛，边缘具细睫毛，花瓣花时先端外卷。核果，略压扁，成熟时暗紫红色，被具节柔毛和腺毛。

产于神农架各地，生于海拔460~2000m的河边或山坡灌木丛中。根入药。

图96-8 红麸杨

3. 青麸杨 | Rhus potaninii Maximowicz 图96-9

落叶乔木。小枝无毛。奇数羽状复叶，小叶3～5对，叶轴无翅，被微柔毛；小叶卵状长圆形或长圆状披针形，全缘，两面沿中脉被微柔毛或近无毛。圆锥花序，被微柔毛；苞片钻形；花白色；花萼、花瓣外面疏被微柔毛，边缘具细睫毛，花瓣花时先端外卷。核果，略压扁，成熟时红色，密被具节柔毛和腺毛。

产于神农架九湖、红坪、木鱼，生于海拔1500～1800m的沟谷林中。根入药。

图96-9 青麸杨

5. 黄栌属 Cotinus Miller

灌木或小乔木。树汁有臭味。单叶互生，无托叶。圆锥花序顶生；花小，杂性，仅少数发育，多数不孕花花后花梗伸长，被长柔毛；花萼5裂，卵状披针形，宿存；花瓣5枚，长为萼片的2倍；雄蕊5枚，着生在环状花盘的下部；子房偏斜，压扁，1室，1枚胚珠，花柱3枚，侧生。核果，暗红色至褐色，极压扁，侧面中部具残存花柱，果皮具脉纹。

约5种。我国有3种，湖北有1种，神农架亦有。

1. 黄栌 | Cotinus coggygria Scopoli

分变种检索表

1. 叶卵圆形或倒卵形，两面有毛，下面毛更密 ············· 1a. 灰毛黄栌 C. coggygria var. cinerea
1. 叶阔椭圆形，稀圆形，沿脉密生绢状短柔毛 ············· 1b. 毛黄栌 C. coggygria var. pubescens

1a. 灰毛黄栌（变种）Cotinus coggygria var. cinerea Engler

灌木。叶倒卵形或卵圆形，先端圆形或微凹，基部圆形或阔楔形，全缘，两面或尤其叶背显著被灰色柔毛；侧脉6～11对，先端常叉开。圆锥花序被柔毛；花杂性；花萼无毛，裂片卵状三角形；花瓣卵形或卵状披针形，无毛；雄蕊5枚，花药卵形；花盘5裂，紫褐色；子房近球形，花柱3枚，分离，不等长。果肾形，无毛。

产于神农架松柏、新华、阳日，生于海拔700～1620m的向阳山坡林中。观赏树木；根入药。

1b. 毛黄栌（变种）Cotinus coggygria var. pubescens Engler 图96-10

灌木。高3～5m。叶多为阔椭圆形，稀圆形，叶背、尤其沿脉上和叶柄密被柔毛；花序无毛或近无毛而与前一变种相区别。

产于神农架木鱼、新华至兴山一带，生于海拔100～500m的河谷灌木丛中。观赏树木；根入药。

图96-10　毛黄栌

97. 无患子科 | Sapindaceae

乔木或灌木，少数为攀缘状草本或木质藤本。叶多互生，常为掌状复叶或羽状复叶；无托叶。花小，杂性或退化为单性，少两性，排成顶生或腋生的圆锥花序或总状花序；花瓣4～5枚或缺，覆瓦状排列，内侧基部常有絮状毛或小鳞片；花盘着生于雄蕊的外部；雄蕊通常8枚，花丝分离，常被疏柔毛；子房上位，通常3室，花柱线状，胚珠每室1～2枚或更多。果为核果、浆果、蒴果或翅果。种子无胚乳，种皮膜质至革质，有或无假种皮。

约147属2156种。我国有28属约159种，湖北7属44种，神农架6属35种。

分属检索表

1. 叶互生，单叶或复叶。
  2. 果不开裂，核果状或浆果状。
    3. 叶为单数羽状复叶··1. 无患子属 Sapindus
    3. 叶为双数羽状复叶··2. 伞花木属 Eurycorymbus
  2. 蒴果，室背开裂，果皮膜质或纸质，有网纹··············3. 栾树属 Koelreuteria
1. 叶对生。
  4. 蒴果··4. 七叶树属 Aesculus
  4. 翅果。
    5. 果实周围具圆形的翅··5. 金钱枫属 Dipteronia
    5. 果实仅先端有2裂的翅··6. 枫属 Acer

1. 无患子属 Sapindus Linnaeus

落叶或常绿，乔木或灌木。叶互生，偶数羽状复叶，少单叶；无托叶；小叶全缘，少数有锯齿。花杂性或两性，成宽大顶生或腋生的聚伞圆锥花序；萼片5枚；花瓣5枚，内面基部有2枚耳状被毛的小鳞片或缺；雄蕊8枚，着生于花盘内侧；子房上位，倒卵形或陀螺形，3室，每室1枚胚珠。核果球形，革质或肉质。种子球形或椭圆形，黑色，无假种皮。

约13种。我国有4种，湖北1种，神农架也有。

无患子 | Sapindus saponaria Linnaeus　洗手果，肉皂角　图97-1

落叶或半常绿乔木。高10～25m。小叶4～8对，互生或近对生，卵状披针形至长椭圆状披针形，长约7～18cm，宽2.5～6cm，先端短尖或渐尖，基部楔形，全缘。圆锥花序顶生，总轴和分支均有小绒毛；花通常两性。核果球形，肉质，直径约2cm，熟时黄色或橙黄色，变黑。花期5～6月，果期9～10月。

产于神农架各地，生于海拔1000m以下的山坡林缘或住屋附近。种子入药；庭院观赏树木。

2. 伞花木属 Eurycorymbus Handel-Mazzetti

落叶乔木。偶数羽状复叶；小叶有齿。圆锥花序近伞房状，呈半球形；花单性，异株；萼片和花瓣5枚，雄花具雄蕊8枚；雌花子房3裂。蒴果深裂为3果瓣，果皮革质，每果瓣具1枚种子。花期7月，果期10月。

单种属。我国特有，神农架也有。

伞花木 | Eurycorymbus cavaleriei (H. Léveillé) Rehder et Handel-Mazzetti 图97-2

特征同属的描述。

产于神农架各地，生于海拔1000m以下的山坡林缘或住屋附近。国家二级重点保护野生植物。

图97-1　无患子

图97-2　伞花木

3. 栾树属 Koelreuteria Laxmann

落叶乔木或灌木。奇数羽状复叶互生；小叶浅裂或有锯齿，少有全缘的，通常被毛。聚伞圆锥花序大型，顶生；花杂性同株或异株，整齐或不对称；萼5裂，镊合状排列；花瓣多为4枚，内面基部有深2裂的鳞片；雄蕊常8枚；子房上位，3室，胚珠每室有2枚，花柱3枚。蒴果肿胀，囊状，室背开裂为3果瓣；果瓣膜质，有网纹。种子单生，球形，无假种皮。

5种。我国有4种，湖北3种，神农架1种。

复羽叶栾树 | koelreuteria bipinnata Franchet　栾树　图97-3

落叶乔木。高20m。叶平展，二回单数羽状复叶，互生；小叶互生，少对生，纸质或近革质，长3～8cm，宽1～3cm，顶端短渐尖，基部圆形，边缘有不整齐小锯齿。圆锥花序大型，顶生；花黄色；花瓣4枚；雄蕊较花瓣稍短，花丝有长柔毛。蒴果近球形或卵形，顶端有小凸尖，熟时紫红色。种子近球形，黑色。花期6～7月，果期9～10月。

产于神农架各地，生于海拔200～1400m的山坡灌木林中或住屋附近，公路边多有栽培。根梢和花入药；庭院观赏树木。

图97-3 复羽叶栾树

4. 七叶树属 Aesculus Linnaeus

落叶乔木，稀灌木。叶对生，小叶组成掌状复叶；小叶长圆形、倒卵形或披针形。聚伞圆锥状花序顶生，直立，侧生小花序系蝎尾状聚伞花序；花杂性，雄花与两性花同株，大型，不整齐；花萼钟形或管状，上段4～5裂，大小不等；花瓣4～5枚，倒卵形、倒披针形或匙形，基部爪状，大小不等；花盘全部发育成环状或仅一部分发育，微分裂或不分裂。蒴果1～3室，平滑，稀有刺，胞背开裂。种子仅1～2枚发育良好，近于球形或梨形，无胚乳，种脐常较宽大。

约25种。我国8种，湖北2种，神农架1种。

天师栗（变种）| Aesculus chinensis var. wilsonii (Rehder) Turland et N. H. Xia 开心果，梭罗树 图97-4

落叶乔木。冬芽大，具几对鳞片。叶对生，掌状复叶具小叶3～9枚（通常5～7枚）；有长柄。聚伞圆锥状花序顶生，小花序为蝎尾状聚伞花序；花杂性，雄花与两性花同株，大型，不整齐；花萼钟形或管状，4～5裂；雄蕊7（5～8）枚，子房上位，3室，花柱细长，不分裂，每室2枚胚珠。蒴果1～3室。花期4～5月，果期9～10月。

产于神农架各地，也有栽培，生于海拔800～1500m的山林中。种子入药；庭院观赏树种。

图97-4 天师栗

5. 金钱枫属 Dipteronia Oliver

落叶乔木。冬芽很小,卵圆形,裸露。叶为对生的奇数羽状复叶。花小,杂性;雄花与两性花同株,成顶生或腋生的圆锥花序;萼片5枚,卵形或椭圆形;花瓣5枚,肾形,基部很窄;花盘盘状,微凹缺;雄花具雄蕊8枚,生于花盘内侧,花丝细长,常伸出花外,子房不发育;两性花具扁形的子房,2室,花柱的顶端2裂,反卷。果实为扁形的小坚果,通常2枚,在基部连合,周围环绕着圆形的翅,形状很似古代的钱。

2种。我国特有,湖北1种,神农架也有。

金钱枫 | Dipteronia sinensis Oliver 图97-5

落叶乔木。小枝具皮孔。奇数羽状复叶;小叶7~13枚,长圆形或长圆状披针形,先端锐尖或长锐尖,具稀疏钝锯齿;侧脉每边10~12条。圆锥花序;萼片5枚;花瓣5枚;雄花雄蕊8枚,子房不发育;两性花子房扁平,2室,花柱顶端2裂,反卷。翅果,周围有圆形或卵圆形的翅,果翅上具放射状脉纹。花期3~4月,果期9~10月。

产于神农架各地(官门山,zdg 7535),生于海拔1400~2000m的山坡林中。

图97-5 金钱枫

6. 槭属 Acer Linnaeus

灌木或乔木,常绿或落叶。冬芽外常被多数覆瓦状的鳞片。叶对生,单叶或复叶(小叶最多达11枚),掌状分裂或不分裂。花小,整齐;雄花与两性花同株或异株,少数雌雄异株,成伞房、聚伞、总状或圆锥花序;萼片和花瓣均为5数或4数,稀缺花瓣;花盘环状或微裂,少数缺;雄蕊4~12枚;子房2室,花柱2裂,稀不裂。果为翅果。

129余种。我国99种,湖北35种,神农架30种。

分种检索表

1. 花常5数,稀4数,各部分发育良好,有花瓣和花盘,两性或杂性;叶常系单叶,稀复叶。
  2. 叶为单叶。
    3. 花两性或杂性,雄花与两性花同株或异株,生于有叶的小枝顶端。
      4. 冬芽通常无柄,鳞片较多,覆瓦状排列;花序伞房状或圆锥状。
        5. 落叶;叶纸质,通常3~5裂,稀7~11裂。
          6. 翅果扁平;叶裂片全缘或波状,叶柄有乳汁。
            7. 叶3~5裂,裂片钝形;翅果脉纹显著··········1. 庙台枫 A. miaotaiense
            7. 叶3~7裂,裂片锐尖或钝尖;翅果脉纹不显著。
              8. 果序的总果梗较长,通常1~2cm。

9．叶下面无毛。

　　10．叶较小，长度与宽度近于相等·················**2．薄叶枫A. tenellum**

　　10．叶较大，宽度大于长度。

　　　　11．小枝灰色或灰褐色·························**3．色木枫A. pictum**

　　　　11．小枝紫绿色。

　　　　　　12．叶5~8cm×6~10cm，5裂··

　　　　　　　···················**4．小叶青皮枫A. cappadocicum subsp. sinicum**

　　　　　　12．叶4~6cm×5~7cm，3裂，稀5裂·····**5．陕甘枫A. shenkanense**

9．叶下面有毛································**6．长柄枫A. longipes**

8．果序的总果梗较短，通常在1cm以内··················**7．阔叶枫A. amplum**

6．翅果凸起；叶裂片边缘有齿，叶柄无乳汁。

　　13．花序伞房状，每花序只有少数几朵花。

　　　　14．翅果较小，张开成钝角······················**8．鸡爪枫A. palmatum**

　　　　14．翅果较大，张开近水平······················**9．杈叶枫A. ceriferum**

　　13．花序伞房状圆锥形或总状圆锥形，每花序有多数花。

　　　　15．翅果较大，长4~6cm；冬芽大，鳞片多达10余个····**10．深灰枫A. caesium**

　　　　15．翅果较小，长2~3.5cm；冬芽小，鳞片只几个。

　　　　　　16．总状圆锥花序··················**11．长尾枫A. caudatum var. multiserratum**

　　　　　　16．圆锥或伞房花序。

　　　　　　　　17．叶5~7裂。

　　　　　　　　　　18．叶常7裂。

　　　　　　　　　　　　19．萼片内侧无毛；小坚果无脉纹···································

　　　　　　　　　　　　　·······················**12．扇叶枫A. flabellatum**

　　　　　　　　　　　　19．萼片内侧有长柔毛；小坚果脉纹显著·······························

　　　　　　　　　　　　　·······················**13．毛花枫A. erianthum**

　　　　　　　　　　18．叶常5裂，或兼有3裂。

　　　　　　　　　　　　20．翅果张开成锐角或钝角··········**14．中华枫A. sinense**

　　　　　　　　　　　　20．翅果张开近水平··············**15．五裂枫A. oliverianum**

　　　　　　　　17．叶3裂································**16．三峡枫A. wilsonii**

5．常绿；叶革质或纸质，通常不分裂，稀3裂。

　　21．叶基部生出的1对侧脉较长于由中脉生出的侧脉，常达于叶片的中部。

　　　　22．小枝、叶柄和叶下面有白粉或淡褐色绒毛········**17．樟叶枫A. coriaceifolium**

　　　　22．小枝、叶柄和叶下面无毛。

　　　　　　23．叶革质；翅果张开近于直角················**18．飞蛾树A. oblongum**

　　　　　　23．叶革质；翅果张开成钝角或近于水平········**19．紫果枫A. cordatum**

　　21．叶基部生出的1对侧脉和中脉生出的侧脉近等长，彼此平行而成羽状。

　　　　24．侧脉7~8对；果翅绿白色······················**20．光叶枫A. laevigatum**

　　　　24．侧脉4~5对；果翅红色························**21．罗浮枫A. fabri**

4．冬芽有柄，鳞片通常2对，镊合状排列；花序总状。

25. 叶的长度显著大于宽度。
    26. 叶通常不分裂 ··· 22. 青榨枫A. davidii
    26. 叶3~5浅裂 ··· 23. 疏花枫A. laxiflorum
25. 叶的长度略大于宽度 ··· 24. 五尖枫A. maximowiczii
3. 花单性，稀杂性，生于小枝旁边。
    27. 花4数 ··· 25. 毛叶枫A. stachyophyllum
    27. 花5数 ····················· 26. 房县枫A. sterculiaceum subsp. franchetii
2. 叶为羽状复叶，有3~7小叶。
    28. 嫩枝、花序和小叶下面和翅果通常有毛。
        29. 翅果有短柔毛，张开成钝角或近于直角 ·············· 27. 毛果枫A. nikoense
        29. 翅果有绒毛，张开成锐角或直角 ····················· 28. 血皮枫A. griseum
    28. 嫩枝、花序和小叶下面和翅果无毛 ····················· 29. 四川枫A. sutchuenense
1. 花单性，雌雄异株，通常4数，花盘和花瓣不发育；叶为3小叶组成的复叶 ······· 30. 三叶枫A. henryi

1. 庙台枫 | Acer miaotaiense P. C. Tsoong 图97-6

高大的落叶乔木。树皮深灰色，稍粗糙。叶近于阔卵形，基部心形或近于心形，稀截形，常3~5裂，裂片卵形，先端短急锐尖，边缘微呈浅波状，裂片间的凹块钝形，上面深绿色，无毛，下面淡绿色，有短柔毛，沿叶脉较密；初生脉3~5条和次生脉5~7对均在下面较在上面为显著。花的特性未详。果序伞房状，无毛，果梗细瘦。小坚果扁平，被很密的黄色绒毛；翅长圆形，张开几成水平。花期不明，果期9月。

产于神农架阳日（麻湾），生于海拔800m的山沟林中。

2. 薄叶枫 | Acer tenellum Pax 图97-7

落叶小乔木。叶卵形或近圆形，基部心形或近圆形，通常3裂；中裂片钝形，稀锐尖，全缘或浅波状；两侧裂片钝形，先端锐尖，有时不发育，全缘，裂片间的凹缺常钝；主脉3条或5条。花杂性，雄花与两性花同株，组成无毛的伞房花序。小坚果压扁；翅果张开成水平。

产于神农架木鱼（官门山）、新华（新华公社，鄂神农架植考队 20621），生于海拔1200~1400m的山沟林中。

图97-6　庙台枫

图97-7　薄叶枫

3. 色木枫 | Acer pictum Thunberg

分亚种检索表

1. 叶背面被短柔毛 ·· 3a. 色木枫 A. pictum subsp. pictum
1. 叶背面无毛或仅沿脉上被短柔毛 ························ 3b. 五角枫 A. pictum subsp. mono

3a. 色木枫（原亚种）Acer pictum subsp. pictum 图97-8

叶近圆形或心形，5~7浅裂，或裂至中部，叶背面有直短毛。花期5月，果期9月。

产于神农架红坪、木鱼阴峪河站（zdg 6366；zdg 7737）、阳日—板仓（zdg 6094），生于海拔1400~2200m的山坡林中。园林观赏树木。

图97-8 色木枫

3b. 五角枫（亚种）Acer pictum subsp. mono (Maximowicz) H. Ohashi 图97-9

落叶乔木。高15~25m。树皮粗糙纵裂，暗褐色。小枝细瘦，无毛。叶纸质，5裂，先端狭长渐尖或尾状锐尖，基部近心形或截形。花多数，雄花与两性花同株，杂性，生成无毛的顶生圆锥状伞房花序，与叶同时开放；萼片5枚；花瓣5枚；雄蕊8枚。小坚果压扁状，两翅张开成钝角或近锐角；翅果嫩时紫绿色，熟时淡黄色。花期4~5月，果期9月。

产于神农架红坪、木鱼，生于海拔1400~2200m的山坡林中。园林观赏树木。

图97-9 五角枫

4. 小叶青皮枫（亚种）| Acer cappadocicum subsp. sinicum (Rehder) Handel-Mazzetti

落叶乔木。小枝平滑紫绿色，无毛。叶纸质，基部心脏形，稀近于截形，常5~7裂，裂片三角卵形，先端锐尖或狭长锐尖，边缘全缘，上面深绿色，无毛，下面淡绿色，除脉腋被丛毛外其余部分无毛。花序伞房状，无毛；花杂性，雄花与两性花同株，黄绿色。小坚果压扁状，翅宽1.5~1.8cm，张开近于水平或成钝角，常略反卷。花期4月，果期8月。

产于巴东、兴山县，生于海拔1200~1500m的山坡林下。

5．陕甘枫 ｜ Acer shenkanense W. P. Fang ex C. C. Fu

落叶乔木。树皮灰色，稀黄灰色，微浅裂。叶基部心脏形或近于心脏形，通常3裂，稀5裂或不裂；裂片三角卵形，先端有长尖尾；叶片下面淡绿色，有黄色或褐色的长柔毛，在叶脉上更密。伞房花序；花杂性，很小，雄花与两性花同株；萼片5枚，绿色，长圆形；花瓣5枚；雄蕊8枚；子房紫色，花柱短，上段2裂，柱头反卷。小坚果压扁状，中段较宽，张开几成水平；翅果嫩时紫色，成熟后变黄色或紫褐色。花期4月，果期8月。

产于神农架房县（十区小洛溪，朱国芳236），生于海拔1800m的山坡林中。

6．长柄枫 ｜ Acer longipes Franchet ex Rehder 图97-10

落叶乔木。树皮灰色或紫灰色，微现裂纹。冬芽小，具4枚鳞片。叶基部近于心脏形，通常3裂，稀5裂或不裂；裂片三角形；叶片下面淡绿色，有灰色短柔毛，在叶脉上更密。伞房花序，顶生，无毛；花淡绿色，杂性，雄花与两性花同株；花瓣5枚，黄绿色，长圆倒卵形，与萼片等长；雄蕊8枚，无毛，生于雄花中者长于花瓣，在两性花中较短。小坚果压扁状，嫩时紫绿色，成熟时黄色或黄褐色；翅张开成锐角。花期4月，果期9月。

产于神农架木鱼至兴山一带（龙门河），生于海拔800m山坡林中。

7．阔叶枫 ｜ Acer amplum Rehder 图97-11

落叶乔木。叶基部近心形或截形，通常5裂，稀3裂；裂片钝尖，全缘，裂片中间的凹缺钝形；下脉脉腋有黄色丛毛，主脉5。伞房花序生于有叶小枝顶端，总花梗很短。小坚果压扁；翅果张开成钝角，翅上部宽，下部窄。花期4月，果期9月。

产于神农架木鱼、新华，生于海拔800m的山坡林中。

图97-10 长柄枫

图97-11 阔叶枫

8. 鸡爪枫 | Acer palmatum Thunberg 图97-12

落叶乔木。高5~10m。叶纸质，圆形，直径7~10cm，5~9掌状深裂，常7裂，先端锐尖或长锐尖，基部心形或近心形，稀截形，边缘具紧贴的锐锯齿。花紫色，杂性；雄花与两性花同株，生于无毛的伞房花序；花瓣5枚；雄蕊8枚；子房无毛，花柱2裂。小坚果凸出，球形，两翅张开成钝角；翅果幼嫩时紫红色，熟时淡棕黄色。花期5月，果期10月。

产于神农架各地，生于海拔1800~2400m的山坡林中。枝叶入药。

9. 杈叶枫 | Acer ceriferum Rehder 图97-13

落叶乔木。叶圆形，基部截形，稀近于心脏形，常7裂，稀5裂；裂片长圆卵形，稀披针形，先端锐尖，边缘具尖锐的细锯齿，裂片间的凹缺很狭窄，深达叶片的1/2；除脉腋被丛毛外，其余部分无毛；叶柄被长柔毛。果实紫黄色，常成小的伞房果序；小坚果凸起，被长柔毛，翅镰刀形，张开近于水平；宿存的萼片长圆形或长圆披针形，两面均被长柔毛。花期不明，果期9月。

产于神农架各地，生于海拔1800~2400m的山坡林中。

图97-12 鸡爪枫

图97-13 杈叶枫

10. 深灰枫 | Acer caesium Wallich ex Brandis 图97-14

落叶乔木。树皮灰色。冬芽卵圆形，鳞片钝尖，边缘纤毛状。叶基部心脏形，常5裂，下面被白粉；裂片三角形，边缘牙齿状，裂片间的凹缺钝形。伞房花序着生于小枝顶端；花淡黄绿色，杂性；萼片5枚，淡黄绿色，长圆形或倒卵状长圆形；花瓣5枚，白色，倒披针形；雄蕊8枚，在两性花中较短；花盘无毛，微凹缺，位于雄蕊外侧；子房紫色，被疏柔毛，柱头反卷。小坚果凸起，深褐色，翅倒卵形，成熟后

图97-14 深灰枫

淡黄色；翅果张开近于直立。花期5月，果期9月。

产于神农架红坪、木鱼，生于海拔1800～2500m的山坡林中。

11．长尾枫（变种）| Acer caudatum var. multiserratum (Maximowicz) Rehder

落叶乔木。冬芽卵圆形，鳞片卵形，外侧被淡黄色短柔毛。叶常5裂，稀7裂；裂片三角卵形，边缘有锐尖的重锯齿。花杂性，常成密被黄色长柔毛的顶生总状圆锥花序；萼片5枚，黄绿色，卵状披针形；花瓣5枚，淡黄色，线状长圆形或线状倒披针形；雄蕊8枚，着生于花盘中部，花药紫色，球形或长圆形，花盘微裂；子房密被黄色绒毛，在雄花中不发育。小坚果椭圆形；翅张开成锐角或近于直立；翅果淡黄褐色，常成直立总状果序。花期5月，果期9月。

产于神农架红坪，生于海拔1800～2500m的山坡林中。

12．扇叶枫 | Acer flabellatum Rehder　图97-15

落叶乔木。小枝深褐色，无毛。叶基部深心形，长、宽近相等，通常7裂，下面沿脉上有长柔毛，脉腋有丛毛；裂片卵状长圆形，先端锐尖，稀尾状锐尖，边缘具不整齐的钝尖锯齿，裂片间的凹缺狭窄而锐尖。花杂性，雄花与两性花同株，组成圆锥花序。小坚果凸起；翅张开近水平。花期6月，果期10月。

产于神农架各地，生于海拔2000～2600m的山坡林中。

13．毛花枫 | Acer erianthum Schwerin　图97-16

落叶乔木。冬芽小，卵圆形，鳞片6枚，边缘有纤毛。叶基部近于圆形或截形，常5裂；裂片卵形或三角卵形，裂片间的凹缺钝尖。花单性，多数成直立而被柔毛或无毛的圆锥花序；萼片5枚或4枚，黄绿色，内侧被长柔毛，近边缘处更密；花瓣白色微带淡黄色，倒卵形；雄蕊8枚，在雌花中略短，花药黄褐色；子房密被淡黄色长柔毛，柱头平展或反卷。小坚果特别凸起，近于球形，翅张开近于水平或微向外侧反卷；翅果成熟时黄褐色。花期5月，果期9月。

产于神农架红坪、宋洛，生于海拔1500～2200m的山坡林中。

图97-15　扇叶枫

图97-16　毛花枫

14. 中华枫 | Acer sinense Pax 图97-17

落叶小乔木。高3～5m，稀达10m。小枝细瘦，紫绿色。叶近革质，常5裂，长10～14cm，宽12～15cm，先端锐尖，基部心形或近心形，稀截形。花白色，杂性；雄花与两性花同株，多花组成下垂的顶生圆锥花序；萼片5枚；花瓣5枚；雄蕊5～8枚。小坚果特别凸出，椭圆形，两翅张开成钝角或锐角；翅果淡黄色，无毛。花期5月，果期9月。

产于神农架各地，生于海拔800～1500m的山坡林中。

图97-17 中华枫

15. 五裂枫 | Acer oliverianum Pax 图97-18

落叶小乔木。叶纸质，5裂；裂片长圆状卵形或三角状卵形，先端锐尖，基部近截形或近心形。花白色，杂性；雄花与两性花同株，常生成顶生无毛的伞房花序，开花与叶的生长同时。小坚果凸出，脉纹显著，两翅张开近水平；翅果幼时淡紫色，熟时黄褐色，镰刀形。花期5月，果期9月。

产于神农架各地（鸭子口—坪堑，zdg 6355），生于海拔1000～1500m的山坡林中。

图97-18 五裂枫

16. 三峡枫 | Acer wilsonii Rehder 图97-19

落叶乔木。小枝绿色或紫绿色，无毛。叶近卵形，基部圆形，少数截形或近心形，常3裂，稀基部有2裂而成5裂；裂片卵状长圆形或三角状卵形，先端尾状渐尖，近全缘或先端有少数细锯齿；两面无毛。圆锥花序，雄花与两性花同株。小坚果特别凸起，脉网明显；翅张开几成水平。花期4～5月，果期9～10月。

产于神农架新华，生于海拔800～1500m的山坡林中。

17. 樟叶枫 | **Acer coriaceifolium** H. Léveillé   图97-20

常绿乔木。当年生小枝密被浓密的绒毛，以后近无毛。叶革质，长圆形或长圆状披针形，先端钝形，有短尖头，基部圆，全缘；下面淡绿色，被白粉和淡褐色绒毛；侧脉每边3~4条，最下1对侧脉基出，强劲而呈三出脉；叶柄被褐色绒毛。伞房花序。小坚果凸起，被绒毛；翅张开成锐角或近直立。

产于神农架宋洛、长青（zdg 5522；zdg 5523）、长坊、鱼儿沟（太阳坪队 1229），生于海拔800~1100m的山坡林中。

图97-19　三峡枫

图97-20　樟叶枫

18. 飞蛾树 | **Acer oblongum** Wallich ex Candolle   图97-21

常绿乔木。高10~20m。叶革质，卵形或卵状长圆形，长5~11cm，宽2~4cm，先端短尖或渐尖，基部宽楔形或圆形，有3条主脉，全缘，无毛；上面绿色，下面被白粉；叶柄长1.5~3cm。花黄绿色或绿色，杂性；雄花与两性花同株，伞房花序顶生，被毛。小坚果凸起，两翅近于直角张开；翅果棕黄色。花期4月，果期9月。

产于神农架各地，生于海拔500~1000m的山坡林中。

图97-21　飞蛾树

19．紫果枫 | **Acer cordatum** Pax 图97-22

落叶小乔木。小枝细瘦，紫色，无毛。叶卵状长圆形或卵形，先端短渐尖或渐尖，基部近心形，近全缘；下面脉腋有丛毛，主脉3。伞房花序有3～5花。小坚果凸起，无毛；翅张开成钝角或近于水平。花期4月，果期9月。

产于神农架各地，生于海拔800～1200m的山顶林中。

20．光叶枫 | **Acer laevigatum** Wallich 图97-23

常绿乔木。常高10m，稀达15m。叶革质，长圆状披针形或披针形，长8～15cm，宽3～5cm，先端渐尖或短渐尖，基部楔形，全缘或近先端有稀疏的细锯齿。花杂性，白色；雄花与两性花同株，无毛的伞房花序顶生；雄蕊6～8枚；花盘紫色，无毛。小坚果特别凸起，两翅展开成钝角或锐角；翅果嫩时紫色，成熟时淡黄褐色。花期4月，果期7～8月。

产于神农架各地，生于海拔400～600m的沟谷林中。

图97-22　紫果枫

图97-23　光叶枫

21．罗浮枫 | **Acer fabri** Hance 图97-24

常绿乔木。叶革质，先端锐尖或短锐尖，基部楔形，边全缘。花紫色，杂性；雄花与两性花同株，常成无毛或嫩时被绒毛的圆锥花序；萼片5枚，花瓣5枚，雄蕊8枚；子房无毛，花柱短。小坚果凸起，两翅张开成钝角，无毛，细瘦；翅果嫩时紫色，熟时淡褐色或黄褐色。花期4～5月，果期9月。

产于神农架新华、阳日，生于海拔400～600m的沟谷林中。

图97-24　罗浮枫

22. 青榨枫 | Acer davidii Franchet 图97-25

落叶乔木。叶纸质，长圆状卵形、卵形或近心形，先端锐尖或尾状渐尖，基部圆形或近心形，边缘具不整齐的锯齿。花黄绿色；雄花与两性花同株，顶生于着叶的嫩枝，与叶同时开放；花瓣5枚；雄蕊8枚。小坚果扁平，两翅展开成钝角或几成水平；翅果嫩时淡绿色，熟后黄褐色。花期4~5月，果期9月。

产于神农架各地（长青，zdg 5524），生于海拔400~1600m的山坡林中。

图97-25 青榨枫

23. 疏花枫 | Acer laxiflorum Pax 图97-26

落叶乔木。树皮光滑。冬芽褐色，椭圆形，鳞片2枚，镊合状排列。叶长圆卵形，边缘具紧贴的细锯齿，常3裂，稀5裂；中央裂片三角状卵形，两侧的裂片较小，钝尖。花淡黄绿色，总状花序，生于着叶的小枝顶端；萼片5枚，长圆形；花瓣5枚，倒卵形；花盘无毛，位于雄蕊的内侧；雄蕊8枚，包藏于花瓣之内，花药黄色；子房无毛，柱头反卷。小坚果稍扁平，翅张开成钝角或近水平；翅果嫩时紫色，成熟时黄绿色或黄褐色。花期4月，果期9月。

产于神农架红坪（燕天）、Yanziya（陈又生6166），生于海拔2000m的山坡林中。

24. 五尖枫 | Acer maximowiczii Pax 图97-27

落叶乔木。小枝紫色或红紫色，无毛。叶卵形或三角状卵形，边缘具紧贴的重锯齿，齿端有小尖头，基部近心形，下面沿主脉的基部和侧脉的脉腋有短柔毛，叶5裂；中央裂片三角卵形，先端尾尖，侧裂片和基部2枚小裂片卵形，裂片间的凹缺锐尖。花单性；雌雄异株，成顶生下垂的总状花序。翅果带紫色，张开成钝角。

产于神农架各地，生于海拔1400~2600m的山坡林中。

图97-26 疏花枫

图97-27 五尖枫

25. 毛叶枫 | Acer stachyophyllum Hiern

分亚种检索表

1. 叶下面有宿存的淡黄色绒毛 ·············· **25a．毛叶枫 A. stachyophyllum** subsp. **stachyophyllum**
1. 叶背仅嫩时有灰色短毛 ·············· **25b．四蕊枫 A. stachyophyllum** subsp. **betulifolium**

25a．毛叶枫（原亚种）Acer stachyophyllum subsp. stachyophyllum

落叶乔木。树皮平滑，深灰色或淡褐色。小枝近于圆柱形，淡绿色，无毛。叶卵形，边缘有锐尖的重锯齿，下面有很密的淡黄色绒毛；初生脉3~5条和次生脉8~9对，常达于叶的边缘；叶柄淡紫色，除近顶端略被短柔毛外其余部分无毛。果序总状，有时基部分枝，淡紫绿色，无毛，果梗细瘦；小坚果凸起，脊纹显著，翅镰刀形，张开近于直立或锐角；翅果嫩时淡紫色，后变淡黄色，无毛。花期不明，果期10月。

产于神农架红坪，生于海拔1400~2600m的山坡林中。

25b．四蕊枫（亚种）Acer stachyophyllum subsp. betulifolium (Maximowicz) P. C. de Jong

图97-28

落叶乔木。冬芽卵圆形，鳞片淡紫色，卵形，边缘微被纤毛。叶卵形或长圆卵形，边缘有大小不等的锐尖锯齿；侧脉4~6对。花黄绿色；雄花的总状花序很短，具3~5朵花；雌花的总状花序长，有5~8朵花；萼片4枚，长圆卵形；花瓣4枚，长圆椭圆形；雄花中有雄蕊4枚，较花瓣长1/3~1/2；花盘位于雄蕊的内侧，现裂痕；子房紫色，柱头反卷。小坚果长卵圆形，有显著的脉纹，翅长圆形，张开成直角至近于直立。花期4月下旬至5月上旬，果期9月。

产于神农架各地（长青，zdg 5526），生于海拔1400~2500m的山坡林中。

图97-28 四蕊枫

26. 房县枫（亚种） | Acer sterculiaceum subsp. franchetii (Pax) A. E. Murray　图97-29

落叶乔木。小枝粗壮。叶基部心形，通常3裂，边缘有不规则粗大锯齿；中裂片卵形，侧裂片较小，向前直伸；脉腋有丛毛。总状花序或圆锥花序，花序密生柔毛；花单性，雌雄异株。小坚果特别凸起，近球形，嫩时有黄色疏柔毛；翅果张开成锐角，稀近于直立。花期4月，果期8月。

产于神农架各地（长青，zdg 5525），生于海拔1000~2000m的山坡林中。

图97-29　房县枫

27. 毛果枫 | Acer nikoense Maximowicz

落叶乔木。树皮灰褐色或深灰色。冬芽锥形，鳞片5对，被短柔毛。复叶具3小叶；小叶长圆椭圆形或长圆披针形，边缘具很稀疏的钝锯齿，下面被长柔毛；侧脉14~16对；叶柄密被灰色长柔毛。聚伞花序，具3~5朵花；萼片5枚，黄绿色，倒卵形；花瓣5枚，长圆倒卵形；雄蕊8枚；花盘无毛，位于雄蕊之外侧；子房密被短柔毛，柱头2裂。果梗密被疏柔毛；小坚果凸起，近于球形，密被短柔毛，翅略向内弯，张开近直角或钝角；翅果黄褐色。花期4月，果期9月。

产于神农架九湖，生于海拔1000~2000m山坡林中。

28. 血皮枫 | Acer griseum (Franchet) Pax　图97-30

落叶乔木。本种全体有毛与毛果槭近似，不同点在于本种树皮褐色，成细小薄片状脱落；

图97-30　血皮枫

小叶较小，卵形或椭圆形，先端钝，边缘有2~3枚缺刻状粗锯齿，下面有白粉。

产于神农架九湖、红坪、松柏、宋洛，生于海拔800~1500m的山坡林中。

29. 四川枫 | Acer sutchuenense Franchet　图97-31

落叶乔木。小枝光滑无毛，淡紫色。复叶有小叶；小叶纸质，长圆披针形，稀披针形，先端锐尖，边缘具齿牙状钝锯齿；上面绿色，无毛，下面沿叶脉被疏柔毛；脉腋被丛毛，侧脉9~10对；叶柄淡紫色。花序伞房状；花杂性；花瓣5枚，淡黄色。小坚果紫褐色，特别凸起，张开近于直立。花期5月，果期9月。

产于神农架九湖，生于海拔1800m的山坡林中。

图97-31　四川枫

30. 三叶枫 | Acer henryi Pax　图97-32

落叶乔木。复叶有3枚小叶，叶椭圆形或长椭圆形，先端渐尖，基部楔形或阔楔形，全缘或具3~5枚稀疏锯齿；侧生小叶具柄，有短柔毛；侧脉每边11~14条，沿脉上密被毛。花单性；雌雄异株，组成下垂的穗状花序。翅张开成锐角或近于直立。花期4月，果期9月。

产于神农架各地（阳日—南阳，zdg 6253），生于海拔600~1800m的山坡林中。

图97-32　三叶枫

98. 芸香科 | Rutaceae

乔木、灌木或草本，稀攀援性灌木。叶和果皮通常有油点，有或无刺。叶互生或对生，单叶或复叶；无托叶。花两性或单性，稀杂性同株；聚伞花序、总状或穗状花序，稀单花或叶上生花；萼片4或5枚，离生或部分合生；花瓣4或5枚或少无花瓣与萼片之分；雄蕊常4或5枚；雌蕊通常由4或5枚或更多心皮组成，心皮离生或合生，子房上位，稀半下位，中轴胎座，稀侧膜胎座，每心皮胚珠2枚，稀1枚或较多。果为蓇葖果、蒴果、翅果、核果、浆果。

约155属1600种。我国有28属151种，湖北有14属44种，神农架有10属30种。

分属检索表

1. 叶对生。
    2. 腋芽裸露；子房在心皮基部合生；蓇葖果·················1. 四数花属 Tetradium
    2. 腋芽隐藏于叶柄的基部；子房合生；核果浆果状·················2. 黄檗属 Phellodendron
1. 叶互生。
    3. 多年生草本植物。
        4. 二至三回三出复叶；蓇葖果；心皮枚·················3. 石椒草属 Boenninghausenia
        4. 三出复叶；蒴果；心皮2枚·················4. 裸芸香属 Psilopeganum
    3. 木本植物。
        5. 蓇葖果或核果。
            6. 植物体多具刺；叶多为复叶。
                7. 三出复叶；浆果核果状·················5. 飞龙掌血属 Toddalia
                7. 羽叶复叶；蓇葖果·················6. 花椒属 Zanthoxylum
            6. 植物体不具刺；叶为单叶。
                8. 雄花序总状，着生于新枝基部；雌花单生；蓇葖果·················7. 臭常山属 Orixa
                8. 顶生聚伞圆锥花序；花单性、两性或杂性；核果·················8. 茵芋属 Skimmia
        5. 浆果或柑果。
            9. 奇数羽状复叶；浆果·················9. 黄皮属 Clausena
            9. 单生复叶；柑果·················10. 柑橘属 Citrus

1. 四数花属 Tetradium Loureiro

常绿或落叶，灌木或乔木。无刺。叶及小叶均对生，常有油点。聚伞圆锥花序；花单性，雌雄异株；萼片及花瓣均4或5枚；雄花的雄蕊4或5枚，退化雌蕊短棒状；雌蕊由4或5枚离生心皮组成，每心皮有胚珠2枚。蓇葖果，每分果瓣种子1或2枚；外果皮有油点，内果皮干后薄壳质或呈木质。种子蓝黑色，有光泽。

约9种，分布于亚洲。我国有约7种，湖北有3种，神农架全有。

分种检索表

1. 果先端有喙；每果瓣有2枚种子 ··· 1. 臭檀吴萸 T. daniellii
1. 果先端无喙；每果瓣有1枚种子。
    2. 乔木；小叶无腺点 ··· 2. 楝叶吴萸 T. glabrifolium
    2. 灌木；小叶有粗大腺点 ··· 3. 吴茱萸 T. ruticarpum

1. 臭檀吴萸 | Tetradium daniellii (Bennett) T. G. Hartley　图98-1

落叶乔木。小叶5～11枚，小叶纸质，阔卵形或卵状椭圆形，顶部长渐尖，基部阔楔形，有时一侧略偏斜；叶缘有细钝裂齿，叶面中脉被疏短毛，叶背中脉两侧被长柔毛或仅脉腋有丛毛。伞房状聚伞花序；萼片及花瓣均5枚；雄花的退化雌蕊圆锥状，雌花的退化雄蕊鳞片状。分果瓣紫红色，顶端具芒尖，每分果瓣有2枚种子。花期6～8月，果期9～11月。

产于神农架各地，生于海拔800～2500m的山坡林中。果实入药。

2. 楝叶吴萸 | Tetradium glabrifolium (Champion ex Bentham) T. G. Hartley　图98-2

落叶乔木。叶有小叶5～9（～11）枚，小叶斜卵形至斜披针形，基部通常一侧圆，另一侧楔形；叶面无毛，叶背沿中脉两侧有卷曲长毛，腺点不显或无。花序顶生，多花；萼片5枚；花瓣5枚；雄蕊5枚；雄花退化雌蕊顶部5深裂；雌花的退化雄蕊甚短，子房近圆球形，成熟心皮5～4枚，稀3枚。每分果瓣有1枚种子。种子褐黑色，有光泽。花期6～8月，果期8～10月。

产于神农架木鱼、阳日（长青，zdg 5606），生于海拔1500m的山坡林中。果实入药。

图98-1　臭檀吴萸

图98-2　楝叶吴萸

3. 吴茱萸 | Tetradium ruticarpum (A. Jussieu) T. G. Hartley 图98-3

灌木。嫩枝暗紫红色。叶有小叶5～11枚，卵形至椭圆披针形，两侧对称或一侧的基部稍偏斜，边全缘或浅波浪状，小叶两面及叶轴被长柔毛，油点大且多。花序顶生；萼片及花瓣均5（4）枚；雄花的退化雌蕊4～5深裂，雄蕊伸出花瓣之上；雌花的退化雄蕊鳞片状。果暗紫红色，有大油点，每分果瓣有1枚种子。种子近圆球形。花期4～6月，果期8～11月。

产于神农架各地，生于海拔500～700m的山坡林缘。不孕果实可入药。

图98-3 吴茱萸

2. 黄檗属 Phellodendron Ruprecht

落叶乔木。树皮具发达的木栓层，内皮黄色，味苦。无顶芽，侧芽为叶柄基部包盖。叶对生，奇数羽状复叶，叶缘常有锯齿。花单性，雌雄异株，圆锥状聚伞花序顶生；萼片、花瓣、雄蕊及心皮均为5数；萼片基部合生；花瓣覆瓦状排列；子房5室，每室有胚珠2枚，花柱短，柱头头状。核果蓝黑色，近圆球形，有小核4～10枚。

4种。我国有2种，湖北有2种，神农架1种。

1. 川黄檗 | Phellodendron chinense Schneider

分变种检索表

1. 叶轴被褐锈色或棕色绒毛……………………………………1a. 川黄檗 P. chinense var. chinense
1. 叶轴无毛或被稀短柔毛……………………………………1b. 秃叶黄檗 P. chinense var. glabriusculum

1a. 川黄檗（原变种）Phellodendron chinense var. chinense 图98-4

乔木。木栓层发达，内皮黄色。叶轴及叶柄粗壮，通常密被褐锈色或棕色柔毛，有小叶7～15枚；小叶纸质，长圆状披针形或卵状椭圆形，顶部渐尖，基部阔楔形，两侧通常略不对称，边全缘或浅波浪状，叶背密被长柔毛。花序顶生，花密集，花序轴粗壮，密被短柔毛。果密集成团，蓝黑色，有种子5～10枚。花期5～6月，果期9～11月。

产于神农架木鱼、红坪、长青（zdg 5687）等地，生于海拔1400～2200m的山坡林中。树皮入药或供提黄连素。

1b. 秃叶黄檗（变种）Phellodendron chinense var. glabriusculum Schneider 图98-5

本变种与川黄檗甚相似，其区别点仅在于毛被，本变种之叶轴、叶柄及小叶柄无毛或被疏毛，小叶叶面仅中脉有短毛，有时嫩叶叶面有疏短毛，叶背沿中脉两侧被疏柔毛，有时几为无毛，但有棕色甚细小的鳞片状体。果序上的果通常较疏散。花果期同川黄檗。

神农架各地有栽培。树皮入药或供提黄连素。

图98-4 川黄檗

图98-5 秃叶黄檗

3. 石椒草属 Boenninghausenia Reichenbach ex Meisner

草本。有浓裂刺激气味。叶互生，二至三回三出复叶，全缘，各部有油点。顶生聚伞圆锥花序，花枝基部有小叶片；花多，两性；萼片及花瓣均4枚；花瓣覆瓦状排列；雄蕊8枚，着生于花盘基部四周，花丝分离；雌蕊由4枚心皮组成，花柱4枚，每心皮有6~8枚胚珠。蓇葖果，内果皮与外果皮分离，每分果瓣有种子数粒。种子肾形。

单种属，主要分布于亚洲东南部大陆及少数岛屿，东至日本，神农架也有分布。

臭节草 | Boenninghausenia albiflora (Hooker) Reichenbach ex Meisner
松风草　图98-6

特征同属的描述。

产于神农架红坪、木鱼、宋洛、新华、猴子石—下谷（zdg 7473），生于海拔700~1500m的山谷沟边草丛。全草入药。

4. 裸芸香属 Psilopeganum Hemsley

多年生宿根草本。叶互生，三出复叶，密生透明油点。花两性，单花腋生，花梗细长；萼片4枚；花瓣4或5枚，黄色；雄蕊8或10枚，花丝分离，花药纵裂；雌蕊由2枚心皮组成，心皮近顶部离生，每心皮有4枚胚珠。成熟的果（蓇葖果）顶端小孔开裂，每分果瓣有3~4枚种子。种子肾形，细小，有甚小的瘤状突体。

图98-6 臭节草

单种属。我国特有，神农架也有。

裸芸香 | *Psilopeganum sinense* Hemsley 图98-7

特征同属的描述。

产于神农架新华至兴山一线，生于兴山低海拔地区。全草入药。

5. 飞龙掌血属 *Toddalia* A. Jussieu

木质攀援藤本。枝干多钩刺。叶互生，指状三出叶，密生透明油点。花单性，近于平顶的伞房状聚伞花序或圆锥花序；萼片及花瓣均5枚或有时4枚；萼片基部合生；花瓣镊合状排列；雄花的雄蕊5或4枚，退化雌蕊短棒状；雌花的退化雄蕊短小，子房由4或5枚心皮组成，心皮合生，5或4室，每室有胚珠2枚。核果近圆球形，有种子4~8枚。

单种属，分布于亚洲及非洲。中国有广泛分布，神农架也有。

飞龙掌血 | *Toddalia asiatica* (Linnaeus) Lamarck 八百棒 图98-8

特征同属的描述。

产于神农架各地（长青，zdg 5772；宋洛—徐家庄，zdg 4744），生于海拔1000m以下的山坡林缘或灌丛地。茎入药。

图98-7　裸芸香　　　　　　　　　　图98-8　飞龙掌血

6. 花椒属 *Zanthoxylum* Linnaeus

乔木或灌木，或木质藤本。茎枝常有皮刺。叶互生，奇数羽叶复叶，稀单叶或3小叶，全缘或通常叶缘有小裂齿，齿缝处常有较大的油点。圆锥花序或伞房状聚伞花序；花单性；花被片4~8枚；雄花的雄蕊4~10枚，具退化雌蕊；雌花无退化雄蕊，雌蕊由2~5枚离生心皮组成，每心皮有胚珠2枚。蓇葖果，外果皮有油点。每分果瓣有种子1枚，外种皮褐黑色，有光泽。

200多种。我国有41种，湖北有17种，神农架有12种。

分种检索表

1. 羽状复叶有小叶1~3 ··· 2. 异叶花椒 Z. dimorphophyllum
1. 羽状复叶有小叶5以上。
    2. 蓇葖果具柄。
        3. 羽状复叶有小叶11~17 ·· 1. 梗花椒 Z. stipitatum
        3. 羽状复叶有小叶5~15 ·· 3. 野花椒 Z. simulans
    2. 蓇葖果无柄。
        4. 叶轴通常显著具翅 ··· 4. 竹叶花椒 Z. armatum
        4. 叶轴不具翅或仅有极狭窄的叶质边缘。
            5. 乔木。
                6. 叶背绿色 ·· 7. 小花花椒 Z. micranthum
                6. 叶背有白粉 ··· 8. 大叶臭花椒 Z. myriacanthum
            5. 灌木或木质藤本。
                7. 直立灌木。
                    8. 羽状复叶的侧生小叶对生。
                        9. 叶边缘有浅锯齿 ··································· 5. 花椒 Z. bungeanum
                        9. 叶边缘为波状 ······································ 6. 浪叶花椒 Z. undulatifolium
                    8. 羽状复叶的侧生小叶互生 ·································· 9. 狭叶花椒 Z. stenophyllum
                7. 木质藤本。
                    10. 蓇葖果表面具刺 ·· 10. 刺壳花椒 Z. echinocarpum
                    10. 蓇葖果表面无刺。
                        11. 小叶片15~25 ··· 11. 花椒簕 Z. scandens
                        11. 小叶5~9 ··· 12. 蚬壳花椒 Z. dissitum

1. 梗花椒 | *Zanthoxylum stipitatum* Huang   图98-9

灌木或小乔木。茎具三角形的刺。叶有小叶11~17枚；小叶对生，披针形或卵形，散生油点，叶缘有细裂齿。花序顶生；花被片6~8枚；雄花的雄蕊5~8枚，药隔顶端有1枚油点；雌花有3~4枚心皮。果轴、果梗、分果瓣均紫红色，分果瓣干后的油点稍凸起，基部有狭窄且延长1~3mm的短柄状体。花期4~5月，果期7~8月。

产于神农架各地（长青，zdg 5800），生于海拔1200m以下的山坡林缘。果实入药。

图98-9　梗花椒

2. 异叶花椒 | Zanthoxylum dimorphophyllum Hemsley 图98-10

落叶乔木。枝很少有刺。单叶或三出复叶，稀羽状复叶；小叶椭圆形，顶部常有浅凹缺，叶缘有明显的钝裂齿，或有针状小刺，油点多，网状叶脉明显。花序顶生；花被片6～8枚，稀5枚；雄花的雄蕊常6枚，退化雌蕊垫状；雌花的退化雄蕊5或4枚，心皮2～3枚。分果瓣紫红色，基部有甚短的狭柄，顶侧有短芒尖。种子直径5～7mm。花期4～6月，果期9～11月。

产于神农架木鱼、宋洛、新华、阳日，生于海拔800～1200m的山坡向阳灌丛中。

图98-10 异叶花椒

3. 野花椒 | Zanthoxylum simulans Hance 图98-11

灌木或小乔木。枝干散生锐刺。小叶5～15枚，对生，卵状椭圆形或披针形，长2.5～7cm，宽1.5～4cm，两侧略不对称，顶部急尖，常有凹口，油点多，叶缘有钝裂齿，叶轴有狭窄的叶质边缘。花序顶生；花被片5～8枚；雄花的雄蕊5～10枚，具退化雌蕊；雌花心皮2～3枚。果红褐色，分果瓣基部变狭窄且略延长1～2mm呈柄状，油点多。花期3～5月，果期7～9月。

产于神农架新华至兴山一线，生于海拔200～500m的山坡。根、叶、果皮、种子均可入药。

图98-11 野花椒

4. 竹叶花椒 | Zanthoxylum armatum de Candolle

分变种检索表

1. 小枝和嫩叶无毛···4a．竹叶花椒 Z. armatum var. armatum
1. 小枝和嫩叶被卷曲柔毛·····································4b．毛竹叶花椒 Z. armatum var. ferrugineum

4a．竹叶花椒（原变种）Zanthoxylum armatum var. armatum 图98-12

小乔木。茎枝多锐刺。小叶3～9枚，稀11枚，翼叶明显，对生，披针形，先端尖，基部宽楔形，背面中脉上常有小刺，中脉两侧有丛状柔毛。花序近腋生或同时生于侧枝之顶；花被片6～8枚；雄花的雄蕊5～6枚，不育雌蕊顶端2～3浅裂；雌花有心皮2～3枚，不育雄蕊短线状。果紫红色，分果瓣直径4～5mm。种子褐黑色。花期4～5月，果期8～10月。

产于神农架各地，生于海拔500～1400m的山坡沟谷灌丛中。果、根或根皮、叶可入药。

图98-12　竹叶花椒

4b．毛竹叶花椒（变种）Zanthoxylum armatum var. ferrugineum (Rehder et E. H. Wilson) C. C. Huang 图98-13

常绿灌木。外形似竹叶花椒，但本变种嫩枝、花序轴、有时叶轴均有褐锈色短柔毛。该种形态上与原变种竹叶花椒的差异甚大，应是一独立的种，有待进一步研究。

产于神农架新华、阳日（长青，zdg 5799），生于海拔600m的山坡沟谷灌丛中。

图98-13　毛竹叶花椒

5. 花椒 | Zanthoxylum bungeanum Maximowicz 图98-14

落叶小乔木。茎干上的刺常早落，小枝上的刺长三角形。小叶5～13枚，叶轴常有甚狭窄的叶翼，对生，无柄，卵形或椭圆形，叶缘有细裂齿，齿缝有油点。花序顶生或生于侧枝之顶；花被片6～8枚；雄花的雄蕊5（～8）枚，退化雌蕊顶端浅裂；雌花很少有发育雄蕊，有心皮2～4枚。果紫红色。种子长3.5～4.5mm。花期4～5月，果期8～10月。

产于神农架各地（官门山，zdg 7599），生于海拔1500～2500m的山坡向阳林缘。果实和种子入药。

图98-14　花椒

6. 浪叶花椒 | Zanthoxylum undulatifolium Hemsley 图98-15

小乔木。当年生新枝及叶轴被褐锈色微柔毛。小叶3～7枚，卵形或卵状披针形，顶部短渐尖，基部宽楔形，叶缘波浪状，有钝或圆裂齿，齿缝处有1油点，叶背无毛，叶面有松散的微柔毛。伞房状聚伞花序顶生；花被片5～8枚。果梗及分果瓣红褐色，果梗长7～14mm；分果瓣直径约5mm，油点大，凹陷。种子直径约4mm。花期4～5月，果期8～10月。

产于神农架木鱼、红坪等地，生于海拔1100～1300m的山坡向阳林缘。根皮入药。

图98-15　浪叶花椒

7. 小花花椒 | Zanthoxylum micranthum Hemsley 图98-16

落叶乔木。茎具疏短锐刺。当年生枝的髓部甚小。小叶9～17枚，披针形，顶部渐狭长尖，基部宽楔形，两面无毛，油点多，对光透视清晰可见，叶缘有钝或圆裂齿，叶轴腹面常有狭窄的叶质边缘。花序顶生，多花；萼片及花瓣均5枚，花瓣淡黄白色；雄花的雄蕊5枚，退化雌蕊极短；雌花的心皮3枚，稀4枚。分果瓣淡紫红色。花期7～8月，果期10～11月。

产于神农架木鱼、宋洛、新华等地，生于海拔300～1000m的山坡林中。根皮入药。

图98-16　小花花椒

8. 大叶臭花椒 | Zanthoxylum myriacanthum Wallich ex J. D. Hooker 图98-17

落叶乔木。茎干有鼓钉状刺。花序轴及小枝顶部具劲直锐刺。嫩枝的髓部大。小叶7～17枚，宽卵形或卵状椭圆形，基部宽楔形，油点多且大，叶缘有浅而明显的圆裂齿。花序顶生，多花；萼片及花瓣均5枚；花瓣白色；雄花的雄蕊5枚，退化雌蕊3浅裂；雌花的退化雄蕊极短，心皮常3枚。分果瓣红褐色。花期6～8月，果期9～11月。

产于神农架木鱼，生于海拔1400m的山坡林中。根皮、树皮及嫩叶入药。

9. 狭叶花椒 | Zanthoxylum stenophyllum Hemsley 图98-18

小乔木或灌木。小枝多刺，小叶背面中脉上常有锐刺。小叶9～23枚，互生，披针形或卵形，顶部渐尖，基部楔形至近于圆形，叶缘有锯齿状裂齿。伞房状聚伞花序顶生；萼片及花瓣均4枚；雄花的雄蕊4枚，具退化雌蕊；雌花无退化雄蕊，花柱甚短。果梗长1～3cm；分果瓣淡紫红色或鲜红色，顶端的芒尖长达2.5mm。种子直径约4mm。花期5～6月，果期8～9月。

产于神农架红坪、木鱼、松柏、宋洛、新华（zdg 6886），生于海拔1300～1600m的山坡杂木林中。根皮入药。

图98-17　大叶臭花椒

图98-18　狭叶花椒

10. 刺壳花椒 | Zanthoxylum echinocarpum Hemsley　图98-19

攀援藤本。嫩枝的髓部大，枝、叶有刺，嫩枝、叶轴、小叶柄及小叶叶面中脉均密被短柔毛。小叶5～11枚，卵形、卵状椭圆形或长椭圆形，基部圆，全缘。花序腋生或顶生；萼片及花瓣片均4枚；雄花的雄蕊4枚；雌花常有4枚心皮，花后不久长出芒刺。分果瓣密生长短不等且有分枝的刺，刺长可达1cm。花期4～5月，果期10～12月。

产于神农架各地，生于海拔400～1300m的山坡杂木林中。根入药。

图98-19　刺壳花椒

11. 花椒簕 | Zanthoxylum scandens Blume　图98-20

幼龄植株灌木状，成树攀援状。枝干具沟刺，叶轴上刺较多。小叶15～25枚，卵形或卵状椭圆形，顶部渐尖，顶端钝且微凹，基部宽楔形，全缘或上半段有细裂齿。花序腋生或顶生；萼片及花瓣均4枚；雄花的雄蕊4枚，具退化雌蕊；雌花有3～4枚心皮，退化雄蕊鳞片状。分果瓣紫红色，顶端有短芒尖。种子近圆球形。花期3～5月，果期7～8月。

产于神农架各地，生于海拔500～1600m的山坡杂木林中。根及果实入药。

12. 蚬壳花椒 | Zanthoxylum dissitum Hemsley　三百棒　图98-21

攀援藤本。老茎的皮灰白色，枝干上的刺多劲直，叶轴及小叶中脉也具刺。小叶5～9枚，稀3枚，形状多样，全缘或叶边缘有裂齿，两侧对称，顶部渐尖至长尾状，厚纸质或近革质。花序腋生，花序轴有短细毛；萼片及花瓣均4枚；雄花的花梗长1～3mm，雄蕊4枚，具退化雌蕊；雌花无退化雄蕊。果密集于果序上，果梗短；外果皮比内果皮宽大。

产于神农架木鱼、松柏、宋洛、新华（新华龙口村，zdg 3789和zdg 3791）、阳日，生于海拔800～1400m的山坡灌丛中。果实或种子、茎叶入药。

7. 臭常山属 Orixa Thunberg

落叶灌木或小乔木。有顶芽。单叶，互生，有油点。花单性，雌雄异株，着生于2年生枝上；雄花成下垂的总状花序；花细小，淡黄绿色；萼片与花瓣片各4枚；萼片甚小；花瓣覆瓦状排列；

雄蕊4枚，花丝分离；雌花单生，花梗短，雌蕊由4枚心皮组成，心皮彼此贴合，花柱甚短，每心皮有1枚胚珠。蓇葖果具4枚分果瓣。种子近圆球形，1枚，褐黑色。

单种属。产于我国和朝鲜、日本，神农架也有。

图98-20　花椒簕

图98-21　蚬壳花椒

臭常山 | **Orixa japonica** Thunberg　图98-22

特征同属的描述。

产于神农架新华、阳日—马桥（zdg 4420+1）、长青（zdg 5682），生于海拔800～1500m的山坡灌丛中。根、茎入药。

8. 茵芋属 Skimmia Thunberg

常绿灌木或小乔木。单叶，互生，全缘，常聚生于枝的上部，密生透明油点。花单性或杂性；聚伞圆锥花序顶生；萼片和花被片5枚或4枚；雄蕊5枚或4枚，花丝分离；雌花的退化雄蕊比子房短；雄花的退化雌蕊棒状或垫状；杂性花的雄蕊有早熟性；子房5～2室，每室有1枚胚珠。核果浆果状，红或蓝黑色。种子2～5枚，细小，扁卵形。

图98-22　臭常山

5～6种。我国有5种，湖北有2种，神农架均产。

分种检索表

1. 果熟时红色，圆形、椭圆形或倒卵形·················1. 茵芋 S. reevesiana
1. 果熟时蓝黑色，近圆球形·························2. 黑果茵芋 S. melanocarpa

1. 茵芋 | Skimmia reevesiana Fortune 图98-23

灌木。小枝常中空。叶有柑橘叶的香气，革质，集生于枝上部，卵形至披针形，顶部短尖或钝，基部阔楔形。花序轴及花梗均被短细毛；花芳香，花密集，花梗甚短；圆锥花序顶生；萼片及花瓣片常5枚；花瓣黄白色；雄蕊与花瓣同数。果圆形或椭圆形或倒卵形，红色。有种子2～4枚，种子扁卵形。花期3～5月，果期9～11月。

产神农架宋洛、板仓、小千家坪，生于海拔1600～2100m的山坡杂木林中。茎叶入药。

图98-23　茵芋

2. 黑果茵芋 | Skimmia melanocarpa Rehder et E. H. Wilson 图98-24

本种与茵芋外表相似，但叶片一般较小，顶部渐尖或短尖，叶面沿中脉密被短柔毛。花淡黄白色，密集；圆锥花序，几无柄，花序轴被微柔毛；萼片阔卵形，边缘被毛；花瓣5枚，雄花的花瓣常反折，倒披针形或长圆形；雄蕊与花瓣等长或稍长，两性花的雄蕊比花瓣短，雌花的不育雄蕊比子房长；花柱圆柱状，子房近圆球形；雄花的退化雌蕊短棒状。果蓝黑色，近圆球形，通常5室。花果期同茵芋的。

产于神农架红坪（天燕），生于海拔2500m的山坡密林中。

图98-24　黑果茵芋

9. 黄皮属 Clausena N. L. Burman

无刺灌木或乔木。各部常有油点，小枝及花序轴常兼有丛状短毛。奇数羽状复叶，小叶两侧不对称。圆锥花序；花两性；花萼5或4裂；花瓣5或4枚；雄蕊10或8枚；子房5或4室，每室有胚珠2枚，稀1枚，中轴胎座，花柱短而增粗，稀较子房长，柱头与花柱等宽或稍增大。浆果。

15～30种。我国约有10种，湖北有1种，神农架亦有。

毛齿叶黄皮（变种） | *Clausena dunniana* var. *robusta* (Tanaka) Huang　图98-25

落叶小乔木。各部具油点。小叶5～15枚，卵形至披针形，顶部渐尖，常钝头，基部不对称，叶缘有圆或钝裂齿，两面均被长柔毛，叶背被毛较密，结果时仅在叶面中脉被毛或至少在叶缘处仍有疏毛。花序顶生或生于近顶部叶腋；花萼裂片及花瓣均4数，稀5数；雄蕊8枚，稀10枚；子房近圆球形。浆果近圆球形，熟时蓝黑色。花期6～7月，果期10～11月。

产于兴山县，生于海拔200m的河谷林缘。根、叶入药。

图98-25　毛齿叶黄皮

10. 柑橘属 *Citrus* Linnaeus

具刺小乔木。单生复叶，冀叶通常明显，稀单叶；叶缘有细钝裂齿，稀全缘，密生透明油点。花两性，单花腋生或数花簇生，或为少花的总状花序；花萼杯状，3～5浅裂；花瓣5枚；雄蕊20～25枚；子房7～15室或更多，每室有4～8枚胚珠或更多，花盘明显，有密腺。柑果，球形或扁球形；外果皮具油细胞，内果皮由8～15枚心皮发育而成，多汁。

20～25种。我国有12种，湖北有8种，神农架有7种。

分种检索表

1. 落叶植物；三出复叶 ·· 1. 枳 *C. trifoliata*
1. 常绿植物；单生复叶，稀单叶。
　2. 子房4～6室；每室有3（~4）枚胚珠 ·· 2. 金柑 *C. japonica*
　2. 子房6～15室；每室有多枚胚株。
　　3. 叶柄的翅与叶片近等大 ·· 3. 宜昌橙 *C. cavaleriei*
　　3. 叶柄的翅远较叶片为小或无叶片。
　　　4. 子叶绿色。
　　　　5. 成熟果的直径10～25cm ·· 4. 柚 *C. maxima*

5. 成熟果的直径常不超过10cm	5. 酸橙 C. × aurantium
4. 子叶乳白色。	
6. 果实淡黄色、橙色、红色或深红色；果肉通常酸或甜	6. 柑橘 C. reticulata
6. 果实呈淡黄色；果肉酸和苦或有异味	7. 香橙 C. × junos

1. 枳 | Citrus trifoliata Linnaeus　狗橘子　图98-26

小乔木。枝绿色，嫩枝扁，具长达4cm的刺。叶柄有狭长的翼叶，三出复叶，稀4~5枚小叶；小叶等长或中间的一片较大，叶缘有细钝裂齿或全缘。花单朵或成对腋生，常先于叶开放；花径3.5~8cm；萼片长5~7mm；花瓣白色；雄蕊通常20枚。果近圆球形或梨形，直径3.5~6cm；果皮平滑的，具油胞；瓢囊6~8瓣。种子20~50枚。花期5~6月，果期10~11月。

神农架各地有栽培（阳日—马桥，zdg 4424）。幼果或熟果实入药。

图98-26　枳

2. 金柑 | Citrus japonica Thunberg　图98-27

有刺小乔木。小叶卵状椭圆形或长圆状披针形，顶端钝或短尖，基部宽楔形；叶柄长6~10mm，翼叶狭至明显。花单朵或2~3朵簇生；花萼和花瓣（4~）5枚；雄蕊15~25枚，花丝不同程度地合生成数束；子房圆球形，4~6室，花柱约与子房等长。果圆球形；果皮橙黄色至橙红色，味甜；果肉酸或略甜。种子2~5枚，卵形。花期4~5月，果期11至翌年2月。

原产于广东和海南，神农架各地有栽培。果实、叶、根入药。

图98-27　金柑

3. 宜昌橙 | Citrus cavaleriei Léveillé ex Cavaler 图98-28

小乔木或灌木。枝干多具锐刺，刺长1～2.5cm。叶卵状披针形，顶部渐狭尖，全缘或具细小的钝裂齿；翼叶与叶身近相等。花常单生于叶腋；萼5浅裂；花瓣淡紫红色或白色；雄蕊20～30枚，花丝常合生成多束；柱头约与子房等宽。果扁圆形或圆球形，直径4～6cm；果皮淡黄色，油胞大而明显具凸起；果心实，瓤囊7～10瓣。花期5～6月，果期10～11月。

产于神农架新华庙儿观，生于海拔600m的山坡林缘。果实和根入药。

图98-28　宜昌橙

4. 柚 | Citrus maxima (Burman) Merrill 图98-29

乔木。各部被柔毛。嫩枝扁且有棱。叶阔卵形或椭圆形，连翼叶长9～16cm，宽4～8cm，顶端钝或圆，基部圆；翼叶长2～4cm，宽0.5～3cm。总状花序，稀单生；花萼不规则5～3浅裂；花瓣长1.5～2cm；雄蕊25～35枚。果圆球形、扁圆形或梨形，直径通常10cm以上，淡黄或黄绿色；果皮甚厚，海绵质，油胞大；果心实但松软，瓤囊10～15瓣或多至19瓣。花期4～5月，果期9～12月。

神农架各地有栽培。著名水果；外层果皮、根、叶、种子入药；也栽培供观赏。

图98-29　柚

5. 酸橙 | Citrus × aurantium Linnaeus 图98-30

具刺小乔木。枝叶茂密。翼叶倒卵形，基部狭尖，长1～3cm，宽0.6～1.5cm。总状花序有少花，稀花单生；花萼5或4浅裂；花径2～3.5cm；雄蕊20～25枚，通常基部合生成多束。果圆球形或扁圆形；果皮稍厚至甚厚，难剥离，橙黄至朱红色，油胞大小不均匀，凹凸不平；果心实或半充实，瓤囊10～13瓣；果肉味酸，有时有苦味或兼有特异气味。种子多且大。花期4～5月，果期9～12月。

产于神农架红坪、新华、板仓至百步梯哨所（zdg 7661），生于海拔600m的河谷林中。未成熟果实入药。

图98-30 酸橙

6. 柑橘 | Citrus reticulata Blanco 图98-31

小乔木。分枝多，刺较少。单生复叶，翼叶通常狭窄；叶披针形、椭圆形或阔卵形，大小变异较大，顶端常有凹口，叶缘至少上半段通常有钝或圆裂齿，稀全缘。花单生或2～3朵簇生；花萼不规则5～3浅裂；花瓣通常长1.5cm以内；雄蕊20～25枚。果常扁圆形至近圆球形；瓤囊7～14瓣，稀较多；果肉酸或甜。花期4～5月，果期10～12月。

神农架各地有栽培。著名水果；成熟果皮、幼果、种子、叶皆可入药。

7. 香橙 | Citrus × junos Siebold ex Tanaka 图98-32

具刺小乔木。叶厚纸质，翼叶倒卵状椭圆形，顶部圆或钝，向基部渐狭楔尖；叶卵形或披针形，大的长达8cm，宽4cm，顶部渐狭尖，常钝头且有凹口，基部圆或钝，叶缘上平段有细裂齿。花单生于叶腋；花萼杯状，4～5裂；花瓣白色；雄蕊20～25枚。果扁圆或近似梨形，直径4～8cm；瓤囊9～11瓣；果肉味甚酸，常有苦味或异味。花期4～5月，果期10～11月。

栽培于神农架新华大岭。果实、果核可入药。

图98-31 柑橘

图98-32 香橙

99. 苦木科 | Simaroubaceae

落叶或常绿的乔木或灌木。树皮通常有苦味。叶互生，稀对生，羽状复叶，稀单叶。总状、圆锥状或聚伞花序腋生；花小，辐射对称，单性、杂性或两性；萼片3~5枚；花瓣3~5枚，分离；雄蕊与花瓣同数或为花瓣的2倍，花丝分离，花药2室，纵裂；子房通常2~5裂，2~5室，或者心皮分离，花柱2~5裂，分离或多少结合，柱头头状，每室有胚珠1~2枚，中轴胎座。果为翅果、核果或蒴果。

约20属95种。我国有3属10种，湖北有2属3种，神农架全有。

分属检索表

1. 小叶基部具粗齿，背面具大腺体；圆锥花序顶生；果为翅果 ················· 1. 臭椿属 Ailanthus
1. 小叶基部具锯齿但无腺体；聚伞花序腋生；果为核果 ···················· 2. 苦木属 Picrasma

1. 臭椿属 Ailanthus Desfontaines

落叶或常绿，乔木或小乔木。小枝被柔毛，有髓。羽状复叶，叶互生，小叶13~41枚，近基部两侧各有1~2枚大锯齿，锯齿尖端的背面有腺体。花杂性或单性异株，圆锥花序生于枝顶的叶腋；萼片5枚；花瓣5枚；花盘10裂；雄蕊10枚，在雌花中不发育或退化；2~5枚心皮分离或仅基部稍结合，每室有胚珠1枚，花柱2~5裂，在雄花中退化。翅果。种子1枚生于翅的中央。

约10种。我国有6种，湖北有3种，神农架2种。

分种检索表

1. 小叶下面被短毛；幼嫩枝条被软刺 ···························· 1. 刺臭椿 A. vilmoriniana
1. 小叶下面无毛，幼嫩枝条不具刺 ······························· 2. 臭椿 A. altissima

1. 刺臭椿 | Ailanthus vilmoriniana Dode 图99-1

图99-1 刺臭椿

乔木。幼嫩枝条被软刺。叶为奇数羽状复叶，长50~90cm，有小叶8~17对；小叶对生或近对生，披针状长椭圆形，先端渐尖，基部阔楔形或稍带圆形，每侧基部有2~4枚粗锯齿，锯齿背面有1枚腺体，叶面除叶脉有较密柔毛外其余无毛或有微柔毛，背面有短柔毛；叶柄通常紫红色，有时有刺。圆锥花序长约30cm。翅果长约5cm。花期4~5月，果期8~10月。

产于神农架松柏、新华、宋洛，生于海拔1100~1300m的山坡林中。根皮和树脂入药。

2. 臭椿 | Ailanthus altissima (Miller) Swingle

分变种检索表

1. 翅果长3~5cm ·· 2a．臭椿 A. altissima var. altissima
1. 翅果长5~7cm ·· 2b．大果臭椿 A. altissima var. sutchuenensis

2a．臭椿（原变种）Ailanthus altissima var. altissima 图99-2

落叶乔木。枝幼时被柔毛，后脱落。叶为奇数羽状复叶；小叶13~27枚，纸质，卵状披针形，先端长渐尖，基部偏斜，两侧各具1或2枚粗锯齿，齿背有腺体1枚，叶柔碎后具臭味。圆锥花序长10~30cm；花淡绿色；花萼片5枚；花瓣5枚；雄蕊10枚；心皮5枚，柱头5裂。翅果长椭圆形。花期4~5月，果期8~10月。

产于神农架各地（猴子石—下谷，zdg 7445；燕天景区，zdg 6463），生于海拔500~1300m的山坡林中。根皮和果实入药；行道绿化树种。

图99-2 臭椿

2b．大果臭椿（变种）Ailanthus altissima var. sutchuenensis (Dode) Rehder et E. H. Wilson 图99-3

本变种与原变种的区别：树皮密布白色皮孔；翅果长5~7cm，宽1.4~1.8cm。花期4~5月，果期8~10月。

产于神农架新华龙口，生于海拔800m的山坡林中。根皮和果实入药。

臭椿属2个物种以及臭椿原变种和变种之间的区别甚微，它们的分类地位值得进一步研究。

图99-3　大果臭椿

2. 苦木属 Picrasma Blume

乔木。全株有苦味。枝条有髓部。奇数羽状复叶。聚伞花序腋生，花单性或杂性；萼片4～5枚，宿存；花瓣4～5枚于芽中镊合状排列；雄蕊4～5枚，着生于花盘的基部；心皮2～5枚，分离；花柱基部合生，上部分离，柱头分离，每心皮有胚珠1枚，基生。果为核果。

约9种。我国产2种，湖北产1种，神农架也有。

苦树 ｜ Picrasma quassioides (D. Don) Bennett　图99-4

落叶乔木。全株有苦味。奇数羽状复叶互生，长15～30cm；小叶9～15枚，卵状披针形，边缘具粗锯齿，先端渐尖，基部楔形，不对称；托叶早落。雌雄异株，聚伞花序腋生；萼片4～5枚；花瓣与萼片同数；雄花中雄蕊长为花瓣的2倍，与萼片对生，雌花中雄蕊短于花瓣；花盘4～5裂；心皮2～5枚，分离，每心皮有1枚胚珠。核果。花期4～5月，果期6～9月。

产于神农架各地（长青，zdg 5876），生于400～1000m的山地林中。根、茎入药。

图99-4　苦树

100. 楝科 | Meliaceae

乔木或灌木，稀为亚灌木。叶互生，稀对生，羽状复叶，稀3枚小叶或单叶。花两性或杂性异株，辐射对称，通常组成圆锥花序，间为总状花序或穗状花序，常5数；萼小，常浅杯状或短管状，4～5裂；花瓣4～5枚；雄蕊4～10枚，花丝合生成一短于花瓣的管或分离，花药无柄，直立；花盘生于雄蕊管的内面或缺；子房上位，（1～）2～5室，每室有胚珠1～2枚或更多；花柱单生或缺。果为蒴果、浆果或核果。种子常有假种皮。

约50属650种。我国有17属40种，湖北有3属4种，神农架有2属3种。

分属检索表

1. 核果；种子圆形，无翅·· 1. 楝属 Melia
1. 蒴果；种子具翅·· 2. 香椿属 Toona

1. 楝属 Melia Linnaeus

落叶乔木或灌木。小枝有叶痕和皮孔。叶互生，一至三回羽状复叶；小叶具锯齿或全缘。圆锥花序腋生；花两性；花萼5～6深裂，覆瓦状排列；花瓣白色或紫色，5～6枚，分离；雄蕊管圆筒形，管顶有10～12齿裂，花药10～12枚，着生于雄蕊管上部的裂齿间；花盘环状；子房近球形，3～6室，每室有叠生的胚珠2枚，花柱细长，柱头头状，3～6裂。果为核果。

约3种。我国产1种，湖北也产，神农架有栽培。

楝 | Melia azedarach Linnaeus

图100-1

落叶乔木。树皮纵裂。小枝有叶痕。叶为二至三回奇数羽状复叶，长20～40cm；小叶对生，卵形至披针形，长3～7cm，宽2～3cm，先端短渐尖，基部楔形或宽楔形，多少偏斜，边缘有钝锯齿。圆锥花序约与叶等长；花芳香；花萼5深裂；花瓣淡紫色；雄蕊10枚；子房近球形，5～6室，每室有胚珠2枚。核果球形至椭圆形，长1～2cm，宽8～15mm。花期4～5月，果期10～12月。

原产于我国华中，神农架各地有栽培（长青，zdg 5670）。树皮、根皮及果实入药；庭院观赏树木。

图100-1　楝

2. 香椿属 Toona Roemer

乔木。树皮鳞块状脱落。芽有鳞片。羽状复叶互生；小叶全缘，很少有稀疏的小锯齿。大圆锥花序顶生或腋生；花小，两性；花萼短，管状，5裂；花瓣片5枚；雄蕊5枚，分离，与花瓣互生，着生于肉质花盘上，退化雄蕊5枚或不存在；子房5室，每室有2列的胚珠8~12枚，花柱单生，线形。果为蒴果。

约5种。我国有4种，湖北有2种，神农架皆有。

分种检索表

1. 雄蕊5枚；种子两端均具膜质翅 ··· 1. 红椿 T. ciliata
1. 雄蕊10枚；种子仅上端具膜质翅 ·· 2. 香椿 T. sinensis

1. 红椿 | Toona ciliata Roemer 图100-2

大乔木。叶为羽状复叶；小叶7~8对，对生或近对生，纸质，长圆状卵形或披针形，先端尾状，基部一侧圆形，一侧楔形。圆锥花序顶生；花长约5mm，具短花梗；花萼5裂；花瓣5枚，白色；雄蕊5枚，与花瓣等长；子房密被长硬毛，每室有胚珠8~10枚。蒴果长椭圆形，木质。种子两端具膜质翅，扁平。花期4~6月，果期10~12月。

产于神农架竹溪县，生于海拔500m的河谷中。根皮入药；用材树种。国家二级重点保护野生植物。

2. 香椿 | Toona sinensis (A. Jussieu) Roemer 图100-3

乔木。树皮片状脱落。偶数羽状复叶；小叶16~20枚，对生或互生，纸质，卵状披针形，先端尾尖，基部一侧圆形，另一侧楔形，边缘常有小锯齿。圆锥花序，多花；花萼5枚；花瓣5枚，白色；雄蕊10枚，5枚能育，5枚退化；花盘无毛；子房5室，每室有胚珠8枚。蒴果狭椭圆形。种子上端有膜质的长翅，下端无翅。花期6~8月，果期10~12月。

产于神农架各地，生于海拔200~1400m的山坡、地旁。树皮或根皮、果实可入药；用材树种；幼芽可作蔬菜。

图100-2 红椿

图100-3 香椿

101. 瘿椒树科 | Tapisciaceae

乔木。单数羽状复叶，互生；有托叶。花两性，或雌雄异株，整齐；圆锥花序腋生，下垂；雄花序细长而纤弱，两性花花序较短；花单生于苞腋内；萼5裂，管状；花瓣5枚；雄蕊5枚；子房1室，1枚胚珠；雄花较小，有退化子房。果不开裂，浆果状，果皮肉质或革质。种子有硬壳质种皮。

2属6种。我国1属3种，湖北1属2种，神农架1属1种。

瘿椒树属 Tapiscia Oliver

乔木。叶互生，单数羽状复叶；小叶5～9枚，卵形至狭卵形，有锯齿；具托叶。花两性或单性异株，整齐；圆锥花序腋生，雄花序长达25cm，两性多长达10cm；花极小，有香气，黄色；花萼钟状，5浅裂；花瓣5枚；雄蕊5枚，与花瓣互生，伸出花外；子房1室，1枚胚珠；雄花具退化雌蕊。果近球形，长约7mm。花期6～7月，果期8～9月。

2种。我国特有，湖北2种，神农架有1种。

瘿椒树 | Tapiscia sinensis Oliver 图101-1

特征同属的描述。

产于神农架九湖、红坪，生于海拔600～1400m的山坡沟边林中或林缘路旁。根和果实入药。

图101-1 瘿椒树

102. 十齿花科 Dipentodontaceae

灌木或小乔木。叶互生，具柄，有小锯齿。花两性或杂性，排成腋生伞形花序或聚伞状圆锥花序；花萼5裂，管壶状或圆柱状；花瓣5枚，与萼片相似；雄蕊5枚，生于花盘上或边缘；子房2室，或上部1室，基部3室，每室胚珠2枚。蒴果或小浆果。

2属4种。我国2属13种，湖北1属1种，神农架也产。

核子木属 Perrottetia Kunth

无刺灌木。叶卵形，有锯齿。花杂性，很小；雌雄异株，聚伞状圆锥花序腋生；花萼5枚，萼管圆柱状；花瓣5枚，似花萼裂片；雄蕊5枚，着生在花盘边缘；雄花花盘平坦，雌花花盘环状；子房不与花盘黏贴，2室，每室胚珠2枚。浆果，球形。种子2～4枚。

约2种。中国全有，湖北1种，神农架也产。

核子木 | Perrottetia racemosa (Oliver) Loesener 图102-1

灌木。树皮深红色，有灰白色皮孔。叶互生，长椭圆形或长卵形，锯齿细锐密生。雌雄异株，聚伞圆锥花序腋生；花萼5枚，萼管圆柱状；花瓣5枚，似花萼裂片；雄花直径约3mm，雄蕊5枚，着生在花盘边缘，花盘平坦，退化子房细小；雌花直径约1mm，花盘环状，子房上位，2室，胚珠2枚。浆果球形，种子2～4枚。花期5～6月，果期8～9月。

产于神农架阳日，生于海拔750～1100m的山林下。根皮入药。

图102-1　核子木

103. 锦葵科 | Malvaceae

草本或木本。单叶互生，常具星状毛；具托叶。花两性，辐射对称；花腋生或顶生，单生、簇生、聚伞花序至圆锥花序；萼片5枚，分离或合生；下面附有总苞状的小苞片；花瓣5枚；雄蕊多数，单体雄蕊，花药1室，花粉被刺；子房上位，2至多室，通常以5室较多，中轴胎座，每室被胚珠1至多枚，花柱与心皮同数或为其2倍。蒴果，常几枚果片分裂，很少浆果状。

约300属约2850种。我国有51属261种，湖北有16属33种，神农架有15属24种。

分属检索表

1. 雄蕊通常离生，稀为基部略连合，花药2室，顶孔裂开，有或无黏液组织。
   2. 乔木或灌木；果实核果状，种子少数。
      3. 花瓣内侧基部无腺体；有或无雌雄蕊柄······ 1. 椴树属 Tilia
      3. 花瓣基部有腺体；有雌雄蕊柄······ 2. 扁担杆属 Grewia
   2. 草本；蒴果，种子多数。
      4. 蒴果有棱或凸起······ 3. 黄麻属 Corchorus
      4. 蒴果，表面针刺······ 4. 刺蒴麻属 Triumfetta
1. 雄蕊常为各式连生，花药1室，稀2室，直裂，常有黏液组织。
   5. 雄蕊连成单体，花药1室，花粉有杆状凸起。
      6. 果裂成分果，子房由数枚分离心皮组成。
         7. 柱头分枝与心皮同数。
            8. 果盘状，分果片先端无芒。
               9. 小苞片3枚，分离······ 5. 锦葵属 Malva
               9. 小苞片6~9枚，基部合生······ 6. 蜀葵属 Althaea
            8. 果近球形，分果片先端具芒或无芒······ 7. 苘麻属 Abutilon
         7. 花柱分枝为心皮数2倍。
            10. 成熟心皮有钩针······ 8. 梵天花属 Urena
            10. 成熟心皮合生成浆果状······ 9. 悬铃花属 Malvaviscus
      6. 果为室背开裂蒴果，子房由数枚合生心皮组成。
         11. 花柱分枝，小苞片4~15枚；种子肾形或圆球形。
            12. 萼钟状或杯形，5裂或5齿裂，宿存······ 10. 木槿属 Hibiscus
            12. 萼佛焰苞状，花后一边开展，早落······ 11. 秋葵属 Abelmoschus
         11. 花柱不分枝，小苞片3枚；种子倒卵形，有长绵毛······ 12. 棉属 Gossypium
   5. 雄蕊连成管状或束状，花药2室或1室，花粉平滑。
      13. 乔木；果为蓇葖果······ 13. 梧桐属 Firmiana
      13. 草本；果为蒴果。
         14. 花淡粉色或近白色······ 14. 马松子属 Melochia
         14. 花黄色······ 15. 田麻属 Corchoropsis

1. 椴树属 Tilia Linnaeus

乔木。单叶，互生，有长柄，基部常斜心形；基出脉有二次支脉，边缘具锯齿；托叶早落。花两性，白色或黄色，排成聚伞花序，花序梗下部常与舌状苞片连生；萼片5枚；花瓣5枚，覆瓦状排列，基部有小鳞片；雄蕊多数，离生或连生成5束，退化雄蕊花瓣状，与花瓣对生；子房5室，每室2枚胚珠，花柱合生，柱头5裂。核果，球形，稀浆果，不裂、稀干后开裂。

约80种。我国有32种，湖北有6种，神农架有5种。

> **分种检索表**
>
> 1. 果实有明显的5棱。
>   2. 嫩枝有毛；苞片有柄 ································· **1. 毛糯米椴 T. henryana**
>   2. 嫩枝无毛；苞片无柄或有柄。
>   3. 苞片无柄或近无柄，花序有花1~3朵 ················· **2. 华椴 T. chinensis**
>   3. 苞片有短柄，花序有花6~15朵 ······················ **3. 鄂椴 T. oliveri**
> 1. 果实表面无棱。
>   4. 叶边缘疏生小刺状齿，常在中部以下全缘 ················· **4. 椴树 T. tuan**
>   4. 叶边缘几乎全部有齿 ································ **5. 少脉椴 T. paucicostata**

1. 毛糯米椴 | Tilia henryana Szyszyłowicz 图103-1

乔木。叶圆形，下面被黄色星状茸毛；侧脉5~6对，边缘有锯齿，由侧脉末梢突出成齿刺，被黄色茸毛。聚伞花序长10~12cm，有花30~100朵以上，花序柄有星状柔毛；花柄有毛；苞片狭窄倒披针形，两面有黄色星状柔毛，下半部3~5cm与花序柄合生；萼片长卵形，外面有毛；退化雄蕊花瓣状，比花瓣短；雄蕊与萼片等长；子房有毛。果实倒卵形，有5棱，被星状毛。花期6月，果期8~9月。

产于神农架红坪、太阳坪小林檎树坪（太阳坪队0538）生于海拔1800m的山坡林中。园林观赏树木。

图103-1 毛糯米椴

2. 华椴 | Tilia chinensis Maximowicz

> **分变种检索表**
>
> 1. 叶下面被灰色星状茸毛 ··························· **2a. 华椴 T. chinensis var. chinensis**
> 1. 叶背秃净，仅在背脉腋内有毛丛 ····················· **2b. 秃华椴 T. chinensis var. investita**

2a．华椴（原变种）Tilia chinensis var. chinensis　图103-2

落叶乔木。高15m。叶宽卵形，长5~10cm，下面被灰色星状茸毛；侧脉7~8对，有细密锯齿；叶柄长3~5cm。聚伞花序长4~7cm，有3朵花，下部与苞片合生；苞片窄长圆形，长4~8cm，无柄；花梗长1~1.5cm；萼片长卵形，长6mm；花瓣长7~8mm；退化雄蕊较雄蕊短，雄蕊长5~6mm。果椭圆形，长1cm，两端略尖，有5棱。花期夏初，果期8~9月。

产于神农架老君山、红坪、板仓、猴子石—下谷（zdg 7492），生于海拔1700~2400m的山坡林中。树皮入药；园林观赏树木。

2b．秃华椴（变种）Tilia chinensis var. investita (V. Engler) Rehder　图103-3

本变种和原变种的区别：叶背秃净，仅在背脉腋内有毛丛。花期夏初，果期8~9月。

产于神农架红坪、房县（神农架红石沟，胡启明 00799），生于海拔2000m的山坡林中。树皮入药；园林观赏树木。

图103-2　华椴

图103-3　秃华椴

3．鄂椴 ｜ Tilia oliveri Szyszylowicz

分变种检索表

1. 叶下面被白色星状茸毛 ··· 3a．鄂椴 T. oliveri var. oliveri
1. 叶下面被灰色星状茸毛 ··· 3b．灰背椴 T. oliveri var. cinerascens

3a．鄂椴（原变种）Tilia oliveri var. oliveri　图103-4

乔木。树皮灰白色。叶卵形或阔卵形，基部斜心形或截形，下面被白色星状茸毛，边缘密生细锯齿。聚伞花序长6~9cm，有花6~15朵，花序柄有灰白色星状茸毛，下部3~4.5cm与苞片合生；苞片窄倒披针形，有短柄，上面中脉有毛，下面被灰白色星状柔毛；萼片卵状披针形，被白色毛；退化雄蕊比花瓣短，雄蕊约与萼片等长；子房有星状茸毛。果实椭圆形，被毛。花期7~8月。

产于神农架各地（阴峪河站，zdg 7738），生于海拔1500～2200m的山坡林中。树皮入药；园林观赏树木。

3b. 灰背椴（变种）Tilia oliveri var. cinerascens Rehder et E. H. Wilson　图103-5

本变种和原变种的区别：叶下面被灰色星状茸毛，而不是白色或灰白色的毛被。

产于神农架红坪，生于海拔2000m的山坡林中。树皮入药；园林观赏树木。

图103-4　鄂椴

图103-5　灰背椴

4. 椴树 | **Tilia tuan** Szyszylowicz　图103-6

大乔木。高可达20m。叶宽卵形，长7～14cm，下面被毛，后变无毛，边缘上半部疏生细齿；叶柄长3～5cm。聚伞花序长8～13cm；苞片窄倒披针形，长10～16cm，无柄，下半部5～7cm与花序梗合生；花梗长7～9mm；萼片长圆状披针形，长5mm；花瓣长7～8mm；退化雄蕊长6～7mm，雄蕊长约5mm。果球形，直径0.8～1cm，无棱，有小凸起。花期7月。

产于神农架各地，生于海拔1300～2100m的山坡林中。带果苞片入药；园林观赏树木。

图103-6　椴树

5. 少脉椴 | Tilia paucicostata Maximowicz

分变种检索表

1. 叶卵圆形，脉腋有毛丛，边缘有细锯齿………… 5a. 少脉椴 T. paucicostata var. paucicostata
1. 叶三角状卵形，无毛，边缘有少数疏齿………… 5b. 红皮椴 T. paucicostata var. dictyoneura

5a. 少脉椴（原变种）Tilia paucicostata var. paucicostata 图103-7

乔木。高13m。叶卵圆形，长6~10cm，边缘有细锯齿；叶柄长2~5cm。聚伞花序长4~8cm，有6~8朵花；花梗长1~1.5cm；苞片窄倒披针形，长5~8.5cm，下半部与花序梗合生，基部有长0.7~1.2cm的短柄；萼片长卵形，长4mm；花瓣长5~6mm；退化雄蕊比花瓣短小，雄蕊长4mm。果倒卵圆形，长6~7mm。

产于神农架红坪、松柏、宋洛、新华（zdg 6884），生于海拔1500~1700m的山坡或沟谷林中。树皮入药；园林观赏树木。

5b. 红皮椴（变种）Tilia paucicostata var. dictyoneura (V. Engler ex C. K. Schneider) Hung T. Chang et E. W. Miau 图103-8

本变种与原变种的区别：叶三角状卵形，长3.5~5.5cm，宽2.5~4mm，无毛，边缘有少数疏齿。

产于神农架红坪，生于海拔2000m的山坡林中。园林观赏树木。

图103-7 少脉椴

图103-8 红皮椴

2. 扁担杆属 Grewia Linnaeus

灌木或小乔木。幼枝常被星状柔毛。叶互生，具基出脉；托叶小，早落；叶柄短。花两性，或单性雌雄异株，常3朵组成腋生聚伞花序；萼片5片，离生，外面被毛；花瓣5枚，短于萼片，腺体常为鳞片状，生于花瓣基部，常有长毛；雌雄蕊柄短，无毛；雄蕊多数，离生；子房2~4室，每室胚珠2~8枚，花柱单生，柱头盾形或分裂。核果有纵沟，收缩成2~4枚分核，具假隔膜。

约90种。我国有26种，湖北有1种，神农架也有。

1. 扁担杆 | Grewia biloba G. Don

分变种检索表

1. 叶下面有稀疏星状粗毛 ·· 1a. 扁担杆 G. biloba var. biloba
1. 叶下面密被黄褐色软茸毛，花朵较短小 ················ 1b. 小花扁担杆 G. biloba var. parviflora

1a. 扁担杆（原变种）Grewia biloba var. biloba 图103-9

灌木或小乔木。高达4m。幼枝被星状柔毛。叶窄菱状卵形、椭圆形或倒卵状椭圆形，长4~9cm，两面疏被星状柔毛；基出脉3条；叶柄长4~8mm。聚伞花序腋生；苞片钻形，长3~5mm；萼片窄长圆形，长4~7mm，被毛；花瓣长1.5mm；雌雄蕊柄长0.5mm；雄蕊长2mm；子房被毛，柱头盘状，有浅裂。核果橙红色，有2~4枚分核。花期5~7月。

产于神农架各地（古水，zdg 7216），生于海拔600m以下的山坡林缘或灌丛地。根入药。

图103-9　扁担杆

1b. 小花扁担杆（变种）Grewia biloba var. parviflora (Bunge) Handel-Mazzetti 图103-10

本变种和原变种的区别：叶下面密被黄褐色软茸毛；花朵较短小。

产于神农架红坪B. Barthlolomew et al. 1647、宋洛（杉树坪，太阳坪队364），生于海拔1000~1650m的山坡林缘或灌丛地。花期5~7月。

图103-10　小花扁担杆

3. 黄麻属 Corchorus Linnaeus

草本或亚灌木。叶纸质，基部三出脉，两侧常有伸长线状小裂片，边缘有锯齿；托叶2枚，线形；具叶柄。花两性，黄色，单生或数朵排成腋生或腋外生聚伞花序；萼片4~5枚；花瓣与萼片同数，无腺体；雄蕊多数，生于雌雄蕊柄上，离生，无退化雄蕊；子房2~5室，每室有多数胚珠，花柱短，柱头盘状或盾状。蒴果长筒形或球形，有棱或具短角，室背2~5瓣裂。有多数种子。

40余种。我国有4种，湖北有1种，神农架也有。

甜麻 │ Corchorus aestuans Linnaeus 图103-11

一年生草本。高约1 m。叶卵形，长4.5~6.5cm，先端尖，两面疏被长毛，基出脉5~7条；叶柄长1~1.5cm。花单生或数朵组成聚伞花序；萼片5枚，窄长圆形，长5mm；先端有角；花瓣5枚，与萼片等长，倒卵形，黄色；雄蕊多数，长3mm，黄色；子房长圆柱形，花柱圆棒状。蒴果长筒形，长2.5cm，具纵棱6条，3~4条呈翅状，顶端有3~4枚长角。花期夏季。

产于神农架各地，生于海拔700m以下的荒地中。全草入药。

图103-11 甜麻

4. 刺蒴麻属 Triumfetta Linnaeus

直立或匍匐，草本或亚灌木。叶互生，不分裂或掌状3~5裂，有基出脉，边缘有锯齿。花两性，单生或数朵排成腋生或腋外生的聚伞花序；萼片5枚，离生，镊合状排列，顶端常有凸起的角；花瓣与萼片同数，离生，内侧基部有增厚的腺体；雄蕊5枚至多数，离生，着生于肉质有裂片的雌雄蕊柄上；子房2~5室，花柱单一，柱头2~5浅裂，胚珠每室2枚。蒴果近球形，3~6片裂开，或不开裂，表面具针刺；刺的先端尖细劲直或有倒钩。

约60种。我国有6种，湖北有1种，神农架也有。

刺蒴麻 │ Triumfetta rhomboidea Jacquin 图103-12

一年生草本或半灌木。叶卵形或狭卵形，基部圆形，边缘有锯齿，两面均疏生伏毛（毛

图103-12 刺蒴麻

多为单毛）；基出脉3条或5条。聚伞花序腋生，子房有刺毛。蒴果扁球形，裂为3~4瓣，无毛，具刺，顶端钩状。

产于神农架各地，生于海拔700m以下的荒地中。全草入药。

5. 锦葵属 Malva Linnaeus

草本。叶互生，有角或分裂。花单生于叶腋间或簇生成束；小苞片3枚，线形，分离，萼杯状，5裂；花瓣5枚；单体雄蕊；子房有心皮9~15枚，每室有胚珠1枚，柱头与心皮同数。果由数1枚心皮组成，成熟时各心皮彼此分离，且与中轴脱离而成分果。

约30种。我国有4种，湖北有4种，神农架有2种。

分种检索表

1. 花大型，直径3~5cm ·· 1. 锦葵 M. cathayensis
1. 花小型，直径约1cm ·· 2. 野葵 M. verticillata

1. 锦葵 | Malva cathayensis M. G. Gilbert 图103-13

草本。有粗毛。叶心形或肾形，具5~7浅裂，基部心形，边缘具圆锯齿。花3~11朵簇生；小苞片卵形；萼钟形，萼裂片5枚；花瓣5枚；单体雄蕊，被刺毛，花丝无毛；花柱分枝9~11枚，被微细毛。果扁圆形。花期5~10月。

原产于我国及印度，神农架各地有栽培。叶供蔬食；花供观赏；种子、花入药。

图103-13 锦葵

2. 野葵 | Malva verticillata Linnaeus

分变种检索表

1. 二年生草本；叶裂片三角形 ································ 2a. 野葵 M. verticillata var. verticillata
1. 一年生草本；叶裂片三角状圆形 ······················· 2b. 冬葵 M. verticillata var. crispa

2a. 野葵（原变种）Malva verticillata var. verticillata

二年生草本。茎被星状长柔毛。叶肾形或圆形，通常为掌状5～7裂，两面被极疏糙伏毛或近无毛；托叶卵状披针形，被星状柔毛。花3至多朵簇生于叶腋；小苞片3枚，线状披针形，被纤毛；萼杯状，5裂，疏被星状长硬毛；花淡白色至淡红色；单体雄蕊被毛；花柱分枝10～11枚。果扁球形，分果片10～11枚，两侧具网纹。种子肾形，紫褐色。花期3～11月。

产于神农架各地（红桦，zdg 7821），生于荒野、路边荒地。种子、根和叶入药；嫩苗可供蔬食。

2b. 冬葵（变种）Malva verticillata var. crispa Linnaeus 图103-14

一年生草本。茎被柔毛。叶圆形，常5～7裂或角裂，基部心形，裂片三角状圆形，边缘具细锯齿，并极皱缩扭曲，两面无毛至疏被糙伏毛或星状毛，在脉上尤为明显；叶柄疏被柔毛。花白色，单生或几朵簇生于叶腋；小苞片3枚，披针形，疏被糙伏毛；萼浅杯状，5裂，疏被星状柔毛；花瓣5枚，较萼片略长。果扁球形，分果片11枚，网状，具细柔毛。种子暗黑色。花期6～9月。

原产于我国，神农架各地有栽培。种子、根和叶入药；嫩苗可供蔬食。

6. 蜀葵属 Althaea Linnaeus

多年生草本。全体有毛。叶浅裂或深裂。花单生或排列成总状花序式生于枝端；小苞片6～9枚，基部合生，密被绵毛和刺；萼钟形，5齿裂，基部合生，被绵毛和密刺；花冠漏斗形；子房室多数，每室具胚珠1枚，柱头分枝。果盘状，成熟时与中轴分离。

40余种。我国有3种，湖北有1种，神农架也有分布。

蜀葵 | Althaea rosea Linnaeus 图103-15

多年生草本。高达2m。茎密被刺毛。叶近圆心形，掌状5～7浅裂或具波状棱角，上面疏被星状柔毛，粗糙，下面被星状长硬毛或绒毛。花腋生，单生或近簇生，排列成总状花序式，具叶状苞片；小苞片杯状，常6～7裂；萼钟状，密被星状粗硬毛；花大，单瓣或重瓣；花药黄色；花柱分枝多数，微被细毛。果盘状，分果片近圆形，具纵槽。花期2～8月，果期6～9月。

原产于我国西南地区，神农架各地有栽培，尤以木鱼至兴山公路两边种植较多。观赏花卉；花、根、茎叶、种子均可入药。

图103-14　冬葵

图103-15　蜀葵

7. 苘麻属 Abutilon Miller

草本、亚灌木状或灌木。叶互生，心形；叶脉掌状。花顶生或腋生，单生或排列成圆锥花序状；小苞片缺；花萼钟状，裂片5枚；花冠钟形、轮形，很少管形，花瓣5枚，基部合生，与雄蕊柱相连；子房具心皮5~20枚，花柱与心皮同数，子房每室具胚珠2~9枚。蒴果近球形。种子肾形。

150种。我国产9种，湖北有2种，神农架全有。

分种检索表

1. 常绿灌木；叶掌状3~5深裂···1. 金玲花 A. pictum
1. 亚灌木状草本；叶不分裂···2. 苘麻 A. theophrasti

1. 金铃花 | Abutilon pictum (Gillies ex Hooker) Walpers　图103-16

常绿灌木。叶掌状深裂，边缘具锯齿或粗齿，或仅下面疏被星状柔毛；托叶钻形，常早落。花单生于叶腋；花萼钟形，裂片5枚，卵状披针形，密被褐色星状短柔毛；花钟形，橘黄色，具紫色条纹；花瓣5枚，外面疏被柔毛；花药褐黄色，集生于柱端；子房被毛，花柱分枝10枚，柱头头状，

锦葵科 | Malvaceae

凸出于雄蕊柱顶端。花期5～10月。

原产于南美洲的巴西、乌拉圭等地，栽培于神农架各地。叶和花入药；花供观赏。

2. 苘麻 | Abutilon theophrasti Medikus　图103-17

亚灌木状草本。茎枝被柔毛。叶互生，边缘具细圆锯齿，两面均密被星状柔毛；托叶早落。花单生于叶腋，被柔毛，近顶端具节；花萼杯状，密被短绒毛，裂片5枚；花黄色，花瓣倒卵形；心皮15～20枚，排列成轮状，密被软毛。蒴果半球形，分果片15～20枚。种子肾形。花期7～8月。

产于神农架松柏、阳日、麻湾（zdg 7074），生于海拔500～800m的路边荒地、垃圾场。全草、根、种子入药。

图103-16　金铃花

图103-17　苘麻

8. 梵天花属 Urena Linnaeus

草本或灌木。茎枝被星状柔毛。叶互生，圆形或卵形，掌状分裂或深波状。花粉红色，腋生，或集生于小枝端；花萼穹窿状，深5裂；小苞片5枚；花瓣5枚，外面被星状柔毛；雄蕊柱平截或微齿裂；子房5室，每室胚珠1枚，花柱分枝10枚，反曲，柱头盘状，顶端具睫毛。分果片（成熟心皮）具钩刺，不开裂，但与中轴分离。种子无毛。

6种。我国有3种，湖北有1种，神农架也有。

地桃花 | Urena lobata Linnaeus　图103-18

直立亚灌木状草本。小枝被星状绒毛。茎下部的叶近圆形，先端浅3裂，边缘具锯齿；中部的叶卵形；上部的叶长圆形至披针形；叶上面被柔毛，下面被灰白色星状绒毛；叶柄被灰白色星状毛；托叶线形，早落。花腋生，单生或稍丛生，淡红色；花梗被绵毛；小苞片5枚，基部1/3合生；花萼杯状，裂片5枚，两者均被星状柔毛；花瓣5枚，倒卵形，外面被星状柔毛；

图103-18　地桃花

花柱枝10枚，微被长硬毛。果扁球形，分果片被星状短柔毛和锚状刺。花期7~10月。

产于神农架各地，生于海拔700m以下的路边荒地。根可入药。

9. 悬铃花属 Malvaviscus Fabricius

灌木或粗壮草本。叶心形，浅裂或不分裂。花腋生，红色；小苞片7~12枚，狭窄；萼裂片5枚；花瓣直立而不张开；雄蕊柱凸出于花冠外，顶端不育，具5齿，顶端以下多少沿生花药；子房5室，每室具胚珠1枚，花柱分枝10枚。果为1枚肉质浆果状体，后变干燥而分裂。

6种。我国栽培1种，神农架也有栽培。

垂花悬铃花 | Malvaviscus penduliflorus Candolle 图103-19

灌木。高达2m。小枝被长柔毛。叶卵状披针形，长6~12cm，宽2.5~6cm，先端长尖，基部广楔形至近圆形，边缘具1枚钝齿，两面近于无毛或仅脉上被星状疏柔毛；主脉3条；叶柄长1~2cm，上面被长柔毛；托叶线形，长约4mm，早落。花单生于叶腋，花梗长约1.5cm，被长柔毛；小苞片匙形，长1~1.5cm，边缘具长硬毛，基部合生；萼钟状，直径约1cm，裂片5枚，较小苞片略长，被长硬毛；花红色，下垂，筒状，仅于上部略开展，长约5cm；雄蕊柱长约7cm；花柱分枝10枚。果未见。

原产于南美洲，巴东、巫山、巫溪、兴山等县有栽培。园林观赏植物。

图103-19 垂花悬铃花

10. 木槿属 Hibiscus Linnaeus

草本、灌木或小乔木。叶互生，掌状分裂或不分裂，具托叶。花两性，5数，常单生于叶腋间；小苞片5枚或多数，分离或于基部合生；花萼5枚，宿存；花瓣5枚，基部与雄蕊柱合生；雄蕊柱顶端平截或5齿裂；子房5室，每室具胚珠3枚至多数，花柱5裂，柱头头状。蒴果开裂成5果片。种子肾形。

约300种。我国有24种，湖北有4种，神农架全有。

分种检索表

1. 灌木。
　　2. 小枝无毛。
　　　　3. 花下垂，花梗长3.5cm以上，无毛；叶不分裂 ············· 1. 朱槿 H. rosa-sinensis
　　　　3. 花直立，花梗长仅6~10mm，密被柔毛；叶3浅裂 ············· 2. 木槿 H. syriacus
　　2. 小枝密被星状毛 ············· 3. 木芙蓉 H. mutabilis
1. 一年生草本，全体被白色星状粗毛 ············· 4. 野西瓜苗 H. trionum

1. 朱槿 | Hibiscus rosa-sinensis Linnaeus 图103-20

常绿灌木。小枝疏被星状柔毛。叶阔卵形或狭卵形，边缘具粗齿，下面沿脉处有少许疏毛；叶柄被长柔毛。花单生于叶腋；花梗疏被星状柔毛或近平滑无毛，近端有节；小苞片6～7枚，线形，基部合生；萼钟形，被星状柔毛，裂片5枚；花冠漏斗形，外面疏被柔毛；雄蕊柱长4～8cm。蒴果，无毛，有喙。花期6～7月。

原产于我国华南，神农架各地有栽培。园林观赏植物；叶、花入药。

2. 木槿 | Hibiscus syriacus Linnaeus 图103-21

落叶灌木。小枝密被黄色星状绒毛。叶三角状卵形或卵状菱形，边缘具不整齐齿缺，下面沿叶脉微被毛或近无毛；托叶线形。花单生于叶腋；小苞片6～8枚，线形，有星状毛；花萼钟形，密被星状毛，裂片5枚；花钟形，有毛；雄蕊柱长约3cm。蒴果，密被黄色星状绒毛。种子背部有白色长柔毛。花期7～10月。

原产于我国华中，神农架各地有栽培（长青，zdg 5625）。园林观赏植物；花可食用；茎皮或根皮入药。

图103-20 朱槿

图103-21 木槿

3. 木芙蓉 | Hibiscus mutabilis Linnaeus 图103-22

小乔木。小枝、叶柄、花梗和花萼均密被星状毛与直毛相混的细绵毛。叶宽卵形至圆卵形或心形，5～7裂，具钝圆锯齿，上面疏被星状细毛和点，下面密被星状细绒毛。花单生于叶腋；小苞片8枚，线形，密被星状绵毛，基部合生；花瓣外面被毛，雄蕊柱长2.5～3cm；花柱分枝5枚。蒴果被刚毛和绵毛，果片5枚。种子肾形，背面被长柔毛。花期7～10月。

原产于我国华中，神农架各地有栽培。园林观赏植物；花、叶、根入药。

图103-22 木芙蓉

4. 野西瓜苗 | Hibiscus trionum Linnaeus   图103-23

一年生草本。全体被白色星状粗毛。茎柔软，被白色星状毛。叶二型，下部叶圆形，不分裂，上部叶掌状3~5深裂，通常羽状全裂；托叶线形。花单生于叶腋；小苞片12枚，基部合生；花萼钟形，裂片5枚，膜质，具纵向紫色条纹；花淡黄色，内面基部紫色；花瓣5枚；雄蕊柱长约5mm，花丝纤细，花药黄色。蒴果，果片5枚，果皮薄。种子肾形，黑色。花期8~10月，果期7~10月。

产于神农架松柏（八角庙村，zdg 7149）、阳日，生于海拔700m的路边荒地。全草和果实、种子作药用。

图103-23　野西瓜苗

11. 秋葵属 Abelmoschus Medikus

一年生、二年生或多年生草本。叶全缘或掌状分裂。花单生于叶腋；小苞片5~15枚，线形，很少为披针形；花萼佛焰苞状，一侧开裂，先端具5齿，早落；花黄色或红色，漏斗形；花瓣5枚；雄蕊柱较花冠短，基部具花药；子房5室，每室具胚珠多枚，花柱5裂。蒴果长尖，室背开裂，密被长硬毛。种子肾形或球形，多数，无毛。

15种。我国6种，湖北2种，神农架1种。

黄蜀葵 | Abelmoschus manihot (Linnaeus) Medikus   图103-24

一年生高大草本。全株疏被长硬毛。叶掌状5~9深裂；裂片长圆状披针形，具粗钝锯齿，两面疏被长硬毛；托叶披针形。花单生于枝端叶腋；小苞片4~5枚，卵状披针形；萼佛焰苞状，5裂，近全缘，较长于小苞片，被柔毛，果时脱落；花大，淡黄色，内面基部紫色。蒴果卵状椭圆形。花

图103-24　黄蜀葵

期8~10月。

产于神农架宋洛（宋洛公社长坊大队竹园场，鄂神农架队23370），生于海拔1350m的山坡林缘。园林观赏植物。

12. 棉属 Gossypium Linnaeus

草本。叶掌状分裂。花多为两性，单生于叶腋，白色、黄色，有时花瓣基部紫色；小苞片3~7枚，分离或连合，分裂或呈流苏状，具腺点；花萼杯状，近平截或5裂；花瓣5枚，芽时旋转排列；雄蕊多数，单体雄蕊；子房上位，3~5室，每室具胚珠2至多枚。蒴果，室背开裂。种子密被白色长绵毛，或混生具紧着种皮而不易剥离的短纤毛，或有时无纤毛。

35种。我国栽培4种，湖北栽培1种，神农架也有栽培。

陆地棉 | Gossypium hirsutum Linnaeus 图103-25

一年生草本。小枝疏被长毛。叶阔卵形，常3浅裂；中裂片常深裂达叶片之半，沿脉被粗毛，下面疏被长柔毛；叶柄疏被柔毛；托叶卵状镰形，早落。花单生于叶腋；小苞片3枚，分离，具1枚腺体，被长硬毛和纤毛；花萼杯状，裂片5枚，具缘毛；花白色、淡黄色或红色；单体雄蕊。蒴果，具喙，3~4室。种子具白色长绵毛和灰白色不易剥离的短绵毛。花期夏秋季。

原产于墨西哥，神农架各地有栽培。纤维植物；绵毛可直接用于止血。

图103-25 陆地棉

13. 梧桐属 Firmiana Marsili

落叶乔木。分枝简单。树皮绿色，韧皮纤维发达。单叶，掌状缺裂；叶柄长。花单性或杂性，圆锥花序；萼片5枚；无花瓣；雌雄蕊柄长；雄花有花药10~15枚，聚集在雌蕊柄的顶端，雌蕊5枚心皮，5室，基部分离，花柱基部联合，柱头与心皮同数而分离。蓇葖果，裂开为叶状。种子圆球形，着生在叶状心皮的内缘。

约15种。我国有3种，湖北1种，神农架也有。

梧桐 ｜ Firmiana simplex (Linnaeus) W. Wight　图103-26

落叶乔木。叶心形，掌状3～5裂；裂片三角形，顶端渐尖，基部心形；基生脉7条；叶柄与叶片等长。圆锥花序顶生；花淡黄绿色；萼5深裂几至基部，萼片条形，外面被淡黄色短柔毛；花梗与花几等长；雄花的雌雄蕊柄与萼等长，花药15枚不规则地聚集在雌雄蕊柄的顶端，退化子房梨形且甚小；雌花的子房圆球形，被毛。蓇葖果膜质，有柄，成熟前开裂成叶状，外面被短茸毛或几无毛，每蓇葖果有种子2～4枚。种子圆球形，表面有皱纹。花期6月。

产于神农架各地，生于海拔900m以下的悬崖林中。庭院观赏树木；种子、根、树皮、叶、花皆可入药。

图103-26　梧桐

14. 马松子属 Melochia Linnaeus

草本或亚灌木。叶互生，单叶。花小，排成腋生的头状花序或花束，或圆锥花序；萼片基部合生；花瓣5枚，匙形或长圆形，宿存；雄蕊5枚，与花瓣对生，基部合生成一短管；子房5室，有胚珠10枚，花柱5枚。蒴果室背开裂为5瓣，每室有种子1枚。种子倒卵形。

约50～60种。我国有1种，神农架也有。

马松子 ｜ Melochia corchorifolia Linnaeus　图103-27

半灌木状草本。枝黄褐色，略被星状短柔毛。叶薄纸质，卵形、矩圆状卵形或披针形，稀有不明显的3浅裂，边缘有锯齿；基生脉5条；托叶条形。花排成顶生或腋生的密聚伞花序或团伞花序；小苞片条形；萼钟状，5浅裂，外面被长柔毛和刚毛，裂片三角形；花瓣5枚，白色，后变为淡红色，矩圆形；雄蕊5枚，下部连合成筒，与花瓣对生；子房无柄，密被柔毛，花柱5枚，线状。蒴果圆球形，被长柔毛。种子卵圆形，略成三角状，褐黑色。花期夏秋，果期8～9月。

产于神农架各地，生于海拔800m以下的荒地中。茎、叶入药。

图103-27 马松子

15. 田麻属 Corchoropsis Siebold et Zuccarini

一年生草本。分枝有星状短柔毛。叶卵形或狭卵形，边缘有钝牙齿，两面均密生星状短柔毛；托叶钻形，脱落。花有细柄，单生于叶腋；萼片5枚，狭窄披针形；花瓣5枚，黄色，倒卵形；发育雄蕊15枚，每3枚成一束，退化雄蕊5枚，与萼片对生，匙状条形；子房被短茸毛。蒴果角状圆筒形，有星状柔毛。花期8月，果期秋季。

单种属，神农架也有。

田麻 | Corchoropsis crenata Siebold et Zuccarini   图103-28

特征同属的描述。

产于神农架各地，生于海拔1200m以下的荒地中。全草入药。

图103-28 田麻

104. 瑞香科 | Thymelaeaceae

木本或草本。单叶互生或对生，全缘。花两性或单性，整齐；伞形花序或总状花序，稀单生；花萼呈花瓣状，合生成钟状或管状，顶端4～5裂；花瓣缺或鳞片状；雄蕊8枚，2轮，着生于花萼筒上；子房上位，1室，1枚胚珠，具花盘。核果、浆果或坚果。

48属650种。我国有9属115种，湖北有5属20种，神农架有4属14种。

分属检索表

1. 一年生草本···1. 草瑞香属Diarthron
1. 乔木、灌木。
 2. 下位花盘鳞片状；叶多为对生···2. 荛花属Wikstroemia
 2. 下位花盘环状偏斜或杯状；叶多为互生，稀对生。
  3. 花柱长，柱头棒状，其上密被疣状凸起·······························3. 结香属Edgeworthia
  3. 花柱及花丝极短或近于无，柱头头状，较大··························4. 瑞香属Daphne

1. 草瑞香属 Diarthron Turczaninow

一年生草本。直立，多分枝。叶互生，散生于茎上，线形。花两性，小；总状花序，顶生，疏松；无总苞片；花萼筒纤细，壶状，在子房上部收缩而成熟后环裂，上部脱落，下部包被果实，宿存，裂片4枚；雄蕊4枚，着生于花萼筒的喉部，1轮，与裂片对生，内包，或8枚2轮，下轮与裂片互生，花药长圆形，近无柄；花盘小或无；子房几无柄，无毛，1室，胚珠1枚，倒垂。坚果干燥，包藏于膜质花萼管的基部，花萼筒在果实时横断；果皮薄。种子1枚。

60种。我国有4种，湖北有1种，神农架也有。

草瑞香 | Diarthron linifolium Turczaninow 图104-1

一年生草本。多分枝，扫帚状。叶互生，稀近对生，线形至线状披针形或狭披针形，两面无毛；叶柄极短或无。花绿色，顶生总状花序；无苞片；花梗短；花萼筒细小，无毛或微被丝状柔毛，裂片4枚，卵状椭圆形；雄蕊4枚，稀5枚，1轮，着生于花萼筒中部以上，花药宽卵形；花盘

图104-1 草瑞香

不明显；子房具柄，椭圆形，无毛，花柱纤细，柱头棒状略膨大。果实卵形或圆锥状，黑色，为横断的宿存的花萼筒所包围；果皮膜质，无毛。花期5~7月，果期6~8月。

产于神农架新华（zdg 7963），生于海拔800~1000m的山坡疏林下。

2. 荛花属 Wikstroemia Endlicher

乔木、灌木或亚灌木。叶对生。花两性或单性，花序总状、穗状或头状，顶生；萼筒管状、圆筒状或漏斗状，顶端通常4裂；无花瓣；雄蕊8枚，少有10枚，排列为2轮，上轮多在萼筒喉部着生，下轮着生于萼筒的中上部；花盘膜质，裂成鳞片状，1~5枚，分离或合生；子房被毛、无毛或仅于顶部被毛，1室，具1枚胚珠，花柱短，柱头头状。核果或浆果状，萼筒凋落或在基部残存包果。

70种。我国有49种，湖北有11种，神农架有4种。

分种检索表

```
1. 花萼无毛。
    2. 花淡红色·················································· 1. 岩杉树 W. angustifolia
    2. 花黄色···················································· 2. 小黄构 W. micrantha
1. 花萼及花序被毛。
    3. 顶生的头状花序············································ 3. 头序荛花 W. capitata
    3. 顶生或腋生的圆锥花序······································ 4. 纤细荛花 W. gracilis
```

1. 岩杉树 | Wikstroemia angustifolia Hemsley 图104-2

灌木。除花序略被毛外，植株各部均无毛。小枝纤细，有棱角，节间短。叶革质，对生或近对生，常为窄长圆状匙形；叶柄短，与叶片基部截然分开。总状花序（或为小而简单的圆锥花序）无花序梗，花梗极短；花萼近肉质，筒圆柱形，顶端4裂，裂片长圆状卵形，具网纹；雄蕊8枚，2列，上列4枚着生于花萼筒喉部，花药略伸出，下列4枚着生于花萼筒的中部；子房倒卵形，具子房柄，顶端被柔毛，花柱短，柱头头状。浆果红色。花期夏末秋初。

产于神农架新华至兴山一带，生于海拔200~600m的山坡疏林下。

图104-2　岩杉树

2. 小黄构 | Wikstroemia micrantha Hemsley 图104-3

灌木。叶对生，长圆形或长椭圆形，下面灰白色，无毛。花黄色，裂片卵形，长为花萼管的

1/4～1/3；雄蕊8枚，2轮，几无花丝；子房倒卵形，先端被长硬毛，柱头头状。果卵形，紫黑色。花期6～9月，果期7～10月。

产于神农架阳日（麻湾），生于海拔700m的山坡林缘。

3. 头序荛花 | Wikstroemia capitata Rehder 图104-4

小灌木。叶膜质，对生或近对生，椭圆形或倒卵状椭圆形，两面均无毛，下面稍苍白色；叶柄极短。头状花序3～7朵花，总花梗丝状；花黄色，无梗，外面被绢状糙伏毛，顶端4裂，裂片卵形或卵状长圆形；雄蕊8枚，2列，上列4枚着生在花萼管喉部，下列4枚在花萼管中部稍上着生，花药卵状长圆形，花丝短；雌蕊长约3mm，子房被糙伏毛状柔毛，柱头头状，紫色。果卵圆形，黄色，略被糙伏毛，外为宿存花萼所包被。种子卵珠形，暗黑色。花期夏秋间，果期7～8月。

产于神农架新华至兴山一带，生于海拔400～700m的山坡疏林下。皮可作纤维。

图104-3　小黄构

图104-4　头序荛花

4. 纤细荛花 | Wikstroemia gracilis Hemsley 图104-5

落叶灌木。高约1m。小枝纤弱，被糙伏毛。腋芽被白色绒毛。叶两面均被极稀疏的糙伏毛；侧脉明显，纤细。花序总状或由总状花序组成的小圆锥花序，花序梗短；花黄色，外面被平贴毛。花期7～8月，果期9～10月。

产于神农架木鱼，生于海拔400～700m的山坡疏林下。

3. 结香属 Edgeworthia Meisner

灌木。叶互生，窄椭圆形至倒披针形，常簇生于枝顶。花两性，头状花序，顶生或腋生；

图104-5　纤细荛花

苞片数枚组成1总苞，小苞片早落；花梗基部具关节，先于叶开放或与叶同时开放；花萼常内弯，外面密被银色长柔毛；裂片4枚，宿存或凋落；雄蕊8枚，2列，着生于花萼筒喉部，花丝极短；子房1室，被长柔毛，花柱有时被疏柔毛，柱头棒状，具乳突，下位花盘杯状。果干燥或稍肉质，基部为宿存萼所包被。

5种。我国有4种，湖北有1种，神农架也有。

结香 | Edgeworthia chrysantha Lindley 图104-6

灌木。常作三叉分枝，叶痕大。叶在花前凋落，长圆形、披针形至倒披针形，两面均被银灰色绢状毛。头状花序，外围以10枚左右被长毛而早落的总苞；花序梗被灰白色长硬毛；花萼外面密被白色丝状毛，黄色，顶端4裂；雄蕊8枚，花丝短；子房顶端被丝状毛，柱头棒状，具乳突，花盘浅杯状。果椭圆形，顶端被毛。花期冬末春初，果期春夏间。

产于神农架宋洛、新华、阳日（长青，zdg 5590），生于海拔600～1400m的山坡林下。花和树皮入药；花供观赏。

图104-6　结香

4. 瑞香属 Daphne Linnaeus

灌木或亚灌木。叶互生，稀近对生；具短柄。花常两性，稀单性，整齐；常为头状花序，顶生，具苞片；花白色、玫瑰色、黄色；花萼筒钟形、筒状，外面具毛或无毛，萼4～5裂，裂片开展，大小不等；无花瓣；雄蕊8～10枚，2轮，常包藏于花萼筒的近顶部和中部；子房1室，胚珠1枚，柱头头状。浆果肉质或干燥而革质，具宿存花萼。

约有95种。我国52种，湖北有8种，神农架均有。

分种检索表

1. 花序腋生或侧生·····································1. 芫花 D. genkwa
1. 花序顶生或顶生与腋生并存。

2. 花5数。
　　3. 落叶灌木⋯⋯⋯⋯⋯⋯⋯⋯⋯⋯⋯⋯⋯⋯⋯⋯⋯⋯⋯⋯⋯⋯⋯⋯⋯⋯⋯⋯⋯⋯⋯⋯ 2. 川西瑞香 D. gemmata
　　3. 常绿灌木⋯⋯⋯⋯⋯⋯⋯⋯⋯⋯⋯⋯⋯⋯⋯⋯⋯⋯⋯⋯⋯⋯⋯⋯⋯⋯⋯⋯⋯⋯⋯⋯⋯ 3. 瑞香属一种 D. sp.
2. 花4数。
　　4. 花序下面无苞片⋯⋯⋯⋯⋯⋯⋯⋯⋯⋯⋯⋯⋯⋯⋯⋯⋯⋯⋯⋯⋯⋯⋯⋯⋯⋯⋯⋯ 4. 黄瑞香 D. giraldii
　　4. 花序下面有苞片。
　　　　5. 花萼筒外面无毛。
　　　　　　6. 小枝无毛⋯⋯⋯⋯⋯⋯⋯⋯⋯⋯⋯⋯⋯⋯⋯⋯⋯⋯⋯⋯⋯⋯⋯⋯⋯⋯⋯⋯ 5. 瑞香 D. odora
　　　　　　6. 小枝有毛。
　　　　　　　　7. 花白色⋯⋯⋯⋯⋯⋯⋯⋯⋯⋯⋯⋯⋯⋯⋯⋯⋯⋯⋯⋯⋯⋯⋯⋯⋯ 6. 尖瓣瑞香 D. acutiloba
　　　　　　　　7. 花紫红色或紫色⋯⋯⋯⋯⋯⋯⋯⋯⋯⋯⋯⋯⋯⋯⋯⋯⋯⋯ 7. 野梦花 D. tangutica var. wilsonii
　　　　5. 花萼筒外面有毛⋯⋯⋯⋯⋯⋯⋯⋯⋯⋯⋯⋯⋯⋯⋯⋯⋯⋯⋯⋯⋯⋯ 8. 毛瑞香 D. kiusiana var. atrocaulis

1. 芫花 | Daphne genkwa Siebold et Zuccarini 图104-7

灌木。茎多分枝。幼枝黄绿色或紫褐色，密被淡黄色丝状柔毛；老枝紫褐色或紫红色，无毛。叶对生，卵形或卵状披针形至椭圆状长圆形，全缘，幼时密被绢状黄色柔毛，老时仅叶脉基部散生绢状黄色柔毛。花柱短或无，柱头头状，橘红色。果实肉质，白色，椭圆形，包藏于宿存的花萼筒的下部。花期3～5月，果期6～7月。

产于神农架阳日至新华一带，生于海拔600～800m的山坡灌丛中。花供观赏。

图104-7　芫花

2. 川西瑞香 | Daphne gemmata E. Pritzel 图104-8

落叶灌木。根粗壮，多分枝。小枝互生，无毛。叶互生，倒卵状披针形或倒卵形，下面淡褐色；叶柄有黄色丝状毛。花黄色，常5～6朵组成短穗状花序，顶生；无苞片；花序梗短；花萼筒长圆筒状，外面被黄褐色短的丝状柔毛；雄蕊10枚，2轮，均着生于花萼筒的中部以下，花药长圆形，2室，直裂；花盘一侧发达，近方形；子房广卵形，顶端疏生黄色细绒毛，花柱极短，柱头头状。

果实椭圆形，常为花萼筒所包围。花期4～9月，果期8～12月。

产于神农架九湖（猴子石—南天门，zdg 7306），生于海拔2800m的山坡灌丛中。

3. 瑞香属一种 | Daphne sp. 图104-9

常绿灌木。小枝纤细，无毛。叶互生，在节间密集，倒卵状披针形或倒卵形，两面无毛。花黄色，10余朵组成短穗状花序，顶生；苞片叶状，花无梗，花萼筒长圆筒状，弯曲，无毛，裂片5枚。花期4月。

产于神农架阳日（长青）、新华（观音河），生于海拔800m的河谷悬崖石壁上。

图104-8　川西瑞香

图104-9　瑞香属一种

4. 黄瑞香 | Daphne giraldii Nitsche 图104-10

落叶直立灌木。枝圆柱形，无毛。叶互生，常密生于小枝上部，膜质，倒披针形，边缘全缘，下面带白霜，无毛。花黄色，常3～8朵组成顶生的头状花序；花序梗极短或无，花梗短；无苞片；花萼筒圆筒状，无毛，裂片4枚，卵状三角形，覆瓦状排列；雄蕊8枚，2轮，均着生于花萼筒中部以上，花药长圆形；花盘不发达，浅盘状；子房椭圆形，无花柱，柱头头状。果实卵形或近圆形，成熟时红色。花期6月，果期7～8月。

产于神农架红坪、木鱼，生于海拔1400～1800m的山坡林下。

图104-10　黄瑞香

5. 瑞香 | Daphne odora Thunberg 图104-11

常绿灌木。小枝近圆柱形，紫红色或紫褐色，无毛。单叶互生，长圆形或倒卵状椭圆形，先端渐尖，基部楔形，边缘全缘，上面绿色，下面淡绿色，两面无毛。花外面淡紫红色，内面肉红色，无毛，数朵组成顶生头状花序。果实红色。花期3～5月，果期7～8月。

神农架有栽培。树皮入药；观赏花木。

图104-11　瑞香

6. 尖瓣瑞香 | Daphne acutiloba Rehder 图104-12

常绿灌木。嫩枝薄被贴生短柔毛。叶互生，长圆状披针形至椭圆状披针形，先端短渐尖或钝，两面无毛；叶柄甚短。花白色，5～7朵成顶生头状花序；花梗极短；萼筒无毛。核果球形，熟时红色。

产于神农架红坪（太阳坪，太阳坪队 822），生于海拔1800m的山坡林下。

7. 野梦花（变种）| Daphne tangutica var. wilsonii (Rehder) H. F. Zhou 图104-13

图104-12　尖瓣瑞香

常绿灌木。茎多分枝，枝肉质，分枝短，较密。叶互生，革质或亚革质，倒卵状披针形或长圆状披针形，先端渐尖或锐尖，不凹下，边缘不反卷；叶柄短或几无叶柄。花外面紫色或紫红色，内面白色，头状花序生于小枝顶端。果实卵形或近球形，无毛，成熟时红色。花期4～5月，果期5～7月。

产于神农架各地（冲坪—老君山，zdg 7030；板壁岩，zdg 7431），以神农谷、金丝燕垭一带最多，生于海拔2800m的山坡灌丛中。

图104-13 野梦花

8. 毛瑞香（变种）| **Daphne kiusiana** var. **atrocaulis** (Rehder) F. Maekawa
图104-14

常绿灌木。幼枝及小枝深紫色或紫褐色，无毛。叶厚纸质，椭圆形至长椭圆形，两面无毛。头状花序；花白色，芳香；花萼管外面被灰白色或灰黄色绢质毛。核果卵状桶圆形，肉质，成熟时红色。花期2~4月，果期7~8月。

产于神农架松柏、泮龙公社（鄂神农架队 22260），生于海拔1100m的山坡林下。

图104-14 毛瑞香

105. 叠珠树科 Akaniaceae

乔木。羽状复叶，互生，全缘。花大，两性，两侧对称，组成顶生、直立的总状花序；花萼阔钟状，5浅裂；花瓣5枚，覆瓦状排列，不等大，后面的2枚较小，着生于花萼上部；雄蕊8枚，基部连合，较花瓣略短，花丝丝状，花药背着；雌蕊1枚，子房上位，3～5室，中轴胎座，胚珠2枚，柱头头状。蒴果，3～5瓣裂；果瓣厚，木质。

单属科，1种，神农架有分布。

伯乐树属 Bretschneidera Hemsley

形态特征、种数和分布同科。

伯乐树 | Bretschneidera sinensis Hemsley 钟萼木 图105-1

乔木。小枝有明显皮孔。小叶7～15枚，狭椭圆形、菱状长圆形、长圆状披针形或卵状披针形，多少偏斜，全缘，下面粉绿色或灰白色，有短柔毛；花序长20～36cm，总花梗、小花柄和花萼的外面有棕色短绒毛；花粉红色，阔匙形或倒卵状楔形，内面有红色纵条纹；雌蕊有柔毛。果被极短棕色毛且常混生小白毛。花期3～9月，果期5月至翌年4月。

产于神农架低海拔地区，生于海拔700～1000m的山地林中。花美丽，可供观赏；树皮可入药。国家一级重点保护野生植物。

图105-1 伯乐树

106. 旱金莲科 Tropaeolaceae

肉质草本，多浆汁。叶互生，盾状，全缘或分裂。花两性，不整齐，有一长距；花萼5枚，二唇状，其中一枚延长成一长距；花瓣5枚或少于5枚，异形；雄蕊8枚，2轮，分离，长短不等；子房上位，3室，中轴胎座，每室有倒生胚珠1枚，柱头3裂。果为3枚合生心皮，成熟时分裂为3枚具1枚种子的瘦果。

单属科，80种。我国引种栽培1种，神农架也有栽培。

旱金莲属 Tropaeolum Linnaeus

形态特征、种数和分布同科。

旱金莲 | Tropaeolum majus Linnaeus 图106-1

肉质草本，蔓生。无毛或被疏毛。叶互生。单花腋生，花黄色、紫色、橘红色或杂色；花托杯状；萼片5枚，基部合生，边缘膜质，其中一枚延长成一长距；花瓣5枚，上部2枚通常全缘，着生在距的开口处，下部3枚基部狭窄成爪，近爪处边缘具睫毛；雄蕊8枚；子房3室，柱头3裂。果成熟时分裂成3枚具1枚种子的瘦果。花期6～10月，果期7～11月。

原产于南美洲秘鲁、巴西等地，神农架各地有栽培。

图106-1　旱金莲

107. 白花菜科 | Cleomaceae

一年生草本或木本。若为草本则常具腺毛和特殊气味。单叶或复叶，互生。托叶呈细小刺状或无。花常集成总状、伞房、伞形或圆锥花序，腋生。萼片4～8枚，排成2或1轮，分离或多少连合；花瓣与萼片同数且互生，有时缺；花托扁平或锥形；雄蕊6至多枚；雌蕊由2（～8）枚心皮组成，常有雌蕊柄，子房1室，侧膜胎座，稀3～6室而具中轴胎座。浆果或蒴果。

约45属700～900种。我国有5属44种，湖北有3属3种，神农架有2属2种。

> **分属检索表**
>
> 1. 苞片单一·· 1. 醉蝶花属 Tarenaya
> 1. 苞片由3枚小叶组成··· 2. 羊角菜属 Gynandropsis

1. 醉蝶花属 Tarenaya Rafinesque

一年生草本。常被黏质柔毛或腺毛，具特殊气味。茎和叶柄有时生刺。掌状复叶，互生，小叶3～9枚。总状或圆锥花序，顶生或腋生；花两性，有时雄花与两性花同株；萼片4枚，与花瓣互生，花瓣常有爪；多具花盘；雄蕊常6～30枚，多着生于雌雄蕊柄顶上；子房1室。蒴果，瓣裂，有宿存胎座框。种子常具开张的爪。

约150种。我国有6种1变种，湖北有3种，神农架有1种。

醉蝶花 | Tarenaya hassleriana (Chodat) Iltis   图107-1

一年生草本。全株被黏质腺毛。掌状复叶，小叶5～7枚，椭圆状披针形或倒披针形，顶端渐狭或急尖，基部下延成小叶柄，背面脉上偶生刺；总叶柄也常生刺；托叶成外弯的锐刺。总状花序，苞片单一；花瓣的瓣片比爪长，倒卵状匙形，常粉红色；雄蕊6枚；雌雄蕊柄长1～3mm，雌蕊柄长

图107-1　醉蝶花

4cm。果圆柱形，内具种子多数。花期初夏，果期夏末秋初。

原产于热带美洲，神农架有栽培。观赏花卉；全草入药。

2. 羊角菜属 Gynandropsis Candolle

一年生草本。幼时光滑或具腺毛；无托叶，单叶互生，螺旋状排列或掌状复叶；小叶3或5枚，倒披针形至菱形，小叶柄在汇合处彼此连生成蹼状。总状花序，在果期伸长；两侧对称花，花瓣4枚，等长；萼片4枚，等长；雄蕊6枚；雌雄蕊柄细长，在果期延长或反向弯曲；花柱短，柱头1枚，头状。蒴果椭圆形，开裂。

2种。我国1种，神农架也有。

羊角菜 | Gynandropsis gynandra (Linnaeus) Briquet 图107-2

一年生直立分枝草本。常被腺毛。叶为3~7枚小叶的掌状复叶；小叶倒卵状椭圆形、倒披针形或菱形，两面近无毛，中央小叶最大，侧生小叶依次变小；小叶柄在汇合处彼此连生成蹼状。总状花序；苞片由3枚小叶组成，苞片中央小叶长达1.5cm，侧生小叶有时近消失；萼片分离，被腺毛；花瓣白色，有爪；花盘稍肉质，圆锥状；雄蕊6枚，伸出花冠外；子房线柱形，柱头头状。果圆柱形，斜举。种子近扁球形，黑褐色，爪开张。花期与果期约在7~10月。

产于巫山县（王作宾 11671），生于海拔300m的村寨边、路旁及荒地中。嫩叶可食；全草及种子入药。

图107-2 羊角菜

108. 十字花科 | Brassicaceae

一年生、二年生或多年生植物，多数是草本，稀亚灌木状。叶有二型；基生叶呈旋叠状或莲座状；茎生叶通常互生，单叶或羽状复叶；通常无托叶。花整齐，两性；花多数聚集成一总状花序；萼片4枚，分离，排成2轮；花瓣4枚，分离，成"十"字形排列；雄蕊6枚，四强雄蕊；雌蕊1枚，子房上位，由于假隔膜的形成，子房常为2室，每室有胚珠1至多枚。果实为长角果或短角果。

约330属3500种。我国产102属412种，湖北省22属45种，神农架有22属43种。

分属检索表

1. 短角果。
    2. 叶羽状半裂、深裂、全裂或大头羽裂或复叶。
        3. 果实2裂，纵裂成2果瓣……………………………………… 2. 臭荠属Coronopus
        3. 果实非2裂，开裂或不裂。
            4. 果实倒三角形或倒心状三角形……………………………… 4. 荠属Capsella
            4. 果实卵形或椭圆形……………………………………… 14. 阴山荠属Yinshania
    2. 单叶全缘或有锯齿。
        5. 植株无毛或有单毛。
            6. 短角果不裂。
                7. 子房1室……………………………………………… 9. 菘蓝属Isatis
                7. 子房2室…………………………………………… 15. 双果荠属Megadenia
            6. 短角果开裂。
                8. 茎有灰白色粉霜……………………………………… 10. 菥蓂属Thlaspi
                8. 茎无蓝粉霜………………………………………… 3. 独行菜属Lepidium
        5. 植株有单毛及分叉毛或星状毛……………………………… 11. 葶苈属Draba
1. 长角果。
    9. 叶羽状半裂、深裂、全裂或大头羽裂或复叶。
        10. 叶为二至三回羽状分裂……………………………………… 21. 播娘蒿属Descurainia
        10. 叶最多为一回羽状分裂。
            11. 叶为大头羽裂。
                12. 花白色或紫色……………………………………… 7. 萝卜属Raphanus
                12. 花黄色或乳黄色。
                    13. 长角果有喙……………………………………… 6. 芸苔属Brassica
                    13. 长角果无喙…………………………………… 16. 大蒜芥属Sisymbrium
            11. 叶为浅裂或羽状分裂……………………………………… 5. 蔊菜属Rorippa
    9. 单叶全缘或有锯齿。
        14. 植株无毛或有单毛。

15．无茎 ··· 17．堇叶芥属Neomartinella
15．茎伸长。
　　16．茎上部叶有柄或有短柄，但不抱茎。
　　　　17．花茎上部无叶 ··· 1．碎米荠属Cardamine
　　　　17．花茎从基部到上部皆有苞片状叶 ································· 22．山箭菜属Eutrema
　　16．茎上部无柄，抱茎 ··· 8．诸葛菜属Orychophragmus
14．植株有单毛及分叉毛或星状毛。
　　18．长角果弯曲呈念珠状 ·· 18．念珠芥属Neotorularia
　　18．长角果不弯曲呈念珠状。
　　　　19．全株有分叉毛及星状毛。
　　　　　　20．果无毛 ··· 12．南芥属Arabis
　　　　　　20．果具星状毛 ·· 19．锥果芥属Berteroella
　　　　19．全株无星状毛。
　　　　　　21．花白色 ··· 20．鼠耳芥属Arabidopsis
　　　　　　21．花黄色或橘黄色 ·· 13．糖芥属Erysimum

1．碎米荠属Cardamine Linnaeus

　　一年生、二年生或多年生草本。叶为单叶或为各种羽裂，或为羽状复叶；具叶柄，很少无柄。总状花序通常无苞片，花初开时排列成伞房状；萼片卵形或长圆形，边缘膜质，基部等大，内轮萼片的基部多呈囊状；花瓣倒卵形或倒心形，有时具爪；雄蕊花丝直立；雌蕊柱状。长角果线形，扁平；果瓣平坦。种子压扁状，椭圆形或长圆形。

　　约200种。我国产48种，湖北省13种，神农架有11种。

分种检索表

1．花粉红色或紫色。
　　2．叶多数为3小叶，偶有5小叶或间有单叶 ······················· 3．三小叶碎米荠C. trifoliolata
　　2．叶为羽状复叶，小叶4～5对以上 ································· 4．大叶碎米荠C. macrophylla
1．花白色。
　　3．基生叶和茎生叶皆为单叶。
　　　　4．植株无毛；茎基部无珠芽 ································· 6．露珠碎米荠C. circaeoides
　　　　4．植株被长柔毛；茎基部具褐色珠芽 ························· 9．碎米荠属一种C. sp.
　　3．基生叶和茎生叶为羽状复叶，间有3小叶或单叶。
　　　　5．叶片无柄，至少茎上部叶无柄，最下1对小叶耳状抱茎。
　　　　　　6．花淡红色或紫色 ··· 7．山芥碎米荠C. griffithii
　　　　　　6．花白色 ··· 1．光头山碎米荠C. engleriana
　　　　5．叶片具明显的叶柄。

7. 茎生叶基部有线形的叶耳⋯⋯⋯⋯⋯⋯⋯⋯⋯⋯⋯⋯⋯⋯⋯⋯⋯⋯⋯⋯⋯⋯⋯ **8. 弹裂碎米荠 C. impatiens**
7. 茎生叶基部没有线形的叶耳。
　　8. 羽状复叶顶生小叶长4～11cm⋯⋯⋯⋯⋯⋯⋯⋯⋯⋯⋯⋯⋯⋯⋯⋯⋯⋯ **10. 白花碎米荠 C. leucantha**
　　8. 羽状复叶顶生小叶长0.2～3cm。
　　　　9. 茎生叶的小叶末回裂片呈线形⋯⋯⋯⋯⋯⋯⋯⋯⋯⋯⋯⋯⋯⋯⋯ **11. 狭叶碎米荠 C. stenoloba**
　　　　9. 茎生叶的小叶末回裂片不为线形。
　　　　　　10. 茎曲折，尤其是花枝明显曲折⋯⋯⋯⋯⋯⋯⋯⋯⋯⋯⋯⋯ **2. 弯曲碎米荠 C. flexuosa**
　　　　　　10. 茎不明显曲折⋯⋯⋯⋯⋯⋯⋯⋯⋯⋯⋯⋯⋯⋯⋯⋯⋯⋯⋯⋯ **5. 碎米荠 C. hirsuta**

1. 光头山碎米荠 ｜ Cardamine engleriana O. E. Schulz 图108-1

多年生草本。有1至数条线形根状匍匐茎。匍匐茎上的叶小，单叶，肾形，边缘波状，质薄弱；基生叶亦为单叶，肾形，边缘波状；茎生叶无柄，3小叶，边缘有波状圆齿。总状花序有花3～10朵；萼片卵形，内轮萼片基部呈囊状；花瓣白色，倒卵状楔形；雌蕊柱头头状。长角果稍扁平。花期4～6月，果期6～7月。

产于神农架红坪、木鱼、下谷、新华，生于海拔800～2400m的山坡林下或山谷沟边、路旁潮湿地。

2. 弯曲碎米荠 ｜ Cardamine flexuosa Withering　野荠菜，萝目草

图108-2

一年或二年生草本。基生叶有叶柄，小叶3～7对；茎生叶有小叶3～5对。总状花序多数，生于枝顶，花小；萼片长椭圆形，边缘膜质；花瓣白色，倒卵状楔形；雌蕊柱状，花柱极短，柱头扁球状。长角果线形，扁平，与果序轴近于平行排列，果序轴左右弯曲。花期2～5月，果期4～7月。

产于神农架木鱼镇、松柏、下谷、阳日—马桥（zdg 4427），生于海拔1000m以下的田埂、河边、山谷阴湿地。全草入药。

图108-1　光头山碎米荠

图108-2　弯曲碎米荠

3. 三小叶碎米荠 | Cardamine trifoliolata J. D. Hooker et Thomson 图108-3

多年生草本。叶少数，茎下部的叶为羽状复叶，有3小叶，向上可增至5小叶，边缘上端呈微波状3钝裂。总状花序生于枝端，花少，疏生；萼片长卵形，边缘白色膜质，内轮萼片基部稍呈囊状；花瓣白色、粉红色或紫色，倒卵形；子房圆柱形，被有单毛，柱头扁压状，微2裂。未成熟长角果线形，果瓣平。花果期5～6月。

产于神农架红坪、阳日，生于海拔2000m以下的山坡林下、山沟水边草地。全草入药。

图108-3 三小叶碎米荠

4. 大叶碎米荠 | Cardamine macrophylla Willdenow 图108-4

多年生草本。根状茎粗壮，通常匍匐，其上密生须根。茎粗壮，直立，表面有沟棱。茎生叶有小叶4～5对，顶生小叶与侧生小叶相似，卵状披针形，边缘有不整齐的锯齿，顶生小叶无小叶柄，侧生小叶基部多少下延成翅状。总状花序多花；花瓣紫色。长角果条形而微扁。花期4～7月，果期6～8月。

产于神农架各地，生于海拔2900m以下的山坡林下、山沟水边草地。嫩叶可作蔬菜；种子入药。

图108-4 大叶碎米荠

5. 碎米荠 | Cardamine hirsuta Linnaeus 图108-5

一年生小草本。茎被密柔毛，上部毛渐少。基生叶具叶柄，有小叶2～5对，顶生小叶肾形或肾圆形，边缘有3～5枚圆齿，侧生小叶较顶生叶小，边缘有2～3枚圆齿；茎生叶有小叶3～6对，生于茎下部的与基生叶相似，生于茎上部的顶生小叶顶端3齿裂，侧生小叶全缘。总状花序生于枝顶；花小，花瓣白色。长角果线形。种子椭圆形，顶端有翅。花期2～4月，果期4～6月。

产于神农架各地，生于海拔1200m以下的山坡林缘、荒地中。嫩叶可作蔬菜；全草入药。

6. 露珠碎米荠 ｜ Cardamine circaeoides J. D. Hooker et Thomson
图108-6

一年或多年生草本。根状茎细长，向下倾斜或匍匐生长。茎无毛。叶全为单叶，膜质；基生叶心形或卵状心形，边缘有浅波状圆齿，上面绿色，下面有时为紫色；茎生叶与基生叶相似。总状花序花少数；花萼边缘膜质；花瓣白色。长角果线形，果瓣于种子间下陷。花果期4~10月。

产于神农架各地，生于海拔1400m以上的山坡阴湿地。

图108-5　碎米荠

图108-6　露珠碎米荠

7. 山芥碎米荠 ｜ Cardamine griffithii J. D. Hooker et Thomson　图108-7

多年生草本。全体无毛。根状茎匍匐，茎直立，不分枝，表面有纵棱。叶为羽状复叶，小叶2~4对；茎生叶有2~3对小叶，无柄，顶生小叶近圆形或卵形，全缘或呈浅波状，生于叶柄基部的1对小叶抱茎。总状花序顶生；花瓣紫色或淡红色，倒卵形，顶端微凹。长角果线形而扁。花期5~6月，果期6~7月。

产于神农架阳日、麻湾（zdg 4341）、长青矿区（zdg 4470），生于海拔600m的悬崖石壁上。

8. 弹裂碎米荠 ｜ Cardamine impatiens Linnaeus　图108-8

二年或一年生草本。茎表面有沟棱。基生叶叶柄基部稍扩大，有1对托叶状叶，小叶2~8对，顶生小叶卵形，侧生小叶与顶生的相似，

图108-7　山芥碎米荠

全缘，都有显著的小叶柄；茎生叶基部有抱茎线形弯曲的耳。总状花序顶生和腋生；花多数，花瓣白色。长角果狭条形而扁。种子边缘有极狭的翅。花期4~6月，果期5~7月。

产于神农架各地（九冲至摩天岭，zdg 4249），生于海拔400~3000m的山坡林缘或高山草地中。

9. 碎米荠属一种 | Cardamine sp.　图108-9

二年或一年生草本。茎被白色柔毛。基生叶和茎生叶均为单叶，圆形，被白色柔毛。总状花序顶生；花多数，花瓣白色。花期3月，果期5月。

产于神农架松柏、阳日，生于海拔600~800m的山坡林下水沟边草地。

图108-8　弹裂碎米荠

图108-9　碎米荠属一种

10. 白花碎米荠 | Cardamine leucantha (Tausch) O. E. Schulz　图108-10

多年生草本。根状茎短而匍匐。茎表面有沟棱，密被短绵毛或柔毛。基生叶有长叶柄，小叶2~3对，顶生小叶卵形至长卵状披针形，侧生小叶的大小、形态和顶生小叶的相似，但基部不等；茎中部叶有较长的叶柄，通常有小叶2对；茎上部叶有小叶1~2对，小叶阔披针形。总状花序顶生；萼片长椭圆形，外面有毛；花瓣白色，长圆状楔形；子房有长柔毛，柱头扁球形。长角果线形；果瓣散生柔毛。种子长圆形，栗褐色。花期4~7月，果期6~8月。

产于神农架各地（麻湾，zdg 6053），生于海拔1300m以下的山坡林下、山沟水边草地。

11. 狭叶碎米荠 | Cardamine stenoloba Hemsley　图108-11

一年生或多年生草本。茎丛生或单一。基生叶1至数枚，疏被短毛，具小叶4~5对，顶生小叶与侧生小叶均近圆形、窄披针形或条形，全缘或2浅裂；茎生叶3～7枚，小叶3～5对，下部的小叶二型，圆形至钻形，两面均被疏柔毛。总状花序有花5～9朵；萼片卵形，背面被毛；花瓣蓝紫色，倒卵形；长雄蕊呈翅状，顶端呈膝状弯曲。长角果线形，果瓣边缘有棱。种子近圆形，褐色，一端有窄翅。花果期7月。

产于神农架红坪、九湖（冲坪—老君山zdg 6977），生于海拔2600～2800m的山坡冷杉林下或水边草地中。

图108-10　白花碎米荠

图108-11　狭叶碎米荠

2. 臭荠属 Coronopus Zinn

一年、二年或多年生草本。茎匍匐或近直立，多分枝。基生叶有长柄，一回或二回羽状分裂；茎生叶有短柄，边缘有锯齿或全缘。花微小，成腋生总状花序；萼片偏斜，短倒卵形或圆形；花瓣小，白色，倒卵形或匙形，早落，或无花瓣；子房卵形或近圆形，柱头凹陷。短角果成2半球形室，和隔膜成垂直方向压扁；果瓣强韧，近球形，皱缩或网状。种子卵形或半球形。

10种。我国产2种，湖北省1种，神农架有分布。

臭荠 | Coronopus didymus (Linnaeus) Smith　图108-12

一年或二年生匍匐草本。全体有臭味。主茎短且不明显，基部多分枝。叶为一回或二回羽状全裂；裂片3～5对，线形或窄长圆形，两面无毛。花极小，萼片具白色膜质边缘；花瓣白色，长圆形，比萼片稍长，或无花瓣；雄蕊通常2枚。短角果肾形，2裂；果瓣半球形，表面有粗糙皱纹，成熟时分离成2瓣。种子肾形，红棕色。花期3月，果期4～5月。

产于神农架各地，生于海拔500m的田边、路旁。全草入药。

图108-12　臭荠

3．独行菜属 Lepidium Linnaeus

一年至多年生草本或半灌木。叶草质至纸质，线状钻形至宽椭圆形，全缘至羽状深裂，有叶柄或抱茎。总状花序顶生及腋生；萼片长方形或线状披针形，具白色或红色边缘；花瓣白色，线形至匙形，有时退化或无花瓣；雄蕊6枚，常退化成2或4枚，基部间具微小蜜腺；柱头头状，有时稍2裂，子房常有2枚胚珠。短角果扁平，开裂，有窄隔膜。

约180种，分布于全世界。我国产16种，湖北省2种，神农架有1种。

北美独行菜 ｜ Lepidium virginicum Linnaeus　辣菜，大叶香荠　图108-13

一年或二年生草本。基生叶倒披针形，羽状分裂或大头羽裂，边缘有锯齿；茎生叶有短柄，倒披针形或线形，边缘有尖锯齿或全缘。总状花序顶生；萼片椭圆形；花瓣白色，倒卵形；雄蕊2或4枚。短角果近圆形，扁平，有窄翅。种子卵形，光滑，红棕色。花期4～6月，果期6～9月。

产于神农架阳日、松柏（八角庙村，zdg 7205），生于海拔600m的田野、荒地及路旁。全草及种子药用。

图108-13　北美独行菜

4．荠属 Capsella Medikus

一年或二年生草本。基生叶莲座状，羽状分裂至全缘，有叶柄；茎上部叶无柄，叶边缘具弯缺牙齿至全缘，基部耳状，抱茎。总状花序伞房状；花疏生，花序果期延长；萼片近直立，长圆形；花瓣匙形；花丝线形，花药卵形，蜜腺成对，半月形；子房2室，花柱极短。短角果倒三角形或倒心状三角形，扁平，开裂。种子椭圆形，棕色。

单种属，神农架有分布。

荠 ｜ Capsella bursa-pastoris (Linnaeus) Medic　荠菜，地凡菜　图108-14

特征同属的描述。

产于神农架各地，生于海拔2200m以下的田园及路旁。全草及种子入药；幼嫩植株可食。

5. 蔊菜属 Rorippa Scopoli

一二年生或多年生草本。叶全缘，浅裂或羽状分裂。总状花序顶生或侧生，有时每花生于叶状苞片腋部；萼片4枚，开展，长圆形或宽披针形；花瓣4枚或有时缺，黄色，有时白色或粉红色，倒卵形，基部较狭，稀具爪；雄蕊6枚或较少。角果细圆柱形、椭圆形或球形，直立或微弯；果瓣凸出。

图108-14　荠

75种，分布于全世界。我国产9种，湖北省4种，神农架有2种。

分种检索表

1. 无花瓣；种子每室1行 ················· 1. 无瓣蔊菜 R. dubia
1. 具黄色花瓣；种子每室2行 ················· 2. 蔊菜 R. indica

1. 无瓣蔊菜 ｜ Rorippa dubia (Persoon) H. Hara　图108-15

一年生草本。单叶互生，基生叶与茎下部叶倒卵形或倒卵状披针形，多数呈大头羽状分裂，边缘具不规则锯齿；茎上部叶卵状披针形或长圆形，边缘具波状齿。总状花序顶生或侧生；萼片4枚，直立，披针形至线形，边缘膜质；通常无花瓣。长角果线形，细而直。种子，多数，细小，褐色、近卵形，表面具细网纹。花期4～6月，果期6～8月。

产于神农架各地，生于海拔400～2500m的山坡路旁、屋边阴湿地。全草入药。

2. 蔊菜 ｜ Rorippa indica (Linnaeus) Hiern　水辣辣，天菜子　图108-16

一二年生直立草本。叶互生，基生叶及茎下部叶具长柄，叶形多变化，通常大头羽状分裂；茎上部叶宽披针形或匙形，边缘具疏齿。总状花序无苞片；萼片4枚，卵状长圆形；花瓣4枚，黄色，匙形，基部渐狭成短爪。长角果线状圆柱形，短而粗，成熟时果瓣隆起。种子多数，卵圆形而扁，褐色，具细网纹。花期4～6月，果期3～6月。

产于神农架各地（大九湖，zdg 6652），生于海拔400~2500m的河边、房舍墙角及山坡路旁湿地。全草入药。

图108-15　无瓣蔊菜

图108-16　蔊菜

6. 芸苔属 Brassica Linnaeus

一年、二年或多年生草本。基生叶常成莲座状；茎生叶有柄或抱茎。总状花序伞房状，结果时延长；花中等大，黄色，少数白色；萼片近相等，内轮基部囊状；子房有5~45枚胚珠，柱头头状，近2裂。长角果线形或长圆形，圆筒状，少有近压扁，常稍扭曲，喙多为锥状。种子每室1行，球形或少数卵形，棕色，网孔状。

40种。我国产15种，湖北有6种，神农架有4种。

分种检索表

1. 二年或多年生草本；花瓣具明显爪 ··· 1. 野甘蓝 B. oleracea
1. 多为一年生草本；花瓣具不明显爪。
   2. 种子具显明窠孔；植株有辛辣味 ··· 2. 芥菜 B. juncea
   2. 种子不具显明窠孔；植株无辛辣味。
      3. 块根下部生根 ··· 3. 蔓菁 B. rapa
      3. 无块根 ··· 4. 欧洲油菜 B. napus

1. 野甘蓝 | Brassica oleracea Linnaeus

原产于欧洲，神农架不产，有以下栽培变种。

分变种检索表

1. 叶大且厚，肉质；茎不肥厚成块茎。
 2. 叶层层包裹成球状体···1a. 甘蓝 B. oleracea var. capitata
 2. 叶不包裹成球状体。
  3. 由总花梗、花梗和未发育的花芽密集成肉质头状体···
   ··1c. 花椰菜 B. oleracea var. botrytis
  3. 花序正常，不形成肉质头状体·············1d. 羽衣甘蓝 B. oleracea var. acephala
1. 叶较小且薄；茎在近地面处肥厚成块茎···············1b. 擘蓝 B. oleracea var. gongylodes

1a. 甘蓝（变种）Brassica oleracea var. capitata Linnaeus　包菜，芥蓝头　图108-17

二年生或多年生草本。被粉霜。下部叶大，大头羽状深裂，具有色叶脉，有柄，边缘波状，具细圆齿，顶裂片3～5对，倒卵形；上部叶长圆形，全缘，抱茎，所有叶肉质，无毛，具白粉霜。花序总状；花浅黄色；萼片长圆形，直立；花瓣倒卵形，有爪。长角果圆筒形。种子球形，灰棕色。花期4月，果期5月。

神农架各地有栽培。叶作蔬菜；叶、种子入药。

1b. 擘蓝（变种）Brassica oleracea var. gongylodes Linnaeus　图108-18

二年生草本。带粉霜。茎短，在离地面近处膨大成1枚实心长圆球体或扁球体，绿色，其上生叶。叶略厚，宽卵形至长圆形，边缘有不规则裂齿；茎生叶长圆形，边缘具浅波状齿。总状花序顶生。花及长角果和甘蓝的相似，但喙常很短，且基部膨大。种子有棱角。花期4月，果期6月。

神农架各地有栽培。球茎为蔬菜；球茎、叶和种子入药。

图108-17　甘蓝

图108-18　擘蓝

1c. 花椰菜（变种）Brassica oleracea var. botrytis Linnaeus　图108-19

二年生草本。被粉霜。基生叶及下部叶长圆形至椭圆形，开展，不卷心，全缘或具细牙齿；茎中上部叶较小且无柄，长圆形至披针形，抱茎。茎顶端有1枚由总花梗、花梗和未发育的花芽密集成的乳白色肉质头状体。总状花序顶生及腋生；花淡黄色，后变成白色。长角果圆柱形。花期4月，果期5月。

神农架各地有栽培。花序作蔬菜；花序还可入药。

1d. 羽衣甘蓝（变种）Brassica oleracea var. acephala de Candolle　图108-20

二年生或多年生草本。被粉霜。下部叶大，大头羽状深裂，边缘波状，具细圆齿，顶裂片3～5对，倒卵形；上部叶长圆形，全缘，抱茎；所有叶肉质，皱缩，呈多色，有长叶柄。花序总状；花浅黄色；萼片长圆形，直立；花瓣倒卵形，有爪。长角果圆筒形。种子球形，灰棕色。花期4月，果期5月。

神农架各地有栽培。叶具彩斑，供观赏；叶还可入药。

图108-19　花椰菜

图108-20　羽衣甘蓝

2. 芥菜 ｜ Brassica juncea (Linnaeus) Czernajew

分变种检索表

1. 茎在近地面处不膨大 ·· 2a. 芥菜 B. juncea var. juncea
1. 茎在近地面处膨大形成拳状块状茎 ······························· 2b. 榨菜 B. juncea var. tumida

2a. 芥菜（原变种）Brassica juncea var. juncea　霜不老，冲菜　图108-21

一年生草本。带粉霜，有辣味。基生叶宽卵形至倒卵形；茎下部叶较小，边缘有缺刻或牙齿，不抱茎；茎上部叶窄披针形。总状花序顶生，花后延长；花黄色；萼片淡黄色，长圆状椭圆形，直立开展；花瓣倒卵形。长角果线形，果瓣具一凸出中脉。花期3～5月，果期5～6月。

原产于亚洲，神农架各地有栽培。叶作蔬菜；种子及叶入药。

2b．榨菜（变种）Brassica juncea var. tumida M. Tsen et S. H. Lee 图108-22

本变种与原变种的区别：本变种下部叶的叶柄基部肉质，膨大和茎形成不规则的球状体。

原产于四川，神农架广为栽培。块状茎及叶供蔬食；球茎还可入药。

图108-21 芥菜

图108-22 榨菜

3．蔓菁 | Brassica rapa Linnaeus

分变种检索表

1. 具肉质块根 ·· 3a．蔓菁 B. rapa var. rapa
1. 无块根。
    2. 植物具粉霜；基生叶丛不太发育或长存 ···························· 3b．芸苔 B. rapa var. oleifera
    2. 植物绿色或稍具粉霜；基生叶丛发育。
        3. 基生叶、茎生叶的叶柄扁平，边缘有具缺刻的翅 ············ 3c．白菜 B. rapa var. glabra
        3. 基生叶、茎生叶的叶柄厚，但无明显的翅 ····················· 3d．青菜 B. rapa var. chinensis

3a．蔓菁（原变种）Brassica rapa var. rapa 芜菁，扁萝卜 图108-23

二年生草本。块根肉质。基生叶大头羽裂或为复叶，边缘波状或浅裂；中部及上部茎生叶长圆披针形，带粉霜，至少半抱茎，无柄。总状花序顶生；萼片长圆形；花瓣鲜黄色，倒披针形，有短爪。长角果线形，果瓣具一明显中脉。种子球形，浅黄棕色，有细网状窠穴。花期3~4月，果期5~6月。

栽培于神农架各地。块根可食；根、叶、花、种子入药。

3b．芸苔（变种）Brassica rapa var. oleifera de Candolle 油菜 图108-24

二年生草本。基生叶大头羽裂，边缘有不整齐弯缺牙齿，叶柄宽，基部抱茎；下部茎生叶羽状半裂，基部扩展且抱茎，上部茎生叶基部抱茎。总状花序在花期成伞房状，以后伸长；花鲜黄色；

萼片长圆形，直立开展，顶端圆形，边缘透明；花瓣倒卵形，基部有爪。长角果线形。种子球形，紫褐色。花期3～4月，果期5月。

神农架各地有栽培。种子可供榨油；嫩花莛供蔬食；根、叶入药。

图108-23　蔓菁

图108-24　芸苔

3c．白菜（变种）Brassica rapa var. glabra Regel　大白菜，卷心白　图108-25

二年生草本。基生叶多数，大型，宽倒卵形，顶端圆钝，边缘皱缩，波状；上部茎生叶长圆状卵形至长披针形，有粉霜；叶柄白色，扁平，边缘有具缺刻的宽薄翅。花鲜黄色；萼片长圆形或卵状披针形，直立；花瓣倒卵形，基部渐窄成爪。长角果较粗短，两侧压扁，直立。种子球形，棕色。花期5月，果期6月。

神农架各地有栽培。叶和嫩花莛供蔬食；叶还可入药。

3d．青菜（变种）Brassica rapa var. chinensis (Linnaeus) Kitamura　小白菜　图108-26

一年或二年生草本。无毛，带粉霜。基生叶倒卵形，坚实，深绿色，基部渐狭成宽柄；下部茎生叶和基生叶相似，上部茎生叶倒卵形或椭圆形，基部抱茎，全缘，微带粉霜。总状花序顶生，呈圆锥状；花浅黄色；萼片长圆形，直立开展；花瓣长圆形，有脉纹，具宽爪。长角果线形。种子球形，紫褐色，有蜂窝纹。花

图108-25　白菜

期4月，果期5月。

神农架各地有栽培。叶和嫩花莛供蔬食；叶、种子入药。

4. 欧洲油菜 | Brassica napus Linnaeus 图108-27

一年或二年生草本。茎直立，分枝。幼叶有少数散生刚毛；下部茎生叶大头羽裂，侧裂片约2对；中部及上部茎生叶基部心形，抱茎。总状花序伞房状；花瓣浅黄色。长角果线形。花期3～4月，果期4～5月。

神农架各地有栽培。园艺品种；叶和嫩花莛供蔬食；种子榨油。

图108-26　青菜

图108-27　欧洲油菜

7. 萝卜属 Raphanus Linnaeus

一年或多年生草本。叶大头羽状半裂，上部多具单齿。总状花序伞房状；无苞片；花大，白色或紫色；萼片直立，长圆形，内轮基部稍成囊状；花瓣倒卵形，常有紫色脉纹，具长爪；子房钻状，2节，柱头头状。长角果圆筒形，下节极短，无种子，上节伸长，在相当种子间处稍缢缩，顶端成一细喙，成熟时裂成多节。

3种，分布于温带地区。我国产2种，湖北省1种，神农架也有栽培。

1. 萝卜 | Raphanus sativus Linnaeus

分变种检索表

1. 基生叶较短，有4～6对羽裂片 ·················· 1a. 萝卜 R. sativus var. sativus
1. 基生叶较长，有18～12对羽裂片 ·················· 1b. 长羽裂萝卜 R. sativus var. longipinnatus

1a．萝卜（原变种）Raphanus sativus var. sativus　菜头，莱菔　图108-28

一年或二年生草本。直根肉质。基生叶和下部茎生叶大头羽状半裂，有钝齿；上部叶长圆形，有锯齿或近全缘。总状花序顶生及腋生；花白色或粉红色；萼片长圆形；花瓣倒卵形，具紫纹。长角果圆柱形，在种子间处缢缩，并形成海绵质横隔。种子卵形，微扁，红棕色，有细网纹。花期4～5月，果期5～6月。

神农架各地有栽培。根及全株供蔬食；种子、叶、根入药。

1b．长羽裂萝卜（变种）Raphanus sativus var. longipinnatus L. H. Bailey　图108-29

本变种与原变种的主要区别：本种下部茎生叶大头羽状全裂。

神农架各地有栽培。根及全株供蔬食；种子、叶、根入药。

图108-28　萝卜　　　　　　　　　　　　　图108-29　长羽裂萝卜

8．诸葛菜属 Orychophragmus Bunge

一年或二年生草本。基生叶及下部茎生叶大头羽状分裂，有长柄；上部茎生叶基部耳状，抱茎。花大，紫色或淡红色，成疏松总状花序；花萼合生，内轮萼片基部稍成或成深囊状，边缘透明；花瓣宽倒卵形，基部成窄长爪；花柱短，柱头2裂。长角果线形，有4棱或压扁，熟时2瓣裂；果瓣具锐脊，顶端有长喙。

2种。我国产2种，湖北省1种，神农架也有。

诸葛菜 ｜ Orychophragmus violaceus (Linnaeus) O. E. Schulz　图108-30

一年或二年生草本。基生叶及下部茎生叶大头羽状全裂；上部叶长圆形或窄卵形，抱茎，边缘有不整齐牙齿。花紫色、浅红色或褪成白色；花萼筒状，紫色；花瓣宽倒卵形，密生细脉纹。长角果线形，具4棱。种子卵形至长圆形，稍扁平，黑棕色，有纵条纹。花期4～5月，果期5～6月。

产于神农架各地，生于海拔800m以下的山坡路旁、悬崖林下。叶能用于治疗血栓。

9. 菘蓝属 Isatis Linnaeus

一年、二年或多年生草本。基生叶有柄；茎生叶无柄，抱茎或半抱茎，全缘。总状花序呈圆锥花序状，果期延长；萼片近直立；花瓣长圆状倒卵形或倒披针形；子房1室，具1~2枚垂生胚珠，柱头几无柄，近2裂。短角果长圆形或近圆形，压扁，不开裂，至少在上部有翅。种子常1枚，长圆形，带棕色。

约50种。我国产4种，湖北省2种，神农架有1种。

菘蓝 | Isatis tinctoria Linnaeus　板蓝根　图108-31

图108-30　诸葛菜

二年生草本。带白粉霜。基生叶莲座状，长圆形至宽倒披针形，全缘或稍具波状齿，具柄；茎生叶蓝绿色，长椭圆形或长圆状披针形。萼片宽卵形或宽披针形；花瓣黄白色，宽楔形，具短爪。短角果近长圆形，扁平，边缘有翅。种子长圆形，淡褐色。花期4~5月，果期5~6月。

原产于我国西部，神农架木鱼有栽培。叶、根入药。

10. 菥蓂属 Thlaspi Linnaeus

一年、二年或多年生草本，常有灰白色粉霜。基生叶莲座状，倒卵形或长圆形，有短叶柄；茎生叶多为卵形或披针形，抱茎。总状花序伞房状，在果期常延长；萼片直立，常有宽膜质边缘；花瓣长圆状倒卵形，下部楔形；子房2室，柱头头状，近2裂。短角果倒卵状长圆形或近圆形，压扁，微有翅或有宽翅，开裂，隔膜窄椭圆形。

约75种，分布在欧洲和亚洲温带地区。我国产6种，湖北省1种，神农架有分布。

菥蓂 | Thlaspi arvense Linnaeus　臭虫草，洋辣罐　图108-32

一年生草本。基生叶倒卵状长圆形，基部抱茎，边缘具疏齿。总状花序顶生；花白色；萼片直立，卵形；花瓣长圆状倒卵形。短角果倒卵形或近圆形，扁平，边缘有翅。种子倒卵形，稍扁平，黄褐色，有同心环状条纹。花期3~4月，果期5~6月。

产于神农架阳日（麻湾），生于海拔800~1000m的路旁、沟边或田间。全草（苏败酱）入药。

图108-31 菘蓝

图108-32 菥蓂

11. 葶苈属 Draba Linnaeus

一年、二年或多年生草本。叶为单叶；基生叶常呈莲座状；茎生叶通常无柄。总状花序短或伸长。花小；外轮萼片长圆形，内轮较宽；花瓣常黄色或白色，倒卵楔形，基部大多成狭爪；雄蕊通常6枚，通常在短雄蕊基部有侧蜜腺1对；雌蕊瓶状，罕有圆柱形，无柄；花柱圆锥形或丝状。果实为短角果，大多呈卵形或披针形；2室，具隔膜；果瓣2枚，熟时开裂。

约350种。我国有48种，湖北省2种，神农架也有。

分种检索表

1. 茎多少具叶；花常白色；短角果扁平或扭转·· 1. 苞序葶苈 D. ladyginii
1. 茎通常具叶6～8枚；花黄色；短角果圆形或长椭圆形，不扭转·············· 2. 葶苈 D. nemorosa

1. 苞序葶苈 | Draba ladyginii Pohle 穴乌萝卜，线果葶苈 图108-33

多年生丛生草本。基生叶椭圆状披针形；茎生叶卵形或长卵形，无柄，全缘或每边有1～4（～7）枚锯齿。总状花序下部数花具叶状苞片；花瓣白色，倒卵形；子房条形，无毛。短角果条形，直或扭转。种子褐色，椭圆形。花期5～6月，果期7～8月。

产于神农架冲坪—老君山（zdg 7027），生于海拔2100～3000m的向阳石壁上及草地中。全草入药。

2. 葶苈 | Draba nemorosa Linnaeus 图108-34

一年或二年生草本。基生叶莲座状，长倒卵形；茎生叶卵形，边缘有牙齿或细齿，无柄。总状花序有花19～90朵，密集成伞房状，花后显著伸长，疏松；萼片椭圆形；花瓣黄色，花期后成白色，倒楔形；子房椭圆形，花柱几乎不发育，柱头小。短角果长圆形或长椭圆形。种子椭圆形，褐色；种皮有小疣。花期3～4月，果期5～6月。

产于神农架于九湖、松柏、宋洛、新华、东溪至房县交界处鱼坨（zdg 4274），生于海拔400～800m的田边路旁、山脊草地中。种子入药。

图108-33　苞序葶苈

图108-34　葶苈

12. 南芥属 Arabis Linnaeus

一年生、二年生或多年生草本，很少呈半灌木状。基生叶簇生；叶多为长椭圆形，全缘，有牙齿或疏齿；茎生叶基部楔形。总状花序顶生或腋生；萼片直立，卵形至长椭圆形，内轮基部呈囊状；花瓣白色、粉红色或紫色，倒卵形至楔形，基部呈爪状；雄蕊6枚，花药顶端常反曲；子房具多数胚珠，柱头头状或2浅裂。长角果线形；果瓣扁平，开裂。

约70种，分布于北温带地区。我国产14种，湖北省3种，神农架有2种。

分种检索表

1. 萼片无星状毛；长角果不下垂 ·· 1. 圆锥南芥 A. paniculata
1. 萼片被单毛及星状毛；长角果下垂 ·· 2. 垂果南芥 A. pendula

1. 圆锥南芥 | Arabis paniculata Franchet　图108-35

二年生草本。茎直立，自中部以上常呈圆锥状分枝。基生叶簇生，叶长椭圆形，边缘具疏锯齿；茎生叶多数，叶长椭圆形至倒披针形，无柄。总状花序顶生或腋生，呈圆锥状；萼片长卵形至披针形；花瓣白色，稀淡粉红色，长匙形，基部呈爪状；柱头头状。长角果线形，顶端宿存花柱短。花期5~6月，果期7~9月。

产于神农架各地，生于海拔2500~2900m的山坡草地中。种子入药。

2. 垂果南芥 | Arabis pendula Linnaeus　野白菜，扁担蒿　图108-36

二年生草本。茎下部的叶长椭圆形至倒卵形，边缘有浅锯齿；茎上部的叶狭长椭圆形至披针形，抱茎。总状花序顶生或腋生；萼片椭圆形；花瓣白色，稀粉红色，匙形。长角果线形，弧曲，下垂。种子椭圆形，褐色，边缘有环状的翅。花期6～8月，果期7～9月。

产于神农架宋洛，生于海拔1500～3000m的高山灌丛下及河边草丛中。果实入药。

图108-35　圆锥南芥

图108-36　垂果南芥

13．糖芥属 Erysimum Linnaeus

一年、二年或多年生草本，有时基部木质化呈灌木状。单叶全缘至羽状浅裂，条形至椭圆形。总状花序具多数花，呈伞房状，果期伸长；花中等大，黄色或橘黄色，稀白色或紫色；萼片直立，内轮基部稍成囊状；花瓣具长爪；雄蕊6枚，花药线状长圆形；子房有多数胚珠，柱头头状，稍2裂。长角果稍4棱或圆筒状，隔膜膜质，常坚硬。

约150种。我国产17种，湖北省2种，神农架均有分布。

分种检索表

1．茎生叶边缘近全缘 ··· 1．小花糖芥 E. cheiranthoides
1．茎生叶边缘具波状齿 ··· 2．波齿糖芥 E. macilentum

1．小花糖芥｜Erysimum cheiranthoides Linnaeus　打水水花

图108-37

一年生草本。被叉毛。基生叶莲座状，无柄，平铺地面；茎生叶披针形或线形，边缘具深波状疏齿或近全缘。总状花序顶生；萼片长圆形或线形；花瓣黄色，长圆形下部具爪；柱头头状。长角果圆柱形，侧扁，稍有棱。种子

图108-37　小花糖芥

卵形，淡褐色。花期5～8月，果期6～9月。

产于神农架木鱼至兴山一线、松柏、新华、阳日、南阳—黄粮（zdg 6320），生于海拔200～700m的路边荒地中。全草及种子入药。

2. 波齿糖芥 | Erysimum macilentum Bunge

一年生草本。茎直立，分枝，具二叉毛。茎生叶密生，叶线形或线状狭披针形，顶端钝尖头，边缘近全缘或具波状裂齿。总状花序，顶生或腋生；萼片长椭圆形；花瓣深黄色，匙形；雄蕊6枚，花丝伸长；雌蕊线形，花柱短，柱头头状，深裂。长角果圆柱形，长3～5cm；果瓣具中脉；果梗短。

产于神农架木鱼（木鱼物资站后山，236-6队2185），生于海拔1400m的路边荒地中。

14. 阴山荠属 Yinshania Ma et Y. Z. Zhao

一年生草本。茎直立，上部分枝多。叶羽状全裂或深裂，具柄。萼片展开，基部不成囊状；花瓣白色，倒卵状楔形；雄蕊离生；侧蜜腺三角状卵形，外侧汇合成半环形，向内开口，另一端延伸成小凸起，中蜜腺无。短角果披针状椭圆形，开裂；果瓣舟状。种子每室1行，卵形，表面具细网纹。

30种。我国13种，湖北4种，神农架全有。

分种检索表

1. 植株被单毛或近无毛。
    2. 茎具锐棱··1. 锐棱阴山荠 Y. acutangula
    2. 茎不具锐棱··4. 察隅阴山荠 Y. zayuensis
1. 植株被柔毛。
    3. 柔毛分叉；基生叶的顶生小叶掌状圆裂··2. 叉毛阴山荠 Y. furcatopilosa
    3. 柔毛不分叉；基生叶的顶生小叶羽状深裂···3. 柔毛阴山荠 Y. henryi

1. 锐棱阴山荠 | Yinshania acutangula (O. E. Schulz) Y. H. Zhang

图108-38

一年生草本。茎弯曲，具细单毛。基生叶羽状全裂，裂片2～3对，顶生裂片长圆形，基部楔形，边缘有数锯齿或具不整齐羽状深裂，两面疏生细柔毛，侧裂片长圆形；叶柄有细柔毛；茎生叶相似，越向上叶柄越短。总状花序顶生；萼片卵形，外面有柔毛；花瓣白色，倒卵形。短角果长圆形或长圆状卵形，稍扭曲，有贴生短毛。种子3～5枚，卵形，棕色。花期8月，果期10月。

产于神农架红坪，生于海拔800m的悬崖基部石缝中。

2. 叉毛阴山荠 | Yinshania furcatopilosa (K. C. Kuan) Y. H. Zhang　图108-39

一年生草本。茎多数，分枝，具分叉毛。复叶有3～5小叶；基生叶的顶生小叶菱状卵形或肾形，5~7掌状圆裂，基部圆形，全缘，两面密生灰色二叉分叉毛，侧生小叶卵形，有1枚齿至全缘，叶柄有分叉毛，具小叶柄；茎生叶的顶生小叶倒卵形或长圆形，羽状分裂具3枚裂片或不裂，裂片长圆形，侧生小叶卵形。总状花序顶生，呈圆锥花序状；总梗屈曲；花白色；萼片长圆状卵形；花瓣倒卵形。短角果卵形或倒卵形，无毛；种子棕色。花果期6~7月。

产于神农架红坪、阳日，生于海拔500~800m的悬崖基部石缝中。

图108-38　锐棱阴山荠

图108-39　叉毛阴山荠

3. 柔毛阴山荠 | Yinshania henryi (Oliver) Y. H. Zhang　图108-40

一年生草本。具白色长柔毛。茎有分枝。基生叶为具3或5小叶的羽状复叶，顶生小叶菱状卵形，羽状深裂，裂片卵形或椭圆形，顶端圆钝，基部宽楔形，边缘有钝齿，侧生小叶较小；叶柄长1.5~6cm。总状花序顶生，总梗"之"字形；花白色；花梗长2~3mm；萼片长圆形；花瓣倒卵形，顶端圆形。短角果长圆形或长圆状卵形，初有毛，后脱落；果瓣舟形；果梗开展。种子每室2枚，卵形，棕色。花果期6~7月。

产于神农架木鱼、长青（zdg 6185），生于海拔500~800m的悬崖基部石缝中。

图108-40　柔毛阴山荠

4. 察隅阴山荠 | Yinshania zayuensis Y. H. Zhang　图108-41

一年生草本。茎直立或具分枝，被微柔毛的分叉。叶羽状全裂；叶片椭圆形，基部裂片椭圆形，叶基楔形，叶缘锯齿状或近全缘，先端锐尖；侧裂片1~3对。圆锥花序；花序轴直立或偶尔弯曲。花萼椭圆形，边缘和先端呈白色；花瓣白色，极少带粉红色，花药椭圆形；子房每室具16~20枚胚珠，花柱0.1~0.5mm。果梗分叉或上升，被柔毛或光滑；果椭圆状或卵状。种子棕黑色，卵形，具网纹。花果期5～8月。

产于神农架阳日、阳日—马桥（zdg 4410）、神农架林区（杨纯瑜 s. n.），生于海拔500m的路边荒地中。

15．双果荠属Megadenia Maximowicz

一年生草本。无毛。叶心状圆形，顶端圆钝，基部心形，全缘，有3～7棱角；具羽状脉；叶柄长1.5～10cm。花直径约1mm；花梗细，花期直立，果期外折；萼片宽卵形，边缘白色；花瓣白色，匙状倒卵形，基部具爪。短角果横卵形，中间2深裂，宿存花柱生于凹裂中，室壁坚硬，具网脉。种子球形，坚硬，褐色。花期6月，果期7月。

单种属，分布于我国北方及俄罗斯，神农架也有。

双果荠 ｜ Megadenia pygmaea Maximowicz　图108-42

特征同属的描述。

产于神农架南天门（zdg 7317），生于海拔2800m的巨石基部阴湿处。

图108-41　察隅阴山荠　　　　　　　　　　图108-42　双果荠

16．大蒜芥属Sisymbrium Linnaeus

一年、二年或多年生草本。叶为大头羽状裂或不裂。萼片直立或展开，基部不呈囊状；花瓣黄色、白色或玫瑰红色，长圆状倒卵形，具爪；雄蕊花丝分离，无翅或齿；侧密腺环状，中蜜腺柱状，二者汇合成环状；子房无柄。长角果圆筒状或略压扁，开裂；隔膜透明，膜质。种子每室1行，多数，种柄丝状；种子长圆形或短椭圆形，无翅状附属物。

40种。我国10种，湖北1种，神农架也产。

全叶大蒜芥 ｜ Sisymbrium luteum (Maximowicz) O. E. Schulz　图108-43

多年生草本全株被伸展硬毛，茎上部极稀疏。茎生叶具长柄，倒卵形，边缘具锯齿，茎下部的叶裂片1～3对，被毛，远较茎上为密；茎上部的叶小，卵状披针形，边缘具锯齿。总状花序疏松；萼片窄长圆形，边缘有窄膜质边；花瓣黄色，楔状长圆形至窄卵形。长角果圆筒状；花柱长2~3mm；果瓣两端钝圆。种子长圆形，红褐色。花期7~9月，果期8~9月。

产于神农架红坪，生于海拔2400m的小溪边。

图108-43　全叶大蒜芥

17. 堇叶芥属 Neomartinella Pilger

一年生或多年生矮小草本。根茎短，主根粗壮。无茎。叶全部基生，有长柄；单叶，心形至肾形，边缘具圆齿，顶端微凹，有凸尖。总状花序，花排列疏松；萼片分离，卵形；花瓣白色，倒卵形，顶端深凹，向基部渐尖；雄蕊6枚，基部呈翅状，花药短，卵形；侧生蜜腺半环状，中央蜜腺近似圆形凸起；雌蕊长椭圆形。长角果线形。种子每室1行，卵形至圆形，无边缘。

3种。我国特有，湖北有2种，神农架全产。

分种检索表

1. 植株无毛···1. 堇叶芥 N. violifolia
1. 植株被毛···2. 兴山堇叶芥 N. xingshanensis

1. 堇叶芥 | Neomartinella violifolia (H. Léveillé) Pilger　图108-44

一年生矮小草本。主根细长。叶全部基生，单叶，心形至肾形，叶脉掌状，顶端微凹，边缘具波状圆齿，每一齿缺处均具短尖头。总状花序数个；萼片卵形，内轮萼片基部不呈囊状；花白色，倒卵形至长圆形，顶端深凹；雄蕊花丝基部呈翅状；雌蕊长椭圆形，花柱短，柱头头状。长角果弯弓状线形。种子尚未成熟时椭圆形。花果期3月。

产于神农架木鱼、新华，生于海拔500m的悬崖石壁上。

2. 兴山堇叶芥 | Neomartinella xingshanensis Z. E. Zhao et Z. L. Ning

图108-45

多年生常绿草本。有主根。叶基生，顶端微凹，具凸尖，基部心形，边缘具圆齿，两面密被糙伏毛，掌状叶脉；叶柄被短柔毛。总状花序，被短柔毛，具7~13朵花；萼片长圆形；花瓣白色，倒心形，顶端凹陷，基部具爪；雄蕊6枚，四强；子房长椭圆形，柱头头状，胚珠20~30枚。长角果略呈镰刀状，顶端具喙；果柄瘦弱。种子每室2行，卵球形或球形。

产于神农架木鱼至兴山一线，生于海拔400m的悬崖石壁脚阴湿处。

图108-44　堇叶芥　　　　　　　　图108-45　兴山堇叶芥

18. 念珠芥属 Neotorularia Hedge et J. Léonard

一二年或多年生草本。具分枝毛或单毛。叶长圆形，具齿。萼片近直立，展开，基部不成囊状；花瓣白色、黄色或淡蓝色；雄蕊花丝细，分离，无齿；侧蜜腺半球形或半卵形，中蜜腺无；雌蕊子房无柄，花柱短或近无。长角果柱状，在种子间缢缩成念珠状；子房2室，每室种子1行。

14种。我国6种，湖北有1种，只产于神农架。

蚓果芥 | Neotorularia humilis (C. A. Meyer) Hedge et J. Léonard

图108-46

多年生草本。被二叉毛，并杂有三叉毛，毛的分枝弯曲。茎自基部分枝。基生叶窄卵形，早枯；下部的茎生叶变化较大，叶宽匙形至窄长卵形，顶端钝圆，基部渐窄，全缘。花序呈紧密伞房状；萼片长圆形，外轮较内轮窄；花瓣倒卵形或宽楔形，白色，顶端近截形或微缺，基部渐窄成爪；子房有毛。长角果筒状；花柱短，柱头2浅裂；果瓣被二叉毛。种子长圆形，橘红色。花期4~6月，果期8月。

产于神农架木鱼（老君山），生于海拔3000m的悬崖石缝中。

图108-46 蚓果芥

19. 锥果芥属 Berteroella O. E. Schulz

一二年生草本。具星状毛或三至四叉毛,毛具短柄。基部或上部分枝,分枝较细弱,上部呈波曲状。基生叶早枯,基生叶与下部的茎生叶有柄;叶匙状倒卵形,顶端急尖,基部渐窄,全缘,两面密被毛。花序伞房状,果期伸长;花梗细丝状;萼片密被星状毛。长角果连同针状花柱呈细锥状,表面的毛密于其他部分,呈灰白色。花期6~7月,果期8月。

单种属,分布于中国、日本及朝鲜,在湖北只分布于神农架。

锥果芥 | Berteroella maximowiczii (Palibin) O. E. Schulz 图108-47

特征见同属的描述。

产于神农架松柏(盘水),生于海拔800m的山坡栎林下。

20. 鼠耳芥属 Arabidopsis Heynhold

一二年或多年生草本。萼片斜向上展开;花瓣白色、淡紫色或淡黄色;雄蕊6枚,花丝无齿,花药长圆形或卵形;侧蜜腺环形或半环形,中蜜腺为瘤状,常与侧蜜腺汇合;雌蕊子房无柄(在 A. toxaphylla 有短柄),花柱短而粗,柱头扁头状。长角果近圆筒状,开裂;果瓣有一中脉与网状侧脉,隔膜有光泽。种子每室1行或2行,卵状,棕色。

9种。我国3种,湖北1种,神农架也有。

鼠耳芥 | Arabidopsis thaliana (Linnaeus) Heynhold 图108-48

一年生细弱草本。被单毛与分枝毛。茎上常有纵槽,上部无毛,下部被单毛,偶杂有二叉毛。基生叶莲座状,倒卵形或匙形,顶端钝圆或略急尖,基部渐窄成柄;茎生叶无柄,披针形、条形、长圆形或椭圆形。花序为疏松的总状花序;萼片长圆卵形,顶端钝,外轮的基部成囊状;花瓣白色，长圆条形，先端钝圆，基部线形。角果果瓣两端钝或钝圆，多为橘黄色或淡紫色。种子每室1行，卵形，小，红褐色。花果期4~6月。

产于兴山县，生于海拔200m的路边荒地中。

图108-47　锥果芥

图108-48　鼠耳芥

21．播娘蒿属Descurainia Webb et Berthelot

一年或二年生草本（国产的）。茎上部分枝。叶二至四回羽状分裂；下部叶有柄，上部叶近无柄。花序伞房状；花小而多，无苞片；萼片近直立，早落；花瓣黄色，卵形，具爪；雄蕊6枚，花丝基部宽；雌蕊圆柱形，花柱短，柱头呈扁压头状。长角果长圆筒状；果瓣有1~3脉。种子每室1~2行，细小，长圆形或椭圆形。

40种。我国1种，神农架也有。

播娘蒿 ｜ Descurainia sophia (Linnaeus) Webb ex Prantl 图108-49

一年生草本。茎直立，分枝多，常于下部成淡紫色。叶为三回羽状深裂，末端裂片条形或长圆形；下部叶具柄，上部叶无柄。花序伞房状，果期伸长；萼片直立，早落，长圆条形，背面有分叉细柔毛；花瓣黄色，长圆状倒卵形，具爪；雄蕊6枚，比花瓣长1/3。长角果圆筒状，无毛，稍内曲；果瓣中脉明显。种子形小，多数，长圆形，稍扁，淡红褐色。花期4~5月，果期5~6月。

图108-49　播娘蒿

产于神农架阳日（阳日湾，鄂神农架植考队34107），生于海拔600m的荒地中。

22. 山萮菜属 Eutrema R. Brown

多年生草本。叶为单叶，不裂；基生叶具长柄。萼片直立，外轮的宽长圆形或卵形，内轮的宽卵形，顶端钝；花瓣白色，卵形，顶端钝，基部具短爪；雄蕊花丝近基部变宽，花药长圆形；雌蕊花柱多数短，柱头扁头状，稍2裂。角果短，2室，开裂；果瓣中脉明显，常呈龙骨状隆起；假隔膜常穿孔。种子椭圆形。

9种。我国7种，湖北1种，神农架也有。

南山萮菜 ｜ Eutrema yunnanense Franchet   图108-50

多年生草本。根茎横卧，近地面处生数茎，直立或斜上升。茎生叶具柄，向上渐短；叶片长卵形或卵状三角形，顶端渐尖，基部浅心形，边缘有波状齿或锯齿。花序密集呈伞房状，果期伸长；花梗长5~10mm；萼片卵形；花瓣白色，长圆形，有短爪。角果长圆筒状，常翘起，两端渐窄；果瓣中脉明显；果梗纤细，向下反折。种子长圆形，褐色。花期3~4月。

产于神农架松柏、阳日，生于海拔600~1000m的溪边密林下。

图108-50　南山萮菜

109. 蛇菰科 | Balanophoraceae

一年生或多年生肉质草本，常寄生于植物的根上。根茎直立，圆柱形。叶退化呈鳞片状，无叶绿素和气孔，互生或轮生。花单性，同株或异株，小型，形成头状花序或肉穗花序；雄花常比雌花大，与雌花同序时，常混杂于雌花丛中或着生于花序顶部、中部或基部，花被存在时3~6裂，雄蕊与花被片同数而对生，在无花瓣花中仅1~2枚；雌花微小，无花被或花被与子房合生，子房上位，1~3室，花柱1~2枚，顶生，胚珠每室1枚。坚果小，有种子1枚。种子球形。

18属约50种。我国产2属13种，湖北产1属4种，神农架产1属4种。

蛇菰属 Balanophora J. R. Forster et G. Forster

肉质草本，寄生于其他植物根上，茎退化为块状茎。叶和苞片退化为鳞片，无叶绿素。肉穗花序雌雄同株，花序轴卵圆形、球形、穗状或圆柱状；花小，雌雄同株时，雄花与雌花混生；雄花常位于花序轴基部，较大，花被裂片3~6枚，雄蕊常与花被裂片同数且对生，聚药雄蕊；雌花密集于花序轴上，无花被，子房椭圆形，1室，花柱细长，宿存。果坚果状。

约19种。我国产12种，湖北产5种，神农架产4种。

分种检索表

1. 雄花3基数。
   2. 鳞片状叶在花茎上轮生，基部合生成筒鞘状·················1. 红菌 B. involucrata
   2. 鳞片状叶在花茎上交互对生或旋生，基部不合生·················2. 葛菌 B. harlandii
1. 雄花4~6基数。
   3. 雄花花被裂片4枚或6枚，其下面承托有短而不明显的苞片·········3. 多蕊蛇菰 B. polyandra
   3. 雄花花被裂片5枚或6枚，其下面无苞片·······················4. 疏花蛇菰 B. laxiflora

1. 红菌 | Balanophora involucrata J. D. Hooker   文王一枝笔   图109-1

寄生草本。高5~15cm。根茎肥厚，近球形，直径2.5~5.5cm，黄褐色，表面密集颗粒状小疣瘤和黄白色星芒状皮孔，顶端裂鞘2~4裂；花茎长3~10cm，直径0.6~1cm，大部呈红色；鳞苞片2~5枚，轮生，基部连合呈筒鞘状，顶端离生呈撕裂状，常包着花茎至中部。雌雄异株（序）；花序均呈卵球形，直径1.2~2cm；雄花3数，聚药雄蕊无柄；雌花子房卵圆形，有细长的花柱和子房柄。花期7~8月。

产于神农架各地，生于海拔1800~2800m的山坡林下。全草入药，为神农架四大名药之一。

2. 葛菌 | Balanophora harlandii J. D. Hooker   图109-2

寄生草本。高2.5~9cm。根茎扁球形，直径5~25cm，表面粗糙，呈脑状皱褶；花茎长

2～5.5cm，淡红色；鳞苞片5～10枚，红色或淡红色，长圆状卵形，长1.3～2.5cm，宽约8mm，聚生于花茎基部，呈总苞状。雌雄异株（序）；花序近球形；雄花序轴有凹陷的蜂窠状洼穴，雄花3数，聚药雄蕊有3枚花药；雌花的子房黄色，卵形，无柄，花柱丝状；附属体倒圆锥形，暗褐色。花期9～11月。

产于神农架各地，生于海拔1000～1500m的山坡林下。全草入药。

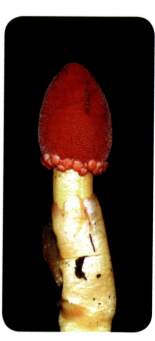

图109-1 红菌

图109-2 葛菌

3. 多蕊蛇菰 | Balanophora polyandra Griffith 图109-3

寄生草本。高5～25cm。全株带红色至橙黄色。根茎块茎状，常分枝，表面密被颗粒状小疣瘤；花茎深红色，长2.8～8cm，直径5～10mm；鳞苞片4～12枚，卵状长圆形，下部的旋生，上部互生，长约2cm，宽1～1.2cm。雌雄异株（序）；雄花序圆柱状，长12～15cm，雄花被裂片6枚，下有不明显的苞片，聚药雄蕊近圆盘状；雌花序卵圆形，长2～3cm；附属体倒圆锥形或近棍棒状。花期8～10月。

产于神农架低海拔地区宋洛、新华、木鱼（千家坪，杨仕煊 254），生于海拔500～1000m的山坡林下，寄生在葛属植物的根上。全草入药。

4. 疏花蛇菰 ｜ Balanophora laxiflora Hemsl.　图109-4

草本，高10～20cm，全株鲜红色至暗红色。根茎分枝近球形，长1～3cm，直径1～2.5cm，表面密被粗糙小斑点和皮孔；花茎长5～10cm；鳞苞片椭圆状长圆形，互生，8～14枚，基部几全包着花茎。雌雄异株（序）；雄花序圆柱状，长3～18cm，雄花被裂片通常5枚，下有明显的苞片，聚药雄蕊近圆盘状；雌花序卵圆形至长圆状椭圆形，长2～6cm；附属体棍棒状或倒圆锥尖状。花期9～11月。

产于神农架低海拔地区宋洛（冲坪—老君山，zdg 7005和zdg 7004）、新华。全草入药。

图109-3　多蕊蛇菰

图109-4　疏花蛇菰

110. 檀香科 | Santalaceae

草本、灌木或小乔木，有些为寄生或半寄生。单叶互生或对生，或退化呈鳞片状，全缘；无托叶。花两性或单性，雌雄异株，稀同株，集成聚伞花序、伞形花序、圆锥花序、总状花序、穗状花序或簇生；花被一轮，常肉质；雄花花被裂片3~4枚，雄蕊与花被裂片同数且对生，花药2室；雌花或两性花具下位或半下位子房，子房1室或5~12室，花柱常不分枝，胚珠1~3（5）枚，无珠被。核果或小坚果。种子1枚，无种皮，胚乳丰富。

约430属850种。我国产10属51种，湖北产5属8种，神农架产4属7种。

分属检索表

1. 寄生性或半寄生性灌木或亚灌木。
　　2. 具正常叶，叶对生；雌雄异株 ··· 3. 米面蓊属Buckleya
　　2. 叶退化呈鳞片状。
　　　　3. 雌雄同株；花药2室或1室 ··· 1. 栗寄生属Korthalsella
　　　　3. 雌雄同株或异珠；花药多室 ··· 2. 槲寄生属Viscum
1. 寄生性草本；叶互生；花两性 ··· 4. 百蕊草属Thesium

1. 栗寄生属 Korthalsella Tieghem

寄生性小灌木或亚灌木。茎通常扁平。叶退化呈鳞片状，对生。聚伞花序，腋生，初具花1朵，后熟性花陆续出现时，密集呈团伞花序；花单性，小型，雌雄同株；副萼无，花被萼片状；雄花萼片3枚，雄蕊与萼片对生，花药2室，聚合成球形的聚药雄蕊；雌花萼片3枚，子房1室，特立中央胎座，花柱缺。浆果椭圆状或梨形，具宿萼。种子1枚，胚乳丰富。

约25种。我国1种，神农架也有。

图110-1　栗寄生

栗寄生 | Korthalsella japonica (Thunberg) Engler　图110-1

亚灌木，高5～15cm。小枝扁平，通常对生，节间狭倒卵形至倒卵状披针形，7～17mm×3～6mm。叶退化呈鳞片状，成对合生呈环状。花淡绿色，基部被花；雄花花蕾时近球形，长约0.5mm，萼片3枚，三角形，聚药雄蕊扁球形；雌花花蕾时椭圆状，花托椭圆状，长约0.5mm，萼片3枚，阔三角形，柱头乳头状。果椭圆状或梨形，长约2mm，直径约1.5mm，淡黄色。花果期几全年。

产于神农架新华、阳日，生于海拔600～800m的山坡壳斗科植物上。茎叶入药。

2. 槲寄生属 Viscum Linnaeus

寄生性灌木或草本。茎具明显的节。叶对生，常退化为鳞片，无托叶，叶柄常不明显；叶片存在时，多是3～5脉，边缘全缘。圆锥花序、穗状花序或聚伞花序顶生或腋生，或单花；苞片不明显；花单性，雌雄同株或异株，2～4朵；花被萼片状，裂片离生；无副萼；雄蕊与花被片对生，花药多室，有时合生成聚药雄蕊；子房下位，1室，无真正胚珠，花柱短或无。浆果。种子1枚，具胚乳。

约70种。我国产12种，湖北产3种，神农架亦产。

分种检索表

1. 茎枝扁平。
　　2. 枝具纵肋5～7条；果橙红色或黄色·············1. 枫寄生 V. liquidambaricola
　　2. 枝具纵肋3条；果白色·············2. 扁枝槲寄生 V. articulatum
1. 茎枝圆柱形·············3. 棱枝槲寄生 V. diospyrosicola

1. 枫寄生 | Viscum liquidambaricola Hayata　图110-2

寄生性灌木。茎基部近圆柱状，枝和小枝均扁平；枝交叉对生或二歧地分枝，节间长2～4cm，宽4～8mm，干后边缘肥厚，纵肋5～7条，明显。叶退化呈鳞片状。聚伞花序，1～3个腋生，总苞舟形，具花1～3朵，通常仅具1朵雌花或雄花；雄花花蕾时近球形；雌花花蕾时椭圆状。果椭圆状，长5～7mm，直径约4mm，成熟时橙红色或黄色，果皮平滑。花果期4～12月。

产于神农架宋洛、古水、长坊、盘龙、红坪—九湖（板仓—坪堑，zdg 7274），生于海拔600～1000m的山坡壳斗科植物树枝上。茎叶及果实入药。

图110-2　枫寄生

2. 扁枝槲寄生 | Viscum articulatum N. L. Burman 图110-3

寄生性亚灌木。直立或披散。茎基部近圆柱状，枝和小枝均扁平；枝交叉对生或二歧地分枝，节间长1.5～2.5cm，宽2～3.5mm，干后边缘薄，具纵肋3条。叶退化呈鳞片状。聚伞花序，1～3个腋生，总苞舟形，具花1～3朵，中央1朵为雌花，侧生的为雄花；雄花花蕾时球形；雌花花蕾时椭圆状。果球形，直径3～4mm，白色或青白色，果皮平滑。花果期几全年。

产于神农架新华、兴山（兴山大峡口，T. P. Wang 11998），生于海拔300～500m的山坡壳斗科、女贞属植物树枝上。茎叶及果实入药。

图110-3　扁枝槲寄生

3. 棱枝槲寄生 | Viscum diospyrosicola Hayata 图110-4

亚灌木。高0.3～0.5m，直立或披散。枝交叉对生或二歧地分枝，位于茎基部或中部以下的节间近圆柱状，小枝的节间稍扁平，干后具明显的纵肋2～3条。幼苗期具叶2～3对，叶片薄革质，椭圆形或长卵形，长1～2cm，宽3.5～6mm，顶端钝，基部狭楔形；基出脉3条；成长植株的叶退化呈鳞片状。聚伞花序，1～3个腋生，总花梗几无；具花1～3朵；3朵花时中央1朵为雌花，侧生的为雄花，通常仅具1朵雌花或雄花；雄花花蕾时卵球形，萼片4枚，三角形，花药圆形，贴生于萼片下半部；雌花花蕾时椭圆状，基部具环状苞片或无，花托椭圆状，萼片4枚，三角形，柱头乳头状。果椭圆状或卵

图110-4　棱枝槲寄生

球形，黄色或橙色；果皮平滑。花果期4～12月。

产于神农架新华、宋洛（长坊峡口，鄂神农架植考队 23304），生于海拔500～1300m的山坡壳斗科植物树枝上。

3. 米面蓊属 Buckleya Torrey

半寄生落叶灌木。叶对生，无柄或有柄，全缘或近全缘。花单性异株；雄花为聚伞花序或伞形花序，雄花花被4裂，无苞片，雄蕊短，4枚；雌花常单生于枝顶，苞片4枚，叶状，与花被裂片互生，宿存，花被管与子房合生，花被裂片微小，4枚，子房下位，花柱短，柱头2～4裂，胚珠2～4枚。果为核果，顶端有苞片；苞片4枚。

约4种。我国产2种，湖北产2种，神农架亦产。

分种检索表

1. 叶片仅幼时被疏毛，边缘全缘 ·· 1. 米面蓊 B. henryi
1. 叶片两面被短毛，边缘有微小锯齿 ·· 2. 秦岭米面蓊 B. graebneriana

1. 米面蓊 | Buckleya henryi Diels 图110-5

半寄生灌木。枝被微柔毛。叶薄膜质，近无柄，下部叶呈阔卵形，上部叶呈披针形，长3～9cm，宽1.5～2.5cm，先端尾状渐尖，基部楔形，全缘；嫩时两面被疏毛。雄花序顶生或腋生，雄花被片和雄蕊各4枚；雌花1朵，顶生或腋生，花被漏斗形，苞片4枚，披针形。核果椭圆状或倒圆锥状，长1.5cm，直径约1cm，宿存苞片叶状，披针形，长可达4cm。花期6月，果期9～10月。

图110-5　米面蓊

产于神农架宋洛、阳日（板仓—阳日，zdg 6126）、新华、松柏（黄连架，zdg 7699），生于海拔500～1300m的山坡林中或沟谷中。果实入药，解食物中毒及有机磷中毒。

2. 秦岭米面蓊 | Buckleya graebneriana Diels 图110-6

半寄生小灌木。具锐尖卵圆形的芽。小枝被短刺毛。叶通常呈长椭圆形或倒卵状长圆形，长2～8cm，宽1～3cm，先端锐尖，基部楔形，边缘有微锯齿，两面被短刺毛；具短柄。花单性异株；雄花为顶生聚伞花序，花被裂片和雄蕊4枚；雌花单生于枝顶，叶状苞片和花被片均4枚，子房下位。核果椭圆状球形，长1～1.5cm，宽6～8mm，叶状苞片线状长可达2.5cm。花期4～5月，果期6～7月。

产于神农架宋洛、阳日（阳日湾茶园后山，236～6队 2787），生于海拔600m的山坡林中。

图110-6　秦岭米面蓊

4. 百蕊草属 Thesium Linnaeus

多年生或一年生半寄生草本，偶呈亚灌木状。叶互生，线形，具1~3脉，有时呈鳞片状。花小，两性；通常为总状花序，常集成圆锥花序式、小聚伞花序或单生于叶腋；苞片叶状；花被与子房合生，花被管钟状或管状，常5深裂；雄蕊5枚；子房下位，花柱长或短，柱头头状或不明显3裂；胚珠2~3枚。坚果小，顶端有宿存花被。种子的胚圆柱状，具胚乳。

约245种。我国产16种，湖北产3种，神农架产1种。

百蕊草 ｜ Thesium chinense Turczaninow　图110-7

多年生柔弱草本，高15~40cm。全株无毛。茎细长，簇生。叶线形，长1.5~3.5cm，宽0.5~1.5mm，先端渐尖。花单生于叶腋，具短梗；苞片1枚，线状披针形；小苞片2枚，线形；花绿白色，花被管呈管状，上部5裂，顶端锐尖，内弯；雄蕊5枚，不外露；子房无柄，花柱很短。坚果椭圆状球形，长或宽2~2.5mm，表面有明显、隆起的网脉，花被宿存。花期4~5月，果期6~7月。

产于神农架阳日（长青，zdg 5809）、新华，生于海拔500~700m的山坡草丛中。全草可入药。

图110-7　百蕊草

111. 桑寄生科 Loranthaceae

半寄生性灌木、亚灌木，稀小乔木，寄生于木本植物的茎或枝上，稀寄生于根部。单叶对生，稀互生或轮生，全缘或退化呈鳞片状；无托叶。花两性或单性，雌雄同株或异株，排成总状、穗状、聚伞状或伞形花序等，或单生；具苞片或小苞片；花托卵球形至坛状；具副萼；花被花瓣状，常4~6裂；雄蕊与花被片等数且对生，花药2~4室，纵裂；子房下位，1室，内有胚珠1枚，花柱短或无。浆果，稀核果。种子1，具胚乳。

约60~68属700~950种。我国产8属51种，湖北产3属10种，神农架有2属4种。

分属检索表

1. 花冠无冠管，穗状花序或总状花序，或为单花··············1. 桑寄生属 Loranthus
1. 花冠具冠管，花序伞形、总状或穗状··············2. 钝果寄生属 Taxillus

1. 桑寄生属 Loranthus Jacquin

寄生性灌木，无毛。叶对生或近对生，羽状脉。穗状花序顶生或腋生，花序轴在花着生处通常稍下陷；花两性或单性，5~6数，每朵花具苞片1枚；具环状副萼；花冠长不及1cm，花蕾时棒状或倒卵球形，直立，花瓣离生；雄蕊着生于花瓣上，花丝短，花药近球形或近双球形；子房1室，花柱柱状，柱头头状或钝。浆果卵球形或近球形，光滑。种子1枚，具胚乳。

约10种。我国产6种，湖北产2种，神农架产1种。

椆树桑寄生 Loranthus delavayi Tieghem 图111-1

寄生灌木，全株无毛。小枝散生皮孔。叶对生，卵形至长椭圆形，长6~10cm，宽3~3.5cm，先端圆钝或钝尖，基部阔楔形；侧脉5~6对，叶柄长0.5~1cm。穗状花序雌雄异株，1~3个腋生，长1~4cm；花单性，对生或近对生，黄绿色；苞片杓状，花托杯状，副萼环状；花瓣6枚。果椭圆状或卵球形，长约5mm，直径4mm；果皮平滑。花期1~3月，果期9~10月。

产于神农架新华、阳日、九湖（东溪至房县交界处，zdg 4280），寄生于海拔500~800m的山坡壳斗科植物树干上。茎叶入药。

2. 钝果寄生属 Taxillus Tieghem

寄生性灌木，嫩枝、叶通常被绒毛。叶对生或互生，羽状脉。常伞形花序，腋生，具花2~5朵；花4~5朵，每朵花具苞片1枚；花托椭圆状或卵球形，副萼环状；花冠在花蕾时管状，开花时顶部分裂，下面一裂缺较深，裂片4~5枚，反折；雄蕊着生于裂片的基部，花药4室；子房1室，花

图111-1　椆树桑寄生

柱线状，柱头通常头状。浆果椭圆状或卵球形，稀近球形，顶端具宿存副萼。种子1枚。

约25种。我国产15种5变种，湖北产7种，神农架产3种。

分种检索表

1. 叶互生或在短枝上簇生；花冠无毛···1. 松柏钝果寄生 T. caloreas
1. 叶对生或近对生，稀互生；花冠被毛。
　　2. 花蕾顶部椭圆状，花冠裂片披针形···2. 桑寄生 T. sutchuenensis
　　2. 花蕾顶部卵球形，花冠裂片匙形···3. 锈毛钝果寄生 T. levinei

1. 松柏钝果寄生 | Taxillus caloreas (Diels) Danser　图111-2

寄生性灌木，高达1m。嫩枝、叶密被褐色星状毛，后脱落，小枝具瘤体。叶互生或簇生于短枝上，近匙形或线形，长2~3cm，宽3~7mm，先端圆钝，基部楔形；叶柄长1~2.5mm。伞形花序1~2个腋生，具花2~3朵；苞片阔三角形形；花鲜红色，花托卵球形；副萼环状；花冠花蕾时管状。果近球形，长4~5mm，直径3~5mm；果皮具颗粒状体。花期7~8月，果期翌年4~5月。

产于神农架木鱼，寄生于神农架坛铁坚油杉树上。枝、叶为民间用药。

图111-2 松柏钝果寄生

2. 桑寄生 | Taxillus sutchuenensis (Lecomte) Danser

分变种检索表

1. 叶下面被褐色或红褐色绒毛·················· **2a. 桑寄生** T. sutchuenensis var. sutchuenensis
1. 叶下面被灰色绒毛·································· **2b. 灰毛桑寄生** T. sutchuenensis var. duclouxii

2a. 桑寄生（原变种）Taxillus sutchuenensis var. sutchuenensis 图111-3

寄生性灌木。嫩枝、叶密被红褐色星状毛。叶近对生，卵形或椭圆形，长5~8cm，宽3~4.5cm，先端圆钝，基部近圆形，上面无毛，下面被绒毛；侧脉4~5对；叶柄长6~12mm。总状花序，1~3个生于叶腋，具花2~5朵，密集呈伞形，密被褐色星状毛；花红色；花托椭圆状；副萼环状；花冠花蕾时管状。果椭圆状，长6~7mm，直径3~4mm；果皮具颗粒状体。花期6~8月，果期8~9月。

神农架广布（阳日长青，zdg 5766；板仓—坪堑，zdg 7287），生于海拔600~2000m的多种植物树上。茎叶及果实入药。

图111-3 桑寄生

2b. 灰毛桑寄生（变种）Taxillus sutchuenensis var. duclouxii (Lecomte) H. S. Kiu 图111-4

本变种的嫩枝、叶、花序和花均密被灰色星状毛，有时具散生叠生星状毛。成长叶卵形或长卵形，下面被灰色绒毛，侧脉6～7对。花序具花3～5朵。花期4～7月。

产于神农架低海拔地区，寄生于多种植物树上。全株入药。

图111-4　灰毛桑寄生

3. 锈毛钝果寄生 ｜ Taxillus levinei (Merrill) H. S. Kiu [Loranthus levinei Merrill]　图111-5

寄生性灌木。高达2m。嫩枝、叶、花序和花均密被锈色星状毛。叶互生或近对生，革质，长圆形，长4～10cm，宽2～4.5cm，先端圆钝，基部近圆形，上面无毛，下面被绒毛；叶柄长6～15mm。伞形花序，1～2个腋生，具花1～3朵；花红色，花托卵球形；副萼环状；花冠花蕾时管状，长2～2.2cm，顶部卵球形。果卵球形，长约6mm，直径4mm，黄色。花期9～12月，果期翌年4～5月。

产于神农架老君山，寄生于海拔600～1500m的壳斗科等植物树干上。茎叶入药。

图111-5　锈毛钝果寄生

112. 青皮木科 | Schoepfiaceae

小乔木或灌木。单叶互生。花两性，成腋生聚伞或总状花序；花萼小，下部与子房基部合生；花冠筒状或钟状，4~6裂；雄蕊着生于花冠管上，且与花冠裂片对生；子房半下位，柱头3浅裂。核果，果时与增大花萼合生。

约23~27属180~250种。我国产5属10种，湖北产1属1种，神农架也产。

青皮木属 Schoepfia Schreber

小乔木或灌木。单叶互生。花两性，成腋生聚伞或总状花序；萼小，下部与子房基部合生；花冠筒状或钟状，4~6裂；雄蕊与花冠裂片同数，着生于花冠管上，且与花冠裂片对生；子房半下位，半埋在肉质隆起的花盘中，下部3室、上部1室，每室具1枚胚珠，自特立中央胎座顶端向下悬垂，柱头3浅裂。核果，果时与增大花萼合生。

约30种。我国产4种，湖北产1种，神农架也产。

青皮木 | Schoepfia jasminodora Siebold et Zuccarini   图112-1

落叶小乔木。叶纸质，卵形，长3.5~10cm，宽2~5cm，先端渐尖，基部截形，全缘，两面无毛；具短柄。花常3~9朵排成聚伞状或总状花序；花萼杯状；花冠钟形，花白色或浅黄色，长5~7mm，宽3~4mm，先端4~5裂；雄蕊与花冠裂片同数；子房半下位，柱头3裂，常伸出花冠外。果椭圆形，长约1~1.2cm，直径5~8mm，成熟时紫黑色。花期3~5月，果期4~6月。

产于神农架木鱼、宋洛、新华、阳日，生于海拔650~1700m的山坡林中。观花树种；幼枝入药。

图112-1　青皮木

113. 柽柳科 Tamaricaceae

乔木或灌木。叶互生，多呈鳞片状无柄。花通常集成总状、圆锥状、穗状花序，多为两性；萼片4~5枚，宿存；花瓣4~5枚；下位花盘；雄蕊4枚、5枚或多数，生于花盘上，分离或基部合生；雌蕊1枚，子房上位，1室，稀具不完全隔膜，侧膜胎座或基生胎座；胚珠多数，花柱3~5枚，分离或基部合生。蒴果。种子顶端具芒柱；芒柱全部或中部以上被柔毛。

3属约110种。我国产3属32种，湖北产2属2种，神农架亦产。

分属检索表

1. 雄蕊10，花丝基部或下半部合生成筒 ················· 1. 水柏枝属 Myricaria
1. 雄蕊4~5，花丝分离 ································· 2. 柽柳属 Tamarix

1. 水柏枝属 Myricaria Desvaux

落叶灌木，稀为半灌木，直立或匍匐。单叶，互生，无柄，通常密集排列于当年生绿色幼枝上，全缘，无托叶。花两性，集成顶生或侧生的总状花序或圆锥花序；苞片具宽或狭的膜质边缘；花有短梗；花萼深5裂，裂片常具膜质边缘；花瓣5枚，倒卵形、长椭圆形或倒卵状长圆形，常内曲，先端圆钝或具微缺刻，粉红色、粉白色或淡紫红色，通常在果时宿存；雄蕊10，5长5短相间排列；花药2室，纵裂，黄色；雌蕊由3枚心皮组成，子房具3棱，基底胎座，胚珠多数，柱头头状，3浅裂。蒴果1室，3瓣裂。种子多数，顶端具芒柱；芒柱全部或一半以上被白色长柔毛；无胚乳。

约13种。我国约产10种，湖北产1种，神农架也产。

疏花水柏枝 Myricaria laxiflora (Franchet) P. Y. Zhang et Y. J. Zhangi 图113-1

直立灌木。高约1.5m。老枝红褐色或紫褐色，光滑，当年生枝绿色或红褐色。叶密生于当年生绿色小枝上，叶披针形或长圆形，长2~4mm，宽0.8~1mm，先端钝或锐尖，常内弯，基部略扩展，具狭膜质边。总状花序通常顶生，长6~12cm，较稀疏；苞片披针形或卵状披针形，长约4mm，宽约1.5mm，渐尖，具狭膜质边；花梗长约2mm；萼片披针形或长圆形，长2~3mm，宽约1mm，先端钝或锐尖，具狭膜质边；花瓣倒卵形，长5~6mm，宽2mm，粉红色或淡紫色；子房圆锥形。蒴果狭圆锥形。种子顶端芒柱一半以上被白色长柔毛。花果期6~8月。

产于巴东县，生于海拔200m以下的河岸边。

2. 柽柳属 Tamarix Linnaeus

灌木或乔木。叶鳞片状，互生，抱茎或呈鞘状。花集成总状花序或圆锥花序；花萼深4~5裂，宿存；花瓣与花萼裂片同数；雄蕊4~5枚，或为多数，分离；雌蕊1枚，子房上位，胚珠多数，花柱

3～4枚，柱头短，头状。蒴果，室背三瓣裂。种子多数，细小；顶端的芒柱全部被白色的长柔毛。90种。我国约产18种，湖北产1种，神农架也有栽培。

柽柳 | Tamarix chinensis Loureiro 春杨柳，西湖柳 图113-2

小乔木或灌木。幼枝下垂，暗紫红色。叶鳞片状，钻形或卵状披针形，背面有棱脊。总状花序；花5基数；苞片1枚，线状长圆形；萼片狭长卵形；花瓣卵状椭圆形，粉红色，宿存；花盘5裂；雄蕊5枚；花柱3枚，棍棒状。蒴果。花期6～9月，果期6～10月。

原产于我国华北，神农架松柏有栽培。园林观赏树木；嫩枝、叶能入药。

图113-1　疏花水柏枝

图113-2　柽柳

114. 白花丹科 | Plumbaginaceae

草本、小灌木或攀援植物。叶旋叠状或互生。花两性，辐射对称，排成穗状、头状或圆锥状花序；萼基部有苞片，管状或漏斗状，5齿裂，具5~15棱，常干膜质；花冠通常合瓣，管状，或仅于基部合生，裂片5枚；雄蕊5枚，与花瓣对生，下位或着生于冠管上；子房上位，1室，有胚珠1枚；花柱5枚，分离或合生。果包藏于萼片内，开裂或不开裂。

25属440种。我国产7属46种，湖北产1属1种，神农架也产。

白花丹属 Plumbago Linnaeus

灌木、半灌木或多年生草本。叶互生，叶片宽阔。花序由枝或分枝延伸而成，小穗在枝上部排列成穗状花序；花冠高脚碟状；子房椭圆形、卵形至梨形。蒴果先端常有花柱基部残存而成的短尖。种子椭圆形至卵形。

17种。我国产2种，湖北产1种，神农架亦产。

白花丹 | Plumbago zeylanica Linnaeus 图114–1

常绿半灌木。高1~3m，直立，多分枝。叶薄，通常长卵形。穗状花序通常含25~70枚花；苞片狭长卵状三角形至披针形；花萼先端有5枚三角形小裂片；花冠白色或微带蓝白色；子房椭圆形。蒴果长椭圆形，淡黄褐色。种子红褐色。花期10月至翌年3月，果期12月至翌年4月。

原产于我国华南地区，神农架有栽培或逸为野生状态。根和叶入药；花供观赏。

图114–1　白花丹

115. 蓼科 | Polygonaceae

草本，稀灌木。茎直立或缠绕，节通常膨大。单叶互生，稀对生或轮生全缘，偶分裂；托叶常联合成膜质托叶鞘。花序穗状、总状、头状或圆锥状；花小，两性，稀单性，雌雄异株或同株，辐射对称；花梗通常具关节；花被3~5深裂；雄蕊常6~9枚，离生或基部贴生，花药背着，2室，纵裂；子房上位，1室，心皮通常3枚，稀2~4枚，合生，花柱2~3裂，稀4裂，柱头头状、盾状或画笔状，胚珠1枚，直生。瘦果卵形或椭圆形，具3棱或双凸镜状，有时具翅或刺。

约50属1120种，世界性分布，主产于北温带。我国产13属238种，湖北产9属85种，神农架产9属57种。

分属检索表

1. 有叶草本或半灌木；托叶鞘正常且显著。
   2. 瘦果无翅。
      3. 花被片6枚；柱阔头画笔状 ·· **1. 酸模属Rumex**
      3. 花被片（4~）5枚；柱头头状。
         4. 花柱2裂，果时伸长、硬化，顶端呈钩状，宿存 ············ **2. 金线草属Antenoron**
         4. 花柱3（2）裂，果时非上述情况。
            5. 花被片外面3枚，果时增大，背部具翅或龙骨状凸起。
               6. 茎缠绕；花两性；柱头头状 ·· **3. 何首乌属Fallopia**
               6. 茎直立；花单性，雌雄异株；柱头流苏状 ············ **4. 虎杖属Reynoutria**
            5. 茎直立；花被果时不增大，稀增大呈肉质。
               7. 瘦果具3棱，明显比宿存花被长，稀近等长 ············ **5. 荞麦属Fagopyrum**
               7. 瘦果具3棱或凸镜状，比宿存花被短，稀较长 ············ **6. 蓼属Polygonum**
   2. 瘦果具翅。
      8. 直立草本；花被片6枚；瘦果基部无角状附属物 ············ **7. 大黄属Rheum**
      8. 草质藤本；花被片5枚；瘦果基部具角状附属物 ············ **8. 红药子属Pteroxyonum**
1. 有叶或无叶灌木；枝扁平；托叶鞘退化为横线条状 ············ **9. 竹节蓼属Homalocladium**

1. 酸模属Rumex Linnaeus

一年生或多年生草本，稀为灌木。根通常粗壮。茎常具沟槽。叶基生和茎生，茎生叶全缘或波状，托叶鞘膜质，易破裂而早落。花序圆锥状，多花簇生成轮；花两性，稀单性异株；花梗具关节；花被片6枚，外轮3枚果时不增大，内轮3枚果时增大，边缘具齿或针刺；雄蕊6枚；子房1室，卵形，具3棱，具1枚胚珠，花柱3裂，柱头画笔状。瘦果三棱形。

约200种。我国产27种，湖北产14种，神农架产9种。

分种检索表

1. 多年生草本。
    2. 花单性异株；基生叶和下部茎生叶基部戟形或箭形。
        3. 基生叶或茎下部叶戟形；根状茎横走 ················· 1. 小酸模 R. acetosella
        3. 基生叶或茎下部叶箭形；无根状茎 ··················· 2. 酸模 R. acetosa
    2. 花两性；基生叶和下部茎生叶基部为其他形状。
        4. 内花被片果时边缘近全缘。
            5. 叶披针形或长圆状披针形，基部楔形 ············· 4. 皱叶酸模 R. crispus
            5. 叶长圆状披针形，基部圆形或近心形 ············· 5. 巴天酸模 R. patientia
        4. 内花被片果时边缘具齿或刺状齿。
            6. 内花被片有明显的牙齿，果时全部具瘤状凸起 ······· 6. 羊蹄 R. japonicus
            6. 内花被片果时一部或全部具瘤状凸起，边缘具刺状齿。
                7. 内花被片果时齿长0.8～1.5mm ················ 7. 钝叶酸模 R. obtusifolius
                7. 内花被片果时刺状齿长2～3mm ··············· 8. 尼泊尔酸模 R. nepalensis
1. 一年或二年生草本。
    8. 内花被片果时边缘具1对长约4mm的刺针 ··············· 9. 长刺酸模 R. trisetifer
    8. 内花被片果时边缘具3～5对刺状齿 ··················· 3. 齿果酸模 R. dentatus

1. 小酸模 | Rumex acetosella Linnaeus 图115-1

多年生草本。高15～35cm。根状茎木质化。下部叶戟形，中裂片披针形，长2～4cm，宽3～10mm，先端急尖，基部两侧的裂片伸展或向上弯曲，全缘，两面无毛；叶柄长2～5cm；托叶鞘膜质。圆锥花序顶生，花单性，雌雄异株；具2～7花；雄花内花被片椭圆形，果时不增大；外花被片披针形，果时不反折；雄蕊6枚。瘦果宽卵形，具3棱。花期6～7月，果期7～8月。

产于神农架九湖乡（大界岭至下谷），生于海拔1500m的山坡草丛干燥处。

图115-1 小酸模

2. 酸模 | Rumex acetosa Linnaeus 图115-2

多年生草本。高40~100cm。通常不分枝。基生叶和茎下部叶箭形，长3~12cm，宽2~4cm，先端急尖或圆钝，基部裂片急尖，全缘或微波状；叶柄长2~10cm；茎上部叶较小，具短柄或无柄；托叶鞘膜质。花序狭圆锥状，顶生；花单性，雌雄异株；花梗中部具关节；花被片6枚，雄蕊6枚；雌花内花被片果时增大，外花被片反折。瘦果椭圆形，具3锐棱。花期5~7月，果期6~8月。

产于神农架各地（阳日长青，zdg 5734），生于海拔2200m以上的山坡草丛。全草入药。

图115-2 酸模

3. 齿果酸模 | Rumex dentatus Linnaeus 图115-3

一年生草本，高30~70cm。茎下部叶长圆形，长4~12cm，宽1.5~3cm，先端圆钝或急尖，基部圆形或近心形，边缘浅波状；茎生叶较小，叶柄长1.5~5cm。总状花序顶生和腋生，再组成圆锥状花序，花轮状排列，间断；花梗中下部具关节；外花被片椭圆形，内花被片果时增大，三角状卵形，全部具小瘤，边缘每侧具3~5对刺齿。瘦果卵形，具3棱。花期5~6月，果期6~7月。

产于神农架各地，生于路边荒地。全草入药。

4. 皱叶酸模 | Rumex crispus Linnaeus 图115-4

多年生草本，高50~120cm。基生叶披针形或狭披针形，长10~25cm，宽2~5cm，先端急尖，基部楔形，边缘皱波状；茎生叶较小，狭披针形；叶柄长3~10cm；托叶鞘膜质。花序狭圆锥状，花两性；花梗中下部具关节，关节果时稍膨大；花被片6枚，外花被片椭圆形，内花被片果时增大，边缘近全缘，常具小瘤。瘦果卵形，顶端急尖，具3锐棱。花期5~6月，果期6~7月。

产于神农架宋洛、新华，生于海拔1100~1900m的山坡、沟边草丛中。全草入药。

图115-3　齿果酸模

图115-4　皱叶酸模

5. 巴天酸模 | Rumex patientia Linnaeus 图115-5

多年生直立草本，高可达150cm，根肥厚。基生叶长圆形，长15～30cm，宽5～10cm，先端急尖，基部圆形或近心形，边缘波状；叶柄长5～15cm；茎上部叶披针形，较小；膜质托叶鞘筒状。花序圆锥状，花两性；花梗中下部具关节，关节果时稍膨大；外花被片长圆形，内花被片果时增大，全部或一部具小瘤。瘦果卵形，具3锐棱。花期5～6月，果期6～7月。

产于神农架红坪、九湖，生于海拔1600～1800m的山坡、路边。根可入药。

图115-5　巴天酸模

6. 羊蹄 | Rumex japonicus Houttuyu 图115-6

多年生草本。茎直立，高50～100cm。基生叶长圆形或披针状长圆形，长8～25cm，宽3～10cm，顶端急尖，基部圆形或心形，边缘微波状；茎上部叶狭长圆形；叶柄长2～12cm；托叶鞘膜质。花序圆锥状，花两性，轮生；花梗中下部具关节；花被片6枚，外花被片椭圆形，内花被片果时增大。瘦果宽卵形，具3锐棱，两端尖，暗褐色，有光泽。花期5～6月，果期6～7月。

产于神农架宋洛、新华、阳日、神农谷（zdg 6824），生于海拔400～700m的路边荒地中。根和叶可入药；叶作饲料。

图115-6　羊蹄

7. 钝叶酸模 | Rumex obtusifolius Linnaeus 图115-7

多年生草本。高60～120cm。基生叶长圆状卵形，长15～30cm，宽6～15cm，先端钝圆或稍尖，基部心形，边缘微波状，上面无毛，下面疏生小凸起；叶柄长6～12cm；托叶鞘膜质；茎生叶较小。花序圆锥状具叶；花两性，密集成轮；花梗中下部具明显关节；外花被片狭长圆形，内花被片果时增大，狭三角状卵形，边缘每侧具2～3枚刺齿。瘦果卵形，具3锐棱。花期5～6月，果期6～7月。

神农架多为栽培。根可入药。

图115-7 钝叶酸模

8. 尼泊尔酸模 | Rumex nepalensis Sprengel 图115-8

多年生草本。高60～120cm。基生叶长圆状卵形，长15～30cm，宽6～15cm，先端钝圆或稍尖，基部心形，边缘微波状，上面无毛，下面疏生小凸起；茎生叶较小；叶柄长6～12cm；托叶鞘膜质。花序圆锥状，具叶；花两性，密集成轮；花梗中下部具明显关节；外花被片狭长圆形，内花被片果时增大，狭三角状卵形，边缘每侧具2～3枚刺齿。瘦果卵形，具3棱。花期5～6月，果期6～7月。

产于神农架各地，生于海拔800～1900m的山坡沟边草丛中。根入药。

图115-8 尼泊尔酸模

9. 长刺酸模 | Rumex trisetifer Stokes 图115-9

一年生草本。高30～80cm。茎下部叶长圆形，长8～20cm，宽2～5cm，先端急尖，基部楔形，边缘波状，上部叶较小；叶柄长1～5cm；托叶鞘膜质。总状花序组成大型圆锥状花序。花两性，轮生；花梗近基部具关节；花被片6枚，外花被片披针形，内花被片果时增大，狭三角状卵形，全部具小瘤，每侧具1枚针刺，针刺长3～4mm。瘦果椭圆形，具3棱。花期5～6月，果期6～7月。

产于神农架各地（松柏八角庙村，zdg 7124），生于海拔1300m以下的河边、稻田中。全草入药。

图115-9 长刺酸模

2. 金线草属 Antenoron Rafinesque

多年生草本。根状茎粗壮。茎直立，不分枝或上部分枝。叶互生，叶片椭圆形或倒卵形；托叶鞘膜质。总状花序呈穗状，顶生或腋生；花两性，花被4深裂；雄蕊5枚；花柱2裂，果时伸长，硬化，顶端呈钩状，宿存。瘦果卵形，双凸镜状。

约3种。我国产3种，湖北产1种，神农架也产。

1. 金线草 | Antenoron filiforme (Thunberg) Roberty et Vautier

分变种检索表

1. 茎有细长柔毛	1a. 金线草 A. filiforme var. filiforme
1. 茎无毛或有稀疏短柔毛	1b. 短毛金线草 A. filiforme var. neofiliforme

1a. 金线草（原变种）Antenoron filiforme var. filiforme　图115-10

多年生直立草本。高达80cm。根状茎粗壮。茎具糙伏毛，有纵沟，节部膨大。叶椭圆形，长6～15cm，宽4～8cm，先端渐尖，基部楔形，全缘，两面均具糙伏毛；叶柄长1～1.5cm；托叶鞘筒状，长5～10mm。总状花序呈穗状，通常数个，花排列稀疏；花被4深裂，红色，花被片卵形，果时稍增大；雄蕊5枚；花柱2裂，宿存。瘦果卵形，褐色，长约3mm，包于宿存花被内。花期7～8月，果期9～10月。

产于神农架各地，生于海拔2200m以下的山坡林下。根状茎入药。

图115-10　金线草

1b. 短毛金线草（变种）Antenoron filiforme var. neofiliforme (Nakai) A. J. Li　图115-11

本变种与原变种的主要区别：叶先端长渐尖，叶两面疏生短糙伏毛。

产于神农架各地（官门山，zdg 7581），生于海拔1600m以下的山坡林下。根状茎入药。

图115-11　短毛金线草

3. 何首乌属 Fallopia Adanson

一年生或多年生草本，稀半灌木。茎缠绕。叶互生、卵形或心形，具叶柄；托叶鞘筒状，顶端截形或偏斜。花序总状或圆锥状，顶生或腋生；花两性，花被5深裂，外面3枚具翅或龙骨状凸起，果时增大，稀无翅或无龙骨状凸起；雄蕊通常8枚，花丝丝状，花药卵形；子房药卵形，具3棱，花柱3裂，较短，柱头头状。瘦果卵形，具3棱，包于宿存花被内。

约9种。我国产8种，湖北产5种，神农架产3种。

分种检索表

1. 一年生草本，花序总状 ············· 1. 齿翅首乌 F. dentatoalata
1. 多年生草本，花序圆锥状。
   2. 叶通常簇生 ················· 2. 木藤首乌 F. aubertii
   2. 叶通常单生 ················· 3. 何首乌 F. multiflora

1. 齿翅首乌 | Fallopia dentatoalata (F. Schmidt) Holub 图115–12

一年生草本。茎缠绕，长1~2m，分枝，无毛，具纵棱，沿棱密生小凸起，有时茎下部小凸起脱落。叶卵形或心形，长3~6cm，宽2.5~4cm，顶端渐尖，基部心形，两面无毛。花序总状，腋生或顶生，长4~12cm，花排列稀疏，间断，具小叶；苞片漏斗状，膜质，偏斜，顶端急尖，无缘毛，每苞内具4~5花；花被5深裂，红色；花被片外面3枚，背部具翅，果时增大，翅通常具齿，基部沿花梗明显下延；花被果时外形呈倒卵形；雄蕊8，比花被短；花柱3，极短。瘦果椭圆形，具3棱，黑色，密被小颗粒，微有光泽，包于宿存花被内。花期7~8月，果期9~10月。

产于神农架林区（宋洛公社前进大队，鄂神农架队 22123），生于海拔1500m的山坡疏林地。

图115–12　齿翅首乌

2. 木藤首乌 | Fallopia aubertii (L. Henry) Holub 图115-13

半灌木。茎缠绕，长1~4m，灰褐色，无毛。叶簇生稀互生，叶片长卵形或卵形，长2.5~5cm，宽1.5~3cm，近革质，顶端急尖，基部近心形，两面均无毛；托叶鞘膜质，偏斜，褐色，易破裂。花序圆锥状，少分枝，稀疏，腋生或顶生，花序梗具小凸起；苞片膜质，每苞内具3~6花；花梗下部具关节；花被5深裂，淡绿色或白色，花被片外面3枚较大，背部具翅，果时增大，基部下延；花被果时外形呈倒卵形；雄蕊8，比花被短，花丝中下部较宽，基部具柔毛；花柱3，极短。瘦果卵形，具3棱，黑褐色，密被小颗粒，微有光泽，包于宿存花被内。花期7~8月，果期8~9月。

产于神农架林区宋洛（鄂植考队 25299），生于海拔1300m的山坡疏林地。

图115-13　木藤首乌

3. 何首乌 | Fallopia multiflora (Thunberg) Haraldson

多年生缠绕草本。块根肥厚。叶卵形或长卵形，长3~7cm，宽2~5cm，先端渐尖，基部心形，全缘；叶柄长1.5~3cm；托叶鞘膜质，长3~5mm。花序圆锥状，长10~20cm，分枝开展；苞片三角状卵形，每苞内具2~4朵花；花梗下部具关节，果时延长；花被5深裂，白色或淡绿色；雄蕊8枚；花柱3裂。瘦果卵形，具3棱，长2.5~3mm，包于宿存花被内。花期8~9月，果期9~10月。

产于神农架各地，生于海拔800m以下的山坡林缘、地边。

分变种检索表

1. 叶背面光滑，无小凸起···3a. 何首乌 F. multiflora var. multiflora
1. 叶背面沿脉具小凸起···3b. 毛脉蓼 F. multiflora var. cillinerve

3a. 何首乌（原变种）Fallopia multiflora var. multiflora 图115-14

多年生草本。块根肥厚，长椭圆形，黑褐色。茎缠绕，长2~4m，多分枝，具纵棱，无毛，微粗糙，下部木质化。叶卵形或长卵形，长3~7cm，宽2~5cm，顶端渐尖，基部心形或近心形，两面粗糙，边缘全缘。花序圆锥状，顶生或腋生，分枝开展；苞片三角状卵形，每苞内具2~4花；花被5深裂，白色或淡绿色，花被片椭圆形，大小不相等，外面3枚较大且背部具翅，果时增大，花被果时外形近圆形；雄蕊8枚，花丝下部较宽；花柱3枚，极短。瘦果卵形，具3棱，黑褐色，有光泽，包于宿存花被内。花期8~9月，果期9~10月。

产于神农架各地，生于海拔800m以下的山坡林缘、地边。块根、茎藤入药；叶可作茶叶。

图115-14　何首乌

3b. 毛脉蓼（变种）Fallopia multiflora var. cillinerve (Nakai) A. J. Li 图115-15

本变种与原变种的主要区别：叶下面沿叶脉具乳头状凸起。

产于神农架红坪（红桦，zdg 7799）、松柏，生于海拔800~2200m的屋边、路边。

图115-15　毛脉蓼

4. 虎杖属 Reynoutria Houttuyn

多年生草本。根状茎横走；茎直立，中空。叶互生，卵形或卵状椭圆形，全缘，具叶柄；托叶鞘膜质，偏斜，早落。花序圆锥状，腋生；花单性，雌雄异株，花被5深裂；雄蕊6～8枚；花柱3裂，柱头流苏状；雌花花被片外面3枚果时增大，背部具翅。瘦果卵形，具3棱。

约3种，分布于东亚。我国1种，神农架也有。

虎杖 ｜ Reynoutria japonica Houttuyn　图115-16

多年生直立草本。高1～2m。根状茎横走；茎空心，散生紫红斑点。叶宽卵形或卵状椭圆形，长5～12cm，宽4～9cm，先端渐尖，基部宽楔形，全缘；叶柄长1～2cm；托叶早落。花序圆锥状，雌雄异株；苞片漏斗状，每苞具2～4朵花；花梗中下部具关节；花被5深裂，雄蕊8枚；雌花花被片外面3片背部具下延翅，果时增大，花柱3裂。瘦果卵形，具3棱。花期8～9月，果期9～10月。

产于神农架各地，生于海拔2500m以下的山谷、河边。根状茎入药；嫩茎可食。

图115-16　虎杖

5. 荞麦属 Fagopyrum Miller

一年生或多年生草本，稀半灌木。茎直立，无毛或具短柔毛。叶三角形、心形、宽卵形、箭形或线形；托叶鞘膜质，偏斜，顶端急尖或截形。花两性，花序总状或伞房状；花被5深裂，果时不增大；雄蕊8枚，排成2轮，外轮5枚，内轮3枚；花柱3裂，柱头头状，花盘腺体状。瘦果具3棱，比宿存花被长。

约15种。我国10种，湖北4种，神农架也有。

分种检索表

1. 多年生草本；根、茎显著木质化，形成块状 ·················· 1. 金荞麦 F. dibotrys
1. 一年生草本；根为须根。
    2. 瘦果为锥状三棱形，表面常有沟槽 ·················· 2. 苦荞麦 F. tataricum
    2. 瘦果平滑，棱角锐利，全缘。
        3. 花序稀疏，间断；花梗顶部具关节 ·················· 3. 细柄野荞麦 F. gracilipes
        3. 花序紧密，不间断，花梗无关节 ·················· 4. 荞麦 F. esculentum

1. 金荞麦 | Fagopyrum dibotrys (D. Don) Hara　图115-17

多年生直立草本。高达100cm。根状茎木质化。叶三角形，长4~12cm，宽3~11cm，先端渐尖，基部近戟形，边缘全缘；叶柄长可达10cm；托叶鞘筒状，膜质。花序伞房状；苞片卵状披针形，每苞内具2~4朵花；花梗中部具关节；花被5深裂，白色，花被片长椭圆形，雄蕊8枚，花柱3裂。瘦果宽卵形，具3锐棱。花期7~9月，果期8~10月。

产于神农架各地（阳日长青，zdg 5607），生于山谷林缘、溪边、坎边。块根入药。

图115-17　金荞麦

2. 苦荞麦 | Fagopyrum tataricum (Linnaeus) Gaertner　图115-18

一年生直立草本。高达70cm。叶宽三角形，长2~7cm，宽2.5~8cm；下部叶具长叶柄；托叶鞘偏斜。花序总状，花排列稀疏；苞片卵形，每苞内具2~4朵花，花梗中部具关节；花被5深裂，白色或淡红色；雄蕊8枚，花柱3裂，柱头头状。瘦果长卵形，具3棱及3条纵沟，上部棱角锐利，下部圆钝有时具波状齿。花期6~9月，果期8~10月。

产于神农架各地，栽培或逸生。根及根状茎入药；果实淀粉可食；果实可作茶饮。

图115-18　苦荞麦

3. 细柄野荞麦｜Fagopyrum gracilipes (Hemsley) Dammer ex Diels　图115-19

一年生直立草本。高达70cm。疏被短糙伏毛。叶卵状三角形，长2~4cm，宽1.5~3cm，先端渐尖，基部心形；下部叶叶柄长1.5~3cm；托叶鞘膜质，具短糙伏毛。花序总状，极稀疏，长2~4cm，花序梗细弱，俯垂；苞片漏斗状，每苞内具2~3朵花；花梗顶部具关节；花被5深裂，淡红色，果时花被稍增大；雄蕊8枚，花柱3裂。瘦果宽卵形，具3锐棱。花期6~9月，果期8~10月。

产于神农架各地（松柏八角庙村，zdg 7181），生于海拔1400~1600m的荒地中。全草及种子入药。

图115-19　细柄野荞麦

4. 荞麦 | Fagopyrum esculentum Moench　图115-20

一年生直立草本。叶三角形，长2.5～7cm，宽2～5cm，先端渐尖，基部心形，两面沿叶脉具乳头状凸起；下部叶具长叶柄；托叶鞘膜质，短筒状，长约5mm。花序总状或伞房状，顶生或腋生；苞片卵形，每苞内具3～5朵花；花梗无关节，花被5深裂，白色或淡红色；雄蕊8枚，花柱3裂。瘦果卵形，具3锐棱，先端渐尖，长5～6mm。花期5～9月，果期6～10月。

神农架各地有栽培（松柏八角庙村，zdg 7154）。茎叶入药；果实淀粉可食。

图115-20　荞麦

6. 蓼属 Polygonum Linnaeus

草本，稀半灌木或小灌木。茎直立、匍匐或缠绕，节部常膨大。单叶互生，全缘，稀分裂；托叶鞘膜质，筒状，稀成叶状包茎或2裂。花序穗状、总状、头状或圆锥状，顶生或腋生，稀簇生于叶腋；花两性，稀单性；花梗具关节；花被5深裂，宿存；雄蕊常8枚；子房三棱形或扁平；花柱2～3裂，基部多少合生。瘦果卵形，具3棱或双凸镜状，包于宿存花被内或凸出花被之外。

约230种。我国产113种，湖北省产54种，神农架有药用植物34种。

分种检索表

1. 叶柄无关节；花多数，组成总状、头状或圆锥状花序。
　　2. 茎、叶柄具倒生皮刺。
　　　　3. 叶卵圆形、长圆形至披针形。

4．圆锥花序分枝疏散，细长 ·· 17．稀花蓼 P. dissitiflorum
4．总状花序穗状或头状。
　　5．叶长圆状披针形，基部箭形 ···································· 18．箭叶蓼 P. sieboldii
　　5．叶卵圆形或卵状长椭圆形，基部宽楔形至心形 ········ 19．小蓼花 P. muricatum
3．叶三角形、三角状箭形或戟形。
　　6．叶三角形或三角状箭形。
　　　　7．叶柄盾状着生 ·· 20．杠板归 P. perfoliatum
　　　　7．叶柄非盾状着生。
　　　　　　8．托叶鞘上部扩展成向外反展的叶状翅 ·········· 21．刺蓼 P. senticosum
　　　　　　8．托叶鞘上部有三角状披针形的叶状翅 ·········· 22．大箭叶蓼 P. darrisii
　　6．叶戟形，叶柄有狭翅 ·· 23．戟叶蓼 P. thunbergii
2．茎、叶柄无倒生皮刺。
　　9．花序圆锥状 ·· 10．松林神血宁 P. pinetorum
　　9．花序非圆锥状。
　　　　10．花序头状。
　　　　　　11．一年生草本。
　　　　　　　　12．花序梗具腺毛。
　　　　　　　　　　13．叶疏生透明腺点，苞片无毛 ············ 3．尼泊尔蓼 P. nepalense
　　　　　　　　　　13．叶无腺点，苞片具腺毛 ···················· 30．冰川蓼 P. glaciale
　　　　　　　　12．花序梗无腺毛。
　　　　　　　　　　14．花被5深裂 ·· 16．蓝药蓼 P. cyanandrum
　　　　　　　　　　14．花被4深裂 ·· 31．柔毛蓼 P. pilosum
　　　　　　11．多年生草本。
　　　　　　　　15．托叶鞘无毛，无缘毛；花被果时增大呈肉质 ········ 6．火炭母 P. chinense
　　　　　　　　15．托叶鞘具腺或柔毛，具缘毛；花被果时不增大。
　　　　　　　　　　16．茎平卧或匍匐 ·· 4．头花蓼 P. capitatum
　　　　　　　　　　16．茎直立或外倾。
　　　　　　　　　　　　17．叶羽裂 ·· 5．羽叶蓼 P. runcinatum
　　　　　　　　　　　　17．叶全缘 ·· 2．小头蓼 P. microcephalum
　　　　10．总状花序呈穗状。
　　　　　　18．茎分枝，无基生叶，托叶鞘顶端具缘毛。
　　　　　　　　19．多年生草本 ·· 14．蚕茧草 P. japonicum
　　　　　　　　19．一年生草本。
　　　　　　　　　　20．植株完全无毛 ·· 32．光蓼 P. glabrum
　　　　　　　　　　20．植株多少被毛（至少沿叶脉和托叶鞘有毛）。
　　　　　　　　　　　　21．花序梗被腺毛或腺体。
　　　　　　　　　　　　　　22．花序梗被短腺毛 ·· 12．蓼 P. persicaria
　　　　　　　　　　　　　　22．花序梗被短腺体。

23．花被5深裂，果三棱形······33．粘蓼 P. viscoferum
23．花被4深裂，果双凸透镜形······11．马蓼 P. lapathifolium
21．花序梗无腺毛或腺体。
24．托叶鞘顶端具绿色的叶状翅······7．红蓼 P. orientale
24．托叶鞘顶端无翅。
25．花被有腺点······9．辣蓼 P. hydropiper
25．花被无腺点。
26．花序细弱，间断或下部间断。
27．叶卵状披针形或卵形······8．丛枝蓼 P. posumbu
27．叶披针形至宽披针形······13．长鬃蓼 P. longisetum
26．花序紧密，不间断······15．愉悦蓼 P. jucundum
18．茎不分枝，有基生叶，托叶鞘顶端无缘毛。
28．花序中下部有珠芽······24．珠芽拳参 P. viviparum
28．花序上不生珠芽。
29．基生叶基部沿叶柄下延成翅或微下延。
30．基生叶圆卵形或长卵形······25．太平洋拳参 P. pacificum
30．基生叶狭长圆形或狭长圆状披针形······26．拳参 P. bistorta
29．基生叶基部不下延。
31．茎分枝或不分枝；基生叶卵形。
32．根状茎通常呈念珠状······27．支柱拳参 P. suffultum
32．根状茎横走，不为念珠状······
······28．中华抱茎拳参 P. amplexicaule var. sinense
31．茎不分枝；基生叶长圆形或披针形······29．圆穗拳参 P. macrophyllum
1．叶柄具关节；花单朵或数朵成簇生于叶腋。
33．花梗中部具关节；瘦果平滑有光泽······34．铁马鞭 P. plebeium
33．花梗顶部具关节；瘦果密被条纹点，无光泽······1．萹蓄 P. aviculare

1．萹蓄 ｜ Polygonum aviculare Linnaeus　图115-21

一年生草本。茎丛生，匍匐或斜展。叶椭圆形或披针形，长1～4cm，宽3～12mm，先端钝圆或急尖，基部楔形，全缘，两面无毛；叶柄短或近无柄，基部具关节；托叶鞘膜质，撕裂脉明显。花单生或数朵簇生于叶腋；花梗顶部具关节；花被5深裂，绿色；雄蕊8枚；花柱3裂，柱头头状。瘦果卵形，具3棱，与宿存花被近等长或稍超过。花期5～7月，果期6～8月。

产于神农架各地（松柏八角庙村，zdg 7123），生于海拔400～1500m的路边、田坎、荒地中。全草入药。

图115-21 萹蓄

2．小头蓼 | Polygonum microcephalum D. Don

分变种检索表

1. 花序梗无毛，花被片白色 ················· 2a．小头蓼 P. microcephalum var. microcephalum
1. 花序梗被腺毛，花被片粉色 ············ 2b．腺梗小头蓼 P. microcephalum var. sphaerocephalum

2a．小头蓼（原变种）Polygonum microcephalum var. microcephalum　图115-22

多年生直立草本。具根状茎。叶宽卵形或三角状卵形，长6～10cm，宽2～4cm，先端渐尖，基部近圆形，沿叶柄下延；叶柄具翅；托叶鞘筒状，被柔毛，顶端截形，有缘毛。花序头状，直径5～7mm，顶生，花序梗无毛；苞片卵形；花被5深裂，白色；雄蕊8枚；花柱3裂，中下部合生，柱头头状。瘦果宽卵形，具3棱。花期5～9月，果期7～11月。

产于神农架木鱼、红坪、猴子石—南天门（zdg 7330）等地，生于海拔2500～2800m的山坡草丛中。全草入药。

图115-22 小头蓼

2b. 腺梗小头蓼（变种）Polygonum microcephalum var. sphaerocephalum (Wallich ex Meisner) H. Hara

本变种与原变种的主要区别：花序梗具腺毛，花被淡红色。

产于神农架木鱼、红坪等地，生于海拔1500～1800m的林下和路边草丛。全草入药。

3. 尼泊尔蓼 | Polygonum nepalense Meisner   图115-23

一年生草本。高20～40cm。基部多分枝。叶三角状卵形，长3～5cm，宽2～4cm，先端急尖，基部宽楔形，沿叶柄下延成翅；茎上部叶较小；叶柄长1～3cm，抱茎；托叶鞘筒状，无缘毛，基部具刺毛。花序头状，基部常具1枚叶状总苞片；苞片椭圆形，每苞具1朵花；花被常4裂，淡紫红色或白色；雄蕊5～6枚；花柱2裂，下部合生。瘦果宽卵形，双凸镜状，包于宿存花被内。花期5～8月，果期7～10月。

产于神农架各地，生于海拔800～2600m的山坡荒地中。全草入药。

图115-23　尼泊尔蓼

4. 头花蓼 | Polygonum capitatum Buchanan-Hamilton ex D. Don   图115-24

多年生匍匐草本。茎丛生。叶卵形或椭圆形，长1.5～3cm，宽1～2.5cm，先端尖，基部楔形，全缘，边缘具腺毛，两面疏生腺毛，上面有时具黑褐色新月形斑点；叶柄基部有时具叶耳；膜质托叶鞘筒状，具腺毛，顶部截形，有缘毛。花序头状顶生；花梗极短；花被5深裂，淡红色；雄蕊8枚；花柱3裂，中下部合生；柱头头状。瘦果长卵形，具3棱，包于宿存花被内。花期6～9月，果期8～10月。

产于神农架松柏，生于海拔900m的田坎边。全草入药。

图115-24　头花蓼

5．羽叶蓼｜Polygonum runcinatum Buchanan-Hamilton ex D. Don

分变种检索表

1. 头状花序直径1～1.5cm，常成对排列·················5a．羽叶蓼 P. runcinatum var. runcinatum
1. 头状花序直径5～7cm，多数················5b．赤胫散 P. runcinatum var. sinense

5a．羽叶蓼（原变种）Polygonum runcinatum var. runcinatum　图115-25

多年生直立草本。高30～60cm。节部常具倒生伏毛。叶羽裂，长4～8cm，宽2～4cm，先端渐尖，具裂片1～3对，两面疏生糙伏毛，边缘具短缘毛；下部叶柄具狭翅，基部有叶耳；膜质托叶鞘筒状，具缘毛。花序头状，紧密，直径1～1.5cm；花被5深裂，淡红色或白色；雄蕊常8枚；花柱3裂，中下部合生。瘦果卵形，具3棱，包于宿存花被内。花期4～8月，果期6～10月。

产于神农架各地（阳日长青，zdg 5701），生于海拔650～2200m的山坡或沟边。全草入药。

图115-25　羽叶蓼

5b．赤胫散（变种）Polygonum runcinatum var. sinense Hemsley　图115-26

本变种与原变种的主要区别：头状花序较小，直径5～7mm，数个再集成圆锥状；叶基部通常具1对裂片，两面无毛或疏生短糙伏毛。

产于神农架各地，生于海拔600～1500m的沟边草丛中，民间也有栽培。全草入药。

图115-26　赤胫散

6．火炭母 | Polygonum chinense Linnaeus　图115-27

多年生直立草本。基部近木质。茎无毛，多分枝。叶卵形，长4～10cm，宽2～4cm，先端渐尖，基部截形或宽心形，全缘，叶背沿叶脉疏生短柔毛，下部叶柄长1～2cm，基部常具叶耳；托叶鞘膜质，无缘毛。数个头状花序成圆锥状；每苞具1～3朵花；花被5深裂，白色或淡红色；雄蕊8枚；花柱3裂，中下部合生。瘦果宽卵形，具3棱。花期7～9月，果期8～10月。

产于神农架木鱼至兴山一带、龙门河一峡口（zdg 7926），生于溪边沙滩中及河滩草丛中。全草入药。

图115-27　火炭母

7. 红蓼 | Polygonum orientale Linnaeus　　图115-28

一年生直立草本。高可达2m，密被长柔毛。叶卵状披针形，长10~20cm，宽5~12cm，先端渐尖，基部圆形或近心形，全缘，密生缘毛，两面密生柔毛；叶柄长2~10cm；膜质托叶鞘筒状，具长缘毛，常扩大成叶质状翅。总状花序呈穗状；苞片宽漏斗状，每苞内具3~5朵花；花被5深裂，淡红色或白色；雄蕊7枚；花柱2裂，中下部合生。瘦果近圆形。花期6~9月，果期8~10月。

产于神农架松柏（八角庙村，zdg 7128和zdg 7130）、下谷，生于海拔1000m的路边荒地中。果实入药；花序紫红色，也可栽供观赏。

图115-28　红蓼

8. 丛枝蓼 | Polygonum posumbu Buchanan-Hamilton ex D. Don　　图115-29

一年生草本。无显明主茎。叶卵状披针形，长3~8cm，宽1~3cm，先端尾状，基部宽楔形，两面疏生硬伏毛或无毛，边缘具缘毛；叶柄长5~7mm；膜质托叶鞘筒状，具硬伏毛，顶端具长缘毛。总状花序呈穗状，长5~10cm，下部间断，花稀疏；苞片漏斗状，每苞片含3~4朵花；花被5深裂，淡红色；雄蕊8枚；花柱3裂，下部合生。瘦果卵形，具3棱。花期6~9月，果期7~10月。

产于神农架各地，生于海拔800~1700m的山坡、路旁。全草入药。

9. 辣蓼 | Polygonum hydropiper Linnaeus　　图115-30

一年生直立草本。高40~70cm，节部膨大。叶椭圆状披针形，长4~8cm，宽0.5~2.5cm，先端渐尖，基部楔形，全缘，具缘毛，两面无毛；叶柄长4~8mm；膜质托叶鞘筒状，具伏毛，顶端具短缘毛。总状花序呈穗状，长3~8cm，花稀疏，下部间断；每苞内具3~5花；花被5深裂，白色或淡红色；雄蕊6枚；花柱2~3裂。瘦果卵形，包于宿存花被内。花期5~9月，果期6~10月。

产于神农架红花、阳日，生于海拔600~800m的山坡草丛。全草入药。

图115-29　丛枝蓼

图115-30　辣蓼

10. 松林神血宁 | *Polygonum pinetorum* Hemsley　图115-31

多年生直立草本。高达120cm。茎被短柔毛。叶椭圆状披针形，长7~12cm，宽2~5cm，先端长渐尖，基部截形或楔形，全缘，密生短缘毛，两面疏生短柔毛；叶柄长1~1.5cm；托叶鞘膜质，偏斜，长1~2cm。花序圆锥状，苞片卵形，每苞内具1花；花梗具关节；花被白色或淡红色，5深裂；雄蕊8枚；花柱3裂。瘦果宽卵形，具3棱。花期5~7月，果期7~9月。

产于神农架高海拔地区（千家坪，zdg 6713），生于海拔2400~3100m的山坡林下或箭竹林下，也能形成连片草丛。全草入药。

图115-31　松林神血宁

11．马蓼 | Polygonum lapathifolium Linnaeus　酸模叶蓼

分变种检索表

1．叶下面无密生白色绵毛·····················11a．马蓼P. lapathifolium var. lapathifolium
1．叶下面密生白色绵毛·····················11b．绵毛马蓼P. lapathifolium var. salicifolium

11a．马蓼Polygonum lapathifolium var. lapathifolium　酸模叶蓼　图115-32

一年生直立草本。高40～90cm。茎无毛，节部膨大。叶披针形，长5～15cm，宽1～3cm，先端渐尖，基部楔形，上面常具一黑褐色新月形斑点，两面沿中脉被短硬伏毛，全缘，边缘具缘毛；叶柄短；膜质托叶鞘筒状，长1.5～3cm，无缘毛。总状花序呈穗状，花紧密；苞片漏斗状；花被淡红色或白色，常4深裂；雄蕊6枚。瘦果宽卵形。花期6～8月，果期7～9月。

产于神农架各地，生于海拔600～1700m的路边或荒地中，耕地中常能形成单一草丛。全草入药。

图115-32　马蓼

11b. 绵毛马蓼 Polygonum lapathifolium var. salicifolium Sibthorp 蓼 图115-33

本变种与原变种的主要区别：叶下面密生白色绵毛。

产于神农架松柏（八角庙村，zdg 7206），生于海拔1000m左右的田边路旁。全草入药。

图115-33 绵毛马蓼

12. 蓼 | Polygonum persicaria Linnaeus 桃叶蓼 图115-34

一年生草本。高40～80cm。叶披针形，长4～15cm，宽1～2.5cm，先端渐尖，基部狭楔形，两面疏生短硬伏毛，下面中脉上毛较密，边缘具缘毛；叶柄长5～8mm；膜质托叶鞘筒状，顶端具缘毛。总状花序穗状，较紧密，长2～6cm；苞片漏斗状，每苞具5～7朵花；花被片5深裂，紫红色；雄蕊常6枚；花柱2裂，中下部合生；瘦果近圆形。花期6～9月，果期7～10月。

产于神农架各地，生于海拔400～1500m的溪边或沼泽地中。全草入药。

图115-34 蓼

13. 长鬃蓼 | Polygonum longisetum De Bruijn 图115-35

一年生草本。高30~60cm。茎无毛，节部稍膨大。叶披针形，长5~13cm，宽1~2cm，先端狭尖，基部楔形，下面沿叶脉具短伏毛，边缘具缘毛；叶柄短或无；托叶鞘筒状，具长缘毛。总状花序呈穗状，下部间断，直立，长2~4cm；苞片漏斗状，每苞具5~6朵花；花被5深裂，淡红色或紫红色；雄蕊8枚；花柱3裂，中下部合生。瘦果宽卵形，具3棱。花期6~8，果期7~9月。

产于神农架阳日、宋洛、下谷坪，生于海拔500~700m的沟边草丛。全草入药。

14. 蚕茧草 | Polygonum japonicum Meisner 图115-36

多年生直立草本。高达100cm。茎节部膨大。叶披针形，长7~15cm，宽1~2cm，先端渐尖，基部楔形，全缘，两面疏生短伏毛，边缘具刺状缘毛；叶柄短或近无；膜质托叶鞘筒状，具硬伏毛。顶生总状花序呈穗状，长6~12cm；每苞内具3~6花；雌雄异株；花被5深裂，白色或淡红色；雄蕊8枚；雌花具花柱2~3裂，中下部合生。瘦果卵形。花期8~10月，果期9~11月。

产于神农架各地（松柏八角庙村，zdg 7200），生于海拔1000m的荒地中。全草入药。

图115-35　长鬃蓼

图115-36　蚕茧草

15. 愉悦蓼 | **Polygonum jucundum** Meisner 图115-37

一年生直立草本。高60~90cm。多分枝。叶椭圆状披针形，长6~10cm，宽1.5~2.5cm，两面疏生硬伏毛或近无毛，顶端渐尖，基部楔形，全缘，具短缘毛；叶柄长3~6mm；膜质托叶鞘筒状，疏生硬伏毛，顶端具缘毛。总状花序呈穗状，长3~6cm，花排列紧密，每苞内具3~5朵花；花被5深裂；雄蕊7~8枚；花柱3裂，下部合生。瘦果卵形，具3棱。花期8~9月，果期9~10月。

产于神农架各地，生于海拔1000m以下的荒地中。全草入药。

图115-37　愉悦蓼

16. 蓝药蓼 | **Polygonum cyanandrum** Diels 图115-38

一年生草本。高10~25cm。茎直立或外倾，细弱，具细纵棱，自基部分枝。叶卵形或长卵形，长1~2cm，宽5~10mm，顶端尖，基部近截形，纸质，两面疏生柔毛或近无毛，边缘全缘，疏生柔毛；托叶鞘膜质，筒状，松散，棕褐色，疏生柔毛，基部的毛较密，顶部开裂，无缘毛。花序头状，顶生或腋生；苞片长卵形，膜质；花被5深裂，白色或淡绿色，花被片倒卵形或椭圆形；雄蕊8枚，比花被短；花柱3裂，极短。瘦果卵形，具3棱，褐色，无光泽，比宿存花被稍长。花期7~9月，果期8~10月。

产于神农架高海拔地区（神农架林区，Anonymous 93035H），生于海拔2500m的山坡草丛中。

图115-38 蓝药蓼

17. 稀花蓼 | Polygonum dissitiflorum Hemsley   图115-39

　　一年生草本。茎疏生皮刺。叶卵状椭圆形，长4~14cm，宽3~7cm，先端渐尖，基部戟形或心形，边缘具缘毛，两面疏生星状毛，下面沿中脉具倒生皮刺；叶柄长2~5cm，具星状毛及倒生皮刺；托叶鞘具缘毛。花序圆锥状，花稀疏；苞片漏斗状，每苞内具1~2朵花；花被5深裂，淡红色；雄蕊7~8枚；花柱3裂，中下部合生。瘦果近球形，顶端微具3棱。花期6~8月，果期7~9月。

　　产于神农架松柏、新华，生于海拔800~1000m的草丛中。全草入药。

图115-39 稀花蓼

18. 箭叶蓼 | Polygonum sieboldii Meisner 图115-40

一年生草本。茎四棱形，沿棱具倒生皮刺。叶宽披针形，长2.5~8cm，宽1~2.5cm，先端急尖，基部箭形，两面无毛，下面沿中脉具倒生短皮刺；叶柄长1~2cm，具倒生皮刺；托叶鞘膜质，偏斜。花序头状，花序梗疏生短皮刺；苞片椭圆形，每苞内具2~3朵花；花被5深裂，白色或淡紫红色；雄蕊8枚；柱头3裂，中下部合生。瘦果宽卵形，具3棱。花期6~9月，果期8~10月。

产于神农架九湖、猴子石—下谷（zdg 7440），生于海拔2000m的沟边、田边或沼泽地。全草入药。

图115-40　箭叶蓼

19. 小蓼花 | Polygonum muricatum Meisner 图115-41

一年生草本。高达100cm。茎沿棱具稀疏倒生皮刺。叶卵形或长圆状卵形，长2.5~6cm，宽1.5~3cm，先端渐尖，基部宽截形至近心形，下面疏生短柔毛，沿中脉具倒生短皮刺，边缘具缘毛；叶柄长0.7~2cm；膜质托叶鞘筒状，长1~2cm，具长缘毛。总状花序呈穗状，每苞片内具2朵花；花被5深裂，白色或淡红色；雄蕊6~8枚；花柱3裂。瘦果卵形，具3棱。花期7~8月，果期9~10月。

产于神农架各地，生于海拔1500~2000m的沼泽地带。全草入药。

图115-41　小蓼花

20. 杠板归 | Polygonum perfoliatum Linnaeus   图115-42

一年生攀援草本。茎多分枝，沿棱具稀疏的倒生皮刺。叶三角形，长3～7cm，宽2～5cm，先端钝，基部截形或微心形，下面沿叶脉疏生皮刺；叶柄盾状着生，具倒生皮刺；托叶鞘叶状，圆形或近圆形穿叶。总状花序呈短穗状；苞片卵圆形，每苞片内具花2～4朵；花被5深裂，白色或淡红色；雄蕊8枚；花柱3裂，中上部合生。瘦果球形，包于宿存花被内。花期6～8月，果期7～10月。

产于神农架各地，生于海拔500～1600m的山坡草丛。全草入药。

21. 刺蓼 | Polygonum senticosum (Meisner) Franchet et Savatier   图115-43

攀援多分枝草本。茎四棱形，沿棱具倒生皮刺。叶片三角形，长4～8cm，宽2～7cm，先端渐尖，基部戟形，两面被短柔毛，下面沿叶脉具倒生皮刺，边缘具缘毛；叶柄长2～7cm，具倒生皮刺；托叶鞘筒状，边缘具叶状翅。花序头状，花序梗密被短腺毛；每苞片内具花2～3朵；花被5深裂，淡红色；雄蕊8枚；花柱3裂，中下部合生。瘦果近球形。花期6～7月，果期7～9月。

产于神农架各地，生于海拔800m以下的山坡林缘。全草入药。

图115-42 杠板归

图115-43 刺蓼

22. 大箭叶蓼 | Polygonum darrisii Léveillé 图115-44

一年生草本。茎四棱形，沿棱具稀疏倒生皮刺。叶三角状箭形，长4~10cm，宽3~5cm，先端渐尖，基部箭形，边缘疏生缘毛，下面沿中脉疏生皮刺；叶柄长3~6cm，具倒生皮刺；托叶鞘筒状，边缘具1对叶状耳突。总状花序头状，花序梗具倒生皮刺；每苞内常具2朵花；花被5深裂，白色或淡红色；雄蕊8枚；花柱3裂，中下部合生。瘦果近球形。花期6~8月，果期7~10月。

产于神农架松柏、下谷，生于海拔900m的沟边草丛。全草入药。

图115-44　大箭叶蓼

23. 戟叶蓼 | Polygonum thunbergii Siebold et Zuccarini 图115-45

一年生直立草本。高达90cm。茎沿棱具倒生皮刺。叶戟形，长4~8cm，宽2~4cm，先端渐尖，基部截形或近心形，两面疏生刺毛，边缘具短缘毛；叶柄长2~5cm，具倒生皮刺，常具狭翅；托叶鞘膜质，边缘具叶状翅，具粗缘毛。花序头状，每苞内具2~3花；花被5深裂，淡红色或白色；雄蕊8枚；花柱3裂，中下部合生。瘦果宽卵形，具3棱。花期7~9月，果期8~10月。

产于神农架红花、大九湖、松柏、木鱼（官门山，zdg 7616），生于海拔800~1800m的山坡林下或路边。根状茎或全草入药。

本种不定根的先端常形成珠芽，这一特征在众多植物志书中并无记载。

图115-45　戟叶蓼

24. 珠芽拳参 | Polygonum viviparum Linnaeusi　图115-46

多年生直立草本。根状茎粗壮。基生叶长圆形或卵状披针形，长3～10cm，宽0.5～3cm，先端渐尖，基部楔形至近心形，两面无毛，边缘外卷，具长柄；茎生叶较小；膜质托叶鞘筒状，无缘毛。总状花序呈穗状，顶生，紧密，下部生珠芽；每苞内具1～2朵花；花被5深裂，白色或淡红色；雄蕊8枚；花柱3裂，下部合生。瘦果卵形，具3棱。花期5～7月，果期7～9月。

产于神农架各地，生于海拔2000～3000m的山坡草丛或岩石缝中。根状茎入药。

图115-46　珠芽拳参

25. 太平洋拳参 | Polygonum pacificum V. Petrov ex Komarov　图115-47

多年生直立草本。根状茎肥厚。基生叶长卵形，长5～15cm，宽3～7cm，先端急尖，基部近心形或圆形，沿叶柄下沿成翅；叶柄长10～20cm；茎生叶抱茎；膜质托叶鞘筒状，无缘毛。总状花序呈穗状，顶生，长3～5cm，花排列紧密；苞片宽椭圆形，每苞具1～3朵花；花被5深裂，花被片淡红色；雄蕊8枚；花柱3裂。瘦果卵形，具3锐棱。花期7～8月，果期8～9月。

产于神农架九湖，生于海拔2000m的湖边沼泽地中，常形成大片

图115-47　太平洋拳参

群落。根状茎入药。本种常被鉴定为草血竭，但本种基生叶的基部明显心形，叶片沿叶柄下延成狭翅状，叶背灰绿色，显然更符合太平洋拳参的形态特征。

26. 拳参 | Polygonum bistorta Linnaeus 图115-48

多年生直立草本。根状茎粗壮。基生叶宽披针形，长4~18cm，宽2~5cm；顶端渐尖，基部截形或近心形，沿叶柄下延成翅，边缘外卷，叶柄长10~20cm；茎生叶较小；膜质托叶鞘筒状，顶端偏斜，开裂，无缘毛。顶生总状花序呈穗状，长4~9cm，排列紧密；每苞片具3~4朵花；花被5深裂，白色或淡红色；雄蕊8枚，花柱3裂。瘦果椭圆形，两端尖。花期6~7月，果期8~9月。

产于神农架各地，生于海拔2500~3000m的山坡草丛或岩石缝中。根状茎入药。

图115-48 拳参

27. 支柱拳参 | Polygonum suffultum Maximowicz

分变种检索表

1. 花序紧密 ·· 27a. 支柱拳参 P. suffultum var. suffultum
1. 花序稀疏、细弱，下部间断 ········· 27b. 细穗支柱拳参 P. suffultum var. pergracile

27a. 支柱拳参（原变种）Polygonum suffultum var. suffultum 算盘七 图115-49

多年生直立草本。高30~60cm。根状茎粗壮，呈串珠状。基生叶长卵形，长3~8cm，宽2~5cm，先端渐尖，基部心形，边缘全缘；叶柄长4~12cm；茎生叶长卵形，具短柄；膜质托叶鞘筒状，顶端偏斜，无缘毛。顶生总状花序呈短穗状，长2~5cm；每苞片内具1~2朵花；花被5深裂，白色或淡红色；雄蕊8枚；子房卵形，具3棱；花柱3裂，基部合生。花果期5~11月。

产于神农架各地（阳日长青，zdg 5702），生于海拔2500~3000m的山坡草丛或岩石缝中。根状茎入药。

图115-49　支柱拳参

27b．细穗支柱拳参（变种）Polygonum suffultum var. pergracile (Hemsley) Samuelsson　图115-50

本变种与原变种的主要区别：花序稀疏，细弱，下部间断。

产于神农架新华、木鱼坪，生于海拔1200～1400m的山坡。根状茎入药。

图115-50　细穗支柱拳参

28．中华抱茎拳参（变种）Polygonum amplexicaule var. sinense Forbes et Hemsley ex Steward　图115-51

多年生直立草本。高可达60cm。根状茎粗壮，横走。基生叶卵形，长4～10cm，宽2～5cm，先端长渐尖，基部心形，边缘稍外卷，叶柄比叶片长或近等长；茎生叶较小；膜质托叶鞘筒状，无缘毛。总状花序呈穗状，紧密，长2～4cm；每苞片具2～3朵花；花被深红色，5深裂；雄蕊8枚；花柱3裂，离生。瘦果椭圆形，两端尖，稍凸出花被之外。花期8～9月，果期9～10月。

产于神农架各地，生于海拔1200～2000m的山坡林下。根状茎入药。

图115-51 中华抱茎拳参

29．圆穗拳参 ｜ Polygonum macrophyllum D. Don 图115-52

多年生直立草本。高8～30cm。根状茎粗壮。基生叶长圆形或披针形，长3～11cm，宽1～3cm，先端急尖，基部近心形，边缘外卷；叶柄长3～8cm；茎生叶较小；膜质托叶鞘筒状，顶端偏斜，无缘毛。顶生总状花序呈穗状，长1.5～2.5cm；每苞片内具2～3朵花；花被5深裂，淡红色或白色；雄蕊8枚；花柱3裂，基部合生。瘦果卵形，具3棱。花期7～8月，果期9～10月。

产于神农架各地，生于海拔2500～3000m的山坡草丛或岩石缝中。根状茎入药。

30．冰川蓼 ｜ Polygonum glaciale (Meisner) J. D. Hooker

一年生矮小草本。茎细弱，自基部分枝，无毛，高10～15cm；分枝极多，铺散。叶卵形或宽卵形，长0.8～2cm，宽6～10mm，无毛，顶端尖或钝，基部近截形或宽楔形，有时沿叶柄微下延；叶柄上部具狭翅；托叶鞘膜质，具数条脉，无毛，顶端截形，稀2裂。花序头状，顶生或腋生，无叶状总苞，花序梗上部具腺毛；苞片卵形或宽卵形，顶端尖；花被5裂，白色或淡红色，花被片大小近相等；雄蕊5枚，花柱3枚，中部合生。瘦果卵形，具3棱，黑色，无光泽，被颗粒状小点，包于宿存花被内。花期6～7月，果期7～8月。

产于神农架九湖（大界岭），生于海拔2500m的山坡草丛中。

图115-52　圆穗拳参

31. 柔毛蓼 ｜ Polygonum pilosum (Maximowicz) Hemsley　图115-53

一年生草本。茎细弱，高10～30cm，上升或外倾，具纵棱，分枝，疏生柔毛或无毛。叶宽卵形，长1～1.5cm，宽0.8～1cm，顶端圆钝，基部宽楔形或近截形，纸质，两面疏生柔毛，边缘具缘毛；托叶鞘筒状，开裂，基部密生柔毛。花序头状，顶生或腋生，苞片卵形，膜质，每苞内具1花；花梗短；花被4深裂，白色，花被片宽椭圆形，长约2mm，大小不相等；能育雄蕊2～5枚，花药黄色；花柱3裂，极短，柱头头状。瘦果卵形，具3棱，黄褐色，微有光泽，包于宿存花被内。花期6～7月，果期8～9月。

产于神农架下谷，生于海拔1200m的荒地中。

图115-53　柔毛蓼

32. 光蓼 | Polygonum glabrum Willdenow 图115-54

一年生草本。茎直立，高70～100cm，少分枝，无毛，节部膨大。叶披针形或长圆状披针形，长8～18cm，宽1.5～3cm，顶端狭渐尖，基部狭楔形，两面无毛，边缘全缘，无缘毛；托叶鞘筒状，膜质，具数条纵脉，无毛，长1～3cm，顶端截形，无缘毛。总状花序呈穗状，顶生或腋生，长4～12cm；苞片漏斗状，无缘毛，每苞具3～4朵花；花梗粗壮，顶部具关节，比苞片长；花被5深裂，白色或淡红色，花被片椭圆形，长3～4mm，雄蕊6～8枚；花柱2裂，中下部合生。瘦果卵形，双凸镜状，黑褐色，有光泽，包于宿存花被内。花期6～8月，果期7～9月。

产于神农架阳日，生于海拔1200m的荒地中。

33. 粘蓼 | Polygonum viscoferum Makino 图115-55

一年生草本。茎直立30～70cm，通常自基分枝，节间上部具柔毛。叶披针形或宽披针形，长4～10cm，宽1～2cm，顶端渐尖，基部圆形或楔形，边缘具长缘毛，两面疏生糙硬毛；叶柄极短或近无柄；托叶鞘筒状，膜质，长6～12mm，具长糙硬毛，顶端截形，具长缘毛。总状花序呈穗状，细弱，顶生或腋生，长4～7cm，花序梗无毛，疏生分泌黏液的腺体；苞片漏斗状，绿色，无毛，边缘膜质，具缘毛，每苞内含花3～5朵，花梗比苞片长；花被4～5深裂，淡绿色，花被片椭圆形，长1～1.5mm；雄蕊7～8枚，比花被短；花柱3，中下部合生。瘦果椭圆形，具3棱，黑褐色，平滑，有光泽。包于宿存花被内。花期7～9月，果期8～10月。

产于神农架下谷，生于海拔1000m的荒地中。

图115-54 光蓼

图115-55 粘蓼

34. 铁马鞭 | Polygonum plebeium R. Brown 习见蓼 图115-56

一年生草本。茎平卧，通常小枝的节间比叶片短。叶狭椭圆形或倒披针形，两面无毛，侧脉不明显，叶柄极短或近无柄；托叶鞘膜质，白色，透明。花3~6朵簇生于叶腋，遍布于全植株；花梗中部具关节，花被片绿色，边缘白色或淡红色；雄蕊5枚；花柱3裂，稀2裂。瘦果宽卵形，黑褐色，平滑，有光泽，包于宿存花被内。花期5~8月，果期6~9月。

产于神农架各地（松柏八角庙村，zdg 7172），生于海拔800m的荒地中。

图115-56 铁马鞭

7. 大黄属 Rheum Linnaeus

多年生草本。根粗壮。根状茎顶端常残存有棕褐色膜质托叶鞘；茎直立，中空，具细纵棱，节明显膨大。基生叶密集成莲座状，茎生叶互生；托叶鞘发达；叶片宽大，全缘、皱波或不同深度的分裂；掌状或掌羽状脉。花小，排成圆锥、穗状及头状花序，花梗具关节；花被片6枚；雄蕊9枚；雌蕊3心皮，1室，每室1枚胚珠；花柱3裂。瘦果三棱状。

约60种。我国产38种，湖北产3种，神农架产药用植物3种。

分种检索表

1. 叶有分裂。
   2. 叶缘掌状浅裂，下面被黄褐色柔毛，脉上较多·················1. 药用大黄 R. officinale
   2. 叶5~7裂，裂片或再羽状浅裂，下面具白色柔毛·················2. 掌叶大黄 R. palmatum
1. 叶全缘，不分裂，边缘波状·················3. 波叶大黄 R. rhabarbarum

1. 药用大黄 | Rheum officinale Baillon 图115-57

高大草本。高达2m。根状茎粗壮。茎中空，被白色短毛。基生叶大型，近圆形，直径30～50cm，先端近急尖，基部近心形，掌状浅裂，基出脉5～7条，叶下面具黄褐色柔毛；叶柄与叶片近等长；茎生叶向上逐渐变小；托叶鞘宽大，长达15cm。大型圆锥花序；花梗中下部具关节；花被片6枚；雄蕊9枚；子房卵形，花柱反曲。果实长圆状椭圆形，具翅。花期5～6月，果期8～9月。

产于神农架各地，生于海拔800～2800m的山坡林下或栽培。根及根状茎入药。

图115-57　药用大黄

2. 掌叶大黄 | Rheum palmatum Linnaeus 图115-58

高大草本。根及根状茎木质。茎中空。叶片长宽近相等，长达40～60cm，掌状5裂，每裂片裂为近羽状的窄三角形小裂片，基部近心形，基出脉5条，叶两面被毛；叶柄与叶片近等长；茎生叶向上渐小；托叶鞘大，长达15cm。大型圆锥花序，花小，通常为紫红色；花梗中部以下具关节位；花被片6枚；雄蕊9枚；子房宽卵形，柱头头状。果实矩圆形，具翅。花期6月，果期8月。

产于神农架猴子石，生于海拔2800m的山坡多石疏林地。根及根状茎入药。

图115-58　掌叶大黄

3. 波叶大黄 | Rheum rhabarbarum Linnaeus　图115-59

高大草本。高达1.5m。茎中空，无毛。基生叶大，叶片三角状卵形，长30～40cm，宽20～30cm，先端钝尖，基部心形，边缘全缘且具强皱波，基出脉5～7条，叶下面被毛；叶柄常短于叶片；上部叶较小。大型圆锥花序；花白绿色，5～8朵簇生；花梗下部具关节；雄蕊9枚；子房略为菱状椭圆形，花柱较短。果实三角状卵形到近卵形，翅较窄。种子卵形。花期6月，果期7～8月。

产于神农架新华、宋洛、田家山，生于海拔1100～1600m的山坡或栽培。根状茎入药。

图115-59　波叶大黄

8. 红药子属Pteroxygonum Dammer et Diels　翼蓼属

多年生草本。茎攀援，不分枝。叶三角状卵形或三角形，全缘，具叶柄；托叶鞘膜质，宽卵形，顶端急尖。花序总状，花两性，密集，花被5深裂，白色；雄蕊8枚；子房卵形，具3棱，花柱3裂，中下部合生，柱头头状。瘦果卵形，具3棱，沿棱生膜质翅，基部具3个角状附属物；果梗具3个狭翅。

单种属。我国特有，神农架也有。

红药子 | Pteroxygonum giraldii Dammer et Diels　翼蓼　图115-60

特征同属的描述。

产于神农架阳日（长青），生于海拔700m的山坡林中。块根入药。

9. 竹节蓼属Homalocladium (F. Muell.) Bailey

直立或稍攀援灌木。枝扁化，具节和条纹。叶互生或有时退化；托叶鞘退化为横线条状。花小，两性、杂性或单性异株，常1～7朵簇生于节上，花簇无梗；花被4～5深裂；雄蕊8枚；花柱3裂；子房三角形。小坚果三棱形，包于肉质花被内，呈浆果状。

约15种。中国栽培1种，神农架也有栽培。

图115-60　红药子

竹节蓼｜Homalocladium platycladum (F. Muell.) Bailey
图115-61

多年生直立草本。高达2m。茎上部枝扁平，呈带状，宽7～12mm，有显著的细线条，节处略收缩，托叶鞘退化成线状。叶多生于新枝上，互生，菱状卵形，长4～20mm，宽2～10mm，先端渐尖，基部楔形，全缘或在近基部有1对锯齿，羽状网脉，无柄。花小，两性；苞片膜质；花被4～5深裂；雄蕊6～7枚；雌蕊1枚，花柱3裂。瘦果三角形。花期9～10月。果期10～11月。

原产于南太平洋所罗门群岛，神农架松柏镇有栽培。茎、叶可入药。

图115-61　竹节蓼

116. 茅膏菜科 | Droseraceae

食虫草本。单叶互生，常莲座状密集，被头状黏腺毛，幼叶拳卷；托叶无，或有而干膜质。花两性，辐射对称，常多朵排成聚伞花序，稀单生；萼常5裂至近基部，宿存；花瓣5枚，具脉纹，宿存；雄蕊常5枚，与花瓣互生；子房上位，有时半下位，1室，侧膜或基生胎座；花柱2~5个，常呈各式分裂。蒴果，室背开裂。

4属100余种。中国产2属7种，湖北产1属1种，神农架亦产。

茅膏菜属 Drosera Linnaeus

多年生草本。常有具根之功能的退化叶；正常叶互生，或基生而莲座状密集，被头状黏腺毛；托叶有或无，常条裂。聚伞花序，幼时弯卷；花瓣5枚，在开花后聚集扭转，宿存于果的顶部；雄蕊与花瓣同数；子房上位，侧膜胎座；花柱3~5个，稀2~6个，宿存。种子小，多数，外种皮具网状脉纹。

约100种。我国产6种，湖北产1种，神农架也产。

圆叶茅膏菜 | Drosera rotundifolia Linnaeus   图116-1

草本。叶基生，圆形或扁圆形，边缘具长头状黏腺毛，上面具较短腺毛；托叶下半部紧贴叶柄，上半部开展，5~7裂，裂片渐尖。螺状聚伞花序1~2个，花葶状，不分叉；苞片小，钻形；小花柄与花萼同被粉状毛；花瓣白色，匙形；花柱3个，每个2深裂至基部。蒴果3瓣裂。种子椭圆形，外种皮囊状、疏松、两端延伸渐尖。花期夏、秋季，果期秋、冬季。

产于神农架大九湖，生于海拔1800m的湖边沼泽中。全草入药。

图116-1　圆叶茅膏菜

117. 石竹科 | Caryophyllaceae

一年生或多年生草本，稀亚灌木。茎节通常膨大，具关节。单叶对生，全缘，基部常合生。花辐射对称，两性，稀单性，排列成聚伞花序或聚伞圆锥花序，稀单生；萼片4~5枚，宿存；花瓣与萼片同数，稀无；雄蕊4~10枚；子房上位，1室或在基部他隔为不完全的3~5室；特立中央胎座或基底胎座，每室具1至多数胚珠；花柱2~5裂，离生或基部合生。蒴果顶端齿裂或瓣裂，稀为浆果状、不规则开裂或为瘦果。种子弯生，1至多数，具胚乳。

约75~80属2000种。我国产30属390种，湖北产13属种44，神农架产11属39种。

分属检索表

1. 萼片离生，少数基部连合，花瓣近无爪，少数无花瓣；果实为蒴果。
  2. 花多单生，少数为聚伞花序；蒴果果瓣先端不再裂 ················· **1. 漆姑草属 Sagina**
  2. 花通常排成聚伞花序，少数单生；蒴果果瓣先端稍2裂。
    3. 花瓣先端不裂。
      4. 种脐旁无附属体 ················· **2. 无心菜属 Arenaria**
      4. 种脐旁有附属体 ················· **3. 种阜草属 Moehringia**
    3. 花瓣先端深2裂，有时浅2裂，极少数全缘或无花瓣。
      5. 花柱2~5，如为5，则必与萼片互生。
        6. 心皮3，少数为2；花柱3，少数为2。
          7. 无块根；花不为二型 ················· **4. 繁缕属 Stellaria**
          7. 有块根；花二型 ················· **5. 孩儿参属 Pseudostellaria**
        6. 心皮5；花柱5 ················· **6. 鹅肠菜属 Myosoton**
      5. 花柱5，少数3~4，与萼片对片 ················· **7. 卷耳属 Cerastium**
1. 萼片合生，花瓣通常有爪；果实为蒴果或浆果。
  8. 花柱3或5。
    9. 果实为浆果状，成熟时干燥，不规则地崩裂 ················· **8. 蝇子草属 Silene**
    9. 子房1室；果为蒴果，先端齿裂 ················· **9. 剪秋罗属 Lychnis**
  8. 花柱2。
    10. 花萼狭卵形，基部膨大，具5棱 ················· **11. 麦蓝菜属 Vaccaria**
    10. 花萼筒状或钟形，无棱 ················· **10. 石竹属 Dianthus**

1. 漆姑草属 Sagina Linnaeus

一年生或多年生小草本。茎多丛生。叶线形或线状锥形，基部合生成鞘状；托叶无。花小，单生于叶腋或顶生成聚伞花序，通常具长梗；萼片4~5枚；花瓣白色，4~5枚，有时无花瓣，全缘或顶端微凹缺；雄蕊4～5枚，有时为8或10枚；子房1室，含多数胚珠；花柱4～5裂，与萼片互生。蒴果卵圆形，4～5瓣裂，裂瓣与萼片对生。种子细小，肾形，表面有小凸起或平滑。

约30种。我国产4种，湖北产1种，神农架也产。

漆姑草 ｜ Sagina japonica (Swartz) Ohwi   图117-1

一年生小草本。高约20cm。茎丛生。叶片线形，长5～20mm，宽0.8～1.5mm，先端急尖。花小型，单生于枝端；花梗细，长1～2cm；萼片5枚，卵状椭圆形；花瓣5枚，狭卵形，白色，顶端圆钝，全缘；雄蕊5枚；子房卵圆形，花柱5枚，线形。蒴果卵圆形，微长于宿存萼，5瓣裂。种子细小，圆肾形，表面具尖瘤状凸起。花期3～5月，果期5～6月。

产于神农架各地，生于海拔1300m以下的路边、房边、墙角。全草入药。

图117-1　漆姑草

2. 无心菜属 Arenaria Linnaeus

一年生或多年生草本。茎直立，常丛生。单叶对生，全缘，叶卵形、椭圆形至线形。花单生或多数，常为聚伞花序；花（4～）5朵；萼片全缘，稀顶端微凹；花瓣全缘或顶端齿裂至继裂；雄蕊10枚，稀8或5枚；子房1室，含多数胚珠，花柱3裂，稀2裂。蒴果卵形，通常短于宿存萼片；种子稍扁，肾形或近圆卵形，具疣状凸起，平滑或具狭翅。

约300余种，分布于北温带或寒带。我国产102种，湖北产2种，神农架也产。

分种检索表

1. 叶线状披针形；花柱2···1. 神农架无心菜 A. shennongjiaensis
1. 叶卵圆形；花柱3···2. 无心菜 A. serpyllifolia

1. 神农架无心菜 | Arenaria shennongjiaensis Z. E. Zhao et Z. H. Shen

图117-2

柔弱草本。块根纺锤形，直径1.5~4 mm。茎单生或2~3个簇生。叶同型，线状披针形，长0.6~6.5cm，宽1.5~10mm，先端急尖，基部渐狭，无柄。花生于枝顶；萼片5枚，膜质；花瓣5枚，淡紫蓝色，倒卵状楔形，顶端4裂；雄蕊10枚；花丝长4~7mm；花药长1 mm，蓝色；子房卵形，花柱2枚，离生，线形。蒴果卵球形，长3.5~4 mm，直径3 mm。

产于神农架神农谷（zdg 7084）、金丝燕垭、板壁岩，生于海拔2500m的山坡草丛中。

2. 无心菜 | Arenaria serpyllifolia Linnaeus   图117-3

一至二年生草本。高10~30cm。茎丛生，铺散状，密生白色短柔毛。叶片卵形，长4~12mm，宽3~7mm，无柄，具缘毛，先端急尖，两面疏生柔毛，具3脉。聚伞花序疏生于枝端，多花；苞片卵形；花梗长约1cm；萼片5枚，具3脉；花瓣5枚，白色；雄蕊10枚；子房卵圆形，花柱3裂，线形。蒴果卵圆形。种肾形，表面粗糙。花期6~8月，果期8~9月。

产于神农架各地，生于海拔500~2650m的路边、田野及沟旁。全草入药。

图117-2　神农架无心菜　　　　　图117-3　无心菜

3. 种阜草属 Moehringia Linnaeus

一年生或多年生草本。茎纤细，丛生。叶线形、长圆形至倒卵形或卵状披针形，无柄或具短柄。花两性，单生或数花集成聚伞花序；萼片5枚；花瓣5枚，白色，全缘；雄蕊通常10枚；子房1室，具多数胚珠；花柱3裂。蒴果椭圆形或卵形，6齿裂；种子平滑，光泽，种脐旁有白色、膜质种阜，有时种阜可达种子周围1/3。

约20种。我国产3种，湖北产1种，神农架也产。

三脉种阜草 | Moehringia trinervia (Linnaeus) Clairville

一二年生草本。高10~40cm。全株被短柔毛。茎丛生，近直立，细弱，基部多分枝。叶片卵形至宽卵形，有时近圆形，长1~2.5cm，宽5~12mm，顶端急尖或微凸尖，基部楔形，具三基出脉，下面中脉被柔毛。聚伞花序顶生，具多数花；苞片卵形至披针形，草质，被柔毛；萼片披针形，白色，沿脉被硬毛；花瓣倒卵状长圆形，全缘，长为萼片的1/3~1/2；雄蕊长短不一，短于花瓣，花丝线形，稍扁；花柱3条，线形。蒴果狭卵圆形，3瓣裂，裂瓣顶端2齿裂，裂齿外卷。种子球形，黑色，有光泽，种脐旁有白色膜质种阜。花期5~6月，果期6~7月。

产于神农架瞭望塔附近、神农谷（zdg 7102），生于海拔2700m的路边草丛中。

4. 繁缕属 Stellaria Linnaeus

一年生或多年生草本。叶扁平，有各种形状，但很少针形。花小，多数组成顶生聚伞花序，稀单生于叶腋；萼片5枚，稀4枚；花瓣5（4）枚，白色，2深裂，有时无花瓣；雄蕊10枚，有时少数；子房1室，稀3室，胚珠多数，稀仅数枚，1~2枚成熟；花柱3裂，稀2裂。蒴果圆球形或卵形，裂齿数为花柱数的2倍。种子多数，稀1~2枚，近肾形，微扁。

约190种，广布于温带至寒带。我国产64种，湖北产11种，神农架全产。

分种检索表

```
1. 叶边缘皱褶，蒴果有少数种子·····················································10. 皱叶繁缕 S. monosperma var. japonica
1. 叶边缘全缘，蒴果有多数种子。
    2. 萼片离生；雄蕊下位或周位。
        3. 叶线状披针形；花瓣长约花萼的1.5倍···································································1. 湖北繁缕 S. henryi
        3. 叶片宽卵形或卵状披针形，花瓣长度不一。
            4. 叶无柄或近无柄，基部有时稍抱茎；植株被毛···························2. 峨眉繁缕 S. omeiensis
            4. 全部叶或仅茎下部叶具柄。
                5. 聚伞花序具少花；花瓣稍长于萼片。
                    6. 花瓣深裂达基部·········································································3. 巫山繁缕 S. wushanensis
                    6. 花瓣裂达瓣片的1/2·······································································9. 繁缕属一种 S. sp.
                5. 聚伞花序多花；花瓣短于萼片或近等长。
                    7. 植株绝不被星状毛或腺毛·····································································4. 繁缕 S. media
                    7. 植株全部被星状毛或部分被柔毛、无毛。
                        8. 植株被星状毛·············································································5. 箐姑草 S. vestita
                        8. 植株具柔毛或仅叶柄具柔毛，少无毛···········································6. 中国繁缕 S. chinensis
    2. 萼片基部合生成倒圆锥形；雄蕊周位。
        9. 叶披针形至狭卵形，基部半抱茎·······················································································7. 雀舌草 S. alsine
        9. 叶片狭小，线形至线状披针形；基部不抱茎。
            10. 花瓣比萼片短················································································································8. 沼生繁缕 S. palustris
            10. 花瓣比萼片长················································································································11. 多花繁缕 S. nipponica
```

1. 湖北繁缕 | Stellaria henryi F. N. Williams   图117-4

一年生草本。高15~30cm。茎单生，近直立，细弱。叶片线状披针形，长1~2cm，宽

3～5mm，先端渐尖，基部宽楔形，两面无毛，边缘有时微波状；叶柄短。花单生或为聚伞花序，生于叶腋；花梗长1～2.5cm；萼片5枚，披针形；花瓣5枚，2深裂，长为花萼的1.5倍；雄蕊5枚；子房椭圆形；花柱3裂，短线形，略短于子房。蒴果圆球形，6裂。花期4～5月，果期6～9月。

产于神农架千家坪（zdg 6700）、木鱼（官门山，zdg 7546），生于海拔1800～2800m的山坡石壁或山脊上。种子入药。

图117-4　湖北繁缕

2. 峨眉繁缕 | Stellaria omeiensis C. Y. Wu et Y. W. Tsui ex P. Ke　图117-5

一年生草本。高20～30cm。茎被疏长柔毛。叶片圆卵形或卵状披针形，长1.5～2.5 cm，宽8～12mm，先端渐尖，基部圆形，无柄，边缘基部具缘毛，下面被疏毛，沿中脉毛较密。聚伞花序顶生，疏散，具多数花；萼片5枚；花瓣5枚，白色，顶端2深裂；雄蕊10枚，短于花瓣；花柱3裂。蒴果长圆状卵形，长为宿存萼的1.5倍，6齿裂。种子扁圆形。花期4～7月，果期6～8月。

产于神农架各地（阳日长青，zdg 5756），生于海拔1000～2500m的山坡林下。全草入药。

图117-5　峨眉繁缕

3. 巫山繁缕 | Stellaria wushanensis F. N. Williams 图117-6

一年生无毛草本。高10~20cm，上部多分枝。叶片卵状心形至卵形，长2~3.5cm，宽1.5~2cm，先端尖，基部近心形；叶柄长1~2cm。聚伞花序，常1~3朵花；苞片草质；花梗长2~6cm；萼片5枚；花瓣5枚，顶端2裂深达花瓣1/3；雄蕊10枚，短于花瓣；花柱2~4裂，线形；中下部雌花有时无花瓣和雄蕊。蒴果卵圆形。种子圆肾形，具尖瘤状凸起。花期4~6月，果期6~7月。

产于神农架各地（阳日长青，zdg 5758；麻湾，zdg 6521），生于海拔1000m以下的山沟阴湿地。全草入药。

4. 繁缕 | Stellaria media (Linnaeus) Villars 图117-7

一年或二年生草本。高10~30cm。茎被1~2列毛。叶片卵形，长1.5~2.5cm，宽1~1.5cm，先端渐尖，基部渐狭或近心形，全缘；基生叶具长柄。疏聚伞花序顶生；花梗具1列短毛；萼片5枚；花瓣5枚，白色，比萼片短，深2裂达基部；雄蕊3~5枚；花柱3裂，线形。蒴果卵形，顶端6裂。种子多数，卵圆形至近圆形，稍扁，表面具半球形瘤状凸起。花期6~7月，果期7~8月。

产于神农架各地，生于海拔500~2000m的山坡林下或荒地中。全草入药。

图117-6 巫山繁缕

图117-7 繁缕

5. 箐姑草 | Stellaria vestita Kurz 图117-8

多年生草本。高30~60cm。全株被星状毛。茎疏丛生，上部密被星状毛。叶片卵形或椭圆形，长1~3.5cm，宽8~20mm，先端急尖，基部圆形，全缘，两面均被星状毛，下面中脉明显。聚伞花序疏散，具长花序梗，密被星状毛；花梗细，密被星状毛；萼片5枚；花瓣5枚，2深裂近基部；雄蕊10枚；花柱3（4）裂。蒴果卵萼形，具6齿裂。种子多数，肾脏形。花期4~6月，果期6~8月。

产于神农架各地（阳日长青，zdg 5757），生于海拔500~1900m的山坡林下、路边和沟边草丛。全草供药用。

6. 中国繁缕 | Stellaria chinensis Regel 图117-9

多年生草本。高30～100cm。茎细弱，具四棱，无毛。叶片卵形至卵状披针形，长3～4cm，宽1～1.6cm，先端渐尖，基部宽楔形或，全缘，两面无毛，有时带粉绿色；叶柄短或近无。聚伞花序疏散，具细长花序梗；花梗细，长约1cm；萼片枚；花瓣5枚，白色，2深裂；雄蕊10枚；花柱3裂。蒴果卵萼形，比宿存萼稍长或等长，具6齿裂。种子卵圆形，稍扁。花期5～6月，果期7～8月。

产于神农架各地（阳日长青，zdg 5755），生于海拔1200m以上的山坡林下。全草入药。

图117-8　箐姑草

图117-9　中国繁缕

7. 雀舌草 | Stellaria alsine Grimm 图117-10

二年生草本。高15～25cm。全株无毛。叶无柄，披针形至长圆状披针形，长5～20mm，宽2～4mm，先端渐尖，基部楔形，半抱茎，边缘微波状。聚伞花序通常具3～5朵花，顶生或单生于叶腋；花梗细，果时稍下弯；萼片5枚；花瓣5枚，白色，2深裂几达基部；雄蕊5（10）枚；子房卵形，花柱3（2）裂，短线形。蒴果卵圆形，具6齿裂。含多数种子，种子肾脏形。花期5～6月，果期7～8月。

产于神农架各地，生于海拔160～2000m的路边荒地中。全草入药。

图117-10　雀舌草

8. 沼生繁缕 | Stellaria palustris Retzius　图117-11

多年生草本。高10~35cm。全株无毛。茎丛生，直立，具四棱。叶片线状披针形，长2~4.5cm，宽2~4mm，先端尖，基部稍狭，边缘具短缘毛，无柄，两面无毛。二歧聚伞花序，苞片披针形；萼片5枚；花瓣5枚，白色，2深裂达近基部；雄蕊10枚，稍短于萼片；子房卵形，具多数胚珠；花柱3裂，丝状。蒴果卵状长圆形，具多数种子。种子细小，近圆形，稍扁。花期6~7月，果期7~8月。

产于神农架各地，生于海拔1800~2800m的山坡石壁或山脊上。全草入药。

图117-11　沼生繁缕

9. 繁缕属一种 | Stellaria sp.　图117-12

一年生草本。本种与巫山繁缕近似，但上部叶片无柄，花瓣顶端2浅裂，裂片仅达花瓣1/5。花果期4~6月。

产于神农架九湖（小九湖）、宋洛，生于海拔800~1800m的山坡林下阴湿处。

10. 皱叶繁缕 | Stellaria monosperma var. japonica Maximowicz 图117-13

多年生草本。散生柔毛或在茎一侧具1列毛；叶片长圆状披针形、宽披针形或倒披针形，顶端渐尖，基部楔形，渐狭成短柄，近无毛或在上面具细柔毛，后渐无毛，或仅下面沿中脉有毛。萼片质软，卵状披针形，渐尖；花瓣较狭，短于萼片，具2深裂，裂片近镰形，顶端急尖；雄蕊通常5枚，花期8~9月，果期9~10月。

产于神农架九湖东溪，生于海拔1400m的山坡密林下。

图117-12　繁缕属一种

图117-13　皱叶繁缕

11. 多花繁缕 | Stellaria nipponica Ohwi 图117-14

多年生草本。高（5~）10~20cm。茎近丛生，纤细，直立，有四棱，节间通常短于叶，除叶缘基部有疏短缘毛外，余均无毛。叶片线形，长2~3（~4.5）cm，宽1~2mm，顶端尖，基部稍狭，两面无毛，中脉明显，在上面稍凹陷，在下面凸起。聚伞花序1~8朵花，顶生，疏散；花梗直立，长1.5~4（~6）cm；苞片披针形，长约5mm，边缘膜质；萼片5枚，披针形至长圆状披针形，长4~5.5mm，锐尖，稍3脉；花瓣5枚，白色，长于萼片1.5~2倍，具2深裂；雄蕊10枚，花丝细长；花柱3裂，长2~3mm。蒴果椭圆形至卵圆形，黄色，与宿存萼等长或微短。种子扁平，圆肾形，长约1mm，带褐色，脊有疣状凸起。花期5~6月，果期6~8月。

图117-14　多花繁缕

产于神农架松柏、神农架林区（红花朵林场桂竹园，鄂神农架植考队 21417），生于海拔1700m的山坡林下。

5．孩儿参属 Pseudostellaria Pax

多年生小草本。具块根。叶对生，无托叶。花两型；生于顶部的花有花瓣，单生或数朵成聚伞花序，常不结实；萼片5（4）枚；花瓣5（4）覆盖，白色；雄蕊10（8）枚；花柱通常3裂，稀2~4裂，线形，柱头头状；生于茎下部叶腋的花较小，闭花受精，具短梗；萼片4枚；花瓣无，雄蕊退化；子房具多数胚珠，花柱2裂。蒴果3瓣裂，稀2~4瓣裂，裂瓣再2裂。种子稍扁平，具瘤状凸起或平滑。

约18种。我国产9种，湖北产4种，神农架产3种。

分种检索表

1. 叶线形或线状披针形 ·· 1．细叶孩儿参 P. sylvatica
1. 茎中上部叶卵形至长圆形或卵状长圆形。
　　2．基部叶近圆形，近无柄 ·· 2．蔓孩儿参 P. davidii
　　2．基部叶倒披针形，基部渐狭呈长柄状 ································ 3．异花孩儿参 P. heterantha

1．细叶孩儿参 ｜ Pseudostellaria sylvatica (Maximowicz) Pax 　图117-15

多年生草本。高15~25cm。块根长卵形或短纺锤形，通常数个串生。茎直立，近4棱，被2列柔毛。叶无柄，叶片线状或披针状线形，长3~5cm，宽2~3mm，先端渐尖，基部渐狭，下面粉绿色。开花受精花单生于茎顶或成二歧聚伞花序；闭花受精花着生于下部叶腋或短枝顶端，无花瓣。蒴果卵圆形，稍长于宿存萼，3瓣裂。种子肾形，具棘状凸起。花期4~5月，果期6~8月。

产于神农架红坪，生于海拔2800m的山坡冷杉林下。全草入药。

图117-15　细叶孩儿参

2. 蔓孩儿参 | Pseudostellaria davidii (Franchet) Pax 图117-16

多年生草本。块根纺锤形。茎匍匐，细弱，被2列毛。叶片卵形或卵状披针形，长2～3cm，宽1.2～2cm，先端急尖，基部宽楔形，具极短柄。开花受精花单生于茎中部以上叶腋，具5枚白色花瓣，萼片5枚，雄蕊10枚，花柱3（2）裂；闭花受精花通常1～2朵，下部腋生，无花瓣，雄蕊退化，花柱2裂。蒴果宽卵圆形。种子圆肾形或近球形。花期5～7月，果期7～8月。

产于神农架各地（千家坪，zdg 6734），生于海拔1500～2500m的山坡林下。全草入药。

3. 异花孩儿参 | Pseudostellaria heterantha (Maximowicz) Pax 太子参

图117-17

多年生草本。块根纺锤形。茎单生，具2列柔毛。茎中部以下叶片倒披针形，先端尖，基部渐狭成柄；中部以上的叶片倒卵状披针形，长2～2.5cm，宽0.8～1.2cm，具短柄，基部疏生缘毛。开花受精花顶生或腋生；萼片5枚；花瓣5枚，白色；雄蕊10枚，花柱2～3裂；闭花受精花腋生，无花瓣。蒴果卵圆形，4瓣裂。种子肾形，表面具极低瘤状凸起。花期5～6月，果期7～8月。

神农架各地广布（宋洛—徐家庄，zdg 4734；阳日长青，zdg 5828），生于海拔1600m以上的山坡林下。块根入药。

图117-16　蔓孩儿参

图117-17　异花孩儿参

6. 鹅肠菜属 Myosoton Moench

二年生或多年生草本。茎下部匍匐，无毛，上部直立，被腺毛。叶对生。花两性，白色，排列成顶生二歧聚伞花序；萼片5枚；花瓣5枚，比萼片短，具2深裂至基部；雄蕊10枚；子房1室，心皮5枚，花柱5裂。蒴果卵形，比萼片稍长，具5瓣裂至中部，裂瓣顶端再2齿裂。种子肾状圆形，种脊具疣状凸起。

单种属，神农架也有。

鹅肠菜 | Myosoton aquaticum (Linnaeus) Moench 图117-18

特征同属的描述。

产于神农架各地（松柏八角庙村，zdg 7134），生于海拔600～1800m的山坡路旁、田间、沟边等。全草入药。

图117-18 鹅肠菜

7. 卷耳属 Cerastium Linnaeus

一年生或多年生草本。茎多数被柔毛或腺毛。叶对生，叶片卵形或长椭圆形至披针形。二歧聚伞花序顶生；萼片（4～）5枚，离生；花瓣（4～）5枚，白色，顶端2裂，稀全缘或微凹；雄蕊10（5）枚，花丝无毛或被毛；子房1室，具多数胚珠；花柱通常5（3）裂，与萼片对生。蒴果圆柱形，露出宿萼外，顶端裂齿为花柱数的2倍。种子多数，近肾形，稍扁，常具疣状凸起。

约100种。我国产23种，湖北产4种，神农架产3种。

分种检索表

1. 花瓣长等于或短于萼片 ················· 1. 簇生泉卷耳 C. fontanum subsp. vulgare
1. 花瓣明显长于萼片。
  2. 全株被毛；叶卵形至椭圆形 ·················· 2. 球序卷耳 C. glomeratum
  2. 全株近无毛；叶狭卵状长椭圆形 ················· 3. 卵叶卷耳 C. wilsonii

1. 簇生泉卷耳（亚种） | Cerastium fontanum subsp. vulgare (Hartman) Greuter et Burdet

二年生草本。基生叶近匙形或倒卵状披针形，茎生叶卵形、狭卵状长圆形或披针形，两面均被短柔毛，边缘具缘毛。聚伞花序顶生；萼片5枚，长圆状披针形，外面密被长腺毛；花瓣5枚，白色，倒卵状长圆形，等长或微短于萼片，顶端2浅裂。蒴果圆柱形。种子褐色，具瘤状凸起。花期5～6月，果期6～7月。

产于神农架各地，生于海拔1200m以下的路边荒地中。

2. 球序卷耳 | Cerastium glomeratum Thuillier　鄂西卷耳　图117-19

一年生草本。高10～20cm。茎密被长柔毛。茎下部叶匙形，先端钝，基部渐狭成柄状；上部茎生叶倒卵状椭圆形，长1.5～2.5cm，宽5～10mm，先端急尖，基部渐狭成短柄状，两面皆被长柔毛。聚伞花序呈簇生状或呈头状；花序轴和花梗密被柔毛；萼片5枚；花瓣5枚，白色，顶端2浅裂；花柱5裂。蒴果长圆柱形，顶端10齿裂。种子扁三角形。花期3～4月，果期5～6月。

产于神农架九冲、庙坪，生于海拔1100m的林下或路边草丛中。全草入药。

3. 卵叶卷耳 | Cerastium wilsonii Takeda　图117-20

多年生草本。高25～35cm。茎近无毛。基生叶叶片匙形，茎生叶叶片卵状椭圆形，先端急尖，基部渐狭成长柄状，长1.5～2.5cm，宽8～12mm。聚伞花序顶生，具多花，花序梗和花梗具柔毛；萼片5枚；花瓣5枚，白色，2裂至中部；雄蕊稍长于萼片；花柱5裂，线形。蒴果圆柱形，裂齿10。种子椭圆状球形，稍扁，具瘤状凸起。花期4～5月，果期6～7月。

产于神农架各地（阳日—新华，zdg 4580和zdg 4460），生于海拔1600～2300m的山坡林下和沟边草丛中。全草入药。

图117-19　球序卷耳　　　　　　　　　　　图117-20　卵叶卷耳

8. 蝇子草属 Silene Linnaeus

一二年生或多年生草本，稀亚灌木。单叶对生，全缘，无托叶。花常两性，成聚伞花序或圆锥花序，稀呈头状花序或单生；萼钟状或圆柱状，5裂，具10至多条肋棱；花瓣5枚，具爪，全缘；花冠喉部具10片状或鳞片状副花冠；雄蕊10枚；子房1、3或5室，具多数胚珠；花柱3（5）裂。蒴果，顶端齿裂，裂齿为花柱数的2倍。种子肾形，种皮表面具短线条纹或小瘤。

约600种。我国约产110种，湖北产11种，神农架产10种。

分种检索表

```
1. 花萼具脉30条·····················································1. 麦瓶草 S. conoidea
1. 花萼具脉10条。
   2. 花序为聚伞圆锥式。
      3. 多年生草本。
         4. 基生叶花期枯萎，茎生叶发达。
            5. 瓣片浅2裂，裂具缺刻状牙齿···············9. 齿瓣蝇子草 S. incisa
            5. 瓣片深2裂，裂片呈撕裂状条裂··············8. 鹤草 S. fortunei
         4. 基生叶花期不枯萎，莲座状，茎生叶少数········10. 须弥蝇子草 S. himalayensis
      3. 一年生草本。
         6. 雌雄蕊柄无毛；聚伞花序梗短·················6. 疏毛女娄菜 S. firma
         6. 雌雄蕊柄有毛·····························7. 女娄菜 S. aprica
   2. 花序为二歧或单歧聚伞式。
      7. 蒴果假浆果状，黑色，不规则开裂··············2. 狗筋蔓 S. baccifera
      7. 蒴果，先端开裂成齿状。
         8. 种子周围具凸起或翅；聚伞花序常2～5花······3. 湖北蝇子草 S. hupehensis
         8. 种子周围无翅或凸起。
            9. 花白色·······························4. 石生蝇子草 S. tatarinowii
            9. 花红色或紫红色·······················5. 宽叶蝇子草 S. platyphylla
```

1. 麦瓶草 | Silene conoidea Linnaeus 图117-21

一年生直立草本。高25～60cm。全株被短腺毛。基生叶匙形，茎生叶矩圆形或披针形，长5～8cm，宽5～10mm，先端渐尖，基部楔形，两面被短柔毛，边缘具缘毛。二歧聚伞花序具数朵花；花萼圆锥形，长2～3cm，直径3～4.5mm，果期膨大成卵形，具纵脉30条，萼齿5枚；花瓣5枚，淡红色；副花冠片狭披针形；雄蕊10枚，花柱3裂。蒴果卵形。种子肾形。花期5～6月，果期6～7月。产于神农架松柏、阳日、新华，生于海拔500～900m的田边、路边。全草入药。

2. 狗筋蔓 | Silene baccifera (Linnaeus) Roth 图117-22

多年生草本。全株被逆向短绵毛。根簇生，长纺锤形。叶片卵形至长椭圆形，长1.5～5cm，宽

0.8～2cm，基部渐狭成柄状，先端急尖，边缘具短缘毛。圆锥花序疏松；花萼宽钟形，顶端5裂，后期膨大呈半圆球形，具纵脉10条；花瓣5枚，白色；副花冠片不明显微呈乳头状；雄蕊10枚；花柱细长。蒴果圆球形，成熟时黑色。种子圆肾形。花期6～8月，果期7～10月。

产于神农架各地（鸭子口—坪堑，zdg 6425；黄连架，zdg 7954），生于海拔1000～2000m的山坡林下。根或全草入药。

图117-21　麦瓶草

图117-22　狗筋蔓

3. 湖北蝇子草 ｜ Silene hupehensis C. L. Tang　　图117-23

多年生草本。高10～30cm。茎丛生，全株无毛。基生叶线形，长5～8cm，宽2～3.5mm，基部微抱茎，先端渐尖，边缘具缘毛；茎生叶较小。聚伞花序常具2～5朵花；花直立，直径15～20mm；花萼钟形，直径3.5～7mm，具纵脉10条，紫色，顶端具5萼齿；花瓣5枚，淡红色，具爪；副花冠片近肾形或披针形；雄蕊10枚；花柱微外露。蒴果卵形。种子圆肾形。花期7月，果期8月。

产于神农架各地，生于海拔1400～2000m的山坡石壁上。全草入药。

图117-23　湖北蝇子草

4. 石生蝇子草 | Silene tatarinowii Regel　　图117-24

多年生草本。全株被短柔毛。根圆柱形或纺锤形。叶片披针形，长2~5cm，宽5~15mm，基部宽楔形或渐狭成柄状，先端长渐尖，两面被疏短柔毛，具1或3条基出脉。二歧聚伞花序疏松；花萼筒状棒形，具10条纵脉，顶端具5萼齿；花瓣5枚，白色；副花冠片椭圆状，全缘；雄蕊10枚；花柱明显外露。蒴果卵形。种子肾形。花期7~8月，果期8~10月。

产于神农架各地（松柏八角庙村，zdg 7204），生于海拔800~1900m的山坡林下、田间、路边。全草入药。

5. 宽叶蝇子草 | Silene platyphylla Franchet　　图117-25

多年生草本。茎多分枝，被短柔毛。叶片卵形，基部圆形或浅心形，下面被粗毛，边缘具缘毛，具3或5条基出脉。二歧聚伞花序稀疏；花萼筒状棒形；花瓣淡红色，长约20mm，瓣片深2裂达瓣片的中部，裂片椭圆形，两侧近基部具1枚线形小裂片或细齿；副花冠片椭圆形或线形，全缘。蒴果卵形。种子肾形，黑褐色。花期6~8月，果期8~9月。

产于小神农架，生于海拔2500m的山坡箭林中。

图117-24　石生蝇子草

图117-25　宽叶蝇子草

6. 疏毛女娄菜 | Silene firma Siebold et Zuccarini　　图117-26

一年生或二年生草本。茎、叶和花梗多少被短柔毛。叶片椭圆状披针形或卵状倒披针形，基部渐狭成短柄状，顶端急尖，仅边缘具缘毛。总状花序排列成假轮伞状；花萼有时被柔毛；花瓣白色，不露出花萼，瓣片2裂。蒴果长卵形，比宿存萼短。花期6~7月，果期7~8月。

产于神农架各地，生于海拔600~1700m的山坡林下、田间、路边。全草入药。

7. 女娄菜 | Silene aprica Turczaninow ex Fischer et C. A. Meyer　　图117-27

一年或二年生草本。高30~70cm。全株密被短柔毛。基生叶倒披针形或狭匙形，长4~7cm，宽4~8mm，基部渐狭成长柄状，先端急尖；茎生叶较小。圆锥花序较大型；花萼卵状钟形，密被短柔毛，具纵脉10条；雌雄蕊柄极短；花瓣5枚，白色或淡红色；副花冠片舌状；雄蕊不外露；花柱不外露。蒴果卵形。种子圆肾形，具小瘤状凸起。花期5～7月，果期6～8月。

产于神农架各地（板仓—坪堑，zdg 7295），生于海拔1200m以下的山坡林下。全草入药。

图117-26　疏毛女娄菜　　　　　　　　　　　　　图117-27　女娄菜

8. 鹤草 | Silene fortunei Visiani　　图117-28

多年生直立草本。高50～80cm。茎丛生，被短柔毛或近无毛，分泌黏液。基生叶披针形，长3～8cm，宽7～12mm，基部渐狭成柄状，先端急尖，边缘具缘毛。聚伞状圆锥花序，有黏质；花萼长筒状，长2～3cm，直径约3mm，果期上部微膨大呈筒状棒形，具10条纵脉；雌雄蕊柄无毛；花瓣淡红色；雄蕊10枚；花柱微外露。蒴果长圆形。种子圆肾形。花期6～8月，果期7～9月。

产于神农架各地（八角庙—房县沿线，zdg 7521），生于海拔600～1650m的山坡、路边草丛中。全草入药。

图117-28　鹤草

9. 齿瓣蝇子草 | Silene incisa C. L. Tang 图117-29

多年生草本。高30～60cm。根稍粗壮。茎疏丛生，近直立，纤细，无毛，上部分泌黏液。基生叶叶片倒披针形，长5～8cm，宽5～10（～12）mm，基部渐狭成长柄状，顶端渐尖，两面无毛，有时边缘基部具缘毛。圆锥花序，小聚伞花序对生，常具1～3朵花；苞片线形或线状披针形；花萼长筒状，无毛；花瓣淡红色，长约20mm，爪楔状倒披针形，无毛，耳不明显，瓣片露出花萼，轮廓三角状倒卵形，浅2裂，稀达瓣片的中部，裂片具缺刻状齿；副花冠呈乳头状；雄蕊外露，花丝无毛；花柱外露。蒴果长圆状卵形；种子圆肾形，红褐色。花期7～9月，果期9～10月。

产于神农架木鱼、新华、徐家庄（zdg 7055），生于海拔600m以下的悬崖石上或沟边潮湿处。

图117-29　齿瓣蝇子草

10. 须弥蝇子草 | Silene himalayensis (Rohrbach) Majumdar 图117-30

多年生草本。基生叶叶片狭倒披针形，边缘具缘毛；茎生叶披针形或线状披针形。总状花序常具3～7朵花，花微俯垂；苞片线状披针形；花萼卵状钟形，密被短柔毛和腺毛，纵脉紫色；花瓣暗红色，瓣片浅2裂；副花冠片小，鳞片状。蒴果卵形，短于宿存萼。种子圆形，压扁，褐色。花期6～7月，果期7～8月。

产于神农架各地，生于海拔2700～3100m的山坡石壁上。

图117-30　须弥蝇子草

9. 剪秋罗属 Lychnis Linnaeus

多年生草本。茎直立。叶对生，无托叶。花两性，成二歧聚伞花序或头状花序；花萼筒状棒形，稀钟形，萼齿5枚；萼、冠间雌雄蕊柄显著；花瓣5枚，白色或红色，具长爪；花冠喉部具10枚片状或鳞片状副花冠；雄蕊10枚；雌蕊心皮与萼齿对生；子房1室，具部分隔膜，有多数胚珠；花柱5裂。蒴果5齿或5瓣裂。种子多数，细小，肾形。

约25种。我国产6种，湖北产3种，神农架产2种。

分种检索表

1. 叶粗糙，具毛···1. 剪红纱花 L. senno
1. 叶两面无毛···2. 剪春罗 L. coronata

1. 剪红纱花 | Lychnis senno Siebold et Zuccarini 图117–31

多年生草本。高50~100cm。全株被粗毛。茎单生，直立。叶片椭圆状披针形，长8~12cm，宽2~3cm，先端渐尖，基部楔形。二歧聚伞花序具多花；花直径3.5~5cm，花梗长5~15mm；苞片卵状披针形或披针形；花萼筒状；花瓣深红色，三角状倒卵形，具不规则深多裂；雄蕊与花萼近等长。蒴果椭圆状卵形，长10~15mm。种子肾形，红褐色，具小瘤。花期7~8月，果期8~9月。

产于神农架红坪、九湖、松柏（八角庙村，zdg 7122）、新华，生于海拔800~1600m的山坡草丛中。带根全草入药。

图117–31 剪红纱花

2. 剪春罗 | Lychnis coronata Thunberg 图117–32

多年生草本。高50~90cm。全株近无毛。茎单生，直立。叶片椭圆状或卵状倒披针形，长8~15cm，宽2~5cm，先端渐尖，基部楔形。二歧聚伞花序常具多花；花直径4~5cm，花梗极短；苞片披针形；花萼筒状，萼齿披针形；雌雄蕊柄长10~15mm；花瓣橙红色，倒卵形，爪不露出花萼；副花冠片椭圆状；雄蕊不外露。蒴果长椭圆形，长约20mm。花期6~7月，果期8~9月。

产于我国华中地区，神农架有栽培。根或全草入药。

图117-32　剪春罗

10. 石竹属 Dianthus Linnaeus

一年或多年生草本。茎多丛生，有关节，节处膨大。叶对生，全缘，无托叶。花单生或成聚伞花序，有时簇生成头状；花萼圆筒状，5齿裂，基部贴生苞片1～4对；花瓣5枚，具长爪，瓣片边缘具齿或隧状细裂，稀全缘；雄蕊10枚；花柱2裂，子房1室，具多数胚珠。蒴果圆筒形或长圆形，顶端4齿裂或瓣裂。种子多数，圆形或盾状，具胚乳。

约600种。我国产16种，湖北产4种，神农架也产。

> **分种检索表**
>
> 1. 花多数，聚成头状，花梗极短或近无梗……………………………………1. 须苞石竹 D. barbatus
> 1. 花单生或数个成松散的聚伞花序，具长花梗。
>   2. 花瓣上部边缘具不规则齿裂………………………………………………2. 石竹 D. chinensis
>   2. 花瓣上部边缘流苏状。
>   3. 花萼紫红色；蒴果与花萼等长或稍长…………………………………3. 瞿麦 D. superbus
>   3. 花萼绿色；蒴果短于花萼……………………………………………4. 长萼瞿麦 D. longicalyx

1. 须苞石竹 ｜ Dianthus barbatus Linnaeus　图117-33

多年生草本。高30～60cm。全株无毛。茎直立，具棱。叶片披针形，长4～8cm，宽约1cm，先端急尖，基部渐狭，合生成鞘，全缘。花多数，集成头状，有数枚叶状总苞片；花梗极短；苞片4枚；花萼筒状，5齿裂；花瓣具长爪，通常红紫色，有白点斑纹，喉部具髯毛；雄蕊稍露于外；子房长圆形，花柱线形。蒴果卵状长圆形，顶端4裂至中部。种子扁卵形，平滑。花果期5～10月。

原产于欧洲，神农架各地有栽培。全草入药；花供观赏。

2. 石竹 | Dianthus chinensis Linnaeus 图117-34

多年生草本。高30～50cm。全株无毛。茎直立。叶片线状披针形，长3～5cm，宽2～4mm，先端渐尖，基部稍狭，全缘或有细小齿。花单生于枝端或数花集成聚伞花序；花梗长1～3cm；苞片4枚；花萼圆筒形，萼齿5枚；花瓣5枚，具长爪，花常紫红色、粉红色、鲜红色或白色；雄蕊露出喉部外；子房长圆形，花柱线形。蒴果圆筒形，包于宿存萼内，顶端4裂。种子扁圆形。花期5～6月，果期7～9月。

原产于我国北方，神农架各地有栽培（燕天景区，zdg 6464）。根和全草入药；花供观赏。

图117-33　须苞石竹

图117-34　石竹

3. 瞿麦 | Dianthus superbus Linnaeus 图117-35

多年生草本。高50～60cm。全株无毛。茎直立。叶片线状披针形，长5～10cm，宽3～5mm，先端锐尖，基部合生成鞘状。花1或2朵生于枝端；苞片2～3对，约为花萼的1/4；花萼圆筒形，常紫红色；花瓣长4～5cm，具长爪，常淡红色或带紫色，喉部具丝毛状鳞片；雄蕊和花柱微外露。蒴果圆筒形，与宿存萼等长或微长，顶端4裂。种子扁卵圆形。花期6～9月，果期8～10月。

产于神农架各地，生于海拔2500m的山坡草丛中，常形成群落。全草入药。

图117-35　瞿麦

4. 长萼瞿麦 | Dianthus longicalyx Miquel 图117-36

多年生草本。高40~80cm。全株无毛。茎直立。基生叶数片；茎生叶披针形，长4~10cm，宽2~5mm，先端渐尖，基部稍狭，边缘有微细锯齿。疏聚伞花序，具2朵至多朵花；苞片3~4对，长为花萼的1/5；花萼长管状，绿色；花瓣倒卵形或楔状长圆形，粉红色，具长爪；雄蕊伸达喉部；花柱线形，长约2cm。蒴果狭圆筒形，顶端4裂，略短于宿存萼。花期6~8月，果期8~9月。

产于神农架木鱼、松柏，生于海拔950~1400m的山坡。全草入药。

图117-36 长萼瞿麦

11. 麦蓝菜属 Vaccaria Wolf

一年生直立草本。全株无毛。叶对生，叶片卵状披针形至披针形，基部微抱茎；无托叶。花两性，成伞房花序或圆锥花序；花萼狭卵形，具5条翅状棱，花后下部膨大，萼齿5；雌雄蕊柄极短；花瓣5枚，淡红色，具长爪；副花冠缺；雄蕊10枚，通常不外露；子房1室，具多数胚珠；花柱2裂。蒴果卵形，基部4室，顶端4齿裂。种子多数，近圆球形，具小瘤。

单种属，神农架也产。

麦蓝菜 | Vaccaria hispanica (Miller) Rauschert 图117-37

特征同属的描述。

花期5~7月，果期6~8月。

产于神农架新华、阳日，生于海拔700~1000m的荒地中。全草入药。

图117-37 麦蓝菜

118. 苋科 | Amaranthaceae

一年或多年生草本，稀藤本或灌木。叶互生或对生，常全缘，无托叶。花小型，两性，稀单性或杂性，为单一或圆锥形的穗状、聚伞状、头状等花序；苞片1枚及小苞片2枚，干膜质；花被片3~5枚；雄蕊常和花被片等数且对生，花丝分离或基部合生成筒状，常有退化雄蕊，花药2室或1室；子房上位，1室，胚珠1枚或多数，花柱1~3裂，宿存。果实为胞果或小坚果，少数为浆果，不裂、不规则开裂或顶端盖裂。种子1至多数，凸镜状或近肾形。

约160属2250种。我国产45属约229种，湖北产13属30种，神农架产12属26种。

分属检索表

1. 苞及花被通常为干膜质；雄蕊通常基部合生。
    2. 叶互生。
        3. 花单性，雌雄同株或杂性，花丝离生，子房内只有1枚胚珠·················1. 苋属 Amaranthus
        3. 花两性，花丝下部连合成筒状，子房内有胚珠2~8枚·················2. 青葙属 Celosia
    2. 叶对生。
        4. 在苞片腋部有2至多花，常伴有不育花1至多数·················3. 杯苋属 Cyathula
        4. 在苞片腋部有1花，无退化的不育花。
            5. 茎圆柱状；花排成顶生或腋生的头状花序；花药1室，有或无退化雄蕊。
                6. 无退化雄蕊；柱头2~3，或2裂·················4. 千日红属 Gomphrena
                6. 具退化雄蕊；柱头1·················5. 莲子草属 Alternanthera
            5. 茎四方形；花排成顶生及腋生的穗状花序，花药2室·················6. 牛膝属 Achyranthes
1. 苞及花被通常为草质或肉质，不为干膜质；雄蕊通常分离。
    7. 果实为盖果，花序分枝末端成刺状·················12. 千针苋属 Acroglochin
    7. 果实为胞果，花序分枝末端不成刺状。
        8. 花被片基部贴生于子房，果时增大、增厚且硬化·················7. 甜菜属 Beta
        8. 花被片与子房离生，果时不增大。
            9. 花单性，雌雄异株·················8. 菠菜属 Spinacia
            9. 花两性或杂性。
                10. 叶常线形或线状披针形·················9. 地肤属 Kochia
                10. 叶非线形。
                    11. 植物体被腺毛·················10. 刺藜属 Dysphania
                    11. 植物体被粉粒或囊状毛·················11. 藜属 Chenopodium

1. 苋属 Amaranthus Linnaeus

一年生草本。叶互生，全缘，有叶柄。花单性，雌雄同株或异株，或杂性，成无梗花簇，腋生或顶生，再集合成单一或圆锥状穗状花序；每花有1枚苞片及2枚小苞片；花被片常5枚；雄蕊常5枚，花丝基部离生，花药2室，无退化雄蕊；子房具1枚直生胚珠，花柱极短宿存。胞果球形或卵形，侧扁，盖裂或不规则开裂，常为花被片包裹，或不裂。种子球形，凸镜状，侧扁。

约40种。我国产13种，湖北产8种，神农架均产。

分种检索表

```
1. 花被片5枚；雄蕊5枚；果实环状横裂。
   2. 叶柄处有2刺；苞片常变形成2锐刺 ············································· 1. 刺苋A. spinosus
   2. 叶柄旁无刺；苞片不变形成刺。
      3. 植物体无毛或近无毛。
         4. 圆锥花序下垂；花被片比胞果短 ··································· 2. 老枪谷A. caudatus
         4. 圆锥花序直立；花被片与胞果等长 ·································· 3. 老鸦谷A. cruentus
      3. 植物体有毛。
         5. 圆锥花序较粗；胞果包裹在宿存花被片内 ······················· 4. 反枝苋A. retroflexus
         5. 圆锥花序较细长；胞果超出花被片 ··································· 5. 绿穗苋A. hybridus
1. 花被片3（2～4）枚；雄蕊3枚；果实不裂或横裂。
   6. 果实不裂。
      7. 茎通常直立，稍分枝；胞果皱缩 ···················································· 6. 皱果苋A. viridis
      7. 茎通常伏卧上升，从基部分枝；胞果近平滑 ··································· 7. 凹头苋A. blitum
   6. 果实环状横裂 ··················································································· 8. 苋A. tricolor
```

1. 刺苋 | Amaranthus spinosus Linnaeus   图118-1

一年生直立草本。茎圆柱形或钝棱形。叶片菱状卵形或卵状披针形，长3～12cm，宽1～5.5cm，先端圆钝，基部楔形，全缘；叶柄长1～8cm，在其旁有2根刺，刺长5～10mm。花单性或杂性，排成顶生的长而直立或稍下垂的圆柱形穗状花序；萼片5枚，绿色；雄蕊5枚；雌花花柱2～3裂。胞果近球形，盖裂，包在宿存萼片内，种子近球形，黑色或带棕黑色。花果期7～11月。

产于神农架松柏、新华、宋洛，生于海拔700～900m的路边草丛中。全草入药。

2. 老枪谷 | Amaranthus caudatus Linnaeus   尾穗苋   图118-2

一年生直立草本。高达1m以上。全株无毛。茎粗壮，具钝棱角，常带粉红色。叶片菱状卵形或菱状披针形，长4～15cm，宽2～8cm，先端渐尖，基部宽楔形，全缘或波状缘；叶柄长1～15cm。圆锥花序顶生，下垂，中央穗长尾状；雄花与雌花混生于同一花簇；苞片及小苞片披针形；花被片5枚；雄蕊5枚；雌花花柱3裂。胞果近球形，超出花被片。种子近球形。花期7～8月，果期9～10月。

产于神农架各地（板仓—坪堑，zdg 7253），生于海拔600～1700m的田园中。根入药。

图118-1 刺苋

图118-2 老枪谷

3. 老鸦谷 | **Amaranthus cruentus** Linnaeus 繁穗苋 图118-3

和老枪谷相近，区别为：圆锥花序直立或以后下垂，花穗顶端尖；苞片及花被片顶端芒刺显明；花被片和胞果等长。花期6～7月，果期9～10月。

产于神农架各地，生长于海拔200～1700m的田园中。根入药。

图118-3 老鸦谷

4. 反枝苋 | Amaranthus retroflexus Linnaeus 图118-4

一年生直立草本。高可达1m。茎密生短柔毛。叶片菱状卵形或椭圆状卵形，长5～12cm，宽2～5cm，先端锐尖或尖凹，基部楔形，全缘或波状缘，两面具柔毛；叶柄长1.5～5.5cm。圆锥花序粗壮，由多数穗状花序形成；苞片长4～6mm；花被片5枚；雄蕊5枚，稍长于花被片；柱头3（2）裂。胞果扁卵形，环状横裂，包裹在宿存花被片内。种子近球形。花期7～8月，果期8～9月。

原产于北美，生于海拔200～2400m的田园或路边，神农架有栽培。全草入药；嫩叶可作野菜。

图118-4 反枝苋

5. 绿穗苋 | Amaranthus hybridus Linnaeus 图118-5

一年生直立草本。茎具开展柔毛。叶片卵形或菱状卵形，长3～4.5cm，宽1.5～2.5cm，先端急尖或微凹，基部楔形，边缘波状或有不明显锯齿，上面近无毛，下面疏生柔毛；叶柄长1～2.5cm。圆锥花序顶生，细长，由穗状花序聚合而成；花被片5枚；雄蕊5枚；柱头3裂。胞果卵形，环状横裂，超出宿存花被片。种子近球形。花期7～8月，果期9～10月。

产于神农架各地（松柏八角庙村，zdg 7135），生于海拔200～2000m的田园荒地中。全草入药；嫩叶可作野菜。

图118-5 绿穗苋

6. 皱果苋 | *Amaranthus viridis* Linnaeus 图118-6

一年生直立草本。全株无毛。叶片卵形、卵状矩圆形，长3～9cm，宽2.5～6cm，先端尖凹，基部宽楔形，全缘或微呈波状缘；叶柄长3～6cm。圆锥花序顶生，由穗状花序形成，细长直立；花被片5枚；雄蕊5枚，比花被片短；柱头3（2）裂。胞果扁球形，不裂，极皱缩，超出花被片。种子近球形。花期6～8月，果期8～10月。

原产于热带非洲，产于神农架各地（松柏八角庙村，zdg 7139），生于海拔200～2000m的田园荒地中。全草入药。

7. 凹头苋 | *Amaranthus blitum* Linnaeus 图118-7

一年生草本。全株无毛。茎伏卧而上升。叶片卵形或菱状卵形，长1.5～4.5cm，宽1～3cm，顶端凹缺，有一芒尖，基部宽楔形，全缘或稍呈波状；叶柄长1～3.5cm。花成腋生花簇，生在茎端和枝端者成直立穗状花序或圆锥花序；苞片及小苞片长不及1mm；花被片5裂；雄蕊5枚；柱头3（2）裂。胞果扁卵形，近平滑片。种子环形。花期7～8月，果期8～9月。

产于神农架松柏（八角庙村，zdg 7153）、宋洛、阳日、新华，生于海拔700～900m的山坡草丛或田间。全草入药。

图118-6　皱果苋

图118-7　凹头苋

8. 苋 | Amaranthus tricolor Linnaeus 图118-8

一年生直立草本。高达1m以上。叶片卵形、菱状卵形或披针形，长4～10cm，宽2～7cm，绿色或红色，紫色或黄色等，顶端圆钝或尖凹，基部楔形，全缘或波状缘；叶柄长2～6cm。花簇腋生，或顶生花簇成下垂的穗状花序；花簇球形，雄花和雌花混生；苞片及小苞片卵状披针形；花被片5枚；雄蕊5枚。胞果卵状矩圆形，包裹于宿存花被片内。种子近圆形。花期5～8月，果期7～9月。

神农架各地有栽培（龙门河—峡口，zdg 7931；松柏八角庙村，zdg 7165）。全草及种子可入药；嫩叶为常见蔬菜；彩叶品种可供观赏。

图118-8 苋

2. 青葙属 Celosia Linnaeus

一年或多年生草本、亚灌木或灌木。叶互生，全缘。花两性，成顶生或腋生、密集或间断的穗状花序，简单或排列成圆锥花序；每花有1枚苞片和2枚小苞片，宿存；花被片5枚，直立开展；雄蕊5枚，花丝钻状或丝状，上部离生，基部连合成杯状；无退化雄蕊；子房1室，具2至多数胚珠，花柱1枚，宿存，柱头头状，反折。胞果卵形或球形，盖裂。种子肾形。

约60种。我国产3种，湖北产2种，神农架均产。

分种检索表

1. 穗状花序塔状或圆柱状，无分枝 ························· 1. 青葙 C. argentea
1. 穗状花序鸡冠状或卷冠状，多分枝 ····················· 2. 鸡冠花 C. cristata

1. 青葙 | Celosia argentea Linnaeus 图118-9

一年生直立草本。高达1m。叶片矩圆状或条形披针状，长5～8cm，宽1～3cm，常带红色，先端渐尖，基部渐狭；叶柄长2～15mm。花多数，密生，在枝端成塔状或圆柱状穗状花序，长

3~10cm；苞片及小苞片披针形，白色；花被片矩圆状披针形，白色顶端带红色，或全部粉红色。胞果卵形，包裹在宿存花被片内。种子凸透镜状肾形。花期5~8月，果期6~10月。

产于神农架各地（松柏八角庙村，zdg 7129），生长于海拔200~2000m的田园荒地中。种子、花序、茎叶能入药；幼叶可食用。

2. 鸡冠花 | Celosia cristata Linnaeus 图118-10

一年生直立草本。茎通常红色或紫红色。叶片卵形、卵状披针形或披针形，长5~15cm，宽2~6cm；花多数，极密生，成扁平肉质鸡冠状、卷冠状或羽毛状的穗状花序，一个大花序下面有数个较小的分枝，圆锥状矩圆形，表面羽毛状；花被片红色、紫色、黄色、橙色或红色黄色相间。胞果卵圆形。种子小，黑色。花果期7~9月。

神农架各地有栽培。民间喜爱的观赏植物；花、种子、茎可入药。

图118-9 青葙

图118-10 鸡冠花

3. 杯苋属 Cyathula Blume

多年生草本。叶对生，全缘。花两性，簇生成头状花序，单生或数个集生成穗状；每苞腋有花2朵至数朵，常有1朵花可育，不育花的花被片与小苞片成刺状；花被片5枚；雄蕊5枚，花药2室，花丝基部连合成短杯状；子房倒卵形，胚珠1枚，花柱丝状，宿存。胞果球形、椭圆形或倒卵形，不裂，包裹在宿存花被内。种子矩圆形或椭圆形，凸镜状。

约27种。我国产4种，湖北产1种，神农架也产。

川牛膝 | Cyathula officinalis K. C. Kuan 图118-11

多年生直立草本。根圆柱形。叶片椭圆形，长3~12cm，宽1.5~5.5cm，先端渐尖，基部楔形，全缘，两面被毛；叶柄长5~15mm。球状花序在枝顶成穗状排列；球状花序内，两性花在中央，不育花在两侧；能育花花被常为5枚，不育花花被片常为4枚；雄蕊花丝基部密生节状束毛；退化雄蕊长方形；子房圆筒形。胞果椭圆形或倒卵形。种子椭圆形。花期6~7月，果期8~9月。

原产于我国华北及西南地区，神农架多有栽培。根供药用。

图118-11　川牛膝

4. 千日红属 Gomphrena Linnaeus

草本或亚灌木。叶对生，少数互生。花两性，成球形或半球形的头状花序；花被片5枚，相等或不等，有长柔毛或无毛；雄蕊5枚，花丝基部扩大，连合成管状或杯状，顶端3浅裂，中裂片具1室花药，侧裂片齿裂状、锯齿状、流苏状或2至多裂；无退化雄蕊；子房1室，有垂生胚珠1枚，柱头2~3裂。胞果球形或矩圆形，侧扁，不裂。

约100种。我国产2种，湖北产1种，神农架亦产。

千日红 ｜ Gomphrena globosa Linnaeus　图118-12

一年生直立草本。茎被糙毛。叶片长椭圆形，长3.5~13cm，宽1.5~5cm，先端急尖或圆钝，基部渐狭；叶柄长1~1.5cm。花多数，密生成顶生球形或矩圆形头状花序1~3个，直径2~2.5cm，紫红色、淡紫色或白色；叶状总苞2枚；花被片披针形；雄蕊花丝连合成管状，顶端5浅裂；花柱条形，柱头2裂。胞果近球形。种子肾形。花果期6~9月。

原产于美洲热带，神农架有栽培。花序可入药；蜡质苞片供观赏。

5. 莲子草属 Alternanthera Forsskål

匍匐或上升草本。茎多分枝。叶对生，全缘。花两性，多数聚生成有或无总花梗的头状花序，单生在苞片腋部；苞片及小苞片宿存；花被片5枚，常不等；雄蕊2~5枚，花丝基部连合成管状或短杯状，花药1室；退化雄蕊全缘，有齿或条裂；子房球形或卵形，胚珠1枚，垂生，花柱短或长，柱头头状。胞果球形或卵形，不裂，边缘翅状。种子凸镜状。

约200种。我国产5种，湖北产2种，神农架均产。

分种检索表

1. 叶倒卵状长椭圆形至线状披针形；头状花序无总梗 ············· 1. 莲子草 A. sessilis
1. 叶椭圆形或倒卵状披针形；头状花序有总梗 ············· 2. 喜旱莲子草 A. philoxeroides

1. 莲子草 | Alternanthera sessilis (Linnaeus) R. Brown ex Candolle 图118–13

多年生草本。高10~45cm。茎上升或匍匐，节处有1行横生柔毛。叶形变化较大，倒卵状长椭圆形至线状披针形，长1~8cm，宽2~20mm，先端急尖、圆形或圆钝，基部渐狭，全缘或有不显明锯齿。头状花序1~4个，腋生，无总花梗；花密生，具苞片和小苞片；花被片5枚；雄蕊3枚，基部连合成杯状；花柱极短。胞果倒心形。种子卵球形。花期5~7月，果期7~9月。

原产于巴西，神农架有逸生，生于海拔1000m以下的田边。全草入药。

图118-12　千日红　　　　　　　　　　图118-13　莲子草

2. 喜旱莲子草 | Alternanthera philoxeroides (C. Martius) Grisebach
图118–14

多年生草本。茎基部匍匐，管状，幼茎及叶腋有白色或锈色柔毛，后脱落。叶椭圆形或倒卵状披针形，长3~5cm，宽1~2.5cm，先端急尖或圆钝，具短尖，基部渐狭，全缘。花密生成具总花梗的头状花序，单生于叶腋；苞片卵形，小苞片披针形；花被片5枚；雄蕊5枚，基部连合成杯状，退化雄蕊矩圆状条形；子房倒卵形，具短柄，顶端圆形。花期5~10月。

原产于巴西，神农架有逸生，生于海拔1000m以下的田边、地边、路边。嫩叶可食或作饲料，也可入药。

图118-14　喜旱莲子草

6. 牛膝属 Achyranthes Linnaeus

草本或亚灌木。茎具明显节。单叶对生。穗状花序顶生或腋生；花两性，单生，每花具1苞片和有2小苞片，小苞片刺状；花被片4~5枚，花后包裹果实；雄蕊5枚，稀4或2枚，花丝基部连合成一短杯，花药2室；子房长椭圆形，1室，具1枚胚珠，花柱宿存，柱头头状。胞果卵状矩圆形或近球形；有1枚种子，矩圆形。

约15种。我国产3种，湖北产2种，神农架均产。

分种检索表

1. 叶倒卵形、椭圆形或矩圆形；退化雄蕊顶端有缘毛或细锯齿………………1. 牛膝 A. bidentata
1. 叶披针形或宽披针形；退化雄蕊顶端有不明显牙齿………………………2. 柳叶牛膝 A. longifolia

1. 牛膝 | Achyranthes bidentata Blume　图118-15

多年生草本。高达120cm。根圆柱形。茎被白色柔毛，分枝对生。叶片椭圆形或卵形，长4.5~12cm，宽2~7.5cm，先端尾尖，基部楔形，两面有柔毛；叶柄长5~30mm。穗状花序顶生及腋生，花多数，密生；每花具1枚苞片和小苞片2枚；花被片5枚；雄蕊5枚，退化雄蕊顶端平圆，稍有缺刻状细锯齿。胞果矩圆形。种子矩圆形。花期7~9月，果期9~10月。

图118-15　牛膝

神农架广布，生于海拔850~1700m的山坡林缘、沟边草丛中。根可入药。本地区有记录的土牛膝，经检视标本，均为本种。

2. 柳叶牛膝 | Achyranthes longifolia (Makino) Makino   图118-16

本种和牛膝相近，区别为：叶片披针形或宽披针形，长10~20cm，宽2~5cm，顶端尾尖；小苞片针状，长3.5mm，基部有2耳状薄片，仅有缘毛；退化雄蕊方形，顶端有不显明牙齿。花果期9~11月。

产于神农架木鱼（酒壶坪），生于海拔2200m的沟边路旁。根可入药。

图118-16　柳叶牛膝

7. 甜菜属 Beta Linnaeus

一年生或多年生草本。全株无毛。通常有肥厚的肉质根。叶互生，形大多汁，近全缘。花小型，两性，无梗，单生或2~3朵花簇生于叶腋，或成穗状而组成圆锥状花序；花被5裂，裂片背面具纵隆脊。雄蕊5枚，周位，基部合生；子房半下位；花柱2~3裂，胚珠1枚，近无柄。胞果下部与花被的基部合生，上部肥厚多汁或硬化。种子圆形或肾形，胚乳丰富。

约10种。我国1种，神农架也有。

1. 甜菜 | Beta vulgaris Linnaeus

分变种检索表

1. 根肥厚，纺锤形；叶较小·······························1a. 甜菜 B. vulgaris var. vulgaris
1. 根不肥大；叶较大·····································1b. 莙荙菜 B. vulgaris var. cicla

1a. 甜菜（原变种）Beta vulgaris var. vulgaris　图118-17

二年生直立草本。根圆锥状至纺锤状，多汁。基生叶矩圆形，长20~30cm，宽10~15cm，具长叶柄，上面皱缩不平，略有光泽，全缘或略呈波状，先端钝，基部楔形、截形或略呈心形，叶柄粗壮；茎生叶互生，较小，卵形或披针状矩圆形。两性花小，2~3朵簇生；花被片5枚，果期变硬，包被果实；雄蕊5枚。胞果常2个至数个基部结合。种子双凸镜形。花期5~6月，果期7月。

原产于欧洲西部和南部沿海，大约在1500年前从阿拉伯国家传入中国，在神农架栽培于大九湖、板桥、田家山。根可供制糖，也可入药。

图118-17　甜菜

1b. 莙荙菜（变种）Beta vulgaris var. cicla Linnaeus　图118-18

本变种与原变种的区别：根不肥大，有分枝。

神农架各地有栽培。茎、叶和种子可入药；叶作饲料或蔬菜。

图118-18　莙荙菜

8. 菠菜属 Spinacia Linnaeus

一年生无毛直立草本。叶互生，有叶柄；叶片三角状卵形或戟形，全缘或具缺刻。花单性，团伞花序，雌雄异株；雄花通常成顶生有间断的穗状圆锥花序，花被4～5深裂，雄蕊与花被裂片同数；雌花生于叶腋，无花被，苞片在果时革质或硬化，子房近球形，柱头4～5，丝状。胞果扁，圆形；果皮膜质，与种皮贴生。种子直立，胚乳丰富。

共3种。我国仅有1栽培种，湖北及神农架也有栽培。

菠菜 | Spinacia oleracea Linnaeus 图118-19

植株高可达1m。茎直立，中空，脆弱多汁。叶戟形至卵形，柔嫩多汁，全缘或有少数牙齿状裂片。雄花集成球形团伞花序，于枝和茎的上部排列成有间断的穗状圆锥花序；花被片通常4枚；雌花团集于叶腋；小苞片两侧稍扁；子房球形，柱头4或5枚，外伸。胞果卵形或近圆形，直径约2.5mm，两侧扁；果皮褐色。

原产于伊朗，神农架各地有栽培。为常见蔬菜；全草和果实还可入药。

9. 地肤属 Kochia Roth

一年生或多年生草本，稀亚灌木。叶线形互生，全缘，无托叶。花两性，有时兼有雌性，无花梗，单生或簇生于叶腋，无小苞片；花被片5枚，内曲，果期发育成平展的翅；雄蕊5枚，伸出于花被外；子房宽卵形，花柱纤细，柱头2～3裂，线形。胞果扁球形，包被于革质的花被内。种子横生，扁圆形；胚细瘦，环形；胚乳较少。

约10～15种。我国产7种，湖北产1种，神农架也产。

地肤 | Kochia scoparia (Linnaeus) Schrader 图118-20

一年生草本。高50～100cm。茎直立，多分枝，淡绿色或带紫红色，被短柔毛。单叶互生，披针形或线状披针形，长2～5cm，宽3～7mm，先端短渐尖，基部渐狭入短柄。花两性或雌性，通常1～3个生于上部叶腋，构成疏穗状花序；花被5裂；雄蕊5枚，伸出于花被外；柱头2枚，花柱极短。胞果扁球形，果皮膜质，与种子离生。种子卵形。花期6～9月，果期7～10月。

图118-19　菠菜

图118-20　地肤

原产于欧洲及亚洲中部和南部地区，神农架有栽培（松柏八角庙村，zdg 7164），逸为野生。果实和嫩茎可入药；茎叶密集，可作扫帚；嫩茎、叶可食。

10．刺藜属 Dysphania R. Brown

一年生或多年生植物。茎通常芳香，常被腺毛。单叶互生，全缘或具锯齿，或羽状浅裂。聚伞花序或团伞花序顶生和腋生；花两性；花被片1~5枚，近离生或仅在基部合生；雄蕊1~5枚；子房上位，1室，每室1枚胚珠，花柱1~3裂，柱头1~3枚，丝状。胞果，完全包于花被内。种子1枚，具胚乳。

约30种。我国产4种，湖北产1种，神农架亦产。

土荆芥 | Dysphania ambrosioides (Linnaeus) Mosyakin et Clemants　图118-21

一年生或多年生草本。高50~80cm。有强烈香味。茎直立，多分枝，常被腺毛。叶片矩圆状披针形，先端渐尖，边缘具稀疏不整齐的大锯齿，基部渐狭具短柄，上面平滑无毛，下面有散生油点并沿叶脉稍有毛。花常3~5个簇生，生于上部叶腋；花被裂片5枚，绿色，果时通常闭合；雄蕊5枚；花柱不明显，柱头通常3裂。胞果扁球形，完全包于花被内。

产于神农架低海拔地区（松柏八角庙村，zdg 7167），为荒地常见杂草。全草有毒，可入药。

图118-21　土荆芥

11．藜属 Chenopodium Linnaeus

一年生或多年生草本，稀亚灌木。全株被粉粒或囊状毛。叶互生，有柄。花小型，两性，不具苞片和小苞片，聚集成团伞花序再组成顶生或腋生的穗状、聚伞或圆锥花序；花被5裂，背面中央稍肥厚，果时花被不变化；雄蕊5枚，与花被裂片对生；子房球形，顶基稍扁，柱头2裂，花柱不明显，极少有短花柱，胚珠几无柄。胞果卵形，双凸镜形或扁球形。

约170种。我国产15种，湖北产6种，神农架产5种。

分种检索表

1. 叶缘有浅裂或粗大的三角形齿裂，或有浅波状钝锯齿。
    2. 下部叶片边缘明显3浅裂⋯⋯⋯⋯⋯⋯⋯⋯⋯⋯⋯⋯⋯⋯⋯⋯⋯⋯⋯⋯⋯⋯⋯⋯⋯⋯⋯⋯1．小藜 C. ficifolium
    2. 下部叶片不3裂⋯⋯⋯⋯⋯⋯⋯⋯⋯⋯⋯⋯⋯⋯⋯⋯⋯⋯⋯⋯⋯⋯⋯⋯⋯⋯⋯⋯⋯⋯⋯⋯⋯⋯⋯2．藜 C. album
1. 叶全缘或近基部两侧各有1钝浅裂片。
    3. 植株中等，高不超过2m；花序下垂。
        4. 花排成密集连续的穗状花序⋯⋯⋯⋯⋯⋯⋯⋯⋯⋯⋯⋯⋯⋯⋯⋯⋯⋯⋯⋯3．尖头叶藜 C. acuminatum
        4. 花稀疏，排成间断的穗状花序⋯⋯⋯⋯⋯⋯⋯⋯⋯⋯⋯⋯⋯⋯⋯⋯⋯⋯⋯4．细穗藜 C. gracilispicum
    3. 植株高大，高可达3m；花序下垂⋯⋯⋯⋯⋯⋯⋯⋯⋯⋯⋯⋯⋯⋯⋯⋯⋯⋯⋯⋯⋯⋯⋯5．杖藜 C. giganteum

1．小藜 | Chenopodium ficifolium Smith　图118-22

一年生直立草本。高20～50cm。茎具条棱及绿色色条。叶片卵状矩圆形，长2.5～5cm，宽1～3.5cm，通常3浅裂，边缘具深波状锯齿。花两性，数个团集，在上部的枝形成开展的顶生圆锥状花序；花被5深裂，不开展；雄蕊5枚，开花时外伸；柱头2裂，丝形。胞果包在花被内，果皮与种子贴生。种子双凸镜状，胚环形。花期4～5月，果期7～9月。

产于神农架各地（神农谷，zdg 6840），生于海拔800～1800m的山坡、田间、路旁草丛中。全草入药。

图118-22　小藜

2．藜 | Chenopodium album Linnaeus　灰灰菜　图118-23

一年生直立草本。高30～150cm。茎粗壮，具条棱及绿色或紫红色色条。叶片菱状卵形至宽披针形，长3～6cm，宽2.5～5cm，先端急尖或微钝，基部楔形，有时嫩叶的上面有紫红色粉，下面多少有粉，边缘具不整齐锯齿；叶柄与叶片近等长。花两性，花簇于枝上部排列成或大或小的穗状圆锥状或圆锥状花序；花被裂片5枚；雄蕊5枚；柱头2裂。果皮与种子贴生。花果期5～10月。

产于神农架各地，生于海拔800～1800m的田间及路旁草丛中。全草入药；嫩叶可作野菜；种子磨粉可食。

3. 尖头叶藜 | Chenopodium acuminatum Willdenow   图118-24

一年生直立草本。高20~80cm。茎具条棱及绿色或紫红色条。叶片宽卵形至卵形，长2~4cm，宽1~3cm，先端短渐尖，基部宽楔形，上面无粉，下面多少有粉，灰白色，全缘；叶柄长1.5~2.5cm。花两性，团伞花序于枝上部排列成紧密的穗状花序；花被片5深裂；雄蕊5枚。胞果圆形或扁圆形或卵形。种子横生，表面略具点纹。花期6~7月，果期8~9月。

产于神农架低海拔地区（兴山），生于海拔500m以下的田间及路旁草丛中。全草入药。

图118-23 藜

图118-24 尖头叶藜

4. 细穗藜 | Chenopodium gracilispicum H. W. Kung   图118-25

一年生直立草本。高40~70cm。茎具条棱及绿色色条。叶片菱状卵形至卵形，长3~5cm，宽2~4cm，先端短渐尖，基部宽楔形，上面近无粉，下面灰绿色，全缘；叶柄长0.5~2cm。花两性，通常2~3个团聚，间断排列于长2~15mm的细枝上构成穗状花序；花被5深裂，仅基部合生；雄蕊5枚。胞果双凸镜形，果皮与种子贴生。花期7月，果期8月。

产于神农架低海拔地区（下谷），生于海拔500m以下的田间及路旁草丛中。全草入药。

图118-25 细穗藜

5. 杖藜 | Chenopodium giganteum D. Don　灰灰菜　图118-26

一年生大型草本。高可达3m。茎直立，粗壮，基部直径达5cm，具条棱及绿色或紫红色色条，上部多分枝，幼嫩时顶端的嫩叶有彩色密粉而现紫红色。叶片菱形至卵形，长可达20cm，宽可达16cm，边缘具不整齐的浅波状钝锯齿，上部分枝上的叶片渐小，卵形至卵状披针形，有齿或全缘。花序为顶生大型圆锥状花序，多粉，开展或稍收缩，果时通常下垂；花两性，在花序中数个团集或单生；花被裂片5枚，卵形，绿色或暗紫红色，边缘膜质；雄蕊5枚。胞果双凸镜形，果皮膜质。种子横生，黑色或红黑色。花期8月，果期9~10月。

产于神农架各地，多为栽培，也有逸生，生于海拔800~1800m的路旁草丛中。嫩叶可作野菜；种子磨粉可食。

12. 千针苋属 Acroglochin Schrader

一年生草本。全株无毛。茎稍分枝。叶互生，具长柄，卵形，边缘具不整齐锯齿。复二歧聚伞状花序腋生，最末端的分枝针刺状；花两性，无花梗，不具苞片和小苞片；花被草质，5深裂，裂片卵状矩圆形，等大或不等大，先端微尖，果时开展；雄蕊1~3枚，花丝丝状而向基部稍扩展；子房近球形，花柱短，柱头2，钻状，胚珠具短珠柄。果实为盖果，顶面平或微凸，果皮革质，周围具稍加厚的环边，成熟时由环边盖裂。种子横生，双凸镜形或略呈肾形；种皮壳质，黑色，有光泽；胚环形，胚乳粉状。

单种属。神农架亦产。

千针苋 | Acroglochin persicarioides (Poiret) Moquin-Tandon　图118-27

一年生草本。茎直立。高30~80cm。茎通常单一，具条棱及条纹，上部多分枝，枝斜伸。叶片卵形至狭卵形，长3~7cm，宽2~5cm，先端急尖，基部楔形，边缘不整齐羽状浅裂，裂片具锐锯齿。复二歧聚伞花序遍生于叶腋，基部分枝或不分枝，长1~6cm，直立或斜上，末端针刺状的分枝不生花；花被直径约1mm，5裂至近基部；裂片长卵形至矩圆形，先端钝或急尖，边缘膜质，背部稍肥厚并具微隆脊；雄蕊通常1枚，花药细小，开花时稍伸出花被外，不具附属物。盖果半球形，直径约1.5mm，顶面具宿存的花柱，果皮与种皮分离。花果期6~11月。

产于神农架各地（松柏八角庙村，zdg 7168），生于荒地中。为玉米地常见杂草。

图118-26　杖藜

图118-27　千针苋

119. 商陆科 | Phytolaccaceae

草本或灌木，稀为乔木。单叶互生，全缘。花小型，两性或有时退化成单性，辐射对称，排列成总状花序或聚伞花序、圆锥状花序、穗状花序，腋生或顶生；花被片4~5枚，叶状或花瓣状，宿存；雄蕊数目变异大，4~5枚或多数，花药背着，2室，纵裂；子房上位、中间或下位，球形，心皮1枚至多数，分离或合生，每心皮有1枚胚珠，花柱短或无，与心皮同数，宿存。果实肉质，浆果或核果，稀蒴果。种子小，侧扁，双凸镜状或肾形、球形；胚乳丰富。

17属约70种。我国产2属5种，湖北产1属3种，神农架均产。

商陆属 Phytolacca Linnaeus

草本或灌木，稀乔木。常具肥大的肉质根。单叶互生，具柄或无柄，全缘，无托叶。花两性，稀单性或雌雄异株，排成总状花序、聚伞圆锥花序或穗状花序；花被片4~5枚，花瓣状或叶状，开展或反折；雄蕊5枚至多数，着生于花被基部；子房近球形，上位，心皮5~16枚，每心皮有1枚胚珠，花柱钻形，直立或下弯。浆果，肉质多汁，扁球形。种子肾形，扁压。

约25种。我国有4种，湖北产3种，神农架均产。

分种检索表

1. 花序和果序直立。
　　2. 雌雄同株 ··· 1. 商陆 P. acinosa
　　2. 雌雄异株 ··· 3. 鄂西商陆 P. exiensis.
1. 花序和果序下垂 ··· 2. 垂序商陆 P. americana

1. 商陆 | Phytolacca acinosa Roxburgh

图119-1

多年生草本。高达1.5m。肉质根肥大，倒圆锥形。茎绿色或红紫色。叶片薄纸质，椭圆形，长10~30cm，宽4.5~15cm，先端渐尖，基部楔形；叶柄长1.5~3cm。总状花序圆柱状，直立，密生多花；花两性，花被片5枚，白色、黄绿色；雄蕊8~10枚，心皮通常为8枚；花柱短，直立。果序直立；浆果扁球形，熟时黑色。种子肾形。花期5~8月，果期6~10月。

产于神农架各地，生于海拔1400~2000m以下的溪边林下。根可药用。

图119-1　商陆

2. 垂序商陆 | Phytolacca americana Linnaeus 图119-2

多年生直立草本。高达2m。根粗壮，肥大，倒圆锥形。叶片椭圆状卵形或卵状披针形，长9～18cm，宽5～10cm，先端急尖，基部楔形；叶柄长1～4cm。总状花序长5～20cm；花白色，微带红晕；花被片5枚；雄蕊、心皮及花柱通常均为10枚；心皮合生。果序下垂；浆果扁球形，熟时紫黑色。种子肾圆形。花期6～8月，果期8～10月。

神农架广布，也有逸生生于海拔850～1900m的田园、荒地中。根、叶及种子入药。

图119-2　垂序商陆

3. 鄂西商陆 | Phytolacca exiensis D. G. Zhang, L. Q. Huang et D. Xie 图119-3

多年生草本，高达2.0m。肉质根肥大，倒圆锥形。叶片薄纸质，卵状椭圆形。总状花序圆柱状，直立，密生多花；花单性；雄花序花梗长达1.5cm，被柔毛，雄蕊10枚，花丝基部扁平，有退化雌蕊；雌花梗长极短，心皮5枚，有退化雄蕊。果序直立，浆果扁球形，熟时黑色。花期7～8月，果期8～10月。

产于神农架红坪（红坪画廊，Z.D.G 10065），生于海拔2200m的溪边林下。本种雌雄异株而不同于国内所有商陆属植物。

图119-3　鄂西商陆

120. 紫茉莉科 | Nyctaginaceae

草本、灌木或乔木。单叶，对生、互生或假轮生，全缘，无托叶。花辐射对称，两性，稀单性或杂性；单生、簇生或成聚伞花序；常具苞片或小苞片，苞片有时色彩鲜艳；花被1层，花萼合生，常呈花瓣状，萼管圆筒状或漏斗状，有时钟状，顶端3~10裂，宿存而包围果实；雄蕊1至多数，离生或基部连合，芽时内卷，花药2室；子房上位，1室，具1枚胚珠，花柱1枚。果为不开裂的瘦果，有棱或具翅。种子有胚乳；胚直生或弯生。

约30属300种。我国产6属13种，湖北产2属2种，神农架均有栽培。

分属检索表

1. 草本植物；枝无刺；叶对生 ··································· 1. 紫茉莉属 Mirabilis
1. 藤状灌木；枝有棘刺；叶互生 ··································· 2. 叶子花属 Bougainvillea

1. 紫茉莉属 Mirabilis Linnaeus

一年生或多年生草本。根肥粗，常呈倒圆锥形。单叶，对生。花两性，1朵至数朵簇生于枝端或腋生；每花基部包以1个5深裂的萼状总苞；花被各色，花被筒伸长，在子房上部稍缢缩，顶端5裂；雄蕊5~6枚；子房卵球形或椭圆体形；花柱线形，与雄蕊等长或更长，伸出，柱头头状。瘦果球形或倒卵球形，革质、壳质或坚纸质，平滑或有疣状凸起。

约50种。我国栽培1种，湖北和神农架均有栽培。

紫茉莉 | Mirabilis jalapa Linnaeus　胭脂花　图120-1

一年生直立草本。多分枝，节稍膨大。叶片卵形或卵状三角形，长3~15cm，宽2~9cm，先端渐尖，基部截形或心形，全缘，两面无毛；叶柄长1~4cm。花常数朵簇生于枝端；总苞钟形，5裂，果时宿存；花被紫红色、黄色、白色或杂色，高脚碟状，筒部长2~6cm，檐部5浅裂；雄蕊5枚，柱头单生，两者常伸出花外。瘦果球形，黑色，表面具皱纹。花期6~10月，果期8~11月。

原产于热带美洲，神农架各地有栽培。民间喜爱的观赏植物；根、叶可供药用。

2. 叶子花属 Bougainvillea Commerson ex Jussieu

灌木或小乔木，有时攀援。枝有刺。叶互生，具柄，叶片卵形或椭圆状披针形。花两性，通常3朵簇生于枝端，外包3枚鲜艳的叶状苞片；花梗贴生苞片中脉上；花被合生成管状，端5~6裂；雄蕊5~10枚，内藏，花丝基部合生；子房纺锤形，具柄，1室，具1枚胚珠，花柱侧生，柱头尖。瘦果圆柱形或棍棒状，具5棱。种皮薄，胚弯，子叶席卷，围绕胚乳。

约18种。我国引种2种，湖北引种1种，神农架有栽培。

图120-1 紫茉莉

光叶子花 | **Bougainvillea glabra** Choisy 图120-2

藤状灌木。茎粗壮，枝下垂，无毛或疏生柔毛；刺腋生，长5～15mm。叶片纸质，卵形或卵状披针形，长5～13cm，宽3～6cm，顶端急尖或渐尖，基部圆形或宽楔形，上面无毛，下面被微柔毛；叶柄长1cm。花顶生于枝端的3个苞片内，花梗与苞片中脉贴生，每个苞片上生1朵花；苞片叶状，紫色或洋红色，长圆形或椭圆形，长2.5～3.5cm，宽约2cm，纸质；花被管长约2cm，淡绿色，疏生柔毛，有棱，顶端5浅裂；雄蕊6～8枚；花柱侧生，线形，边缘扩展成薄片状，柱头尖；花盘基部合生呈环状，上部撕裂状。花期冬春间（广州、海南、昆明），北方温室栽培花期3～7月。

原产于巴西，神农架有盆栽，巫溪等县可露天种植。花萼花瓣状，供观赏。

图120-2 光叶子花

紫茉莉科 | Nyctaginaceae

121. 粟米草科 Molluginaceae

一年生或多年生草本、亚灌木或灌木。直立或匍匐。单叶互生，稀对生，通常莲座状，全缘；托叶膜质或无。聚伞花序顶生或腋生，稀单生；花两性，稀单性，辐射对称；花萼5（4）枚，离生或基部合生成管；花瓣无或少至多数；雄蕊3～5枚或多数；子房上位，心皮2～5枚或多数，中轴胎座；柱头与心皮同数，每心皮具1至多枚胚珠。蒴果。种子胚弯曲，具胚乳。

约14属120种。我国产3属8种，湖北产1属1种，神农架亦产。

粟米草属 Mollugo Linnaeus

一年生草本。茎铺散、斜升或直立。单叶，基生、近对生或假轮生，全缘。花小，顶生或腋生，簇生或成聚伞花序、伞形花序；花被片5枚，离生；雄蕊通常3枚，有时4或5枚，稀更多，与花被片互生；心皮3（5）枚，合生，子房上位，3（5）室，每室有多数胚珠，着生中轴胎座上，花柱3（5）枚。蒴果球形，部分或全部包于宿存花被内，室背开裂为3（5）果瓣。种子多数，肾形。

约20种。我国有4种，湖北有1种，神农架亦产。

粟米草 ｜ Mollugo stricta Linnaeus 图121-1

铺散一年生草本。高10～30cm。茎纤细，多分枝，有棱角，无毛。叶3～5片假轮生或对生，叶片披针形，长1.5～4cm，宽2～7mm，先端渐尖，基部渐狭，全缘，叶柄短或近无。花极小，组成疏松聚伞花序；花被片5枚，淡绿色；雄蕊常3枚；子房宽椭圆形或近圆形，3室，花柱3枚。蒴果近球形，3瓣裂。种子多数。花期6～8月，果期8～10月。

产于神农架低海拔地区，生于海拔800m以下的田地中。全草入药。

图121-1　粟米草

122. 落葵科 | Basellaceae

缠绕草质藤本。全株无毛。单叶，互生，全缘，稍肉质，通常有叶柄；托叶无。花小，两性，稀单性，辐射对称，通常成穗状花序、总状花序或圆锥花序，稀单生；苞片3，早落，小苞片2枚，宿存；花被片5枚，通常白色或淡红色，宿存；雄蕊5枚，与花被片对生；雌蕊由3心皮合生，子房上位，1室，胚珠1枚，着生子房基部，花柱1枚或3裂。胞果，通常被宿存的小苞片和花被包围，不开裂。种子球形；胚乳丰富。

约4属25种。我国栽培2属3种，湖北栽培2属2种，神农架均有栽培。

分属检索表

1. 穗状花序 ·· 1. 落葵属 Basella
1. 总状花序 ·· 2. 落葵薯属 Anredera

1. 落葵属 Basella Linnaeus

一年生或二年生缠绕草本。叶互生。穗状花序腋生，花序轴粗壮，伸长；花小，无梗；苞片极小，早落；小苞片和坛状花被合生，肉质，花后膨大，卵球形，花期很少开放，花后肉质，包围果实；花被短5裂，果时不为翅状；雄蕊5枚，花丝在芽中直立；子房上位，1室，内含1枚胚珠，花柱3裂，柱头线形。胞果球形，肉质。种子直立；胚螺旋状。

5种。我国栽培1种，神农架亦引种。

落葵 | Basella alba Linnaeus 木耳菜 图122-1

一年生缠绕无毛草本。茎肉质，绿色或略带紫红色。叶片卵形或近圆形，长3～9cm，宽2～8cm，顶端渐尖，基部微心形，下延成柄，全缘；叶柄长1～3cm，上有凹槽。穗状花序腋生，长3～15cm；花被片淡红色或淡紫色，连合成筒；雄蕊着生于花被筒口；柱头椭圆形。果实球形，直径5～6mm，红色至深红色或黑色，多汁液，外包宿存小苞片及花被。花期5～9月，果期7～10月。

原产于亚洲热带地区，神农架低海拔地区有种植。全草入药；嫩茎叶作蔬菜。

图122-1 落葵

2. 落葵薯属 Anredera Jussieu

多年生草质藤本。叶互生，稍肉质。总状花序腋生；花梗宿存，在花被下具关节，顶端具2对小苞片，下面1对小，合生成杯状，上面1对凸或船形；花被片基部合生，裂片薄，开花时伸展，包裹果实；花丝线形，基部宽，在花蕾中弯曲；花柱3裂，柱头球形或棍棒状，有乳头。果实球形，外果皮肉质或似羊皮纸质。种子双凸镜状。

约5~10种。我国栽培引入2种，湖北栽培1种，神农架引入1种。

落葵薯 | Anredera cordifolia (Tenore) Steenis   打药，血三七   图122-2

缠绕藤本。根状茎粗壮。叶具短柄，叶片卵形至近圆形，长2~6cm，宽1.5~5.5cm，顶端急尖，基部圆形或心形，稍肉质，腋生珠芽。总状花序具多花，花序轴纤细，下垂，长7~25cm；具宿存苞片；花梗长2~3mm；花直径约5mm；花被片薄，白色；雄蕊白色，花丝顶端在芽中反折，开花时伸出花外；花柱白色，柱头3裂。果实球形。花期6~10月。

原产于南美热带和亚热带地区，神农架各地有栽培，有时逸生，但花而不实，均由珠芽行营养繁殖。珠芽、叶及根供药用。

图122-2 落葵薯

123. 土人参科 Talinaceae

一年或多年生草本，或半灌木。常具粗根。茎直立，肉质，无毛。叶互生或部分对生，叶片扁平，全缘，无托叶。花小，成顶生总状花序或圆锥花序；萼片2；花瓣5，稀多数，红色，常早落；雄蕊5至多数，通常贴生于花瓣基部；子房上位，1室，特立中央胎座，胚珠多数，花柱顶端（2~）3裂。蒴果常俯垂，球形、卵形或椭圆形，3瓣裂。种子近球形或扁球形。

约1属50种。我国产1属1种，神农架也产。

土人参属 Talinum Adanson

一年或多年生草本，或半灌木。常具粗根。茎直立，肉质，无毛。叶互生或部分对生，叶片扁平，全缘，无托叶。花小，成顶生总状花序或圆锥花序；萼片2枚；花瓣5枚，稀多数，红色，常早落；雄蕊5枚至多枚，通常贴生于花瓣基部；子房上位，1室，特立中央胎座，胚珠多数，花柱顶端3(2)裂。蒴果常俯垂，球形、卵形或椭圆形，3瓣裂。种子近球形或扁球形。

约50种。我国产1种，湖北和神农架均有逸生。

土人参 Talinum paniculatum (Jacquin) Gaertner   图123-1

一年或多年生直立草本。全株无毛。主根粗壮，圆锥形。叶互生或近对生，叶片稍肉质，倒卵状长椭圆形，长5~10cm，宽2.5~5cm，顶端急尖，基部狭楔形，全缘。圆锥花序顶生或腋生；花小而多数，直径约6mm；花梗细长；萼片2枚；花瓣5枚，淡紫红色；雄蕊10~20枚；花柱线形；柱头3裂；子房卵球形。蒴果近球形，3瓣裂。种子多数，扁圆形。花期6~8月，果期9~11月。

原产于热带美洲，神农架有栽培或逸生于村边。块根及叶入药。

图123-1　土人参

124. 马齿苋科 | Portulacaceae

一年生或多年生草本，稀亚灌木。单叶，互生或对生，全缘，常肉质；托叶干膜质或刚毛状，稀不存在。花两性，腋生或顶生，单生或簇生，或成聚伞花序、总状花序、圆锥花序；萼片2（5）枚；花瓣4～5枚，常有鲜艳色；雄蕊与花瓣同数且对生，花药2室；雌蕊3～5枚，心皮合生，子房上位或半下位，1室，基生胎座或特立中央胎座，胚珠1枚至多数，花柱线形，柱头2～5裂。蒴果，盖裂或2～3瓣裂，稀为坚果。种子肾形或球形，胚乳丰富。

约18属450种。我国产1属5种，湖北产1属2种，神农架均产。

马齿苋属 Portulaca Linnaeus

一年生或多年生肉质草本。茎铺散，平卧或斜升。叶互生或近对生或在茎上部轮生，叶片圆柱状或扁平。花单生或簇生于枝顶，花梗有或无；常具数片叶状总苞片；萼片2枚，筒状；花瓣4或5枚，离生或下部连合；雄蕊4枚至多数；子房半下位，1室，胚珠多数，花柱线形。蒴果盖裂。种子细小，多数，肾形或圆形，具疣状凸起。

约150种。我国产5种，湖北产2种，神农架均产。

分种检索表

1. 叶片圆柱状钻形；花大，直径大于2cm··········1. 大花马齿苋 P. grandiflora
1. 叶片扁平；花小，直径不及1cm··········2. 马齿苋 P. oleracea

1. 大花马齿苋 | Portulaca grandiflora Hooker   图124-1

一年生草本。高10～30cm。茎多分枝。叶互生，密集于枝端，叶片细圆柱形，长1～2.5cm，直径2～3mm；叶柄极短；叶腋常生1撮白色长柔毛。花单生或数朵簇生于枝端，直径2.5～4cm，日开夜闭；叶状总苞8～9枚，轮生；萼片2枚；花瓣5枚或重瓣，红色、紫色或黄白色；雄蕊多数；花柱与雄蕊近等长，柱头5～9裂。蒴果近椭圆形，盖裂。种子小而多数。花期6～9月，果期8～11月。

原产于南美洲等地，神农架有栽培。极度喜阳花卉；全草入药。

图124-1　大花马齿苋

2. 马齿苋 | **Portulaca oleracea** Linnaeus 图124-2

一年生无毛草本。茎伏地铺散，淡绿色带红色。叶互生或近对生，叶片扁平，肥厚，倒卵形，似马齿状，长1~3cm，宽0.6~1.5cm，顶端圆钝，基部楔形，全缘；叶柄粗短。花无梗，直径4~5mm，常3~5朵簇生于枝端，午时盛开；苞片2~6枚；萼片2枚；花瓣5枚，黄色；雄蕊常8枚或更多；子房无毛，柱头4~6裂。蒴果卵球形，盖裂。种子细小，多数。花期5~8月，果期6~9月。

产于神农架低海拔地区新华、阳日（麻湾，zdg 7071），生于海拔300~600m的路边。全草和种子入药；细嫩植株可作蔬菜。

图124-2　马齿苋

125. 仙人掌科 | Cactaceae

肉质草本。常有刺和刺毛，茎肉质、圆柱状、球形或扁平，常收缩成节。叶常缺。花两性；花被有管或无管；雄蕊多数；子房1室，下位，胚珠多数。侧膜胎座；浆果肉质，多汁，有刺或刺毛。110属1000种。我国栽培约60属600种，湖北常见12属20余种，神农架常见4属7种。

分属检索表

1. 小窠内具刺和倒刺刚毛；叶小；花被片分离 ··· 1. 仙人掌属Opuntia
1. 小窠内无刺和倒刺刚毛；叶不存在；花被片下部合生呈筒状。
　　2. 茎二歧式分枝；茎节短，每节长3～5cm ·· 2. 蟹爪属Schlunbergera
　　2. 茎不规则分枝；茎节长，每节长15～50 cm。
　　　　3. 花筒短于花瓣裂片，花紫色，白天开放 ·································· 3. 令箭荷花属Nopalxochia
　　　　3. 花筒长于花瓣裂片，花白色，夜间开放 ······································· 4. 昙花属Epiphyllum

1. 仙人掌属Opuntia Miller

肉质植物。根纤维状或有时肉质。茎由扁平、圆柱形或球形的节组成，常肉质。刺单生或簇生，有时缺；刺毛无数。叶通常小型，圆柱形而早落。花生于茎节的上部；萼片多数，向内渐呈花瓣状；花冠绿色、黄色或红色；雄蕊比花瓣短；子房下位，1室，有胚珠多数生于侧膜胎座上。浆果。

90种。我国引种栽培约30种，湖北栽培9种，神农架栽培4种。

分种检索表

1. 茎节表皮无毛；小窠较稀疏。
　　2. 小枝扁平，薄，具明显圆柱形主茎。
　　　　3. 刺褐色或为白色时先端带褐色，倒刺毛通常宿存 ··························· 1. 仙人掌O. dillenii
　　　　3. 无刺，茎灰绿色 ·· 2. 梨果仙人掌O. ficus-indica
　　2. 小枝扁平，质薄；不具明显圆柱形主茎 ·· 3. 单刺仙人掌O. monacantha
1. 茎节表皮被细柔毛；小窠较密集 ·· 4. 黄毛掌O. microdasys

1. 仙人掌 | Opuntia dillenii (Ker Gawler) Haworth　图125–1

肉质灌木。小窠疏生，明显凸出，密生短绵毛和倒刺刚毛。刺钻形，短绵毛短于倒刺刚毛。叶钻形早落。花辐状；花托疏生于凸出的小窠，小窠具短绵毛、倒刺刚毛和钻形刺；萼状花被片宽倒卵形至狭倒卵形，黄色，具绿色中肋；瓣状花被片倒卵形或匙状倒卵形，边缘全缘或浅啮蚀状，黄色；柱头5。浆果，顶端凹陷，基部多少狭缩成柄状，紫红色，每侧具5~10个凸起的小窠，小窠具短绵毛、倒刺刚毛和钻形刺。花期6~10（~12）月。

原产于南美洲，神农架有栽培。庭院观赏植物；根及全株药用；果可食。

2. 梨果仙人掌 ｜ Opuntia ficus-indica (Linnaeus) Miller　图125-2

肉质灌木或小乔木。高1.5~5m。有时基部具圆柱状主干。分枝多数，淡绿色至灰绿色，无光泽，宽椭圆形、倒卵状椭圆形至长圆形，长（20~）25~60cm，宽7~20cm，厚达2~2.5cm，先端圆形，边缘全缘，基部圆形至宽楔形，表面平坦，无毛，具多数小窠。刺针状，基部略背腹扁，稍弯曲，长0.3~3.2cm，宽0.2~1mm；短绵毛淡灰褐色，早落；倒刺刚毛黄色，易脱落。叶锥形，长3~4mm，绿色，早落。花辐状，直径7~8（~10）cm；萼状花被片深黄色或橙黄色，具橙黄色或橙红色中肋，宽卵圆形或倒卵形，长0.6~2cm，宽0.6~1.5cm；瓣状花被片深黄色、橙黄色或橙红色，倒卵形至长圆状倒卵形。浆果椭圆球形至梨形，橙黄色（有些品种呈紫红色、白色或黄色，或兼有黄色或淡红色条纹），每侧有25~35个小窠。种子多数，肾状椭圆形，无毛，淡黄褐色。花期5~6月。

原产于南美洲，神农架有栽培。嫩茎可作蔬菜食用。

图125-1　仙人掌

图125-2　梨果仙人掌

3. 单刺仙人掌 ｜ Opuntia monacantha Haworth　图125-3

肉质灌木或小乔木。高1.3~7m。分枝多数，开展，倒卵形、倒卵状长圆形或倒披针形，长10~30cm，宽7.5~12.5cm，先端圆形，边缘全缘或略呈波状，基部渐狭至柄状。刺针状，单生或2（~3）根聚生，直立，长1~5cm，灰色，具黑褐色尖头，基部直径0.2~1.5mm，有时嫩小窠无刺，老时生刺，在主干上每小窠可具10~12根刺，刺长达7.5cm；短绵毛灰褐色，密生，宿存；倒刺刚毛黄褐色至褐色，有时隐藏于短绵毛中。叶钻形，绿色或带红色，早落。花辐状，直径5~7.5cm；花托倒卵形，先端截形，凹陷；萼状花被片深黄色，外面具红色中肋，卵圆形至倒卵形，长0.8~2.5cm，宽0.8~1.5cm。浆果梨形或倒卵球形，无毛，紫红色。种子多数，肾状椭圆形，淡黄褐色，无毛。花期4~8月。

原产于南美洲，神农架有栽培。庭院观赏植物。

图125-3　单刺仙人掌

4. 黄毛掌 | Opuntia microdasys (Lechmann) Pfeiffer　图125-4

小肉质灌木状。茎节长圆形至圆形，扁平，较小，黄绿色，表面具细柔毛。小窠较密集，黄色，无刺或茎节上方的小窠内具极短的黄色细刺，具黄色倒刺刚毛和短绵毛。花黄色或淡红色，花柱白色。浆果球形至长圆形，干燥，暗红色。花期夏季。

原产于南美洲，神农架有栽培。庭院观赏植物。

2. 蟹爪属 Schlunbergera Lemarire

植株常呈悬垂状，嫩绿色，新出茎节带红色，主茎圆，易木质化，侧枝分枝多，呈节状，边缘具尖或圆的锯齿。花着生于茎节顶部刺座上，单生，花红色。

5种。我国引入3种，湖北栽培2种，神农架栽培1种。

圆齿蟹爪 | Schlumbergera bridgesii (Lechmann) Loefgren.　图125-5

茎披散悬垂，下部的茎木质化，稍圆柱状，其余的茎及分枝扁平，多分枝；茎节鲜绿色，边缘具圆齿，小窠无刺，有时具短刺毛。花单生于枝顶，红色。浆果梨形，红色。花期2~4月。

原产于南美洲，神农架有栽培。庭院观赏植物。

图125-4　黄毛掌　　　　　　　　　　　　图125-5　圆齿蟹爪

3. 令箭荷花属 Nopalxochia Britton et Rose

直立灌木。叶状茎直立或下垂，基部狭窄如叶柄，上部扁平，棱缘有圆齿。花大，色艳，白天开放；花被筒漏斗状。果卵圆形，肉质。

4种。我国栽培2种，湖北栽培1种，神农架也有栽培。

令箭荷花 | Nopalxochia ackermannii (Haworth) F. M. Knuth　图125-6

直立灌木。茎肉质。茎基部圆形或三棱形，上部及分枝叶状扁平，边缘具波状圆齿，钝齿间凹入部分有细刺。花自边缘小窠中生出，单生，通常红色，有时为黄、白、紫等多种颜色，白天开放；花被部短于花被裂片，花被片向外反卷；花柱淡红色，柱头8～10裂。花期4～5月。

原产于南美洲，神农架有栽培。庭院观赏植物。

图125-6　令箭荷花

4. 昙花属 Epiphyllum Haworth

灌木。老茎基部圆柱状或具角，木质化。分枝叶状，多数，扁平，小窠位于齿或裂片之间凹缺处，无刺。叶退化。花单生于枝侧的小窠，夜间开放；花被筒漏斗状或高脚碟状，花被片多数，螺旋状聚生于花托筒上部；雄蕊多数，着生于花托筒内面及喉部。浆果球形至长球形，具浅棱脊或瘤突。种子多数，卵球形至肾形，黑色，有光泽。

16种。我国引入4种，湖北栽培1种，神农架也有栽培。

昙花 | Epiphyllum oxypetalum (Candolle) Haworth　图125-7

肉质灌木。老茎圆柱状，木质化。茎分枝多数，叶状侧扁，披针形至长圆状披针形，长15～100cm，宽5～12cm，先端长渐尖至急尖，边缘波状或具深圆齿，无毛。花单生；萼状花被片绿白色、淡琥珀色或带红晕，线形至倒披针形，边缘全缘，通常反曲，瓣状花被片白色，边缘全缘或啮蚀状。浆果长球形，具纵棱脊，无毛，紫红色。

原产于南美洲，神农架有栽培。庭院观赏植物；果可食。

图125-7　昙花

126. 山茱萸科 | Cornaceae

乔木或灌木。单叶，对生，稀互生或轮生。花两性或单性。聚伞、圆锥、伞房或伞形花序，顶生。花4~5基数或缺；花盘肉质；雄蕊与花瓣同数互生，雄蕊与花瓣着生于花盘的基部；子房下位，1~4室，每室胚珠1枚，花柱单一。核果浆果状。

7属约115种。我国产7属48种，湖北产5属27种，神农架产5属21种。

分属检索表

1. 枝不呈"之"字形；叶基部对称。
    2. 单叶对生，稀互生或近于轮生；果为核果或浆果状核果 ············ 1. 山茱萸属 Cornus
    2. 单叶互生；果为核果或翅果。
        3. 果为核果状。
            4. 头状花序具2~3枚白色大苞片 ············ 2. 珙桐属 Davidia
            4. 头状花序具多数小苞片 ············ 3. 蓝果树属 Nyssa
        3. 果为翅果状，多集成头状花序 ············ 4. 喜树属 Camptotheca
1. 枝圆柱形，有时略呈"之"字形；叶基部不对称、偏斜 ············ 5. 八角枫属 Alangium

1. 山茱萸属 Cornus Linnaeus

灌木或乔木。幼枝被短柔毛。冬芽顶生或腋生。叶片狭椭圆形、椭圆形或卵形，无毛至密被短柔毛，侧脉掌状，通常背面凸起。总苞有或无；萼片4枚；萼齿缺，花瓣4枚，分离，长圆形至圆形，镊合状；花丝丝状或芒状，长于花柱，长或短于花瓣；花药白色或黄色，稀蓝色、红色或紫色，椭圆形至狭椭圆形或长圆形，2室；子房倒卵球形。果球状、卵球形、长圆形或椭圆形，被宿存花萼、花盘和花柱；果核球状，卵球形、椭圆形或长圆形，有时不对称，表面光滑或具肋，少数先端凹陷。

约55种。我国产25种，湖北产20种，神农架产14种。

分种检索表

1. 头状花序，被大的花瓣状苞片；聚合果。
    2. 叶纸质，卵形或卵状椭圆形 ············ 1. 四照花 C. kousa subsp. chinensis
    2. 叶革质，椭圆形 ············ 2. 尖叶四照花 C. elliptica
1. 伞形、圆锥状、伞房状聚伞花序，苞片不艳丽；每花序果实分离。
    3. 花序伞形；果长圆形，红色或黑红色。
        4. 合轴分枝，花序顶生，花序梗长2~3mm ············ 3. 山茱萸 C. officinalis

4. 单轴分枝，花序侧生，花序梗长5～12mm ················· 4. 川鄂山茱萸 C. chinensis
3. 圆锥状或伞房状聚伞花序；果球形或卵形，白色、蓝色或黑色。
　5. 叶互生；果核先端明显凹陷 ················· 5. 灯台树 C. controversa
　5. 叶对生或近对生。
　　6. 花柱圆柱形而非棍棒状。
　　　7. 叶革质，柱头点状 ················· 6. 长圆叶梾木 C. oblonga
　　　7. 叶纸质，柱头头状或盘状。
　　　　8. 叶下面有贴生的短柔毛。
　　　　　9. 老枝淡黄色 ················· 7. 沙梾 C. bretschneideri
　　　　　9. 老枝绿色或红褐色。
　　　　　　10. 老枝绿色；雄蕊不伸出花外 ················· 8. 光皮梾木 C. wilsoniana
　　　　　　10. 老枝红褐色；雄蕊伸出花外 ················· 9. 红椋子 C. hemsleyi
　　　　8. 叶下面有卷曲毛。
　　　　　11. 叶较大，阔卵形至宽椭圆形 ················· 10. 卷毛梾木 C. ulotricha
　　　　　11. 叶较小，卵状椭圆形或椭圆形 ····· 11. 灰叶梾木 C. schindleri subsp. poliophylla
　　6. 花柱棍棒状。
　　　12. 叶大；二歧聚伞花序圆锥状 ················· 12. 梾木 C. macrophylla
　　　12. 叶较小；伞房状聚伞花序。
　　　　13. 灌木；叶侧脉2～3对 ················· 13. 小梾木 C. paucinervis
　　　　13. 乔木；叶侧脉4～5对 ················· 14. 毛梾 C. walteri

1. 四照花（亚种）| Cornus kousa subsp. chinensis (Osborn) Q. Y. Xiang
图126-1

小乔木。叶对生，卵形或卵状椭圆形，先端渐尖，基部宽楔形或圆形，边缘全缘或有明显的细齿，上面疏生白色细伏毛，背面粉绿色，被白色贴生短柔毛，脉腋具黄色的绢状毛，中脉在上面明显，在下面凸出。头状花序，40～50朵花；总苞片4枚，白色；花小，花萼内侧有1圈褐色短柔毛，花盘垫状，子房下位。果序球形，成熟时红色。花期5～7月，果期9～10月。

产于神农架各地（阳日麻湾，zdg 6055），生于海拔1200～2200m的山坡或山脊灌丛中。庭院观赏树木；果实入药；果实可鲜食。

2. 尖叶四照花 | Cornus elliptica (Pojarkova) Q. Y. Xiang et Boufford   图126-2

常绿小乔木。幼枝被白色贴生短柔毛。叶薄革质，椭圆形、卵状椭圆形或披针形，先端渐尖或尾尖，基部楔形或宽楔形，上面微生细伏毛，下面灰绿色，密被贴生白色短柔毛，侧脉每边3～4条，在两面均稍凸起。总苞片长卵形至倒卵形，初时淡黄色；花淡黄色。果序球形，熟时红色。花期6～7月，果期10～11月。

产于神农架下谷、阳日（长青，zdg 5586），生于海拔400～700m的山坡林中。庭院观赏树木；果实入药；果实可鲜食。

图126-1 四照花

图126-2 尖叶四照花

3. 山茱萸 | Cornus officinalis Siebold et Zuccarini 图126-3

乔木或灌木。叶对生，卵状披针形或卵状椭圆形，先端渐尖，基部宽楔形或近于圆形，全缘，上面无毛，下面稀被白色贴生短柔毛，脉腋密生淡褐色丛毛。伞形花序，花小，先于叶开放；花萼裂片4枚；花瓣4枚，黄色，向外反卷；雄蕊4枚，与花瓣互生；子房下位，花托倒卵形，密被贴生疏柔毛；花梗密被疏柔毛。核果，红色至紫红色；核骨质，狭椭圆形，有几条不整齐的肋纹。花期3～4月，果期9～10月。

原产于我国华北，神农架有栽培（红桦，zdg 7795）。庭院观赏树木；果肉入药。

4. 川鄂山茱萸 | Cornus chinensis Wangerin 图126-4

乔木。枝对生，幼时紫红色，密被贴生灰色短柔毛，老时褐色。叶对生，卵状披针形至长圆椭圆形，先端渐尖，基部楔形或近于圆形，全缘，上面近于无毛。伞形花序侧生，有总苞片4；花两性，先于叶开放，有香味；雄蕊与花瓣互生，花丝短，紫色；花盘垫状；子房下位。核果长椭圆形，紫褐色至黑色；核骨质，长椭圆形有几条肋纹。花期4月，果期9月。

产于神农架各地（松柏—大岩屋—燕天，zdg 4704），生于海拔1300～1680m的山坡。庭院观赏树木；果肉入药。

图126-3 山茱萸

图126-4 川鄂山茱萸

5. 灯台树 | Cornus controversa Hemsley 图126-5

乔木。树皮光滑，暗灰色或带黄灰色。叶互生，阔卵形、阔椭圆状卵形或披针状椭圆形，先端凸尖，基部圆形或急尖，全缘，上面黄绿色，下面灰绿色，密被淡白色平贴短柔毛；叶柄紫红绿色。伞房状聚伞花序，顶生；花白色；花盘垫状。核果球形，成熟时紫红色至蓝黑色；核骨质，略有8条肋纹，顶端有1个方形孔穴。花期5~6月，果期7~8月。

产于神农架各地（阳日长青，zdg 5547），生于海拔900~2500m的山坡或沟谷。庭院观赏树木；果入药。

6. 长圆叶梾木 | Cornus oblonga Wallich

常绿小乔木。叶革质，长椭圆形，先端渐尖或尾尖，侧脉每边4~5条，在上面下陷，下面疏被灰色平贴短柔毛及乳头状凸起。圆锥状聚伞花序顶生；花白色；花药紫黄色；花柱圆柱形，柱头近于头形。核果长椭圆形，熟时黑色。花期9~10月，果期翌年5~6月。

产于神农架新华，生于海拔900~1400m的山坡林中。

7. 沙梾 | Cornus bretschneideri L. Henry 图126-6

灌木或小乔木。树皮紫红色。幼枝圆柱形，带红色；老枝淡黄色，无毛。叶对生，卵形、椭圆状卵形或长圆形，下面灰白色，密被乳头状凸起及短柔毛，侧脉5~7对，弓形内弯。伞房状聚伞花序顶生；花白色。核果蓝黑色至黑色，近于球形。花期6~7月，果期8~9月。

产于神农架松柏（柏坪供销社后山，236-6队 2240），生于海拔1320m的山坡林中。

图126-5 灯台树

图126-6 沙梾

8. 光皮梾木 | Cornus wilsoniana Wangerin 图126-7

落叶乔木。高5~18m，稀达40m。树皮灰色至青灰色，块状剥落；幼枝灰绿色，略具4棱。叶对生，纸质，椭圆形或卵状椭圆形，长6~12cm，宽2~5.5cm，先端渐尖或凸尖，基部楔形或宽楔形，边缘波状，微反卷。顶生圆锥状聚伞花序，宽6~10cm，被灰白色疏柔毛；花小，白色，直径约7mm；花萼裂片4枚，三角形，长约0.4~0.5mm；花瓣4枚，长披针形。核果球形，成熟时紫黑色至黑色，被平贴短柔毛或近于无毛；核骨质，球形，肋纹不显明。花期5月，果期10～11月。

产于神农架各地，生于海拔400～900m的山坡林中。

9. 红椋子 | Cornus hemsleyi C. K. Schneider et Wangerin　图126-8

小乔木。幼枝红色，略有4棱，被贴生短柔毛；老枝紫红色至褐色，有圆形黄褐色皮孔。叶对生，卵状椭圆形，先端渐尖或短渐尖，基部圆形，边缘微波状，下面密被白色贴生短柔毛及乳头状凸起，侧脉脉腋具灰白色及浅褐色丛毛；叶柄淡红色。伞房状聚伞花序顶生，被浅褐色短柔毛；花白色。核果，黑色，疏被贴生短柔毛；核骨质，扁球形，有不明显的肋纹8条。花期6月，果期9月。

产于神农架各地，生于海拔1200～1600m的山坡。庭院观赏树木；树皮入药。

图126-7　光皮梾木

图126-8　红椋子

10. 卷毛梾木 | Cornus ulotricha C. K. Schneider et Wangerin　图126-9

落叶乔木。当年生枝红褐色；老枝黄褐色。叶对生，阔卵形至宽椭圆形，下面灰色，有黄色卷曲毛，侧脉6～7对，弓形内弯。顶生宽伞房状聚伞花序；花白色；花柱圆柱形，柱头头状。核果近于球形，蓝黑色，疏被短柔毛。花期5～6月，果期7～8月。

产于神农架宋洛、下谷，生于海拔1600～2200m的山坡林中。

11. 灰叶梾木（亚种）| Cornus schindleri subsp. poliophylla (C. K. Schneider et Wangerin) Q. Y. Xiang　图126-10

落叶灌木或小乔木。幼枝密被短柔毛；老枝蔗红色，无毛。叶对生，卵状椭圆形，侧脉7～8对，弓形内弯；叶柄红色。顶生伞房状聚伞花序；花白色；花柱圆柱形，柱头盘状。核果球形，成熟时黑色。花期6月，果期10月。

产于神农架各地，生于海拔1400～1900m的山坡林中。

图126-9　卷毛梾木

12. 梾木 | Cornus macrophylla Wallich 图126-11

乔木。树皮灰褐色或灰黑色。幼枝有棱角；老枝圆柱形，疏生灰白色椭圆形皮孔及半环形叶痕。叶对生，阔卵形或卵状长圆形，先端锐尖或短渐尖，基部圆形，边缘略有波状小齿。伞房状聚伞花序顶生；总花梗红色；花白色，有香味。核果近于球形，成熟时黑色；核骨质，扁球形，两侧各有1条浅沟及6条脉纹。花期6~7月，果期8~9月。

产于神农架各地（阳日长青，zdg 5763；红花，zdg 6736；官门山，zdg 7552），生于海拔1600~1800m的山坡或沟谷。心材、树皮入药。

图126-10　灰叶梾木

图126-11　梾木

13. 小梾木 | Cornus paucinervis Hance 图126-12

灌木。树皮灰黑色。幼枝对生，或带紫红色，略具4棱，被灰色短柔毛；老枝褐色，无毛。叶对生，椭圆状披针形或披针形，先端钝尖或渐尖，基部楔形，全缘。伞房状聚伞花序顶生，被灰白色贴生短柔毛；花白色至淡黄白色。核果圆球形，成熟时黑色；核近于球形，骨质，有6条不明显的肋纹。花期6~7月。果期10~11月。

产于神农架各地，生于海拔600m以下的溪边灌丛中。全株入药。

图126-12　小梾木

14. 毛梾 | Cornus walteri Wangerin   图126-13

乔木。树皮厚，黑褐色，纵裂而又横裂成块状。叶对生，椭圆形、长圆椭圆形或阔卵形，先端渐尖，基部楔形，下面密被灰白色贴生短柔毛。伞房状聚伞花序顶生，花白色，有香味，被灰白色短柔毛；花盘明显。核果球形，成熟时黑色；核骨质，扁圆球形，有不明显的肋纹。花期5月，果期9月。

产于神农架下谷（燕天景区，zdg 6480；坪堑，zdg 7770），生于海拔1500m的山坡林中。枝叶入药。

图126-13　毛梾

2. 珙桐属 Davidia Baill

落叶乔木。单叶互生，边缘有具腺的粗锯齿；叶柄细长。花杂性同株；头状花序顶生，下有白色叶状苞片2～3枚；雄花无花被，雄蕊1～12枚；两性花无花被，雄蕊5～10枚；子房下位，多室，每室具悬垂胚珠1枚。核果3～5室，以脱落的背部裂瓣自顶部向中部开裂。

单种属。我国特有，神农架也有。

1. 珙桐 | Davidia involucrata Baillon

分变种检索表

1. 叶下部密生淡黄色粗毛 ·· 1a. 珙桐 D. involucrata var. involucrata
1. 叶下面和幼叶仅侧脉上疏生短柔毛 ················ 1b. 光叶珙桐 D. involucrata var. vilmoriniana

1a. 珙桐（原变种）Davidia involucrata var. involucrate   图126-14

乔木。树皮呈不规则薄片脱落。叶互生，宽卵形，先端渐尖，基部心形，下部密生淡黄色粗毛。花杂性，头状花序由多数雄花和1朵两性花组成，顶生，下有2枚白色大型苞片。核果长卵形，紫绿色。种子3～5枚。花期5～6月，果期6～9月。

产于神农架各地，栽培亦甚多，野生种生于海拔1300～1600m的山坡林中。国家一级重点保护野生植物；花供观赏；根、果皮和叶入药抗癌。

1b．光叶珙桐（变种）Davidia involucrata var. vilmoriniana (Dode) Wangerin 图126-15

本种与原变种的主要区别：叶无毛，仅在叶下部和幼叶侧脉上疏生短柔毛。

产于神农架九湖，生于海拔1500m的山坡林中。国家一级重点保护野生植物；花供观赏；根、果皮和叶入药抗癌。

图126-14　珙桐

图126-15　光叶珙桐

3. 蓝果树属 Nyssa Linnaeus

乔木。叶互生，全缘，稀具齿。花单性或杂性异株，绿白色，伞房状或伞形状聚伞花序，或头状花序；雄花多数，腋生，具梗，萼5齿裂，花瓣5枚，雄蕊5～12枚；雌花及两性花头状花序，花无梗，基部有小苞叶，萼5齿裂，花瓣小，5～8枚，雄蕊与花瓣同数而互生；子房下位，1～2室，具花盘。核果。具1枚种子。

约10种。我国产6种，湖北产1种，神农架亦产。

蓝果树 | Nyssa sinensis Oliver 图126-16

乔木。皮孔明显。叶互生，椭圆形或长卵形，先端渐尖，基部楔形。雌雄异株，聚伞状短总状花序；萼5齿裂，花瓣5枚，雄蕊5～10枚，生于肉质花盘周围；雌花有小苞片，花柱细长。核果长圆形或倒卵形，紫绿色或暗绿色。花期5～6月，果期6～8月。

产于神农架木鱼、新华、阳日，生于海拔500～1400m的山坡林下及沟边。根入药。

4. 喜树属 Camptotheca Decne

乔木。叶互生，全缘。花序头状，顶生；苞片2枚，舟状；萼5浅裂；花瓣5枚，绿色；雄花的雄蕊10，2轮，花药4室；雌花的子房1室，下位，有花盘，胚珠1枚。瘦果，线形或披针形，两侧翅状，褐色。

单种属。我国特有，神农架有栽培。

喜树 | Camptotheca acuminata Decne　图126-17

乔木。树皮灰色。叶互生，纸质，长卵形至卵形，先端较尖，基部宽楔形，全缘或微呈波状。花单性同株，集成球形头状花序；雌花顶生；雄花腋生。瘦果狭长圆形，长2~2.5cm，顶有宿存花柱，边有狭翅。花期5~6月，果期6~10月。

原产于我国华中，神农架有栽培（阳日长青，zdg 5559）。公路绿化树种；树皮、树枝、叶、果实入药。

图126-16　蓝果树　　　　　　　　　　图126-17　喜树

5. 八角枫属 Alangium Lamarck

乔木或灌木。单叶互生，全缘或掌状分裂，基部两侧常不对称。花序多聚伞状，腋生；花萼管状钟形；花瓣4~10枚，线形，常向外反卷；雄蕊与花瓣同数互生或为花瓣的2~4倍，花丝线形，内侧常有微毛，花药线形；花盘肉质；子房下位，柱头头状或棒状，胚珠1枚。核果椭圆形、卵形或近球形，顶端有宿存的萼齿和花盘。

30种。我国产9种，湖北产4种，神农架均产。

分种检索表

1. 花较大，花瓣长1cm以上。
　　2. 雄蕊的药隔无毛。
　　　　3. 叶基部两侧常不对称，阔楔形或截形，稀近心形·················1. 八角枫 A. chinense
　　　　3. 叶片基部近于心脏形或圆形·················2. 三裂瓜木 A. platanifolium var. trilobum
　　2. 雄蕊的药隔有长柔毛·················3. 毛八角枫 A. kurzii
1. 花较小，花瓣长1cm以下·················4. 小花八角枫 A. faberi

1. 八角枫 | Alangium chinense (Loureiro) Harms

分亚种检索表

1. 植株被毛。
    2. 小枝、花序和叶柄疏被柔毛 ·· 1a．八角枫 A. chinense subsp. chinense
    2. 小枝、花序和叶柄密生淡黄色伏毛 ········· 1b．伏毛八角枫 A. chinense subsp. strigosum
1. 植株无毛 ··· 1c．稀花八角枫 A. chinense subsp. pauciflorum

1a．八角枫（原亚种）Alangium chinense subsp. chinense　图126-18

落叶乔木或灌木。叶纸质，近圆形或椭圆形，基部两侧常不对称，不分裂或3～7裂，下面脉腋有丛状毛。聚伞花序腋生，有7～30朵花；小苞片线形或披针形；总花梗常分节；花冠圆筒形，花瓣6～8枚，上部反卷，有微柔毛；雄蕊6～8枚，花丝有短柔毛；花盘球形。核果卵圆形，顶端有宿存的萼齿和花盘。花期6～7月，果期6～9月。

产于神农架各地，生于海拔500～1700m的沟谷或山坡。根、叶、花入药；叶可作饲料。

图126-18　八角枫

1b．伏毛八角枫（亚种）Alangium chinense subsp. strigosum W. P. Fang

落叶小乔木或灌木。小枝、花序和叶柄均密生淡黄色粗伏毛，叶近圆形，不分裂或3～5浅裂，下面叶脉比较显著。花瓣仅长0.8～1.2 cm。花期6～7月，果期8-9月。

产于神农架红坪（板仓—坪堑，zdg 7261），生于海拔500m的山坡灌丛林中。根、叶、花入药。

1c．稀花八角枫（亚种）Alangium chinense subsp. pauciflorum W. P. Fang　图126-19

灌木或小乔木。叶较小，卵形，顶端锐尖，常不分裂，稀3或5微裂。花较稀少，每花序仅3～6朵花；花瓣、雄蕊均8枚，花丝有白色疏柔毛。核果，顶端有宿存的萼齿和花盘。花期6～7月，果期7～8月。

产于神农架木鱼、宋洛、下谷、新华、阳日，生于海拔900～1300m的阳坡山地。根、叶、花入药。

图126-19　稀花八角枫

2. 三裂瓜木（变种）Alangium platanifolium (Siebold et Zuccarini) Harms var. trilobum (Miquel) Ohwi　图126-20

落叶灌木或小乔木。叶互生，多不分裂，幼时有长柔毛或疏柔毛，基出脉3～5条，有稀疏的短柔毛或无毛。聚伞花序有1～7朵花；花瓣6～7枚，有短柔毛，近基部较密，上部反卷；雄蕊6～7枚，花丝有短柔毛。核果，顶端有宿存的花萼。花期5～6月，果期7～9月。

产于神农架各地（宋洛—徐家庄，zdg 6508），生于海拔800～1900m的山坡。根及根皮入药。

图126-20　三裂瓜木

3. 毛八角枫　Alangium kurzii Craib　图126-21

小乔木。小枝有淡黄色柔毛。叶互生，近圆形或阔卵形，两侧不对称，全缘，有黄褐色丝状微绒毛。聚伞花序有5～7朵花；花萼漏斗状；花瓣6～8枚，线形，基部黏合，上部开花时反卷，外面有淡黄色短柔毛；雄蕊6～8枚，被疏柔毛，花药的药隔有长柔毛；花盘近球形，有微柔毛。核果，顶端有宿存的萼齿。花期6～7月，果期7～9月。

产于神农架宋洛、阳日，生于海拔400～1500m的山坡林中或灌丛中。根、叶能舒经活络、散瘀止痛，治跌打瘀肿、接骨。

4．小花八角枫 | Alangium faberi Oliver

攀援灌木。叶片矩圆形或阔椭圆形，叶不裂或掌状三裂，幼时有稀疏的小硬毛或粗伏毛。聚伞花序有5~10朵花；花萼近钟形，外面有粗伏毛；花瓣5~6枚，外面有紧贴的粗伏毛，内面疏生疏柔毛，开花时向外反卷；雄蕊5~6枚，花药基部有刺状硬毛；花盘近球形。花期6月，果期9月。

产于神农架下谷、新华，生于海拔700m以下的山坡沟谷灌丛中。

图126-21　毛八角枫

分变种检索表

1. 叶不裂或掌状三裂，裂片披针形 ·················· 4a．小花八角枫 A. faberi var. faberi
1. 叶多掌状三裂，裂片线状披针形 ················· 4b．异叶八角枫 A. faberi var. heterophyllum

4a．小花八角枫（原变种）Alangium faberi var. faberi　图126-22

攀援灌木。叶片矩圆形或阔椭圆形，叶不裂或掌状三裂，幼时有稀疏的小硬毛或粗伏毛。聚伞花序有5~10朵花；花萼近钟形，外面有粗伏毛；花瓣5~6枚，外面有紧贴的粗伏毛，内面疏生疏柔毛，开花时向外反卷；雄蕊5~6枚，花药基部有刺状硬毛；花盘近球形。花期6月，果期9月。

产于神农架下谷、新华，生于海拔700m以下的山坡沟谷灌丛中。枝叶、根入药。

4b．异叶八角枫（变种）Alangium faberi var. heterophyllum Y. C. Yang　图126-23

本变种与原变种的主要区别：叶或其裂片比较窄而长，通常为线状披针形，长10~20 cm，宽1~2 cm，基部近圆形，微倾斜，边缘微呈波状，叶柄长短变异很大，通常长5~50mm；雄蕊药隔背面密被硬毛。

产于巫山县（大宁河边，周洪富和粟和毅109260），生于海拔900m以下的山坡沟谷灌丛中。

图126-22　小花八角枫

图126-23　异叶八角枫

127. 绣球科 | Hydrangeaceae

灌木或草本，稀小乔木。单叶对生，稀互生或轮生。花两性或兼具不孕花，两型或一型；花萼裂片和花瓣均4~5枚，稀8~10枚；雄蕊为花瓣数的2倍至多倍；子房下位或半下位，稀上位，4~5室。蒴果，稀浆果。种子多数，细小。

约10属242余种。我国产10属144种，湖北产9属35种，神农架产9属27种。

分属检索表

1. 草本。
  2. 叶顶端常具深刻的2裂片⋯⋯⋯⋯⋯⋯⋯⋯⋯⋯⋯⋯⋯⋯⋯⋯⋯⋯⋯⋯1. 叉叶蓝属 Deinanthe
  2. 叶顶端不裂⋯⋯⋯⋯⋯⋯⋯⋯⋯⋯⋯⋯⋯⋯⋯⋯⋯⋯⋯⋯⋯⋯⋯⋯⋯⋯2. 草绣球属 Cardiandra
1. 木本或木质藤本。
  3. 木质藤本。
    4. 花序无白色装饰花⋯⋯⋯⋯⋯⋯⋯⋯⋯⋯⋯⋯⋯⋯⋯⋯⋯⋯⋯⋯⋯⋯3. 冠盖藤属 Pileostegia
    4. 花序有白色装饰花⋯⋯⋯⋯⋯⋯⋯⋯⋯⋯⋯⋯⋯⋯⋯⋯⋯⋯⋯⋯⋯⋯4. 钻地风属 Schizophragma
  3. 乔木、灌木或亚灌木。
    5. 果为浆果⋯⋯⋯⋯⋯⋯⋯⋯⋯⋯⋯⋯⋯⋯⋯⋯⋯⋯⋯⋯⋯⋯⋯⋯⋯⋯⋯5. 常山属 Dichroa
    5. 果为蒴果。
      6. 花序有白色装饰花⋯⋯⋯⋯⋯⋯⋯⋯⋯⋯⋯⋯⋯⋯⋯⋯⋯⋯⋯⋯⋯6. 绣球属 Hydrangea
      6. 花序无白色装饰花。
        7. 花7~10朵⋯⋯⋯⋯⋯⋯⋯⋯⋯⋯⋯⋯⋯⋯⋯⋯⋯⋯⋯⋯⋯⋯⋯7. 赤壁木属 Decumaria
        7. 花4~5朵。
          8. 花4朵，无星状毛⋯⋯⋯⋯⋯⋯⋯⋯⋯⋯⋯⋯⋯⋯⋯⋯⋯⋯8. 山梅花属 Philadelphus
          8. 花5朵，有星状毛⋯⋯⋯⋯⋯⋯⋯⋯⋯⋯⋯⋯⋯⋯⋯⋯⋯⋯9. 溲疏属 Deutzia

1. 叉叶蓝属 Deinanthe Maximowicz

多年生草本。叶膜质，对生或4片集生于茎顶部近轮生，顶端常2裂，边缘有粗锯齿。聚伞花序伞形状或伞房状，顶生；总苞和苞片卵形或卵状披针形；花二型，不育花生于花序外侧；萼片3~4枚，绿白色或蓝色；可育花生于花序内侧，较大；萼裂片5枚，花瓣状，白色或蓝色，宿存；花瓣5~8枚；雄蕊极多；子房半下位，不完全的5室，侧膜胎座；花柱5裂，合生，顶部短5裂。蒴果。种子两端具翅。

2种。我国产1种，神农架亦产。

叉叶蓝 | Deinanthe caerulea Stapf 银梅草，四块瓦 图127-1

多年生草本。于近基部节上有对生或近对生的膜质苞片。叶通常4片聚集于茎顶部，近轮生，阔椭圆形、卵形或倒卵形，（10～25）cm×（6～16）cm，先端不分裂或2裂，腹面被疏糙伏毛，背面除叶脉部外几无毛。伞房状聚伞花序顶生；萼片3～4枚，蓝色；可育花花梗粗壮；花萼和花冠蓝色或稍带红色；萼5枚；花瓣6～8枚；雄蕊极多，浅蓝色；子房半下位，柱头5裂。蒴果。花期6～7月。

产于神农架木鱼、新华（zdg 7941）、阳日，生于海拔500～1400m的山谷沟边阴湿处。根茎入药。

2. 草绣球属 Cardiandra Siebold et Zuccarini

亚灌木或灌木。叶互生。伞房状聚伞花序；花二型，不育花生于花序外侧；萼片2～3枚，花瓣状；孕性花小型，生于花序内侧，萼杯状；花瓣5枚；雄蕊多数，花药倒心形；子房下位，具不完全的2～3室；花柱2～3裂。蒴果卵球形，顶端具宿存的萼齿。种子多数，表面具脉纹，两端具翅。

5种。我国产3种，湖北产1种，神农架亦产。

草绣球 ｜ Cardiandra moellendorffii (Hance) Migo   图127-2

亚灌木。叶互生，椭圆形或倒长卵形，先端渐尖，基部沿叶柄两侧下延成楔形，边缘有粗长牙齿状锯齿，上面被短糙伏毛，下面疏被短柔毛或仅脉上有疏毛。伞房状聚伞花序顶生，苞片和小苞片宿存；不育花萼片2～3枚，白色或粉红色；孕性花淡红色或白色；萼齿4～5枚；雄蕊15～25枚；子房下位，花柱3。蒴果近球形或卵球形。种子棕褐色，两端具翅。花期7～8月，果期9～10月。

产于神农架各地，生于海拔400～1700m的林下水沟旁。根状茎药用。

图127-1　叉叶蓝　　　　　　　　图127-2　草绣球

3. 冠盖藤属 Pileostegia J. D. Hooker et Thomson

木质藤本。具气生根。叶对生，革质，全缘或具波状锯齿。圆锥花序；花两性；花冠同型，无不孕花，常数朵聚生；萼裂片4～5枚；花瓣4～5枚，花蕾时覆瓦状排列；雄蕊8～10枚；子房下位，4～6室，柱头圆锥状，4～6浅裂。蒴果陀螺状，具宿存花柱，沿棱脊间开裂；种子纺锤状，一端或两端具膜质翅。

2种。我国产2种，湖北产1种，神农架也产。

冠盖藤 | Pileostegia viburnoides J. D. Hooker et Thomson 图127-3

木质藤本。叶对生，椭圆状倒披针形或长椭圆形，先端渐尖或急尖，基部楔形或阔楔形，全缘或稍波状，常稍背卷，主脉和侧脉交接处具长柔毛。圆锥花序顶生，无毛或稍被褐锈色微柔毛；苞片和小苞片线状披针形；花白色；萼裂片三角形；花瓣卵形；雄蕊8～10枚。蒴果陀螺状，具5～10条肋纹或棱。花期7～8月，果期9～12月。

产于神农架低海拔地区，生于海拔800m以下的山坡林中，缠于树上或石上。根、藤、叶、花入药。

图127-3 冠盖藤

4. 钻地风属 Schizophragma Siebold et Zuccarini

木质藤本。冬芽栗褐色，被柔毛。叶对生，全缘或稍有小齿或锯齿。聚伞花序顶生，花二型或一型，不育花存在或缺；萼花瓣状；孕性花小型，萼筒与子房贴生，萼齿三角形，宿存；花瓣分离；雄蕊10枚；子房下位，倒圆锥状或陀螺状，4～5室，胚珠多数，中轴胎座；柱头4～5裂。蒴果，具棱，顶端凸出于萼筒外或截平，凸出部分常呈圆锥状，果片与中轴分离。种子纺锤状，两端具狭长翅。

10种。我国产9种，湖北产1种，神农架亦产。

1. 钻地风 | Schizophragma integrifolium Oliver

分变种检索表

1. 叶片下面绿色，沿脉被疏短柔毛 ·············· 1a. 钻地风 S. integrifolium var. integrifolium
1. 叶片下面粉绿色，脉腋间常有髯毛 ············ 1b. 粉绿钻地风 S. integrifolium var. glaucescens

1a. 钻地风（原变种）Schizophragma integrifolium var. integrifolium 图127-4

木质藤本。叶椭圆形或阔卵形，先端渐尖或急尖，具阔短尖头，基部阔楔形至浅心形，叶全缘或有极疏的小齿，下面有时沿脉被疏短柔毛，后渐变近无毛，脉腋间常具髯毛。聚伞花序；不育花萼片卵状披针形、披针形或阔椭圆形，黄白色；孕性花绿色；萼片4～5枚；花瓣4～5枚；雄蕊10枚。蒴果，钟状或陀螺状，顶端凸出部分短圆锥形。种子两端具翅。花期6～7月，果期10～11月。

产于神农架松柏、宋洛、新华，生于海拔1200～1600m的山坡林中。根皮入药；装饰花美丽，可供观赏。

1b. 粉绿钻地风（变种）Schizophragma integrifolium var. glaucescens Rehder 图127-5

本变种与原变种的主要区别：叶片下面呈粉绿色，脉腋间常有髯毛。

产于神农架木鱼，生于海拔1400m的山坡林中。用途同原变种的。

图127-4　钻地风

图127-5　粉绿钻地风

5. 常山属 Dichroa Loureiro

灌木。叶对生，稀上部互生。花两性，伞房状圆锥花序或聚伞花序；萼筒倒圆锥形，贴生于子房上，萼裂片5~6枚；花瓣5~6枚，分离；雄蕊4~5枚或10~（~20）枚；子房半下位，上部1室，下部有不连接或近连接的隔膜4~6，侧膜胎座；花柱（2~）3~6，分离或仅基部合生。浆果。种子具网纹。

12种。我国产6种，湖北产1种，神农架亦产。

常山 | **Dichroa febrifuga** Loureiro 图127-6

灌木。叶常椭圆形至披针形，先端渐尖，基部楔形，边缘具锯齿或粗齿，无毛或仅叶脉被皱卷短柔毛，稀下面被长柔毛。伞房状圆锥花序顶生；花蓝色或白色；花萼倒圆锥形，4~6裂；花瓣长圆状椭圆形，稍肉质，花后反折；雄蕊10~20枚；花柱4（5~6），棒状，子房下位。浆果，蓝色，干时黑色。种子具网纹。花期2~4月，果期5~8月。

产于神农架低海拔地区，生于海拔500~1400m的山坡沟边林中。根入药。

图127-6　常山

6. 绣球属 Hydrangea Linnaeus

亚灌木、灌木或小乔木。叶对生。聚伞花序，顶生；花二型，极少一型，不育花存在或缺，生于花序外侧，花瓣和雄蕊缺或极退化，萼片花瓣状，分离，偶有基部稍连合；孕性花较小，生于花序内侧，花萼筒状，与子房贴生，萼齿4~5枚；花瓣4~5枚，或少数种类连合成冠盖状；雄蕊通常10枚，着生于花盘边缘；子房上位或下位，2~5室，胚珠多数，花柱2~5裂，分离或基部连合，宿存。蒴果。种子具翅或无翅。

73种。我国产46种，湖北产15种，神农架产9种。

分种检索表

1. 子房1/3~2/3上位；蒴果顶端凸出。
  2. 种子无翅或罕有极短的翅；雄蕊近等长································1. 绣球 H. macrophylla
  2. 种子两端具长翅；雄蕊不等长。
    3. 叶3叶轮生；花排成圆锥状聚伞花序···································2. 圆锥绣球 H. paniculata
    3. 叶对生；花排成伞房状聚伞花序。
      4. 叶下面有密集的颗粒状或乳头状腺体····························4. 白背绣球 H. hypoglauca
      4. 叶下面无腺体。
        5. 二年生或一年生小枝均无皮孔··································5. 东陵绣球 H. bretschneideri
        5. 二年生小枝具皮孔，有时一年生小枝亦具皮孔···············6. 挂苦绣球 H. xanthoneura
1. 子房完全下位；蒴果顶端截平。
  6. 攀援藤本；花瓣连合成冠盖状；种子周边具翅·······················7. 冠盖绣球 H. anomala
  6. 直立灌木；花瓣分离，基部截平；种子两端具翅。
    7. 叶下面密被颗粒状腺体···8. 蜡莲绣球 H. strigosa
    7. 叶下无颗粒状腺体。
      8. 伞房状聚伞花序分枝密集，紧靠································9. 莼兰绣球 H. longipes
      8. 伞房状聚伞花序分枝疏散，远离，彼此间隔较长············3. 乐思绣球 H. rosthornii

1. 绣球 | Hydrangea macrophylla (Thunberg) Seringe 图127-7

灌木。叶纸质或近革质，倒卵形或阔椭圆形，先端骤尖，边缘于基部以上具粗齿。伞房状聚伞花序；花二型；不育花萼片4枚，粉红色、淡蓝色或白色；孕性花极少数；花瓣长圆形；雄蕊10枚，不凸出或稍凸出，花药长圆形；子房下位，花柱3，半环状。蒴果，长陀螺状。花期6~8月。

原产于我国，神农架有栽培。观赏灌木；根、叶、花入药。

图127-7 绣球

2. 圆锥绣球 | Hydrangea paniculata Siebold   图127-8

灌木或小乔木。高1~5m，有时达9m，胸径约20cm。叶纸质，2~3片对生或轮生，卵形或椭圆形，长5~14cm，宽2~6.5cm，先端渐尖或急尖，具短尖头，基部圆形或阔楔形，边缘有密集稍内弯的小锯齿，上面无毛或有稀疏糙伏毛。圆锥状聚伞花序尖塔形，长达26cm，序轴及分枝密被短柔毛；不育花较多，白色；萼片4枚，阔椭圆形或近圆形，不等大；孕性花萼筒陀螺状，萼齿短三角形，花瓣白色，卵形或卵状披针形，长2.5~3mm，渐尖。蒴果椭圆形，顶端凸出部分圆锥形；种子褐色，扁平，具纵脉纹，轮廓纺锤形，两端具翅。花期7~8月，果期10~11月。

产于神农架千家坪一带、牛洞湾（付口勋和张志松 1074），生于海拔2000m的山坡林缘。园林观赏植物。

3. 乐思绣球 | Hydrangea rosthornii Diels   图127-9

灌木或小乔木。叶纸质，阔卵形至长卵形或椭圆形至阔椭圆形，上面疏被糙伏毛，下面密被灰白色短柔毛或淡褐色短疏粗毛。伞房状聚伞花序，密被灰黄色或褐色粗毛；不育花淡紫色或白色；萼片4~5枚；孕性花瓣紫色；雄蕊10~14枚，不等长；子房下位，花柱2裂。蒴果杯状，顶端截平。种子红褐色，具稍凸起的纵脉纹，两端具翅。花期7~8月，果期9~11月。

产于神农架九湖、红坪（板仓—坪堑，zdg 7275）、木鱼、松柏、新华，生于海拔1400~1900m的山坡、沟谷杂林中。根和叶入药。

图127-8 圆锥绣球

图127-9 乐思绣球

4. 白背绣球 | Hydrangea hypoglauca Rehder   图127-10

灌木。叶卵形或长卵形，脉上有稀疏紧贴的短粗毛，下面灰绿白色，有密集的颗粒状小腺体。伞房状聚伞花序；不育花萼片4枚，少有3枚，白色；孕性花密集，萼筒钟状；花瓣白色；雄蕊不等长，短的与花瓣近等长；子房半下位，花柱3。蒴果，顶端凸出部分圆锥形，等于或略短于萼筒。种子淡褐色，具纵脉纹，两端具狭翅。花期6~7月，果期9~10月。

产于神农架各地，生于海拔1200~2300m的山坡、沟谷灌木丛中。果入药。

5. 东陵绣球 | Hydrangea bretschneideri Dippel 图127-11

灌木。叶薄纸质或纸质，卵形至长卵形、倒长卵形或长椭圆形，上面无毛或有少许散生短柔毛，下面密被柔毛或后变近无毛。伞房状聚伞花序；不育花萼片4枚；孕性花萼筒杯状；花瓣白色；雄蕊10枚，不等长；子房半下位，花柱3裂。蒴果，顶端凸出部分圆锥形，稍短于萼筒。种子淡褐色，具纵脉纹，两端各具狭翅。花期6～7月，果期9～10月。

产于神农架木鱼（千家坪），生于海拔1200～2800m的山坡密林中。

图127-10　白背绣球

图127-11　东陵绣球

6. 挂苦绣球 | Hydrangea xanthoneura Diels 图127-12

灌木至小乔木。小枝常具皮孔。叶纸质至厚纸质，椭圆形、长椭圆形、长卵形或倒长卵形，叶脉淡黄色，脉上被小糙伏毛或灰白色短柔毛，脉腋间常有髯毛。聚伞花序顶生；不育花萼片4枚，偶有5枚，淡黄绿色；孕性花萼筒浅杯状；花瓣白色或淡绿色；雄蕊10～13枚，不等长；子房半下位，花柱3～4裂。蒴果，顶端凸出部分圆锥形。种子具纵脉纹，两端各具狭翅。花期7月，果期9～10月。

产于神农架红坪宋洛、新华，生于海拔700～1500m的山坡。根入药。

图127-12　挂苦绣球

7. 冠盖绣球 | Hydrangea anomala D. Don 图127-13

藤本。叶椭圆形、长卵形，基部楔形、近圆形或有时浅心形。聚伞花序；不育花萼片4枚；孕性花多数，密集，萼筒钟状；花瓣连合成冠盖状；雄蕊9～18枚；子房下位，花柱2裂，少有3裂。蒴果坛状，顶端截平。种子淡褐色，周边具薄翅。花期5～6月，果期9～10月。

产于神农架各地，生于海拔1800m的沟谷林下。叶入药。

8. 蜡莲绣球 | Hydrangea strigosa Rehder [Hydrangea strigosa var. macrophylla Rehder]　图127-14

灌木。叶长圆形、卵状披针形，上面被稀疏糙伏毛或近无毛，密被灰棕色颗粒状腺体和灰白色糙伏毛。聚伞花序；不育花萼片4~5枚，基部具爪，边全缘或具数齿，白色或淡紫红色；孕性花淡紫红色，萼筒钟状；花瓣初时顶端稍连合，后分离，早落；雄蕊不等长；子房下位，花柱2裂。蒴果坛状，顶端截平。种子褐色，具纵脉纹，两端具翅。花期7~8月，果期11~12月。

产于神农架各地（龙门河—峡口，zdg 7928），生于海拔600~900m的山坡林下。观赏灌木；根入药。

图127-13　冠盖绣球

图127-14　蜡莲绣球

9. 莼兰绣球 | Hydrangea longipes Franchet

分变种检索表

1. 叶下面脉上无褐色粗长毛 …………………………………… 9a. 莼兰绣球 H. longipes var. longipes
1. 叶下面脉上具褐色粗长毛 ………………………………… 9b. 锈毛绣球 H. longipes var. fulvescens

9a. 莼兰绣球（原变种）Hydrangea longipes var. longipes　图127-15

灌木。叶膜质或薄纸质，卵形，上面疏被糙伏毛，下面被短而近贴伏的细柔毛。伞房状聚伞花序顶生，密集，密被短粗毛；不育花白色，萼片4枚，具短爪；孕性花白色；早落；雄蕊10枚，不等长；子房下位，花柱2裂。蒴果杯状，顶端截平；种子淡棕色，具凸起的纵脉纹，两端具短翅。花期7~8月，果期9~10月。

产于神农架各地，生于海拔1000~2100m的山坡林下、沟边和路旁。观赏灌木；叶入药。

9b. 锈毛绣球（变种）Hydrangea longipes var. fulvescens (Rehder) W. T. Wang ex C. F. Wei　图127-16

本变种与原变种的主要区别：其叶下面密被稍长近交织的细柔毛，脉上密被扩展、褐色或淡褐色粗长毛。花期7~8月，果期9~10月。

产于神农架木鱼，生于海拔1400m的山坡林下。

图127-15 莼兰绣球

图127-16 锈毛绣球

7. 赤壁木属 Decumaria Linnaeus

常绿攀援灌木。常具气生根。叶对生，易脱落，具柄。伞房花序，顶生；花两性；萼、花瓣7～10枚；雄蕊20～30枚；花药2室，药室纵裂；子房下位，5～10室，胚珠多数。蒴果室背棱脊间开裂。种子两端有膜翅。

2种，一种产于我国，另一种产于美国东南部。湖北1种，神农架亦产。

赤壁木 | Decumaria sinensis Oliver 图127-17

攀援灌木。嫩枝疏被长柔毛，节稍肿大。叶薄革质，倒卵形或椭圆形，边全缘或上部有时具疏离锯齿或波状，嫩叶疏被长柔毛。伞房花序；花白色；萼筒陀螺形；花瓣长圆状椭圆形；雄蕊20～30枚；柱头扁盘状，7～9裂。蒴果，具宿存花柱和柱头，有隆起的脉纹或棱条。种子两端尖，有白翅。花期3～5月，果期8～10月。

产于神农架阳日（古水，zdg 6161和zdg 7213），生于海拔700m的湿润石壁或沟边林下。叶入药。

图127-17 赤壁木

8. 山梅花属 Philadelphus Linnaeus

灌木。叶对生，离基三或五出脉。总状花序，常下部分枝呈聚伞状或圆锥状排列，稀单花；花白色，芳香；萼片和花瓣4（5～6）枚；雄蕊13～90枚；子房下位或半下位，4（～5）室，胚珠多数，中轴胎座；花柱4（3～5），合生，稀部分或全部离生。蒴果4（～5），瓣裂，外果皮纸质，内果皮木栓质。种子极多，种皮前端冠以白色流苏，末端延伸成尾或渐尖。

约75种。我国产22种，湖北产3种，神农架产2种。

分种检索表

1. 叶下面密被白色长粗毛 ·· 1. 山梅花 P. incanus
1. 叶下面仅沿主脉和脉腋被长硬毛 ·························· 2. 绢毛山梅花 P. sericanthus

1. 山梅花 | Philadelphus incanus Koehne 图127-18

灌木。叶卵形或阔卵形，边缘具疏锯齿，上面被刚毛，下面密被白色长粗毛，叶脉离基出3~5条。总状花序；疏被长柔毛或无毛；花萼外面密被紧贴糙伏毛；花冠盘状，花瓣白色；雄蕊30~35枚；具花盘；花柱先端稍分裂，柱头棒形。蒴果。种子具短尾。花期5~6月，果期7~8月。

产于神农架各地，生于海拔500~1900m的山沟林下或灌木丛中。茎、叶入药；花供观赏。

图127-18 山梅花

2. 绢毛山梅花 | Philadelphus sericanthus Koehne 图127-19

灌木。叶卵形或阔卵形，边缘具疏锯齿，上面被刚毛，下面密被白色长粗毛，叶脉离基出3~5条。总状花序；疏被长柔毛或无毛；花萼外面密被紧贴糙伏毛；花冠盘状，花瓣白色；雄蕊30~35枚；具花盘；花柱先端稍分裂，柱头棒形。蒴果。种子具短尾。花期5~6月，果期7~8月。

产于神农架木鱼坪、松柏，生于海拔1300~1900m的山坡灌木丛中。茎、叶入药；花供观赏。

图127-19 绢毛山梅花

9. 溲疏属 Deutzia Thunberg

灌木，通常被星状毛。叶对生，边缘具锯齿。花两性，组成圆锥花序、伞房花序、聚伞花序或总状花序；萼筒钟状，与子房壁合生，裂片5枚，果时宿存；花瓣5枚，白色、粉红色或紫色；雄蕊10（12~15）枚，常成形状和大小不等的2轮，花丝常具翅，先端齿状；子房下位，3~5室，中轴胎座；花柱3~5裂，离生。蒴果，室背开裂。种子极多。

约60多种。我国产53种，湖北产11种，神农架产10种。

分种检索表

```
1. 花瓣阔卵形、倒卵形或圆形，花蕾时覆瓦状排列。
   2. 花丝钻形，内轮具齿·······················································6. 钻丝溲疏 D. mollis
   2. 花丝非钻形，内轮2~3浅裂或具疏齿。
      3. 叶下面灰绿色，具白粉·················································4. 粉背溲疏 D. hypoglauca
      3. 叶下面绿色，无白粉····················································7. 粉红溲疏 D. rubens
1. 花瓣长圆形或椭圆形，花蕾时镊合状排列。
   4. 花丝内外轮形状相同，先端均具齿。
      5. 花枝长3cm以上，花序有花5朵以上。
         6. 圆锥、总状或聚伞状圆锥花序。
            7. 叶下面灰白色，被极密星状毛·································2. 宁波溲疏 D. ningpoensis
            7. 叶下面绿色，疏被星状毛。
               8. 花梗和花萼被黄褐色毛····································10. 齿叶溲疏 D. crenata
               8. 花梗和花萼被灰绿色毛····································1. 长江溲疏 D. schneideriana
         6. 聚伞花序··································································5. 异色溲疏 D. discolor
      5. 花枝长2cm以下，花序有花1~3朵··································3. 大花溲疏 D. grandiflora
   4. 花丝内外轮形状不同，仅外轮先端具齿。
      9. 常绿灌木·····································································9. 多辐线溲疏 D. multiradiata
      9. 落叶灌木·····································································8. 四川溲疏 D. setchuenensis
```

1. 长江溲疏 | Deutzia schneideriana Rehder   图127-20

灌木。高1~2m。老枝灰褐色，无毛，表皮薄片状脱落；花枝长8~12cm，具4~6叶，紫褐色，疏被星状毛。叶纸质，卵形、倒卵形或椭圆状卵形，长3.5~7cm，宽1.5~3cm，先端急尖或急渐尖，基部圆形或阔楔形，边缘具细锯齿，密被星状毛。聚伞状圆锥花序长3~15cm，直径3~4cm，被星状毛；萼筒浅杯状，高约3mm；直径约4mm，密被灰绿色星状毛，裂片三角形，长、宽均约1mm；花瓣白色，长圆形，长10~12mm，宽4~5mm。蒴果半球形，灰黑色，被星状毛。花期5~6月，果期8~10月。

产于兴山县，生于海拔200~600m的山坡灌丛中。花供观赏。

2. 宁波溲疏 | Deutzia ningpoensis Rehder 图127-21

灌木。叶厚纸质，卵状长圆形或卵状披针形，边缘具疏离锯齿或近全缘。聚伞状花序，疏被星状毛；萼筒杯状，均密被星状毛；花瓣白色，外面被星状毛；外轮雄蕊长3~4mm，内轮雄蕊较短，两轮形状相同；花丝先端具2短齿，花药球形，具短柄，从花丝裂齿间伸出；花柱3~4裂。蒴果半球形，密被星状毛。花期5~7月，果期9~10月。

产于神农架新华，生于海拔800m的山坡灌木丛中。花供观赏；叶及根入药。

图127-20 长江溲疏

图127-21 宁波溲疏

3. 大花溲疏 | Deutzia grandiflora Bunge 图127-22

灌木。叶纸质，卵状菱形或椭圆状卵形。聚伞花序，具花（1~）2~3朵；萼筒浅杯状，密被灰黄色星状毛，有时具中央长辐线，裂片线状披针形，较萼筒长，被毛较稀疏；花瓣白色，外面被星状毛；外轮雄蕊花丝先端具2齿，齿平展或下弯成钩状，花药具短柄，内轮雄蕊较短，形状与外轮相同；花柱3（~4）裂，约与外轮雄蕊等长。蒴果半球形，被星状毛，具宿存萼裂片外弯。花期4~6月，果期9~11月。

图127-22 大花溲疏

产于神农架阳日，生于丘陵或低山山坡灌丛中。花供观赏；果实入药。

4. 粉背溲疏 | Deutzia hypoglauca Rehder 图127-23

灌木。叶卵状披针形或椭圆状披针形，上面疏被3~5辐线星状毛，下面具白粉。伞房花序，有花5~15朵；萼筒杯状，被星状毛，裂片较萼筒短，外面被毛；花瓣白色或先端稍粉红色，外面被星状毛；外轮雄蕊花丝先端具2齿，花药具短柄，生于花丝内侧裂齿间或稍下，较花丝齿短或等长，内轮雄蕊线形，先端钝或浅2裂，花药生于花丝内侧近中部；花柱3裂。蒴果半球形，被毛。花期5~7月，果期8~10月。

产于神农架红坪、阳日，生于海拔1750~2400m的山坡灌木丛中。花供观赏；枝叶入药。

图127-23 粉背溲疏

5. 异色溲疏 | Deutzia discolor Hemsley 图127-24

灌木。叶纸质，椭圆状披针形，上面绿色，疏被4～6辐线星状毛，下面灰绿色，密被10～20（～13）辐线星状毛。聚伞花序，有花12～20朵；萼筒杯状，密被10～12辐线星状毛，被毛较稀疏；花瓣白色，外面疏被星状毛；外轮雄蕊长5.5～7mm，花丝先端具2齿，花药具长柄，药隔常被星状毛，内轮雄蕊长3.5～5mm，形状与外轮相似；花柱3～4裂，与雄蕊等长或稍长。蒴果半球形，宿存萼裂片外反。花期6～7月，果期8～10月。

产于神农架九湖、红坪、木鱼，生于海拔1400～2200m的山坡灌木丛中。花供观赏；枝叶入药。

图127-24 异色溲疏

6. 钻丝溲疏 | Deutzia mollis Duthie 图127-25

灌木。高1～2m。老枝灰褐色，无毛；花枝长6～12cm，具4～6叶，红褐色，疏被星状毛。叶纸质，卵状披针形或阔披针形，长5～10cm，宽2.5～5.5cm，先端急尖或短渐尖，基部阔楔形或近圆形，边缘具锯齿，上面疏被4～5（～6）辐线星状毛，常具中央长辐线，下面密被5～8辐线星状毛，星状毛彼此邻接，全部具中央长辐线；叶柄长3～6mm。伞房花序直径5～8cm，有花60～100朵；花序轴和花序梗均被星状毛；花蕾近球形或倒卵形；花冠直径约1cm；花瓣粉红色，阔倒卵形，两面均密被星状毛，花蕾时覆瓦状排列。蒴果近球形，密被星状毛。花期5～8月。

产于神农架木鱼，生于海拔1000～1800m的山坡灌丛中。花供观赏。

7. 粉红溲疏 ｜ Deutzia rubens Rehder　图127-26

灌木。高约1m。老枝褐色，无毛，花枝长4～6cm，具4枚叶，红褐色，被星状短柔毛，表皮常片状剥落。叶膜质，长圆形或卵状长圆形，长4～7cm，宽1.5～3cm，先端急尖，基部阔楔形或近圆形，边缘具细锯齿，被星状毛。伞房状聚伞花序直径3～6cm，有花6～10朵；花瓣粉红色，倒卵形，先端圆形，基部收狭，疏被星状毛，花蕾时覆瓦状排列。蒴果半球形。花期5～6月，果期8～10月。

产于神农架阳日，生于海拔500～800m的山坡灌丛中。花供观赏。

图127-25　钻丝溲疏

图127-26　粉红溲疏

8. 四川溲疏 ｜ Deutzia setchuenensis Franchet

分变种检索表

1. 聚伞花序少分枝，有花6～12朵··············8a. 四川溲疏 D. setchuenensis var. setchuenensis
1. 聚伞花序多分枝，有花12～50朵············8b. 多花溲疏 D. setchuenensis var. corymbiflora

8a. 四川溲疏（原变种）Deutzia setchuenensis var. setchuenensis　图127-27

灌木。叶卵形、卵状披针形，被3～5（～6）辐线星状毛，沿叶脉稀具中央长辐线，下面被4～7（～8）辐线星状毛。聚伞花序，有花6～20朵；花瓣白色，萼筒杯状，密被10～12辐线星状毛，外面密被星状毛；外轮雄蕊长5～6mm，花丝先端具2齿，花药具短柄，从花丝裂齿间伸出，内轮雄蕊较短，花丝先端2浅裂；花柱3裂。蒴果，宿存萼裂片内弯。花期4~7月，果期6~9月。

产于神农架红坪、新华，生于海拔900~2100m的山坡灌木丛中。枝叶入药。

8b．多花溲疏（变种）Deutzia setchuenensis var. corymbiflora (Lemoine ex André) Rehder 图127-28

本变种和原变种的区别：聚伞花序大，长4~6cm，直径5~8cm，有花20~50朵；花白色；叶下面被毛较密；花期5~6月，果期7~8月。

产于神农架松柏（石世贵S-0139），生于海拔960m的山坡林缘。花可供观赏。

图127-27　四川溲疏

图127-28　多花溲疏

9．多辐线溲疏 ｜ Deutzia multiradiata W. T. Wang　图127-29

灌木。高约3m。老枝灰褐色，无毛；花枝长4~12cm，具4~6枚叶，圆柱形，暗紫色。叶革质，卵状披针形或卵形，长3.5~5.5cm，宽1.7~2.3cm，先端渐尖或尾尖，尖头长达1cm，基部圆形或阔楔形，边缘具稍疏离细锯齿，齿端角质，稍背卷，被星状毛。聚伞花序长3~4cm，直径3~4.5cm，有花12~19朵，花蕾时内向镊合状排列。果未见。花期4~6月。

图127-29　多辐线溲疏

产于神农架新华，生于海拔500m的山坡密林下。

10．齿叶溲疏 ｜ Deutzia crenata Siebold et Zuccarini

灌木。高1~3m。老枝灰色，表皮片状脱落，无毛；花枝长8~12cm，具4~6枚叶，具棱，红褐色，被星状毛，有时具中央长辐线。叶纸质，卵形或卵状披针形，长5~8cm，宽1~3cm，先端渐尖或急渐尖，基部圆形或阔楔形，边缘具细圆齿，稍背卷，被星状毛。圆锥花序长5~10cm，直径3~6cm，多花，疏被星状毛；花蕾长圆形，花蕾时内向镊合状排列。蒴果半球形，疏被星状毛。花期4~5月，果期8~10月。

产于神农架木鱼、宋洛（太阳坪杉树坪，太阳坪队365），生于海拔1700m的山坡林下。

128. 凤仙花科 Balsaminaceae

一年生或多年生草本。茎常肉质，稀附生或亚灌木状。单叶，叶互生或对生，少数轮生，稀根生，不具托叶，或叶柄基部带有托叶状腺体。花两性，具花莛，排成腋生或近顶生的总状花序或假伞形花序；萼片2枚或4枚，绿色；花瓣4枚，少有6枚，旗瓣大，离生，翼瓣2枚，常2裂，唇瓣大，在基部延伸成距；雄蕊5枚；子房上位，长圆形，4或5室；胚珠2至多数倒生，排在中轴胎座上，每室1裂。果为蒴果，弹性开裂成扭曲的5片，少数为浆果。种子从开裂的裂瓣中弹出；胚直立。

2属约900种。我国产2属约228种，湖北产1属22种，神农架产1属21种。

凤仙花属 Impatiens Linnaeus

草本，茎基部有时带木质。叶对生、互生或根生，不具托叶，或叶柄基部带有托叶状腺体。花腋生，束生或单生；花大形，红色、紫色、白色或黄色，花冠左右对称；萼片2枚或4枚，侧生2枚扁平；花瓣4枚，少有为6枚，旗瓣大，离生，翼瓣2枚，常2裂，唇瓣大，在基部延伸成距；雄蕊5枚；子房上位，4或5室；胚珠2至多数倒生。蒴果长或短，胞背开裂。

约900种。我国产227种，湖北产22种，神农架均产。

分种检索表

```
1. 果椭圆形 ······························································································· 1. 凤仙花 I. balsamina
1. 果长纺锤形。
    2. 翼瓣基部裂片顶端钝，不伸长成细丝状。
        3. 全部花梗基部具苞片，否则无苞片。
            4. 总花梗常具多数花，花总状排列。
                5. 花大，长达4~5cm，唇瓣囊状 ············································· 2. 湖北凤仙花 I. pritzelii
                5. 花中等大或小，长不超过4cm，唇瓣漏斗状
                    6. 唇瓣具弯曲成近圆圈的距 ··········································· 3. 黄金凤 I. siculifer
                    6. 唇瓣无距 ································································ 4. 神农架凤仙花 I. shennongensis
            4. 总花梗具1~2花，稀具多数花。
                7. 茎不分枝，叶常密集于茎端 ··············································· 5. 膜叶凤仙花 I. membranifolia
                7. 茎有分枝，叶不密集于茎端。
                    8. 唇瓣檐部漏斗状。
                        9. 叶基部具1~2对球形腺体 ······································ 6. 翼萼凤仙花 I. pterosepala
                        9. 叶基部无腺体。
                            10. 茎基部下部匍匐，节膨大成块茎状 ··· 7. 块节凤仙花 I. pinfanensis
                            10. 茎下部节膨大成块茎状 ···························· 8. 齿叶凤仙花 I. odontophylla
                    8. 唇瓣角状或舟状。
```

　　　　11．翼瓣上部裂片斧形或圆形，全缘⋯⋯⋯⋯⋯⋯⋯⋯⋯⋯⋯⋯⋯9．心萼凤仙花I. henryi
　　　　11．翼瓣上部裂片长圆形或斧形，背部具缺刻⋯⋯⋯⋯⋯⋯⋯⋯⋯10．美丽凤仙花I. bellula
　3．花序最下面的花梗无苞片。
　　　12．侧生萼片4⋯⋯⋯⋯⋯⋯⋯⋯⋯⋯⋯⋯⋯⋯⋯⋯⋯⋯⋯⋯11．窄萼凤仙花I. stenosepala
　　　12．侧生萼片2。
　　　　13．花药尖。
　　　　　14．花黄色或淡黄色。
　　　　　　15．叶卵形或卵状椭圆形，基部楔形或尖⋯⋯⋯⋯⋯12．水金凤I. noli-tangere
　　　　　　15．叶椭圆形或卵状长圆形，基部圆形或心形。
　　　　　　　16．苞片卵形，萼片近心形⋯⋯⋯⋯⋯⋯⋯⋯⋯13．长翼凤仙花I. longialata
　　　　　　　16．苞片极小或不存在，萼片圆形⋯14．四川凤仙花I. sutchuenensis
　　　　　14．花紫红色或蓝紫色。
　　　　　　17．苞片线状钻形，旗瓣圆形⋯⋯⋯⋯⋯⋯⋯⋯⋯15．大鼻凤仙花I. nasuta
　　　　　　17．苞片披针形，旗瓣近肾形⋯⋯⋯⋯⋯⋯⋯⋯⋯16．顶喙凤仙花I. compta
　　　　13．花药钝。
　　　　　18．植株通常被毛⋯⋯⋯⋯⋯⋯⋯⋯⋯⋯⋯⋯⋯⋯⋯17．细柄凤仙花I. leptocaulon
　　　　　18．全株无毛。
　　　　　　19．侧生萼片多少具齿⋯⋯⋯⋯⋯⋯⋯⋯⋯⋯⋯⋯18．睫毛萼凤仙花I. blepharosepala
　　　　　　19．侧生萼片全缘⋯⋯⋯⋯⋯⋯⋯⋯⋯⋯⋯⋯⋯⋯19．鄂西凤仙花I. exiguiflora
　2．翼瓣基部和上部裂片渐尖，顶端均伸长成细丝状，至少基部裂片顶端细丝状。
　　20．侧生萼片具齿。
　　　21．侧生萼片具粗齿⋯⋯⋯⋯⋯⋯⋯⋯⋯⋯⋯⋯⋯⋯⋯⋯⋯⋯20．齿萼凤仙花I. dicentra
　　　21．侧生萼片具不明显细齿⋯⋯⋯⋯⋯⋯⋯⋯⋯⋯⋯⋯⋯⋯21．裂距凤仙花I. fissicornis
　　20．侧生萼片全缘⋯⋯⋯⋯⋯⋯⋯⋯⋯⋯⋯⋯⋯⋯⋯⋯⋯⋯⋯⋯22．牯岭凤仙花I. davidii

1．凤仙花 | Impatiens balsamina Linnaeus　图128-1

　　一年生草本。高40～100cm。叶互生，披针形，长4～12cm，宽1～3cm，先端尖或渐尖，边缘有锐锯齿，两侧具数对具柄腺体。花单生或数朵簇生于叶腋，白色、紫色或粉红色，单瓣或重瓣；萼片2枚，侧生，旗瓣圆，先端微凹，背面中肋有龙骨突；翼瓣宽大；雄蕊5枚，花丝线性。蒴果纺锤形，密生柔毛。种子多数，球形，黑褐色。花期8月，果期9月。
　　原产于我国和印度，神农架广为栽培。观赏花卉；全草及种子入药。

2．湖北凤仙花 | Impatiens pritzelii J. D. Hooker　图128-2

　　多年生草本。高20～70cm。叶互生，宽卵状椭圆形或长圆状披针形，长5～18cm，宽2～5cm，顶端急尖或渐尖，基部楔形下延于叶柄。总花梗在上部叶腋着生，基部苞片卵形或舟形；花黄白色或黄色，萼片4枚；旗瓣膜质，中肋背面中上部稍增厚；翼瓣2裂，宽柄，上部裂片较长，背面有反折三角形小耳；唇瓣囊状，内弯，先端尖。蒴果未成熟。花期10月。

产于神农架各地（阳日长青，zdg 5826），生于海拔400~1200m的山坡林下潮湿处。观赏花卉；根状茎入药。

图128-1　凤仙花

图128-2　湖北凤仙花

3. 黄金凤 | Impatiens siculifer J. D. Hooker　野牛藤，水凤仙花　图128-3

一年生草本。高30~60cm。叶互生，长5~12cm，宽2~5cm，先端渐尖或急尖，基部楔形，边缘有粗圆齿，齿间有小刚毛。总状花序由5~8朵小花组成；花黄色；萼片2枚；旗瓣近圆形，中肋背面增厚成狭翅；翼瓣2裂，上部裂片线性，下部裂片近三角形；唇瓣狭漏斗状，顶端有喙状短尖，基部延长成下弯或内弯的长距。蒴果棍棒状。花期6~9月。

产于神农架各地（阳日长青，zdg 5634），生于海拔540~1550m的山谷沟边阴湿处。全草入药。

4. 神农架凤仙花 | Impatiens shennongensis Q. Wang et H. P. Deng　图128-4

植株矮小，茎下部有对生的分枝；叶下部及中部对生，上部互生，卵形；总花梗常短于叶，具3~6花；苞片卵形，宿存；翼瓣基部裂片近圆形，上部裂片长圆状斧形。

产于神农架各地，生于海拔2700~3000m的冷杉林下。

图128-3　黄金凤

图128-4　神农架凤仙花

5. 膜叶凤仙花 | Impatiens membranifolia Franchet ex J. D. Hooker

纤细草本。高10~20cm。全株无毛。茎直立，不分枝，下部长裸露。叶互生，具柄，叶片膜质，卵形或卵状长圆形，长4~8cm，宽2.5~3.5cm，顶端渐尖，基部楔状，有2枚具柄腺体。总花梗生于茎端叶腋，丝状，长2cm，具2~5朵花；苞片线状披针形；花白色；侧生萼片2枚，卵形，长3mm，透明；旗瓣圆形，顶端2裂；翼瓣无柄，长8mm，狭，2裂，背部上下部边缘具缺刻，背部具不明显的小叶耳；唇瓣檐部舟状，凸尖，口部平展。蒴果线状披针形，顶端尖。种子少数，长圆形，栗褐色，具细瘤状凸起。花期8月。

产于神农架红坪（刘家屋场，鄂神农架植考队 31638），生于海拔1600m的冷杉林下。

6. 翼萼凤仙花 | Impatiens pterosepala J. D. Hooker 冷水丹，蹦蹦子，红和麻 图128-5

一年生草本。高60~90cm。叶互生，矩圆状卵形或卵形，长3~10cm，宽2~4cm，先端渐尖，基部楔形，常有2枚球状腺体，边缘具圆齿状锯齿。总花梗腋生，紫红色或淡紫色；2萼片侧生，背面中肋有不明显的翼；旗瓣圆形，有鳞片状附属物，背部中肋有翼；唇瓣狭漏斗状；子房五角状，纺锤形。蒴果条形。种子长圆形，栗色。花果期6~10月。

产于神农架木鱼、松柏（八角庙村，zdg 7142）、宋洛，生于海拔800~1700m的山沟林下阴湿处。全草入药。

图128-5　翼萼凤仙花

7. 块节凤仙花 | Impatiens pinfanensis J. D. Hooker 图128-6

一年生草本。高20~40cm。茎细弱，直立，茎上疏被白色微绒毛，基部匍匐，匍匐茎节膨大，形成球状块茎，上着生不定根。单叶互生，卵形、长卵形或披针形，长3~6cm，宽1.5~2.5cm，先端渐尖，基部楔形，边缘具粗锯齿，齿尖有小刚毛。仅1花，中上部具1狭长披针形小苞片；花红色，中等大，长约3cm；侧生萼片2枚，椭圆形，先端具喙；旗瓣圆形或倒卵形，背面中肋有龙骨突，先端具小尖头；翼瓣2裂，上裂片斧形，先端圆，下裂片圆形，先端钝；唇瓣漏斗状，基部下延为弯曲的细距；花药尖。蒴果线形，具条纹。种子近球形，褐色，光滑。花期6~8月，果期7~10月。

产于神农架红坪、下谷（zdg 7422），生于海拔2400m的山下密林下。

8. 齿叶凤仙花 | Impatiens odontophylla J. D. Hooker 图128-7

一年生细弱草本。高10~25cm，全株无毛。茎直立，不分枝，下部常裸露，上部疏生卵。叶互生，具柄，叶片薄膜质，卵形或卵状披针形，长（3）5~9cm，宽3~4cm，顶端尖或渐尖，基部楔状狭成长0.5~2.5cm的细叶柄，边缘具粗锯齿，齿端具小尖，齿间无刚毛。具1花；花梗丝状，中上部有苞片；苞片线状披针形，极小，1~2mm，宿存；花粉红色，长达2cm，具紫色斑点；侧生萼片2枚，膜质，卵状披针形；旗瓣圆形，顶端凹，中肋细；翼瓣具短柄，2裂，基部裂片圆形；唇瓣檐部漏斗状，长2cm，具红色条纹，口部平展，先端尖，基部狭成内弯的短距。蒴果未见。花期8月。

产于神农架宋洛，生于海拔800m的山下密林下。

图128-6　块节凤仙花

图128-7　齿叶凤仙花

9. 心萼凤仙花 ｜ Impatiens henryi E. Pritel　神农架凤仙花　图128-8

一年生草本。高30～80cm。全株无毛，具少数支柱根，茎直立，下部长裸露，上部分枝，小枝细，开展。叶互生，具柄，最上部叶近无柄，叶片膜质，卵形或卵状长圆形，长4～12cm，宽2.5～5cm，顶端尾状尖，基部宽楔形，渐狭成长2～3.5cm的叶柄，边缘具圆齿状齿，齿端具小尖，基部边缘具2～4对具柄腺体。具3～5花；苞片膜质，卵形；花淡黄色，长1.5～2cm；侧生萼片2枚，宽卵形或近心形；旗瓣宽心形，中肋背面具三角形鸡冠状凸起；翼瓣无柄，2裂，背具反折的小耳；唇瓣檐部舟状，口部斜上。蒴果线形，长1.5cm。种子少数，长圆形。花期8月。

产于神农架红坪，生于海拔1500～1900m的山坡沟边林下。全草入药。

图128-8　心萼凤仙花

10. 美丽凤仙花 ｜ Impatiens bellula J. D. Hooker　图128-9

一年生草本。高30～40cm，全株无毛。茎直立，自基部分枝，枝及分枝细，直立。叶互生，近无柄或有短柄，叶膜质，卵状披针形，长3～7cm，宽2.5～3cm，顶端渐尖，基部狭成长5～15mm的叶柄。具1～3花，总状排列；苞片膜质，卵形，宿存；花淡黄色，长1.5～2cm，侧生萼片2枚，四方形，长4～5mm，具2～5脉，背面中肋细，具小尖头；旗瓣圆形，背面中肋增厚，中部具钝喙，基部边缘具钩；翼瓣具柄，2裂，背部具明显的小耳；唇瓣檐部舟状。蒴果（未成熟）线形，长1~1.2cm。花期9月。

产于神农架红坪、下谷（zdg 7426），生于海拔2000~2900m的山坡冷杉林下。全草入药。

11．窄萼凤仙花 | Impatiens stenosepala E. Pritzel 图128-10

一年生草本。高20~70cm。叶互生，长圆状披针形或长圆形，长5~15cm，宽3~6cm，先端尾状渐尖，基部楔形，有少数缘毛状腺体。总花梗腋生；花紫红色；萼片4枚；旗瓣宽肾形，背部中肋有龙骨状凸起，中上部有小喙；翼瓣2裂，上部裂片长圆状斧形，下部裂片椭圆形，背面有近圆形的耳；唇瓣基部圆形，囊状。蒴果线性。花期7~9月。

产于神农架阳日，生于海拔500~800m的山坡沟边林下。根入药。

图128-9　美丽凤仙花

图128-10　窄萼凤仙花

12．水金凤 | Impatiens noli-tangere Linnaeus　蹦芝麻，野芝麻
图128-11

一年生草本。高40~100cm。叶互生，卵形或椭圆形，长6~10cm，宽2.5~5cm，先端钝；基部阔楔形。总花梗腋生；花喉部常有红色斑点，黄色；萼片2枚，侧生，宽卵形；旗瓣圆形，背部中肋有龙骨突，先端有小喙；翼瓣2裂，上部裂片大，下部裂片长圆形，宽斧形，带红色斑点；唇瓣宽漏斗状，喉部散生橙红色斑点。蒴果长圆形。花期7~9月。

产于神农架各地，生于海拔800~2100m的山坡林下、草丛中及水沟边。全草入药。

13．长翼凤仙花 | Impatiens longialata E. Pritzel 图128-12

一年生草本。高30~50cm。叶互生，薄膜质，椭圆形，长达6~10cm，宽3~5cm，顶端钝或稍渐尖，基部心形或圆形，边缘有粗的圆齿，齿端凹入。花大，淡黄色，茎上部腋生；萼片2枚，侧生；唇瓣内部有紫色斑点；旗瓣宽肾形，具狭龙骨状凸起；翼瓣具长柄，上部裂片较大。蒴果线形，顶端喙尖。种子平滑，褐色，长圆形。花期7~8月，果期9~10月。

产于神农架九湖、红坪、木鱼、松柏（zdg 7950），生于海拔1560~1800m的山坡沟边林下阴湿处。全草入药。

图128-11 水金凤

图128-12 长翼凤仙花

14．四川凤仙花 ｜ Impatiens sutchuenensis Franchet ex J. D. Hooker 图128-13

一年生草本。高30～50cm。全株无毛。茎直立，粗壮，分枝，枝和小枝细，伸长。叶互生，长4～5cm，中部和下部的叶具长柄，薄膜质，圆卵形或长圆形，长4～5cm，顶端钝，下部和中部的基部钝或圆形。具2～3花；花长达1.5～2cm，黄白色，侧生萼片2枚，膜质，圆形或宽卵状圆形，顶端具小尖，每一侧具网状脉；旗瓣圆形或倒卵形，中肋背面中尖稍增厚，具凸尖；翼瓣无柄，2裂，基部裂片较大，长圆形或圆形；上部裂片长于基裂片的2倍，宽或狭斧形，稍弯，背部边缘顶端以下有时具直刚毛；背部具狭小耳；唇瓣漏斗状，基部渐狭成顶端卷曲的长距。蒴果线形。花期8～9月。

产于神农架红坪、木鱼，生于海拔1500～1800m的山坡沟边林下阴湿处。

15．大鼻凤仙花 ｜ Impatiens nasuta J. D. Hooker 图128-14

一年生草本。高60～100cm。全株无毛。茎直立，分枝，小枝伸长而细，疏生叶。叶互生，中部和下部叶具长柄，最上部叶具短柄或无柄，叶片膜质，长4～7cm，宽2.5～3.5cm，中部叶卵形或卵状长圆形，顶端钝，基部近圆形。具1～2花，极少有3花；苞片线状钻形，花较大，深紫红色，长3～3.5cm，侧生萼片2枚，膜质，斜宽卵形或近圆形，不等侧，顶端凸尖，网状脉；旗瓣圆形；翼瓣无柄，2裂，背部具反折的长小耳，具紫色斑点；唇瓣檐部宽漏斗形，口部平展，内卷具2齿的距。蒴果线形，镰状弯，顶端喙尖。种子少数，长圆形，褐色，平滑。花期8月，果期9～10月。

产于神农架红坪，生于海拔2500m的山坡沟边林下阴湿处。

图128-13 四川凤仙花

图128-14 大鼻凤仙花

16. 顶喙凤仙花 | Impatiens compta J. D. Hooker　图128-15

一年生草本。高50~100cm，或更高。全株无毛，具少数支柱根。茎直立，粗壮，直径达10mm，下部长裸露，上部分枝。叶互生，具柄，叶片膜质，卵形或卵状长圆形，长3~10cm，宽2~4cm，顶端钝或短尖，基部圆形或近心形，边缘具粗圆齿。具1~2朵花，稀3朵花；苞片披针形；花大而美丽，淡紫蓝色，长3.5~4cm，侧生萼片2枚，圆形或卵状圆形；旗瓣扁球形或近肾形，近上部具上弯的长喙状凸起；翼瓣伸长，2裂，背部具反折的小耳；唇瓣伸长，深囊状，口部平展。蒴果线形，顶端喙尖。种子多数，长圆形。花期8~9月。

产于神农架各地，生于海拔1400~2000m的山坡林下。

17. 细柄凤仙花 | Impatiens leptocaulon J. D. Hooker　图128-16

一年生草本。高30~50cm。叶互生，卵形或卵状披针形，长5~10cm，宽2~3cm，先端渐尖或尖，基部狭楔形，边缘有小锯齿或小圆齿；总花梗中上部有披针形苞片；花红紫色；萼片2枚；旗瓣圆形，先端有小喙，中肋呈龙骨状；翼瓣无柄，上部裂片倒卵状长圆形，下部裂片偏小；唇瓣舟形，下部具延长成内弯的长距。蒴果条形。花期5~7月。

产于神农架各地，生于海拔1200~2000m的山坡阴湿处、水沟边或林下。全草入药。

图128-15　顶喙凤仙花

图128-16　细柄凤仙花

18. 睫毛萼凤仙花 | Impatiens blepharosepala E. Pritzel　透明麻　图128-17

一年生草本。高30~60cm。叶互生，矩圆形或矩圆状披针形，长6~12cm，宽2.5~4cm，先端渐尖或尾状渐尖，基部楔形，有2枚球状腺体。总花梗腋生，紫色；花梗中上部具1条形苞片；萼片2枚，侧生；旗瓣先端凹，近肾形，背面中肋有狭翅，翅端具喙；翼瓣2裂，上部裂片大，基部裂片矩圆形；唇瓣宽漏斗状。蒴果条形。花果期5~11月。

产于神农架各地，生于海拔300~1600m的山坡林缘、沟谷草丛中。根入药。

19. 鄂西凤仙花 | Impatiens exiguiflora J. D. Hooker　小凤仙花　图128-18

一年生草本。高30~50cm。叶互生，卵状披针形，长4~6（10）cm，宽2.5~4cm，顶端渐尖，基部楔状狭成长1~2cm的叶柄。具2朵花，叉状；苞片膜质，刚毛状；花粉红色；侧生萼片2枚，半卵形；旗瓣圆形，兜状；翼瓣无柄，2裂，背部的小耳伸出；唇瓣檐部漏斗状，口部平展。蒴果纺锤状。种子少数，褐色，密生小瘤。花期6～8月，果期9月。

产于神农架宋洛乡，生于海拔800～1500m的山谷沟边、路旁潮湿地草丛中。全草入药。

图128-17　睫毛萼凤仙花

图128-18　鄂西凤仙花

20．齿萼凤仙花｜Impatiens dicentra Franchet ex J. D. Hooker　图128-19

一年生草本。高60～70cm。叶互生，长圆形或长圆状披针形，长6～12cm，宽2～4cm，先端尾状渐尖或渐尖，基部楔形，有2枚球状腺体，边缘有圆齿。总花梗腋生；花梗中上部有卵形苞片；花黄色；萼片2枚；旗瓣先端凹，背面中肋龙骨突呈喙状；翼瓣2裂，下部裂片长圆形，上部裂片斧形；唇瓣宽漏斗状。蒴果条形。花期5～11月。

产于神农架宋洛、新华，生于海拔200～900m的河谷沟边阴湿处。全草入药。

图128-19　齿萼凤仙花

21. 裂距凤仙花 | Impatiens fissicornis Maximowicz 图128-20

一年生草本。高40～90cm。茎细弱，直立，上部分枝。叶互生，卵状长圆形或卵状披针形，长4～7cm，宽2～3cm，靠基部常具少数缘毛状腺体，缘具粗圆齿，齿端有小尖；下部的叶柄较长，向上逐渐变短。花单生于上部叶腋，长约3～4cm；花梗中上部有1枚狭披针形苞片；花黄色或橙黄色；侧生萼片2枚，近卵状圆形；旗瓣近圆形，直径约1.5cm，背面中肋有宽翅，先端具短喙；翼瓣具柄，2裂，基部裂片较小，长圆形，先端具丝状长尖，上部裂片大，斧形，先端尖，长2.5～3cm；唇瓣囊状，具褐色斑纹，

图128-20　裂距凤仙花

先端尖，基部延伸成钩状的短距，距端2裂；花药钝。蒴果长椭圆形。花期8～9月。

产于神农架红坪（太阳坪，太阳坪考察队 1152），生于海拔1800m的河谷沟边阴湿处。

22. 牯岭凤仙花 | Impatiens davidii Franchet 图128-21

一年生草本。高可达90cm。茎粗壮，肉质，直立或下部斜升，有分枝，无毛，下部节膨大，有多数纤维状根。叶互生；叶片膜质，卵状长圆形或卵状披针形，稀椭圆形，长5～10cm，宽3～4cm。苞片草质，卵状披针形，宿存；花淡黄色；侧生2枚萼片膜质，宽卵形；旗瓣近圆形，背面中肋具绿色鸡冠状凸起，顶端具短喙尖；翼瓣具柄；唇瓣囊状，具黄色条纹；雄蕊5枚，花丝线形，上部略扩大，花药卵球形，顶端钝；子房纺锤形，直立，具短喙尖。蒴果线状圆柱形，长3～3.5cm。种子多数，近圆球形，褐色，光滑。花期7～9月。

产于神农架各地（板仓—坪堑，zdg 7296），生于海拔1100m处的沟边。全草入药。

图128-21　牯岭凤仙花

129. 花荵科 | Polemoniaceae

一年生或多年生草本，或灌木。叶通常互生或生于下方的对生；无托叶；二歧或圆锥花序式的聚伞花序，罕有单生于叶腋，两性；花萼钟状或管状，5裂，宿存，裂片覆瓦状或镊合状形成5翅；花冠合瓣，高脚碟状、漏斗状、钟状；雄蕊5枚，花丝基部常扩大并被毛，花药2室，纵裂；子房上位，3~5室，花柱1裂，顶端分成3条具乳头状凸起的花柱臂。

19属320~350种。我国连栽培2属6种，湖北产1属1种，神农架也产。

花荵属 Polemonium Linnaeus

属特征见中华花荵。

20种。我国连栽培3种，湖北产1种，神农架也产。

中华花荵 | Polemonium chinense (Brand) Brand 图129-1

多年生草本。茎直立。羽状复叶互生，小叶互生，长卵形至披针形，全缘。聚伞圆锥花序顶生或上部叶腋生，疏生多花；花萼钟状；花冠紫蓝色，钟状；雄蕊着生于花冠筒基部之上；子房球形。蒴果卵形。

产于神农架高海拔山地。生于山坡草丛。全草入药。

图129-1　中华花荵

130. 五列木科 | Pentaphylacaceae

常绿乔木或灌木。具芽鳞。单叶，螺旋状排列；托叶宿存。花小，两性，排列成腋生假穗状或总状花序；小苞片2枚，宿存；萼片不等长，圆形，覆瓦状排列，宿存；花瓣5枚，白色，倒卵状长圆形，先端圆形或微凹，在芽中覆瓦状排列，基部常与雄蕊合生。蒴果椭圆形，外果皮具皱纹，沿心皮中脉分裂，内果皮和隔膜木质，后来开裂而宿存，中轴多少具5角。种子长圆形，压扁，胚马蹄形，胚乳稀少。

约7属334种。我国产7属120余种；湖北产3属18种，神农架产2属9种。

分属检索表

1. 花单性，数花腋生，花药无毛亦无芒；叶排成2列 ························· 1. 柃木属 Eurya
1. 花杂性，单生于叶腋，花药有短芒，子房上位 ························· 2. 厚皮香属 Ternstroemia

1. 柃木属 Eurya Thunberg

灌木或小乔木。嫩枝或具棱。叶革质或膜质，边缘具齿或全缘。花较小，雌雄异株，腋生；雄花萼片宿存；雄蕊5~35枚，排成1轮，与花瓣基部相连或分离，花药具2~9分格或不具分格，药隔顶端具小尖头；雌花或具退化雄蕊5枚，子房上位，中轴胎座，花柱2~5裂，分离或结合，柱头线形。浆果。种皮黑褐色。

约130种。我国产83种，湖北产13种，神农架产8种。

分种检索表

1. 花药具分格，子房被柔毛或无毛。
   2. 花柱长2mm；嫩枝具4棱。
      3. 叶长圆形或倒卵状披针形，长5~11cm ························· 1. 四角柃 E. tetragonoclada
      3. 叶椭圆形或卵状椭圆形，长3~4.5cm ························· 2. 鄂柃 E. hupehensis
   2. 花柱长1~2mm；嫩枝圆柱形 ························· 3. 格药柃 E. muricata
1. 花药不具分格，子房无毛。
   4. 花柱长2~4mm。
      5. 嫩枝和顶芽均被毛；萼片卵形或卵圆形 ························· 4. 细枝柃 E. loquaiana
      5. 嫩枝和顶芽均无毛；萼片圆形 ························· 5. 细齿叶柃 E. nitida
   4. 花柱长0.5~1mm，稀1.5~2mm。
      6. 嫩枝具2棱，连同顶芽均无毛 ························· 6. 短柱柃 E. brevistyla

6. 嫩枝圆柱形，连同顶芽仅被微毛，或嫩枝具4棱而无毛。
　　7. 嫩枝圆柱形，被微毛 ·· 7．钝叶柃 E. obtusifolia
　　7. 嫩枝具4棱，无毛 ·· 8．翅柃 E. alata

1．四角柃 | Eurya tetragonoclada Merrill et Chun 图130-1

灌木或乔木。嫩枝具4棱。叶革质，边缘有细钝齿。花1～3朵腋生；雄花萼片顶端圆，花瓣白色，雄蕊约15枚，花药具分格，退化子房无毛；雌花子房卵圆形，花柱顶端3裂。果实紫黑色。种子肾圆形，表面具密网纹。花期11～12月，果期翌年5～8月。

产于神农架各地，生于海拔500～1900m的山坡密林中。

2．鄂柃 | Eurya hupehensis P. S. Hsu

小乔木。全株无毛。嫩枝褐色，有显著4棱；小枝灰褐色。叶革质，椭圆形或椭圆状倒卵形，顶端急窄缩成短钝头，基部阔楔形，边缘有细锯齿，侧脉7～8对，在上面不显著或稍凸起，在下面连同网脉均明显；叶柄短，长约1mm。雄花1～3朵腋生，萼片5枚，近圆形，顶端圆，有小尖头，雄蕊约15枚，花药具分格，退化子房无毛；雌花及果实未见。花期11～12月。

产于神农架宋洛（鄂神农架队31488），生于海拔950m的山坡林中。

3．格药柃 | Eurya muricata Dunn 图130-2

灌木或小乔木。嫩枝圆柱形。叶革质，边缘有细钝锯齿，上面深绿色，下面黄绿色或淡绿色，中脉上凹下而下凸起。花1～5朵腋生；雄花萼片革质，花瓣白色，雄蕊15～22枚，花药具多分格；雌花花瓣卵状披针形，子房圆球形，3室，花柱顶端3裂。果实紫黑色。花期9～11月，果期翌年6～8月。

产于神农架各地，生于海拔300～1300m的山坡林中或林缘灌丛中。

图130-1　四角柃

图130-2　格药柃

4．细枝柃 | Eurya loquaiana Dunn 图130-3

灌木或小乔木。嫩枝密被微毛。顶芽密被微毛和黄褐色短柔毛。叶薄革质，先端长渐尖，中脉在表面凹下，在背面隆起，被微毛；叶柄被微毛。花单性，雌雄异株，1～4朵腋生；雄花萼片外被微毛或近无毛，花瓣白色，雄蕊10～15枚，花药不具分格；雌花花瓣卵形，子房3室，花柱顶端3裂。果实圆球形，黑色。花期10～12月，果期翌年7～9月。

产于神农架各地（阳日长青，zdg 5604），生于海拔400～1300m的山坡林中或林缘灌丛中。茎叶入药。

5. 细齿叶柃 | Eurya nitida Korthals　图130-4

灌木或小乔木。嫩枝具2棱。叶薄革质，边缘密生锯齿或细钝齿，中脉上稍凹下而下凸起。花单性，雌雄异株，1～4朵腋生；雄花萼片膜质，顶端圆，花瓣白色，雄蕊14～17枚，花药不具分格；雌花花瓣基部稍合生，花柱顶端3浅裂。果实圆球形，蓝黑色。花期11月至翌年1月，果期翌年7～9月。

产于神农架各地，生于海拔700～1300m的山坡林中。全株入药。

图130-3　细枝柃

图130-4　细齿叶柃

6. 短柱柃 | Eurya brevistyla Kobuski　图130-5

灌木或小乔木。嫩枝略具2棱。叶革质，先端短渐尖至急尖，边缘有锯齿。花1～3朵腋生；雄花萼片膜质，顶端有小凸尖或微凹，边缘有纤毛，花瓣白色，雄蕊13～15枚，花药不具分格；雌花花瓣卵形，子房3室，花柱3枚极短，离生。果实圆球形，蓝黑色。花期10～11月，果期翌年6～8月。

产于神农架各地，生于海拔600～1600m的山顶或山坡林中。

7. 钝叶柃 | Eurya obtusifolia H. T. Chang　图130-6

小灌木。嫩枝被微毛。顶芽被毛。叶革质，边缘有疏线钝齿或近全缘；叶柄被微毛。花单性，1～4朵腋生；雄花萼片近膜质，有小凸尖，被微毛，花瓣白色，雄蕊约10枚，花药不具分格；雌花花瓣卵形或椭圆形，花柱顶端3浅裂。核果状浆果，紫红色，先端有一残存的花柱。花期3～4月，果期8～10月。

产于神农架各地，生于海拔600～1400m的山坡林中。果实入药。

图130-5 短柱柃

图130-6 钝叶柃

8. 翅柃 | Eurya alata Kobuski 图130-7

灌木。嫩枝具4棱。叶革质，先端短钝尖或长渐尖，边缘密生细锯齿。花1~3朵腋生，花梗无毛；雄花萼片膜质或近膜质，花瓣白色，基部合生，雄蕊约15枚，花药不具分格；雌花花瓣长圆形，子房3室，花柱顶端3浅裂。果实圆球形，蓝黑色。花期10~11月，果期翌年6~8月。

产于神农架各地，生于海拔300~1600m的山坡林下。

图130-7 翅柃

2. 厚皮香属 Ternstroemia Mutis ex Linnaeus f.

常绿乔木或灌木。叶互生，革质，于枝顶呈假轮生状，全缘或具腺状齿。花两性、杂性或单性和两性异株；萼片基部稍合生，边缘常具腺状齿突；花瓣基部合生；雄蕊30~50枚，1~2轮，花丝短；子房上位；柱头全缘或2~5裂。浆果，不开裂或不规则开裂。种子肾形或马蹄形，假种皮成熟时呈鲜红色。

约90种。我国产14种，湖北产4种，神农架产1种。

厚皮香 | Ternstroemia gymnanthera (Wight et Arnott) Beddome 图130-8

灌木或小乔木。叶革质或薄革质，全缘，于枝端呈假轮生状。花两性或单性，腋生或顶生；萼片边缘疏生线状齿突；花瓣淡黄白色；雄蕊多数，2轮，花药较花丝长；子房上位，花柱顶端2浅裂。果实黄色。种子肾形，成熟时肉质假种皮红色。花期5~7月，果期8~10月。

产于宋洛、阳日，生于海拔700m的山地林中。叶或全株入药。

图130-8 厚皮香

131. 柿树科 | Ebenaceae

乔木或直立灌木，稀有枝刺。叶为单叶，常互生，排成2列，全缘，无托叶，具羽状叶脉。通常雌雄异株，或为杂性，雌花腋生，单生，雄花常生在小聚伞花序上或簇生，或为单生，整齐；花萼3~7裂，多少深裂，在雌花或两性花中宿存，常在果时增大；花冠3~7裂，早落，裂片旋转排列；雄蕊离生，常为花冠裂片数的2~4倍，花药基着，2室，内向，纵裂；子房上位，2~16室，每室具1~2枚悬垂的胚珠；花柱2~8枚，分离或基部合生。浆果多肉质。

3属约500余种。中国产1属约60余种，湖北产1属8种，神农架产1属3种。

柿树属 Diospyros Linnaeus

落叶或常绿乔木或灌木。叶互生，偶有微小的透明斑点。花单性，雌雄异株或杂性；雄花常较雌花为小，组成聚伞花序，雌花常单生于叶腋；萼通常深裂，3~5（~7）裂，绿色，雌花的萼结果时常增大；花冠壶形或管状，3~5（~7）裂，裂片向右旋转排列；雄蕊常16枚，常2枚连生成对而形成2列；子房2~16室。浆果肉质，基部通常有增大的宿存萼。

共485种。中国产60余种，湖北产8种，神农架产3种。

分种检索表

1. 叶常绿，果柄长3~4（~6）cm ························· 1. 乌柿 D. cathayensis
1. 落叶，果柄长1.2cm以下。
    2. 小枝无毛，极少稍被毛 ························· 2. 君迁子 D. lotus
    2. 小枝或嫩枝通常明显被毛 ························· 3. 柿 D. kaki

1. 乌柿 | Diospyros cathayensis Steward 金弹子 图131-1

金弹子常绿或半常绿小乔木。叶薄革质，长圆状披针形，上面光亮。雄花生于聚伞花序上，花萼4深裂，裂片三角形，花冠壶状，4裂，裂片宽卵形，反曲，雄蕊16枚，分成8对，花药线形；雌花单生，腋外生，白色，芳香，花萼4深裂，花冠壶状，4裂，裂片反曲，退化雄蕊6枚，子房球形，6室。果球形或卵形。花期4~5月，果期8~10月。

产于神农架木鱼、新华，生于海拔400~800m的河谷或山地中。庭院观赏树木；根、叶入药。

2. 君迁子 | Diospyros lotus Linnaeus 牛奶柿 图131-2

落叶乔木。叶近膜质，椭圆形。雄花1~3朵腋生，簇生，花萼钟形，常4裂，花冠壶形，4裂，雄蕊16枚，每2枚连生成对，花药披针形；雌花单生，几无梗，淡绿色或带红色，花萼4裂，深裂，花冠壶形，常4裂，裂片反曲，退化雄蕊8枚，子房8室。果近球形或椭圆形，常被有白色蜡层。花期5～6月，果期10～11月。

产于神农架各地（阴峪河站，zdg 7747），生于海拔500～2300m的山坡林中。果入药。

图131-1　乌柿

图131-2　君迁子

3．柿 | **Diospyros kaki** Thunberg

分变种检索表

1. 叶较大，叶片下面的毛较少，花较大 ·· **3a．柿** D. kaki var. kaki
1. 叶较小，叶片下面的毛较多，花较小 ·· **3b．野柿** D. kaki var. silvestris

3a. 柿（原变种）Diospyros kaki var. kaki 图131-3

落叶大乔木。叶纸质，卵形或近圆形，老叶上面有光泽。花常雌雄异株；雄花成聚伞花序，雄花小，花萼钟状，深4裂，花冠钟状，黄白色，4裂，雄蕊16~24枚，连生成对，花药长圆形；雌花单生于叶腋，花萼绿色，深4裂，萼管近球状钟形，肉质，花冠壶形，4裂，退化雄蕊8枚，子房近扁球形，8室。果无毛。花期5~6月，果期9~10月。

原产于我国，神农架各地有栽培。庭院观赏树木；根、树皮、叶、花、果实入药；果可食。

图131-3　柿

3b. 野柿（变种）Diospyros kaki var. silvestris Makino 图131-4

落叶大乔木。叶纸质，卵形或近圆形，叶下密被毛。花常雌雄异株；雄花成聚伞花序，雄花小，花萼钟状，深4裂，花冠钟状，黄白色，4裂，雄蕊16~24枚，连生成对，花药长圆形；雌花单生于叶腋，花萼绿色，深4裂，萼管近球状钟形，肉质，花冠壶形，4裂；退化雄蕊8枚，子房近扁球形，8室。果密被褐色短柔毛或渐无毛。花期5~6月，果期9~10月。

产于神农架各地，生于海拔500~1600m的山地疏林或次生林中。庭院观赏树木；根、叶、宿萼入药；果可食。

图131-4　野柿

132. 报春花科 | Primulaceae

多年生或一年生草本，稀为亚灌木。茎直立或匍匐。叶互生、对生或轮生，或无地上茎，叶全为基生。花单生或组成总状、伞形或穗状花序；花两性，通常5基数；花萼宿存；花冠下部合生，辐射对称；雄蕊多少贴生于花冠筒上，与花冠裂片同数且对生；子房上位，1室，花柱单一，胚珠多数，生于特立中央胎座上。蒴果通常5齿裂或瓣裂。

64属3200种。我国16属近620种，湖北12属94种，神农架9属58种。

分属检索表

1. 乔木、灌木或稀为藤本；花辐射对称；浆果状核果或肉质浆果或干果，稀蒴果。
　　2. 子房上位；果有1枚种子。
　　　　3. 花冠裂片在花蕾时旋转状排列；花两性·····················1. 紫金牛属 Ardisia
　　　　3. 花冠裂片覆瓦状或镊合状排列；花单性或两性。
　　　　　　4. 攀缘灌木···2. 酸藤子属 Embelia
　　　　　　4. 灌木或乔木···3. 铁仔属 Myrsine
　　2. 子房半下位或近下位；果有多数种子·····················4. 杜茎山属 Maesa
1. 草本；花辐射对称，稀为左右对称，雄蕊5枚，稀再有与萼片对生的退化雄蕊；蒴果。
　　5. 花冠裂片在花蕾中覆瓦状排列。
　　　　6. 植物具球状块茎；花冠裂片剧烈反卷·····················5. 仙客来属 Cyclamen
　　　　6. 植物无球状块茎。
　　　　　　7. 雄蕊生于花冠筒基部·····················6. 假报春属 Cortusa
　　　　　　7. 雄蕊生于花冠筒周围。
　　　　　　　　8. 花冠筒长于花冠裂片·····················7. 报春花属 Primula
　　　　　　　　8. 花冠筒短于花冠裂片·····················8. 点地梅属 Androsace
　　5. 花冠裂片在花蕾中旋转状排列·····················9. 珍珠菜属 Lysimachia

1. 紫金牛属 Ardisia Swartz

多为常绿灌木，或半灌木状。叶有锯齿或全缘，常互生。有腺点。花序顶生或腋生，圆锥状、总状或近伞状；花两性，多5基数；萼片分离或基部短合生；花瓣基部合生，裂片右旋覆瓦状，在芽中旋转；雄蕊着生在花冠喉部，花丝短而宽，花药大；花柱细，柱头小。果为浆果，球形。种子1枚。

400~500种。我国约产65种，湖北产7种，神农架产4种。

分种检索表

1. 叶对生或轮生，叶缘有锯齿 ··· 1. 紫金牛 A. japonica
1. 叶互生，全缘或微波状。
    2. 叶下面及叶柄被微锈毛 ·· 2. 九管血 A. brevicaulis
    2. 叶下面及叶柄无毛或几无毛。
        3. 叶膜质，背面常有微细鳞片 ·· 3. 百两金 A. crispa
        3. 叶厚纸质，叶下面有明显黑腺点 ··· 4. 朱砂根 A. crenata

1. 紫金牛 | Ardisia japonica (Thunberg) Blume 矮地茶 图132-1

半灌木。无匍匐根状茎。幼时被毛。叶对生，椭圆状卵形至宽椭圆状披针形，两端均急尖，边缘有细锯齿，中脉有时被微柔毛，多少有斑点。花序腋生或近顶生，近伞形，少花；苞片披针形，被微毛；花粉红色至白色；萼片先端钝或急尖，有缘毛，有时有斑点；花瓣先端急尖，密被黑斑点；花药背面有黑斑。果赤色或黑色，多少有斑点。花期5～6月，果期11～12月。

产于神农架九湖、木鱼、宋洛、阳日，生于海拔450～1500m的灌木丛或林下。全株入药。

图132-1　紫金牛

2. 九管血 | Ardisia brevicaulis Diels 图132-2

半灌木。有匍匐根状茎。叶纸质，狭卵圆形至披针形，先端尖，基部钝圆，全缘，稍有腺体，叶两面均有黑点，边缘尤多，侧脉在背面隆起。花序伞形，顶生或腋生；花紫色；萼片披针形或狭卵形，急尖，基合生，有黑色斑点；花瓣卵形，先端急尖，背面有黑色斑点；雄蕊较花瓣短，先端有黑色斑点；雌蕊与花瓣略等长。果红色，疏被斑点。花期6～7月，果期10～12月。

产于神农架新华至兴山一带，生于海拔450m的深山中。全株入药。

图132-2　九管血

3. 百两金 | Ardisia crispa (Thunberg) A. de Candolle 图132-3

小灌木。根状茎横走。叶椭圆状披针形或狭长圆状披针形，先端急尖至长渐尖，基部急尖，全缘或波状，反卷；下面常被有细鳞片，或有时有隆起的斑点。花序近伞形，顶生或腋生，或顶端被鳞片或有微毛；花白色或淡绿色；萼片有3脉；花瓣卵形；雌蕊与花冠裂片等长。果暗红色或黑色。花期5~6月，果期10~12月。

产于神农架木鱼、宋洛、松柏、新华等地，生于海拔400~800m的深山林下。全株入药。

图132-3 百两金

4. 朱砂根 | Ardisia crenata Sims 图132-4

灌木。小枝灰棕色。叶椭圆状披针形或倒披针形，先端急尖至渐尖，边缘呈皱波状或波状；花序伞形或伞房状，顶生或腋生；花白色或粉红色；萼片长圆卵形，先端圆钝，疏具斑点；花瓣卵形，先端急尖，有斑点；雄蕊较花冠裂片为短；雌蕊与花冠裂片约同长。果暗红色，有斑点。花期5~6月，果期10~12月。

产于神农架松柏、宋洛、新华、阳日等地，生于海拔400~800m的山谷林下。根和根茎入药；果供观赏。

图132-4 朱砂根

2. 酸藤子属 Embelia N. L. Burman

攀缘灌木。叶互生。花小，常单性异株，4~5朵，为顶生或侧生的伞形花序或延长的总状或圆锥花序；萼片分离，宿存；花瓣分离或基部合生，覆瓦状排列；雄蕊着生于花瓣上；子房在雌花中球形或卵形，柱头头状。浆果状核果，种子1枚。

140种。我国产14种，湖北产3种，神农架产2种。

分种检索表

1. 叶全缘 .... 1. 平叶酸藤子 E. undulata
1. 叶缘具细锯齿 .... 2. 密齿酸藤子 E. vestita

1. 平叶酸藤子 | Embelia undulata (Wallich) Mez 图132-5

灌木。小枝密布瘤状皮孔。叶互生，长椭圆形或椭圆形，坚纸质至革质，全缘，边缘及顶部密生腺点。总状花序腋生；花5朵，稀4朵；萼片三角形；花瓣白色或淡绿色，分离；雄蕊在雌花中退化，雌蕊在雄花中退化；小苞片、萼片、花瓣、花药均具腺点，花瓣中更多；子房卵形，柱头头状或浅裂。果球形，红色，花柱宿存，宿萼反卷。花期11月至翌年1月，果期3～5月。

产于神农架下谷乡石柱河，生于海拔400m的山谷林缘。全株入药。

2. 密齿酸藤子 | Embelia vestita Roxburgh 图132-6

攀缘灌木。小枝无毛或嫩枝被极细的微柔毛，具皮孔。叶卵形至卵状长圆形。叶具两面隆起的腺点。总状花序腋生；花5朵，萼片基部联合；花瓣白色或粉红色；雄蕊在雌花中退化，在雄花中伸出花瓣，雌蕊在雌花中与花瓣近等长；花瓣内面密被乳头状凸起和明显的腺点；花柱常下弯，柱头微裂。果球形或略扁，红色，具腺点。花期10～11月，果期11月至翌年2月。

产于神农架下谷乡石柱河，生于海拔400～1700m的山坡林下。全株入药。

图132-5 平叶酸藤子

图132-6 密齿酸藤子

3. 铁仔属 Myrsine Linnaeus

灌木或小乔木。叶全缘或有锯齿。花序花少数，伞形，生于具多疣的短枝上，腋生，或生于二年生枝上；雌雄异株，4或5基数；萼片分离或合生；花瓣几分离；雄蕊着生于花瓣基部；雌蕊花柱短，柱头点状或扁平流苏状或有缺刻。果为浆果，内果皮硬壳质。种子1枚。

300种。我国产11种，湖北产5种，神农架产4种。

分种检索表

1. 叶缘有齿，花着生于有叶的小枝上。
    2. 叶长不及3cm，叶缘锯齿非针刺状 .... 1. 铁仔 M. atricana
    2. 叶长3cm以上，叶缘锯齿针刺状 .... 2. 针齿铁仔 M. semiserrata
1. 叶全缘，花着生于无叶的多年生小枝上。
    3. 叶片长圆状倒披针形至倒披针形 .... 3. 密花树 M. seguinii
    3. 叶片倒披针形或椭圆状披针形 .... 4. 打铁树 M. linearis

1. 铁仔 | Myrsine africana Linnaeus　图132-7

灌木或小乔木。叶椭圆形、倒卵形或披针形，先端圆至急尖，基部钝或急狭，中部以上有锯齿，叶下面常有斑点，叶纸质至革质；几无柄。花序腋生；花4基数；萼片常有缘毛，多少有黑斑；雌花的花瓣长为萼片的2倍，下半部合生，裂片鳞片状，有黑斑，雄花花瓣基部合生，裂片披针形；雄蕊长为花瓣2~3倍，花药紫色；雌花柱头盘状，边缘分裂或线裂。果球形，红色。花期5~8月，果期10月。

产于神农架木鱼、宋洛、新华、阳日等地，生于400~1000m的山坡林下或灌丛中。全株入药。

2. 针齿铁仔 | Myrsine semiserrata Wallich　图132-8

灌木或小乔木。小枝稍有角棱。叶椭圆形至披针形，先端急尖至长渐尖，基部渐狭，叶下面有斑点。花序腋生、束生或伞形，3~7朵花；花黄绿色，4基数；萼片卵圆形至椭圆形，有腺斑；花瓣几分离，长为萼片的3~4倍，两面有腺斑，先端有时有腺毛；雄蕊长与花瓣同，花药橙紫色；雌蕊在雄花中较雄蕊为短；柱头边缘撕裂。果球形，赤色，后变为蓝黑色或紫色，有斑点。花期2~4月，果期10~12月。

产于神农架木鱼，生于海拔600m的溪边灌丛中。全株入药。

图132-7　铁仔

图132-8　针齿铁仔

3. 密花树 | Myrsine seguinii H. Léveillé   图132-9

小乔木。叶革质，长圆状倒披针形至倒披针形，先端急尖或钝，稀急渐尖，基部楔形，多少下延，全缘。伞形花序，花3~10朵；苞片宽卵形，有疏缘毛；萼片卵形，有缘毛；花瓣基部合生，有腺点，内面有腺毛；雄蕊在雄花中着生于花冠中部；雌蕊与花瓣稍同长；子房卵形，柱头伸长，顶端扁平。果球形或近卵形，灰绿色或紫黑色，有时有纵行线条或纵肋。花期4~5月，果期10~12月。

产于神农架木鱼（老君山）等地，生于海拔650m的山坡灌丛中。叶可入药。

图132-9　密花树

4. 打铁树 | Myrsine linearis (Loureiro) Poiret   图132-10

常绿灌木。植株分枝多。叶通常聚于小枝顶端，叶片倒披针形或椭圆状披针形，顶端圆形或广钝，有时急尖且微凹，两面无毛。花簇生或成伞形花序，花瓣白色或淡绿色。果球形，紫黑色，常具皱纹，多少具腺点。花期12月至翌年1月，果期7-9月或11月。

产于神农架下谷乡石柱河，生于海拔450m的沟谷石壁上。

图132-10　打铁树

4. 杜茎山属 Maesa Forsskål

小乔木或直立或极叉开的灌木。花序腋生或侧生，总状或圆锥状；花两性或单性，5基数，在花梗或在其顶端有小苞片2枚；萼与子房的下半部或更多处合生，萼片宿存；花瓣合生成筒；雄蕊着生于花冠筒上，花丝分明，伸长，与花药同长，花药卵形或肾形；花柱细，柱头不分裂或3～5裂；胚珠多数。浆果肉质，球形或卵形，花柱或基部宿存，萼片宿存。种子多数，有角棱。

约200种。我国产29种，湖北产2种，神农架均产。

分种检索表

1. 小苞片钻形至披针形，花冠筒与花冠裂片几等长 ········· 1. 湖北杜茎山 M. hupehensis
1. 小苞片宽卵形至肾形，花冠筒部显著长于花冠裂片 ········· 2. 杜茎山 M. japonica

1. 湖北杜茎山 | Maesa hupehensis Rehder　图132-11

灌木。叶纸质，披针形至长圆状披针形，先端长渐尖，基部圆形，全缘，上面暗绿色，下面灰绿色，并有腺条。花序腋生，总状，或有时圆锥状；小苞片钻形至披针形；萼片卵形，密被腺条；花冠被腺条，裂片与筒部几同长。果球形至卵形，黄色，多少被腺条。花期5～6月，果期10～12月。

产于神农架各地，生于海拔900～1000m的山坡上和沟边阴处。根入药。

图132-11　湖北杜茎山

2. 杜茎山 | Maesa japonica (Thunberg) Moritzi et Zollinger　图132-12

灌木，有时攀缘状。叶椭圆形、椭圆状披针形或矩圆状卵形，先端渐尖、急尖或钝，全缘或近基部全缘，或中部以上有疏、尖锯齿。总状花序或近基部有分枝，腋生；小苞片宽卵形至肾形，有腺条纹；花冠有腺条纹，裂片长为花冠筒的1/3。果球形，有腺条纹。花期4月，果期10月。

产于神农架各地，生于海拔400～1000m的山坡上和沟边阴处。根入药。

5. 仙客来属 Cyclamen Linnaeus

多年生草本。具扁球形块茎。叶自块茎顶端丛生，叶片卵心形或肾形。花葶1至多数；花单生于花莛顶端，下垂；花萼5裂，裂片卵形或卵状披针形，宿存；花冠筒部短，近球形，喉部增厚，裂片5枚，在花蕾中旋转状排列，开放后剧烈反卷；雄蕊5枚，着生于花冠筒基部，花丝极短，宽扁；花药箭形，渐尖；子房卵珠形，花柱丝状，多少伸出花冠筒外。蒴果球形或卵圆形，5瓣开裂达基部；果柄常卷缩成螺旋状。

20种。我国栽培1种，神农架也有栽培。

图132-12　杜茎山

仙客来 | Cyclamen persicum Miller　图132-13

多年生草本。块茎扁球形，具木栓质的表皮，棕褐色，顶部稍扁平。叶和花莛同时自块茎顶部抽出；叶片心状卵圆形，先端稍锐尖，边缘有细圆齿，上面深绿色，常有浅色的斑纹。花萼通常分裂达基部，裂片三角形或长圆状三角形，全缘；花冠白色或玫瑰红色，喉部深紫色，筒部近半球形，裂片长圆状披针形，剧烈反折。

原产于地中海区域，神农架有栽培。温室观花赏叶植物。

图132-13　仙客来

6. 假报春属 Cortusa Linnaeus

多年生草本。被多细胞柔毛。叶基生，心状圆形，7~9裂。花莛直立；伞形花序顶生；花梗纤细，不等长；花萼5深裂，裂片披针形，宿存；花冠漏斗状钟形，红色或黄色，分裂达中部以下，裂片5枚，通常卵圆形，喉部无附属物；雄蕊5枚，着生于冠筒基部，花丝极短，基部膜质，连合成环；花药基部心形，向上渐狭，顶端具小尖头；子房卵珠形；胚珠多数，半倒生；花柱丝状，伸出冠筒外。蒴果顶端5瓣开裂。种子扁球形，具皱纹。

10种。我国产1种，神农架亦产。

1. 假报春 | Cortusa matthioli Linnaeus

多年生草本。叶基生，轮廓近圆形，边缘掌状浅裂，裂深不超过叶片的1/4，裂片三角状半圆形。花葶直立；伞形花序5~10朵花；花萼分裂略超过中部，裂片披针形，锐尖；花冠漏斗状钟形，紫红色，花柱伸出花冠外。蒴果圆筒形，长于宿存花萼。花期5~7月，果期7~8月。

分亚种检索表

1. 叶边缘掌状浅裂，裂深不超过叶片的1/4 ·················· **1a. 假报春** C. matthioli subsp. matthioli
1. 叶掌状分裂深达叶片的1/2 ·················· **1b. 河北假报春** C. matthioli subsp. pekinensis

1a. 假报春（原亚种）Cortusa matthioli subsp. matthioli 图132-14

多年生草本。叶基生，轮廓近圆形，基部深心形，边缘掌状浅裂，裂深不超过叶片的1/4，裂片三角状半圆形，边缘具不整齐的钝圆或稍锐尖牙齿；叶柄被柔毛。花葶高出叶丛1倍；伞形花序5~8(~10)花；苞片狭楔形，顶端有缺刻状深齿；裂片披针形；花冠漏斗状钟形，紫红色，雄蕊着生于花冠基部，花药纵裂，先端具小尖头；花柱伸出花冠外。蒴果圆筒形，长于宿存花萼。花期5~7月，果期7~8月。

产于神农架各地，生于海拔2000m以上的山坡石缝中。花供观赏。

1b. 河北假报春（亚种）Cortusa matthioli subsp. pekinensis (V. Richter) Kitagawa 图132-15

叶片轮廓肾状圆形或近圆形，掌状7~11裂，裂深达叶片的1/3或有时近达中部；裂片通常长圆形，边缘有不规整的粗牙齿，顶端3齿较深，常呈3浅裂状。

产于神农架红坪，生于海拔2000m以上的山坡石缝中。花供观赏。

图132-14 假报春

图132-15 河北假报春

7. 报春花属 Primula Linnaeus

多年生草本。叶全部基生，莲座状。花5基数，通常在花葶端排成伞形花序，较少为总状花序、短穗状或近头状花序，花萼钟状或筒状，具浅齿或深裂；花冠漏斗状或钟状，喉部不收缩，筒部通常长于花萼，裂片全缘、具齿或浅裂；雄蕊贴生于冠筒上，花药先端钝，花丝极短；子房上位，近球形，花柱常有长短二型。蒴果球形至筒状。

500种。我国产300种，湖北产22种，神农架产12种。

分种检索表

1. 植株无粉，被多细胞毛，少数种类被粉亦被毛。
　　2. 叶波状浅裂至掌状深裂，花萼基部不膨大。
　　　　3. 花萼杯状或钟状，无明显纵脉·· 1．鄂报春 P. obconica
　　　　3. 花萼狭钟状至筒状，具明显纵脉。
　　　　　　4. 花萼裂片矩圆形至矩圆状披针形······································ 2．保康报春 P. neurocalyx
　　　　　　4. 花萼裂片披针形·· 3．堇菜报春 P. violaris
　　2. 叶羽状深裂至羽状全裂，或花萼基部膨大呈球形······················· 4．藏报春 P. sinensis
1. 植株多少被粉，如无粉则无毛。
　　5. 蒴果长圆柱体形，成熟时先端以短齿开裂。
　　　　6. 伞形花序通常1轮。
　　　　　　7. 花冠筒与花萼等长或仅长于花萼的0.5倍。
　　　　　　　　8. 植株明显被粉。
　　　　　　　　　　9. 叶下面无粉·· 5．梵净报春 P. fangingensis
　　　　　　　　　　9. 叶下面具黄粉·· 6．报春花属一种 P. sp. 2
　　　　　　　　8. 植株无粉或近于无粉。
　　　　　　　　　　10. 花萼有5棱·· 7．报春花属一种 P. sp. 1
　　　　　　　　　　10. 花萼无棱·· 8．无粉报春 P. efarinosa
　　　　　　7. 花冠筒长于花萼的1~2倍·· 9．俯垂粉报春 P. nutantiflora
　　　　6. 伞形花序通常2至多轮·· 10．粉被灯台报春 P. pulverulenta
　　5. 蒴果球形，成熟时脆裂成不规则的碎片。
　　　　11. 叶脉在叶面明显下陷；花葶明显有毛································ 11．卵叶报春 P. ovalifolia
　　　　11. 叶脉在叶面平或稍下陷；花葶无毛·· 12．齿萼报春 P. odontocalyx

1. 鄂报春 | Primula obconica Hance　图132-16

多年生草本。全体被柔毛。叶丛生；叶片卵圆形至矩圆形，先端圆形。花葶1至数个；伞形花序2~13花；花萼杯状或阔钟状，具5脉，裂片阔三角形或半圆形而具骤尖头；花冠玫瑰红色，稀白色，冠筒长于花萼0.5~1倍，裂片倒卵形，先端2裂。蒴果球形。

产于神农架各地（阳日长青，zdg 5706），生于海拔1500m的山坡林下、水沟边和湿润岩石上。根茎入药；花供观赏。

2. 保康报春 | Primula neurocalyx Franchet　图132-17

多年生草本。叶近圆形或阔卵圆形，密被淡褐色卷曲柔毛。伞形花序；苞片线状披针形；花梗密被柔毛；花萼钟状，外面疏被柔毛，内面无毛，分裂达中部或稍下，裂片矩圆形至矩圆状披针形，背面及边缘被柔毛，先端锐尖或钝而具短骤尖头；花冠紫红色，与花萼近等长；裂片倒卵形，宽约5mm，先端具凹缺；花同型，雄蕊着生于冠筒中上部；花柱长达花药着生处或与花药达同一高度。花期5~7月。

产于神农架红坪，生于海拔2500m的山坡林下。花供观赏。

图132-16　鄂报春

图132-17　保康报春

3. 堇菜报春 | Primula violaris W. W. Smith et H. R. Fletcher　图132-18

多年生草本。叶3~5枚丛生，圆形至阔心形或肾圆形，基部深心形，裂片阔三角形；叶柄密被褐色长柔毛。伞形花序1~2轮，每轮3~12朵花；苞片线形至线状披针形，直立；花萼钟状，无毛或近于无毛，分裂略超过中部，裂片披针形，稍开张，具3~5条纵脉；花冠淡红色或堇紫色，裂片倒卵形；长花柱花的雄蕊着生处接近冠筒中部，花柱长达冠筒口；短花柱花的雄蕊着生处靠近冠筒口。蒴果球形，包藏于宿存花萼内。花期5~6月。

产于神农架木鱼（老君山，刘瑛435），生于海拔2500m的山坡林下。花供观赏。

图132-18　堇菜报春

4. 藏报春 | Primula sinensis Sabine ex Lindley　图132-19

多年生草本。全株被多细胞柔毛。叶片轮廓阔卵圆形至椭圆状卵形或近圆形，先端钝圆，基部心形或近截形，边缘5～9裂，裂片矩圆形，每边具2～5缺刻状粗齿。花葶绿色或淡紫红色；伞形花序1～2轮，每轮3～14花；花冠淡蓝紫色或玫瑰红色，外面被柔毛，冠筒口周围黄色。蒴果卵球形。花期12月至翌年3月，果期2～4月。

产于神农架新华、阳日，生于海拔600m的干燥的悬崖石缝中。全草入药；花供观赏。

5．梵净报春 | Primula fangingensis Chen et C. M. Hu　　图132-20

多年生草本。叶丛基部外围有少数舌状膜质苞片；叶倒卵形至矩圆状倒卵形，先端圆形或钝，基部渐狭窄。伞形花序12～16朵花；苞片披针形；花梗被乳白色粉；花萼钟状，外下部被乳白色粉，分裂达中部，裂片矩圆形或倒卵状矩圆形，先端钝圆；花冠紫红色或淡蓝色，冠筒口周围黄色，裂片倒卵形；长花柱花的雄蕊着生于冠筒中部，花柱长达冠筒口；短花柱花的雄蕊着生于冠筒上部，花药顶端平冠筒口。蒴果未见。花期5月。

产于神农架新华、阳日，生于海拔1600～2000m的山坡草丛中。花供观赏。

图132-19　藏报春

图132-20　梵净报春

6．报春花属一种 | Primula sp. 1　　图132-21

多年生草本。叶全部基生，莲座状，卵形，全体无毛，亦无粉。花5基数，在花葶顶端排成伞形花序；花2～4朵，具5枚叶状苞片，苞片沿花下延，下延部分膜质；花萼筒状，具浅齿或深裂；花冠红色，漏斗状，筒部长于花萼，裂片2裂。蒴果筒状，顶端不规则开裂。花期6～7月。

产于神农架红坪（神农谷）、木鱼（老君山），生于海拔2800m的山坡石缝中。花供观赏。

图132-21　报春一种

7．报春花属一种 | Primula sp. 2　　图132-22

多年生草本。叶全部基生，莲座状，倒披针形，背面密被乳黄色粉末。花5基数，20余朵在花葶顶端排成伞形花序，具20余枚披针形苞片；花葶、花萼、花梗、苞片密被乳黄色粉末；花萼钟状；花冠漏斗状，筒部稍长于花萼，裂片先端2裂。蒴果球形，不规则开裂。种子多数。花期3~4月。

产于神农架红坪（天燕），生于海拔2500m的山坡石缝中。花供观赏。

图132-22　报春花属一种

8. 无粉报春 ｜ **Primula efarinosa** Pax　图132-23

多年生草本。开花期叶丛基部有少数近膜质鳞片；叶片矩圆形、狭倒卵形至披针形，先端圆形或钝，具翅。伞形花序6~20朵花；苞片卵状披针形或披针形；花梗密被小腺毛；花萼筒状至狭钟状，基部稍缢缩，外面疏被小腺体；花冠堇蓝色，冠筒与花萼等长，喉部具环状附属物，裂片阔倒卵形，先端2深裂；长花柱花的雄蕊着生于冠筒中部，花柱长近达冠筒口；短花柱花的雄蕊着生于冠筒中上部。蒴果长圆形，稍长于花萼。花期5月，果期6月。

产于九湖、红坪、新华等地，生于海拔1500~2800m的山坡草丛或路边。全草入药；花供观赏。

图132-23　无粉报春

9. 俯垂粉报春 | Primula nutantiflora Hemsley　图132-24

多年生小草本。根状茎短，具纤维状须根。叶片椭圆形、倒卵状椭圆形或倒披针形，先端钝或圆形，基部渐狭窄。花莛纤细，无粉或顶端被粉；花俯垂，1~2（~5）朵生于花莛端；苞片线形或钻形；花梗纤细，被黄粉；花萼钟状，具5条脉，两面均被黄粉，分裂深达全长的2/3或更深，裂片三角形至披针形；花冠淡紫色或粉红色。蒴果长约2.5mm，短于花萼。花期5~6月，果期7~8月。

产于神农架红坪（阴峪河）、阳日，生于海拔600m的悬崖石缝中。花供观赏。

10. 粉被灯台报春 | Primula pulverulenta Duthie　图132-25

多年生草本。根状茎极短，向下发出成丛之侧根和多数纤维状须根。叶椭圆形至椭圆状倒披针形，先端圆形，基部渐狭窄，下延至叶柄成翅状，边缘具不整齐的三角形牙齿，侧脉11~15对，在下面极明显，与中肋几成直角，然后向前斜伸；叶柄具翅。苞片线形或线状披针形，花萼钟状，分裂近达中部，裂片三角形，具钻形尖头，被乳白色或乳黄色粉；花紫红色；裂片倒卵形，先端具深凹缺。花期5~6月。

产于神农架木鱼（千家坪），生于海拔2000m的山坡草丛中。花供观赏。

图132-24　俯垂粉报春

图132-25　粉被灯台报春

11. 卵叶报春 | Primula ovalifolia Franchet　图132-26

多年生草本。全株无粉。叶片阔椭圆形至阔倒卵形，边缘具不明显的小圆齿，上面沿中肋被少数柔毛，下面沿叶脉被柔毛，其余部分遍布短柔毛。花莛高5~18cm，被柔毛；裂片卵形至卵状披针形；花冠紫色或牙紫色，冠筒长于萼0.2~0.5倍；裂片倒卵形，先端具深凹缺。蒴果球形，藏于萼筒中。花期3~4月，果期5~6月。

产于神农架九湖、红坪、木鱼、阳日（长青，zdg 5707）等地，生于海拔1500~1800m的林下和山谷阴湿处。全草入药；花供观赏。

12. 齿萼报春 | Primula odontocalyx (Franchet) Pax　图132-27

多年生草本。根状茎短，具多数纤维状须根。叶矩圆状或倒卵状匙形，先端圆形，基部渐狭，近于无柄或具短柄，边缘具稍不整齐的三角形锐尖牙齿，两面均疏被小腺体，中肋稍宽，常稍带紫色。花萼钟状，长5mm，外面被小腺毛，具5条脉，分裂达中部或略深于中部；裂片卵形至卵状三角形，先端锐尖或渐尖，有时具1~2小齿；花冠蓝紫色或淡红色，冠筒口周围白色，裂片倒卵形至矩圆状倒卵形。花期3~5月，果期6~7月。

产于神农架各地，生于海拔500~1800m的林下和山谷阴湿处。花供观赏。

图132-26　卵叶报春

图132-27　齿萼报春

8. 点地梅属 Androsace Linnaeus

多年生或一二年生小草本。叶同型或异型，基生或簇生于根状茎或根出条端，形成莲座状叶丛；叶丛单生、数枚簇生或多数紧密排列，使植株成为半球形的垫状体。花5基数，在花葶端排成伞形花序；花萼钟状至杯状；花冠白色、粉红色，少有黄色；筒部通常呈坛状，约与花萼等长，喉部常收缩成环状凸起；裂片全缘或先端微凹；雄蕊花丝短。蒴果球形。

100种。我国产73种，湖北产6种，神农架产5种。

分种检索表

1. 叶同型，具明显的叶柄。
　2. 叶片圆形或肾形。
　　3. 花萼分裂几达基部 ·· 1. 点地梅 A. umbellata
　　3. 花萼分裂仅达中部 ·· 2. 莲叶点地梅 A. henryi
　2. 叶片椭圆形 ·· 3. 东北点地梅 A. filiformis
1. 叶异型，基部渐狭而无柄。
　4. 叶无软骨质的边或尖头 ··· 4. 秦巴点地梅 A. laxa
　4. 叶至少外层叶具软骨质的边或尖头 ····························· 5. 西藏点地梅 A. mariae

1. 点地梅 │ Androsace umbellata (Loureiro) Merrill　图132-28

一年生或二年生草本。主根不明显，具多数须根。叶全部基生，叶片近圆形或卵圆形，先端钝圆，基部浅心形至近圆形，边缘具三角状钝牙齿，两面均被贴伏的短柔毛。花莛通常数枚自叶丛中抽出；花萼杯状，分裂近达基部；花冠白色，喉部黄色；裂片倒卵状长圆形。花期2~4月，果期5~6月。

产于神农架松柏镇，生于海拔800m的荒土中、路边。全草或果实入药。

2. 莲叶点地梅 | Androsace henryi Oliver 图132-29

多年生草本。叶基生，圆形至圆肾形，先端圆形，基部浅心形，边缘具粗锯齿，两面被短伏毛，具3（~5）条基出脉。花莛常2~4枚自叶丛中抽出；花萼漏斗状，分裂达中部；花冠白色；裂片倒卵状心形。花期4~5月，果期5~6月。

产于神农架各地，生于海拔1200~1800m的山顶沟谷水边石上。全草入药；花供观赏。

图132-28　点地梅

图132-29　莲叶点地梅

3. 东北点地梅 | Androsace filiformis Retzius 图132-30

一年生草本。全株几无毛或部分有纤毛。主根不发达，具多数纤维状须根。叶小，倒卵形，基生。花白色，小形。蒴果近球形，外被宿存花冠，5瓣裂。种细小，多数。花期5~6月，果期6~9月。

产于神农架红坪（大龙潭），生于海拔2500m的废弃公路边。全草入药。

4. 秦巴点地梅 | Androsace laxa C. M. Hu et Y. C. Yang 图132-31

多年生草本。根出条稍坚硬，紫褐色，被疏长柔毛。叶二型，外层叶匙形或倒披针形，背面多少被柔毛，边缘具缘毛；内层叶椭圆形至近圆形。伞形花序3~6（~8）花；苞片披针形或狭长圆形，先端锐尖或稍钝，基部稍凸起呈囊状，被稀疏柔毛和缘毛；花萼钟状，疏被柔毛，分裂达中部，裂片卵形，先端钝，具缘毛；花冠粉红色；裂片倒卵圆形，宽约2mm，先端近圆形。蒴果长圆形，稍高出花萼。

产于神农架红坪（大神农架），生于海拔3100m的山顶石上。

5. 西藏点地梅 | Androsace mariae Kanitz

多年生草本。植株近垫状。根出条短，叶丛叠生于其上，形成密丛；有时根出条伸长，叶丛间

图132-30　东北点地梅

图132-31　秦巴点地梅

有明显的间距，成为疏丛。叶二型，外层叶舌形或匙形，边缘具白色缘毛；内层叶匙形至倒卵状椭圆形，叶边缘软骨质，具缘毛。花葶单一；伞形花序2~7（~10）朵花；花冠粉红色。蒴果稍长于宿存花萼。花期6月。

产于神农架下谷（小神农架），生于海拔3100m的山顶石上。全草入药。

9. 珍珠菜属 Lysimachia Linnaeus

直立或匍匐草本。通常有腺体。叶互生、对生或轮生，全缘。花单出腋生或排成顶生或腋生的总状花序或伞形花序；总状花序常缩短成近头状，稀复出成圆锥花序；花萼通常5深裂；花冠白色或黄色，5深裂，雄蕊与花冠裂片同数且对生，花丝分离或基部合生成筒，多少贴生于花冠上。蒴果近球形，通常5瓣开裂。

约180种。我国产138种，湖北产34种，神农架产27种。

分种检索表

1. 基生叶不呈莲座状；具同型花，花白色或黄色。
    2. 花黄色，花丝下半部合生成筒或浅环并与花冠筒基部合生。
        3. 花柱粗短，长不超过花药的1/2，下部合生成环。
            4. 花药近线形························1. 细梗香草 L. capillipes
            4. 花药较短而宽，多少呈钝圆锥形··············2. 鄂西香草 L. pseudotrichopoda
        3. 花丝比花药长或植物体具有色的腺条。
            5. 花冠幅状····························3. 琴叶过路黄 L. ophelioides
            5. 花冠多少呈漏斗状。
                6. 叶柄基部明显扩展成耳状··············4. 展枝过路黄 L. brittenii
                6. 叶柄纤细或无柄，不呈耳状。
                    7. 花单出腋生或在茎端排成疏松的总状花序··········5. 金爪儿 L. grammica

7. 花密集于茎端成近头状或伞形花序，如单出腋生则茎匍匐长蔓延。
　　8. 植物体不具有色腺点，仅叶轮生种类有时具稀疏的棕色或黑色腺点。
　　　　9. 茎直立。
　　　　　　10. 叶对生，茎端2对常密聚，但非轮生；花序近头状。
　　　　　　　　11. 叶卵形或卵状椭圆形，被毛。
　　　　　　　　　　12. 茎直立；叶密被短糙伏毛················6. 疏头过路黄 L. pseudohenryi
　　　　　　　　　　12. 茎自匍匐的基部上升；叶密被长糙伏毛
　　　　　　　　　　　　··7. 叶头过路黄 L. phyllocephala
　　　　　　　　11. 叶椭圆形或椭圆状披针形，无毛。
　　　　　　　　　　13. 萼片先端渐尖成钻形················8. 管茎过路黄 L. fistulosa
　　　　　　　　　　13. 萼片先端披针形················9. 宜昌过路黄 L. henryi
　　　　　　10. 叶4至多数在茎端轮生状；花序伞房状················10. 落地梅 L. paridiformis
　　　　9. 茎长蔓延················11. 巴东过路黄 L. patungensis
　　8. 植物体具有色的腺点或腺条。
　　　　14. 花集生于茎端或枝端。
　　　　　　15. 植物有黑色或紫色腺点。
　　　　　　　　16. 腺点黑色，在叶片、花萼中极密········12. 点叶落地梅 L. punctatilimba
　　　　　　　　16. 腺点黑色，稀疏或仅见于叶缘；花冠上的腺体紫色
　　　　　　　　　　···13. 临时救 L. congestiflora
　　　　　　15. 植物有黑色腺条················14. 显苞过路黄 L. rubiginosa
　　　　14. 花单出或双出腋生。
　　　　　　17. 植株体具紫色或黑色腺点················15. 点腺过路黄 L. hemsleyana
　　　　　　17. 植株体具紫色或黑色腺条。
　　　　　　　　18. 萼片背面具鸡冠状翅················16. 翅萼过路黄 L. pterantha
　　　　　　　　18. 萼片背面平················17. 过路黄 L. christiniae
2. 花白色、淡红色或淡紫色，花丝分离，贴生于花冠筒中部或花冠裂片基部。
　　19. 花萼下半部合生················18. 狭叶珍珠菜 L. pentapetala
　　19. 花萼分裂至基部。
　　　　20. 花柱短，长仅达花冠裂片的中部，比果短或近等长。
　　　　　　21. 叶互生，有柄。
　　　　　　　　22. 花序粗壮，花密集················19. 矮桃 L. clethroides
　　　　　　　　22. 花序细瘦，花稍稀疏················20. 星宿菜 L. fortunei
　　　　　　21. 叶对生，仅茎上部叶有互生状态。
　　　　　　　　23. 叶柄基部耳状抱茎················21. 耳叶珍珠菜 L. auriculata
　　　　　　　　23. 叶具柄，基部不抱茎················22. 露珠珍珠菜 L. circaeoides
　　　　20. 花柱伸出花冠之外或达到近同等高度，比果长。
　　　　　　24. 花药线形，先端常反曲，顶端有红色腺体········23. 腺药珍珠菜 L. stenosepala

24. 花药椭圆形或卵圆形，先端无腺体。
　　25. 花冠阔钟形或裂片开展而合生部分很短。
　　　　26. 花冠比花萼短或近等长 ················· **24. 北延叶珍珠菜** L. silvestrii
　　　　26. 花冠比花萼长 ··············· **25. 延叶珍珠菜** L. decurrens
　　25. 花冠狭钟形，合生部分约为全长的1/2 ········· **26. 泽珍珠菜** L. candida
1. 基生叶呈莲座状；具长、短花柱的异型花，花淡粉红色 ········· **27. 异花珍珠菜** L. crispidens

1. 细梗香草 | Lysimachia capillipes Hemsley　图132-32

多年生草本。茎具棱或有狭翅。叶互生，叶片卵形至披针形，基部短渐狭或钝。花单生于叶腋；花萼裂片卵形至披针形，先端渐尖至钻形；花冠黄色，深裂，裂片狭矩圆形至线形，先端钝；花丝基部合生成高约0.5mm的环；花药基着，顶孔开裂。蒴果直径3～4mm，瓣裂。花期6～7月，果期8～10月。

产于神农架下谷，生于海拔400～800m的山谷林下和溪边。全草入药。

2. 鄂西香草 | Lysimachia pseudotrichopoda Handel-Mazzetti　图132-33

多年生草本。干后有香气。茎纤细。叶互生，阔卵形或近菱形，茎端的较大，常较下部叶大2～3倍，先端锐尖，基部楔状短渐狭或近圆形以至截形，边缘微呈皱波伏，侧脉4～5对。花单生于茎端叶腋，花梗纤细，花冠黄色。花期5月。

产于神农架阳日镇，生于海拔700m的山沟溪边潮湿地。

图132-32　细梗香草

图132-33　鄂西香草

3. 琴叶过路黄 | Lysimachia ophelioides Hemsley　图132-34

多年生草本。茎通常簇生，直立，圆柱形，被细密短柔毛。叶对生，无柄，叶片披针形至狭披针形，先端长渐尖，下部收缩，至基部再扩展成耳状抱茎。花通常4～6朵单生于茎端和枝端叶腋，稍密聚，略呈伞房花序状；花梗被毛；花冠黄色，裂片椭圆形，有透明腺点。蒴果褐色，直径约2.5mm。花期6月。

产于神农架木鱼镇，生于海拔700～1400m的山坡草地和山谷中。

4. 展枝过路黄 | Lysimachia brittenii R. Knuth 图132-35

多年生草本。茎基部常带暗紫色。枝纤细，通常近水平伸展。叶对生，披针形至长圆状披针形，基部楔形，下延；叶柄具狭翅，基部扩展成小耳状抱茎。花6至多朵在茎端和枝端排成伞形花序，在花序下方的1对叶腋中，偶有少数花（2～4朵）生于不发育的短枝端。蒴果近球形。果期8月。

产于神农架木鱼镇，生于海拔700m的山坡草地和山谷中。

图132-34 琴叶过路黄　　　　　　图132-35 展枝过路黄

5. 金爪儿 | Lysimachia grammica Hance 图132-36

多年丛生草本。全株具多细胞的柔毛。茎、叶、萼、花冠均具有显著的黑紫色条状线纹，叶下部对生，近三角状卵形，上部互生，较狭小，成菱状卵形。花单一，腋生；花柄细长；花冠黄色；裂片5枚，卵状椭圆形，先端钝，与萼等长；雄蕊花丝基部连合成短筒状。蒴果球形。花期4月，果期10月。

产于神农架木鱼、下谷等地，生于海拔400～700m的沟边石缝间。全草入药。

图132-36 金爪儿

6. 疏头过路黄 | Lysimachia pseudohenryi Pampanini 图132-37

多年生草本。茎直立或膝曲直立，密被柔毛。叶对生，茎端的2～3对通常稍密聚；叶片卵形，稀为卵状披针形，基部近圆形或宽楔形，先端锐尖或稍钝，两面密被小糙伏毛，散生粒状半透明腺点。总状花序顶生，缩短成近头状；花梗果时下弯；花萼裂片披针形，背面被柔毛；花冠黄色；花丝下部合生成高2～3mm的筒；花药矩圆形，背着，纵裂。花期5～6月，果期6～7月。

产于神农架低海拔地区，生于海拔1000m以下的山地林缘和灌丛中。民间用全草入药。

7. 叶头过路黄 | Lysimachia phyllocephala Handel-Mazzetti 图132-38

多年生草本。茎基部膝曲，上部直立。叶对生，茎端的2对间距小，密聚成轮生状，常较下部叶大1~2倍，两面均被糙伏毛；叶柄密被柔毛。花序顶生，近头状，多花；花萼分裂；花冠黄色，基部合生，裂片倒卵形或长圆形；花丝基部合生成高3~4mm的筒。花期5~6月，果期8~9月。

产于神农架新华、宋洛，生于海拔1000m以下的溪边阴湿地。全草入药。

图132-37　疏头过路黄

图132-38　叶头过路黄

8. 管茎过路黄 | *Lysimachia fistulosa* Handel-Mazzetti　图132-39

多年生草本。茎钝四棱形。叶对生，茎端的2~3对密聚成轮生状，常较下部叶大2~3倍，叶片披针形，先端多少渐尖，基部渐狭，下延，下部叶具较长的柄。缩短的总状花序生于茎端和枝端，成头状花序状；花冠黄色，裂片倒卵状长圆形，先端圆钝或具小尖头；花丝基部合生成筒；子房密被柔毛。蒴果球形。花期5~7月，果期7~10月。

产于神农架红坪（阴峪河大峡谷，zdg 7222）、木鱼（zdg 6745）、下谷等地，生于海拔800m以下的沟边或路边土坎上。全草入药。

9. 宜昌过路黄 | *Lysimachia henryi* Hemsley　图132-40

茎簇生，直立或基部有时倾卧生根，圆柱形。叶对生，茎端的2~3对间距极短，呈轮生状，近等大或较下部茎叶大1~2倍，叶片披针形至卵状披针形，稀卵状椭圆形，先端锐尖或稍钝，基部楔状渐狭，稀为阔楔形。花集生于茎端，略成头状花序状；花冠黄色，裂片卵状椭圆形，先端圆钝。蒴果褐色，直径约3mm，被疏柔毛。花期5~6月，果期6~7月。

产于神农架木鱼、新华、阳日等地，生于海拔400~700m的沟边或路边土坎上。

图132-39　管茎过路黄

图132-40　宜昌过路黄

10. 落地梅 | Lysimachia paridiformis Franchet　图132-41

多年生草本。茎直立，无毛。叶4~6片在茎端轮生，无柄或近于无柄，叶片倒卵形至椭圆形，基部楔形，先端渐尖，无毛，两面通常散生黑色腺条。花集于茎端成伞形花序；花萼裂片披针形，无毛或具稀疏缘毛；花冠黄色，裂片狭矩圆形，先端钝或圆形；花丝下部合生成高约2mm的筒。花期4~5月；果期7~8月。

产于神农架低海拔地区（阳日长青，zdg 5661），生于海拔400~700m的山谷林下湿润处。全草入药；花供观赏。

11. 巴东过路黄 | Lysimachia patungensis Handel-Mazzetti　图132-42

多年生草本。茎纤细，匍匐伸长，节上生根，密被铁锈色多细胞柔毛。叶对生，茎端的2对（其中1对常缩小成苞片状）密聚，呈轮生状，叶片阔卵形或近圆形，极少近椭圆形，先端钝圆、圆形或有时微凹，基部宽截形，两面密布具节糙伏毛。花2~4朵集生于茎和枝的顶端，无苞片；花冠黄色，内面基部橙红色，先端有少数透明粗腺条；花丝下部合生成筒；子房上部被毛。蒴果球形。花期5~6月，果期7~8月。

神农架各地广布，生于海拔400~1400m的林下潮湿地。全草入药。

图132-41　落地梅

图132-42　巴东过路黄

12. 点叶落地梅 | Lysimachia punctatilimba C. Y. Wu　图132-43

多年生草本。茎常自匍匐生根的基部直立，圆柱形，肥厚多汁。叶对生，近等大，茎端的2对间距短，有时近密聚，叶片卵圆形或卵状椭圆形，先端锐尖，基部阔楔形至近圆形。花2~6朵在茎端簇生成头状花序状；花冠黄色，基部合生部分长约5mm，裂片长圆形，先端圆钝，内面被秕鳞状腺体。蒴果近球形，直径达7mm。花期5~7月。

产于神农架下谷等地，生于海拔400~1000m的沟边或路边土坎上。

13. 临时救 | Lysimachia congestiflora Hemsley　图132-44

多年生草本。茎下部匍匐，节上生根，茎密被多细胞卷曲柔毛。叶对生，茎端的2对间距短，近密聚，叶片卵形、阔卵形以至近圆形，近等大，先端锐尖或钝，基部近圆形或截形，近边缘有暗红色或有时变为黑色的腺点，侧脉2~4对。花2~4朵集生于茎端和枝端成近头状的总状花序，在花序下方的1对叶腋有时具单生之花；花冠黄色，内面基部紫红色。花期5～6月，果期7～10月。

神农架各地广布（木鱼官门山，zdg 7561），生于海拔400～1400m的水沟边、田梗上和山坡林缘、草地等湿润处。全草入药；花供观赏。

图132-43　点叶落地梅

图132-44　临时救

14. 显苞过路黄 | Lysimachia rubiginosa Hemsley　图132-45

多年生草本。茎直立或基部倾卧生根，多少被铁锈色柔毛。叶对生，卵形至卵状披针形，先端锐尖或短渐尖，基部近圆形或阔楔形，边缘具缘毛。花3～5朵，单生于枝端密集的苞腋，极少生于茎端；苞片叶状，卵形或近圆形，稍短于花或有时较长。蒴果直径约3mm。花期5月，果期7～8月。

产于神农架木鱼，生于海拔600～800m的水沟边。花供观赏。

15. 点腺过路黄 | Lysimachia hemsleyana Maximowicz ex Oliver　图132-46

多年生草本。茎匍匐，鞭状伸长，密被柔毛。叶对生，叶片卵形或阔卵形，基部近圆形至浅心形，先端锐尖，两面均有深色腺点。花单生于叶腋；花萼裂片狭披针形，背面被疏毛，散生褐色腺点；花冠黄色，筒部长约2mm，裂片椭圆形至椭圆状披针形，散生暗红色或褐色腺点；花丝基部合生成高约2mm的筒；花药矩圆形，背着，纵裂。花期4～6月，果期5～7月。

产于神农架官门山，生于海拔1400～1800m的山谷林缘、溪旁和路边草丛中。全草入药；花供观赏。

图132-45　显苞过路黄

图132-46　点腺过路黄

16. 翅萼过路黄 | Lysimachia pterantha Hemsley 图132-47

多年生草本。茎下部直立，上部伸长斜倚，近圆柱形。叶对生，披针形，先端锐尖至渐尖，基部圆形，上面无毛，下面幼时被极稀疏的柔毛，渐变无毛，仅沿叶脉被疏柔毛。花冠黄色，裂片披针形，先端锐尖，散生褐色短腺条；子房无毛，花柱长约5mm。花期5～6月。

产于巫山县（巫峡，T. P. Wang 10775），生于海拔120m的河谷石缝中。花供观赏。

17. 过路黄 | Lysimachia christiniae Hance 图132-48

多年生草本。茎在阴湿生境中，茎下部常匍匐，节上生根，上部曲折上升。叶对生，叶片卵形至卵状椭圆形，先端锐尖或稍钝而具骤尖头，基部阔楔形，两面均被具节糙伏毛，中肋稍宽，在下面明显。花序顶生，近头状，多花；花梗被柔毛；花萼分裂近达基部，裂片披针形，背面被柔毛；花冠黄色，基部合生部分长约3mm，先端5裂，裂片倒卵形，有透明腺点；雄蕊5枚，花丝基部合生成筒，上部分离。蒴果褐色。花期5～6月，果期8～9月。

产于神农架各地（阳日长青，zdg 5866），生于海拔400～1500m的山谷阴湿地。全草入药。

图132-47 翅萼过路黄

图132-48 过路黄

18. 狭叶珍珠菜 | Lysimachia pentapetala Bunge 图132-49

一年生草本。全体无毛。茎直立，圆柱形，多分枝，密被褐色无柄腺体。叶互生，狭披针形至线形，先端锐尖，基部楔形。总状花序顶生，初时因花密集而成圆头状，后渐伸长；苞片钻形；花冠白色，裂片匙形或倒披针形，先端圆钝。蒴果球形，直径2～3mm。花期7～8月；果期8～9月。

产于神农架大九湖，生于海拔1800m的荒地中。全草入药。

19. 矮桃 | Lysimachia clethroides Duby 图132-50

多年生草本，全株多少被褐色卷曲柔毛，具横走的根茎。叶互生，叶片矩圆形或阔披针形，先端渐尖，基部渐狭，两面散生黑色腺点。总状花序顶生；苞片线状钻形，稍长于花梗；花萼裂片卵状椭圆形，先端圆钝，有腺状缘毛；花冠白色，裂片狭矩圆形；雄蕊内藏，花丝下部1mm贴生于花冠基部，花药矩圆形，背着，纵裂。花期5～7月，果期7～10月。

神农架广布（阳日长青，zdg 5660），生于海拔400～2500m的山坡林缘和草坡等湿润处。根及全草入药；花供观赏。

图132-49 狭叶珍珠菜

图132-50 矮桃

20. 星宿菜 | Lysimachia fortunei Maximowicz　图132-51

多年生草本。全体无毛。茎直立。叶互生，有时近对生，叶柄基部沿茎下延，叶片披针形或椭圆状披针形，先端锐尖或渐尖，基部楔形，两面均有不规则的黑色腺点。总状花序顶生；苞片钻形；花萼裂片狭披针形，背面有黑色腺条；花冠白色或带淡紫色，裂片匙状矩圆形；雄蕊伸出花冠外，花丝贴生于花冠裂片基部。花期7～8月，果期9～10月。

产于神农架新华、阳日，生于海拔400～700m的山坡草地。

21. 耳叶珍珠菜 | Lysimachia auriculata Hemsley

多年生草本。全株无毛。茎直立，钝四棱形，通常上部分枝。叶对生，在茎上部有时互生，叶片卵状披针形至披针形或线形，先端长渐尖或稍锐尖，无柄，基部耳状抱茎（上部茎叶有时基部圆形或钝）。总状花序稍疏松，生于茎端和枝端，因而构成圆锥花序状；苞片钻形，与花梗等长或稍短；花冠白色，钟状。蒴果球形，直径约3mm。花期5～6月；果期6～7月。

产于巴东县（天子河乡，江明喜 052）、竹溪县（鸡骨梁，李培元 3229）等地，生于海拔1000～1800m的山坡潮湿草地。

22. 露珠珍珠菜 | Lysimachia circaeoides Hemsley　图132-52

多年生草本。全体无毛。茎四棱形。叶对生，在茎上部有时互生，近茎基部的1～2对较小，椭圆形或倒卵形，上部茎叶长圆状披针形至披针形，先端锐尖，基部楔形，下延，下面较有极细密的红色小腺点，近边组有稀疏暗紫色或黑色粗腺点和腺条，侧脉6～7对。总状花序生于茎端；花冠白色；花药药隔顶端有红色粗腺体。花期5～6月，果期7～8月。

产于神农架各地（阳日长青，zdg 5659；大九湖，zdg 6682），生于海拔400～1600m的路边或屋边湿润处。全草药用。

图132-51　星宿菜

图132-52　露珠珍珠菜

23. 腺药珍珠菜 | Lysimachia stenosepala Hemsley　图132-53

多年生草本。全体无毛。叶对生，在茎上部常互生，叶片披针形至矩圆状披针形，先端锐尖或渐尖，基部渐狭，两面近边缘有黑色腺点和腺条。总状花序顶生；苞片线状披针形；花萼裂片披针形，先端渐尖成钻形；花冠白色，裂片倒卵状矩圆形或匙形，先端圆钝；雄蕊与花冠等长，花丝贴生于花冠裂片中下部，花药线形，药隔顶端有红色腺体，背着，纵裂。花期5~6月，果期7~9月。

产于神农架低海拔地区（木鱼，zdg 6742），生于海拔400~900m的山谷林缘、溪边和山坡草地湿润处。全草入药。

图132-53 腺药珍珠菜

24. 北延叶珍珠菜｜Lysimachia silvestrii (Pampanini) Handel-Mazzetti
图132-54

一年生草本。全体无毛。茎直立。叶互生，卵状披针形或椭圆形，先端渐尖，基部渐狭，边缘和先端有暗紫色或黑色粗腺条。总状花序顶生，疏花，花序最下方的苞片叶状，上部的渐次缩小成钻形；花冠白色；花丝贴生于花冠裂片的基部。蒴果球形。花期5~7月，果期8月。

产于神农架新华至兴山公路沿线，生于海拔400~900m的田边或沟边。全草入药。

图132-54 北延叶珍珠菜

25. 延叶珍珠菜 | Lysimachia decurrens G. Forster   图132-55

一年生草本。本种与北延叶珍珠菜相似，唯花冠比花萼长而略有区别。花期5~7月，果期8月。

产于神农架大九湖，生于海拔1800m的田边或沟边。全草入药。

26. 泽珍珠菜 | Lysimachia candida Lindley   图132-56

一年生或二年生草本。全体无毛。基生叶匙形或倒披针形，茎叶互生，很少对生，无柄或近于无柄，倒卵形、倒披针形或线形，先端渐尖或钝，基部渐狭，两面均有深色腺点。总状花序顶生，初时花密集而呈阔圆锥形；苞片线形；花梗长约为苞片的2倍；花萼裂片披针形，背面有黑色短腺条；花冠白色，裂片矩圆形；雄蕊稍短于花冠，花丝贴生至花冠的中下部。花期3~6月，果期4~7月。

产于神农架木鱼镇，生于海拔1500m的田边、溪边和山坡路边潮湿地。全草入药。

27. 异花珍珠菜 | Lysimachia crispidens (Hance) Hemsley   图132-57

多年生草本。茎直立，不分枝。叶互生，卵状椭圆形或宽披针形，先端渐尖，基部渐狭至叶柄，全缘，两面疏生黄色卷毛，有黑色斑点。总状花序顶生，初时花密集，后渐伸长；花萼5裂，裂片宽披针形，边缘膜质；花冠白色或粉红色，裂片5枚，倒卵形，顶端钝或稍凹；雄蕊稍短于花冠。蒴果球形。花期6~7月，果熟期7~8月。

产于神农架新华，兴山县资源较多，生于海拔200~500m的山谷林缘、溪边和山坡草地湿润处。全草入药；花供观赏。

图132-55 延叶珍珠菜

图132-56 泽珍珠菜

图132-57 异花珍珠菜

133. 山茶科 | Theaceae

乔木或灌木。叶互生，叶片革质，无托叶。花两性，稀单性，单生或数花簇生；萼片5至多数，脱落或宿存；花瓣5至多数；雄蕊多数，花丝分离或基部合生；子房上位，稀半下位，2～10室，花柱分离或连合。蒴果，或不分裂的核果及浆果状。种子圆形、多角形或扁平，有时具翅。

约19属600种。我国产12属274余种，湖北产4属12种，神农架产3属11种。

分属检索表

1. 萼片常多于5枚，宿存或脱落；花瓣5～14枚；种子大，无翅 ············1. 山茶属Camellia
1. 萼片5枚，宿存；花瓣3枚；种子较小，有翅或无翅。
　2. 树皮光滑，红色；种子周围有薄翅 ············2. 木荷属Schima
　2. 树皮黑色，纵裂；种子周围有木质翅 ············3. 紫茎属Stewartia

1. 山茶属 Camellia Linnaeus

灌木或乔木。叶革质，互生。花两性，顶生或腋生，单花或2～3朵并生；苞片2～6或多数；萼片5～6枚，分离或基部连生，脱落或宿存；花冠白色、红色或黄色，花瓣5～12或为重瓣，基部连合；雄蕊多数2（～6）轮；子房上位。蒴果。种子圆球形或半圆形，种皮角质。

约120种。我国产97种，湖北产14种，神农架产7种。

分种检索表

1. 苞片未分化，花开放时即脱落；花大，直径5～10cm，花无柄。
　2. 花白色，单瓣。
　　3. 叶长圆形；花柱长2～8mm ············1. 长瓣短柱茶 C. grijsii
　　3. 叶椭圆形；花柱长1～1.5cm ············2. 油茶 C. oleifera
　2. 花红色，稀白色重瓣品种 ············3. 山茶 C. japonica
1. 苞明显分化，苞片宿存或脱落；花较小，直径2～5cm，花有柄。
　4. 子房仅1室发育，子房无毛。
　　5. 叶长大于7cm；嫩枝及花的各部分均无毛 ············4. 连蕊茶 C. cuspidata
　　5. 叶长2～7cm；嫩枝有毛，稀无毛。
　　　6. 叶卵状长圆形；萼片背面有长绒毛或短柔毛 ············5. 贵州连蕊茶 C. costei
　　　6. 叶椭圆形或或披针形；萼片背面无毛或仅有睫毛 ············6. 川鄂连蕊茶 C. rosthorniana
　4. 子房3室均能育，子房有毛 ············7. 茶 C. sinensis

1. 长瓣短柱茶 | Camellia grijsii Hance   图133-1

灌木或小乔木。嫩枝有短柔毛。叶革质，上面中脉基部有短毛，下面中脉有稀疏长毛；叶柄有柔毛。花白色，顶生；苞片半圆形至近圆形，脱落；花瓣5~6枚，先端凹；子房有黄色长粗毛；花柱先端3浅裂。蒴果球形。花期1~3月。

产于神农架木鱼至兴山的龙门河河谷，生于海拔700~900m的河谷林下。种子可供榨油食用。

图133-1　长瓣短柱茶

2. 油茶 | Camellia oleifera Abel   图133-2

灌木或小乔木。嫩枝有粗毛。叶革质，上中脉有毛，边缘有细锯齿或钝齿。花两性，顶生或腋生；萼片5枚，背面有柔毛或绢毛；花瓣白色，外侧有毛；雄蕊多数；子房有黄长毛，花柱先端3裂。蒴果球形或卵圆形。种子1~2枚。花期10~11月，果期翌年10月。

产于神农架各地（阳日长青，zdg 5557），生于海拔600m以下的山坡林下。园林观赏树木；种子、根、叶、花均能入药；种子可供榨油食用。

图133-2　油茶

3. 山茶 | Camellia japonica Linnaeus   图133-3

灌木或小乔木。叶革质，椭圆形，边缘有细锯齿。花两性，顶生，红色；苞片及萼片组成杯状苞被，外被白色柔毛；花瓣5~7枚，外侧有毛；雄蕊多数，3轮；花柱先端3裂。蒴果圆球形。种子有角棱。花期4~5月，果期9~10月。

原产于日本，神农架有栽培。园林观赏树木；花、根、叶、种子均能入药。

4. 连蕊茶 | Camellia cuspidata (Kochs) H. J. Veitch 图133-4

图133-3　山茶

灌木。叶革质，卵状披针形或椭圆形，边缘具细锯齿，叶柄具短毛。花白色，顶生或腋生；苞片卵形；花萼杯状，萼片5枚；花瓣6~7枚；雄蕊多数；花柱顶端3浅裂。蒴果圆球形，苞片和萼片宿存。花期4~7月。

产于神农架新华（zdg 7970）、阳日（长青，zdg 5556），生于海拔600m以下的山坡林下。根入药。

图133-4　尖连蕊茶

5. 贵州连蕊茶 | Camellia costei Leveille 图133-5

灌木或小乔木。嫩枝有短柔毛。叶革质，卵状长圆形，上面中脉有短毛，边缘有钝锯齿；叶柄有短柔毛。花顶生或腋生；苞片三角形，先端有毛；花萼杯状，萼片5枚，先端有毛；花冠白色，花瓣5枚，有睫毛；花柱先端极短3裂。蒴果圆球形。花期1~2月。

产于兴山县，生于海拔600m的山坡林下。

图133-5　贵州连蕊茶

6. 川萼连蕊茶 | Camellia rosthorniana Handel-Mazzetti 图133-6

灌木。嫩枝具短柔毛。叶薄革质，椭圆形或卵状长圆形，上面中脉有短毛，边缘密生细小尖锯齿；叶柄有柔毛。花白色，腋生或顶生；苞片先端有睫毛；花萼杯状，萼片5枚，边缘有睫毛；花冠白色；花柱先端极短3裂。蒴果圆球形，有宿存苞片及萼片。花期4月。

产于神农架九湖（东溪），生于海拔600m的山坡林下。

图133-6　川萼连蕊茶

7. 茶 | Camellia sinensis (Linnaeus) Kuntze 图133-7

灌木。叶革质，长圆形或椭圆形，下面无毛或有柔毛，边缘有锯齿。花两性，白色，腋生；萼片具睫毛，宿存；花瓣背面无毛或有短柔毛；雄蕊多数；子房上位，被绒毛；花柱1，先端3裂。蒴果。花期10～11月，果期翌年10～11月。

产于神农架红花、九冲、新华、阳日（长青，zdg 5558），生于海拔600m的山坡林下，也普遍栽培。叶为著名饮料；芽叶、根、果实、花还可入药。

图133-7　茶

2. 木荷属 Schima Reinwardt

乔木。叶全缘或有锯齿。花大，两性，腋生，白色；苞片2～7枚；萼片5枚，离生或基部连生，宿存；花瓣5枚，最外1枚呈风帽状，另4枚卵圆形，离生；雄蕊多数，花丝扁平；子房被毛，柱头头状或5裂。蒴果球形，木质；中轴宿存，五角形。种子周围有薄翅。

约20种。我国产13种，湖北产3种，神农架均产。

分种检索表

1. 叶披针形或长圆形，下面有毛，至少中脉有毛 ············ 1. 小花木荷 S. parviflora
1. 叶椭圆形，下面无毛。
   2. 萼片半圆形 ··· 2. 中华木荷 S. sinensis
   2. 萼片圆形 ··· 3. 木荷 S. superba

1. 小花木荷 | Schima parviflora W. C. Cheng et H. T. Chang 图133-8

乔木。嫩枝被柔毛。叶片薄革质或近膜质，长圆形或披针形，下面有短柔毛，边缘有细钝齿，叶柄被柔毛。花小，白色，4～8朵生于枝顶呈总状，花柄有柔毛；萼片背面有毛；花瓣倒卵形，外面有毛；子房被毛，花柱短。蒴果近球形。花期6～8月。

产于神农架下谷（石柱村），生于海拔700m的山坡林中。用材树种。

2. 中华木荷 | Schima sinensis (Hemsley et E. H. Wilson) Airy Shaw 图133-9

乔木。嫩枝粗大，无毛。叶革质，长椭圆形或椭圆形，长12～16cm，宽5～7cm，先端尖锐，基部钝，侧脉9～10对。花生于枝顶叶腋；苞片2枚，卵圆形，长8～14mm，无毛，紧贴在萼片下；萼片圆形，长5～6mm，背面无毛，内面有绢毛；花瓣长2.5cm，外面无毛；雄蕊长1.2cm；子房有毛。蒴果直径2cm。花期7～8月。

产于神农架木鱼（老君山水河上游，鄂神农架植考队 31241），生于海拔1700m的山坡林中。

图132-8 小花木荷

图133-9 中华木荷

3. 木荷 | Schima superba Gardner et Champion 图133-10

乔木。叶片革质或薄革质，卵状椭圆形、长圆形或卵状椭圆形，边缘有钝齿；叶柄长1~2cm。花白色，腋生或顶生；萼片半圆形，内有白色绢毛；花瓣基部及缘部有毛；子房上位，基部密被绢毛；柱头5裂。蒴果木质，疏生细毛。花期4~5月，果熟期9~10月。

原产于我国华中至华南、华东地区，巴东县、兴山县有栽培。森林防火树种；根皮、叶入药。

图133-10　木荷

3. 紫茎属 Stewartia Linnaeus

乔木。芽有鳞苞。叶薄革质。花单生于叶腋，有短柄；萼片宿存；花瓣白色，基部连生；雄蕊多数，花丝下半部合生，花丝管上端有毛；子房5室，胚珠基底着生，柱头5裂。蒴果，先端尖，略有棱，室背5裂，木质，每室种子1~2枚。种子周围有狭翅，宿萼大，常包着蒴果。

15种，分布于东亚及北美的亚热带。我国产10种，湖北产2种，神农架产1种。

紫茎 | Stewartia sinensis Rehder et Wilson 图133-11

灌木或小乔木。冬芽苞被短柔毛。叶纸质，边缘有粗齿，叶腋有簇生毛丛；叶柄有沟槽。萼片基部合生，有毛；花瓣白色，基部合生，外有绢毛；雄蕊多数，基部合生，花药被毛；子房上位，5室，有毛；柱头5裂。蒴果木质。种子有狭翅。花期6月，果期9~10月。

产于神农架九湖、红坪（红桦，zdg 7815）、松柏、阳日（麻湾，zdg 5334），生于海拔1500~1800m的山地杂木林中。树皮、根或果入药。

图133-11　紫茎

134. 山矾科 | Symplocaceae

灌木或乔木。单叶，互生，通常具锯齿、腺质锯齿或全缘，无托叶。花辐射对称，两性，稀单性，排成穗状花序、总状花序或圆锥花序，稀单生；花通常为1枚苞片和2枚小苞片所承托；萼通常5裂，常宿存；花冠裂片通常为5枚，覆瓦状排列；雄蕊通常多数，着生于花冠筒上，花药近球形，2室，纵裂；子房下位或半下位，顶端常具花盘和腺点，2~5室，花柱1裂，柱头小，头状或2~5裂；胚珠每室2~4枚，下垂。果为核果，顶端冠以宿存的萼裂片。

单属科，200余种。中国产42种，湖北产15种，神农架产6种。

山矾属 Symplocos Jacquin

形态特征、种数和分布同科。

200余种。中国产42种，湖北产15种，神农架产6种。

分种检索表

1. 叶片的中脉在叶面凸起或微凸起；子房顶端的花盘有毛。
    2. 嫩枝无毛，具棱角·· 1. 光亮山矾 S. lucida
    2. 嫩枝有短柔毛，无棱角·· 2. 薄叶山矾 S. anomala
1. 叶片的中脉在叶面凹下或平坦；花盘无毛，很少有柔毛。
    3. 花集成圆锥花序；子房2室，落叶性······························· 3. 白檀 S. paniculata
    3. 花单生或集成总状花序、穗状花序、团伞花序；子房通常3室，通常常绿性。
        4. 核果坛形、卵形；花排成总状花序，很少排成穗状花序。
            5. 核果坛形·· 4. 山矾 S. sumuntia
            5. 核果圆柱形或卵形·· 5. 多花山矾 S. ramosissima
        4. 核果球形或圆柱形；花排成穗状花序或团伞花序················ 6. 光叶山矾 S. lancifolia

1. 光亮山矾 | Symplocos lucida (Thunberg) Siebold et Zuccarini 图134-1

常绿小乔木。小枝粗壮，黄绿色，无毛。叶革质，边缘具波状浅锯齿，中脉和侧脉在叶面均凸起，侧脉每边8~12条。穗状花序与叶柄等长或稍短，基部分枝；花序轴具短柔毛；花萼裂片长圆形。花冠5深裂几达基部。核果椭圆形，顶端有直立的宿萼裂片。花期3~4月，果期6~8月。

图134-1　光亮山矾

产于神农架木鱼，生于海拔1400~1800m的山坡林下。

2. 薄叶山矾 | Symplocos anomala Brand 图134-2

小乔木或灌木。叶薄革质，狭椭圆形、椭圆形或卵形，全缘或具锐锯齿。总状花序腋生；花萼被微柔毛，裂片半圆形；花冠白色，有桂花香，5深裂几达基部；雄蕊20~100枚，花丝基部稍合生；花盘环状；子房3室。核果褐色，长圆状球形，被短柔毛，有明显的纵棱。花果期4~12月。

产于神农架各地（阳日长青，zdg 5895），生于海拔1000~1700m的山地杂木林中。果实入药。

图134-2　薄叶山矾

3. 白檀 | Symplocos paniculata (Thunberg) Miquel 檀花青，乌子树
图134-3

落叶灌木或小乔木。叶膜质或薄纸质，卵形，边缘有细尖锯齿。圆锥花序；花萼萼筒褐色，裂片半圆形或卵形，淡黄色，有纵脉纹，边缘有毛；花冠白色，5深裂几达基部；雄蕊25~60枚；子房2室；花盘具5枚凸起的腺点。核果熟时蓝色，卵状球形，稍偏斜。花期4~6月，果期9~11月。

产于神农架红坪（阴峪河站，zdg 7736），生于海拔760~2500m的山坡、路边、疏林或密林中。全株入药；花供观赏。

图134-3　白檀

4. 山矾 | Symplocos sumuntia Buchanan-Hamilton ex D. Don 图134-4

乔木。叶薄革质，卵形或椭圆形，边缘具浅锯齿或波状齿，有时近全缘。总状花序；花萼萼筒倒圆锥形，裂片三角状卵形；花冠白色，5深裂几达基部，裂片背面有微柔毛；雄蕊23~40枚，花丝基部稍合生；花盘环状；子房3室。核果卵状坛形。花期2~3月，果期6~7月。

产于神农架各地（阳日长青，zdg 5765），生于海拔200~1500m的山林间。根、叶、花入药。

图134-4 山矾

5. 多花山矾 | Symplocos ramosissima Wallich ex G. Don 图134-5

灌木或小乔木。叶膜质，椭圆状披针形或卵状椭圆形，边缘有腺锯齿。总状花序，基部分枝；花萼被短柔毛，裂片阔卵形，顶端圆；花冠白色，5深裂几达基部；雄蕊30～40枚，长短不一；花盘有5枚腺点；子房3室。核果长圆形，顶端宿萼裂片张开。花期4～5月，果期5～6月。

产于神农架各地（阳日长青，zdg 5764），生于海拔1000～2600m的溪边阴湿的密林中。花供观赏。

6. 光叶山矾 | Symplocos lancifolia Siebold et Zuccarini 刀灰树，滑叶常山 图134-6

小乔木。叶纸质或近膜质，干后有时呈红褐色，卵形至阔披针形，边缘具稀疏的浅钝锯齿。穗状花序；花萼5裂，裂片卵形；花冠淡黄色，5深裂几达基部，裂片椭圆形；雄蕊约15～40枚，花丝基部稍合生；子房3室。核果近球形，顶端宿萼裂片直立。花期3～11月，果期6～12月。

产于神农架各地，生于海拔1200m以下的林中。全株入药。

图134-5 多花山矾　　　图134-6 光叶山矾

135. 安息香科 Styracaceae

乔木或灌木。常被毛。单叶，互生，无托叶。总状花序、聚伞花序或圆锥花序；小苞片常早落；花两性，很少杂性，辐射对称；花萼杯状或钟状，通常顶端4~5齿裂；花冠合瓣，极少离瓣，裂片常4~5枚；雄蕊常为花冠裂片数的2倍，花药内向，2室，纵裂，花丝通常基部扁，部分或大部分合生成管，常贴生于花冠管上；子房3~5室，中轴胎座；花柱丝状或钻状。核果而有肉质外果皮或为蒴果，稀浆果，具宿存花萼。

约11属180种。我国产10属54种，湖北产4属18种，神农架产4属7种。

分属检索表

1. 果实的一部分或大部分与宿存花萼合生；子房下位。
  2. 伞房状圆锥花序；果皮较薄，脆壳质⋯⋯⋯⋯⋯⋯⋯⋯⋯⋯⋯⋯1. 白辛树属Pterostyrax
  2. 总状聚伞花序；果皮较厚，木质或肉质⋯⋯⋯⋯⋯⋯⋯⋯⋯⋯⋯⋯2. 秤锤树属Sinojackia
1. 果实与宿存花萼分离或仅基部稍合生；子房上位。
  3. 蒴果开裂；种子多数，两端有翅⋯⋯⋯⋯⋯⋯⋯⋯⋯⋯⋯⋯⋯⋯3. 赤杨叶属Alniphyllum
  3. 核果肉质；种子少数，无翅⋯⋯⋯⋯⋯⋯⋯⋯⋯⋯⋯⋯⋯⋯⋯⋯4. 安息香属Styrax

1. 白辛树属Pterostyrax Siebold et Zuccarini

乔木或灌木。叶互生，有叶柄，边缘有锯齿。伞房状圆锥花序；花梗与花萼之间有关节；花萼钟状，5脉，顶端5齿，萼管全部贴生于子房上；花冠5裂，裂片常基部稍合生；雄蕊10枚，伸出，1列，花药卵形；子房近下位，常3室，胚珠每室4枚，花柱棒状，延伸，柱头不明显3裂。核果干燥，几全部为宿存的花萼所包围。

4种。我国产2种，湖北产2种，神农架产1种。

白辛树 Pterostyrax psilophyllus Diels ex Perkins 图135-1

乔木。树皮呈不规则开裂。叶硬纸质，长椭圆形或倒卵形，边缘具细锯齿。圆锥花序顶生或腋生，第二次分枝几成穗状；花白色；花萼钟状，5脉，萼齿披针形；花瓣匙形；雄蕊10枚，近等长，伸出，花药长圆形，稍弯；子房密被灰白色粗毛，柱头稍3裂。果近纺锤形，5~10棱，密被硬毛。花期4~5月，果期8~10月。

产于神农架各地（鸭子口—坪堑，zdg 6378），生于海拔1600~2500m的山坡林中。庭院观赏树木；根皮入药。

2. 秤锤树属 Sinojackia Hu

落叶乔木或灌木。冬芽裸露。叶互生，近无柄或具短柄，边缘有硬质锯齿，无托叶。总状聚伞花序开展，生于侧生小枝顶端；花白色，常下垂；萼齿4～7枚，宿存；花冠4～7裂，裂片在花蕾时作覆瓦状排列；雄蕊8～14枚。果实木质，除喙外几全部为宿存花萼所包围并与其合生；外果皮肉质，不开裂，具皮孔；中果皮木栓质；内果皮坚硬，木质。种子1枚，长圆状线形，种皮硬骨质；胚乳肉质。

5种。我国特有，湖北产3种，神农架栽培1种。

秤锤树 | Sinojackia xylocarpa Hu 图135-2

乔木。高达7m。叶纸质，倒卵形或椭圆形，长3～9cm，宽2～5cm，顶端急尖，基部楔形或近圆形，边缘具硬质锯齿。总状聚伞花序生于侧枝顶端，有花3～5朵；花梗柔弱而下垂，疏被星状短柔毛；花冠裂片长圆状椭圆形，顶端钝。果实卵形，红褐色，有浅棕色的皮孔，无毛。花期3～4月，果期7～9月。

原产于我国江苏省，中国科学院神农架生态站有栽培。国家二级重点保护野生植物；庭院观赏树木。

图135-1 白辛树

图135-2 秤锤树

3. 赤杨叶属 Alniphyllum Matsumura

落叶乔木。叶互生，边缘有锯齿，无托叶。总状花序或圆锥花序，花两性，花梗与花萼之间有关节；花萼杯状，顶端有5齿；花冠钟状，5深裂；裂片在花蕾时作覆瓦状排列；雄蕊10枚，5长5短，相间排列；花药卵形；子房卵形，近上位，5室，每室有胚珠8～10枚；花柱线形，柱头不明显5裂。蒴果长圆形，成熟时室背纵裂成5果瓣。

3种。我国全产，湖北产1种，神农架亦产。

赤杨叶 | Alniphyllum fortunei (Hemsley) Makino 图135-3

乔木。树皮有细纵皱纹。叶嫩时膜质，干后纸质，椭圆形，边缘具疏离硬质锯齿，两面被毛。

总状花序或圆锥花序；花白色或粉红色，小苞片钻形；花萼杯状，萼齿卵状披针形；花冠裂片长椭圆形，顶端钝圆；雄蕊10枚，花丝膜质；子房密被黄色长绒毛。果实长圆形或长椭圆形；外果皮肉质。花期4~7月，果期8~10月。

产于神农架各地，生于海拔1200~2200m的山坡阔叶林中。庭院观赏树木；用材树种；根、心材入药。

图135-3　赤杨叶

4. 安息香属 Styrax Linnaeus

乔木或灌木。单叶互生，多少被毛。总状花序、圆锥花序或聚伞花序，极少单花或数花聚生；花萼杯状或钟状，与子房基部完全分离或稍合生，顶端常5齿；花冠常5深裂，花冠管短；雄蕊10枚，近等长；花药长圆形，药室平行；子房上位，上部1室，下部3室，每室有胚珠1~4枚；花柱钻状。核果肉质，干燥，不开裂或不规则3瓣开裂。

约130种。我国产31种，湖北产12种，神农架产4种。

分种检索表

1. 花梗较长或等长于花　1. 野茉莉 S. japonicus
1. 花梗较短于花。
　　2. 小枝最下2叶近对生　2. 老鸹铃 S. hemsleyanus
　　2. 叶全为互生。
　　　　3. 种子表面有鳞片状毛；花丝中部弯曲　3. 芬芳安息香 S. odoratissimus
　　　　3. 种子表面无毛；花丝直　4. 栓叶安息香 S. suberifolius

1. 野茉莉 | Styrax japonicus Siebold et Zuccarini　木橘子，黑茶花

图135-4

木或小乔木。树皮平滑。叶互生，纸质或近革质，椭圆形。总状花序顶生，有花5~8朵；有时

下部的花生于叶腋；花白色，开花时下垂；小苞片线形；花萼漏斗状，膜质，萼齿短而不规则，无毛；花冠裂片卵形，两面均被柔毛；花丝扁平，花药长圆形。果实卵形，顶端具短尖头，有不规则皱纹。花期4~7月，果期9~11月。

产于神农架各地（板仓—阳日，zdg 6128），生于海拔400~1800m的山地疏林中。全株及花入药；花供观赏。

图135-4　野茉莉

2. 老鸹铃 | Styrax hemsleyanus Diels　图135-5

乔木。叶纸质，生于小枝下部的2叶近对生，长圆形，上部边缘具锯齿或有时近全缘。总状花序；花白色，芳香；花萼杯状，顶端5齿，萼齿钻形或三角形，边缘和顶端常具褐色腺体；花冠裂片椭圆形，两面均密被绒毛；雄蕊较花冠裂片短，花药长圆形。果实球形至卵形，顶端具短尖头，稍具皱纹。花期5~6月，果期7~9月。

产于神农架各地（木鱼千家坪，zdg 6707），生于海拔1000~2500m的向阳山坡林中。果实入药；花供观赏。

3. 芬芳安息香 | Styrax odoratissimus Champion ex Bentham　图135-6

小乔木。树皮不开裂。叶互生，薄革质至纸质，卵形或椭圆形，边全缘或上部有疏锯齿。总状或圆锥花序，顶生，下部的花常生于叶腋；花白色，小苞片钻形；花萼膜质，杯状；花冠裂片膜质，椭圆形；雄蕊较花冠短，花丝中部弯曲，花药披针形；花柱被白色星状柔毛。果实近球形，顶端骤缩而具弯喙，密被绒毛。花期3~4月，果期6~9月。

产于神农架宋洛、新华（zdg 7976）、阳日（麻湾，zdg 6026），生于海拔600~1600m的阴湿山谷林中。叶能入药；花供观赏。

图135-5 老鸹铃

图135-6 芬芳安息香

4. 栓叶安息香 | Styrax suberifolius Hooker et Arnott 图135-7

乔木。树皮粗糙。叶互生，革质，椭圆形或椭圆状披针形，近全缘，下面密被褐色星状绒毛。总状花序或圆锥花序；花白色，小苞片钻形或舌形；花萼杯状，萼齿三角形或波状；花冠4（~5）裂，裂片披针形或长圆形，边缘常狭内褶，花冠管短；雄蕊8~10枚，较花冠稍短，花药长圆形；花柱约与花冠近等长，无毛。果实卵状球形，密被绒毛。花期3~5月，果期9~11月。

产于神农架新华、阳日，生于海拔400~1000m的常绿阔叶林中。根、叶入药。

图135-7 栓叶安息香

136. 猕猴桃科 | Actinidiaceae

乔木、灌木或藤本。被毛。单叶，互生。花序腋生，聚伞状或总状，或1花单生；花两性或雌雄异株；萼片覆瓦状排列，稀镊合状排列；花瓣覆瓦状排列，分离或基部合生；雄蕊10～13枚，2轮排列，或多数；花药纵缝开裂或顶孔开裂；花柱分离或合生为一体；子房多室或3室，中轴胎座。果为浆果或蒴果。种子多数或1枚，具肉质假种皮。

3属357种。我国产3属66余种，湖北产2属17种，神农架产2属11种。

分属检索表

1. 雌雄异株，雄蕊多数，花柱分离；浆果无棱；种子多数……………………1. 猕猴桃属 Actinidia
1. 花两性，雄蕊10枚，花柱合生；果为蒴果，具5棱；种子5枚……2. 藤山柳属 Clematoclethra

1. 猕猴桃属 Actinidia Lindley

本质藤本。无毛或被毛。单叶互生，具锯齿或近全缘。花单生或成聚伞花序，腋生或生于短花枝下部，雌雄异株；萼片5（2～4），分离或基部合生；雄蕊多数；子房上位，无毛或有毛，中轴胎座；雄花中有退化子房。浆果，有或无斑点。种子多数。

约54种。我国约产52种，湖北产14，神农架产10种。

分种检索表

1. 植物体无毛或有少数毛。
    2. 子房圆状或瓶状；果实无斑点，先端有喙或无喙。
        3. 髓片层状，白色至褐色。
            4. 髓白色；叶无变白现象；花淡绿色，子房瓶状；果先端有喙。
                5. 叶背面非粉绿色……………………………………1. 软枣猕猴桃 A. arguta
                5. 叶背面粉绿色或浅粉绿色……………………2. 黑蕊猕猴桃 A. melanandra
            4. 髓茶褐色；叶有变白现象；花白色；子房圆柱状。
                6. 叶两侧不对称，边缘具重锯齿；果扁柱形………3. 狗枣猕猴桃 A. kolomikta
                6. 叶两侧基本对称；果卵珠形…………………………4. 四萼猕猴桃 A. tetramera
        3. 髓实心，白色………………………………………………5. 葛枣猕猴桃 A. polygama
    2. 子房圆柱形或圆球形；果实有斑点，先端无喙。
        7. 髓实心………………………………………6. 革叶猕猴桃 A. rubricaulis var. coriacea
        7. 髓片层状。

8. 叶背面非粉绿色 ··· 7. 硬齿猕猴桃 A. callosa
8. 叶背面粉绿色或浅粉绿色 ··································· 8. 毛蕊猕猴桃 A. trichogyna
1. 植物体密被茸毛。
9. 叶背面绿色 ··· 9. 中华猕猴桃 A. chinensis
9. 叶背面白色 ··· 10. 城口猕猴桃 A. chengkouensis

1. 软枣猕猴桃 | Actinidia arguta (Siebold et Zuccarini) Planchon ex Miquel

分变种检索表

1. 叶背脉腋上有髯毛，叶两侧对称 ····························· 1a. 软枣猕猴桃 A. arguta var. arguta
1. 叶背较普遍被卷曲柔毛，叶两侧不对称 ················· 1b. 陕西猕猴桃 A. arguta var. giraldii

1a. 软枣猕猴桃（原变种）Actinidia arguta var. arguta 图136-1

藤本。小枝基本无毛，髓片层状。单叶互生，阔椭圆形或阔倒卵形，先端凸尖或短尾尖，基部圆形或心形，边缘有锐锯齿；背面仅脉腋上有白色髯毛。花序聚伞状腋生；花单性，花药暗紫色。果成熟时绿黄色，球圆形至柱状长圆形，无斑点，顶端有钝喙。花期6～7月，果期9月。

产于神农架各地，生于海拔1400～2400m的山坡灌木丛中。根、叶、果实入药；果可食。

1b. 陕西猕猴桃（变种）Actinidia arguta var. giraldii (Diels) Voroschilov 图136-2

藤本。单叶互生，叶片纸质，阔椭圆形、阔卵形或近圆形，顶端急尖，基部圆形或微心形，两端常后仰，边缘锯齿不内弯，背面普遍被卷曲柔毛。花序腋生，聚伞状；花淡绿色，花药黑色。果卵珠形，顶端有较尖的喙，萼片早落。

产于神农架宋洛、阳日，生于海拔1400m的山坡灌木丛中。

图136-1　软枣猕猴桃

图136-2　陕西猕猴桃

2. 黑蕊猕猴桃 | Actinidia melanandra Franchet 图136-3

藤本。髓褐色或淡褐色，片层状。叶纸质，椭圆形，顶端尾状短渐尖，基部楔形至阔楔形，两侧多不对称，背面粉绿色，侧脉腋上有淡褐色髯毛。花1~7朵，薄被小茸毛；萼片5或4枚，边缘有流苏状缘毛；花瓣4~6枚；花药黑色，花丝丝状；子房瓶状。果瓶状卵珠形，无毛，顶端有喙。花期5~6月。

产于神农架木鱼、新华，生于海拔1600~1800m的沟谷林中。根入药。

图136-3　黑蕊猕猴桃

3. 狗枣猕猴桃 | Actinidia kolomikta (Maximowicz et Ruprecht) Maximowicz 图136-4

藤本。髓隔片状。叶片膜质或薄纸质，先端渐尖，基部心形，近截形，常不对称，边缘具刚毛状细锯齿，两面无毛或上面生刚毛或下面沿叶脉有柔毛。花单性，花序聚伞状腋生；萼片5枚，花瓣5枚，白色或淡红色；雄蕊多数，花药近箭头形；花柱丝状。浆果球形或长圆状卵形，无毛。花期5~6月，果期8~9月。

产于神农架各地，生于海拔1400~2500m的山地林或灌丛中。果实入药。

图136-4　狗枣猕猴桃

4. 四萼猕猴桃 | Actinidia tetramera Maximowicz 图136-5

藤本。小枝红褐色。髓褐色，片层状。叶片薄纸质，长卵形或椭圆披针形，基部楔状狭圆形或截形，两侧不对称，边缘有细锯齿，背脉被白色髯毛。花单生，花瓣瓢状倒卵形，白色；萼片边缘有极细睫状毛；花丝基部膨大如棒头；子房榄球形。浆果卵珠状，具宿存萼片。花期5~6月，果期9月。

产于神农架各地，生于海拔1500~2500m的沟谷、林缘、路边。果实入药。

图136-5 四萼猕猴桃

5. 葛枣猕猴桃 | Actinidia polygama (Siebold et Zuccarini) Maximowicz 图136-6

藤本。幼枝略被微柔毛。髓实心。叶膜质或薄纸质，椭圆卵形，边缘有细锯齿，腹面略被小刺毛，背面略被微柔毛或小刺毛。花1~3朵，白色；萼片5枚，薄被微茸毛或近无毛；花瓣5枚，略被微茸毛；花丝线形。浆果，卵珠形或柱状卵珠形，顶端有喙，基部有宿存萼片。花期6~7月，果期9~10月。

产于神农架各地（板仓—坪堑，zdg 7257），生于海拔1200~1900m的林缘或沟谷林中。枝叶、根、带虫瘿的果实入药。

图136-6 葛枣猕猴桃

6. 革叶猕猴桃（变种）| Actinidia rubricaulis Dunn var. coriacea C. F. Liang 图136-7

藤本。枝具淡白色线状皮孔。髓实心。叶片革质，倒披针形或长圆状披针形，具粗大锯齿。花1或2~4朵，红色；花梗无毛，花被5枚；萼片内有白色短柔毛；雄蕊多数，花丝红色；子房密生白色短绒毛，花柱丝状。浆果，褐色，成熟时无毛，有白色斑点。花期5~6月，果期9~10月。

产于神农架新华（zdg 7969）、阳日（长青，zdg 5912和zdg 5529），生于海拔600m的山地灌丛中、林中或沟边。根、果实入药。

图136-7　革叶猕猴桃

7. 硬齿猕猴桃 ｜ Actinidia callosa Lindley

分变种检索表

1. 全株被有茸毛或柔毛，毛少且微小 ················ 7a. 硬齿猕猴桃 A. callosa var. callosa
1. 叶背脉腋无毛或腹面偶见糙伏毛。
   2. 叶椭圆形或长圆形；果实乳头状圆柱形 ············ 7b. 京梨猕猴桃 A. callosa var. henryi
   2. 叶椭圆形至倒卵形；果卵球状或近圆球 ············ 7c. 异色猕猴桃 A. callosa var. discolor

7a. 硬齿猕猴桃（原变种）Actinidia callosa var. callosa　图136-8

藤本。小枝无毛或有极少量硬毛。髓不规则片层状。叶片薄革质或纸质，卵形、阔卵形或椭圆形，先端短渐尖，基部圆形至楔形，边缘具细锯齿，两面无毛。花序聚伞状腋生；花单性，萼片5枚，花瓣5枚；雄蕊多数，先端具喙；子房密被长柔毛。浆果，成熟后无毛，具斑点及宿存萼片。花期4~5月，果期7~9月。

产于神农架各地，生于海拔1000~1800m

图136-8　硬齿猕猴桃

的山地林中。根皮入药。

7b. 京梨猕猴桃（变种）Actinidia callosa var. henryi Maximowicz 图136-9

藤本。小枝无毛或有极少量硬毛。髓呈隔片状。叶片薄革质或纸质，卵形、阔卵形，基部圆形至楔形，边缘具细锯齿，叶背面脉腋内有白色髯毛。花序聚伞状腋生；花单性，萼片5枚，花瓣5枚；雄蕊多数，花药先端具喙；子房密被长柔毛。浆果乳头状至矩圆圆柱状。花期5～6月，果期9～10月。

产于神农架各地（阳日长青，zdg 5527），生于海拔600～1400m的灌木丛中及沟边。根皮、种子入药；果实可食。

图136-9　京梨猕猴桃

7c. 异色猕猴桃（变种）Actinidia callosa var. discolor C. F. Liang 图136-10

藤本。髓不规则片层状。叶片坚纸质，椭圆形、矩状椭圆形至倒卵形，顶端急尖，基部阔楔形或钝形，边缘有粗钝的或波状的锯齿；叶脉发达；雄蕊先端具喙。浆果较小，卵珠形或近球形。

产于神农架各地，生于海拔1000m以下的山坡林缘。

图136-10　异色猕猴桃

8. 毛蕊猕猴桃 | Actinidia trichogyna Franchet 图136-11

中型落叶藤本。叶纸质至软革质（成熟叶），卵形至长卵形，长5～10cm，宽3～6cm，顶端急尖至渐尖，基部钝形至圆形乃至浅心形，叶纸质至软革质（成熟叶），卵形至长卵形，长5～10cm，宽3～6cm，顶端急尖至渐尖，基部钝形至圆形乃至浅心形。果大，多数单生，少数一序2果甚至有3果的。种子长约2mm。花期5月下旬至7月上旬，果期10月。

产于巫山县（竹贤下庄后山，周洪富和粟和毅 110222），生于海拔1280m以下的山坡林缘。

图136-11 毛蕊猕猴桃

9. 中华猕猴桃 | Actinidia chinensis Planchon

分变种检索表

1. 植株薄被灰白色茸毛·················9a. 中华猕猴桃 A. chinensis var. chinensis
1. 植株薄被硬质的糙毛、硬毛或刺毛·········9b. 硬毛猕猴桃 A. chinensis var. hispida

9a. 中华猕猴桃（原变种）Actinidia chinensis var. chinensis 图136-12

藤本。幼枝被柔毛。髓白色，片层状。叶纸质，倒阔卵形、卵圆形或圆形，边缘具睫状小齿，腹面无毛或少被毛，背面被灰白色或淡褐色绒毛；叶柄被灰白色茸毛。花单性，淡黄色；萼片5枚，密被黄褐色绒毛；花瓣5枚；雄蕊多数；子房被金黄色糙毛，花柱狭条形。浆果被软茸毛，成熟时具淡褐色斑点及宿存萼片。花期6～7月，果期8～9月。

产于神农架各地（阳日长青，zdg 5528），生于海拔500～1600m的林中、路旁或沟边。著名水果；果实、根、藤或藤汁、枝叶均可入药。

9b. 硬毛猕猴桃（变种）Actinidia chinensis var. hispida C. F. Liang 图136-13

藤本。幼枝被柔毛；花枝被黄褐色长硬毛。髓白色，片层状。叶片纸质，倒阔卵形至倒卵形，先端凸尖，基部阔楔形至心脏形，边缘具刺毛状齿，腹面无毛或被少量软毛或短糙毛，

图136-12 中华猕猴桃

背面被灰白色或淡褐色绒毛；叶柄被黄褐色长硬毛。花较大；子房被糙毛。浆果被刺毛状长硬毛。花期6～7月，果期8～9月。

产于神农架各地，生于海拔650～1900m的沟谷林中。著名水果；果实、根、藤或藤汁、枝叶均可入药。

图136-13　硬毛猕猴桃

10. 城口猕猴桃 ｜ Actinidia chengkouensis C. Y. Chang　图136-14

藤本。小枝密被黄褐色或红褐色长硬毛。髓片层状。叶片纸质，团扇状倒卵形，先端截平、微凹或凸尖，基部截平状浅心形，边缘具睫状小齿，两面被毛；叶柄密被长硬毛。花序色；萼片4枚，两面被黄褐色茸毛；花瓣6枚；退化子房近球形，密被泥黄色茸毛。果球形或球状卵珠形，密被泥黄色长硬毛。花期6月。

产于神农架九湖（大界岭，zdg 7952），生于海拔2000m的山坡林缘。果实可食。本种与中华猕猴桃可靠的区别在于：叶背被白粉，但在干标本的情况下白粉消失不见，作为中华猕猴桃的变种处理更为妥当。

图136-14　城口猕猴桃

2. 藤山柳属 Clematoclethra Maximowicz

木质藤本。小枝无毛或被毛。单叶互生，无托叶，叶有毛或无毛。花单生或聚伞状；花瓣及萼片覆瓦状；萼片基部连合，有或无毛，果时宿存；雄蕊10枚，花药卵形，基部2裂；子房上位，具5棱，中轴胎座，花柱有5细条纹。蒴果，具5棱，不开裂，顶端有宿存柱头。种子倒三角形。

单种属，曾被划分为20余种。我国特有，神农架也有。

1. 藤山柳 | Clematoclethra scandens (Franchet) Maximowicz

藤本。长达6m。幼枝稍被短柔毛或无毛。叶卵形，长4~9cm，宽2~5cm，先端渐尖，基部圆形或近心形，边缘有睫毛状细齿，叶上面于叶脉散生软刺毛，叶下沿叶脉有短绒毛；叶柄长2~6cm，几无毛。聚伞花序有2~7朵花，总花梗及花梗被绒毛；萼片5枚，卵状圆形，长4mm，有绒毛，宿存；花瓣5枚，白色，无毛；雄蕊10枚；子房5室。果球形，直径约7mm，黑色。花期7~8月，果期8~9月。

分亚种检索表

1. 植物体基本不被毛；花序有1~3花 ……… 1a. 猕猴桃藤山柳 C. scandens subsp. actinidioides
1. 植物体被有绒毛或绵毛；花序有6~12花 ……… 1b. 繁花藤山柳 C. scandens subsp. hemsleyi

1a. 猕猴桃藤山柳（亚种）Clematoclethra scandens subsp. actinidioides (Maximowicz) Y. C. Tang et Q. Y. Xiang 图136-15

藤本。小枝褐色，无毛或被微柔毛。叶卵形或椭圆形，叶缘具纤毛状齿，背面仅脉腋上有髯毛；叶柄无毛或略被微柔毛。花白色，花序柄被微柔毛，具1~3朵花；小苞片边缘具细纤毛；萼片倒卵形，无毛或略被柔毛。果近球形，紫红色或黑色。花期5~6月，果期7~8月。

产于神农架各地，生于海拔2300~3000m的山地沟谷林缘或灌丛中。

1b. 繁花藤山柳（亚种）Clematoclethra scandens subsp. hemsleyi (Baillon) Y. C. Tang et Q. Y. Xiang 图136-16

藤本。幼枝被棕褐色绒毛，后变无毛，茎皮具密皮孔。叶薄革质，卵形或卵状椭圆形，先端渐尖，基部圆形或近心形，边缘具细锯齿，叶下沿叶脉被棕褐色绒毛。聚伞花序腋生，总花梗细，具6~12朵花，被绒毛；萼片5枚，椭圆形，宿存；花瓣5枚，宽椭圆形；雄蕊10枚，短于花瓣；子房5室，无毛，花柱线形。果球形，黑色。花期7~8月，果期8~9月。

产于神农架各地，生于海拔1500~2300m的山地沟谷林缘或灌丛中。

图136-15　猕猴桃藤山柳

图136-16　繁花藤山柳

137. 桤叶树科 | Clethraceae

灌木或乔木。单叶互生，往往集生于枝端，脱落，稀常绿，有叶柄，无托叶。花两性，稀单性，整齐，常成顶生稀腋生的单总状花序或分枝成圆锥状或近于伞形状的复总状花序；花萼碟状，宿存；花瓣5（~6）枚，分离，顶端往往有微缺或为流苏状；雄蕊10（~12）枚，分离，无花盘，排成2轮；子房上位。果为蒴果，近球形，有宿存的花萼及宿存的花柱，室背开裂成3果瓣。种子多而小，富油分。

单属科，约65种。我国7种，湖北6种，神农架4种。

桤叶树属 Clethra Linnaeus

特征同科的特征。

65种。我国产7种，湖北产6种，神农架产4种。

分种检索表

1. 花梗在花期长于萼片，花瓣顶端微缺，稀为流苏状或浅啮蚀状。
    2. 总状花序单一或间有分枝················1. 云南桤叶树 C. delavayi
    2. 总状花序分枝成圆锥状或伞形状的复总状花序。
        3. 花丝无毛··························2. 髭脉桤叶树 C. barbinervis
        3. 花丝有毛··························3. 城口桤叶树 C. fargesii
1. 花梗在花期短于萼片，花瓣顶端啮蚀状··················4. 贵州桤叶树 C. kaipoensis

1. 云南桤叶树 | Clethra delavayi Franchet   图 137-1

落叶灌木或小乔木。叶硬纸质，倒卵状长圆形或长椭圆形，稀倒卵形，先端渐尖或短尖，基部楔形，稀宽楔形；花瓣5枚，长圆状倒卵形，顶端中部微凹，两面无毛，边缘两侧近中部有纤毛；雄蕊10枚，短于花瓣。蒴果近球形。种子黄褐色，卵圆形或椭圆形，具3棱，有时略扁平；种皮上有蜂窝状深凹槽。花期7~8月，果期9~10月。

产于神农架木鱼（木鱼坪供销社，236-6部队 2226），生于海拔1400m的山坡林中。

2. 髭脉桤叶树 | Clethra barbinervis Siebold et Zuccarini   图 137-2

落叶灌木或乔木。叶薄纸质，倒卵状椭圆形或倒卵形，稀为长圆形，先端骤然短尖至渐尖，基部窄楔形。总状花序3~6枝成圆锥花序；花瓣5枚，白色，芳香。蒴果近球形，直径约4mm，疏被长硬毛及星状绒毛，宿存花柱长5~6mm；果梗长6~8mm。种子淡黄色，卵圆状长圆形。花期7~8月，果期9月。

产于神农架木鱼（木鱼坪，鄂神农架植考队 32804），生于海拔1250m的山坡林中。

图137-1　云南桤叶树

图137-2　髭脉桤叶树

3. 城口桤叶树 | Clethra fargesii Franchet　图137-3

落叶灌木或乔木。叶纸质，披针状椭圆形或披针形，边缘具锐尖锯齿。总状花序3~7枝，成近伞形圆锥花序；苞片锥形，长于花梗，脱落；萼5深裂，裂片卵状披针形；花瓣5枚，白色，倒卵形，顶端近于截平，稍具流苏状缺刻；雄蕊10枚，花药倒卵形；花柱顶端3深裂。蒴果近球形，向顶部有长毛。花期7~8月，果期9~10月。

产于神农架九湖、木鱼、宋洛、下谷，生于海拔1400~1800m的山坡疏林或灌丛中。根入药。

4. 贵州桤叶树 | Clethra kaipoensis H. Léveillé　图137-4

叶灌木或乔木。叶纸质，长圆状椭圆形或卵状椭圆形，边缘具锐尖锯齿。总状花序4~8枝成伞形花序，极稀单一；苞片线状披针形，长于花梗，脱落，有时宿存；萼5深裂，裂片长圆状卵形；花瓣5枚，白色，倒卵状长圆形，顶端浅啮蚀状；花药倒心脏形；花柱顶端短3裂。蒴果近球形，疏被长硬毛。花期7~8月，果期9~10月。

产于神农架新华，生于海拔1000m的山坡林中。根、叶入药。

图137-3　城口桤叶树

图137-4　贵州桤叶树

138. 杜鹃花科 | Ericaceae

通常为木本或草本植物，有时缺乏叶绿素。叶螺旋状，有时交互对生，边缘通常有齿。花序为总状花序；小苞片成对；花（4～）5基数；花萼覆瓦状排列；花冠合生，覆瓦状排列；雄蕊10枚，有时具距或芒，孔裂，花粉为四分体，稀单分体；子房上位或下位，中轴胎座，稀侧膜胎座，通常每室多胚珠；花柱与花冠近等长，纤细。蒴果或浆果，稀核果，花萼宿存。

约125属4000余种。我国产22属826种，湖北产9属46种，神农架产11属41种。

分属检索表

1. 木本；花被合生。
   2. 果实肉质 ··· 1. 越橘属 Vaccinium
   2. 果实为干质。
      3. 宿存花萼增大并且肉质；蒴果室背开裂，肉质花萼包围 ······ 2. 白珠树属 Gaultheria
      3. 宿存花萼枯萎。
         4. 蒴果室间开裂；花药无附属物 ··· 3. 杜鹃属 Rhododendron
         4. 蒴果室背开裂；花药附属物有或无。
            5. 花药具芒刺，花丝直；叶片边缘通常有锯齿。
               6. 花药芒反折；花序圆锥状 ··· 4. 马醉木属 Pieris
               6. 花药芒直立或平展；花序总状、伞形或伞房状 ······ 5. 吊钟花属 Enkianthus
            5. 花药没有附属物，花丝曲；叶片边缘全缘 ·································· 6. 珍珠花属 Lyonia
1. 草本；花被分离。
   7. 绿色有叶植物；花药顶端孔裂，在花芽内反折。
      8. 叶茎生；花聚成伞房花序或伞形花序，有时单生 ···················· 7. 喜冬草属 Chimaphila
      8. 叶基生或近基生或茎下部生；花单生或聚成总状花序。
         9. 花单一，生于花葶顶端，花瓣水平张开 ································· 8. 独丽花属 Moneses
         9. 花聚成总状花序，花瓣不水平张开 ·· 9. 鹿蹄草属 Pyrola
   7. 无叶绿素腐生肉质植物；花药纵裂或横裂，在花芽内直立。
      10. 子房4～5室，中轴胎座；果为蒴果，直立 ···························· 10. 水晶兰属 Monotropa
      10. 子房1室，侧膜胎座；果为浆果，下垂 ··························· 11. 沙晶兰属 Monotropastrum

1. 越橘属 Vaccinium Linnaeus

灌木或小乔木。叶常绿，少数落叶，互生。总状花序，花少数簇生于叶腋或花单生；花萼（4～）5裂；花冠坛状、钟状或筒状，5裂，裂片具齿或浅裂；雄蕊10或8枚，稀4枚，内藏稀外露，花丝分离，花药顶部形成2直立的管，背部有2距；花盘环状状；子房下位，（4～）5室，或因假隔膜而成8~10室，每室有多数胚珠。浆果球形。种子小，卵形。

约450种。我国产92种，湖北产7种，神农架产5种。

分种检索表

1. 叶常绿；花梗与萼筒相接有关节。
    2. 花序有苞片，通常宿存……………………………………………………………… 1. 南烛 V. bracteatum
    2. 花序无苞片或有苞片，早落。
        3. 植株各部分均不被毛………………………………………… 2. 江南越橘 V. mandarinorum
        3. 幼枝或叶柄、花序轴、花梗以至萼筒被毛……………… 3. 黄背越橘 V. iteophyllum
1. 叶冬季脱落；花梗与萼筒相连有或无关节
    4. 小枝灰色，具柔毛………………………………………………………… 4. 无梗越橘 V. henryi
    4. 小枝绿色，光滑无毛……………………………………… 5. 扁枝越橘 V. japonicum var. sinicum

1. 南烛 | Vaccinium bracteatum Thunberg   图138-1

常绿灌木或小乔木。叶片薄革质，椭圆形至披针形，边缘有细锯齿，两面无毛。总状花序；萼齿短小，三角形；花冠白色，筒状，口部裂片短小，三角形，外折；雄蕊内藏，花丝细长，药室背部无距；花盘密生短柔毛。浆果熟时紫黑色，常常被短柔毛。花期6~7月，果期8~10月。

产于神农架各地，生于海拔400~1400m的山地。叶、果、根入药。

图138-1 南烛

2. 江南越橘 | Vaccinium mandarinorum Diels   图138-2

常绿灌木或小乔木。叶片厚革质，卵形或披针形，边缘有细锯齿，两面无毛。总状花序腋生和生于枝顶叶腋；萼齿三角形或半圆形；花冠白色或粉红色，微香，筒状，裂齿三角形；雄蕊内藏，药室背部有短距，花丝扁平；花柱内藏或微伸出花冠。浆果熟时紫黑色，无毛。花期4~6月，果期6~10月。

产于神农架各地，生于海拔400~1000m的山坡灌丛或杂木林中。果入药。

3. 黄背越橘 | Vaccinium iteophyllum Hance   图138-3

常绿灌木或小乔木，被毛。叶片革质，卵形至披针形，边缘有疏浅锯齿，有时近全缘。总状花序生于枝条下部和顶部叶腋；萼齿三角形；花冠白色，有时带淡红色，筒状或坛状，裂齿短小，三角形；雄蕊药室背部有细长的距；花柱不伸出。浆果球形被短柔毛。花期4~5月，果期6月以后。

产于神农架宋洛、新华，生于海拔400~1400m的山地灌丛中和山坡林内。全株入药。

图138-2　江南越橘

图138-3　黄背越橘

4. 无梗越橘 | **Vaccinium henryi** Hemsley　图138-4

落叶灌木。叶片纸质，卵形或长圆形，边缘全缘。花单生于叶腋，有时在枝端形成假总状花序；萼齿5枚，宽三角形；花冠黄绿色，钟状，5浅裂，裂片三角形，顶端反折；雄蕊10枚，花丝扁平，药室背部无距。浆果球形，略呈扁压状，熟时紫黑色。花期6~7月，果期9~10月。

产于神农架木鱼、宋洛、下谷、新华，生于海拔1600~1800m的山坡。枝、叶入药。

图138-4　无梗越橘

5. 扁枝越橘（变种）| Vaccinium japonicum var. sinicum (Nakai) Rehder

图138-5

落叶灌木。茎直立，多分枝，枝条扁平，绿色，无毛。叶散生于枝上，幼叶有时带红色，叶片纸质，卵形、长卵形或卵状披针形，顶端锐尖、渐尖或有时长渐尖，中部以下变宽，基部宽楔形，略钝至近于平截，边缘有细锯齿。花单生于叶腋，下垂；花梗纤细；花冠白色，有时带淡红色，未开放时筒状，4深裂至下部1/4，裂片线状披针形，花开后向外反卷，花冠管长为萼裂片的2倍。浆果绿色，成熟后转红色。花期6月，果期9～10月。

产于神农架各地（板仓—坪堑，zdg 7300），生于海拔1000～2000m的山坡。

图138-5　扁枝越橘

2. 白珠树属 Gaultheria Kalm ex Linnaeus

常绿灌木。茎直立或常卧地。叶具短柄，通常互生，常具锯齿。花单生于叶腋，或为总状花序或圆锥花序；花萼5深裂；花冠钟状或坛形，口部5裂；雄蕊10枚，稀5枚，花丝粗短，花药钝头或有2～4芒；花盘10裂或缺；子房上位，5室，每室胚珠多数。果为浆果状、5片裂的蒴果，包藏于花后膨大而成为肉质的萼内，室背开裂。

约135种。我国产32种，湖北产1种，神农架亦产。

滇白珠（变种）| Gaultheria leucocarpa var. yunnanensis (Franchet) Hsu et Fang　图138-6

常绿灌木。叶卵状长圆形，革质，有香味，两面无毛，背面密被褐色斑点。总状花序腋生；花萼裂片5枚，卵状三角形，钝头；花

图138-6　滇白珠

冠白色，钟形，口部5裂；雄蕊10枚，着生于花冠基部，花药2室，每室顶端具2芒；子房球形。浆果状蒴果球形，黑色，5裂。花期5～6月，果期7～11月。

产于神农架新华，生于海拔600m的山坡灌丛中。全株入药。

3．杜鹃属Rhododendron Linnaeus

灌木或乔木。叶互生，全缘。伞形、总状或短总状花序通常顶生；花萼5（～8）裂或环状无明显裂片，宿存；花冠漏斗状、钟状、管状或高脚碟状，5（～8）裂，裂片在芽内覆瓦状排列；雄蕊5～10（～27），着生于花冠基部，花药无附属物；花盘多少增厚而显著，5～10（～14）裂；子房通常5（～18）室，花柱宿存。蒴果自顶部向下室间开裂，果瓣木质。种子极小，有翅。

约1000种。我国产571种，湖北产43种，神农架产22种。

分种检索表

1．花序顶生，有时紧接顶生花芽之下有侧生花芽，有极少种类花序出自上部叶腋。
　2．植株被鳞片，有时兼有少量毛。
　　3．花序伞形总状或少至1～3花，花序轴不显；花冠漏斗状或宽钟状，稀管状钟形。
　　　4．小至中等大的灌木；叶较长大。
　　　　5．叶下面沿中脉下半部密被柔毛··1．毛肋杜鹃R. augustinii
　　　　5．叶两面无毛，至多叶上面沿中脉有微柔毛。
　　　　　6．叶下面疏生鳞片，中脉呈"V"形下凹······2．凹叶杜鹃R. davidsonianum
　　　　　6．叶下面密生鳞片，中脉在叶面平··················3．秀雅杜鹃R. concinnum
　　　4．平卧矮小灌木；叶极小································4．陕西杜鹃R. taibaiense
　　3．花序短总状，花序轴明显；花冠管状或钟状·······················5．照山白R. micranthum
　2．植株无鳞片，被各式毛被或无毛。
　　7．花和新的叶枝出自同一顶芽，茎、叶、花序及蒴果通常有扁平糙伏毛。
　　　8．叶轮状簇生于枝顶···6．满山红R. mariesii
　　　8．叶在幼枝上散生。
　　　　9．雄蕊比花冠短或部分与花冠等长·······························7．锦绣杜鹃R. pulchrum
　　　　9．雄蕊与花冠等长或比花冠长······································8．杜鹃R. simsii
　　7．花出自顶芽；新的叶枝出自侧芽，无毛或有各式毛，但无扁平糙伏毛。
　　　10．幼枝、叶柄通常有刚毛或腺头状刚毛。
　　　　11．花冠7裂，雄蕊14～16枚·····································9．耳叶杜鹃R. auriculatum
　　　　11．花冠5～6裂，雄蕊10～14枚·····························10．麻花杜鹃R. maculiferum
　　　10．幼枝无毛，稀具有柄腺体或绒毛，无刚毛。
　　　　12．花冠5裂；叶较小。
　　　　　13．子房有白色绒毛··········11．合江银叶杜鹃R. insigne var. hejiangense
　　　　　13．子房无毛··················12．粉白杜鹃R. hypoglaucum
　　　　12．花冠（5～）7～8（～10）裂；叶大型。
　　　　　14．子房及花柱无毛。

15. 叶长10~22cm；花冠裂片5枚；雄蕊15~16枚。
　　16. 叶倒披针状长圆形，下面中脉被灰色绒毛···
　　　　··13．四川杜鹃R. sutchuenense
　　16. 叶椭圆状倒披针形，下面中脉无毛··········14．早春杜鹃R. praevernum
15. 叶长4.5~10cm；花冠裂片5或7~8枚；雄蕊10或12~14枚。
　　17. 花冠裂片7~8枚，雄蕊12~14枚···
　　　　··15．粉红杜鹃R. oreodoxa var. fargesii
　　17. 花冠裂片5枚，雄蕊10枚················16．鄂西杜鹃R. praeteritum
14. 子房密被腺体。
　　18. 叶基部圆形或截形，叶柄圆柱形，长1.8~4.0cm·······························
　　　　··17．云锦杜鹃R. fortunei
　　18. 叶基部楔形，稀略近心形，叶柄粗壮，长1.5~2.5cm·······················
　　　　··18．喇叭杜鹃R. discolor
1. 花序腋生，通常生于枝顶叶腋，有时因叶早落或退化而成假顶生，或生于去年生枝下部叶腋。
　　19. 雄蕊5枚，花萼裂片大而阔。
　　　　20. 花萼裂片无毛或仅外面基部被微柔毛··········19．马银花R. ovatum
　　　　20. 花萼裂片边缘密被短柄腺体··········20．腺萼马银花R. bachii
　　19. 雄蕊10枚，花萼裂片不明显或少有发育为狭披针形。
　　　　21. 花序呈伞形状，具数花··········21．长蕊杜鹃R. stamineum
　　　　21. 雄蕊等于或短于花冠··········22．西施花R. latoucheae

1. 毛肋杜鹃 ｜ Rhododendron augustinii Hemsley 图138-7

灌木。叶椭圆形或长圆状披针形，下面密被鳞片。伞形花序顶生；花萼裂片圆形或三角形；花冠宽漏斗状，略两侧对称，淡紫色或蓝色，5裂至中部，裂片长圆形；雄蕊不等长；子房5室。蒴果长圆形，基部歪斜，密被鳞片。花期4~5月，果期7~8月。

产于神农架各地，生于海拔1500~2500m的山坡林中。花能入药；也供观赏。

2. 凹叶杜鹃 ｜ Rhododendron davidsonianum Rehder et E. H. Wilson 图138-8

灌木。幼枝细长，疏生、稀密生鳞片，无毛或有微柔毛。叶披针形或长圆形，顶端锐尖，有短尖头，基部渐狭或钝，整个叶片成"V"形凹。花序顶生或同时枝顶腋生，3~6朵花，短总状；花序轴长2~4mm；花冠宽漏斗状，淡紫白色或玫瑰红色，内面有红色、黄色或褐黄色斑点，外面有或无鳞片。蒴果长圆形，长1~1.3cm。花期4~5月，果期9~10月。

产于神农架红坪，生于海拔2500~2800m的山坡林中。花供观赏。

3. 秀雅杜鹃 ｜ Rhododendron concinnum Hemsley 图138-9

灌木。叶长圆形或披针形，下面密被鳞片。伞形花序顶生或同时枝顶腋生；花萼小，5

裂，三角形或长圆形，有时花萼不发育呈环状；花冠宽漏斗状，略两侧对称，紫红色；雄蕊不等长，近与花冠等长；子房5室，花柱细长，略伸出花冠。蒴果长圆形。花期4～6月，果期9～10月。

产于神农架各地，生于海拔2300～3000m的山坡灌丛和冷杉林中。叶、花入药；花供观赏。

图138-7　毛肋杜鹃

图138-8　凹叶杜鹃

图138-9　秀雅杜鹃

4. 陕西杜鹃 ｜ Rhododendron taibaiense Ching et H. P. Yang　　图138-10

矮小平卧状灌木。分枝极多。叶聚生于枝端，革质，长圆形或宽椭圆形，顶端圆形，具角质凸尖，边缘稍反卷，基部钝。伞形花序顶生，具花2～3朵，密聚；花冠漏斗状，淡紫色；雄蕊10枚，较花冠短，花丝紫色，基部以上达花冠喉部被白色长柔毛。蒴果卵圆形，长3～4mm。花期7～8月，果期8～9月。

产于神农架红坪、下谷（大、小神农架顶峰），生于海拔3000～3100m的山顶岩石上。花供观赏。

5. 照山白 | Rhododendron micranthum Turczaninow　图138-11

常绿灌木。叶近革质，椭圆形至披针形。总状花序；花萼5裂；花冠白色，钟状，外面被鳞片，花冠裂片5枚，较花管稍长；雄蕊10枚，花丝无毛；子房密被鳞片，花柱与雄蕊近等长，无毛。蒴果长圆形，被疏鳞片。花期5~6月，果期8~11月。

产于神农架松柏、宋洛、新华，生于海拔1000~1500m的山坡灌丛和山谷中。枝叶入药；花供观赏。

图138-10　陕西杜鹃

图138-11　照山白

6. 满山红 | Rhododendron mariesii Hemsley et E. H. Wilson　图138-12

叶灌木。叶厚纸质，常集生于枝顶，椭圆形或披针形，边缘微反卷。花通常2朵顶生，先花后叶；花萼环状，5浅裂，密被柔毛；花冠漏斗形，紫红色，裂片5枚，深裂，长圆形，上方裂片具紫红色斑点；雄蕊8~10枚，不等长，花丝扁平；子房卵球形。蒴果椭圆状卵球形，密被长柔毛。花期4~5月，果期6~11月。

产于神农架松柏、下谷、新华、阳日（长青，zdg 5717；阳日—马桥，zdg 4455），生于海拔600~1500m的山地栎林下。叶入药；花供观赏。

图138-12　满山红

7. 锦绣杜鹃 | Rhododendron pulchrum Sweet　图138-13

半常绿灌木。枝开展，淡灰褐色，被淡棕色糙伏毛。叶薄革质，椭圆状长圆形至椭圆状披针形或长圆状倒披针形，先端钝尖，基部楔形，边缘反卷，全缘，上面深绿色，初时散生淡黄褐色糙伏毛，后近于无毛，下面淡绿色，被微柔毛和糙伏毛。伞形花序顶生，有花1~5朵；花萼大，绿色，5深裂，裂片披针形；花冠玫瑰紫色，阔漏斗形。蒴果长圆状卵球形，长0.8~1cm，被刚毛状糙伏毛，花萼宿存。花期4~5月，果期9~10月。

原产于我国，神农架各地有栽培。花供观赏。

8. 杜鹃 ｜ Rhododendron simsii Planchon 图138-14

落叶灌木。叶革质，常集生于枝端，卵形至倒披针形，边缘微反卷，具细齿。花2~3（~6）朵簇生于枝顶；花萼5深裂，裂片长卵形，被糙伏毛，边缘具睫毛；花冠阔漏斗形，红色，裂片5枚，倒卵形，上方裂片具深红色斑点；雄蕊10枚，花丝线状；子房卵球形，10室。蒴果卵球形，密被糙伏毛。花期4~5月，果期6~8月。

产于神农架九湖、木鱼、松柏、下谷、新华、阳日（长青，zdg 5719；阳日—马桥，zdg 4398），生于海拔600~1500m的山地栎叶下。根、叶、花入药；花供观赏。

图138-13　锦绣杜鹃

图138-14　杜鹃

9. 耳叶杜鹃 ｜ Rhododendron auriculatum Hemsley 图138-15

常绿灌木或小乔木。叶革质，长圆形或披针形，基部圆形或耳状。顶生伞形花序；花萼小，盘状，裂片6枚，不整齐，膜质；花冠漏斗形，白色、乳白色或玫瑰色，有香味，裂片7枚，卵形；雄蕊14~16枚，不等长，花丝纤细，花药长倒卵圆形；子房8室，卵球形，柱头盘状，有8枚浅裂片。蒴果长圆柱形，微弯曲，有棱。花期7~8月，果期9~10月。

产于神农架宋洛、新华、阳日，生于海拔600~2000m的山坡上或沟谷森林中。根入药，能理气、止咳。

10. 麻花杜鹃 ｜ Rhododendron maculiferum Franchet 图138-16

常绿灌木。树皮黑灰色，薄片状脱落。幼枝棕红色，密被白色绒毛；老枝浅黄褐色，有细裂纹。冬芽卵圆形，近于无毛。叶革质，长圆形、椭圆形或倒卵形，先端钝至圆形，略有小尖头，基部圆形。顶生总状伞形花序，有花7~10朵；花冠宽钟形，红色至白色，内面基部有深紫色斑块，裂片5枚，宽卵形。蒴果圆柱形，直或微弯曲，6~7室，绿色，有肋纹，被锈色刚毛或几无毛。花期5~6月，果期9~10月。

产于神农架各地，生于海拔2500~2800m的山坡林中。花供观赏。

图138-15　耳叶杜鹃

图138-16　麻花杜鹃

11. 合江银叶杜鹃（变种）| Rhododendron insigne var. hejiangense (W. P. Fang) M. Y. Fang　图138-17

与原变种的主要区别在于：本变种的小枝深紫色，无毛；叶长圆形或长圆状披针形，下面有银白色的薄毛被；花序总轴无毛，有15朵花；花梗短，长2～2.5cm；花冠淡粉红色，内面有紫色斑点；雄蕊花丝无毛。花期5月，果期10月。

产于神农架九湖，生于海拔1500～1800m的山坡林中。花供观赏。

图138-17　合江银叶杜鹃

12. 粉白杜鹃 | Rhododendron hypoglaucum Hemsley　图138-18

常绿大灌木。叶常密生于枝顶，革质，披针形，下面银白色，边缘质薄向下反卷。总状伞形花序；花萼5裂，萼片膜质，卵状三角形；花冠白色、粉红色或玫瑰色，漏斗状钟形，有玫瑰色或紫色斑点，5裂，裂片近圆形；雄蕊10枚，不等长；花丝线形；花药卵圆形；子房圆柱状，柱头微膨大。蒴果圆柱形。花期4～5月，果期7～9月。

产于神农架各地（阳日长青，zdg 5715；阳日—板仓，zdg 6083），生于海拔1500～2100m的山坡林中。叶、花入药；花供观赏。

图138-18　粉白杜鹃

13. 四川杜鹃 | Rhododendron sutchuenense Franchet　图138-19

常绿灌木或小乔木。叶革质，倒披针状长圆形，边缘反卷。顶生短总状花序；花萼小，无毛，裂片5枚，宽三角形或齿状；花冠漏斗状钟形，蔷薇红色，内面上方有深红色斑点，裂片5（~6）枚，近圆形；雄蕊16枚，不等长，花药紫红色，长圆形；子房圆锥形，12室，柱头盘状。蒴果长圆状椭圆形。花期4~5月，果期8~10月。

产于神农架九湖、红坪（鸭子口—坪堑，zdg 6360）、木鱼、松柏（松柏—大岩屋—燕天，zdg 4705）、阳日（长青，zdg 5891），生于海拔1600~2000m的山坡林中。根、叶入药；花供观赏。

图138-19　四川杜鹃

14. 早春杜鹃 | Rhododendron praevernum Hutchinson　图138-20

常绿灌木至小乔木。高2~7m。幼枝圆柱形，被灰色微柔毛，不久脱净，花序下小枝直径5~6mm，无毛。冬芽卵圆形，长8mm，无毛。叶革质，椭圆状倒披针形，长（9~）10~19.5cm，宽（2~）3.3~5cm，先端钝尖或短急尖，基部楔形至宽楔形，边缘反卷，上面深绿色，下面淡绿色，无毛，中脉在上面凹入较深，在下面凸出，侧脉14~20对；叶柄稍粗壮，长1.5~2.5cm，幼时被毛同幼枝。顶生短总状伞形花序，有花7~10朵；总轴长1.3cm，具有散生灰色微柔毛；花梗长1.5~3cm，无毛；花萼小，长1.5~2mm，无毛，裂片5枚，宽三角形；花冠钟形，长5.8~6.2cm，直径达7cm，白色或带蔷薇色，内面近基部有淡灰色微柔毛，上方有1枚紫红色的大斑块和许多小斑

图138-20　早春杜鹃

点，裂片5枚，扁圆形，长1.8～2.2cm，宽6.6～7cm，顶端有深缺刻；雄蕊15～16枚，不等长，长2.4～4.5cm，2/3以下密被白色微柔毛，花药倒卵状椭圆形，紫褐色，长3～3.5mm；子房圆锥形，长8mm，无毛，花柱细圆柱形，长4.4～4.6cm，无毛，柱头头状，宽3～3.2mm。蒴果长圆柱形，木质，长2.6～3（～4）cm，褐色，10～20室。花期3～4月，果期9～10月。

产于巴东县（T. P. Wang 11639），生于海拔1700m的山坡林中。花供观赏。

15．粉红杜鹃（变种）| **Rhododendron oreodoxa** var. **fargesii** (Franchet) D. F. Chamberlain 图138–21

常绿灌木或小乔木。叶革质，常生于枝端，椭圆形。顶生总状伞形花序；花萼边缘具6～7枚浅齿，外面被有腺体；花冠钟形，淡粉红色，裂片6～7枚，扁圆形；雄蕊12～14枚，不等长，花丝白色，花药长椭圆形；子房6～7室，圆锥形，具有柄腺体。蒴果长圆柱形，微弯曲有肋纹。花期4～6月，果期8～10月。

产于神农架各地，生于海拔1800～3000m的山坡灌丛或森林中。叶能入药；花供观赏。

16．鄂西杜鹃 | **Rhododendron praeteritum** Hutchinson 图138–22

灌木。叶革质，椭圆形。顶生短总状伞形花序；花萼裂片5枚，宽三角形；花冠宽钟形，淡粉红色，内面基部有5枚深色的蜜腺囊，裂片5枚，宽卵形；雄蕊10枚，不等长，花药长圆形；子房长卵圆形，有浅沟纹，光滑无毛。幼果长圆状卵形，有浅肋纹。花期5月，果期9月。

产于神农架各地，生于海拔2500～3000m的山坡灌木林中。叶能入药；花供观赏。

图138–21　粉红杜鹃

图138–22　鄂西杜鹃

17．云锦杜鹃 | **Rhododendron fortunei** Lindley 图138–23

常绿灌木或小乔木。高3～12m。主干弯曲，树皮褐色，片状开裂。幼枝黄绿色，初具腺体；老枝灰褐色。顶生冬芽阔卵形，长约1cm，无毛。叶厚革质，长圆形至长圆状椭圆形，长8～14.5cm，宽3～9.2cm，先端钝至近圆形，稀急尖，基部圆形或截形，稀近于浅心形，上面深绿色，有光泽，下面淡绿色，在放大镜下可见略有小毛，中脉在上面微凹下，在下面凸起，侧脉14～16对，在上面稍凹入，在下面平坦；叶柄圆柱形，长1.8～4cm，淡黄绿色，有稀疏的腺体。顶生总状伞形花序疏松，有花6～12朵，有香味；总轴长3～5cm，淡绿色，多少具腺体；总梗长2～3cm，淡绿色，疏被短柄腺体；花萼小，长约1mm，稍肥厚，边缘有浅裂片7枚，具腺体；花冠漏斗状钟形，长4.5～5.2cm，直径5～5.5cm，粉红色，外面有稀疏腺体，裂片7枚，阔卵形，长1.5～1.8cm，顶端圆或波状；雄蕊14枚，不等长，长18～30mm，花丝白色，无毛，花药长椭圆形，黄色，长3～4mm；子房圆锥形，长5mm，直径4.5mm，淡绿色，密被腺体，10室，花柱长约3cm，疏被白色腺体，柱头小，头状，宽2.5mm。蒴果长圆状卵形至长圆状椭圆形，直或微弯曲，长2.5～3.5cm，直径6～10mm，褐色，有肋纹及腺体残迹。花期4～5月，果期8～10月。

产于神农架宋洛（宋洛公社长坊五道沟，鄂神农架植考队 23270）、大九湖（zdg 6636），生于海拔1600m的山坡林中。花供观赏。

图138-23　云锦杜鹃

18. 喇叭杜鹃 ｜ Rhododendron discolor Franchet　图138-24

常绿灌木或小乔木。叶革质，长椭圆形至披针形，边缘反卷。顶生短总状花序；花萼小，裂片7枚，波状三角形或卵形；花冠漏斗状钟形，淡粉红色至白色，裂片7枚；雄蕊14～16枚，不等长，花药长圆形；子房卵状圆锥形，9～10室，密被淡黄白色短柄腺体。蒴果长圆柱形，微弯曲，有肋纹及腺体残迹。花期6～7月，果期9～10月。

产于神农架木鱼（老君山），生于海拔2500m的密林中。根皮入药；花供观赏。

19. 马银花 ｜ Rhododendron ovatum (Lindley) Planchon ex Maximowicz 图138-25

常绿灌木。叶革质，卵形或椭圆状卵形。花单生于枝顶叶腋；花萼5深裂，裂片卵形；花冠紫色或粉红色，辐状，5深裂，裂片卵形，内面具紫色斑点；雄蕊5枚，不等长，花丝扁平；子房卵球形。蒴果阔卵球形，为增大而宿存的花萼所包围。花期4～5月，果期7～10月。

产于神农架各地（阳日长青，zdg 5718），生于海拔1000m以下的灌丛中。根有毒，可入药；花供观赏。

图138-24 喇叭杜鹃

图138-25 马银花

20. 腺萼马银花 | **Rhododendron bachii** H. Léveille 图138-26

常绿灌木。叶散生,薄革质,卵形或卵状椭圆形,边缘浅波状。花1朵侧生于上部枝条叶腋;花萼5深裂,裂片钝头,具条纹;花冠紫色,辐状,5深裂,裂片阔倒卵形,上方3裂片有深红色斑点;雄蕊5枚,不等长,花丝扁平,花药长圆形;花柱微弯曲,伸出于花冠外。蒴果卵球形,密被短柄腺毛。花期4~5月,果期6~10月。

产于神农架各地,生于海拔600~1600m的疏林内。叶能入药;花供观赏。

21. 长蕊杜鹃 | **Rhododendron stamineum** Franchet 图138-27

常绿灌木或小乔木。叶常轮生于枝顶,革质,椭圆形或披针形,边缘微反卷。花常3~5朵簇生于枝顶叶腋;花萼小,微5裂,裂片三角形;花冠常白色,漏斗形,5深裂,裂片倒卵形,上方裂片内侧具黄色斑点;雄蕊10枚,伸出于花冠外很长;子房圆柱形。蒴果圆柱形,微拱弯,具7条纵肋,无毛。花期4~5月,果期7~10月。

产于神农架各地(阳日,zdg 6166),生于海拔400~1450m的山坡杂木林内。枝叶、花能入药;花供观赏。

图138-26 腺萼马银花

图138-27 长蕊杜鹃

22. 西施花 | Rhododendron latoucheae Franchet 图138-28

常绿灌木。叶革质，常轮生于枝顶，披针形，边缘微反卷。花序侧生于枝端叶腋，具花1（～2）朵；花萼裂片不明显，常呈三角状小齿；花冠漏斗形，粉红色至白色，5裂，裂片长卵形；雄蕊10枚，花丝扁平；子房圆柱形，花柱褐色，伸出于冠外，无毛。蒴果圆柱形，先端截平，无毛。花期4～5月，果期9～10月。

产于神农架各地（阳日长青，zdg 5716），生于海拔400～1600m的山坡林缘。叶能入药；花供观赏。

图138-28　西施花

4. 马醉木属 Pieris D. Don

常绿灌木或小乔木。单叶，互生，革质，边缘有圆锯齿或钝齿；有短叶柄。圆锥花序或总状花序，具苞片、小苞片。花萼5裂，萼片在芽中呈镊合状排列，通常宿存；花冠坛状或筒状坛形，顶端5浅裂；雄蕊10枚，不伸出花冠外，花药背部有1对下弯的距位于与花丝相接处；子房上位，5室，每室胚珠多数。蒴果近于球形，室背开裂。

7种。我国产3种，湖北产2种，神农架产1种。

美丽马醉木 | Pieris formosa (Wallich) D. Don 图138-29

常绿灌木或小乔木。叶革质，披针形至长圆形，边缘具细锯齿。总状花序簇生于枝顶的叶腋，或有时为顶生圆锥花序；萼片宽披针形；花冠白色，坛状，上部浅5裂；雄蕊10枚，花丝线形；子房扁球形，柱头小，头状。蒴果卵圆形，无毛。花期5～6月，果期7～9月。

产于神农架各地，生于海拔900～2300m的山坡林中。叶入药；花供观赏。

图138-29　美丽马醉木

5. 吊钟花属 Enkianthus Loureiro

落叶灌木。枝常轮生。叶互生，全缘或具锯齿，常聚生于枝顶，具柄。单花或为顶生、下垂的伞形花序或伞形总状花序；花梗细长，基部具苞片；花萼5裂，宿存；花冠钟状或坛状，5浅裂；雄蕊10枚，分离，通常内藏、花丝短，花药卵形，顶端通常呈羊角状叉开，每室顶端具1芒；子房上位，5室。5片裂的蒴果椭圆形，室背开裂。

12种。我国产7种，湖北产5种，神农架产3种。

分种检索表

1. 伞形花序；果梗伸直，果直立 ………………………………………… 1. 齿缘吊钟花 E. serrulatus
1. 总状花序，稀伞形或伞房状；果梗弯曲，果下垂。
　　2. 花梗、叶柄及叶背常被柔毛 ………………………………………… 2. 毛叶吊钟花 E. deflexus
　　2. 花梗、叶柄及叶无毛或近无毛 ……………………………………… 3. 灯笼吊钟花 E. chinensis

1. 齿缘吊钟花 ｜ Enkianthus serrulatus (E. H. Wilson) C. K. Schneider
九骨筋，野支子　图138-30

落叶灌木。叶密集于枝顶，厚纸质，长圆形。伞形花序顶生；花下垂；花梗结果时直立，变粗壮；花萼绿色，萼片5枚，三角形；花冠钟形，白绿色，口部5浅裂，裂片反卷；雄蕊花药具2反折的芒；子房圆柱形。蒴果椭圆形，具棱，顶端有宿存花柱。花期4月，果期5～10月。

产于神农架各地，生于海拔800～1800m的山坡。根能入药；花供观赏。

图138-30 齿缘吊钟花

2. 毛叶吊钟花 | Enkianthus deflexus (Griffith) C. K. Schneider

落叶灌木或小乔木。小枝及芽鳞红色，幼时被短柔毛；老枝暗红色，无毛。叶互生，叶片椭圆形、倒卵形或长圆状披针形，先端渐尖或钝而有凸尖，基部钝圆或渐狭成楔形，边缘有细锯齿，表面无毛，背面疏被黄色柔毛。花多数排成总状花序，花序轴细长；花萼5裂，萼片披针状三角形；花冠宽钟形，带黄红色。蒴果卵圆形；果梗顶端明显下弯。种子小，三棱形或扁平，表面蜂窝状，具2~3狭翅。花期4~5月，果期6~10月。

产于神农架红坪（太阳坪三道沟，太阳坪队0606），生于海拔1600~2000m的山坡。花供观赏。

3. 灯笼吊钟花 | Enkianthus chinensis Franchet 灯笼花，曼榕 图138-31

落叶灌木或小乔木。叶常聚生于枝顶，纸质，长圆形至长圆状椭圆形，边缘具钝锯齿，两面无毛。花多数，组成伞房状总状花序或伞形花序；花下垂；花萼5裂，裂片三角形；花冠阔钟形，肉红色，有黄橙色条纹，口部5浅裂，裂片深红色；雄蕊着生于花冠基部，花药2裂；子房球形，具5纵纹。蒴果卵圆形，室背开裂为5果瓣。花期5~7月，果期7~9月。

产于神农架各地（阳日，zdg 6361；猴子石—下谷，zdg 7442），生于海拔1650~2200m的山坡或沟谷林下。花、种子入药；花供观赏。

图138-31 灯笼吊钟花

6. 珍珠花属 Lyonia Nuttall

常绿或落叶灌木。单叶，互生，全缘，具短叶柄。总状花序顶生或腋生；花萼4~5(~8)裂，花后宿存，但不增大，与花梗之间有关节；花冠筒状或坛状，白色，5浅裂；雄蕊常10枚，内藏，花丝膝曲状，花药长卵形；花盘发育多样，围绕子房基部；子房上位，4～8室，柱头截平至头状，每室胚珠多数。蒴果室背开裂，缝线通常增厚。

35种。我国产5种，湖北产1种，神农架亦产。

1. 珍珠花 | Lyonia ovalifolia (Wallich) Drude

分变种检索表

1. 叶片椭圆状披针形，基部楔形或阔楔形 ············ **1a. 狭叶珍珠花** L. ovalifolia var. lanceolata
1. 叶片较宽，卵形、椭圆形，基部钝圆或心形 ············ **1b. 小果珍珠花** L. ovalifolia var. elliptica

1a. 狭叶珍珠花（变种） Lyonia ovalifolia var. lanceolata (Wallich) Handel-Mazzetti　图138–32

常绿或落叶灌木。叶薄纸质，椭圆状披针形至披针形，无毛。总状花序着生于叶腋，有叶状苞片。花萼5深裂，裂片狭披针形；花冠圆筒状，上部5浅裂，裂片向外反折，先端钝圆；雄蕊花丝线形，顶端有2枚距状附属物；子房近球形。蒴果球形，缝线明显增厚。花期5～6月，果期7～9月。

产于神农架各地，生于海拔1400～2400m的山坡林中。枝叶、果实入药。

1b. 小果珍珠花（变种） Lyonia ovalifolia var. elliptica (Siebold et Zuccarini) Handel-Mazzetti　白心木　图138–33

常绿或落叶灌木。叶薄纸质，椭圆形或卵形，无毛。总状花序着生于叶腋，有叶状苞片。花萼深5裂，裂片长椭圆形；花冠圆筒状，上部浅5裂，裂片向外反折，先端钝圆；雄蕊花丝线形，顶端有2枚距状附属物；子房近球形。蒴果球形，较小，缝线明显增厚。花期5～6月，果期7～9月。

产于神农架各地（长岩屋—茶园，zdg 6958），生于海拔1400～2000m的山坡林中。枝叶、果实入药。

图138–32　狭叶珍珠花

图138–33　小果珍珠花

7. 喜冬草属 Chimaphila Pursh

小型草本状半灌木。叶对生或轮生。花聚生于茎之顶端，为伞形花序或伞房花序，有时单生；萼片5枚，宿存；花瓣5枚；雄蕊10枚，花丝短，下半部特膨大（断面近三角形），花药有小角，短，顶孔开裂；花柱极短或近无花柱，柱头宽圆成盾状；花盘杯状。蒴果直立，由顶部向下5纵裂，裂瓣的边缘无毛。

5种。我国产3种，湖北产1种，神农架亦产。

喜冬草 │ Chimaphila japonica Miquel   图138-34

常绿草本状小半灌木。根茎长而较粗，斜升。叶对生或3~4枚轮生，革质，阔披针形，先端急尖，基部圆楔形或近圆形，边缘有锯齿，上面绿色，下面苍白色。花葶有细小疣，有1~2枚长圆状卵形苞片，先端急尖或短渐尖，边缘有不规则齿；花单一，有时2朵，顶生或叶腋生，半下垂，白色。蒴果扁球形，直径5~5.5mm。花期6~7（~9）月，果期7~8（~10）月。

产于神农架各地，生于海拔2000~2500m的山坡林下。

8. 独丽花属 Moneses Salisbury ex S. F. Gray

矮小草本状半灌木。叶对生或近轮生于茎基部。花单一，生于花葶顶端，下垂；花萼5全裂；花瓣5枚，水平张开，花冠成碟状；无花盘；雄蕊10枚，花药有较长的小角，在顶端孔裂；花柱长而直立，柱头头状，5裂。蒴果近球形，由基部向上5纵裂，裂瓣的边缘无蛛丝状毛。

1~5种。我国产1种，神农架亦产。

独丽花 │ Moneses uniflora (Linnaeus) A. Gray   图138-35

常绿草本状矮小半灌木。根茎细，线状，横生，有分枝，生不定根及地上茎。叶对生或近轮生于茎基部，薄革质，圆卵形或近圆形，先端圆钝，基部近圆形或宽楔形并稍下延叶柄，边缘有锯齿。花单生于花葶顶端，花冠水平广开展，碟状，下垂，白色，具芳香；花瓣卵形。蒴果近球形，直径6~8mm，由基部向上5瓣裂，裂瓣边缘无蛛丝状毛。花期7~8月；果期8月。

产于神农架宋洛，生于海拔1600~2000m的山坡林下。

图138-34 喜冬草

图138-35 独丽花

9. 鹿蹄草属 Pyrola Linnaeus

小型草本状小半灌木。根茎细长。叶常基生，稀聚集在茎下部互生或近对生。花聚成总状花序；花萼5浅裂，宿存；花瓣5枚，脱落性；雄蕊10枚，花丝扁平，无毛，花药有极短小角，成熟时顶端孔裂；子房上位，中轴胎座，5室，花柱单生，顶端在柱头下有环状凸起或无，柱头5裂。蒴果下垂，由基部向上5纵裂，裂瓣的边缘常有蛛丝状毛。

约30～40种。中国产26种，湖北产4种，神农架产3种。

分种检索表

1. 叶厚革质，粗糙，有皱 ·· 1. 大理鹿蹄草 P. forrestiana
1. 叶纸质至革质，平滑无皱，或有时稍有皱。
  2. 叶上面有明显的淡绿白色脉纹 ··· 2. 普通鹿蹄草 P. decorata
  2. 叶上面无淡绿白色脉纹，或不明显 ··· 3. 鹿蹄草 P. calliantha

1. 大理鹿蹄草 | Pyrola forrestiana Andres   图138-36

常绿草本状小半灌木。根茎细长，横生，斜升。叶3～7片，基生，厚革质，粗糙，有皱，宽卵形或倒卵形或近圆形，先端圆钝，基部圆形或圆截形，边缘有明显圆齿。总状花序，密生；花倾斜，稍下垂；花冠碗形，黄绿色，外面带红色，脉绿色。蒴果扁球形，直径5～7mm。花期7～8月；果期8～9月。

产于巴东县（南坪，T. P. Wang 11078），生于海拔1500m的山坡林下。

2. 普通鹿蹄草 | Pyrola decorata Andres   图138-37

常绿草本状小半灌木。根茎横生，有分枝。叶3～6片，近基生，薄革质，长圆形或匙形，边缘有疏齿。总状花序有4～10朵花；花倾斜，半下垂；花冠碗形，淡绿色或近白色；萼片卵状长圆形；花瓣倒卵状椭圆形；雄蕊花药具小角；花柱倾斜，上部弯曲，顶端有环状凸起，伸出花冠。蒴果扁球形。花期6～7月，果期7～8月。

产于神农架九湖、红坪（板仓—坪堑，zdg 7278）、宋洛、新华，生于海拔1800～2300m的山坡。全草入药。

图138-36 大理鹿蹄草

图138-37 普通鹿蹄草

3. 鹿蹄草 | Pyrola calliantha Andres　鹿寿草，白鹿寿草　图138-38

常绿草本状小半灌木。根茎横生，有分枝。叶4～7片，基生，革质，椭圆形或圆卵形，边缘近全缘或有疏齿，上面绿色，下面常有白霜。总状花序有9～13花，密生，花白色，有时稍带淡红色；萼片舌形；花瓣椭圆形或倒卵形；雄蕊花药长圆柱形，有小角；花柱常带淡红色，倾斜，顶端增粗。蒴果扁球形。花期6～8月，果期8～9月。

产于神农架各地，生于海拔950～2100m的山坡或沟边。全草入药。

图138-38　鹿蹄草

10．水晶兰属 Monotropa Linnaeus

多年生草本。腐生。全株无叶绿素。茎肉质不分枝。叶退化成鳞片状，互生。花单生或多数聚成总状花序；花初下垂，后直立；苞片鳞片状；萼片4～5枚，鳞片状，早落；花瓣3～6枚，长圆形；雄蕊8～12枚，花药短，平生；花盘有8～12小齿；子房为中轴胎座，（3～）5室（～6）；花柱直立，短而粗，柱头漏斗状，4～5圆裂。蒴果直立。

2种。中国产全部种，湖北产2种，神农架均产。

分种检索表

1. 花多数，聚成总状花序 ··· 1. 松下兰 M. hypopitys
1. 花单一，顶生 ··· 2. 水晶兰 M. uniflora

1. 松下兰 | Monotropa hypopitys Linnaeus　锡仗花　图138-39

多年生草本。腐生。茎白色或淡黄色，肉质。叶鳞片状，直立，互生，长圆形或披针形，边缘近全缘，上部常有不整齐的锯齿。总状花序有3~8朵花；花初下垂，后渐直立；花冠筒状钟形；萼片长圆状卵形；花瓣4~6枚；雄蕊8~12枚；子房无毛。蒴果椭圆状球形。花期6~8月，果期7~9月。

产于神农架新华，生于海拔1200~1500m的山地阔叶林。全草入药。

图138-39 松下兰

2. 水晶兰 | Monotropa uniflora Linnaeus 梁山草，梦兰花 图138-40

多年生草本。腐生。茎直立，白色，肉质。叶鳞片状，直立，互生，长圆形或宽披针形，边缘近全缘。花单一，顶生；花冠筒状钟形；萼片3~5枚，鳞片状；花瓣5~6枚，离生，楔形或长圆形；雄蕊10~12枚；花盘10齿裂；子房5室。蒴果椭圆状球形。花期8~9月，果期9~11月。

产于神农架红坪、松柏，生于海拔1400~2500m的山坡。全草入药。

图138-40 水晶兰

11. 沙晶兰属 Monotropastrum Andres

2种。我国均产，湖北产1种，神农架也产。

球果假沙晶兰 | Monotropastrum humile (D. Don) H. Hara　图138-41

腐生草本植物。肉质。全株无叶绿素。花聚成总状花序；花较大，倾斜，半下垂；花梗明显，有疣状毛；花冠管形至管状钟形；花梗上有苞片2枚，近对生；萼片4~5枚，离生；花瓣4~5枚，离生；雄蕊8~10枚，等长，花丝无毛，花药横裂；花粉粒小，极多数；花柱细长或粗短，柱头粗大，头状；子房球形，1室，侧膜胎座4~5，侧膜向两侧分叉扩展成盾状，与子房壁近平行，胚珠极多数。果为浆果，不裂，半下垂。

产于兴山县（湖坪门坪万树，李洪均449），生于海拔1500m的山坡林下。

图138-41　球果假沙晶兰

139. 茶茱萸科 | Icacinaceae

乔木、灌木或藤本。单叶互生，全缘，羽状脉，稀掌状脉。花两性，有时退化成单性而雌雄异株，极稀杂性；辐射对称，集成穗状、总状、圆锥或聚伞花序；萼小，常4~5裂，裂片常宿存；花瓣3~5枚，先端多半内折；雄蕊与花瓣同数，花药常内向，花丝在花药下方的部分常有毛；子房上位，1（3~5）室，花柱常不发育或有1条，柱头2~3裂，或合生成头状至盾状。核果或翅果。

约58属400种。中国产13属25种，湖北产2属2种，神农架均产。

分属检索表

1. 藤本；叶具齿 ··· 1. 无须藤属 Hosiea
1. 乔木或灌木；叶全缘 ·· 2. 假柴龙树属 Nothapodytes

1. 无须藤属 Hosiea Hemsley et E. H. Wilson

藤本。茎不具卷须。小枝有皮孔。叶互生，叶柄长，叶片卵形，两面被短柔毛，边缘具齿。聚伞花序腋生，被柔毛；花两性，绿色；萼小，5裂；花瓣5枚，基部连合，远比花萼长，两面均被柔毛；雄蕊与花瓣同数互生，花丝粗，花药极小，背着，每2枚雄蕊之间有1枚肉质腺体；子房1室，胚珠1~2枚，花柱显著，柱头4裂。核果，扁圆形，具不增大的宿萼。种子1枚。

2种。我国产1种，神农架也产。

无须藤 | Hosiea sinensis (Oliver) Hemsley et E. H. Wilson 图139-1

藤本。小枝具稀疏圆形皮孔及黄褐色微柔毛。叶片卵形、三角状卵形，先端长渐尖，基部心形，上面有密集微颗粒状凸起，边缘疏具尖锯齿或粗齿，侧脉与中脉在上面隆起，在下面微凹；叶柄较叶短。聚伞花序和花萼均被黄褐色柔毛；花瓣绿色，披针形，先端渐尖成外折的尾，果熟时红色或红棕色。花期4~5月，果期6~8月。

产于神农架木鱼、宋洛、新华、阳日，生于海拔1400~2100m的山坡林中。

2. 假柴龙树属 Nothapodytes Blume

乔木或灌木。小枝常具棱。叶多互生，全缘；聚伞或伞房花序顶生，稀兼腋生；花常有特难闻臭气，花柄在萼下有关节；花瓣5枚，厚条形，外被糙伏毛，内被长柔毛，先端反折；花丝肉质，常扁平，花药背面基部具多少与花丝贴生的垫状附属物；花盘叶状，环形，5~10裂；子房常被硬毛，1室，花柱丝状至短锥形，柱头常头状、截形。浆果状核果。

7种。中国产6种，湖北产1种，神农架亦产。

图139-1　无须藤

马比木 | **Nothapodytes pittosporoides** (Oliver) Sleumer　图139-2

矮灌木。叶片长圆形或倒披针形，幼时两面被金黄色糙伏毛，老时脱落而光亮，侧脉弧曲上升，和中脉在背面十分凸起，常被长硬毛；叶柄远短于叶片，上面具深槽，槽里被糙伏毛。聚伞花序顶生，花序轴常平扁；萼短，膜质，5裂，裂片具缘毛；花瓣黄色；花盘肉质，有不整齐裂片或深圆齿。果顶具鳞脐。花期4～6月，果期6～8月。

产于神农架新华，生于海拔600～800m的山坡林中。根皮入药。

图139-2　马比木

140. 杜仲科 | Eucommiaceae

落叶乔木。叶互生，单叶，边缘有锯齿，无托叶。雌雄异株，无花被，先于叶开放，或与新叶同时从鳞芽长出。雄花簇生，具小苞片；雄蕊5~10枚，线形，花丝极短，纵裂；雌花单生于小枝下部，有苞片；子房1室，由合生心皮组成，有子房柄，柱头2裂，胚珠1枚。翅果，先端2裂。种子1枚。

单属科，1种。中国特有，神龙架也有。

杜仲属 Eucommia Oliver

特征、种数和分布同杜仲科。

杜仲 | Eucommia ulmoides Oliver　　图140-1

特征同科的描述。

神农架为杜仲原产地之一，现野生资源处于灭绝状态，各地多有栽培。全株含杜仲胶，可供药用、提取橡胶；叶可作茶叶。

图140-1　杜仲

141. 丝缨花科 | Garryaceae

常绿乔木或灌木。枝皮绿色。叶对生，少数有黄白色斑纹，厚革质至纸质，边缘有齿，稀全缘。总状或圆锥花序，顶生，雌雄异株，4基数，单性，包藏在1~2枚小苞片内；子房下位，1心皮，1室，胚珠1枚，花柱短而粗，柱头头状。核果肉质，萼齿、花柱和柱头在顶端宿存。

2属20种。我国产1属10种，湖北产1属7种，神农架产1属4种。

桃叶珊瑚属 Aucuba Thunberg

常绿小乔木或灌木。枝、叶对生，小枝绿色，圆柱形。冬芽圆锥形，常生于枝顶。叶厚革质至厚纸质。花单性，雌雄异株，常1~3束组成圆锥花序或总状圆锥花序，雌花序常短于雄花序；花4数，萼片小，三角齿状或微圆裂；花瓣镊合状排列，紫红色、黄色至绿色。核果肉质，圆柱状或卵状，幼时绿色，成熟后红色，干后黑色，顶端宿存萼齿、花柱及柱头。种子1枚，长圆形；种皮膜质，白色。

10种。我国全有，湖北产7种，神农架产4种。

分种检索表

1. 雌、雄花序均为圆锥状·· 1. 桃叶珊瑚 A. chinensis
1. 雌、雄花序为总状圆锥花序。
  2. 叶边缘具细锯齿·· 2. 喜马拉雅珊瑚 A. himalaica
  2. 叶边缘具粗锯齿或锯齿。
    3. 叶边缘具锯齿，上面具黄色斑点································ 3. 斑叶珊瑚 A. albopunctifolia
    3. 叶边缘具粗锯齿，上面无黄色斑点····························· 4. 倒心叶珊瑚 A. obcordata

1. 桃叶珊瑚 | Aucuba chinensis Bentham

分变种检索表

1. 叶革质，椭圆形，稀倒卵椭圆形····························· 1a. 桃叶珊瑚 A. chinensis var. chinensis
1. 叶片厚革质，较狭窄，线状披针形····················· 1b. 狭叶桃叶珊瑚 A. chinensis var. angusta

1a. 桃叶珊瑚（原变种）Aucuba chinensis var. chinensis 图141-1

常绿小乔木或灌木。小枝粗壮，二歧分枝，绿色，光滑；皮孔白色，长椭圆形或椭圆形，较稀疏。叶革质，椭圆形或阔椭圆形，稀倒卵状椭圆形，先端锐尖或钝尖，基部阔楔形或楔形。圆锥花序顶生，花序梗被柔毛；花瓣4枚，长圆形或卵形。幼果绿色，成熟为鲜红色，圆柱状或卵状，长

1.4~1.8cm，直径8~10（~12）mm，萼片、花柱及柱头均宿存于核果上端。花期1~2月，果期达翌年2月，常与一二年生果序同存于枝上。

产于神农架各地（阳日长青，zdg 4489、zdg 5878），生于海拔1500~2000m的山坡林下。庭院观赏树种；果实及根入药。

1b. 狭叶桃叶珊瑚（变种）Aucuba chinensis var. angusta F. T. Wang　图141-2

本变种与原变种的主要区别：叶片厚革质，较狭窄，常呈线状披针形，长7~25cm，宽1.5~3.5cm。

产于神农架宋洛，生于海拔1000m的山坡林下。

图141-1　桃叶珊瑚

图141-2　狭叶桃叶珊瑚

2. 喜马拉雅珊瑚 | Aucuba himalaica J. D. Hooker et Thomson

分变种检索表

1. 叶片下面仅沿叶脉被毛··············2a. 喜马拉雅珊瑚 A. himalaica var. himalaica
1. 叶片下面密被短柔毛及硬毛··············2b. 密毛桃叶珊瑚 A. himalaica var. pilossima

2a. 喜马拉雅珊瑚（原变种）Aucuba himalaica var. himalaica　图141-3

常绿灌木。树皮绿色。叶对生，长椭圆形，边缘1/3以上具7~9对细锯齿。雄花序为总状圆锥花序，生于小枝顶端，萼片被柔毛；雌花序为圆锥花序，密被粗毛及红褐色柔毛；雌、雄花花冠均为紫红色。果熟后深红色，花柱及柱头宿存于果实顶端。花期3~5月，果期10月至翌年5月。

产于神农架木鱼、宋洛、新华，生于海拔800~1200m的山坡或沟边岩石上。庭院观赏树种；根、叶、果实入药。

2b. 密毛桃叶珊瑚（变种）Aucuba himalaica var. pilossima W. P. Fang et T. P. Soong　图141-4

本变种的叶片呈披针形或长圆披针形，先端锐尖或急尖，尖尾长1~1.5cm，基部楔形或阔楔形，下面密被短柔毛及硬毛，沿叶脉较密，边缘具稀疏锯齿。雄花序长约12cm。果序长2~3cm；果近于椭圆形。

产于神农架木鱼、新华，生于海拔1200~1500m的沟谷。庭院观赏树种；根、叶、果实入药。

图141-3　喜马拉雅珊瑚

图141-4　密毛桃叶珊瑚

3. 斑叶珊瑚 ｜ Aucuba albopunctifolia F. T. Wang　图141-5

常绿灌木，稀为小乔木。幼枝绿色；老枝黑褐色。叶厚纸质或近于革质，倒卵形，稀长圆形，上面亮绿色，具白色及淡黄色斑点，下面淡绿色，具小乳突状凸起，两面均无毛，叶基部楔形或近于圆形，先端锐尖，叶上面脉微下凹，下面脉凸出。花序为顶生圆锥花序；花深紫色，较稀疏；花梗贴生短毛。果卵圆形，熟后亮红色。种子1枚。花期3～4月，果期至翌年4月。

产于神农架宋洛、新华，生于海拔600～1200m的沟谷。庭院观赏树种。

4. 倒心叶珊瑚 ｜ Aucuba obcordata (Rehder) Fu ex W. K. Hu et T. P. Soong 图141-6

常绿灌木或小乔木。叶厚纸质，稀近于革质，常为倒心脏形或倒卵形，先端截形或倒心脏形，基部窄楔形，上面侧脉微下凹，下面侧脉凸出，边缘具缺刻状粗锯齿；叶柄被粗毛。雄花序为总状圆锥序，花较稀疏，紫红色，花瓣先端具尖尾，雄蕊花丝粗壮；雌花序短圆锥状，花瓣近于雄花瓣。果较密集，卵圆形。花期3～4月，果熟期11月以后。

产于神农架木鱼（九冲老君山），生于海拔600m的山坡。庭院观赏树种；叶入药。

图141-5　斑叶珊瑚

图141-6　倒心叶珊瑚

142. 茜草科 | Rubiaceae

乔木、灌木或草本。叶对生或轮生，通常全缘。花序各式，均由聚伞花序复合而成；花两性、单性或杂性，通常花柱异长；萼通常4～5裂；花冠合瓣，通常4～5裂；雄蕊与花冠裂片同数而互生，着生在花冠管的内壁上，花药2室；雌蕊通常由2心皮，合生，子房下位，通常为中轴胎座或有时为侧膜胎座，花柱顶生；胚珠每子房室1至多数。浆果、蒴果或核果，或为分果。种子种皮膜质或革质。

约660属11150种。我国产97属701种，湖北产23属47种，神农架产20属44种。

分属检索表

1. 单被花；基部叶对生，上部叶互生 ·· 1. 假繁缕属Theligonum
1. 花有花萼和花瓣；叶全部对生或轮生。
 2. 花极多，密集于球形花托上形成球状的头状花序。
  3. 木质藤本；枝条上具未发育的花序形成的钩刺 ······························· 2. 钩藤属Uncaria
  3. 乔木或灌木；枝上无钩。
   4. 托叶深2裂达全长的2/3或过之 ·· 3. 水团花属Adina
   4. 托叶全缘或有时微凹 ·· 4. 鸡仔木属Sinoadina
 2. 花非上述方式排列，稀成头状。
  5. 萼裂片有部分扩大成叶状，白色，稀红色。
   6. 花冠高脚碟状，黄色；果为浆果 ·· 5. 玉叶金花属Mussaenda
   6. 花冠喇叭状，白色；果为蒴果 ··· 6. 香果树属Emmenopterys
  5. 萼裂片无扩大部分。
   7. 子房每室有多数胚珠。
    8. 果干燥，蒴果。
     9. 果实宽心状倒卵形 ·· 7. 蛇根草属Ophiorrhiza
     9. 果实近球形或矩圆形。
      10. 果成熟时不开裂或仅顶端开裂 ····························· 8. 耳草属Hedyotis
      10. 果成熟时开裂 ·· 9. 新耳草属Neanotis
    8. 果肉质。
     11. 花冠裂片镊合状排列 ·· 10. 密脉木属Myrioneuron
     11. 花冠裂片旋转状排列或覆瓦状排列。
      12. 子房1室，具侧膜胎座 ··· 11. 栀子属Gardenia
      12. 子房通常2室或偶有多于2室 ································· 12. 茜树属Aidia
   7. 子房每室有1枚胚珠。
    13. 灌木或木质藤本。

14．花多朵聚合成头状。
　　15．萼筒彼此黏合形成聚合果……………………………………13．巴戟天属Morinda
　　15．萼筒彼此分离形成核果……………………………………14．粗叶木属Lasianthus
14．圆锥花序。
　　16．子房4～9室………………………………………………15．野丁香属Leptodermis
　　16．子房2或不完全4室。
　　　　17．灌木；核果或浆果
　　　　　　18．萼裂片小，短于萼筒………………………………16．虎刺属Damnacanthus
　　　　　　18．萼裂片钻形，长于萼筒………………………………17．白马骨属Serissa
　　　　17．木质藤本；坚果……………………………………………18．鸡矢藤属Paederia
13．草本或草质藤本。
　　19．花4数；果干燥，常被毛……………………………………19．拉拉藤属Galium
　　19．花5数；果肉质，不被毛……………………………………20．茜草属Rubia

1. 假繁缕属 Theligonum Linnaeus

一年生或多年生矮小肉质草本。单叶对生或互生。花小，1～3朵生于同一节或不同的节上，常组成聚伞花序；花单性，雌雄同株或为两性；花柱1，纤细，着生于子房基部一侧，且伸出花被管外。核果，近球形或卵圆形，两侧压扁，内有马蹄形的种子1枚；胚乳肉质。

约4种。中国产3种，湖北产1种，神农架亦产。

假繁缕 │ Theligonum macranthum Franchet　图142-1

直立多汁一年生草本。高30～50cm。下部叶对生，上部叶互生，草质，卵形、卵状披针形或近椭圆形，长2～5cm，宽1.5～3cm，两面疏生短柔毛或变无毛。雌雄同株，雄花生于上部，每2朵与叶对生；花萼绿色，萼筒长约2mm，开放后反卷。果卵形，两侧压扁，内有马蹄形种子1枚。春夏季开花。

产于神农架木鱼、新华，生于海拔1400～1800m的山坡林下潮湿地。

图142-1　假繁缕

2. 钩藤属 Uncaria Schreber

木质藤本。营养侧枝常变态成钩刺。叶对生，侧脉脉腋通常有窝陷；托叶全缘或有缺刻。头状花序顶生于侧枝上，花5基数；花萼管短，萼裂片三角形至卵状长圆形；花冠高脚碟状或近漏斗状，花冠裂片近覆瓦状排列；雄蕊着生于花冠管近喉部；花柱伸出，子房2室，胚珠多数。小蒴果外果皮厚，纵裂。种子小，两端有长翅。

约34种。我国产12种，湖北产2种，神农架均产。

分种检索表

1. 托叶明显2裂，裂片狭三角形、狭卵形或三角状卵形··················1. 钩藤 U. rhynchophylla
1. 托叶全缘或微缺，阔三角形或半圆形··················2. 华钩藤 U. sinensis

1. 钩藤 | Uncaria rhynchophylla (Miquel.) Miquel. ex Haviland   图142-2

藤本。叶纸质，椭圆形或长圆形。头状花序单生于叶腋，或成单聚伞状排列；花萼管疏被毛，萼裂片近三角形；花冠管外面无毛，花冠裂片卵圆形；花柱伸出冠喉外，柱头棒形。小蒴果被短柔毛，宿存萼裂片近三角形，星状辐射。花果期5～12月。

产于神农架各地，生于海拔400～1200m的山谷、林溪边的疏林中或湿润灌丛中。带钩茎枝入药。

2. 华钩藤 Uncaria sinensis (Oliver) Haviland   图142-3

藤本。叶薄纸质，椭圆形。头状花序单生于叶腋，或成单聚伞状排列；花萼管外面有苍白色毛，萼裂片线状长圆形；花冠裂片外面有短柔毛；花柱伸出冠喉外，柱头棒状。小蒴果有短柔毛。花果期6～10月。

产于神农架木鱼龙门河一带，生于海拔800～2900m的山地疏林中或湿润次生林中。带钩茎枝入药。

图142-2 钩藤

图142-3 华钩藤

3. 水团花属 Adina Salisbury

灌木或小乔木。叶对生；托叶窄三角形。头状花序不分枝，或为二歧聚伞状分枝，或为圆锥状排列；花5基数；花萼管相互分离，萼裂片多形，宿存；花冠高脚碟状至漏斗状；雄蕊着生于花冠管的上部，凸出冠喉外；花柱伸出，柱头球形。小蒴果具硬的内果皮，宿存萼裂片留附于蒴果的中轴上。种子卵球状至三角形。

4种。我国产3种，湖北产2种，神农架产1种。

细叶水团花 | Adina rubella Hance　图142-4

落叶小灌木。叶对生，薄革质，卵状披针形，全缘。头状花序，单生；花萼管疏被短柔毛，萼裂片匙形或匙状棒形；花冠5裂，裂片三角状，紫红色。小蒴果长卵状楔形。花果期5～12月。

产于神农架各地，生于海拔250～500m的山地树林下、溪旁或山坡潮湿地。全株入药。

4. 鸡仔木属 Sinoadina Ridsdale

乔木。叶对生；托叶窄三角形，早落。花序顶生，聚伞状圆锥花序式，由头状花序组成；花5基数；花萼管彼此分离，宿存；花冠高脚碟状或窄漏斗形，花冠裂片镊合状排列，但在顶端近覆瓦状；雄蕊着生于花冠管的上部；花柱伸出，子房2室，每室有胚珠多枚。小蒴果内果皮硬，宿存萼裂片留附在蒴果中轴上。种子三角形，两侧略压扁。

单种属，神农架也有。

鸡仔木 | Sinoadina racemosa (Siebold. et Zuccarini) Ridsdale　图142-5

半常绿或落叶乔木。叶对生，薄革质，宽卵形或椭圆形。头状花序排成聚伞状圆锥花序式；花萼密被长柔毛；花冠淡黄色，外面密被绵毛状微柔毛，花冠裂片三角状。小蒴果倒卵状楔形。花果期5～12月。

产于神农架新华，生于海拔350～600m的山地林带或沟谷、溪旁、河边。茎、叶入药。

图142-4　细叶水团花

图142-5　鸡仔木

5. 玉叶金花属 Mussaenda Linnaeus

乔木、灌木或缠绕藤本。叶对生或轮生；托叶全缘或2裂。聚伞花序顶生；花萼管长圆形或陀螺形，萼裂片5枚，其中有些花的萼裂片中有1枚极发达呈花瓣状；花冠裂片5枚；雄蕊5枚，内藏，花药线形；子房2室，花柱丝状，2型，内藏或伸出，柱头2个，细小。花盘大，环形。浆果肉质。种子小，种皮有小孔穴状纹。

约200种。我国产29种，湖北产2种，神农架均产。

> **分种检索表**
>
> 1. 花萼裂片线形 ·················· 1. 玉叶金花 M. pubescens
> 1. 花萼裂片披针形至卵形 ·················· 2. 大叶白纸扇 M. shikokiana

1. 玉叶金花 ｜ Mussaenda pubescens W. T. Aiton 图142-6

攀援灌木。叶膜质或薄纸质，卵状长圆形或卵状披针形；托叶三角形，裂片钻形。聚伞花序顶生；花萼管陀螺形，萼裂片线形，花叶阔椭圆形；花冠白色或黄色，花冠裂片长圆状披针形，内面密生金黄色小疣突；花柱短，内藏。浆果近球形，顶部有萼檐脱落后的环状疤。花期4～7月，果期6～12月。

产于神农架下谷石柱河，生于海拔1200～1500m的阴湿山坡、沟谷、溪旁或灌丛中。根、茎、叶入药。

图142-6 玉叶金花

2. 大叶白纸扇 ｜ Mussaenda shikokiana Makino 图142-7

直立或攀援灌木。叶对生，薄纸质，广卵形；托叶卵状披针形，常2裂。聚伞花序顶生；花萼管陀螺形，萼裂片近叶状，白色，披针形，花叶倒卵形；花冠黄色，花冠裂片卵形，内面密被黄色小疣突；雄蕊花药内藏；花柱无毛，柱头2裂，略伸出花冠外。浆果近球形。花期5～7月，果期7～10月。

产于神农架各地，生于海拔400～1000m的山地林下或溪旁灌丛中。根、茎叶入药。

图142-7 大叶白纸扇

6. 香果树属 Emmenopterys Oliver

乔木。叶对生。圆锥状的聚伞花序顶生；萼管近陀螺形，裂片5，覆瓦状排列；花冠漏斗形，冠管狭圆柱形，冠檐膨大，5裂，裂片覆瓦状排列；雄蕊5枚，着生于冠喉之下，内藏；花盘环状；子房2室，胚珠每室多数。蒴果室间开裂为2果片。种子多数，种皮海绵质，有翅，具网纹。

单种属，神农架也有。

香果树 | Emmenopterys henryi Oliver   图142-8

落叶大乔木。叶纸质或革质，椭圆形。圆锥状聚伞花序顶生；花芳香；萼管裂片近圆形，具缘毛，脱落，变态的叶状萼裂片白色、粉红色或淡黄色，匙状卵形或广椭圆形；花冠漏斗形，白色或黄色，被绒毛，裂片近圆形；花丝被绒毛。蒴果长圆状卵形或近纺锤形，有纵细棱。花期6~8月，果期8~11月。

产于神农架官门山、老君山、阴峪河，生于海拔700~900m的山坡、路旁或河边疏林下的肥沃土壤上。根、树皮入药。

图142-8 香果树

7. 蛇根草属 Ophiorrhiza Linnaeus

多年生草本。叶对生，全缘；托叶不分裂至2深裂。聚伞花序顶生，通常螺状，或具螺状分枝。

花通常二型；花萼通常小，萼檐5裂，偶有6裂；花冠管常狭长，冠檐5裂，偶有6裂；雄蕊5枚或偶有6枚，长柱花中着生冠管中部以下，短柱花中着生在喉部；子房2室，每室有多数胚珠。蒴果侧扁。种子小而有角。

约200～300种。我国产70种，湖北产3种，神农架均产。

分种检索表

1. 无小苞片，或小苞片很小且很快脱落···1. 中华蛇根草 O. chinensis
1. 小苞片明显存在，且于结果时宿存。
    2. 长柱花的柱头和短柱花的花药均不露出花冠管口之外··········2. 日本蛇根草 O. japonica
    2. 长柱花的柱头和短柱花的花药均稍伸出花冠管口之外······3. 广州蛇根草 O. cantoniensis

1. 中华蛇根草 | Ophiorrhiza chinensis H. S. Lo 图142-9

草本或亚灌木。叶纸质，披针形至卵形。花序顶生；萼管近陀螺形，有5棱，裂片5枚，近三角形；花冠白色或微染紫红色，管状漏斗形，裂片5枚，三角状卵形，顶端内弯，兜状，有喙，背面有龙骨状狭翅，近顶部有角状附属体；雄蕊5枚；柱头深2裂。花期冬春季，果期春夏季。

产于神农架新华、阳日，生于海拔300～1500m的阔叶林下的潮湿沃土上。全草入药。

2. 日本蛇根草 | Ophiorrhiza japonica Blume 图142-10

草本。叶片纸质，卵形或披针形。花序顶生，有花多朵；萼管近陀螺状，有5棱，裂片三角形或近披针形；花冠白色或粉红色，近漏斗形，喉部扩大，裂片5枚，三角状卵形，顶端内弯，喙状，背面有翅，翅的顶部向上延伸成新月形；雄蕊花药线形；柱头2裂。蒴果近僧帽状。花期冬春，果期春夏。

生于新华、阳日、九冲海拔1500～2000m的山坡、沟谷岩石上或密林下。全草入药。

图142-9 中华蛇根草

图142-10 日本蛇根草

3. 广州蛇根草 | Ophiorrhiza cantoniensis Hance 图142-11

草本或亚灌木。叶片纸质至厚纸质，通常长圆状椭圆形。花序顶生，圆锥状或伞房状；萼被短柔毛，萼管陀螺状，裂片5枚，近三角形；花冠白色或微红色，近管状，喉部稍扩大，裂片5枚，近三角形，盛开时反折，顶端内弯呈喙状，背部有翅；雄蕊花药披针状线形；花盘高凸，2全裂；柱头2裂。蒴果僧帽状。花期冬春季，果期春夏季。

图142-11 广州蛇根草

产于神农架木鱼（老君山），生于海拔1700～2700m的溪边或山坡林下阴湿处。根入药。

8. 耳草属 Hedyotis Linnaeus

草本、亚灌木或灌木。叶对生。花序顶通常为聚伞花序或聚伞花序再复合成各式花序；萼管通常陀螺形，萼檐宿存，通常4裂；花冠管状、漏斗状或辐状，檐部4或5裂，裂片镊合状排列；雄蕊与花冠裂片同数；子房2室，花柱线形，内藏或伸出，胚珠每子房室少数或多数。果小，膜质、脆壳质。种子小，具棱角或平凸。

约500种。我国产67种，湖北产4种，神农架产3种。

分种检索表

1. 果室间开裂或室背开裂 ·· 1. 伞房花耳草 H. corymbosa
1. 果不开裂或仅顶部开裂。
  2. 果不开裂 ··· 2. 金毛耳草 H. chrysotricha
  2. 果迟迟开裂或仅顶部开裂 ·· 3. 纤花耳草 H. tenelliflora

1. 伞房花耳草 | Hedyotis corymbosa (Linnaeus) Lamarck 图142-12

一年生柔弱披散草本。茎和枝方柱形。叶对生，膜质，线形；托叶膜质，鞘状。花序腋生，伞房花序式排列；萼管球形，被极稀疏柔毛，萼檐裂片狭三角形；花冠白色或粉红色，管形，花冠裂片长圆形；雄蕊生于冠管内，花药内藏，长圆形；柱头2裂，裂片略阔，粗糙。蒴果膜质，近球形或扁球形，有不明显纵棱数条。花果期几乎全年。

产于巴东、巫溪等县，生于海拔400～800m的路旁、溪边、山谷灌丛中或丘陵坡地草丛中。全草入药。

2. 金毛耳草 | Hedyotis chrysotricha (Palib.) Merr. 图142-13

多年生披散草本。茎基部木质化，被金黄色硬毛。叶对生，薄纸质，阔披针形或卵形；托叶短合生。聚伞花序腋生；花萼被柔毛，萼管近球形，萼檐裂片披针形；花冠白色或紫色，漏斗形，上部深裂，裂片线状长圆形；雄蕊内藏；柱头棒形，2裂。果近球形，被扩展硬毛，成熟时不开裂。花果期几乎全年。

产于神农架下谷，生于海拔400～600m的山谷林下岩石上、山坡路旁、溪边湿地或灌丛中。全草入药。

图142-12　伞房花耳草

图142-13　金毛耳草

3. 纤花耳草 ｜ Hedyotis tenelliflora Blume　图142-14

柔弱披散多分枝草本。枝的上部方柱形，有4锐棱，下部圆柱形。叶对生，薄革质，线形或线状披针形；托叶基部合生。花1～3朵簇生于叶腋内；萼管倒卵状，萼檐裂片4枚，线状披针形；花冠白色，漏斗形，裂片长圆形；花药伸出，长圆形；柱头2裂，裂片极短。蒴果卵形或近球形。花果期4～12月。

产于神农架新华至兴山一带，生于海拔600～2000m的田边、路旁、山坡草丛或旷野向阳处。全草入药。

9. 新耳草属 Neanotis W. H. Lewis

直立或平卧草本。叶对生，卵形或披针形；托叶生于叶柄间。花细小，组成腋生或顶生松散的聚伞花序或头状花序；花盘不明显；子房2室，罕有3或4室，花柱线形，柱头2至4。蒴果双生，侧面压扁，革质或膜质，顶部冠以宿存的萼檐裂片，成熟时室背开裂，罕有不开裂，每室有1至

图142-14　纤花耳草

数枚种子，罕有多枚。种子盾形、舟形或平凸形，极少具翅，表面具粗窝孔。

30种。我国产8种，湖北产2种，神农架均产。

分种检索表

1. 直立草本，有时近基部处匍匐状 ·· 1. 臭味新耳草 N. ingrata
1. 平卧或披散草本 ··· 2. 薄叶新耳草 N. hirsuta

1. 臭味新耳草 | Neanotis ingrata (Wallich ex J. D. Hooker) W. H. Lewis
图142-15

多年生草本。高0.7~1m。全株有臭味。茎有明显的直棱或槽。叶卵状披针形，很少卵形或长椭圆形，长4~9cm，宽1.4~3.4cm，顶端渐尖，基部渐狭。花序顶生或近顶生，为多歧聚伞花序，有总花梗；花冠白色，裂片长圆形，顶端钝。蒴果近扁球状，通常无毛，每室有种子数枚。种子小，黑褐色，平凸，有小疣点。花期6~9月。

产于巴东县，生于海拔400~600m的沟边潮湿地。

2. 薄叶新耳草 | Neanotis hirsuta (Linnaeus f.) W. H. Lewis   图142-16

匍匐草本。下部常生不定根。茎柔弱，具纵棱。叶卵形或椭圆形，长2~4cm，宽1~1.5cm，顶端短尖，基部下延至叶柄，两面被毛或近无毛。花序腋生或顶生，有花1至数朵，常聚集成头状；花白色或浅紫色，近无梗或具极短的花梗；花冠漏斗形，裂片阔披针形。蒴果扁球形，顶部平，宿存萼檐裂片长约1.2mm。种子微小，平凸，有小窝孔。花果期7~10月。

产于神农架下谷乡（石柱河），生于海拔400~600m的溪沟边潮湿地。

图142-15 臭味新耳草

图142-16 薄叶新耳草

10. 密脉木属 Myrioneuron R. Brown

小灌木或高大草本。叶和托叶均较大。花序为多花的头状花序或伞房状聚伞花序；花二型，具花柱异长花；萼管卵圆形，裂片5枚，质坚，宿存；花冠管状，裂片5枚；雄蕊5枚，生于花冠管的内壁上；子房2室，每室有多数胚珠。浆果卵球状，干燥或肉质。种子多数，细小，有棱角，表面散布洼点。

14种。我国产4种，湖北产1种，神农架亦产。

密脉木 ｜ Myrioneuron faberi Hemsley　图142-17

高大草本或灌木状。叶常聚于小枝上部，纸质，倒卵形，边全缘或微波状。花序顶生，密集成球状；萼管球状至倒圆锥状，裂片钻形；花冠黄色，管状，裂片近三角形，反折；雄蕊5枚，长柱花的着生于冠管近基部，内藏，短柱花的生于喉部，稍伸出；花柱深2裂，长柱花的稍伸出，短柱花的内藏。果近球形，宿存萼片5枚。花期8月，果期10~12月。

产于神农架下谷乡石柱河，生于海拔480m以下的林下或灌丛中。全株用于治跌打损伤。

图142-17　密脉木

11. 栀子属 Gardenia J. Ellis

灌木或很少为乔木，无刺或很少具刺。叶对生，少有3片轮生或与总花梗对生的1片不发育。花大，腋生或顶生，单生、簇生或很少组成伞房状的聚伞花序；花冠高脚碟状、漏斗状或钟状，裂片5~12枚。浆果常大，平滑或具纵棱，革质或肉质。种子多数，常与肉质的胎座胶结而成一球状体，扁平或肿胀；种皮革质或膜质，胚乳常角质；胚小或中等大，子叶阔，叶状。

约250种。我国产5种，湖北产1种，神农架也产。

栀子 ｜ Gardenia jasminoides J. Ellis　图142-18

灌木。叶对生，革质，叶形多样，通常为长圆状披针形或椭圆形；托叶膜质。花芳香，通常单朵生于枝顶；萼管有纵棱，萼檐管形，膨大，裂片披针形，宿存；花冠白色或乳黄色，高脚碟状，通常6裂，裂片广展，倒卵形；花药线形，伸出；花柱粗厚，柱头纺锤形，伸出。果卵形或长圆形，有翅状纵棱5~9条。花期3~7月，果期5月至翌年2月。

产于神农架各地，生于海拔400~1400m的密林中，也有庭院栽培。果实、根、叶、花入药。

图142-18　栀子

12. 茜树属 Aidia Loureiro

无刺灌木或乔木。叶对生。聚伞花序腋生或与叶对生，或生于无叶的节上；花两性；萼管杯形或钟形，顶端4~5裂，裂片常小；花冠高脚碟状，喉部有毛，冠管圆柱形，花冠裂片5，旋转排列；雄蕊4~5枚，花药长圆形或线状披针形，伸出；子房2室，花柱细长，柱头棒形或纺锤形，2裂。浆果平滑或具纵棱。种子形状多样，常具角，并与果肉胶结。

约50种。我国产8种，湖北产1种，神农架亦产。

茜树 | Aidia cochinchinensis Loureiro　图142-19

无刺灌木或乔木。叶革质或纸质，对生，长圆状披针形或狭椭圆形。聚伞花序；花萼无毛，萼管杯形，檐部扩大，顶端4裂，裂片三角形；花冠黄色或白色，花冠裂片4枚，长圆形，开放时反折；花药线状披针形；柱头纺锤形，伸出。浆果球形，紫黑色。花期3~6月，果期5月至翌年2月。

产于神农架下谷、阳日，生于海拔50~2400m的丘陵、山坡、山谷溪边的灌丛或林中。

13. 巴戟天属 Morinda Linnaeus

藤本，藤状灌木或小乔木。叶对生；托叶分离或2片合生成筒状。头状花序桑果形或近球形，木本种花序单一腋生，藤本种为数花序伞状排于枝顶；花两性；花萼下部彼此黏合，上部环状；花冠白色，漏斗状；雄蕊与花冠裂片同数，着生于喉部或裂片侧基部；雌蕊子房2~4室，每室具胚珠1枚。聚花核果桑果形或近球形。种子长圆形。

约80~100种。我国产27种，湖北产2种，神农架产1亚种。

羊角藤（亚种）| Morinda umbellata Linnaeus subsp. obovata Ruan 图142-20

藤本。叶纸质或革质，卵形、倒卵状披针形或倒卵状长圆形，全缘，上面常具蜡质；托叶筒状，干膜质。花序3~11伞状排列于枝顶；花萼顶端平，无齿；花冠白色，稍呈钟状，檐部4~5裂，裂片长圆形，顶部向内钩状弯折；花柱通常不存在，柱头圆锥状，常2裂，子房下部与花萼合生。聚花核果近球形或扁球形。花期6~7月，果熟期10~11月。

产于神农架木鱼、下谷、阳日，生于海拔400~1200m的山坡、林缘或山谷沟边灌丛中。根、根皮、叶入药。

图142-19　茜树

图142-20　羊角藤

14. 粗叶木属 Lasianthus Jack

灌木。常有臭气。枝和小枝圆柱形，节部压扁。叶对生，叶片纸质或革质。花小，数朵至多朵簇生于叶腋，或组成腋生、具总梗的聚伞状或头状花序，通常有苞片和小苞片；花冠漏斗状或高脚碟状。核果小，外果皮肉质，成熟时常为蓝色，内含3~9分核，分核具3棱，软骨质或革质，内含略弯的种子1枚；种皮膜质；胚乳肉质，胚长柱状，子叶短而钝，胚根向下。

约150~170种。我国产34种，湖北产3种，神农架产1种。

日本粗叶木 | Lasianthus japonicus Miquel　图142-21

灌木。枝和小枝无毛或嫩部被柔毛。叶近革质或纸质，长圆形或披针状长圆形，长9~15cm，宽2~3.5cm，顶端骤尖或骤然渐尖，基部短尖，上面无毛或近无毛，下面脉上被贴伏的硬毛；侧脉每边5~6条，小脉网状，罕近平行；叶柄长7~10mm，被柔毛或近无毛；托叶小，被硬毛。花无梗，常2~3朵簇生在一腋生、很短的总梗上，有时无总梗；苞片小；萼

图142-21　日本粗叶木

钟状，长2~3mm，被柔毛，萼齿三角形，短于萼管；花冠白色，管状漏斗形，长8~10mm，外面无毛，里面被长柔毛，裂片5枚，近卵形。核果球形，直径约5mm，内含5枚分核。

产于神农架松柏、新华，生于海拔400~500m的山坡密林下。

15. 野丁香属 Leptodermis Wallich

灌木，通常多分枝。叶对生；托叶小，刺状尖，宿存。花3朵至多朵，簇生或密集成头状；萼管倒圆锥状，裂片5枚，革质，宿存；花冠白色或紫色，通常漏斗形，裂片5枚，镊合状排列；雄蕊5枚，着生于花冠喉部，花丝短，花药线状长圆形；子房常5室，花柱线形，柱头5或3裂，线形，每子房室1枚胚珠。蒴果5片裂至基部。种子直立，种皮薄。

约40种。我国产34种，湖北产4种，神农架均产。

分种检索表

```
1. 假种皮与种皮黏贴
    2. 柱头2~3裂 ·································································· 1. 大果野丁香 L. wilsonii
    2. 柱头常5裂 ·································································· 4. 川滇野丁香 L. pilosa
1. 假种皮与种皮分离。
    3. 小苞片中部以下至基部合生 ······················································ 2. 野丁香 L. potanini
    3. 小苞片1/2~2/3合生 ···························································· 3. 薄皮木 L. oblonga
```

1. 大果野丁香 | Leptodermis wilsonii Diels   图142-22

灌木。叶纸质，卵形或卵状椭圆形；托叶边缘常有腺体。花通常3朵生于枝顶，偶有近枝顶腋生；萼干时黑色，裂片狭三角形；花冠白色或淡红色，芳香，漏斗形，裂片伸展，近圆形；雄蕊花药线形，微伸出；花柱连线形。果长圆状披针形，干时黑褐色或黑色，无毛。花期6月，果期10~11月。

产于神农架木鱼。生于海拔1800~3000m的丛林中。

图142-22　大果野丁香

2. 野丁香 | Leptodermis potanini Batalin   图142-23

灌木。叶较薄，卵形或披针形。聚伞花序顶生；萼管狭倒圆锥形，裂片5或6枚，狭三角形，顶端短尖；花冠漏斗形，内面上部及喉部密被硬毛，冠檐伸展，花冠裂片5或6枚，具膜质边檐，无色，无毛；雄蕊花药线状长圆形；雌蕊子房3室。蒴果自顶5裂至基部，其裂片冠以宿萼裂片。花期5月，果期秋冬季。

产于神农架红坪、木鱼、宋洛。生于海拔800~2400m的山坡灌丛中。根入药。

3. 薄皮木 | Leptodermis oblonga Bunge 图142-24

灌木。叶纸质，披针形或长圆形。花常3～7朵簇生枝顶；萼裂片阔卵形，边缘密生缘毛；花冠淡紫红色，漏斗状，冠管狭长，下部常弯曲，裂片披针形；短柱花雄蕊微伸出，花药线形，长柱花内藏，花药线状长圆形；花柱具4～5个线形柱头裂片，长柱花微伸出，短柱花内藏。花期6～8月，果期10月。

产于神农架新华、阳日。生于山坡、路边向阳处。枝、叶入药。

图142-23　野丁香

图142-24　薄皮木

4. 川滇野丁香 | Leptodermis pilosa Diels 图142-25

灌木。通常高0.7～2m，有时达3m。叶纸质，偶有薄革质，形状和大小多有变异，阔卵形、卵形、长圆形、椭圆形或披针形，长0.5～2.5cm，宽达1.5cm，顶端短尖、钝或有时圆，基部楔尖或渐狭。聚伞花序顶生和近枝顶腋生，通常有花3朵，有时5～7朵；花无梗或具短梗；小苞片干膜质，透明，多少被毛；萼管长约2mm，裂片5枚；花冠漏斗状，管长9～10mm（偶有13mm）。果长4.5～5mm。种子覆有与种皮紧贴的网状假种皮。花期6月，果期9～10月。

产于巫山县，生于海拔200～400m的山坡林缘或溪边岩石缝中。

16. 虎刺属 Damnacanthus C. F. Gaertner

灌木。叶对生，全缘。花两两成束腋生；萼小，杯状或钟状，檐部具萼齿4（～5）枚，宿存；花冠白色，管状漏斗形，内面喉部密生柔毛，檐部4裂；雄蕊4枚，着生于冠管上部，花丝短；子房2或4室，每室具胚珠1枚。核果红色。种子角质，腹面具脐。

约13种。我国产11种，湖北产3种，神农架产1种。

虎刺 | Damnacanthus indicus C. F. Gaertner 图142-26

具刺灌木。叶常大小叶对相间，卵形、心形或圆形。花两性，1～2朵生于叶腋，2朵者花柄基部常合生；花萼钟状，绿色或具紫红色斑纹，裂片4枚，常不等大；花冠白色，管状漏斗形，檐部4裂，裂片椭圆形；雄蕊花药紫红色；子房4室，顶部（3～）4（～5）裂。核果近球形。花期3～6月，果期冬季至翌年1月。

产于神农架下谷，生于海拔1000～1500m的山坡灌丛中、竹林下及溪谷两旁疏林中。根、全株入药。

图142-25　川滇野丁香

图142-26　虎刺

17. 白马骨属 Serissa Commerson

分枝多的灌木。揉之发出臭气。叶对生，近革质，卵形。花腋生或顶生，单朵或多朵丛生，无梗；萼管倒圆锥形，萼檐4～6裂，裂片锥形，宿存；花冠漏斗形，顶部4～6裂，裂片短，直，扩展，内曲，镊合状排列；雄蕊4～6枚，生于冠管上部，花丝线形，略与冠管连生，花药近基部背着，线状长圆形，内藏；花盘大；子房2室，花柱线形，2分枝，分枝线形或锥形，稍短，全部被粗毛，直立，向外弯曲，凸出；胚珠每室1枚，由基部直立，倒生。果为球形的核果。

2种。我国产2种，湖北产2种，神农架产1种。

六月雪 | *Serissa japonica* (Thunb.) Thunb.　图142-27

小灌木。叶革质，卵形至倒披针形，边全缘，无毛。花单生或数朵丛生于小枝顶部或腋生；萼檐裂片细小，锥形，被毛；花冠淡红色或白色，裂片扩展，顶端3裂；雄蕊凸出冠管喉部外；花柱长凸出，柱头2，直，略分开。花期4～7月，果期6～11月。

产于神农架各地，生于海拔400～1000m的山坡、路旁、溪灌丛中。全株入药。

18. 鸡矢藤属 Paederia Linnaeus

柔弱缠绕灌木或藤本。揉之发出强烈的臭味。叶对生；托叶在叶柄内，三角形。花排成圆锥花序式的聚伞花序；萼管陀螺形或卵形，萼檐4～5裂，裂片宿存；花冠管漏斗形或管形，顶部4～5裂，裂片扩展，镊合状排列，边缘皱褶；雄蕊4～5枚，生于冠管喉部，内藏；花盘肿胀；子房2室，胚珠每室1枚。果球形，分裂为2枚小坚果。种子与小坚果合生，种皮薄。

30种。我国产9种，湖北产1种，神农架亦产。

图142-27　六月雪

鸡矢藤 ｜ **Paederia foetida** Linnaeus　图142-28

藤本。叶对生，纸质或近革质，形状变化很大，卵形至披针形。圆锥花序式的聚伞花序腋生或顶生；萼管陀螺形，萼檐裂片5枚，裂片三角形；花冠浅紫色，外面被粉末状柔毛，里面被绒毛，顶部5裂；花丝长短不齐。果球形，成熟时近黄色，有光泽，平滑，顶冠以宿存的萼檐裂片和花盘。花期5～10月，果期7～12月。

产于神农架各地，生于海拔600～2500m的山坡、河谷、路旁、林缘灌丛中或荒山草地上。全草入药。

图142-28　鸡矢藤

19. 拉拉藤属 Galium Linnaeus

一年生或多年生草本。茎常具4角棱。叶3至多片轮生。花小，两性，组成腋生或顶生的聚伞花序，常再排成圆锥花序式；萼管卵形或球形，萼檐不明显；花冠辐状，通常深4裂，裂片镊合状排列；雄蕊花丝常短，花药双生，伸出；花盘环状；子房下位，2室，每室有胚珠1枚，柱头头状。果为小坚果。种子附着在外果皮上，背面凸，腹面具沟纹。

600余种。我国产63种，湖北产12种，神农架均产。

分种检索表

1. 叶具3~5脉或不明显地具3脉，如具1脉时，常有2对纤细的羽状侧脉。
   - 2. 花两性或单性；叶具1~3脉，稀5脉⋯⋯⋯⋯⋯⋯⋯⋯⋯⋯⋯⋯1. 林猪殃殃 G. paradoxum
   - 2. 花两性；叶具3脉。
     - 3. 茎上遍布毛；叶披针形；果被直立毛或很少无毛⋯⋯⋯⋯11. 湖北拉拉藤 G. hupehense
     - 3. 茎节点外无毛；叶片卵状披针形；果无毛。
       - 4. 叶脉在叶面凹下，在背面凸起⋯⋯⋯⋯⋯⋯⋯⋯⋯⋯⋯2. 北方拉拉藤 G. boreale
       - 4. 叶脉在叶面平，在背面稍凸起⋯⋯⋯⋯⋯⋯⋯⋯⋯⋯⋯3. 显脉拉拉藤 G. kinuta
1. 叶具1脉。
   - 5. 花单生或为聚伞花序，花序较少而少花⋯⋯⋯⋯⋯⋯⋯⋯⋯4. 六叶葎 G. hoffmeisteri
   - 5. 花组成聚伞花序，花序较多，分枝，分枝常多而扩展，有时呈圆锥花序式排列。
     - 6. 叶线形，边缘常极反卷，常卷成管状⋯⋯⋯⋯⋯⋯⋯⋯⋯5. 蓬子菜 G. verum
     - 6. 叶非线形，边缘亦不反卷，稀稍反卷。
       - 7. 叶每轮通常4片，有时5~6片，叶顶端钝圆或尖，但不具小凸尖；花冠4或3裂。
         - 8. 花冠裂片4枚。
           - 9. 果无毛⋯⋯⋯⋯⋯⋯⋯⋯⋯⋯⋯⋯⋯⋯⋯⋯6. 线叶拉拉藤 G. linearifolium
           - 9. 果有小疣点、小鳞片或短钩毛⋯⋯⋯⋯⋯⋯⋯⋯⋯7. 四叶葎 G. bungei
         - 8. 花冠裂片3枚⋯⋯⋯⋯⋯⋯⋯⋯⋯⋯⋯⋯⋯⋯⋯⋯⋯12. 小猪殃殃 G. innocuum
       - 7. 叶每轮4~8片，叶顶端锐尖或微凹而有小凸尖；花冠4裂。
         - 10. 聚伞花序常向下弯；果柄弓形下弯⋯⋯⋯⋯⋯⋯⋯⋯8. 麦仁珠 G. tricornutum
         - 10. 聚伞花序直立；果柄直立。
           - 11. 植株较粗壮，花序少花或多花⋯⋯⋯⋯⋯⋯⋯⋯⋯9. 原拉拉藤 G. aparine
           - 11. 植株较柔弱，花序常单花⋯⋯⋯⋯⋯⋯⋯⋯⋯⋯10. 猪殃殃 G. spurium

1. 林猪殃殃 | Galium paradoxum Maximowicz 图142-29

多年生矮小草本。有红色丝状根。叶膜质，4片轮生，其中2片较大，其余小的常缩小而成为托叶状，卵形至卵状披针形。聚伞花序顶生和生于上部叶腋，常三歧分枝，分枝常叉开；花萼密被黄棕色钩毛；花冠白色，辐状，裂片卵形；花柱顶端2裂。果片单生或双生，近球形，密被黄棕色钩毛。花期5~8月，果期6~9月。

产于神农架红坪（天燕），生于海拔1600~3000m的山坡、田边、路旁及林下湿地。全草入药。

2. 北方拉拉藤 | Galium boreale Linnaeus

分变种检索表

1. 萼管与果皮被毛⋯⋯⋯⋯⋯⋯⋯⋯⋯⋯⋯⋯⋯⋯⋯⋯⋯2a. 北方拉拉藤 G. boreale var. boreale
1. 萼管与果皮无毛⋯⋯⋯⋯⋯⋯⋯⋯⋯⋯⋯⋯⋯⋯⋯⋯⋯2b. 斐梭浦砧草 G. boreale var. hyssopifolium

2a. 北方拉拉藤（原变种）Galium boreale var. boreale 图142-30

多年生直立草本。叶纸质或薄革质，4片轮生，狭披针形或线状披针形，边缘常稍反卷。聚伞花序顶生或生于上部叶腋；花萼被毛；花冠白色或淡黄色，辐状，花冠裂片卵状披针形；花柱2裂至近基部。果小，果片单生或双生，密被白色稍弯的糙硬毛。花期5~8月，果期6~10月。

产于神农架新华、板仓，生于海拔2500~3000m的山坡林下、沟谷岩石上和灌丛中。全草入药。

图142-29　林猪殃殃　　　　　　　　　　图142-30　北方拉拉藤

2b. 斐梭浦砧草（变种）Galium boreale var. hyssopifolium (Hoffmann) Candolle

多年生直立草本。叶纸质或薄革质，4片轮生，狭披针形或线状披针形，边缘常稍反卷。聚伞花序顶生和生于上部叶腋；花萼无毛；花冠白色或淡黄色，辐状，花冠裂片卵状披针形；花柱2裂至近基部。果小，果片单生或双生，无毛。花果期6~8月。

产于神农架各地，生于海拔1850~2300m的山坡、草地上。全草入药。

3. 显脉拉拉藤 | Galium kinuta Nakai et H. Hara

多年生草本。高20~60cm。叶较薄，纸质或薄纸质，4片轮生，披针形或卵状披针形至卵形，长2~8cm，宽0.4~2cm，顶端渐尖或长渐尖，稀稍钝，基部钝圆至短尖，边缘不反卷。圆锥花序式的聚伞花序，通常顶生，长达25cm，宽达15cm，多花而疏；总花梗纤细，无毛；苞片线形或卵形；花直径2~2.5mm；花梗纤细，长2~3mm；花冠白色或紫红色，裂片4枚，卵形，顶端渐尖，3脉，无毛；雄蕊4枚，短，着生在花冠喉部；花柱2裂至基部，短，柱头头状，子房球形，无毛。果无毛，直径2.5mm，果片近球形，双生或单生；果柄纤细。花期6~7月，果期8~9月。

产于神农架新华、阳日、宋洛，生于海拔600~1000m的山坡悬崖石缝。

4. 六叶葎 | Galium hoffmeisteri (Klotzsch) Ehrendorfer et Schönbeck-Temesy ex R. R. Mill 图142-31

一年生草本。有红色丝状的根。叶片纸质或膜质，生于茎中部以上的常6片轮生，生于茎下部的常4~5片轮生，倒披针形或椭圆形。聚伞花序顶生和生于上部叶腋，2~3次分枝，常广歧式叉开；花冠白色或黄绿色，裂片卵形；雄蕊伸出；花柱顶部2裂。果片近球形，单生或双生，密被钩毛。花期4~8月，果期5~9月。

产于神农架各地，生于海拔1500~3000m的林下或沟边阴湿处。全草入药。

图142-31　六叶葎

5. 蓬子菜｜Galium verum Linnaeus　图142-32

多年生近直立草本。基部稍木质。叶纸质，6~10片轮生，线形，边缘极反卷，常卷成管状。聚伞花序顶生和腋生，通常在枝顶结成圆锥花序状；萼管无毛；花冠黄色或白色，辐状，无毛，花冠裂片卵形或长圆形；花药黄色；花柱顶部2裂。果小，果片双生，近球状，无毛。花期4~8月，果期5~10月。

产于神农架九湖，生于海拔600~3000m的山坡草地、山谷、河滩、路旁。全草入药。

6. 线叶拉拉藤｜Galium linearifolium Turczaninow　图142-33

多年生直立草本。高30cm左右。叶近革质，4片轮生，狭带形，常稍弯，长1~6cm，宽1~4mm，顶端钝或稍短尖，基部楔形或稍钝，边缘有小刺毛，常稍反卷，上面有糙点和散生小刺毛而粗糙。聚伞花序顶生，很少腋生，疏散，少至多花，长约5cm，常分枝成圆锥花序状；总花梗纤细而稍长；花小，直径约4mm；花萼和花冠均无毛；花冠白色，裂片4枚，披针形。果无毛，果片椭圆状或近球状，单生或双生。花期6~8月，果期7~9月。

产于神农架九湖，生于海拔2500m的山坡草地。

图142-32　蓬子菜　　　　　　　　　图142-33　线叶拉拉藤

7. 四叶葎 | Galium bungei Steudel

分变种检索表

1. 茎无毛。
  2. 在下部的叶常卵状披针形，上部的叶常渐狭············7a. 四叶葎 G. bungei var. bungei
  2. 叶狭披针形或线状披针形············7c. 狭叶四叶葎 G. bungei var. angustifolium
1. 茎被毛············7b. 毛四叶葎 G. bungei var. punduanoides

7a. 四叶葎（原变种）Galium bungei var. bungei 图142-34

多年生丛生直立草本。有红色丝状根。叶纸质，4片轮生，叶形变化较大，常在同一株内上部与下部的叶形均不同，卵状长圆形至线状披针形。聚伞花序，常3歧分枝，再形成圆锥状花序；花冠黄绿色或白色，辐状，花冠裂片卵形。果片近球状，通常双生，有小疣点、小鳞片或短钩毛。花期4~9月，果期5月至翌年1月。

产于神农架新华、阳日、老君山、木鱼镇，生于海拔650~2200m的山坡草丛中或路旁、田旁、林下阴湿地。全草入药。

图142-34　四叶葎

7b. 毛四叶葎（变种）Galium bungei var. punduanoides Cufodontis 图142-35

多年生丛生直立草本。高5~50cm。叶纸质，4片轮生，叶形变化较大，常在同一株内上部与下部的叶形均不同，卵状长圆形、卵状披针形、披针状长圆形或线状披针形，长0.6~3.4cm，宽2~6mm，顶端尖或稍钝，基部楔形。聚伞花序顶生和腋生；花小；花梗纤细，长1~7mm；花冠黄绿色或白色。果片近球状，通常双生，有小疣点、小鳞片或短钩毛，稀无毛；果柄纤细，常比果长。花期4~9月，果期5月至翌年1月。

产于神农架阳日（麻湾），生于海拔600~800m的山坡林缘。

7c. 狭叶四叶葎（变种）Galium bungei var. angustifolium (Loesener) Cufodontis 图142-36

多年生丛生直立草本。有红色丝状根。叶纸质，4片轮生，叶为狭披针形。聚伞花序，常3歧分枝，再形成圆锥状花序；花冠黄绿色或白色，辐状，花冠裂片卵形。果片近球状，通常双生，有小疣点、小鳞片或短钩毛。花期6～7月，果期8～10月。

产于神农架木鱼（红花），生于海拔400～2000m的荒地、沟边、林下或草地上。全草入药。

8. 麦仁珠 | Galium tricornutum Dandy　图142-37

一年生草本。棱上有倒生的刺。叶坚纸质，6～8片轮生，带状倒披针形。聚伞花序腋生，通常具3～5朵花，常向下弯；花小，4数；花冠白色，辐状，花冠裂片卵形；雄蕊伸出，花丝短；花柱2裂，柱头头状。分果片近球形，单生或双生，有小瘤状凸起。花期4～6月，果期5月至翌年3月。

产于神农架松柏，生于海拔2500m以上的荒地、山麓或林缘等阴湿处。全草入药。

图142-35　毛四叶葎

图142-36　狭叶四叶葎

图142-37　麦仁珠

9. 原拉拉藤 | Galium aparine Linnaeus　图142-38

多枝、蔓生或攀缘状草本。被小刺毛。叶纸质或近膜质，6～8片轮生，带状倒披针形。聚伞花序，4数；花萼被钩毛，萼檐近截平；花冠黄绿色或白色，辐状，裂片长圆形，镊合状排列；子房被毛，花柱2裂至中部，柱头头状。果干燥，有近球状的分果片，肿胀，密被钩毛。花期3～7月，果期4～11月。

产于神农架下谷、新华，生于海拔400～1300m的林缘、河滩、荒地、田埂。全草入药。

图142-38　原拉拉藤

10. 猪殃殃 ｜ *Galium spurium* Linnaeus　图142-39

多枝、蔓生或攀缘状草本。被小刺毛。叶纸质或近膜质，6～8片轮生，带状倒披针形。单花；花萼被钩毛，萼檐近截平；花冠黄绿色或白色，辐状，裂片长圆形，镊合状排列；子房被毛，花柱2裂至中部，柱头头状。果干燥，有近球状的分果片，肿胀，密被钩毛。花期3～7月，果期4～9月。

产于神农架各地，生于海拔400～1500m的林缘、河滩、荒地、田埂。全草入药。

图142-39　猪殃殃

11. 湖北拉拉藤 ｜ *Galium hupehense* Pampanini

草本。根茎纤细，匍匐。茎直立，具4角棱，被短柔毛，中部节间长约5cm。叶每轮4片，披针形，长3～5cm，宽7～12mm，顶端渐狭，稍钝，上面粗糙，被糙硬毛，下面被短柔毛，在脉上较密，3脉，具极短的柄或近无柄。聚伞花序长约6cm，宽约3cm，总花梗三歧分枝，稍叉开，短，被糙硬毛，每一小枝具3花；花直径2mm；花梗短，无毛；花冠淡黄白色，辐状，裂片卵形，短尖，内弯；子房无毛。

产于神农架红坪，生于海拔1000～2200m的山坡石缝中。

12. 小猪殃殃 | Galium innocuum Miquel 图142-40

多年生丛生草本。高15～50cm。叶小，纸质，通常4片或有时5～6片轮生，倒披针形，有时狭椭圆形，长3～14mm，宽1～4mm，顶端圆或钝，很少近短尖，基部渐狭。聚伞花序腋生和顶生，不分枝或少分枝，通常有花3或4朵；花冠白色，辐状，花冠裂片3枚，稀4枚，卵形，长约1mm，宽约0.8mm，雄蕊通常3枚；花柱长约0.5mm，顶部2裂。果小，果片近球状，双生或有时单生，直径1～2.5mm，干时黑色，光滑无毛；果柄纤细而稍长，长2～10mm。花果期3～8月。

图142-40 小猪殃殃

产于神农架九湖。生于海拔2500m的荒草地。

20. 茜草属 Rubia Linnaeus

直立或攀援草本，基部有时带木质，茎上有糙毛或小皮刺。叶轮生。花小，通常两性，聚伞花序；萼檐不明显；花冠冠檐部5或稀4裂，裂片镊合状排列；雄蕊5枚或有时4枚，生于冠管上；花盘小，肿胀；子房2室或有时退化为1室，花柱2裂，胚珠每室1枚。果2裂，肉质浆果状。种子和果皮贴连；种皮膜质。

约80种。我国产38种，湖北产4种，神农架全产。

分种检索表

1. 花冠裂片明显反折··1. 卵叶茜草 R. ovatifolia
1. 花冠裂片不反折，向外伸展或近直立、内弯。
  2. 叶较阔，非线形，长不及宽的3倍。
    3. 叶脉上无皮刺；花冠紫红色··2. 金线草 R. membranacea
    3. 掌状叶脉上有倒生皮刺；花冠白色、紫红或黄色···············3. 茜草 R. cordifolia
  2. 叶狭窄，线形或披针状线形，长约为宽的5～10倍···············4. 金剑草 R. alata

1. 卵叶茜草 | Rubia ovatifolia Z. Y. Zhang ex Q. Lin　图142-41

攀援草本。叶4片轮生，叶片薄纸质，卵状心形至圆心形。聚伞花序排成疏花圆锥花序式；萼管近扁球形，微2裂；花冠淡黄色或白色，质稍薄，裂片5枚，明显反折，卵形，里面覆有许多微小颗粒；雄蕊5枚，生于冠管口部。浆果球形，有时双球形，成熟时黑色。花期7月，果期10～11月。

产于神农架各地，生于海拔1300～2700m的山坡林下或沟谷灌丛中。根及根状茎入药。

图142-41　卵叶茜草

2. 金线草 | Rubia membranacea Diels　图142-42

草质攀援藤本。叶4片轮生，叶片膜状纸质或薄纸质，披针形或近卵形，边缘通常生有极小的皮刺。聚伞花序有花3朵或排成圆锥花序式；萼管浅2裂；花冠紫红色，辐状，冠檐裂片5枚，伸展，不反折；雄蕊5枚，生于冠管近基；花柱2裂至基部，柱头头状。浆果近球形，有时2个并生，成熟时黑色。花期5～6月，果期8～10月。

产于神农架木鱼，生于海拔1500～3000m的山谷、山坡林下或草坡上。根及根状茎入药。

图142-42　金线草

3. 茜草 | Rubia cordifolia Linnaeus　图142-43

草质攀援藤木。根状茎和其节上的须根均红色。叶通常4片轮生，纸质至厚纸质，披针形，边缘有齿状皮刺。聚伞花序多回分枝，花序和分枝均细瘦；花冠淡黄色或绿黄色，干时淡褐色，花冠裂片近卵形，微伸展。果球形，成熟时橘黄色。花期8～9月，果期10～11月。

产于神农架各地，生于海拔400～1500m的山坡、沟谷、灌丛中及林缘。根及根状茎入药。

图142-43　茜草

4. 金剑草 | Rubia alata Wallich　图142-44

多年生草质攀援藤本。茎枝有4棱或4翅，棱上有倒生皮刺。叶4片轮生，线形、披针状线形，边缘常有短小皮刺。花序腋生或顶生，多回分枝的圆锥花序式，花序轴和分枝均有明显的4棱，通常有小皮刺，萼管近球形，花冠白色或淡黄色，裂片5枚，卵状三角形或近披针形。浆果成熟时黑色，球形或双球形。花期夏初至秋初，果期秋冬季。

产于神农架各地，生于海拔400～1400m的山坡、林缘或灌丛中。

图142-44　金剑草

中文名称索引

A

矮地茶	478
矮桃	494, 500
艾麻	5, 6
艾麻属	1, 5
安息香属	514, 516
桉	204
桉属	204
凹头苋	402, 405
凹叶杜鹃	534, 535

B

八百棒	244
八角枫	440, 441
八角枫属	432, 440
八角麻	22, 24
八金刚草	175
八树	101, 102
巴东过路黄	494, 4398
巴东栎	40, 44
巴豆	121
巴豆属	119, 121
巴戟天属	560, 570
巴名树	98
巴天酸模	338, 341
白斑王瓜	75
白背绣球	448, 449
白背叶	125, 127
白菜	305, 306
白杜	95, 98
白耳菜	112, 113
白饭树	139, 140
白饭树属	138, 139
白花菜科	291
白花丹	336
白花丹科	336
白花丹属	336
白花碎米荠	295, 298
白花酢浆草	114
白栎	40, 42
白鹿寿草	550
白马骨属	560, 574
白木乌桕	119, 129
白木乌桕属	129
白三百棒	167
白檀	511, 512
白心木	547
白辛树	514
白辛树属	514
白珠树属	530, 533
百齿卫矛	95, 101
百两金	478, 479
百蕊草	328
百蕊草属	324, 328
斑赤胞	74, 75
斑地锦	131, 132
斑叶堇菜	162, 170
斑叶珊瑚	556, 558
板蓝根	309
板栗	35
包菜	303
包果柯	32, 33
苞序葶苈	310
薄皮木	572, 573
薄叶枫	227, 228
薄叶山矾	511, 512
薄叶新耳草	568
保康报春	486
报春花科	477
报春花属	477, 485

585

报春花属一种	486，488	草绣球属	444，445
杯苋属	401，407	叉毛阴山荠	313
北方拉拉藤	576，577	叉叶蓝	444
北美独行菜	300	叉叶蓝属	444
北延叶珍珠菜	495，503	杈叶枫	227，231
蹦蹦子	462	茶	505，508
蹦芝麻	464	茶匙黄	167
蓖麻	122	茶茱萸科	553
蓖麻属	119，122	察隅阴山荠	313，314
碧口柳	149，154	长瓣短柱茶	505，506
萹蓄	353	长柄枫	227，230
扁担杆	269	长柄秋海棠	91，93
扁担杆属	264，268	长刺酸模	338，343
扁担蒿	311	长萼堇菜	162，170
扁萝卜	305	长萼瞿麦	398，400
扁枝槲寄生	325，326	长江溲疏	454
扁枝越橘	531，533	长毛赤飑	74，75
遍地生根	72	长蕊杜鹃	535，543
冰川蓼	352，371	长尾枫	227，232
波齿糖芥	313	长序南蛇藤	106，108
波叶大黄	374，376	长叶赤飑	74，75
玻璃草	8，9	长叶水麻	29
菠菜	401，413	长翼凤仙花	460，464
菠菜属	413	长羽裂萝卜	307，308
播娘蒿	319	长圆楼梯草	16，17
播娘蒿属	293，319	长圆叶梾木	433，435
伯乐树	289	长柱金丝桃	175，180
伯乐树属	289	长籽柳叶菜	197，199
檗蓝	303	长鬃蓼	353，362
		昌化鹅耳枥	64，67
C		常山	447
菜头	308	常山属	444，447
蚕茧草	352，362	柽柳	335
苍叶守宫木	143	柽柳科	334
藏报春	486，487	柽柳属	334
藏刺榛	60	城口猕猴桃	520，526
糙皮桦	57，58	城口桤叶树	528，529
草瑞香	281	秤锤树	515
草瑞香属	281	秤锤树属	514，515
草绣球	445	齿瓣蝇子草	392，396

中文名	页码
齿翅首乌	**345**
齿萼报春	**490**
齿萼凤仙花	460，**467**
齿果酸模	338，**339**
齿叶凤仙花	459，**462**
齿叶溲疏	454，**458**
齿缘吊钟花	**545**
赤壁木	**452**
赤壁木属	444，**452**
赤爬儿野丝瓜	76
赤爬属	70，**74**
赤车	**15**
赤车属	1，**15**
赤胫散	356，**357**
赤麻	**24**
赤楠	205，**206**
赤杨叶	**515**
赤杨叶属	514，**515**
翅萼过路黄	494，**500**
翅茎冷水花	8，**12**
翅柃	471，**473**
冲菜	**304**
椆树桑寄生	**329**
臭常山	**251**
臭常山属	240，**250**
臭虫草	**309**
臭椿	**258**
臭椿属	**257**
臭节草	**243**
臭荠	**299**
臭荠属	293，**299**
臭檀吴萸	**241**
臭味新耳草	**568**
川滇野丁香	572，**573**
川鄂鹅耳枥	64，**67**
川鄂柳	148，**150**
川鄂山茱萸	433，**434**
川萼连蕊茶	505，**508**
川黄檗	**242**
川柳	149，**153**
川牛膝	**407**
川陕鹅耳枥	64，**65**
川西瑞香	**285**
川榛	62，**63**
垂果南芥	**311**
垂花悬铃花	**275**
垂柳	149，**151**
垂丝卫矛	95，**103**
垂序商陆	418，**419**
春杨柳	**335**
莼兰绣球	448，**451**
刺茶裸实	**111**
刺臭椿	**257**
刺瓜	90
刺果毒漆藤	217，**218**
刺果卫矛	95，**98**
刺壳花椒	245，**250**
刺藜属	401，**414**
刺蓼	352，**366**
刺蒴麻	**270**
刺蒴麻属	264，**270**
刺苋	**402**
刺叶高山栎	39，**40**
丛枝蓼	353，**358**
粗齿冷水花	8，**11**
粗糠柴	125，**126**
粗叶木属	560，**571**
簇生泉卷耳	**390**

D

中文名	页码
打水水花	312
打铁树	481，**482**
打药	424
大白菜	306
大鼻凤仙花	460，**465**
大果臭椿	**258**
大果冷水花	8，**13**
大果卫矛	95，**100**
大果野丁香	**572**
大花马齿苋	**426**

大花溲疏	454, 455	点地梅属	477, 491
大黄属	337, 374	点腺过路黄	494, 499
大戟	131, 134	点叶落地梅	494, 498
大戟科	119	吊钟花属	530, 545
大戟属	119, 131	叠珠树科	289
大戟属一种	131, 134, 137	丁香蓼属	192, 202
大箭叶蓼	352, 367	顶喙凤仙花	460, 466
大金雀	179	东北点地梅	491, 492
大理鹿蹄草	549	东陵绣球	448, 450
大蒜芥属	293, 315	冬瓜	88
大穗鹅耳枥	63, 66	冬瓜属	71, 88
大蝎子草	7	冬葵	272
大芽南蛇藤	106, 109	冬青卫矛	95, 96
大叶白纸扇	563	独行菜属	293, 300
大叶臭花椒	245, 249	独丽花	548
大叶冷水花	8, 13	独丽花属	530, 548
大叶碎米荠	294, 296	杜茎山	483
大叶香荠	300	杜茎山属	477, 482
大叶杨	146, 147	杜鹃	534, 538
待宵草	203	杜鹃花科	530
丹麻杆属	119, 130	杜鹃属	530, 534
单刺仙人掌	428, 429	杜英科	116
弹裂碎米荠	295, 297	杜英属	116
刀灰树	513	杜仲	555
倒挂金钟	201	杜仲科	555
倒挂金钟属	192, 201	杜仲属	555
倒心叶珊瑚	556, 558	短柄小连翘	175, 177
灯笼吊钟花	545, 546	短齿楼梯草	17, 20
灯笼花	546	短梗柳叶菜	196, 198
灯台树	433, 435	短梗南蛇藤	107, 110
地耳草	174, 175	短毛金线草	343, 344
地凡菜	301	短叶赤车	15
地肤	413	短柱柃	470, 472
地肤属	401, 413	断肘草	112
地构叶属	119, 120	椴树	267
地锦	131, 132	椴树属	264, 265
地桃花	274	对叶草	176
滇白珠	533	对叶楼梯草	17, 18
滇榛	60, 62	钝果寄生属	329
点地梅	491	钝叶柃	471, 472

钝叶楼梯草	16, 17	梵天花属	264, 274
钝叶酸模	338, 342	房县枫	228, 238
多辐线溲疏	454, 458	仿栗	118
多花繁缕	382, 387	飞蛾树	227, 234
多花山矾	511, 513	飞龙掌血	244
多花溲疏	458	飞龙掌血属	240, 244
多脉鹅耳枥	64, 68	斐梭浦砧草	576, 577
多脉楼梯草	17, 22	芬芳安息香	516, 517
多脉青冈	46, 49	粉白杜鹃	534, 539
多蕊蛇菰	321, 322	粉背南蛇藤	106, 108
多枝柳	148, 156	粉背溲疏	454, 455
		粉被灯台报春	486, 490
E		粉红杜鹃	535, 541
		粉红溲疏	454, 457
峨眉繁缕	382, 383	粉绿钻地风	446, 447
鹅肠菜	390	枫寄生	325
鹅肠菜属	379, 389	枫杨	50, 51
鹅耳枥属	56, 63	枫杨属	50
鄂报春	486	凤仙花	459, 460
鄂赤飑	74, 76	凤仙花科	459
鄂椴	265, 266	凤仙花属	459
鄂柃	470, 471	佛手瓜	73
鄂西杜鹃	535, 541	佛手瓜属	70, 73
鄂西凤仙花	460, 466	伏毛八角枫	441
鄂西卷耳	391	扶芳藤	96
鄂西商陆	418, 419	枹栎	40, 43
鄂西香草	493, 495	福建堇菜	162, 169
恩施金丝桃	175, 176	俯垂粉报春	486, 490
耳草属	559, 566	复羽叶栾树	224
耳叶杜鹃	534, 538		
耳叶珍珠菜	494, 502	**G**	
二十四节草	178		
		甘瓜	89
F		甘蓝	303
		甘青大戟	131, 137
繁花藤山柳	527	甘肃枫杨	50, 51
繁缕	384	甘肃柳	150, 151
繁缕属	379, 382	柑橘	254, 256
繁缕属一种	382, 386	柑橘属	240, 253
繁穗苋	403	赶山鞭	175, 178
反枝苋	402, 404	杠板归	352, 366
梵净报春	486, 488		

杠香藤	125	贵州蒲桃	205
高原露珠草	193，194	贵州梾叶树	528，529
革叶猕猴桃	519，522	过路黄	180，494，500
格药柃	470，471	过山枫	106，107
葛菌	321		
葛枣猕猴桃	519，522	**H**	
梗花椒	245	孩儿参属	379，388
珙桐	438	蔊菜	301
珙桐属	432，438	蔊菜属	293，301
钩藤	561	汉荭鱼腥草	182，183
钩藤属	560	旱金莲	290
钩腺大戟	131，136	旱金莲科	290
钩锥	37	旱金莲属	290
狗筋蔓	392	旱柳	149，152
狗橘子	254	合江银叶杜鹃	534，539
狗枣猕猴桃	519，521	何首乌	345，346，347
谷蓼	193，194	何首乌属	337，345
牯岭凤仙花	460，468	河北假报春	485
瓜蒌药瓜	84	核桃	53
挂苦绣球	448，450	核子木	263
管茎过路黄	494，497	核子木属	263
贯叶连翘	175，178	鹤草	392，395
冠盖藤	446	黑茶花	516
冠盖藤属	444，445	黑果茵芋	251，252
冠盖绣球	448，450	黑蕊猕猴桃	519，521
光滑柳叶菜	200，201	红椿	261
光亮山矾	511	红麸杨	219，220
光蓼	352，373	红旱莲	179
光皮梾木	433，435	红和麻	462
光头山碎米荠	294，295	红花金丝桃	181
光叶枫	227，235	红花酢浆草	114，115
光叶珙桐	438，439	红铧头草	164
光叶绞股蓝	71，72	红桦	57，58
光叶山矾	511，513	红火麻	7
光叶水青冈	31，32	红菌	321
光叶子花	421	红椋子	436
广东地构叶	120	红蓼	353，358
广东丝瓜	86，87	红皮椴	268
广州蛇根草	565，566	红皮柳	149，150
贵州连蕊茶	505，507	红药子	376

中文名	页码	中文名	页码
红药子属	337, 376	花蔺属	469
猴板栗	60	花椰菜	303, 304
猴欢喜	118	花叶冷水花	8, 13
猴欢喜属	116, 117	华椴	265, 266
厚皮香	473	华钩藤	561
厚皮香属	470, 473	华南桦	57, 59
胡瓜	90	华南蒲桃	205, 206
胡桃	53	华千金榆	64
胡桃科	50	华西枫杨	51
胡桃楸	53, 54	华榛	60, 61
胡桃属	50, 53	华中冷水花	8, 12
葫芦	85	滑叶常山	513
葫芦科	70	化香树	55
葫芦属	70, 85	化香树属	50, 55
湖北大戟	131, 135	桦木科	56
湖北杜茎山	483	桦木属	56, 57
湖北鹅耳枥	64, 67	萱	162, 167
湖北繁缕	382	黄苞大戟	131, 135
湖北枫杨	50, 51	黄背越橘	531
湖北凤仙花	459, 460	黄檗属	240, 242
湖北金丝桃	175, 178	黄瓜	89, 90
湖北拉拉藤	576, 581	黄瓜属	71, 89
湖北老鹳草	183, 185	黄海棠	175, 179
湖北裂瓜	79	黄金凤	459, 461
湖北算盘子	142	黄连木	217
湖北蝇子草	392, 393	黄连木属	216, 217
湖北锥	37, 39	黄栌	221
槲寄生属	324, 325	黄栌属	216, 221
槲栎	40, 43	黄麻属	264, 270
槲树	40, 42	黄毛青冈	46, 49
虎刺	573	黄毛掌	428, 430
虎刺属	560, 573	黄皮属	240, 252
虎杖	348	黄杞	50, 54
虎杖属	337, 348	黄杞属	54
花点草	4	黄瑞香	285, 286
花点草属	1, 4	黄蜀葵	277
花椒	245, 248	黄叶连翘	176
花椒簕	245, 250	黄珠子草	140, 141
花椒属	240, 244	灰背椴	267
花蔺科	469	灰灰菜	415, 417

灰柯	32, 33	尖瓣瑞香	285, 287
灰毛黄栌	221, 222	尖头叶藜	415, 416
灰毛桑寄生	331, 332	尖叶栎	39, 44
灰岩紫地榆	183, 185	尖叶四照花	432, 433
灰叶梾木	433, 436	坚桦	57, 59
灰叶南蛇藤	106, 108	剪春罗	397
火炭母	352, 357	剪红纱花	397
		剪秋罗属	379, 397
J		箭叶蓼	352, 365
鸡冠花	406, 407	江南越橘	531
鸡合子树	211	橿子栎	39, 40
鸡矢藤	575	角翅卫矛	95, 102
鸡矢藤属	560, 574	绞股蓝	71, 72
鸡腿菜	164	绞股蓝属	70, 71
鸡腿堇菜	161, 164	节节菜	189, 190
鸡心七	167	节节菜属	187, 189
鸡眼树	212	结香	284
鸡仔木	562	结香属	281, 283
鸡仔木属	559, 562	睫毛萼凤仙花	460, 466
鸡爪枫	227, 231	芥菜	302, 304
鸡肫梅花草	112, 113	芥蓝头	303
棘刺卫矛	95, 97	金弹子	474
戟叶堇菜	163, 173	金柑	253, 254
戟叶蓼	352, 367	金剑草	582, 584
荠	301	金锦香属	207, 209
荠菜	301	金铃花	273
荠属	293, 300	金毛耳草	566
假报春	485	金钱枫	226
假报春属	477, 484	金钱枫属	223, 226
假贝母	77	金荞麦	349
假贝母属	70, 77	金丝莲	180
假柴龙树属	553	金丝梅	175, 179
假朝天罐	209	金丝桃	175, 180
假繁缕	559, 560	金丝桃科	174
假繁缕属	559, 560	金丝桃属	174
假柳叶菜	202	金线草	343, 344, 582, 583
假楼梯草	14	金线草属	337, 343
假楼梯草属	1, 14	金线蝴蝶	180
假卫矛属	94, 105	金爪儿	493, 496
假柊包叶属	130	筋骨七	167

堇菜报春	487	阔萼堇菜	162, 168
堇菜属	161	阔叶枫	227, 230
堇叶芥	316	阔柱柳叶菜	196, 198
堇叶芥属	294, 316		
锦葵	271	**L**	
锦葵科	264	拉拉藤属	560, 575
锦葵属	264, 271	喇叭杜鹃	535, 542
锦绣杜鹃	534, 537	蜡莲绣球	448, 451
京梨猕猴桃	523, 524	辣菜	300
旌节花科	214	辣蓼	353, 358
旌节花属	214	莱菔	308
九骨筋	545	梾木	433, 437
九管血	478	兰蛇草	109
卷耳属	379, 390	蓝果树	439
卷毛梾木	433, 436	蓝果树属	432, 439
卷心白	306	蓝药蓼	352, 363
绢毛山梅花	453	烂肠草	112
君迁子	474	浪叶花椒	245, 248
莙荙菜	411, 412	老鸹铃	516, 517
		老鹳草	182, 183
K		老鹳草属	182
开心果	225	老枪谷	402
栲树	37, 38	老鸦谷	402, 403
柯属	30, 32	乐思绣球	448, 449
壳斗科	30	雷公鹅耳枥	63, 65
苦瓜	86	雷公藤	112
苦瓜蒌	76	雷公藤属	94, 112
苦瓜属	70, 86	棱枝槲寄生	325, 326
苦木科	257	冷地卫矛	95, 103
苦木属	257, 259	冷水丹	462
苦皮藤	106, 107	冷水花	8, 12
苦荞麦	349	冷水花属	1, 7
苦树	259	梨果仙人掌	428, 429
苦王瓜	83	梨序楼梯草	17, 21
苦槠	37	犁头草	175
块节凤仙花	459, 462	犁头叶堇菜	162, 166
宽叶荨麻	2	藜	415
宽叶蝇子草	392, 394	藜属	401, 414
栝楼	83, 84	栎属	30, 39
栝楼属	70, 83	栗寄生	325

栗寄生属	324	庐山楼梯草	17, 19
栗属	30, 34	陆地棉	278
连蕊茶	505, 507	鹿寿草	550
莲叶点地梅	491, 492	鹿蹄草	549, 550
莲子草	409	鹿蹄草属	530, 549
莲子草属	401, 408	露珠草	192, 193
楝	260	露珠草属	192
楝科	260	露珠碎米荠	294, 297
楝属	260	露珠珍珠菜	494, 502
楝叶吴萸	241	栾树	224
梁山草	551	栾树属	223, 224
亮毛堇菜	162, 168	卵叶报春	490
亮叶桦	57	卵叶卷耳	390, 391
蓼	352, 361	卵叶茜草	582, 583
蓼科	337	罗浮枫	227, 235
蓼属	337, 351	萝卜	307, 308
裂苞铁苋菜	123, 124	萝卜根老鹳草	183, 185
裂瓜属	70, 79	萝卜属	293, 307
裂果卫矛	95, 100	萝目草	295
裂距凤仙花	460, 468	裸实属	94, 111
林猪殃殃	576	裸芸香	244
临时救	494, 498	裸芸香属	240, 243
柃木属	470	落地梅	494, 498
令箭荷花	431	落葵	423
令箭荷花属	428, 431	落葵科	423
柳兰	195	落葵薯	423, 424
柳兰属	192, 195	落葵薯属	423, 424
柳属	145, 148	绿穗苋	402, 404
柳属一种	148, 158		
柳树	51	**M**	
柳叶菜	196, 197	麻花杜鹃	534, 538
柳叶菜科	192	麻栎	40, 41
柳叶菜属	192, 196	麻柳	51, 52
柳叶牛膝	401, 411	马比木	554
六叶葎	576, 577	马齿苋	426, 427
六月楼	101	马齿苋科	426
六月雪	574	马齿苋属	426
楼梯草	17, 20	马㼎儿	81
楼梯草属	1, 16	马㼎儿属	70, 80
庐山堇菜	161, 165	马蓼	353, 360

马桑	**69**	毛四叶葎	**579**
马桑科	**69**	毛桐	**125，126**
马桑属	**69**	毛叶吊钟花	**545，546**
马松子	**279**	毛叶枫	**228，237**
马松子属	**264，279**	毛叶山桐子	**158**
马铜铃	**78，79**	毛榛	**60，61**
马银花	**535，542**	毛竹叶花椒	**247**
马醉木属	**530，544**	茅膏菜科	**378**
麦吊七	**114**	茅膏菜属	**378**
麦蓝菜	**400**	茅栗	**36**
麦蓝菜属	**379，400**	玫红省沽油	**210，211**
麦瓶草	**392**	梅花草属	**94，112**
麦仁珠	**576，580**	美丽凤仙花	**460，463**
满山红	**534，537**	美丽马醉木	**544**
曼青冈	**46，48**	蒙古堇菜	**162，170**
曼榕	**546**	梦兰花	**551**
蔓赤车	**15，16**	猕猴桃科	**519**
蔓孩儿参	**388，389**	猕猴桃属	**519**
蔓菁	**302，305**	猕猴桃藤山柳	**527**
猫奶奶藤	**110**	米面蓊	**327**
毛八角枫	**440，442**	米面蓊属	**324，327**
毛白杨	**145，146**	米心水青冈	**30，31**
毛碧口柳	**154**	密齿酸藤子	**480**
毛齿叶黄皮	**253**	密花树	**481，482**
毛丹麻杆	**130**	密脉木	**569**
毛瓜	**79**	密脉木属	**559，568**
毛果枫	**228，238**	密毛桃叶珊瑚	**557**
毛花点草	**4，5**	蜜柑草	**140，141**
毛花枫	**227，232**	绵毛马蓼	**360，361**
毛黄栌	**221，222**	绵藤	**108**
毛梾	**433，438**	棉属	**264，278**
毛肋杜鹃	**534，535**	庙台枫	**226，228**
毛脉蓼	**346，347**	膜叶凤仙花	**459，462**
毛脉柳兰	**195**	木耳菜	**423**
毛脉柳叶菜	**197，200，201**	木芙蓉	**275，276**
毛糯米椴	**265**	木荷	**509，510**
毛蕊老鹳草	**182，184**	木荷属	**505，509**
毛蕊裂瓜	**79，80**	木姜叶柯	**32，34**
毛蕊猕猴桃	**520，525**	木槿	**275，276**
毛瑞香	**285，288**	木槿属	**264，275**

中文名称索引

595

木橘子	516	**P**	
木蜡树	217，**218**	膀胱果	210，**211**
木藤首乌	345，**346**	蓬子菜	576，**578**
		披针叶榛	60，**61**
N		枇杷叶柯	32，**33**
南赤瓟	74，**76**	平叶酸藤子	**480**
南川柳	149，**155**	匍匐露珠草	193，**194**
南川楼梯草	17，**20**	蒲桃属	204，**205**
南方露珠草	193，**194**	普通鹿蹄草	**549**
南瓜	**82**		
南瓜属	70，**82**	**Q**	
南芥属	294，**311**	七星莲	162，**167**
南山堇菜	162，**169**	七叶胆	72
南山莴菜	**320**	七叶树属	223，**225**
南蛇根	107	桤木	**56**
南蛇藤	107，**109**	桤木属	**56**
南蛇藤属	94，**106**	桤叶树科	**528**
南酸枣	**216**	桤叶树属	**528**
南酸枣属	**216**	漆姑草	**380**
南天七	115	漆姑草属	**379**
南烛	**531**	漆树	217，**218**
南紫薇	**187**	漆树科	**216**
尼泊尔老鹳草	182，**184**	漆树属	216，**217**
尼泊尔蓼	352，**355**	奇异堇菜	161，**165**
尼泊尔酸模	338，**342**	槭属	223，**226**
尼泊尔野桐	125，**127**	千根草	131，**132**
念珠芥属	294，**317**	千金榆	63，**64**
念珠冷水花	8，**10**	千金子	176
宁波溲疏	454，**455**	千屈菜	**191**
牛奶柿	474	千屈菜科	**187**
牛膝	**410**	千屈菜属	187，**191**
牛膝属	401，**410**	千日红	**408**
牛心菜	179	千日红属	401，**408**
钮子瓜	**81**	千针苋	**417**
糯米团	**28**	千针苋属	401，**417**
糯米团属	2，**27**	千重楼	175
女娄菜	392，**394**	茜草	582，**583**
		茜草科	**559**
O		茜草属	560，**582**
欧洲油菜	302，**307**	茜树	**570**

茜树属	559，570
墙草	25
墙草属	1，25
荞麦	349，351
荞麦属	337，348
秦巴点地梅	491，492
秦岭米面蓊	327
琴叶过路黄	493，495
青菜	305，306
青麸杨	219，221
青冈	46，47
青冈属	30，46
青江藤	110
青皮木	333
青皮木科	333
青皮木属	333
青钱柳	52
青钱柳属	50，52
青丝莲	103
青荚	406
青荚属	401，406
青榨枫	228，236
苘麻	273，274
苘麻属	264，273
箐姑草	382，384
秋枫	144
秋海棠	91
秋海棠科	91
秋海棠属	91
秋华柳	149
秋葵属	264，277
球果假沙晶兰	552
球果堇菜	161，164
球序卷耳	390，391
瞿麦	398，399
曲脉卫矛	95，104
全叶大蒜芥	315
拳参	353，369
雀儿舌头	138
雀舌草	382，385
雀舌木属	138
荛花属	281，282

R

日本粗叶木	571
日本蛇根草	565
柔毛堇菜	162，168
柔毛蓼	352，372
柔毛阴山荠	313，314
肉穗草属	207，208
肉皂角	223
如意草	162，166
乳浆大戟	131，136
软枣猕猴桃	519，520
锐齿槲栎	43
锐齿柳叶菜	197，200
锐齿楼梯草	17，21
锐棱阴山荠	313
瑞香	285，287
瑞香科	281
瑞香属	281，284
瑞香属一种	285，286

S

三百棒	250
三花假卫矛	106
三块瓦	114
三裂瓜木	440，442
三脉种阜草	381
三色堇	161，164
三峡枫	227，233
三腺金丝桃属	174，181
三小叶碎米荠	294，296
三叶枫	228，239
三叶铜钱草	114
伞房花耳草	566
伞花木	224
伞花木属	223，224
散血丹	176
桑寄生	330，331

桑寄生科	329	商陆科	418
桑寄生属	329	商陆属	418
色木枫	227, 229	少脉椴	265, 268
沙晶兰属	530, 552	蛇根草属	559, 564
沙棘	433, 435	蛇菰科	321
山茶	505, 506	蛇菰属	321
山茶科	505	深灰枫	227, 231
山茶属	505	深山堇菜	162, 171
山靛	122	深圆齿堇菜	162, 169
山靛属	119, 121	神农架凤仙花	459, 461, 463
山杜英	116, 117	神农架无心菜	380, 381
山矾	511, 512	省沽油	210, 211
山矾科	511	省沽油科	210
山矾属	511	省沽油属	210
山拐枣	160	十齿花科	263
山拐枣属	145, 160	十字花科	293
山芥碎米荠	294, 297	石椒草属	240, 243
山冷水花	8	石筋草	8, 9
山麻杆	129	石榴	188
山麻杆属	119, 129	石榴属	187, 188
山梅花	453	石生蝇子草	392, 394
山梅花属	444, 452	石油菜	8, 10
山桐子	158	石枣子	95, 102, 105
山桐子属	145, 158	石竹	398, 399
山乌柏	128	石竹科	379
山香圆属	210, 213	石竹属	379, 398
山羊角树	160	柿	474, 475, 476
山羊角树属	145, 159	柿树科	474
山杨	146, 147	柿树属	474
山萮菜属	294, 320	匙叶栎	39, 44
山茱萸	432, 434	守宫木属	138, 143
山茱萸属	432	疏花枫	228, 236
山酢浆草	114	疏花蛇菰	321, 323
陕甘枫	227, 230	疏花水柏枝	334
陕西杜鹃	534, 536	疏毛女娄菜	392, 394
陕西猕猴桃	520	疏头过路黄	494, 496
陕西卫矛	95, 102	蜀葵	272
疝气果	212	蜀葵属	264, 272
扇叶枫	227, 232	鼠耳芥	318
商陆	418	鼠耳芥属	294, 318

鼠掌老鹳草	182, 184	松柏钝果寄生	330
薯豆	116	松风草	243
栓翅卫矛	95, 99	松林神血宁	352, 359
栓皮栎	40, 41	松下兰	550
栓叶安息香	516, 518	菘蓝	309
双叉子树	102	菘蓝属	293, 309
双果荠	315	溲疏属	444, 454
双果荠属	293, 315	粟米草	422
双花堇菜	161, 163	粟米草科	422
霜不老	304	粟米草属	422
水柏枝属	334	酸橙	254, 256
水凤仙花	461	酸模	338, 339
水金凤	460, 464	酸模属	337
水晶兰	550, 551	酸模叶蓼	360
水晶兰属	530, 550	酸藤子属	477, 479
水辣辣	301	酸味草	115
水梨树	109	算盘七	369
水麻	29	算盘子	142
水麻属	2, 28	算盘子属	138, 142
水青冈	31	碎米荠	295, 296
水青冈属	30	碎米荠属	294
水团花属	559, 561	碎米荠属一种	294, 298
水苋菜	189	梭罗树	225
水苋菜属	187, 189	**T**	
丝瓜	86, 87		
丝瓜属	70, 86	台湾水青冈	31
丝毛柳	149, 151	苔水花	8, 14
丝缨花科	556	太平洋拳参	353, 368
四川杜鹃	535, 540	太子参	389
四川枫	228, 239	昙花	431
四川凤仙花	460, 465	昙花属	428, 431
四川堇菜	161, 163	檀花青	512
四川溲疏	454, 457	檀香科	324
四萼猕猴桃	519, 522	糖芥属	294, 312
四角柃	470, 471	桃金娘科	204
四块瓦	444	桃叶蓼	361
四蕊枫	237	桃叶珊瑚	556
四数花属	240	桃叶珊瑚属	556
四叶葎	576, 579	藤山柳	527
四照花	432, 433	藤山柳属	519, 526

天菜子	301	土人参属	425
天师栗	225	托叶楼梯草	17, 19
天竺葵	186		
天竺葵属	182, 186	**W**	
田麻	280	弯曲碎米荠	295
田麻属	264, 280	王瓜	83
甜菜	411, 412	微柱麻	25
甜菜属	401, 411	微柱麻属	1, 25
甜瓜	89	尾穗苋	402
甜麻	270	尾叶铁苋菜	123
甜槠	37, 38	卫矛	95, 101
铁海棠	131, 133	卫矛科	94
铁马鞭	353, 374	卫矛属	94
铁木	68	文王一枝笔	321
铁木属	56, 68	乌冈栎	40, 46
铁苋菜	123, 124	乌桕	128
铁苋菜属	119, 122	乌桕属	119, 128
铁苋菜属一种	123, 124	乌柿	474
铁仔	481	乌子树	512
铁仔属	477, 480	巫山繁缕	382, 384
葶苈	310	巫山堇菜	162, 166
葶苈属	293, 310	无瓣蔊菜	301
挺茎遍地金	174, 175	无粉报春	486, 489
通奶草	131, 133	无梗越橘	531, 532
铜锤草	115	无患子	223
头花蓼	352, 355	无患子科	223
头序荛花	282, 283	无患子属	223
透茎冷水花	8, 9	无心菜	380, 381
透明麻	466	无心菜属	379, 380
秃瓣杜英	116, 117	无须藤	553
秃梗露珠草	192, 193	无须藤属	553
秃华椴	265, 266	芜菁	305
秃叶黄檗	242	吴茱萸	241, 242
突隔梅花草	112	梧桐	279
突脉金丝桃	175, 179	梧桐属	264, 278
土贝母地苦胆	77	五尖枫	228, 236
土瓜野杜瓜	81	五角枫	229
土荆芥	414	五列木科	470
土人参	425	五裂枫	227, 233
土人参科	425	五柱绞股蓝	71, 72

雾水葛	26	狭叶荨麻	2, 3
雾水葛属	2, 26	狭叶珍珠菜	494, 500
		狭叶珍珠花	547
X		仙客来	484
西藏点地梅	491, 492	仙客来属	477, 483
西瓜	88	仙人掌	428
西瓜属	71, 88	仙人掌科	428
西葫芦	82, 83	仙人掌属	428
西湖柳	335	纤齿卫矛	95, 102
西南卫矛	95, 99	纤花耳草	566, 567
西施花	535, 544	纤柳	148, 157
西域旌节花	214	纤细荛花	282, 283
菥蓂	309	显苞过路黄	494, 499
菥蓂属	293, 309	显脉拉拉藤	576, 577
稀花八角枫	441	蚬壳花椒	245, 250
稀花蓼	352, 364	苋	402, 406
锡仗花	550	苋科	401
习见蓼	374	苋属	401, 402
洗手果	223	线果荨苈	310
喜冬草	548	线叶拉拉藤	576, 578
喜冬草属	530, 548	腺萼马银花	535, 543
喜旱莲子草	409	腺梗小头蓼	354, 355
喜马拉雅珊瑚	556, 557	腺茎柳叶菜	196, 198
喜树	440	腺柳	149, 155
喜树属	432, 439	腺药珍珠菜	494, 502
细柄凤仙花	460, 466	香橙	254, 256
细柄野荞麦	349, 350	香椿	261
细齿叶柃	470, 472	香椿属	260, 261
细梗香草	493, 495	香瓜	89
细穗藜	415, 416	香果树	564
细穗支柱拳参	369, 370	香果树属	559, 564
细叶孩儿参	388	香桦	57, 59
细叶青冈	46, 48	响铃子	79
细叶水团花	562	响叶杨	145, 146
细枝柃	470, 471	小白菜	306
狭翅桦	57, 59	小茶叶	178
狭叶花椒	245, 249	小赤麻	22, 23
狭叶四叶葎	579	小凤仙花	466
狭叶碎米荠	295, 298	小果卫矛	95, 97
狭叶桃叶珊瑚	557	小果珍珠花	547

小旱莲	178	序托冷水花	8，14
小花八角枫	440，443	序叶苎麻	22，23
小花扁担杆	269	续随子	131，133
小花花椒	245，249	悬铃花属	264，275
小花柳叶菜	196，197	穴乌萝卜	310
小花木荷	509	雪胆	78
小花糖芥	312	雪胆属	70，78
小黄构	282	血皮枫	228，238
小金雀	176	血三七	424
小梾木	433，437	荨麻	2
小藜	415	荨麻科	1
小连翘	174，176	荨麻属	1，2
小蓼花	352，365		
小千金	95，98	**Y**	
小酸模	338	胭脂花	420
小头蓼	352，354	延叶珍珠菜	495，504
小叶鹅耳枥	63，66	岩栎	40，45
小叶柳	149，152	岩杉树	282
小叶青冈	46，47	盐肤木	219
小叶青皮枫	227，229	盐肤木属	216，219
小叶杨	146，147	扬子小连翘	175，177
小猪殃殃	576，582	羊角菜	292
蝎子草	7	羊角菜属	291，292
蝎子草属	1，6	羊角藤	570
蟹爪属	428，430	羊蹄	338，341
心萼凤仙花	460，463	杨柳科	145
心叶堇菜	162，171	杨属	145
心籽绞股蓝	71	洋辣罐	309
新耳草属	559，567	洋丝瓜	73
星宿菜	494，502	药用大黄	374，375
兴山堇叶芥	316，317	野白菜	311
兴山柳	148，156	野丁香	572
秀雅杜鹃	534，535	野丁香属	560，572
绣球	448	野甘蓝	302，303
绣球科	444	野海棠属	207，208
绣球属	444，447	野花椒	245，246
锈毛钝果寄生	332	野苦瓜	81
锈毛绣球	451	野葵	271，272
须苞石竹	398	野老鹳草	182，183
须弥蝇子草	392，396	野梦花	285，287

野茉莉	**516**	蚓果芥	317
野牡丹科	**207**	蝇子草属	392
野牛藤	461	瘿椒树	262
野漆树	217，**218**	瘿椒树科	262
野荠菜	295	瘿椒树属	262
野柿	475，**476**	硬齿猕猴桃	520，**523**
野桐属	119，**125**	硬毛猕猴桃	525
野西瓜	83	硬毛山香圆	213
野西瓜苗	275，**277**	油菜	305
野线麻	22，**23**	油茶	505，**506**
野鸦椿	212	油桐	120
野鸦椿属	210，**212**	油桐属	119
野支子	545	疣点卫矛	95，**104**
野芝麻	464	疣果楼梯草	16，**18**
叶底红	**208**	柚	253，**255**
叶头过路黄	494，**496**	愉悦蓼	353，**363**
叶下珠	**140**	羽叶蓼	352，**356**
叶下珠科	**138**	羽衣甘蓝	303，**304**
叶下珠属	138，**140**	玉叶金花	**563**
叶子花属	**420**	玉叶金花属	559，**562**
一叶萩	**139**	元宝草	174，**176**
宜昌橙	253，**255**	芫花	284，**285**
宜昌过路黄	494，**497**	原拉拉藤	576，**580**
宜昌楼梯草	16，**18**	圆齿蟹爪	**430**
椅杨	**146**	圆果堇菜	162，**171**
异花孩儿参	388，**389**	圆穗拳参	353，**371**
异花珍珠菜	495，**504**	圆叶节节菜	**189**
异色猕猴桃	523，**524**	圆叶堇菜	163，**172**
异色溲疏	454，**456**	圆叶茅膏菜	**378**
异药花	**207**	圆柱柳叶菜	197，**200**
异药花属	**207**	圆锥柯	32，**33**
异叶八角枫	**443**	圆锥南芥	**311**
异叶花椒	245，**246**	圆锥绣球	448，**449**
翼萼凤仙花	459，**462**	月见草属	192，**203**
翼蓼	**376**	越橘属	**530**
翼蓼属	**376**	越南叶下珠	**140**
阴山荠属	293，**313**	云贵鹅耳枥	63，**65**
茵芋	251，**252**	云锦杜鹃	535，**541**
茵芋属	240，**251**	云南枫杨	51，**52**
银梅草	**444**	云南旌节花	214，**215**

云南梾叶树	**528**	中国黄花柳	**149,153**
云南小连翘	**177**	中国旌节花	**214**
云山青冈	**46,47**	中华抱茎拳参	**353,370**
芸苔	**305**	中华枫	**227,233**
芸苔属	**293,302**	中华花荵	**469**
芸香科	**240**	中华栝楼	**83,84**
		中华柳	**152**

Z

早春杜鹃	**535,540**	中华柳叶菜	**197,199**
早开堇菜	**163,172**	中华猕猴桃	**520,525**
皂柳	**149,153**	中华木荷	**509**
泽漆	**131,136**	中华秋海棠	**91,92**
泽珍珠菜	**495,504**	中华蛇根草	**565**
柞木	**159**	钟萼木	**289**
柞木属	**145,159**	种阜草属	**379,381**
榨菜	**304,305**	重阳木	**144**
窄萼凤仙花	**460,464**	重阳木属	**138,144**
粘蓼	**353,373**	周至柳	**149,155**
展枝过路黄	**493,496**	皱果赤瓟	**74**
樟叶枫	**227,234**	皱果苋	**402,405**
掌裂叶秋海棠	**91,93**	皱叶繁缕	**382,387**
掌叶大黄	**374,375**	皱叶南蛇藤	**106,109**
杖藜	**415,417**	皱叶酸模	**338,339**
沼生繁缕	**382,386**	骤尖楼梯草	**17,21**
沼生柳叶菜	**197,199**	朱槿	**275,276**
照山白	**534,537**	朱砂根	**478,479**
折株树	**102**	珠芽艾麻	**5,6**
针齿铁仔	**481**	珠芽拳参	**353,368**
珍珠菜属	**477,493**	诸葛菜	**308**
珍珠花	**547**	诸葛菜属	**294,308**
珍珠花属	**530,546**	猪殃殃	**576,581**
榛	**60,62**	楮头红	**208**
榛属	**56,60**	竹节蓼	**377**
征镒麻	**3**	竹节蓼属	**337,376**
征镒麻属	**1,3**	竹叶花椒	**245,247**
支柱拳参	**353,369**	苎麻	**22,23**
栀子	**569**	苎麻属	**1,22**
栀子属	**559,569**	锥果芥	**318**
枳	**253,254**	锥果芥属	**294,318**
中国繁缕	**382,385**	锥栗	**35**
		锥属	**30,36**

髭脉槭叶树	**528**	紫茉莉属	**420**
紫果枫	227，**235**	紫薇	187，**188**
紫花地丁	163，**173**	紫薇属	**187**
紫花堇菜	161，**165**	紫叶堇菜	**168**
紫金牛	**478**	钻地风	**446**
紫金牛属	**477**	钻地风属	444，**446**
紫茎	**510**	钻丝溲疏	454，**456**
紫茎属	505，**510**	钻岩筋	**98**
紫柳	**149**	醉蝶花	**291**
紫麻	**28**	醉蝶花属	**291**
紫麻属	2，**27**	酢浆草	114，**115**
紫茉莉	**320**	酢浆草科	**114**
紫茉莉科	**420**	酢浆草属	**114**

拉丁学名索引

A

Abelmoschus Medikus	264, **277**
Abelmoschus manihot (Linnaeus) Medikus	**277**
Abutilon Miller	264, **273**
Abutilon pictum (Gillies ex Hooker) Walpers	**273**
Abutilon theophrasti Medikus	273, **274**
Acalypha Linnaeus	119, **122**
Acalypha acmophylla Hemsley	**123**
Acalypha australis Linnaeus	123, **124**
Acalypha sp.	123, **124**
Acalypha supera Forsskål	123, **124**
Acer Linnaeus	223, **226**
Acer amplum Rehder	227, **230**
Acer caesium Wallich ex Brandis	227, **231**
Acer cappadocicum subsp. sinicum (Rehder) Handel-Mazzetti	227, **229**
Acer cordatum Pax	227, **235**
Acer caudatum var. multiserratum (Maximowicz) Rehder	227, **232**
Acer ceriferum Rehder	227, **231**
Acer coriaceifolium H. Léveillé	227, **234**
Acer davidii Franchet	228, **236**
Acer erianthum Schwerin	227, **232**
Acer fabri Hance	227, **235**
Acer flabellatum Rehder	227, **232**
Acer griseum (Franchet) Pax	228, **238**
Acer henryi Pax	228, **239**
Acer laevigatum Wallich	227, **235**
Acer laxiflorum Pax	228, **236**
Acer longipes Franchet ex Rehder	227, **230**
Acer maximowiczii Pax	228, **236**
Acer miaotaiense P. C. Tsoong	226, **228**
Acer nikoense Maximowicz	228, **238**
Acer oblongum Wallich ex Candolle	227, **234**
Acer oliverianum Pax	227, **233**
Acer palmatum Thunberg	227, **231**
Acer pictum Thunberg	227, **229**
Acer pictum subsp. mono (Maximowicz) H. Ohashi	**229**
Acer pictum subsp. pictum	**229**
Acer shenkanense W. P. Fang ex C. C. Fu	227, **230**
Acer sinense Pax	227, **233**
Acer stachyophyllum Hiern	228, **237**
Acer stachyophyllum subsp. betulifolium (Maximowicz) P. C. de Jong	**237**
Acer stachyophyllum subsp. stachyophyllum	**237**
Acer sterculiaceum subsp. franchetii (Pax) A. E. Murray	228, **238**
Acer sutchuenense Franchet	228, **239**
Acer tenellum Pax	227, **228**
Acer wilsonii Rehder	227, **233**
Achyranthes Linnaeus	401, **410**
Achyranthes bidentata Blume	**410**
Achyranthes longifolia (Makino) Makino	401, **411**
Acroglochin Schrader	401, **417**
Acroglochin persicarioides (Poiret) Moquin-Tandon	**417**
Actinidia Lindley	**519**
Actinidia arguta (Siebold et Zuccarini) Planchon ex Miquel	519, **520**
Actinidia arguta var. arguta	**520**
Actinidia arguta var. giraldii (Diels) Voroschilov	**520**
Actinidia callosa Lindley	520, **523**
Actinidia callosa var. callosa	**523**
Actinidia callosa var. discolor C. F. Liang	523, **524**
Actinidia callosa var. henryi Maximowicz	523, **524**
Actinidia chengkouensis C. Y. Chang	520, **526**
Actinidia chinensis Planchon	520, **525**
Actinidia chinensis var. chinensis	**525**
Actinidia chinensis var. hispida C. F. Liang	**525**
Actinidia kolomikta (Maximowicz et Ruprecht) Maximowicz	519, **521**

Actinidia melanandra Franchet	519, **521**	Alternanthera philoxeroides (C. Martius) Grisebach	**409**
Actinidia polygama (Siebold et Zuccarini) Maximowicz	519, **522**	Alternanthera sessilis (Linnaeus) R. Brown ex Candolle	**409**
Actinidia rubricaulis Dunn var. coriacea C. F. Liang	519, **522**	Althaea Linnaeus	264, **272**
Actinidia tetramera Maximowicz	519, **522**	Althaea rosea Linnaeus	**272**
Actinidia trichogyna Franchet	520, **525**	Amaranthaceae	**401**
Actinidiaceae	**519**	Amaranthus Linnaeus	401, **402**
Adina Salisbury	559, **561**	Amaranthus blitum Linnaeus	402, **405**
Adina rubella Hance	**562**	Amaranthus caudatus Linnaeus	**402**
Aesculus Linnaeus	223, **225**	Amaranthus cruentus Linnaeus	402, **403**
Aesculus chinensis var. wilsonii (Rehder) Turland et N. H. Xia	**225**	Amaranthus hybridus Linnaeus	402, **404**
		Amaranthus retroflexus Linnaeus	402, **404**
Aidia Loureiro	559, **570**	Amaranthus spinosus Linnaeus	**402**
Aidia cochinchinensis Loureiro	**570**	Amaranthus tricolor Linnaeus	402, **406**
Ailanthus Desfontaines	**257**	Amaranthus viridis Linnaeus	402, **405**
Ailanthus altissima (Miller) Swingle	**258**	Ammannia Linnaeus	187, **189**
Ailanthus altissima var. altissima	**258**	Ammannia baccifera Linnaeus	**189**
Ailanthus altissima var. sutchuenensis (Dode) Rehder et E. H. Wilson	**258**	Anacardiaceae	**216**
		Androsace Linnaeus	477, **491**
Ailanthus vilmoriniana Dode	**257**	Androsace filiformis Retzius	491, **492**
Akaniaceae	**289**	Androsace henryi Oliver	491, **492**
Alangium Lamarck	432, **440**	Androsace laxa C. M. Hu et Y. C. Yang	491, **492**
Alangium chinense (Loureiro) Harms	440, **441**	Androsace mariae Kanitz	491, **492**
Alangium chinense subsp. chinense	**441**	Androsace umbellata (Loureiro) Merrill	**491**
Alangium chinense subsp. pauciflorum W. P. Fang	**441**	Anredera Jussieu	423, **424**
		Anredera cordifolia (Tenore) Steenis	**424**
Alangium chinense subsp. strigosum W. P. Fang	**441**	Antenoron Rafinesque	337, **343**
Alangium faberi Oliver	440, **443**	Antenoron filiforme (Thunberg) Roberty et Vautier	**343**
Alangium faberi var. faberi	**443**		
Alangium faberi var. heterophyllum Y. C. Yang	**443**	Antenoron filiforme var. filiforme	343, **344**
Alangium kurzii Craib	440, **442**	Antenoron filiforme var. neofiliforme (Nakai) A. J. Li	343, **344**
Alangium platanifolium (Siebold et Zuccarini) Harms var. trilobum (Miquel) Ohwi	440, **442**		
		Arabidopsis Heynhold	294, **318**
Alchornea Swartz	119, **129**	Arabidopsis thaliana (Linnaeus) Heynhold	**318**
Alchornea davidii Franchet	**129**	Arabis Linnaeus	294, **311**
Alniphyllum Matsumura	514, **515**	Arabis paniculata Franchet	**311**
Alniphyllum fortunei (Hemsley) Makino	**515**	Arabis pendula Linnaeus	**311**
Alnus Miller	**56**	Ardisia Swartz	**477**
Alnus cremastogyne Burkill	**56**	Ardisia brevicaulis Diels	**478**
Alternanthera Forsskål	401, **408**	Ardisia crenata Sims	478, **479**

Ardisia crispa (Thunberg) A. de Candolle 478,	**479**
Ardisia japonica (Thunberg) Blume	478
Arenaria Linnaeus	379, **380**
Arenaria serpyllifolia Linnaeus	380, **381**
Arenaria shennongjiaensis Z. E. Zhao et Z. H. Shen	
	380, **381**
Aucuba Thunberg	556
Aucuba albopunctifolia F. T. Wang	556, **558**
Aucuba chinensis Bentham	556
Aucuba chinensis var. angusta F. T. Wang	557
Aucuba chinensis var. chinensis	556
Aucuba himalaica J. D. Hooker et Thomson	556, **557**
Aucuba himalaica var. himalaica	557
Aucuba himalaica var. pilossima W. P. Fang et T. P. Soong	557
Aucuba obcordata (Rehder) Fu ex W. K. Hu et T. P. Soong	556, **558**

B

Balanophora J. R. Forster et G. Forster	321
Balanophora harlandii J. D. Hooker	321
Balanophora involucrata J. D. Hooker	321
Balanophora laxiflora Hemsl.	321, **323**
Balanophora polyandra Griffith	321, **322**
Balanophoraceae	321
Balsaminaceae	459
Basella Linnaeus	423
Basella alba Linnaeus	423
Basellaceae	423
Begonia Linnaeus	91
Begonia evansiana Andrews	91
Begonia evansiana subsp. evansiana Andrews	91
Begonia grandis subsp. sinensis (A. Candolle) Irmscher	91, **92**
Begonia pedatifida H. Léveillé	91, **93**
Begonia smithiana T. T. Yu	91, **93**
Begoniaceae	91
Benincasa Savi	71, **88**
Benincasa hispida (Thunberg) Cogniaux	88
Berteroella O. E. Schulz	294, **318**
Berteroella maximowiczii (Palibin) O. E. Schulz	318

Beta Linnaeus	401, **411**
Beta vulgaris Linnaeus	411
Beta vulgaris var. cicla Linnaeus	411, **412**
Beta vulgaris var. vulgaris	411, **412**
Betula Linnaeus	56, **57**
Betula albosinensis Burkill	57, **58**
Betula austro-sinensis Chun ex P. C. Li	57, **59**
Betula chinensis Maximowicz	57, **59**
Betula fargesii Franchet	57, **59**
Betula insignis Franchet	57, **59**
Betula luminifera H. Winkler	57
Betula utilis D. Don	57, **58**
Betulaceae	56
Bischofia Blume	138, **144**
Bischofia javanica Blume	144
Bischofia polycarpa (Léveillé) Airy-Shaw	144
Boehmeria Jacquin	1, **22**
Boehmeria clidemioides var. diffusa (Weddell) Handel-Mazzetti	22, **23**
Boehmeria japonica (Linnaeus f.) Miquel	22, **23**
Boehmeria nivea (Linnaeus) Gaudichaud-Beaupré	22, **23**
Boehmeria silvestrii (Pampanini) W. T. Wang	24
Boehmeria spicata (Thunberg) Thunberg	22, **23**
Boehmeria tricuspis (Hance) Makino	22, **24**
Boenninghausenia Reichenbach ex Meisner	240, **243**
Boenninghausenia albiflora (Hooker) Reichenbach ex Meisner	243
Bolbostemma Franquet	70, **77**
Bolbostemma paniculatum (Maximowicz) Franquet	77
Bougainvillea Commerson ex Jussieu	420
Bougainvillea glabra Choisy	421
Brassica Linnaeus	293, **302**
Brassica juncea (Linnaeus) Czernajew	302, **304**
Brassica juncea var. juncea	304
Brassica juncea var. tumida M. Tsen et S. H. Lee	304, **305**
Brassica napus Linnaeus	302, **307**
Brassica oleracea Linnaeus	302, **303**

Brassica oleracea var. acephala de Candolle	303, **304**	Cardamine impatiens Linnaeus	295, **297**
Brassica oleracea var. botrytis Linnaeus	303, **304**	Cardamine leucantha (Tausch) O. E. Schulz	295, **298**
Brassica oleracea var. capitata Linnaeus	**303**	Cardamine macrophylla Willdenow	294, **296**
Brassica oleracea var. gongylodes Linnaeus	**303**	Cardamine sp.	294, **298**
Brassica rapa Linnaeus	302, **305**	Cardamine stenoloba Hemsley	295, **298**
Brassica rapa var. chinensis (Linnaeus) Kitamura	305, **306**	Cardamine trifoliolata J. D. Hooker et Thomson	294, **296**
Brassica rapa var. glabra Regel	305, **306**	Cardiandra Siebold et Zuccarini	444, **445**
Brassica rapa var. oleifera de Candolle	**305**	Cardiandra moellendorffii (Hance) Migo	**445**
Brassica rapa var. rapa	**305**	Carpinus Linnaeus	56, **63**
Brassicaceae	**293**	Carpinus cordata Blume	63, **64**
Bredia Blume	207, **208**	Carpinus cordata var. chinensis Franchet	**64**
Bredia fordii (Hance) Diels	**208**	Carpinus cordata var. cordata	**64**
Bretschneidera Hemsley	**289**	Carpinus fargesiana H. Winkler	64, **65**
Bretschneidera sinensis Hemsley	**289**	Carpinus fargesii Franchet	63, **66**
Buckleya Torrey	324, **327**	Carpinus henryana (H. Winkler) H. Winkler	64, **67**
Buckleya graebneriana Diels	**327**	Carpinus hupeana Hu	64, **67**
Buckleya henryi Diels	**327**	Carpinus polyneura Franchet	64, **68**
		Carpinus pubescens Burkill	63, **65**

C

		Carpinus stipulata H. Winkler	63, **66**
Cactaceae	**428**	Carpinus tschonoskii Maximowicz	64, **67**
Camellia Linnaeus	**505**	Carpinus viminea Lindley	63, **65**
Camellia costei Leveille	505, **507**	Carrierea Franchet	145, **159**
Camellia cuspidata (Kochs) H. J. Veitch	505, **507**	Carrierea calycina Franchet	**160**
Camellia grijsii Hance	505, **506**	Caryophyllaceae	**379**
Camellia japonica Linnaeus	505, **506**	Castanea Miller	30, **34**
Camellia oleifera Abel	505, **506**	Castanea henryi (Skan) Rehder et E. H. Wilson	**35**
Camellia rosthorniana Handel-Mazzetti	505, **508**	Castanea mollissima Blume	**35**
Camellia sinensis (Linnaeus) Kuntze	505, **508**	Castanea seguinii Dode	**36**
Camptotheca Decne	432, **439**	Castanopsis (D. Don) Spach	30, **36**
Camptotheca acuminata Decne	**440**	Castanopsis eyrei (Champion ex Bentham) Tutcher	37, **38**
Capsella Medikus	293, **300**	Castanopsis fargesii Franchet	37, **38**
Capsella bursa-pastoris (Linnaeus) Medic	**301**	Castanopsis hupehensis C. S. Chao	37, **39**
Cardamine Linnaeus	**294**	Castanopsis sclerophylla (Lindley et Paxton) Schottky	**37**
Cardamine circaeoides J. D. Hooker et Thomson	294, **297**	Castanopsis tibetana Hance	**37**
Cardamine engleriana O. E. Schulz	294, **295**	Celastraceae	**94**
Cardamine flexuosa Withering	**295**	Celastrus Linnaeus	94, **106**
Cardamine griffithii J. D. Hooker et Thomson	294, **297**	Celastrus aculeatus Merrill	106, **107**
Cardamine hirsuta Linnaeus	295, **296**	Celastrus angulatus Maximowicz	106, **107**

Celastrus gemmatus Loesener	106, **109**	Circaea glabrescens (Pampanini) Handel-Mazzetti	192, **193**
Celastrus glaucophyllus Rehder et E. H. Wilson	106, **108**	Circaea mollis Siebold et Zuccarini	193, **194**
Celastrus hindsii Bentham	**110**	Circaea repens Wallich ex Ascherson et Magnus	193, **194**
Celastrus hypoleucus (Oliver) Warburg ex Loesener	106, **108**	Citrullus Schrader ex Ecklon et Zeyher	71, **88**
Celastrus orbiculatus Thunberg	107, **109**	Citrullus lanatus (Thunberg) Matsumura et Nakai	**88**
Celastrus rosthornianus Loesener	107, **110**	Citrus Linnaeus	240, **253**
Celastrus rugosus Rehder et E. H. Wilson	106, **109**	Citrus × aurantium Linnaeus	254, **256**
Celastrus vaniotii (H. Leveille) Rehder	106, **108**	Citrus cavaleriei Léveillé ex Cavaler	253, **255**
Celosia Linnaeus	401, **406**	Citrus japonica Thunberg	253, **254**
Celosia argentea Linnaeus	**406**	Citrus × junos Siebold ex Tanaka	254, **256**
Celosia cristata Linnaeus	406, **407**	Citrus maxima (Burman) Merrill	253, **255**
Cerastium Linnaeus	379, **390**	Citrus reticulata Blanco	254, **256**
Cerastium fontanum subsp. vulgare (Hartman) Greuter et Burdet	**390**	Citrus trifoliata Linnaeus	253, **254**
Cerastium glomeratum Thuillier	390, **391**	Clausena N. L. Burman	240, **252**
Cerastium wilsonii Takeda	390, **391**	Clausena dunniana var. robusta (Tanaka) Huang	**253**
Chamabainia Wight	1, **25**	Clematoclethra Maximowicz	519, **526**
Chamabainia cuspidata Wight	**25**	Clematoclethra scandens (Franchet) Maximowicz	**527**
Chamerion Seguier	192, **195**	Clematoclethra scandens subsp. actinidioides (Maximowicz) Y. C. Tang et Q. Y. Xiang	**527**
Chamerion angustifolium (Linnaeus) Scopoli	**195**	Clematoclethra scandens subsp. hemsleyi (Baillon) Y. C. Tang et Q. Y. Xiang	**527**
Chamerion angustifolium subsp. angustifolium	**195**	Cleomaceae	**291**
Chamerion angustifolium subsp. circumvagum (Mosquin) Hoch	**195**	Clethra Linnaeus	**528**
Chenopodium Linnaeus	401, **414**	Clethra barbinervis Siebold et Zuccarini	**528**
Chenopodium acuminatum Willdenow	415, **416**	Clethra delavayi Franchet	**528**
Chenopodium album Linnaeus	**415**	Clethra fargesii Franchet	528, **529**
Chenopodium ficifolium Smith	**415**	Clethra kaipoensis H. Léveillé	528, **529**
Chenopodium giganteum D. Don	415, **417**	Clethraceae	**528**
Chenopodium gracilispicum H. W. Kung	415, **416**	Corchoropsis Siebold et Zuccarini	264, **280**
Chimaphila Pursh	530, **548**	Corchoropsis crenata Siebold et Zuccarini	**280**
Chimaphila japonica Miquel	**548**	Corchorus Linnaeus	264, **270**
Choerospondias B. L. Burtt et A. W. Hill	**216**	Corchorus aestuans Linnaeus	**270**
Choerospondias axillaris (Roxburgh) B. L. Burtt et A. W. Hill	**216**	Coriaria Linnaeus	**69**
Circaea Linnaeus	**192**	Coriaria nepalensis Wallich	**69**
Circaea alpina subsp. imaicola (Ascherson et Magnus) Kitamura	193, **194**	Coriariaceae	**69**
Circaea cordata Royle	192, **193**	Cornus Linnaeus	**432**
Circaea erubescens Franchet et Savatier	193, **194**	Cornus bretschneideri L. Henry	433, **435**
		Cornus chinensis Wangerin	433, **434**
		Cornus controversa Hemsley	433, **435**

Cornus elliptica (Pojarkova) Q. Y. Xiang et Boufford	432, **433**	Cucurbita Linnaeus	70, **82**
Cornus kousa subsp. chinensis (Osborn) Q. Y. Xiang	432, **433**	Cucurbita moschata Duchesne	**82**
		Cucurbita pepo Linnaeus	82, **83**
Cornus macrophylla Wallich	433, **437**	Cucurbitaceae	**70**
Cornus oblonga Wallich	433, **435**	Cyathula Blume	401, **407**
Cornus officinalis Siebold et Zuccarini	432, **434**	Cyathula officinalis K. C. Kuan	**407**
Cornus paucinervis Hance	433, **437**	Cyclamen Linnaeus	477, **483**
Cornus schindleri subsp. poliophylla (C. K. Schneider et Wangerin) Q. Y. Xiang	433, **436**	Cyclamen persicum Miller	**484**
		Cyclobalanopsis Oersted	30, **46**
		Cyclobalanopsis delavayi (Franchet) Schottky	46, **49**
Cornus ulotricha C. K. Schneider et Wangerin	433, **436**	Cyclobalanopsis glauca (Thunberg) Oersted	46, **47**
		Cyclobalanopsis gracilis (Rehder et E. H. Wilson) W. C. Cheng et T. Hong	46, **48**
Cornus walteri Wangerin	433, **438**		
Cornus wilsoniana Wangerin	433, **435**	Cyclobalanopsis multinervis W. C. Cheng et T. Hong	46, **49**
Cornus hemsleyi C. K. Schneider et Wangerin	**436**		
		Cyclobalanopsis myrsinifolia (Blume) Oersted	46, **47**
Coronopus Zinn	293, **299**		
Coronopus didymus (Linnaeus) Smith	**299**	Cyclobalanopsis oxyodon (Miquel) Oersted	46, **48**
Cortusa Linnaeus	477, **484**	Cyclobalanopsis sessilifolia (Blume) Schottk	46, **47**
Cortusa matthioli Linnaeus	**485**	Cyclocarya Iljinskaya	50, **52**
Cortusa matthioli subsp. matthioli	**485**	Cyclocarya paliurus (Batalin) Iljinskaya	**52**
Cortusa matthioli subsp. pekinensis (V. Richter) Kitagawa	**485**	**D**	
Corylus Linnaeus	56, **60**	Damnacanthus C. F. Gaertner	560, **573**
Corylus chinensis Franchet	60, **61**	Damnacanthus indicus C. F. Gaertner	**573**
Corylus fargesii C. K. Schneider	60, **61**	Daphne Linnaeus	281, **284**
Corylus ferox var. thibetica (Batalin) Franchet	**60**	Daphne acutiloba Rehder	285, **287**
Corylus heterophylla Fischer ex Trautvetter	60, **62**	Daphne gemmata E. Pritzel	**285**
Corylus heterophylla var. heterophylla	**62**	Daphne genkwa Siebold et Zuccarini	284, **285**
Corylus heterophylla var. sutchuanensis Franche	62, **63**	Daphne giraldii Nitsche	285, **286**
		Daphne kiusiana var. atrocaulis (Rehder) F. Maekawa	285, **288**
Corylus mandshurica Maximowicz	60, **61**		
Corylus yunnanensis (Franchet) A. Camus	60, **62**	Daphne odora Thunberg	285, **287**
Cotinus Miller	216, **221**	Daphne sp.	285, **286**
Cotinus coggygria Scopoli	**221**	Daphne tangutica var. wilsonii (Rehder) H. F. Zhou	285, **287**
Cotinus coggygria var. cinerea Engler	221, **222**		
Cotinus coggygria var. pubescens Engler	221, **222**	Davidia Baill	432, **438**
Croton Linnaeus	119, **121**	Davidia involucrata Baillon	**438**
Croton tiglium Linnaeus	**121**	Davidia involucrata var. involucrate	**438**
Cucumis Linnaeus	71, **89**	Davidia involucrata var. vilmoriniana (Dode) Wangerin	438, **439**
Cucumis melo Linnaeus	**89**		
Cucumis sativus Linnaeus	89, **90**		

Debregeasia Gaudichaud-Beaupré	2, **28**
Debregeasia longifolia (N. L. Burman) Weddell	**29**
Debregeasia orientalis C. J. Chen	**29**
Decumaria Linnaeus	444, **452**
Decumaria sinensis Oliver	**452**
Deinanthe Maximowicz	**444**
Deinanthe caerulea Stapf	**444**
Descurainia Webb et Berthelot	293, **319**
Descurainia sophia (Linnaeus) Webb ex Prantl	**319**
Deutzia Thunberg	444, **454**
Deutzia crenata Siebold et Zuccarini	454, **458**
Deutzia discolor Hemsley	454, **456**
Deutzia grandiflora Bunge	454, **455**
Deutzia hypoglauca Rehder	454, **455**
Deutzia mollis Duthie	454, **456**
Deutzia multiradiata W. T. Wang	454, **458**
Deutzia ningpoensis Rehder	454, **455**
Deutzia rubens Rehder	454, **457**
Deutzia schneideriana Rehder	**454**
Deutzia setchuenensis Franchet	454, **457**
Deutzia setchuenensis var. corymbiflora (Lemoine ex André) Rehder	**458**
Deutzia setchuenensis var. setchuenensis	**457**
Dianthus Linnaeus	379, **398**
Dianthus barbatus Linnaeus	**398**
Dianthus chinensis Linnaeus	398, **399**
Dianthus longicalyx Miquel	398, **400**
Dianthus superbus Linnaeus	398, **399**
Diarthron Turczaninow	**281**
Diarthron linifolium Turczaninow	**281**
Dichroa Loureiro	444, **447**
Dichroa febrifuga Loureiro	**447**
Diospyros Linnaeus	**474**
Diospyros cathayensis Steward	**474**
Diospyros kaki Thunberg	474, **475**
Diospyros kaki var. kaki	475, **476**
Diospyros kaki var. silvestris Makino	475, **476**
Diospyros lotus Linnaeus	**474**
Dipentodontaceae	**263**
Dipteronia Oliver	223, **226**
Dipteronia sinensis Oliver	**226**
Discocleidion (Müller Argoviensis) Pax et K. Hoffmann	119, **130**
Discocleidion rufescens (Franchet) Pax et K. Hoffmann	**130**
Draba Linnaeus	293, **310**
Draba ladyginii Pohle	**310**
Draba nemorosa Linnaeus	**310**
Drosera Linnaeus	**378**
Drosera rotundifolia Linnaeus	**378**
Droseraceae	**378**
Dysphania R. Brown	401, **414**
Dysphania ambrosioides (Linnaeus) Mosyakin et Clemants	**414**

E

Ebenaceae	**474**
Edgeworthia Meisner	281, **283**
Edgeworthia chrysantha Lindley	**284**
Elaeocarpaceae	**116**
Elaeocarpus Linnaeus	**116**
Elaeocarpus glabripetalus Merrill	116, **117**
Elaeocarpus japonicus Siebold et Zuccarini	**116**
Elaeocarpus sylvestris (Loureiro) Poiret	116, **117**
Elatostema J. R. Forster et G. Forster	1, **16**
Elatostema brachyodontum (Handel-Mazzetti) W. T. Wang	17, **20**
Elatostema cuspidatum Wight	17, **21**
Elatostema cyrtandrifolium (Zollinger et Moritzi) Miquel	17, **21**
Elatostema ficoides Weddell	17, **21**
Elatostema ichangense H. Schroeter	16, **18**
Elatostema involucratum Franchet et Savatier	17, **20**
Elatostema nanchuanense W. T. Wang	17, **20**
Elatostema nasutum J. D. Hooker	17, **19**
Elatostema oblongifolium Fu ex W. T. Wang	16, **17**
Elatostema obtusum Weddell	16, **17**
Elatostema pseudoficoides W. T. Wang	17, **22**
Elatostema sinense H. Schroeter	17, **18**
Elatostema stewardii Merrill	17, **19**
Elatostema trichocarpum Handel-Mazzetti	16, **18**
Embelia N. L. Burman	477, **479**

Embelia undulata (Wallich) Mez	**480**	Euonymus Linnaeus	**94**
Embelia vestita Roxburgh	**480**	Euonymus acanthocarpus Franchet	95，**98**
Emmenopterys Oliver	559，**564**	Euonymus aculeatus Hemsley	95，**98**
Emmenopterys henryi Oliver	**564**	Euonymus alatus (Thunberg) Siebold	95，**101**
Engelhardia Leschenault ex Blume	**54**	Euonymus centidens H. Leveille	95，**101**
Engelhardia roxburghiana Wallich	50，**54**	Euonymus cornutus Hemsley	95，**102**
Enkianthus Loureiro	530，**545**	Euonymus dielsianus Loesener ex Diels	95，**100**
Enkianthus chinensis Franchet	545，**546**	Euonymus echinatus Wallich	95，**97**
Enkianthus deflexus (Griffith) C. K. Schneider	545，**546**	Euonymus fortunei (Turczaninow) Handel-Mazzetti	**96**
Enkianthus serrulatus (E. H. Wilson) C. K. Schneider	**545**	Euonymus frigidus Wallich	95，**103**
		Euonymus giraldii Loesenner	95，**102**
Epilobium Linnaeus	192，**196**	Euonymus hamiltonianus Wallich	95，**99**
Epilobium amurense Hausknecht	197，**200**	Euonymus japonicus Thunberg	95，**96**
Epilobium amurense subsp. amurense	200，**201**	Euonymus maackii Ruprecht	95，**98**
Epilobium amurense subsp. cephalostigma (Hausknecht) C. J. Chen et al.	200，**201**	Euonymus microcarpus (Oliver ex Loesener) Sprague	95，**97**
Epilobium brevifolium subsp. trichoneurum (Hausknecht) P. H. Raven	196，**198**	Euonymus myrianthus Hemsley	95，**100**
		Euonymus oxyphyllus Miquel	95，**103**
Epilobium cylindricum D. Don	197，**200**	Euonymus phellomanus Loesener	95，**99**
Epilobium hirsutum Linnaeus	196，**197**	Euonymus sanguineus Loesener	95，**105**
Epilobium kermodei P. H. Raven	197，**200**	Euonymus schensianus Maximowicz	95，**102**
Epilobium palustre Linnaeus	197，**199**	Euonymus venosus Hemsley	95，**104**
Epilobium parviflorum Schreber	196，**197**	Euonymus verrucosoides Loesener	95，**104**
Epilobium platystigmatosum C. B. Robinson	196，**198**	Euphorbia Linnaeus	119，**131**
		Euphorbia esula Linnaeus	131，**136**
Epilobium pyrricholophum Franchet et Savatier	197，**199**	Euphorbia helioscopia Linnaeus	131，**136**
		Euphorbia humifusa Willdenow	131，**132**
Epilobium royleanum Hausknecht	196，**198**	Euphorbia hylonoma Handel-Mazzetti	131，**135**
Epilobium sinense H. Léveillé	197，**199**	Euphorbia hypericifolia Linnaeus	131，**133**
Epiphyllum Haworth	428，**431**	Euphorbia lathyris Linnaeus	131，**133**
Epiphyllum oxypetalum (Candolle) Haworth	**431**	Euphorbia maculata Linnaeus	131，**132**
Ericaceae	**530**	Euphorbia micractina Boissier	131，**137**
Erysimum Linnaeus	294，**312**	Euphorbia milii Des Moulins	131，**133**
Erysimum cheiranthoides Linnaeus	**312**	Euphorbia pekinensis Ruprecht	131，**134**
Erysimum macilentum Bunge	**313**	Euphorbia sieboldiana Morren et Decaisne	131，**136**
Eucalyptus L'Héritier	**204**	Euphorbia sikkimensis Boissier	131，**135**
Eucalyptus robusta Smith	**204**	Euphorbia sp.1	131，**134**
Eucommia Oliver	**555**	Euphorbia sp.2	131，**137**
Eucommia ulmoides Oliver	**555**	Euphorbia thymifolia Linnaeus	131，**132**
Eucommiaceae	**555**	Euphorbiaceae	**119**

Eurya Thunberg	**470**
Eurya alata Kobuski	471, **473**
Eurya brevistyla Kobuski	470, **472**
Eurya hupehensis P. S. Hsu	470, **471**
Eurya loquaiana Dunn	470, **471**
Eurya muricata Dunn	470, **471**
Eurya nitida Korthals	470, **472**
Eurya obtusifolia H. T. Chang	471, **472**
Eurya tetragonoclada Merrill et Chun	470, **471**
Eurycorymbus Handel-Mazzetti	223, **224**
Eurycorymbus cavaleriei (H. Léveillé) Rehder et Handel-Mazzetti	**224**
Euscaphis Siebold et Zuccarini	210, **212**
Euscaphis japonica (Thunberg) Kanitz	**212**
Eutrema R. Brown	294, **320**
Eutrema yunnanense Franchet	**320**

F

Fagaceae	**30**
Fagopyrum Miller	337, **348**
Fagopyrum dibotrys (D. Don) Hara	**349**
Fagopyrum esculentum Moench	349, **351**
Fagopyrum gracilipes (Hemsley) Dammer ex Diels	349, **350**
Fagopyrum tataricum (Linnaeus) Gaertner	**349**
Fagus Linnaeus	**30**
Fagus engleriana Seemen	30, **31**
Fagus hayatae Palibin	**31**
Fagus longipetiolata Seemen	**31**
Fagus lucida Rehder et E. H. Wilson	31, **32**
Fallopia Adanson	337, **345**
Fallopia aubertii (L. Henry) Holub	345, **346**
Fallopia dentatoalata (F. Schmidt) Holub	**345**
Fallopia multiflora (Thunberg) Haraldson	345, **346**
Fallopia multiflora var. cillinerve (Nakai) A. J. Li	346, **347**
Fallopia multiflora var. multiflora	346, **347**
Firmiana Marsili	264, **278**
Firmiana simplex (Linnaeus) W. Wight	**279**
Flueggea Willdenow	138, **139**
Flueggea suffruticosa (Palla) Rehder	**139**
Flueggea virosa (Roxburgh ex Willdenow) Voigt	139, **140**
Fordiophyton Stapf	**207**
Fordiophyton faberi Stapf	**207**
Fuchsia Linnaeus	192, **201**
Fuchsia hybrida Hort	**201**

G

Galium Linnaeus	560, **575**
Galium aparine Linnaeus	576, **580**
Galium boreale Linnaeus	**576**
Galium boreale var. boreale	576, **577**
Galium boreale var. hyssopifolium (Hoffmann) Candolle	576, **577**
Galium bungei Steudel	576, **579**
Galium bungei var. angustifolium (Loesener) Cufodontis	**579**
Galium bungei var. bungei	**579**
Galium bungei var. punduanoides Cufodontis	**579**
Galium hoffmeisteri (Klotzsch) Ehrendorfer et Schönbeck-Temesy ex R. R. Mill	576, **577**
Galium hupehense Pampanini	576, **581**
Galium innocuum Miquel	576, **582**
Galium kinuta Nakai et H. Hara	576, **577**
Galium linearifolium Turczaninow	576, **578**
Galium paradoxum Maximowicz	**576**
Galium spurium Linnaeus	576, **581**
Galium tricornutum Dandy	576, **580**
Galium verum Linnaeus	576, **578**
Gardenia J. Ellis	559, **569**
Gardenia jasminoides J. Ellis	**569**
Garryaceae	**556**
Gaultheria Kalm ex Linnaeus	530, **533**
Gaultheria leucocarpa var. yunnanensis (Franchet) Hsu et Fang	**533**
Geranium Linnaeus	**182**
Geranium carolinianum Linnaeus	182, **183**
Geranium franchetii R. Knuth	183, **185**
Geranium napuligerum Franchet	183, **185**
Geranium nepalense Sweet	182, **184**
Geranium platyanthum Duthie	182, **184**
Geranium robertianum Linnaeus	182, **183**
Geranium rosthornii R. Knuth	183, **185**
Geranium sibiricum Linnaeus	182, **184**

Geranium wilfordii Maxim.	182, **183**
Girardinia Gaudichaud-Beaupré	1, **6**
Girardinia diversifolia (Link) Friis	**7**
Girardinia diversifolia subsp. suborbiculata (C. J. Chen) C. J. Chen et Friis	**7**
Girardinia diversifolia subsp. triloba (C. J. Chen) C. J. Chen et Friis	**7**
Glochidion J. R. Forster et G. Forster	138, **142**
Glochidion puberum (Linnaeus) Hutchinson	**142**
Glochidion wilsonii Hutchinson	**142**
Gomphrena Linnaeus	401, **408**
Gomphrena globosa Linnaeus	**408**
Gonostegia Turczaninow	2, **27**
Gonostegia hirta (Blume ex Hasskarl) Miquel	**28**
Gossypium Linnaeus	264, **278**
Gossypium hirsutum Linnaeus	**278**
Grewia Linnaeus	264, **268**
Grewia biloba G. Don	**269**
Grewia biloba var. biloba	**269**
Grewia biloba var. parviflora (Bunge) Handel-Mazzetti	**269**
Gymnosporia (Wight et Arnott) Bentham et J. D. Hooker	94, **111**
Gymnosporia variabilis (Hemsley) Loesener	**111**
Gynandropsis Candolle	291, **292**
Gynandropsis gynandra (Linnaeus) Briquet	**292**
Gynostemma Blume	70, **71**
Gynostemma cardiospermum Cogniaux ex Oliver	**71**
Gynostemma laxum (Wallich) Cogniaux	71, **72**
Gynostemma pentagynum Z. P. Wang	71, **72**
Gynostemma pentaphyllum (Thunberg) Makino	71, **72**

H

Hedyotis Linnaeus	559, **566**
Hedyotis chrysotricha (Palib.) Merr.	**566**
Hedyotis corymbosa (Linnaeus) Lamarck	**566**
Hedyotis tenelliflora Blume	566, **567**
Hemsleya Cogniaux ex F. B. Forbes et Hemsley	70, **78**
Hemsleya chinensis Cogniaux ex F. B. Forbes et Hemsley	**78**
Hemsleya graciliflora (Harms) Cogniaux	78, **79**
Hibiscus Linnaeus	264, **275**
Hibiscus mutabilis Linnaeus	275, **276**
Hibiscus rosa-sinensis Linnaeus	275, **276**
Hibiscus syriacus Linnaeus	275, **276**
Hibiscus trionum Linnaeus	275, **277**
Homalocladium (F. Muell.) Bailey	337, **376**
Homalocladium platycladum (F. Muell.) Bailey	**377**
Hosiea Hemsley et E. H. Wilson	**553**
Hosiea sinensis (Oliver) Hemsley et E. H. Wilson	**553**
Hydrangea Linnaeus	444, **447**
Hydrangea anomala D. Don	448, **450**
Hydrangea bretschneideri Dippel	448, **450**
Hydrangea hypoglauca Rehder	448, **449**
Hydrangea longipes Franchet	448, **451**
Hydrangea longipes var. fulvescens (Rehder) W. T. Wang ex C. F. Wei	**451**
Hydrangea longipes var. longipes	**451**
Hydrangea macrophylla (Thunberg) Seringe	**448**
Hydrangea paniculata Siebold	448, **449**
Hydrangea rosthornii Diels	448, **449**
Hydrangea strigosa Rehder	448, **451**
Hydrangea strigosa var. macrophylla Rehder	**451**
Hydrangea xanthoneura Diels	448, **450**
Hydrangeaceae	**444**
Hypericaceae	**174**
Hypericum Linnaeus	**174**
Hypericum ascyron Linnaeus	175, **179**
Hypericum attenuatum Choisy	175, **178**
Hypericum elodeoides Choisy	174, **175**
Hypericum enshiense L. H. Wu et D. P. Yang	175, **176**
Hypericum erectum Thunberg ex Murray	174, **176**
Hypericum faberi R. Keller	175, **177**
Hypericum hubeiense L. H. Wu et D. P. Yang	175, **178**
Hypericum japonicum Thunberg ex Murray	174, **175**
Hypericum longistylum Oliver	175, **180**
Hypericum monogynum Linnaeus	175, **180**
Hypericum patulum Thunberg	175, **179**
Hypericum perforatum Linnaeus	175, **178**

Hypericum petiolulatum J. D. Hooker et Thomson ex Dyer	175，**177**	Isatis tinctoria Linnaeus	**309**

J

Hypericum petiolulatum subsp. petiolulatum	**177**
Hypericum petiolulatum subsp. yunnanense (Franchet) N. Robson	**177**
Hypericum przewalskii Maximowicz	175，**179**
Hypericum sampsonii Hance	174，**176**

Juglandaceae	**50**
Juglans Linnaeus	50，**53**
Juglans mandshurica Maximowicz	53，**54**
Juglans regia Linnaeus	**53**

I

K

Icacinaceae	**553**
Idesia Maximowicz	145，**158**
Idesia polycarpa Maximowicz	**158**
Idesia polycarpa var. polycarpa	**158**
Idesia polycarpa var. vestita Diels	**158**
Impatiens Linnaeus	**459**
Impatiens balsamina Linnaeus	459，**460**
Impatiens bellula J. D. Hooker	460，**463**
Impatiens blepharosepala E. Pritzel	460，**466**
Impatiens compta J. D. Hooker	460，**466**
Impatiens davidii Franchet	460，**468**
Impatiens dicentra Franchet ex J. D. Hooker	460，**467**
Impatiens exiguiflora J. D. Hooker	460，**466**
Impatiens fissicornis Maximowicz	460，**468**
Impatiens henryi E. Pritel	460，**463**
Impatiens leptocaulon J. D. Hooker	460，**466**
Impatiens longialata E. Pritzel	460，**464**
Impatiens membranifolia Franchet ex J. D. Hooker	459，**462**
Impatiens nasuta J. D. Hooker	460，**465**
Impatiens noli-tangere Linnaeus	460，**464**
Impatiens odontophylla J. D. Hooker	459，**462**
Impatiens pinfanensis J. D. Hooker	459，**462**
Impatiens pritzelii J. D. Hooker	459，**460**
Impatiens pterosepala J. D. Hooker	459，**462**
Impatiens shennongensis Q. Wang et H. P. Deng	459，**461**
Impatiens siculifer J. D. Hooker	459，**461**
Impatiens stenosepala E. Pritzel	460，**464**
Impatiens sutchuenensis Franchet ex J. D. Hooker	460，**465**
Isatis Linnaeus	293，**309**

Kochia Roth	401，**413**
Kochia scoparia (Linnaeus) Schrader	**413**
Koelreuteria Laxmann	223，**224**
Koelreuteria bipinnata Franchet	**224**
Korthalsella Tieghem	**324**
Korthalsella japonica (Thunberg) Engler	**325**

L

Lagenaria Seringe	70，**85**
Lagenaria siceraria (Molina) Standley	**85**
Lagerstroemia Linnaeus	**187**
Lagerstroemia indica Linnaeus	187，**188**
Lagerstroemia subcostata Koehne	**187**
Laportea Gaudichaud-Beaupré	1，**5**
Laportea bulbifera (Siebold et Zuccarini) Weddell	5，**6**
Laportea cuspidata (Weddell) Friis	5，**6**
Lasianthus Jack	560，**571**
Lasianthus japonicus Miquel	**571**
Lecanthus Weddell	1，**14**
Lecanthus peduncularis (Wallich ex Royle) Weddell	**14**
Lepidium Linnaeus	293，**300**
Lepidium virginicum Linnaeus	**300**
Leptodermis Wallich	560，**572**
Leptodermis oblonga Bunge	572，**573**
Leptodermis pilosa Diels	572，**573**
Leptodermis potanini Batalin	**572**
Leptodermis wilsonii Diels	**572**
Leptopus Decaisne	**138**
Leptopus chinensis (Bunge) Pojarkova	**138**
Lithocarpus Blume	30，**32**
Lithocarpus cleistocarpus (Seemen) Rehder et E. H. Wilson	32，**33**

Lithocarpus eriobotryoides C. C. Huang et Y. T. Chang	32, **33**	Lysimachia ophelioides Hemsley	493, **495**
Lithocarpus henryi (Seemen) Rehder et E. H. Wilson	32, **33**	Lysimachia paridiformis Franchet	494, **498**
		Lysimachia patungensis Handel-Mazzetti	494, **498**
Lithocarpus litseifolius (Hance) Chun	32, **34**	Lysimachia pentapetala Bunge	494, **500**
Lithocarpus paniculatus Handel-Mazzetti	32, **33**	Lysimachia phyllocephala Handel-Mazzetti	494, **496**
Loranthaceae	**329**	Lysimachia pseudohenryi Pampanini	494, **496**
Loranthus Jacquin	**329**	Lysimachia pseudotrichopoda Handel-Mazzetti	493, **495**
Loranthus delavayi Tieghem	**329**	Lysimachia pterantha Hemsley	494, **500**
Loranthus levinei Merrill	332	Lysimachia punctatilimba C. Y. Wu	494, **498**
Ludwigia Linnaeus	192, **202**	Lysimachia rubiginosa Hemsley	494, **499**
Ludwigia epilobioides Maximowicz	**202**	Lysimachia silvestrii (Pampanini) Handel-Mazzetti	495, **503**
Luffa Miller	70, **86**	Lysimachia stenosepala Hemsley	494, **502**
Luffa acutangula (Linnaeus) Roxburgh	86, **87**	Lythraceae	**187**
Luffa aegyptiaca Miller	86, **87**	Lythrum Linnaeus	187, **191**
Lychnis Linnaeus	379, **397**	Lythrum salicaria Linnaeus	**191**
Lychnis coronata Thunberg	**397**		
Lychnis senno Siebold et Zuccarini	**397**	**M**	
Lyonia Nuttall	530, **546**	Maesa Forsskål	477, **482**
Lyonia ovalifolia (Wallich) Drude	**547**	Maesa hupehensis Rehder	**483**
Lyonia ovalifolia var. elliptica (Siebold et Zuccarini) Handel-Mazzetti	**547**	Maesa japonica (Thunberg) Moritzi et Zollinger	**483**
		Mallotus Loureiro	119, **125**
Lyonia ovalifolia var. lanceolata (Wallich) Handel-Mazzetti	**547**	Mallotus apelta (Loureiro) Müller Argoviensis	125, **127**
Lysimachia Linnaeus	477, **493**	Mallotus barbatus Müller Argoviensis	125, **126**
Lysimachia auriculata Hemsley	494, **502**	Mallotus nepalensis Müller Argoviensis	125, **127**
Lysimachia brittenii R. Knuth	493, **496**		
Lysimachia candida Lindley	495, **504**	Mallotus philippensis (Lamarck) Müller Argoviensis	125, **126**
Lysimachia capillipes Hemsley	493, **495**		
Lysimachia christiniae Hance	494, **500**	Mallotus repandus var. chrysocarpus (Pampanini) S. M. Hwang	**125**
Lysimachia circaeoides Hemsley	494, **502**		
Lysimachia clethroides Duby	494, **500**	Malva Linnaeus	264, **271**
Lysimachia congestiflora Hemsley	494, **498**	Malva cathayensis M. G. Gilbert	**271**
Lysimachia crispidens (Hance) Hemsley	495, **504**	Malva verticillata Linnaeus	271, **272**
Lysimachia decurrens G. Forster	495, **504**	Malva verticillata var. crispa Linnaeus	**272**
Lysimachia fistulosa Handel-Mazzetti	494, **497**	Malva verticillata var. verticillata	**272**
Lysimachia fortunei Maximowicz	494, **502**	Malvaceae	**264**
Lysimachia grammica Hance	493, **496**	Malvaviscus Fabricius	264, **275**
Lysimachia hemsleyana Maximowicz ex Oliver	494, **499**	Malvaviscus penduliflorus Candolle	**275**
Lysimachia henryi Hemsley	494, **497**	Megadenia Maximowicz	293, **315**

Megadenia pygmaea Maximowicz	315
Melastomataceae	207
Melia Linnaeus	260
Melia azedarach Linnaeus	260
Meliaceae	260
Melochia Linnaeus	264, 279
Melochia corchorifolia Linnaeus	279
Mercurialis Linnaeus	119, 121
Mercurialis leiocarpa Siebold et Zuccarini	122
Microtropis Wallich ex Meisner	94, 105
Microtropis triflora Merrill et F. L. Freeman	106
Mirabilis Linnaeus	420
Mirabilis jalapa Linnaeus	320
Moehringia Linnaeus	379, 381
Moehringia trinervia (Linnaeus) Clairville	381
Molluginaceae	422
Mollugo Linnaeus	422
Mollugo stricta Linnaeus	422
Momordica Linnaeus	70, 86
Momordica charantia Linnaeus	86
Moneses Salisbury ex S. F. Gray	530, 548
Moneses uniflora (Linnaeus) A. Gray	548
Monotropa Linnaeus	530, 550
Monotropa hypopitys Linnaeus	550
Monotropa uniflora Linnaeus	550, 551
Monotropastrum Andres	530, 552
Monotropastrum humile (D. Don) H. Hara	552
Morinda Linnaeus	560, 570
Morinda umbellata Linnaeus subsp. obovata Ruan	570
Mussaenda Linnaeus	559, 562
Mussaenda pubescens W. T. Aiton	563
Mussaenda shikokiana Makino	563
Myosoton Moench	379, 389
Myosoton aquaticum (Linnaeus) Moench	390
Myricaria Desvaux	334
Myricaria laxiflora (Franchet) P. Y. Zhang et Y. J. Zhangi	334
Myrioneuron R. Brown	559, 568
Myrioneuron faberi Hemsley	569
Myrsine Linnaeus	477, 480
Myrsine africana Linnaeus	481
Myrsine linearis (Loureiro) Poiret	481, 482
Myrsine seguinii H. Léveillé	481, 482
Myrsine semiserrata Wallich	481
Myrtaceae	204

N

Nanocnide Blume	1, 4
Nanocnide japonica Blume	4
Nanocnide lobata Weddell	4, 5
Neanotis W. H. Lewis	559, 567
Neanotis hirsuta (Linnaeus f.) W. H. Lewis	568
Neanotis ingrata (Wallich ex J. D. Hooker) W. H. Lewis	568
Neomartinella Pilger	294, 316
Neomartinella violifolia (H. Léveillé) Pilger	316
Neomartinella xingshanensis Z. E. Zhao et Z. L. Ning	316, 317
Neoshirakia Esser	129
Neoshirakia japonica (Siebold et Zuccarini) Esser	119, 129
Neotorularia Hedge et J. Léonard	294, 317
Neotorularia humilis (C. A. Meyer) Hedge et J. Léonard	317
Nopalxochia Britton et Rose	428, 431
Nopalxochia ackermannii (Haworth) F. M. Knuth	431
Nothapodytes Blume	553
Nothapodytes pittosporoides (Oliver) Sleumer	554
Nyctaginaceae	420
Nyssa Linnaeus	432, 439
Nyssa sinensis Oliver	439

O

Oenothera Linnaeus	192, 203
Oenothera stricta Ledebour ex Link	203
Onagraceae	192
Ophiorrhiza Linnaeus	559, 564
Ophiorrhiza cantoniensis Hance	565, 566
Ophiorrhiza chinensis H. S. Lo	565
Ophiorrhiza japonica Blume	565
Opuntia Miller	428

Opuntia dillenii (Ker Gawler) Haworth	**428**	Phellodendron chinense Schneider	**242**
Opuntia ficus-indica (Linnaeus) Miller	428，**429**	Phellodendron chinense var. chinense	**242**
Opuntia microdasys (Lechmann) Pfeiffer	428，**430**	Phellodendron chinense var. glabriusculum Schneider	**242**
Opuntia monacantha Haworth	428，**429**		
Oreocnide Mique	2，**27**	Philadelphus Linnaeus	444，**452**
Oreocnide frutescens (Thunberg) Miquel	**28**	Philadelphus incanus Koehne	**453**
Orixa Thunberg	240，**250**	Philadelphus sericanthus Koehne	**453**
Orixa japonica Thunberg	**251**	Phyllanthaceae	**138**
Orychophragmus Bunge	294，**308**	Phyllanthus Linnaeus	138，**140**
Orychophragmus violaceus (Linnaeus) O. E. Schulz	**308**	Phyllanthus cochinchinensis (Loureiro) Sprengel	**140**
		Phyllanthus urinaria Linnaeus	**140**
Osbeckia Linnaeus	207，**209**	Phyllanthus ussuriensis Ruprecht et Maximowicz	140，**141**
Osbeckia crinita Benth ex C. B. Clarke	**209**		
Ostrya Scopoli	56，**68**	Phyllanthus virgatus G. Forster	140，**141**
Ostrya japonica Sargent	**68**	Phytolacca Linnaeus	**418**
Oxalidaceae	**114**	Phytolacca acinosa Roxburgh	**418**
Oxalis Linnaeus	**114**	Phytolacca americana Linnaeus	418，**419**
Oxalis acetosella Linnaeus	**114**	Phytolacca exiensis D. G. Zhang, L. Q. Huang et D. Xie	418，**419**
Oxalis corniculata Linnaeus	114，**115**		
Oxalis corymbosa Candolle	114，**115**	Phytolaccaceae	**418**
Oxalis griffithii Edgeworth et J. D. Hooker	**114**	Picrasma Blume	257，**259**
		Picrasma quassioides (D. Don) Bennett	**259**

P

		Pieris D. Don	530，**544**
Paederia Linnaeus	560，**574**	Pieris formosa (Wallich) D. Don	**544**
Paederia foetida Linnaeus	**575**	Pilea Lindley	1，**7**
Parietaria Linnaeus	1，**25**	Pilea angulata subsp. latiuscula C. J. Chen	8，**12**
Parietaria micrantha Ledebour	**25**	Pilea cadierei Gagnepain et Guillemin	8，**13**
Parnassia Linnaeus	94，**112**	Pilea cavaleriei H. Léveillé	8，**10**
Parnassia delavayi Franchet	**112**	Pilea japonica (Maximovicz) Handel-Mazzetti	**8**
Parnassia foliosa J. D. Hooker f. et Thomson	112，**113**	Pilea macrocarpa C. J. Chen	8，**13**
Parnassia wightiana Wallich ex Wight et Arnott	112，**113**	Pilea martini (H. Léveillé) Handel-Mazzetti	8，**13**
		Pilea monilifera Handel-Mazzetti	8，**10**
Pelargonium L'Héritier	182，**186**	Pilea notata C. H. Wright	8，**12**
Pelargonium hortorum Bailey	**186**	Pilea peploides (Gaudichaud-Beaupré) W. J. Hooker et Arnott	8，**14**
Pellionia Gaudichaud-Beaupré	1，**15**		
Pellionia brevifolia Bentham	**15**	Pilea plataniflora C. H. Wright	8，**9**
Pellionia radicans (Siebold et Zuccarini) Weddell	**15**	Pilea pumila (Linnaeus) A. Gray	8，**9**
Pellionia scabra Bentham	15，**16**	Pilea receptacularis C. J. Chen	8，**14**
Pentaphylacaceae	**470**	Pilea sinofasciata C. J. Chen	8，**11**
Perrottetia Kunth	**263**	Pilea subcoriacea (Handel-Mazzetti) C. J. Chen	8，**12**
Perrottetia racemosa (Oliver) Loesener	**263**		
Phellodendron Ruprecht	240，**242**		

Pilea swinglei Merrill	8, **9**	Polygonum microcephalum var. sphaerocephalum	
Pileostegia J. D. Hooker et Thomson	444, **445**	(Wallich ex Meisner) H. Hara	354, **355**
Pileostegia viburnoides J. D. Hooker et Thomson	**446**	Polygonum muricatum Meisner	352, **365**
Pistacia Linnaeus	216, **217**	Polygonum nepalense Meisner	352, **355**
Pistacia chinenis Bunge	**217**	Polygonum orientale Linnaeus	353, **358**
Platycarya Siebold et Zuccarini	50, **55**	Polygonum pacificum V. Petrov ex Komarov	
Platycarya strobilacea Siebold et Zuccarini	**55**		353, **368**
Plumbaginaceae	**336**	Polygonum perfoliatum Linnaeus	352, **366**
Plumbago Linnaeus	**336**	Polygonum persicaria Linnaeus	352, **361**
Plumbago zeylanica Linnaeus	**336**	Polygonum pilosum (Maximowicz) Hemsley	
Polemoniaceae	**469**		352, **372**
Polemonium Linnaeus	**469**	Polygonum pinetorum Hemsley	352, **359**
Polemonium chinense (Brand) Brand	**469**	Polygonum plebeium R. Brown	353, **374**
Poliothyrsis Oliver	145, **160**	Polygonum posumbu Buchanan-Hamilton ex D. Don	
Poliothyrsis sinensis Oliver	**160**		353, **358**
Polygonaceae	**337**	Polygonum runcinatum Buchanan-Hamilton ex D.	
Polygonum Linnaeus	337, **351**	Don	352, **356**
Polygonum amplexicaule var. sinense Forbes et		Polygonum runcinatum var. runcinatum	**356**
Hemsley ex Steward	353, **370**	Polygonum runcinatum var. sinense Hemsley	
Polygonum aviculare Linnaeus	**353**		356, **357**
Polygonum bistorta Linnaeus	353, **369**	Polygonum senticosum (Meisner) Franchet et	
Polygonum capitatum Buchanan-Hamilton ex D.		Savatier	352, **366**
Don	352, **355**	Polygonum sieboldii Meisner	352, **365**
Polygonum chinense Linnaeus	352, **357**	Polygonum suffultum Maximowicz	353, **369**
Polygonum cyanandrum Diels	352, **363**	Polygonum suffultum var. pergracile (Hemsley)	
Polygonum darrisii Léveillé	352, **367**	Samuelsson	369, **370**
Polygonum dissitiflorum Hemsley	352, **364**	Polygonum suffultum var. suffultum	**369**
Polygonum glabrum Willdenow	352, **373**	Polygonum thunbergii Siebold et Zuccarini	352, **367**
Polygonum glaciale (Meisner) J. D. Hooker	352, **371**	Polygonum viscoferum Makino	353, **373**
Polygonum hydropiper Linnaeus	353, **358**	Polygonum viviparum Linnaeusi	353, **368**
Polygonum japonicum Meisner	352, **362**	Populus Linnaeus	**145**
Polygonum jucundum Meisner	353, **363**	Populus adenopoda Maximowicz	145, **146**
Polygonum lapathifolium Linnaeus	353, **360**	Populus davidiana Dode	146, **147**
Polygonum lapathifolium var. lapathifolium	**360**	Populus lasiocarpa Olivier	146, **147**
Polygonum lapathifolium var. salicifolium Sibthorp		Populus simonii Carrière	146, **147**
	360, **361**	Populus tomentosa Carrière	145, **146**
Polygonum longisetum De Bruijn	353, **362**	Populus wilsonii C. K. Schneider	**146**
Polygonum macrophyllum D. Don	353, **371**	Portulaca Linnaeus	**426**
Polygonum microcephalum D. Don	352, **354**	Portulaca grandiflora Hooker	**426**
Polygonum microcephalum var. microcephalum		Portulaca oleracea Linnaeus	426, **427**
	354	Portulacaceae	**426**

Pouzolzia Gaudichaud-Beaupré	2, **26**
Pouzolzia zeylanica (Linnaeus) Bennett	**26**
Primula Linnaeus	477, **485**
Primula efarinosa Pax	486, **489**
Primula fangingensis Chen et C. M. Hu	486, **488**
Primula neurocalyx Franchet	**486**
Primula nutantiflora Hemsley	486, **490**
Primula obconica Hance	**486**
Primula odontocalyx (Franchet) Pax	**490**
Primula ovalifolia Franchet	**490**
Primula pulverulenta Duthie	486, **490**
Primula sinensis Sabine ex Lindley	486, **487**
Primula sp.1	486, **488**
Primula sp.2	486, **488**
Primula violaris W. W. Smith et H. R. Fletcher	**487**
Primulaceae	**477**
Pseudostellaria Pax	379, **388**
Pseudostellaria davidii (Franchet) Pax	388, **389**
Pseudostellaria heterantha (Maximowicz) Pax	388, **389**
Pseudostellaria sylvatica (Maximowicz) Pax	**388**
Psilopeganum Hemsley	240, **243**
Psilopeganum sinense Hemsley	**244**
Pterocarya Kunth	**50**
Pterocarya hupehensis Skan	50, **51**
Pterocarya macroptera Batalin	50, **51**
Pterocarya macroptera var. delavayi (Franchet) W. E. Manning	51, **52**
Pterocarya macroptera var. insignis (Rehder et E. H. Wilson) W. E. Manning	**51**
Pterocarya stenoptera C. de Candolle	50, **51**
Pterostyrax Siebold et Zuccarini	**514**
Pterostyrax psilophyllus Diels ex Perkins	**514**
Pteroxygonum Dammer et Diels	337, **376**
Pteroxygonum giraldii Dammer et Diels	**376**
Punica Linnaeus	187, **188**
Punica granatum Linnaues	**188**
Pyrola Linnaeus	530, **549**
Pyrola calliantha Andres	549, **550**
Pyrola decorata Andres	**549**
Pyrola forrestiana Andres	**549**

Q

Quercus Linnaeus	30, **39**
Quercus acrodonta Seemen	40, **45**
Quercus acutissima Carruthers	40, **41**
Quercus aliena Blume	40, **43**
Quercus aliena var. acutiserrata Maximowicz ex Wenzig	**43**
Quercus aliena var. aliena	**43**
Quercus baronii Skan	39, **40**
Quercus dentata Thunberg	40, **42**
Quercus dolicholepis A. Camus	39, **44**
Quercus engleriana Seemen	40, **44**
Quercus fabri Hance	40, **42**
Quercus oxyphylla (E. H. Wilson) Handel-Mazzetti	39, **44**
Quercus phillyreoides A. Gray	40, **46**
Quercus serrata Murray	40, **43**
Quercus spinosa David ex Franchet	39, **40**
Quercus variabilis Blume	40, **41**

R

Raphanus Linnaeus	293, **307**
Raphanus sativus Linnaeus	**307**
Raphanus sativus Linn. var. longipinnatus L. H. Bailey	307, **308**
Raphanus sativus var. sativus	307, **308**
Reynoutria Houttuyn	337, **348**
Reynoutria japonica Houttuyn	**348**
Rheum Linnaeus	337, **374**
Rheum officinale Baillon	374, **375**
Rheum palmatum Linnaeus	374, **375**
Rheum rhabarbarum Linnaeus	374, **376**
Rhododendron Linnaeus	530, **534**
Rhododendron augustinii Hemsley	534, **535**
Rhododendron auriculatum Hemsley	534, **538**
Rhododendron bachii H. Léveille	535, **543**
Rhododendron concinnum Hemsley	534, **535**
Rhododendron davidsonianum Rehder et E. H. Wilson	534, **535**
Rhododendron discolor Franchet	535, **542**
Rhododendron fortunei Lindley	535, **541**

Rhododendron hypoglaucum Hemsley	534, **539**	Rumex acetosa Linnaeus	338, **339**
Rhododendron insigne var. hejiangense (W. P. Fang) M. Y. Fang	534, **539**	Rumex acetosella Linnaeus	**338**
		Rumex crispus Linnaeus	338, **339**
Rhododendron latoucheae Franchet	535, **544**	Rumex dentatus Linnaeus	338, **339**
Rhododendron maculiferum Franchet	534, **538**	Rumex japonicus Houttuyu	338, **341**
Rhododendron mariesii Hemsley et E. H. Wilson	534, **537**	Rumex nepalensis Sprengel	338, **342**
		Rumex obtusifolius Linnaeus	338, **342**
Rhododendron micranthum Turczaninow	534, **537**	Rumex patientia Linnaeus	338, **341**
Rhododendron oreodoxa var. fargesii (Franchet) D. F. Chamberlain	535, **541**	Rumex trisetifer Stokes	338, **343**
		Rutaceae	**240**
Rhododendron ovatum (Lindley) Planchon ex Maximowicz	535, **542**	**S**	
		Sagina Linnaeus	**379**
Rhododendron praeteritum Hutchinson	535, **541**	Sagina japonica (Swartz) Ohwi	**380**
Rhododendron praevernum Hutchinson	535, **540**	Salicaceae	**145**
Rhododendron pulchrum Sweet	534, **537**	Salix Linnaeus	145, **148**
Rhododendron simsii Planchon	534, **538**	Salix babylonica Linnaeus	149, **151**
Rhododendron stamineum Franchet	535, **543**	Salix bikouensis Y. L. Chou	149, **154**
Rhododendron sutchuenense Franchet	535, **540**	Salix bikouensis var. bikouensis	**154**
Rhododendron taibaiense Ching et H. P. Yang	534, **536**	Salix bikouensis var. villosa Y. L. Chou	**154**
		Salix cathayana Diels	**152**
Rhus Linnaeus	216, **219**	Salix chaenomeloides Kimura	149, **155**
Rhus chinensis Miller	**219**	Salix fargesii Burkill	148, **150**
Rhus potaninii Maximowicz	219, **221**	Salix fargesii var. fargesii	**150**
Rhus punjabensis var. sinica (Diels) Rehder et E. H. Wilson	219, **220**	Salix fargesii var. kansuensis (Hao) N. Chao	150, **151**
		Salix hylonoma C. K. Schneider	149, **153**
Ricinus Linnaeus	119, **122**	Salix hypoleuca Seemen ex Diels	149, **152**
Ricinus communis Linnaeus	**122**	Salix luctuosa H. Léveillé	149, **151**
Rorippa Scopoli	293, **301**	Salix matsudana Koidzumi	149, **152**
Rorippa dubia (Persoon) H. Hara	**301**	Salix mictotricha C. K. Schneider	148, **156**
Rorippa indica (Linnaeus) Hiern	**301**	Salix phaidima C. K. Schneider	148, **157**
Rotala Linnaeus	187, **189**	Salix polyclona C. K. Schneider	148, **156**
Rotala indica (Willdenow) Koehne	189, **190**	Salix rosthornii Seemen	149, **155**
Rotala rotundifolia (Buchanan-Hamilton ex Roxburgh) Koehne	**189**	Salix sinica (K. S. Hao ex C. F. Fang et A. K. Skvortsov) G. Zhu	149, **153**
Rubia Linnaeus	560, **582**	Salix sinopurpurea C. Wang et Chang Y. Yang	149, **150**
Rubia alata Wallich	582, **584**	Salix sp.	148, **158**
Rubia cordifolia Linnaeus	582, **583**	Salix tangii K. S. Hao ex C. F. Fang et A. K. Skvortsov	149, **155**
Rubia membranacea Diels	582, **583**		
Rubia ovatifolia Z. Y. Zhang ex Q. Lin	582, **583**	Salix variegata Franchet	**149**
Rubiaceae	**559**	Salix wallichiana Andersson	149, **153**
Rumex Linnaeus	**337**		

Salix wilsonii Seemen ex Diels	**149**	Silene hupehensis C. L. Tang	392, **393**
Santalaceae	**324**	Silene incisa C. L. Tang	392, **396**
Sapindaceae	**223**	Silene platyphylla Franchet	392, **394**
Sapindus Linnaeus	**223**	Silene tatarinowii Regel	392, **394**
Sapindus saponaria Linnaeus	**223**	Simaroubaceae	**257**
Sarcopyramis napalensis Wallich	**208**	Sinoadina Ridsdale	559, **562**
Sarcopyramis Wallich	207, **208**	Sinoadina racemosa (Siebold. et Zuccarini) Ridsdale	
Sauropus Blume	138, **143**		**562**
Sauropus garrettii Craib	**143**	Sinojackia Hu	514, **515**
Schima Reinwardt	505, **509**	Sinojackia xylocarpa Hu	**515**
Schima parviflora W. C. Cheng et H. T. Chang	**509**	Sisymbrium Linnaeus	293, **315**
Schima sinensis (Hemsley et E. H. Wilson) Airy Shaw	**509**	Sisymbrium luteum (Maximowicz) O. E. Schulz	**315**
		Skimmia Thunberg	240, **251**
Schima superba Gardner et Champion	509, **510**	Skimmia melanocarpa Rehder et E. H. Wilson	
Schizopepon Maximowicz	70, **79**		251, **252**
Schizopepon dioicus Cogniaux ex Oliver	**79**	Skimmia reevesiana Fortune	251, **252**
Schizopepon dioicus var. dioicus	**79**	Sloanea Linnaeus	116, **117**
Schizopepon dioicus var. trichogynus Handel-Mazzetti	79, **80**	Sloanea hemsleyana (Ito) Rehder et E. H. Wilson	**118**
		Sloanea sinensis (Hance) Hemsley	**118**
Schizophragma Siebold et Zuccarini	444, **446**	Speranskia Baillon	119, **120**
Schizophragma integrifolium Oliver	**446**	Speranskia cantonensis (Hance) Pax et Hoffmann	**120**
Schizophragma integrifolium var. glaucescens Rehder	446, **447**	Spinacia Linnaeus	**413**
		Spinacia oleracea Linnaeus	401, **413**
Schizophragma integrifolium var. integrifolium	**446**	Stachyuraceae	**214**
Schlunbergera Lemarire	428, **430**	Stachyurus Siebold et Zuccarini	**214**
Schlumbergera bridgesii (Lechmann) Loefgren.	**430**	Stachyurus chinensis Franchet	**214**
Schoepfia Schreber	**333**	Stachyurus himalaicus J. D. Hooker et Thomson ex Bentham	**214**
Schoepfia jasminodora Siebold et Zuccarini	**333**	Stachyurus yunnanensis Franchet	214, **215**
Schoepfiaceae	**333**	Staphylea Linnaeus	**210**
Sechium P. Browne	70, **73**	Staphylea bumalda Candolle	**210**
Sechium edule (Jacquin) Swartz	**73**	Staphylea bumalda var. bumalda	210, **211**
Serissa Commerson	560, **574**	Staphylea holocarpa Hemsley	210, **211**
Serissa japonica (Thunb.) Thunb.	**574**	Staphylea holocarpa var. rosea Rehder et E. H. Wilson	210, **211**
Silene Linnaeus	**392**		
Silene aprica Turczaninow ex Fischer et C. A. Meyer	392, **394**	Staphyleaceae	**210**
		Stellaria Linnaeus	379, **382**
Silene baccifera (Linnaeus) Roth	**392**	Stellaria alsine Grimm	382, **385**
Silene conoidea Linnaeus	**392**	Stellaria chinensis Regel	382, **385**
Silene firma Siebold et Zuccarini	392, **394**	Stellaria henryi F. N. Williams	**382**
Silene fortunei Visiani	392, **395**	Stellaria media (Linnaeus) Villars	**384**
Silene himalayensis (Rohrbach) Majumdar	392, **396**		

Stellaria monosperma var. japonica Maximowicz	382, 387	Tapisciaceae	262
Stellaria nipponica Ohwi	382, 387	Tarenaya Rafinesque	291
Stellaria omeiensis C. Y. Wu et Y. W. Tsui ex P. Ke	382, 383	Tarenaya hassleriana (Chodat) Iltis	291
		Taxillus Tieghem	329
		Taxillus caloreas (Diels) Danser	330
Stellaria palustris Retzius	382, 386	Taxillus levinei (Merrill) H. S. Kiu Loranthus levinei Merrill	332
Stellaria sp.	382, 386		
Stellaria vestita Kurz	382, 384	Taxillus sutchuenensis (Lecomte) Danser	330, 331
Stellaria wushanensis F. N. Williams	382, 384	Taxillus sutchuenensis var. duclouxii (Lecomte) H. S. Kiu	331, 332
Stewartia Linnaeus	505, 510		
Stewartia sinensis Rehder et Wilson	510	Taxillus sutchuenensis var. sutchuenensis	331
Styrax Linnaeus	514, 516	Ternstroemia Mutis ex Linnaeus f.	470, 473
Styrax hemsleyanus Diels	516, 517	Ternstroemia gymnanthera (Wight et Arnott) Beddome	473
Styrax japonicus Siebold et Zuccarini	516		
Styrax odoratissimus Champion ex Bentham	516, 517	Tetradium Loureiro	240
Styrax suberifolius Hooker et Arnott	516, 518	Tetradium daniellii (Bennett) T. G. Hartley	241
Symplocaceae	511	Tetradium glabrifolium (Champion ex Bentham) T. G. Hartley	241
Symplocos Jacquin	511		
Symplocos anomala Brand	511, 512	Tetradium ruticarpum (A. Jussieu) T. G. Hartley	241, 242
Symplocos lancifolia Siebold et Zuccarini	511, 513		
Symplocos lucida (Thunberg) Siebold et Zuccarini	511	Theaceae	505
		Theligonum Linnaeus	559, 560
Symplocos paniculata (Thunberg) Miquel	511, 512	Theligonum macranthum Franchet	559, 560
Symplocos ramosissima Wallich ex G. Don	511, 513	Thesium Linnaeus	324, 328
Symplocos sumuntia Buchanan-Hamilton ex D. Don	511, 512	Thesium chinense Turczaninow	328
		Thladiantha Bunge	70, 74
Syzygium Gaertner	204, 205	Thladiantha henryi Hemsley	74
Syzygium austrosinense (Merrill et Perry) Chang et Miau	205, 206	Thladiantha longifolia Cogniaux ex Oliver	74, 75
		Thladiantha maculata Cogniaux	74, 75
Syzygium buxifolium Hooker et Arnott	205, 206	Thladiantha nudiflora Hemsley	74, 76
Syzygium handelii Merrill et Perry	205	Thladiantha oliveri Cogniaux ex Mottet	74, 76
		Thladiantha villosula Cogniaux	74, 75

T

		Thlaspi Linnaeus	293, 309
Talinaceae	425	Thlaspi arvense Linnaeus	309
Talinum Adanson	425	Thymelaeaceae	281
Talinum paniculatum (Jacquin) Gaertner	425	Tilia Linnaeus	264, 265
Tamaricaceae	334	Tilia chinensis Maximowicz	265
Tamarix Linnaeus	334	Tilia chinensis var. chinensis	265, 266
Tamarix chinensis Loureiro	335	Tilia chinensis var. investita (V. Engler) Rehder	265, 266
Tapiscia Oliver	262		
Tapiscia sinensis Oliver	262	Tilia henryana Szyszyłowicz	265

Tilia oliveri Szyszylowicz	265, **266**
Tilia oliveri var. cinerascens Rehder et E. H. Wilson	**267**
Tilia oliveri var. oliveri	**266**
Tilia paucicostata Maximowicz	265, **268**
Tilia paucicostata var. dictyoneura (V. Engler ex C. K. Schneider) Hung T. Chang et E. W. Miau	**268**
Tilia paucicostata var. paucicostata	**268**
Tilia tuan Szyszylowicz	**267**
Toddalia A. Jussieu	240, **244**
Toddalia asiatica (Linnaeus) Lamarck	**244**
Toona Roemer	260, **261**
Toona ciliata Roemer	**261**
Toona sinensis (A. Jussieu) Roemer	**261**
Toxicodendron Miller	216, **217**
Toxicodendron radicans (Linnaeus) Kuntze subsp. hispidum (Engler) Gillis	217, **218**
Toxicodendron succedaneum (Linnaeus) Kuntze	217, **218**
Toxicodendron sylvestre (Siebold et Zuccarini) Kuntze	217, **218**
Toxicodendron vernicifluum (Stokes) F. A. Barkley	217, **218**
Triadenum Rafinesque	174, **181**
Triadenum japonicum (Blume) Makino	**181**
Triadica Loureiro	119, **128**
Triadica cochinchinensis Loureiro	**128**
Triadica sebifera (Linnaeus) Small	**128**
Trichosanthes Linnaeus	70, **83**
Trichosanthes cucumeroides (Seringe) Maximowicz	**83**
Trichosanthes kirilowii Maximowicz	83, **84**
Trichosanthes rosthornii Harms	83, **84**
Tripterygium J. D. Hooker	94, **112**
Tripterygium wilfordii J. D. Hooker	**112**
Triumfetta Linnaeus	264, **270**
Triumfetta rhomboidea Jacquin	**270**
Tropaeolaceae	**290**
Tropaeolum Linnaeus	**290**
Tropaeolum majus Linnaeus	**290**
Turpinia Ventenat	210, **213**
Turpinia affinis Merrill et L. M. Perry	**213**

U

Uncaria Schreber	**560**
Uncaria rhynchophylla (Miquel.) Miquel. ex Haviland	**561**
Uncaria sinensis (Oliver) Haviland	**561**
Urena Linnaeus	264, **274**
Urena lobata Linnaeus	**274**
Urtica Linnaeus	1, **2**
Urtica angustifolia Fischer ex Hornemann	2, **3**
Urtica fissa E. Pritzel	**2**
Urtica laetevirens Maximowicz	**2**
Urticaceae	**1**

V

Vaccaria Wolf	379, **400**
Vaccaria hispanica (Miller) Rauschert	**400**
Vaccinium Linnaeus	**530**
Vaccinium bracteatum Thunberg	**531**
Vaccinium henryi Hemsley	531, **532**
Vaccinium iteophyllum Hance	**531**
Vaccinium japonicum var. sinicum (Nakai) Rehder	531, **533**
Vaccinium mandarinorum Diels	**531**
Vernicia Loureiro	**119**
Vernicia fordii (Hemsley) Airy-Shaw	**120**
Viola Linnaeus	**161**
Viola acuminata Ledebour	161, **164**
Viola arcuata Blume	162, **166**
Viola betonicifolia J. E. Smith	163, **173**
Viola biflora Linnaeus	161, **163**
Viola chaerophylloides (Regel) W. Becker	162, **169**
Viola collina Besser	161, **164**
Viola davidii Franchet	162, **169**
Viola diffusa Gingins	162, **167**
Viola fargesii H. Boissieu	162, **168**
Viola grandisepala W. Becker	162, **168**
Viola grypoceras A. Gray	161, **165**
Viola henryi H. Boissieu	162, **166**
Viola inconspicua Blume	162, **170**

Viola kosanensis Hayata	162, **169**
Viola lucens W. Becker	162, **168**
Viola magnifica C. J. Wang ex X. D. Wang	162, **166**
Viola mirabilis Linnaeu	161, **165**
Viola mongolica Franchet	162, **170**
Viola philippica Cavanilles	163, **173**
Viola prionantha Bunge	163, **172**
Viola selkirkii Pursh ex Goldie	162, **171**
Viola sphaerocarpa W. Becker	162, **171**
Viola stewardiana W. Becker	161, **165**
Viola striatella H. Boissieu	163, **172**
Viola szetschwanensis W. Becker et H. Boissieu	161, **163**
Viola tricolor	161, **164**
Viola vaginata Maximowicz	162, **167**
Viola variegata Fischer ex Link	162, **170**
Viola yunnanfuensis W. Becker	162, **171**
Viscum Linnaeus	324, **325**
Viscum articulatum N. L. Burman	325, **326**
Viscum diospyrosicola Hayata	325, **326**
Viscum liquidambaricola Hayata	**325**

W

Wikstroemia Endlicher	281, **282**
Wikstroemia angustifolia Hemsley	**282**
Wikstroemia capitata Rehder	282, **283**
Wikstroemia gracilis Hemsley	282, **283**
Wikstroemia micrantha Hemsley	**282**

X

Xylosma G. Forster	145, **159**
Xylosma congesta (Loureiro) Merrill	**159**

Y

Yinshania Ma et Y. Z. Zhao	293, **313**
Yinshania acutangula (O. E. Schulz) Y. H. Zhang	**313**
Yinshania furcatopilosa (K. C. Kuan) Y. H. Zhang	**313**
Yinshania henryi (Oliver) Y. H. Zhang	313, **314**
Yinshania zayuensis Y. H. Zhang	313, **314**

Z

Zanthoxylum Linnaeus	240, **244**
Zanthoxylum armatum de Candolle	245, **247**
Zanthoxylum armatum var. armatum	**247**
Zanthoxylum armatum var. ferrugineum (Rehder et E. H. Wilson) C. C. Huang	**247**
Zanthoxylum bungeanum Maximowicz	245, **248**
Zanthoxylum dimorphophyllum Hemsley	245, **246**
Zanthoxylum dissitum Hemsley	245, **250**
Zanthoxylum echinocarpum Hemsley	245, **250**
Zanthoxylum micranthum Hemsley	245, **249**
Zanthoxylum myriacanthum Wallich ex J. D. Hooker	245, **249**
Zanthoxylum scandens Blume	245, **250**
Zanthoxylum simulans Hance	245, **246**
Zanthoxylum stenophyllum Hemsley	245, **249**
Zanthoxylum stipitatum Huang	**245**
Zanthoxylum undulatifolium Hemsley	245, **248**
Zehneria Endlicher	70, **80**
Zehneria bodinieri (H. Léveillé) W. J. de Wilde et Duyfjes	**81**
Zehneria japonica (Thunberg) H. Y. Liu	**81**
Zhengyia T. Deng, D. G. Zhang et H. Sun	1, **3**
Zhengyia shennongensis T. Deng, D. G. Zhang et H. Sun	**3**

神农架国家公园管理分区图